Georg Winter
Das umweltbewußte Unternehmen

GEORG WINTER

Das umweltbewußte Unternehmen

Handbuch der Betriebsökologie mit 28 Check-Listen für die Praxis

Unter Mitarbeit von H.-J. Ewers, M. Gege sowie von C. M. Andreas, A. M. Aviam, N. Blackburn, F. Blom, W. Dahnz, T. Davis, J.-M. Duivon, T. Ewoldt, K. Frey, C. Gelderloos, R. Hackstein, F. J. Heeg, J. Hensmann, V. Hoffmann, P. M. Horst, W. G. Jocher, R. Jöckel, H. Jung, H. Klemp, A. Leonhardt, C. Maas, J. Mack, D. Mackenroth, L. C. Mas García, H. Meffert, P. C. Mohr, P. S. Rosenberg, H. Schilling, E. Seidel, V. Stahlmann, R. Stiefel, K. P. Thevessen, A. Weskamp, L. Wicke, S. Zensus und von B.A.U.M., ERL, GRIPS, imu-bildinfo, INEM, INFORM, Jauch & Hübener

Vorworte von
Sir Stanley Clinton Davis, Klaus Töpfer, Brice Lalonde, Jacqueline Aloisi de Larderel und Tom Peters

VERLAG C. H. BECK MÜNCHEN

Die erste Auflage dieser Veröffentlichung wurde anläßlich des Europäischen Umweltjahres 1987 auf Initiative der KOMMISSION DER EUROPÄISCHEN GEMEINSCHAFTEN im Rahmen ihrer Aktivitäten auf dem Gebiete umweltorientierter Information, Meinungsbildung und Ausbildung erstellt.

Die Deutsche Bibliothek – CIP-Einheitsaufnahme

Winter, Georg:
Das umweltbewusste Unternehmen : Handbuch der Betriebsökologie mit 28 Check-Listen für die Praxis / Georg Winter.
Unter Mitarbeit von H.-J. Ewers ... Vorw. von Sir Stanley Clinton Davis. – 5., völlig überarb. und erg. Aufl. – München : Beck, 1993
ISBN 3 406 36957 X

ISBN 3 406 36957 X

5., völlig überarbeitete und ergänzte Auflage 1993
Unter Verwendung des Emblems der EG für das Umweltjahr 1987

Satz: Fotosatz Otto Gutfreund GmbH, Darmstadt
Druck und Bindung: Parzeller, Fulda
Umschlagentwurf: Rudolf Huber-Wilkoff, München
Gedruckt auf Alsaprint
Printed in Germany

Inhalt

3. Kapitel
Umweltorientierte Unternehmensführung nach Integriertem System (Fallstudie)

Seite 50

4. Kapitel
Argumentationsliste für umweltorientierte Unternehmensführung

Seite 65

5. Kapitel
Check-Listen und Faktensammlungen zur umweltorientierten Unternehmensführung

Seite 88

6. Kapitel
Umweltorientierte Unternehmensführung in den neuen Bundesländern und in Europa
Seite 363

7. Kapitel
Der Bundesdeutsche Arbeitskreis für umweltbewußtes Management (B.A.U.M.)
Seite 375

8. Kapitel
Das International Network for Environmental Management (INEM)
Seite 390

9. Kapitel
Internationale Organisationen und umweltorientierte Unternehmensführung

Seite 419

10. Kapitel
Kodices für umweltorientierte Unternehmensführung

Seite 440

11. Kapitel
Von der umweltorientierten Unternehmensführung zur umweltorientierten Staatsführung

Epilog
Umweltorientierte Unternehmensführung und zukünftige Denk- und Handlungspfade

In- und ausländische Quellen zur umweltorientierten Unternehmensführung

Anhang

Für meine Frau Bettina sowie für unsere
Kinder Benjamin, Elisa Maraike, Lorenz,
Johannes und Evamaria

Vorworte

Sir Stanley Clinton Davis

Das Jahr 1985 markierte für die europäische Umweltpolitik einen neuen Aufbruch: Die Staats- und Regierungschefs der EG-Länder einigten sich auf die „Einheitliche Europäische Akte", die nicht nur die Vollendung des Europäischen Binnenmarktes bis 1992 vorsieht, sondern darüber hinaus erstmalig ausdrücklich die Umweltpolitik als gleichberechtigten Politikbereich legalisiert.

Ein zweites Signal für die rasch wachsende Bedeutung der europäischen Umweltpolitik ist das Europäische Umweltjahr 1987. Zu diesem Anlaß wurde ein Emblem gewählt, das eine Blüte und ein Zahnrad zeigt. Eine zeitkritische Grafik hätte wahrscheinlich eine Blüte dargestellt, die vom Zahnrad zermalmt wird. Auf dem Emblem des Umweltjahres jedoch greifen die Blütenblätter und die Zähne des Zahnrades harmonisch ineinander.

Das Emblem versinnbildlicht eines der großen Themen des Umweltjahres, nämlich die Harmonisierung unserer technischen Zivilisation mit unseren natürlichen Lebensgrundlagen. Dieses Ziel läßt sich mit ausschließlich gesetzgeberischen Maßnahmen nicht genügend schnell und durchgreifend verwirklichen. Vielmehr sind alle Unternehmen der Europäischen Gemeinschaft aufgerufen, auch freiwillig und hinausgehend über die gesetzlichen Vorschriften, das in ihren Kräften stehende zu tun, um den Widerspruch zwischen ökonomischen und ökologischen Anforderungen an das Unternehmen aufzulösen.

Durch die Veröffentlichung des vorliegenden Buches in mehreren Sprachen will die Kommission der Europäischen Gemeinschaften dazu beitragen, konkrete Möglichkeiten aufzuzeigen, wie sich umweltbewußte und erfolgreiche Unternehmensführung miteinander verbinden lassen. Die praxiserprobten Handlungsanleitungen sind in Form von Check-Listen abgefaßt. Damit steht unserer europäischen Wirtschaft ein umfassendes und praktikables Handbuch für umweltorientierte Unternehmensführung zur Verfügung, das jedoch nicht nur für Unternehmensleitungen, sondern für alle in der Wirtschaft tätigen Menschen von höchstem Interesse ist.

Der Buchkonzeption liegt das in der Praxis entwickelte „Integrierte System umweltorientierter Unternehmensführung“ (Winter-Modell) zugrunde, das alle wichtigen Unternehmensbereiche (Unternehmenszielsetzung, Mitarbeitermotivation und -ausbildung, Materialwirtschaft, Fertigungstechnik, Entsorgung, Bauwesen, Auslandsbeziehungen usw.) umfaßt und sich für eine schrittweise, zielgerichtete Verwirklichung im Unternehmen anbietet.

Umweltbewußte Unternehmensführung kann den Unternehmenserfolg steigern, indem z. B. Wasser, Energie und teure Rohstoffe eingespart oder umweltbedingte Marktchancen wahrgenommen werden. Gleichzeitig dient umweltbewußte Unternehmensführung allen Bürgern, indem sie dazu beiträgt, unsere natürlichen Lebensgrundlagen wie Luft, Wasser, Boden, Pflanzen und Tiere und unsere Gesundheit vor schweren Schäden zu bewahren.

Sollen Zahnrad und Blüte unvereinbare Gegensätze bleiben? Das Europäische Umweltjahr 1987 will Wege zu ihrer Versöhnung weisen. Deshalb wünsche ich dem Buch weite Verbreitung und vor allem – praktische Anwendung!

Sir Stanley Clinton Davis
Mitglied der Kommission der Europäischen Gemeinschaften – anläßlich des EG-Umweltjahres 1987/88

Klaus Töpfer

Ein Buch mit dem Titel „Das umweltbewußte Unternehmen“ wäre noch vor 10–15 Jahren auf breites Unverständnis gestoßen. Denn damals erschien vielen Ökonomie und Ökologie als ein unversöhnlicher Gegensatz. Inzwischen hat sich jedoch allgemein die Einsicht durchgesetzt, daß Wirtschaften ohne Rücksicht auf die natürlichen Lebensgrundlagen auf Dauer in eine Sackgasse führen muß.

Die deutschen Unternehmer haben Umweltbewußtsein entwickelt. Dies zeigt ein von mir initiierter Modellversuch zum Thema „Umweltorientierte Unternehmensführung“.

Die Aufgeschlossenheit gegenüber dem Konzept einer umweltorientierten Unternehmensführung, das auf einer vorausschauenden und in alle Unternehmensbereiche integrierten Umweltschutzstrategie basiert, ist schon weit verbreitet. Allerdings mangelt es einer Vielzahl von Unternehmen nach den Umfrageergebnissen des Modellversuchs noch an konkreten Kenntnissen und Hilfestellungen bei der Umsetzung einer umfassenden Umweltstrategie.

Hier kann das Buch „Das umweltbewußte Unternehmen" Hilfestellungen geben. Es zeigt auf, an welchen Stellen und wie im Betrieb – z. T. durch einfache, schnell zu realisierende Maßnahmen – Umweltschutzwirkungen erzielt werden können. Sowohl dem Unternehmer, der sich mit der Thematik erstmalig befaßt, als auch demjenigen, der bereits zahlreiche Umweltschutzmaßnahmen verwirklicht hat, werden wertvolle Hinweise und Tips gegeben. Mit Hilfe der umfangreichen Checklisten lassen sich Möglichkeiten für mehr betrieblichen Umweltschutz aufspüren und ökonomisch und ökologisch sinnvoll ausnutzen.

Gezeigt wird auch, daß viele betriebliche Umweltschutzmaßnahmen zu Kostensenkungen, zur Ausnutzung von Wachstumschancen und damit zu Ertragssteigerungen führen.

Der Spielraum für mehr betrieblichen Umweltschutz ist groß. Jede Anregung, diesen Spielraum konsequent zu nutzen, ist zugleich von umweltpolitischer Bedeutung. Deswegen wünsche ich diesem Buch viel Erfolg. Sie als Leserinnen und Leser möchte ich an dieser Stelle ausdrücklich ermutigen, die Empfehlungen dieses Buches mit Einfallsreichtum und Tatkraft an Ihrem Arbeitsplatz oder in Ihrem Betrieb umzusetzen.

Januar 1991

Professor Dr. Klaus Töpfer
Minister für Umweltschutz, Naturschutz und Reaktorsicherheit der Bundesrepublik Deutschland

Brice Lalonde

Die Ökologie ist eine Quelle der Produktivität und der Wettbewerbsfähigkeit für das Unternehmen.

Diese Botschaft ist kein bloßer Slogan oder eine Modemasche, sondern gewinnt auf klare und präzise Weise auf den Seiten dieses Buches greifbare Gestalt.

Der Autor dieses Buches, Georg Winter, ist Deutscher. Seine Aussagen erhalten um so mehr Gewicht aufgrund der Tatsache, daß er gemeinsam mit seinem Bruder Ernst Michael Winter in Hamburg ein Industrieunternehmen leitet.

Zwar hält Georg Winter mit seiner ausgeprägten Sensibilität für die Umwelt und die Ökologie nicht hinter dem Berg, gleichwohl entwikkelt er ein durch und durch unternehmerisches Konzept, bei dem die „umweltorientierte" Unternehmensführung, die er empfiehlt und selbst praktiziert, dazu dient, dem Unternehmen ökonomische Vorteile zu verschaffen.

Diese Synergie zwischen dem Unternehmen und der Ökologie definiert und erklärt der Autor mit großer Genauigkeit, indem er 26 Teilaspekte der Unternehmenswirklichkeit – traditionelle und innovative, nüchterne und das Gefühl einbeziehende – behandelt. Die Aspekte der Strategie und Organisation, der Ausbildung und des betrieblichen Zusammenlebens werden ebenso behandelt wie technische und wirtschaftliche, juristische und finanzielle Gesichtspunkte.

In dieser gründlich erarbeiteten Analyse der Verbindungslinien zwischen dem Unternehmen und der Ökologie sowie in der Praxisnähe seiner Empfehlungen liegt der Wert dieses Buches, das die Fülle seines Materials aus der praktischen Erfahrung mit der Unternehmensführung gewinnt.

Die französische Ausgabe ist mit einer detaillierten Bibliographie ausgestattet, die erkennen läßt, daß in Frankreich die Berücksichtigung ökologischer Anforderungen bei der Unternehmensführung sowohl in der Theorie als auch in der Praxis schon recht weit fortgeschritten ist. Um diese Bibliographie hat sich mein Mitarbeiter Alexandre Aviam verdient gemacht. Ich danke ihm hiermit für seine hervorragende Arbeit.

Das „Grüne" Unternehmen – wie es sich uns in diesem Buch darstellt – ist ohne Frage das Modell des europäischen Unternehmens von morgen: Modern, wettbewerbsfähig, sozial – und gerade deshalb geleitet von der Verantwortung für das soziale Umfeld, die natürliche Umwelt und die Umweltverträglichkeit seiner Produkte.

Ein solches Projekt kann ich nur unterstützen. Ich wünsche diesem Buch allen Erfolg, den es bei den französischen Industriellen und bei all jenen Unternehmensmitarbeitern verdient, an die es sich richtet.

Mai 1989

Brice Lalonde
Secrétaire d'Etat du Premier Ministre, chargé de L'Environnement (Umweltminister)

Jacqueline Aloisi de Larderel

Die Umweltprobleme haben inzwischen internationale Dimension erlangt und jeder Verantwortungsträger in der Industrie muß – ganz gleich an welcher Stelle der Welt er sich befindet – zu ihrer Lösung beitragen. Dieses Buch gibt deshalb ein Modell nicht nur für das europäische Unternehmen vor, vielmehr können und müssen die Prinzipien und hochgradig praktischen Empfehlungen des Buches weltweit Anwendung finden. Mit Sicherheit kann der in dem Buch vorgeschlagene Ansatz – vor allem dank einer besseren Materialwirtschaft – die Quelle von Einsparungen für das Unternehmen sein und gleichzeitig dem Umweltschutz dienen und zu einer „langfristig tragfähigen Entwicklung" beitragen, wie sie von der Weltkommission für Umwelt und Entwicklung empfohlen wird. Die Abteilung Industrie und Umwelt des Programms der Vereinten Nationen für die Umwelt (PNUE) trägt deshalb sehr gern gemeinsam mit der Kommission der Europäischen Gemeinschaften zu einer sehr großen Verbreitung dieses Buches bei, besonders im Zusammenhang mit den Ausbildungs- und Informationsprogrammen, die PNUE organisiert oder unterstützt.

Dezember 1988

Jacqueline Aloisi de Larderel
Directeur Département Industrie et Environnement, Programme des Nations Unies pour l'Environnement (Industrie- und Umweltschutzbüro der Vereinten Nationen)

Tom Peters

1987 machte Winter seine Gedanken durch das Buch „Das umweltbewußte Unternehmen" (englischsprachige Version „Business and the Environment") einer breiteren Öffentlichkeit zugänglich. Das Buch ist ein verläßlicher Führer für die Schonung der Ressourcen und der Umwelt unter gleichzeitiger Erzielung von Gewinn. „Clean and green" ist gleichbedeutend mit Wachstum, Gewinn und nachhaltigem Wettbewerbsvorteil. Das ist die unmißverständliche Botschaft.

Das „Winter-Modell", das in dem Buch beschrieben und detailliert dargestellt wird, ist die gründlichste gebrauchsfertige Handlungsanleitung für umweltbewußtes Management, die bisher entwickelt wurde und dürfte es einige Zeit bleiben.

Wie lauten die Kernaussagen?

1. Rücksichtnahme auf die Umwelt avanciert zu einer Hauptaufgabe des Unternehmens. Die Sorge für die Umwelt – für alles, vom Lärmschutz bis zur Energieeinsparung – durchdringt jeden Einzelaspekt des Unternehmens. Nach dem Winter-Modell ist das Unternehmen ein „lebender Organismus". Dieses umweltorientierte Paradigma definiert sowohl die Organisation als auch die Strategie des Unternehmens.
2. Nach diesem ganzheitlichen Ansatz muß das Augenmerk sowohl auf die Produktionsverfahren als auch auf die Produkte gerichtet werden. Keine Unternehmensaktivität kommt um den Prüfstand des Umweltschutzes herum.
3. Alle Mitarbeiter müssen eine „umweltorientierte Intelligenz" entwickeln.
4. Die kontinuierliche Verbesserung zählt mehr als irgendein „großer Knall". Der Schlüssel zum Erfolg liegt im Mitmachen aller, im millimeterweisen Voranschreiten, weniger in Multimillionen-Dollar-Durchbrüchen.
5. Die Implementierung kann als Schritt-für-Schritt-Programm ausgestaltet werden. Erfreulich, daß Winter gerade diese Arbeit in seinem gründlichen, flüssig zu lesenden Buch „Das umweltbewußte Unternehmen" geleistet hat.
   Das detaillierte Handlungsprogramm ist unerläßlich. Aber wie üblich ist am Ende eines entscheidend: die geistige Grundeinstellung.
6. Und bei alledem werden neue Märkte erschlossen, wächst der Marktanteil und wird Gewinn gemacht.
   Das ist eine ermutigende Botschaft für all diejenigen von uns, die sich generell um die Umwelt sorgen. Aber für diejenigen, die mit angespitzten Bleistiften herumlaufen und die sich ausschließlich für die Finanzen interessieren, ist der Ruf nach „mehr Umweltschutz" nicht weniger ermutigend.

Januar 1991

Tom Peters
US-amerikanischer Mitautor bzw. Autor der Managementbücher „In Search of Excellence", „A Passion for Excellence" und „Thriving on Chaos"

Danksagungen

Ich danke der Europäischen Gemeinschaft, daß sie – vertreten durch die Herren Claude Pleinevaux und Dr. Gunther Schneider – mir die Aufgabe übertrug, anläßlich des Umweltjahres 1987/88 eine Veröffentlichung über umweltorientierte Unternehmensführung auf Basis der praktischen Erfahrungen mit dem Winter-Modell zu erstellen.

Die prominenten Persönlichkeiten, die dem Anliegen des Buches durch ihr Vorwort Nachdruck verliehen, verdienen ebenfalls einen besonderen Dank.

Das Buchprojekt wäre nicht zustande gekommen, ohne die tatkräftige Hilfe aller Mitautoren. Ihnen spreche ich hiermit meinen Dank aus. Sie sind im Autorenverzeichnis (Anhang I. und II.) unter Kennzeichnung ihres Beitrages namentlich aufgeführt.

Dankend möchte ich den Mitautor Herrn Professor Dr. Hans-Jürgen Ewers, Professor an der Universität Münster, für seine Beteiligung an der koordinierenden Endredaktion der meisten Check-Listen hervorheben sowie den Mitautor Herrn Dr. Maximilian Gege, geschäftsführendes Vorstandsmitglied von B.A.U.M., für seine beratende Mitwirkung in der Startphase des Buchprojektes.

Einen herzlichen Dank verdienen auch Frau Iris Siedler für manche Überstunde bei der praktischen Realisierung des Buches sowie alle, die als Übersetzer, Lektoren oder durch Informationseinholung, Sekretariatsarbeiten oder sonstige Hilfeleistung zur Entstehung des Buches beigetragen haben.

Den Umweltausschüssen des Deutschen Industrie- und Handelstages (DIHT) und des Verbandes Deutscher Maschinen- und Anlagenbau (VDMA) bin ich für manche wichtige Information ebenso verbunden wie dem Bundesdeutschen Arbeitskreis für umweltbewußtes Management (B.A.U.M.) und dem International Network for Environmental Management (INEM).

Mein Bruder und Mitgesellschafter, Herr Dipl.-Kfm. Ernst Michael Winter, und ich danken Herrn Dr. Maximilian Gege, der während mehrerer Jahre u. a. Umweltbeauftragter des Unternehmens war, für seine intensive Mitwirkung an der praktischen Umsetzung und

Fortentwicklung des Integrierten Systems umweltorientierter Unternehmensführung einschließlich der Pilotprojekte.

Zu Dank verpflichtet für ihr fachliches Engagement sind wir auch dem Umweltbeauftragten des Hauses Winter, Herrn Franz Kreutz, und dem Leiter der Abteilung Umwelttechnik, Herrn Dr. Dieter Hörding. Auch danken wir den Direktoren und weiteren Führungskräften, dem Betriebsarzt, den Mitarbeitern von Forschung und Entwicklung und der Unterhalts- und Hilfsbetriebe einschließlich der Sicherheitsfachkräfte, den Meistern in der Lehrwerkstatt, dem Verantwortlichen für das Verbesserungs-Vorschlagswesen sowie den weiteren mit betrieblichen Umweltschutzaufgaben befaßten Mitarbeitern – besonders auch aus dem Personalbereich und dem Betriebsrat. Unser Dank schließt alle Mitarbeiterinnen und Mitarbeiter ein, die an ihrem Arbeitsplatz Qualität auch in Form von Umweltqualität verwirklichen.

Meiner Frau Bettina Winter sowie meinen Kindern Benjamin, Elisa-Maraike, Lorenz, Johannes und Evamaria danke ich für das Verständnis, mit dem sie an vielen Abenden, Wochenenden und Urlaubstagen auf mich verzichtet haben.

Hamburg, 21. April 1992 *Georg Winter*

Einführung

Vor dem Hintergrund gravierender Umweltschäden (1.) veranlaßte die EG die Verbreitung dieses Buches (2.), das sich an mehrere Zielgruppen wendet (3.), den Dialog mit dem Leser sucht (4.), die drängendsten Fragen der Praxis beantwortet (5.), in der vorliegenden Auflage zwölf Kernaussagen trifft (6.) und den Unternehmer zur Tat ermutigt (7.).

1. In den EG-Staaten entsprechen die jährlichen Umweltschäden nach einer überschlägigen Schätzung mindestens dem Bruttosozialprodukt des Landes Belgien. Hinzu kommen jene Schäden, die nicht in Geld auszudrücken, aber als ebenso schwer, wenn nicht als schwerer zu gewichten sind.

Die Industrie gehört neben der Energiewirtschaft, dem Verkehr, der Landwirtschaft und den Privathaushalten zu den Verursachern der Umweltschäden. Zur Verbesserung der Umweltsituation muß deshalb auch und gerade bei der Industrie angesetzt werden.

Zwar versorgt die Industrie die Bevölkerung mit lebensnotwendigen Gütern und kann diese Aufgabe ohne jede Umweltbelastung nicht erfüllen. Auch ist es der Industrie in bemerkenswerter Weise gelungen, das Verhältnis zwischen Wertschöpfung und Umweltbelastung laufend zu verbessern.

Die Umweltkatastrophen von Seveso, Bhopal, Tschernobyl und Basel haben jedoch wie Paukenschläge zum Bewußtsein gebracht, daß umweltorientierte Unternehmensführung zu einer Existenzfrage unserer Zivilisation geworden ist. Dabei sind die Schadenswirkungen dieser spektakulären Einzelfälle noch gering im Verhältnis zur Summe derjenigen Schäden, die laufend von einer großen Zahl kleinerer Schadstoffquellen – durchaus im Rahmen der gesetzlichen Grenzwerte – verursacht werden. Diese – das eigentliche Problem darstellenden – „Alltagsschäden" könnten erheblich verringert werden, wenn eine umweltorientierte, freiwillig über die gesetzlichen Anforderungen hinausgehende Unternehmensführung zur allgemeinen industriellen Praxis werden würde.

2. Folgerichtig appellierte die Kommission der Europäischen Gemeinschaften im Umweltjahr 1987/88 an die Führungskräfte der In-

dustrie, die Unternehmensführung verstärkt an Umwelterfordernissen auszurichten. Mit der ersten Auflage dieses Buches legte die Gemeinschaft die erste umfassende Veröffentlichung zu jenem zentralen Thema der Umweltvorsorge und Marktwirtschaft vor.

Wer bis dahin entschlossen war, das Unternehmen nicht nur erfolgreich, sondern auch umweltbewußt zu führen, stand vor kaum überwindlichen Schwierigkeiten. Es gab zahlreiche Erfahrungen mit Einzelproblemen und interessante – zumeist umwelttechnische oder marketingbezogene – Insellösungen.

Was der internationalen Geschäftswelt jedoch fehlte, war ein alle Unternehmensbereiche systematisch abdeckendes und in der Praxis erprobtes ökologisch-ökonomisches Gesamtkonzept einschließlich konkreter Handlungsempfehlungen für die einzelnen Unternehmenssektoren. Diese Lücke wurde durch die Entwicklung des Integrierten Systems umweltbewußter Unternehmensführung und durch seine Veröffentlichung in Buchform geschlossen.

3. Auch Unternehmen in Schwellenländern und Entwicklungsländern können aus den Empfehlungen für umweltorientierte Unternehmensführung Nutzen ziehen. Das ist einer der Hauptgründe für das Interesse des United Nations Environment Programme (UNEP) an einer weiten Verbreitung dieses Buches.

Mit wenigen Ausnahmen sind die Empfehlungen des Buches praktisch erprobt. Die meisten Anregungen lassen sich in die Unternehmenspraxis unabhängig davon umsetzen, welcher Branche das Unternehmen angehört oder wie groß es ist. Auch gerade kleine und mittlere Unternehmen können Nutzen aus dem im mittelständischen Bereich entwickelten Konzept ziehen.

Das Buch wendet sich vor allem an Unternehmer/innen und Manager/innen, darüber hinaus an Verantwortliche der Öffentlichen Verwaltung, an Umwelt-, Sozial- und Wirtschaftspolitiker/innen sowie an alle in der Wirtschaft oder für die Wirtschaft tätigen Mitbürger/innen.

Wichtige Erkenntnisse und Ratschläge enthält das Buch aber auch für die privaten Haushalte, letztlich also für jeden einzelnen, der sich für die Zukunft Europas mitverantwortlich fühlt und bereit ist, sich unter Ausschöpfung seiner staatsbürgerlichen, beruflichen oder privaten Einflußmöglichkeiten für den Umweltschutz einzusetzen.

4. Die in diesem Buch enthaltenen Informationen und Empfehlungen wurden von anerkannten Fachleuten unter Anwendung gesicherter Erfahrung und größter Sorgfalt zusammengestellt. Die Verwer-

tung der Informationen sowie die Verwirklichung der Empfehlungen – u. a. technischer Art – und alle sich daraus ergebenden Folgen unterliegen jedoch der ausschließlichen Verantwortung ihres Nutzers und lösen keine Haftung der Autoren, der Mitarbeiter an dem Buch, des Herausgebers oder des Verlages aus.

Jeder Leser ist eingeladen, Vorschläge zur Ergänzung, Berichtigung, Adaptierung und Aktualisierung oder auch kritische Stellungnahmen an die Autoren der jeweiligen Kapitel zu senden. Umgekehrt sind die Autoren gern bereit, dem Leser zusätzliche Informationen, u. U. auch professionelle Hilfestellung zu geben. Das Buch soll keine „Einwegverpackung mit geistigem Inhalt", sondern eine Brücke für lebendige Kontakte sein. Leser, die die Einladung zum Dialog annehmen, finden die Adressen im Autorenverzeichnis (Anhang II.).

5. Aus der Fülle der Fragen, die das Buch beantwortet, seien beispielhaft folgende genannt:

- Welche Umweltschutzmaßnahmen führen schnell und ohne nennenswerte Investitionen zur Verminderung von Kosten und damit zur Ertragsverbesserung?
- Durch welche Umweltschutzmaßnahmen kann der sich laufend verschärfenden Umwelthaftung des Unternehmens und seiner Führungskräfte vorgebeugt werden?
- Wie kann sich das Unternehmen rechtzeitig auf die Risiken und Chancen einstellen, die sich aus einer rasch zunehmenden Nachfrage nach umweltschonenden Produktalternativen entwickeln?
- Gibt es ein praktisch erprobtes System, das die Ausrichtung aller Unternehmensbereiche am Umweltgedanken erlaubt, ohne den Unternehmenserfolg zu gefährden?

6. Die 12 Kapitel des Buches lassen sich in folgenden Kernaussagen zusammenfassen:

1. Kapitel Umweltorientierte Unternehmensführung ist nicht nur für die menschliche Gesellschaft, sondern auch für das einzelne Unternehmen notwendig.

2. Kapitel Im Kreuzfeuer der umweltbewußten Akteure eines gewandelten gesellschaftlichen Umfeldes ist für den Unternehmer umweltorientierte Unternehmensführung die erfolgversprechende Antwort.

3. Kapitel Bereits 1984/85 konnte ein mittelständisches Pionierunternehmen umweltorientierte Unternehmensführung nach Integriertem System unter gleichzeitiger Förderung seines wirtschaftlichen Erfolges verwirklichen.

4\. Kapitel — Umweltorientierte Unternehmensführung fördert das Selbstverständnis des Unternehmers, die Erfolgschancen des Führungsteams, die Zusammenarbeit mit der Belegschaft, die einzelnen Führungsbereiche sowie die Öffentlichkeits- und Verbandsarbeit.

5\. Kapitel — Check-Listen für die verschiedenen Funktionsbereiche des Unternehmens sind neben Unternehmensbeispielen und -befragungsergebnissen eine praxisnahe Richtschnur für die Implementierung umweltorientierter Unternehmensführung.

6\. Kapitel — Umweltorientierte Unternehmensführung wird sich auch in den neuen Bundesländern verwirklichen und kann bei zunehmender Verbreitung dem gesamten Europa einen hohen ökologischen, medizinischen, sozialen, kulturellen und ökonomischen Nutzen verschaffen.

7\. Kapitel — Der Bundesdeutsche Arbeitskreis für umweltbewußtes Management (B.A.U.M.), zu dem sich 400 Unternehmen aller Größen und Branchen zusammengeschlossen haben, leistet Pionierarbeit und Praxishilfe.

8\. Kapitel — B.A.U.M. und Schwesterorganisationen, die in mehreren europäischen und außereuropäischen Ländern entstanden, schlossen sich mehrheitlich zum International Network for Environmental Management (INEM) mit globaler Zielsetzung zusammen.

9\. Kapitel — Die Bewegung für umweltorientierte Unternehmensführung wird auf internationaler Ebene von zahlreichen staatlichen Organisationen und nichtstaatlichen Industrieorganisationen gefördert oder zumindest beeinflußt.

10\. Kapitel — Die Unternehmen werden immer häufiger und ernsthafter mit Kodizes konfrontiert, in denen Industrieverbände, Bürgerinitiativen, Religionsgemeinschaften oder staatliche Institutionen ihre Anforderungen an umweltorientierte Unternehmensführung definieren.

11\. Kapitel — Die ganzheitlich umweltorientierte Unternehmensführung bedarf zu ihrer vollen Entfaltung einer ganzheitlich umweltorientierten Staatsführung.

12\. Kapitel — Gemessen an der rasch zunehmenden Zahl in- und ausländischer Quellen dürfte die umweltorientierte Unternehmensführung in den 90er Jahren zum wichtigsten

Thema der Betriebswirtschaft und Managementlehre werden.

Epilog Neben Totalrecycling, Exklusivnutzung regenerativer Energie und Einschränkung der Bevölkerungsexplosion erscheint die Befreiung der menschlichen Seele von naturwidrigen Zivilisationszwängen und Konsumbedürfnissen als kaum zu verwirklichende aber einzig Rettung versprechende Vision.

7. Das Buch will den Unternehmer zur Tat ermutigen. Ein Unternehmer oder Manager, der die Existenz und Rentabilität seines Unternehmens langfristig sichern will, ist heute gezwungen, umweltorientierte Unternehmensführung in „Angriff zu nehmen". Umweltorientierte Unternehmensführung ist aber auch eine Frage des Lebensgefühls und der Arbeitsfreude. Wer die Arbeit in dem Bewußtsein leisten darf, nicht mehr in gleichem Maße wie zuvor auf Kosten der Umwelt, der persönlichen Gesundheit, der eigenen Kinder und zukünftiger Generationen zu wirtschaften, wird die Erfahrung machen, daß ihn die Arbeit mehr befriedigt.

Umweltorientierte Unternehmensführung bedeutet Beteiligung an einem historischen Rettungswerk zur Bewahrung oder Wiederherstellung unserer natürlichen Lebensgrundlagen. Dieser zusätzliche, über den bloßen Erwerbszweck hinausgehende Sinn der Arbeit kann im Menschen ungeahnte zusätzliche Leistungskräfte erwecken. Insofern ist umweltorientierte Unternehmensführung eine gute Voraussetzung für erfolgreiche Unternehmensführung.

Hamburg, den 21. April 1992 *Georg Winter*

1. Kapitel
Umweltorientierte Unternehmensführung als gesellschaftliche und betriebliche Notwendigkeit

Jedes Jahr führen Umweltschäden in Europa zu Milliardenverlusten sowie zur Vernichtung unwiederbringlicher Werte, die sich nicht in Geld ausdrücken lassen (A.). Darin liegt eine Herausforderng an die Industrie, die Wiederherstellung der schwer geschädigten Umwelt mit dem gleichen Elan zu betreiben wie den wirtschaftlichen Wiederaufbau nach dem letzten Weltkrieg (B.). Diese Herausforderung kann nicht ohne umweltorientierte Unternehmensführung gemeistert werden, die aus mehreren Gründen auch im unmittelbaren eigenen Interesse der Unternehmen liegt (C.).

A. Europas Milliardenverluste durch Umweltzerstörung

Obwohl in manchen Gebieten der Bundesrepublik Deutschland das Baumsterben auch für den Laien unübersehbar geworden ist, obwohl Siedlungen geräumt werden müssen, weil sie auf einer „Altlast" stehen, obwohl Flüsse so vergiftet werden, daß in ihnen praktisch kein Leben mehr existiert, engagieren sich zu wenige Bürger nachhaltig für eine Verbesserung der Lage. Die meisten Menschen gehen immer wieder zur (oft wenig umweltschonenden) Tagesordnung über, wenn die fettesten Schlagzeilen aus den Zeitungen verschwunden sind. Deshalb haben Wissenschaftler/innen inzwischen versucht, das Ausmaß der Umweltschäden, die durch tagtägliches Produzieren und Konsumieren verursacht werden, in die heute wohl allgemeinverständlichste Sprache, nämlich die des Geldes, zu übersetzen.

In der folgenden Schadensrechnung sind noch zahlreiche Schadenssachverhalte nicht berücksichtigt, weil sie entweder nicht sinnvoll in Geldgrößen übersetzt werden können, oder weil bislang das ökologische Wissen fehlt, das ihre Quantifizierung – geschweige denn Monetarisierung – erlauben würde.

Die ökologische Schadensbilanz aus dem Jahre 1985 für die Bundesrepublik Deutschland umfaßt z. B. die folgenden Positionen (vgl. Lutz Wicke, Die ökologischen Milliarden, München 1986, S. 123):

Schadenspositionen	Schadenskosten (in Milliarden DM pro Jahr; Stand 1986)
Luftverschmutzung	rund 48,0* Milliarden Mark
– Gesundheitsschäden	– über 2,3–5,8
– Materialschäden	– über 2,3
– Schädigung der Freilandvegetation	– über 1,0
– Waldschäden	– über 5,5–8,8
Gewässerverschmutzung	weit über 17,5 Milliarden Mark
– Schäden im Bereich Flüsse und Seen	– über 14,3
– Schäden im Bereich Nord- und Ostsee	– weit über 0,3
– Schäden im Bereich Grundwasser	– über 3,0
Bodenzerstörung	weit über 5,2 Milliarden Mark
– Tschernobyl und „Tschernobyl-Vermeidungskosten“	– über 2,4
– Altlastensanierung	– über 1,7
– Kosten der Biotop- und Arterhaltung	– über 1,0
– „Erinnerungsposten“ sonstige Bodenkontaminationen	– weit über 0,1
Lärm	über 32,7 Milliarden Mark
– Wohwertverluste	– über 29,3
– Produktivitätsverluste	– über 3,0
– „Lärmrenten“	– über 0,4
Summe der Schäden	weit über 103,5 Milliarden Mark

* Diese 48 Milliarden DM sind (offensichtlich) nicht als Summe der darunter aufgeführten einzelnen Positionen von Schäden durch Luftverschmutzung ermittelt worden. Es handelt sich vielmehr um das auf die Bundesrepublik Deutschland hochgerechnete Ergebnis einer repräsentativen Berliner Haushaltsbefragung zur Zahlungsbereitschaft für eine Verbesserung der Luftgüte. Solche Zahlungsbereitschaften können auch als Maß für den Nutzenentgang durch Luftverschmutzung interpretiert werden. Sie gehen über die direkte feststellbaren Schäden weit hinaus, weil sie auch Wohlbefindensminderungen enthalten.

Nicht erfaßt, weil nicht in Geldgrößen übersetzbar, wurden z. B. die meisten Beeinträchtigungen des Wohlbefindens vieler Menschen etwa durch Müllberge, Gerüche, Geräusche und zersiedelte Landschaften, durch Krankheit und Angst vor Erkrankung und durch Leid aufgrund vorzeitigen Verlustes von Angehörigen. Auch der Umstand, daß zahlreiche Menschen Wert darauf legen, bestimmte Naturgebiete in ihrem ursprünglichen Charakter zu bewahren oder bestimmte Pflanzen- und Tierarten im Eigeninteresse oder zugunsten

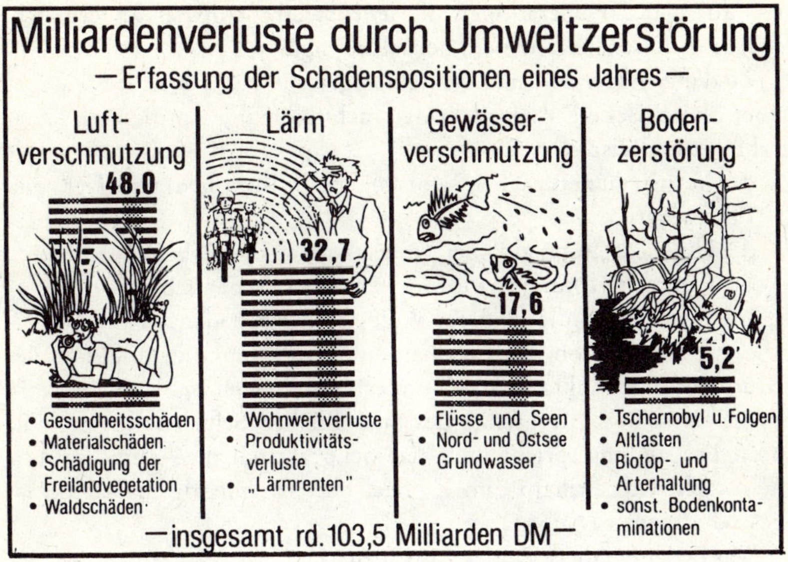

Abb. 1: Viele Umweltschäden nicht zu beziffern (L. Wicke, 1986)

Die jährlichen Umweltschäden in der Bundesrepublik Deutschland wurden nach ökologischen Schadensbilanzen aus dem Jahre 1985 mit wenigstens 103,5 Milliarden DM beziffert. Das entsprach annähernd 6 Prozent des Bruttosozialproduktes. Anfang der neunziger Jahre lag die Größenordnung bei ca. 120 Milliarden DM. Neuere Untersuchungen des Umweltbundesamtes haben ergeben, daß diese Größenordnung die absolute Untergrenze der Umweltschäden in Deutschland – ohne die Schäden in den sehr stark belasteten neuen Bundesländern – darstellt. Dabei bleiben solche Belastungen unberücksichtigt, die gar nicht in finanziellen Kategorien zu fassen sind, wie etwa die Beeinträchtigung des menschlichen Wohlbefindens durch Müllberge, zersiedelte Landschaften, Krankheit oder Angst vor Krankheit. Zahlreiche Schäden können mangels ökologischen Wissens heute noch nicht quantifiziert werden, wie zum Beispiel der Verlust von natürlichen Lebensräumen, Tier- und Pflanzenarten, die Überschreitung globaler Verträglichkeitsschwellen oder die Langzeitwirkung verschiedener Schadstoffe.

nachfolgender Generationen als lebenswerte Umwelt zu erhalten, wurde in diesen Ziffern nicht berücksichtigt.

Zu den Schäden, die man heute mangels des erforderlichen Wissens über ökologische Zusammenhänge nicht einmal quantifizieren kann, zählen zum Beispiel

- der Verlust an natürlichen Lebensräumen (Biotopen) und Tier- und Pflanzenarten,
- die Überschreitung globaler Verträglichkeitsschwellen und
- die Langzeitwirkung an die Umwelt abgegebener Schadstoffe.

Insofern dürfte die in der „ökologischen Schadensbilanz" ausgewiesene Summe von 103,5 Milliarden Mark (immerhin rund 6% des Bruttosozialprodukts in der Bundesrepublik Deutschland im Jahre 1984) nur eine Untergrenze des tatsächlichen Schadens bilden. Für diese Feststellung spricht auch, daß bei praktisch allen Einzelpositionen nach dem Prinzip „im Zweifel eher zu niedrig als zu hoch" geschätzt wurde (Abb. 1).

Was bedeuten diese Zahlen für Europa?

Eine vergleichbare ökologische Schadensbilanz, wie sie Wicke für die Bundesrepublik Deutschland zusammengestellt hat, gibt es in anderen EG-Staaten noch nicht. Die bekannte Aussage der OECD-Umweltminister aus dem Jahre 1979: „In den OECD-Staaten betragen die jährlichen Umweltschäden zwischen drei und fünf Prozent des Bruttosozialproduktes" war nur eine grobe Schätzung, die bis heute noch nicht durch eine Analyse untermauert wurde.

Dort, wo in der Tat Schäden aus der Luft- und/oder Gewässerverschmutzung errechnet wurden (etwa für die USA, die Niederlande oder Frankreich), lagen die addierten Schadenssummen weit unter drei Prozent des Bruttosozialproduktes (vgl. OECD, International Conference: Environment and Economics, Paris 1984, Volume II, S. 73). Allerdings muß dies nicht heißen, daß die tatsächlichen Umweltschäden (oder auch nur die Untergrenze einer entsprechenden Schadensschätzung) in den anderen EG-Staaten wesentlich niedriger wären als in der Bundesrepublik Deutschland. Die als Umweltschäden ermittelten Sozialproduktanteile in den erwähnten ausländischen Studien sind zunächst einfach deshalb niedriger, weil systematische Versuche zur Einbeziehung möglichst aller Schadenspositionen in eine monetäre Bilanz für diese Staaten bislang nicht unternommen wurden.

Zwar darf man die deutschen Anteilswerte nicht schematisch auf andere EG-Staaten übertragen. Die Bundesrepublik Deutschland hat nämlich eine überdurchschnittliche Bevölkerungs- und Industriedichte. Ob deshalb jedoch der Anteil der Schäden am Bruttosozialprodukt in den anderen EG-Staaten wesentlich niedriger ist als in der Bundesrepublik, muß bezweifelt werden. Denn andererseits hat die höhere Industrie- und Bevölkerungsdichte in der Bundesrepublik Deutschland auch bewirkt, daß die Unternehmen frühzeitiger und intensiver Maßnahmen zur Vermeidung von schädigenden Emissionen ergriffen haben als das im Durchschnitt der anderen EG-Staaten der Fall war.

Mag nun die in Geld ausgedrückte Untergrenze der jährlichen ökologischen Schäden EG-weit vier, fünf oder sechs Prozent des EG-Sozialproduktes betragen – alarmierend ist das Ergebnis in jedem Falle: Selbst bei nur vier Prozent handelt es sich immerhin um eine Größenordnung, die etwa dem Bruttosozialprodukt des Landes Belgien entspricht. Umweltschäden von einem derartigen Ausmaß können – ganz abgesehen von ökologischen und ideellen Erwägungen – schon aus rein ökonomischen Gründen von den Völkern der europäischen Staaten in Zukunft nicht mehr hingenommen werden.

B. Eine Herausforderung für Europas Wirtschaft

Nach den Zerstörungen des Zweiten Weltkrieges hat die unternehmerische Wirtschaft der europäischen Staaten ihre historische Aufgabe des Wiederaufbaus erkannt und bewältigt. Die schwer getroffenen Völker Europas schufen sich durch wirtschaftliche Tatkraft nicht nur eine gesicherte Existenzgrundlage, sondern darüber hinaus einen materiellen Lebensstandard, der sich im weltweiten Vergleich sehen lassen kann.

Auch heute sind wir Opfer einer tiefgreifenden Zerstörung, nämlich der unserer natürlichen Umwelt. Die Schadstoffbelastung der Atemluft und die fortschreitende Vergiftung von Boden und Wasser sind zwar weniger augenfällig als städtische Trümmerfelder und verwüstete Landstriche, aber ihre langfristigen Schadenswirkungen haben vergleichbaren Umfang. Heute steht die unternehmerische Wirtschaft der Länder Europas vor einer neuen historischen Herausforderung.

Nunmehr geht es darum, unter Wahrung eines annehmbaren Lebensstandards für die gesamte Bevölkerung der europäischen Staaten die Funktionsfähigkeit der natürlichen Umwelt – und damit die Existenzgrundlage auch des Menschen – zu erhalten bzw. wieder herzustellen. Die umwelttechnische Industrie der europäischen Staaten gehört zu den leistungsfähigsten in der Welt und wird – wenn sie ernsthaft gefordert wird – zur Bewältigung dieser Aufgabe einen entscheidenden Beitrag leisten.

Wie nach dem Zweiten Weltkrieg der Wiederaufbau unserer zerstörten Volkswirtschaften maßgeblich durch die Marktwirtschaft gefördert wurde, so brauchen wir auch für die Wiederherstellung der schwer geschädigten Umwelt die dynamischen Kräfte des marktwirtschaftlichen Wettbewerbs. Was uns bisher noch fehlt, sind Politiker, welche die Rahmenbedingungen unserer Marktwirtschaft so verändern, daß maximaler wirtschaftlicher Erfolg nur auf dem Wege maximaler Umweltverträglichkeit von Produkten und Dienstleistungen erzielbar ist. Umweltschonendes Wirtschaften muß sich ökonomisch lohnen. Dann werden die dynamischen Kräfte des Wettbewerbs in Richtung auf eine Wiederherstellung der Umwelt wirken. Zahlreiche neue Arbeitsplätze könnten im Rahmen der Wiederherstellung der Umwelt geschaffen werden.

In der Bundesrepublik Deutschland beginnen die Unternehmen, die Wiederherstellung der Umwelt als Zukunftsaufgabe zu entdecken. Auch in anderen europäischen Staaten fangen Unternehmen an, sich auf die Zeichen der Zeit einzustellen.

C. Bekenntnis zur umweltorientierten Unternehmensführung

Die europäische Wirtschaft kann ihre neue Aufgabe, einen entscheidenden Beitrag zur Wiederherstellung der schwer geschädigten Umwelt zu leisten, nur dann erfüllen, wenn auch die einzelnen Unternehmen sich am Umweltgedanken orientieren.

I. Gründe für umweltorientierte Unternehmensführung

Sechs gewichtige Gründe sind es, die jeden verantwortungsbewußten, aber auch das eigene Interesse im Auge behaltenden Unternehmer oder Manager veranlassen sollten, mit dem von ihm geleiteten Unternehmen umweltorientierte Unternehmensführung zu praktizieren:

- Ohne umweltbewußte Unternehmen keine umweltbewußte Wirtschaft – und ohne umweltbewußte Wirtschaft kein menschenwürdiges Überleben.
- Ohne umweltbewußte Unternehmen kein öffentlicher Konsens mit

dem Unternehmertum – und ohne öffentlichen Konsens mit dem Unternehmertum keine Marktwirtschaft.

- Ohne umweltbewußte Unternehmensführung Verlust rasch wachsender Marktchancen und Risiko einer Umwelthaftung in Millionenhöhe mit Gefährdung des Unternehmens samt seiner Arbeitsplätze.
- Ohne umweltbewußte Unternehmensführung verschärftes Haftungsrisiko für Vorstände, Direktoren, Abteilungsleiter und weitere Mitarbeiter mit Gefährdung des Arbeitsplatzes und zukünftiger Berufschancen.
- Ohne umweltbewußte Unternehmensführung Verzicht auf zahlreiche Chancen zur Kostenverminderung.
- Ohne umweltbewußte Unternehmensführung kein Bestand vor dem eigenen Gewissen – und ohne Bestand vor dem eigenen Gewissen keine volle Identifikation mit dem Beruf.

II. Philosophie umweltorientierter Unternehmensführung

Der Gedanke umweltorientierter Unternehmensführung kann die Unternehmensphilosophie bereichern und stärken und dadurch gleichzeitig der Erreichung der klassischen Unternehmensziele – soweit sie sich nicht gegen die Umwelt richten – Vorschub leisten.

Die entscheidenden Grundsätze, auf denen der langfristige Erfolg eines verantwortungsvoll geführten Unternehmens beruht, sind Qualität, Kreativität, Humanität, Rentabilität, Kontinuität und Loyalität. Alle sechs Grundsätze können besser erfüllt werden, wenn die Unternehmensführung sich am Umweltgedanken orientiert:

- Qualität und Umweltschutz
  Qualitativ hochwertig ist ein Produkt nur dann, wenn es umweltschonend hergestellt wird und ohne Verursachung von Umweltschäden benutzt und entsorgt werden kann.
- Kreativität und Umweltschutz
  Die Kreativität der Mitarbeiter wird durch Arbeitsbedingungen gefördert, die auf die biologischen Bedürfnisse des Menschen Rücksicht nehmen, wie z. B. möglichst lärmarmer Arbeitsplatz, gesundes Raumklima, ergonomische Büromöbel und vitaminreiche Kantinenverpflegung.
- Humanität und Umweltschutz
  An humanem Gehalt gewinnt das Betriebsklima dadurch, daß Ziele, Strategien und Maßnahmen des Unternehmens sich nicht nur

am ökonomischen Erfolg, sondern auch an der Verantwortung gegenüber allem Leben ausrichten.

- Rentabilität und Umweltschutz
  Die Rentabilität kann durch kostensenkende Umweltschutzmaßnahmen, z. B. Rohstoff-, Energie- und Wassersparprogramme, sowie durch Ausschöpfung der Marktchancen für umweltschonende Produkte erhöht werden.
- Kontinuität und Umweltschutz
  Für die Kontinuität des Unternehmens wird es immer wichtiger, den Haftungsrisiken aus dem sich laufend verschärfenden Umweltrecht sowie den Marktrisiken aus einer verringerten Nachfrage nach umweltbelastenden Produkten vorzubeugen.
- Loyalität und Umweltschutz
  Loyal gegenüber den Gesetzen und Aufgaben des Staates können die Manager und Mitarbeiter letztlich nur dann sein, wenn sie mit dem Herzen an ihrem Staate hängen, was aber nur möglich ist, solange das Heimatland nicht durch Umweltzerstörung sein Gesicht verloren hat.

III. Ausgangsbedingungen umweltorientierter Unternehmensführung

Will ein Unternehmer Ernst mit dem Umweltschutz machen, so braucht ihm dabei das Unternehmen nicht im Wege zu stehen. Vielmehr lassen sich dessen Beziehungen und Möglichkeiten geradezu als Werkzeug des Umweltschutzes einsetzen.

Ein Unternehmen, welches das Ziel eines angemessenen Gewinns nicht verleugnet, kann sich trotzdem gleichzeitig als Speerspitze des Umweltschutzes verstehen. Indem es sich als „Umweltschutz-Organisation“ engagiert, kann es die Arbeit anderer Umweltschutz-Organisationen sinnvoll ergänzen. Denn es verfügt über besonders günstige Startbedingungen:

- Dem Unternehmen stehen besondere – zum Teil internationale – Informationskanäle zu Gebote.
- Das Unternehmen besitzt direkte Einflußmöglichkeiten auf Kammern und Industrieverbände.
- Ein Unternehmen, das sich für umweltorientierte Unternehmensführung einsetzt, kann, wenn es erfolgreich ist, nicht mit dem Vorwurf mangelnden wirtschaftlichen Verständnisses mundtot gemacht werden.

- Das Unternehmen unterliegt – da es überparteilich ist – keinen politischen Reibungsverlusten.
- Die Effektivität eines professionellen – in Zielvorgabe und Erfolgskontrolle geübten – Managements kann auf den Umweltbereich ausgedehnt werden.
- Die Belegschaft stellt einen „repräsentativen Bevölkerungsquerschnitt im Hause" dar, der für umweltorientierte Pilotprojekte (z. B. „Umweltberatung für Haushalte") prädestiniert ist.
- Umweltinitiativen der Unternehmensführung erhalten einen Vertrauensvorschuß auch bei solchen Mitarbeitern, die sonst dem Umweltschutz gegenüber skeptisch eingestellt sind.
- Die Kreativität der Mitarbeiter wird (z. B. durch das Verbesserungsvorschlagswesen) auch für den Umweltbereich fruchtbar gemacht.
- Durch den ökologisch-ökonomischen Dialog im Hause wird die Konzipierung praxisnaher Umweltschutz-Pilotprojekte (z. B. „Erfinderbörse Umweltschutz") gefördert.
- Das Unternehmen verfügt vielfach über ein Spektrum von Spezialisten, die ihre Fachkenntnisse auch im Rahmen von Umweltschutz-Pilotprojekten kombinieren können.

2. Kapitel
Umweltorientierte Unternehmensführung als Antwort auf ein gewandeltes Umfeld

Die rasche Veränderung des unternehmerischen Umfeldes erhellt aus allgemeinen Meinungsumfragen (A.) und aus der gezielten Betrachtung jener Bevölkerungsgruppen, mit denen die Unternehmen in der Regel in Beziehung treten (B.).

A. Der gesellschaftliche Wandel im Spiegel von Meinungsumfragen

Ende 1988 bezeichneten nach einer Umfrage der Gesellschaft für Konsumforschung (GfK) 57 % der Bevölkerung Umweltprobleme als eine ihrer vordringlichen Sorgen – zusammen mit der Arbeitslosigkeit war Umweltschutz weit vor allen anderen Fragen damit Thema Nr. 1. Ozonloch, Waldsterben und Wasserverunreinigungen führen nach einer Allensbach-Umfrage des Jahres 1990 die „Hitliste" der Umweltängste der Bundesbürger (West) an (vgl. Abb. 2).

Kurzfristig wurde der intakte Aufwärtstrend der Umweltthematik durch die deutsche Wiedervereinigung gebrochen. Bei der Folgeumfrage der Gesellschaft für Konsumforschung im November 1989 verzeichneten Umweltprobleme nur noch 29 % Zustimmung. Vordringlich waren jetzt Fragen wie die Ost- und Deutschlandpolitik und die Wohnungsproblematik.

Aber bereits wenige Monate nach Öffnung der Grenzen zum Osten wurde klar, daß die dortigen Umweltprobleme beängstigend sind, und bei der Neustrukturierung der DDR-Wirtschaft Umweltfragen oberste Priorität haben müssen. 98 % der DDR-Bürger gaben denn auch 1989 effektiveren Umweltschutz neben dem Wunsch nach Demokratisierung auf ihrer Wunschliste ganz oben an. Dies wird die Sensibilität für Umweltprobleme in Ost und West weiter stärken.

Auch im europäischen Maßstab nimmt die Umweltsensibilität zu. Bis zu 87 % der Befragten einer Emnid-Studie im Jahr 1988 bezeichneten den Umweltschutz als dringendes, nicht aufschiebbares Pro-

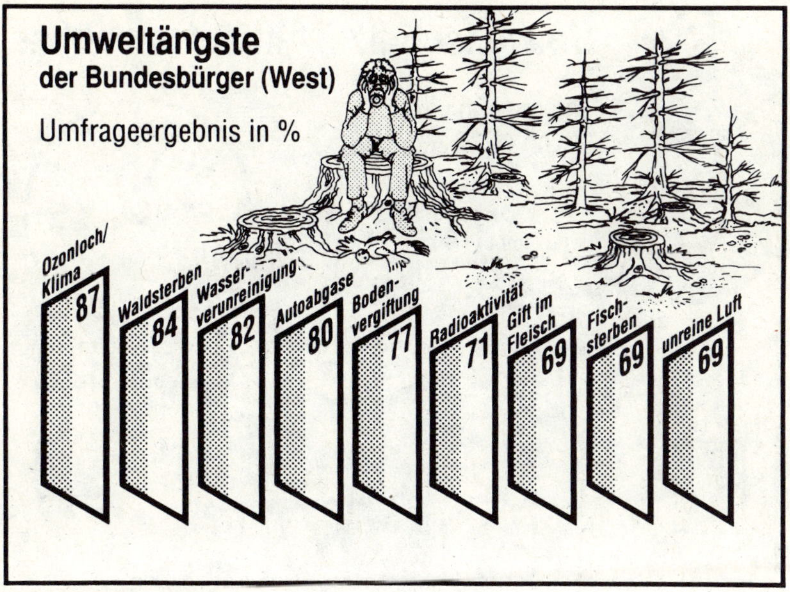

Abb. 2: Umweltängste der Bundesbürger (West) (Allensbach 1990)

Denken Bundesbürger an die Umwelt, so verbinden sie damit Sorgen und Ängste, denn die Schädigung und Zerstörung der menschlichen Lebensgrundlagen wird immer offensichtlicher. Angst verbreitet der Gedanke an das Ozonloch und die damit zusammenhängenden Klimaveränderungen. Aber auch die Verschmutzung von Wasser, Boden und Luft empfinden Bürger als bedrohlich.

Abb. 3: Umweltschutz nicht aufschiebbar (Emnid 1988)

Größtes Umweltbewußtsein unter Italienern
Über die Hälfte der EG-Bürger sieht den Umweltschutz als dringendes, nicht aufschiebbares Problem an. Das Umweltbewußtsein in den einzelnen Ländern ist allerdings unterschiedlich stark ausgeprägt. So zeigen Italiener nach dieser Befragung die größte Umweltsensibilität, Iren und Franzosen die geringste. Die Bürger der alten Bundesrepublik liegen im EG-Vergleich auf Platz 4. In der ehemaligen DDR wurde 1989 von fast jedem Befragten (98 Prozent) effektiver Umweltschutz neben dem Wunsch nach Demokratisierung als wichtigstes Ziel für die Umstrukturierung des Landes genannt.

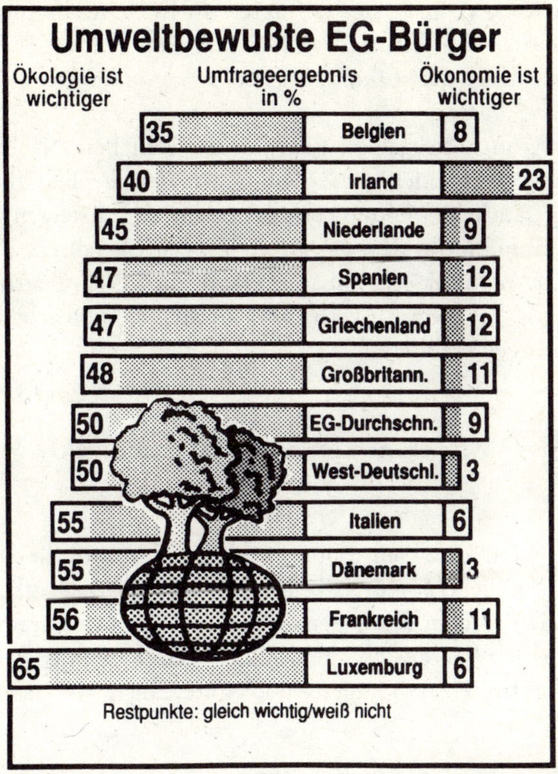

Abb. 4: Umweltbewußte EG-Bürger (Emnid 1988)

Im Konfliktfall für den Umweltschutz
Wie würden Sie im Konfliktfall entscheiden – für die Ökologie oder die Ökonomie? Im Durchschnitt gibt jeder zweite EG-Bürger dem Umweltschutz Vorrang, nur etwa jeder zehnte votiert für die Wirtschaft, fast jeder dritte sieht beides als gleich wichtig an, und nahezu jeder zehnte ist unentschlossen. Die meisten Unentschlossenen gibt es in Spanien. Dort hat sich ein Viertel der Bevölkerung noch keine Meinung zu diesem Thema gebildet. Dagegen teilen sich die Luxemburger in klare Lager ein (nur 1 Prozent Unentschlossene). Hier findet man auch die meisten Umweltschützer. Die stärkste Wirtschafts-Lobby kristallisiert sich – laut Umfrageergebnis – in Irland heraus.

blem (vgl. Abb. 3). 50% der Befragten im EG-Durchschnitt wollten im Konfliktfall dem Erhalt der Natur Vorrang vor der Wirtschaft einräumen, also die Ökologie der Ökonomie vorziehen (vgl. Abb. 4).

Es ist davon auszugehen, daß in den östlichen Nachbarstaaten ebenso wie in den anderen EG-Mitgliedstaaten der Handlungsdruck durch die öffentliche Meinung sehr viel schneller ansteigen wird als in der Bundesrepublik in den vergangenen zwanzig Jahren. Die derzeit in der Bundesrepublik erkennbaren Trends der gesellschaftlichen Entwicklung und des Konsumverhaltens werden sich innerhalb weniger Jahre europaweit etablieren.

B. Das Unternehmen im Kreuzfeuer umweltbewußter Akteure

Die gestiegene Umweltsensibilität betrifft und beeinflußt das gesamte unternehmerische Umfeld. Alle Partner innner- und außerhalb der Unternehmen sind in ähnlichem Maße wie die Gesamtbevölkerung umweltsensibel. Hieraus ergeben sich eine Reihe von Risiken, aber – für umweltaktive Unternehmen – auch gute Chancen.

I. Mitarbeiter und Nachwuchskräfte

Mitarbeiter geben ihre Umweltsensibilität, die sie im privaten Bereich auch aktiv praktizieren, nicht am Werkstor oder der Bürotür ab. Haben sie das Gefühl, Umweltschutz werde im Unternehmen nicht ernst genug genommen, geraten sie in Loyalitätskonflikte bis hin zur inneren oder tatsächlichen Kündigung.

Konfliktpotentiale in Richtung auf die eigene Familie und den Freundeskreis werden bei Mitarbeitern aufgebaut, die in bekanntermaßen umweltproblematischen Betrieben oder Branchen arbeiten, falls der individuelle Betrieb nicht deutlich macht, daß er aktiv und engagiert Umweltschutz im Unternehmen verwirklicht.

Das Meinungsspektrum von Führungsnachwuchskräften gewinnt angesichts der Knappheit an qualifiziertem und motiviertem Personal besondere Bedeutung. Eine Untersuchung der Apitz Image + Strategie GmbH, Düsseldorf, im Jahr 1989 hat ergeben, daß – ausgehend von einem überdurchschnittlich hoch entwickelten Problembewußtsein bei Betriebswirtschaftsstudenten vor Eintritt in das Berufsleben –

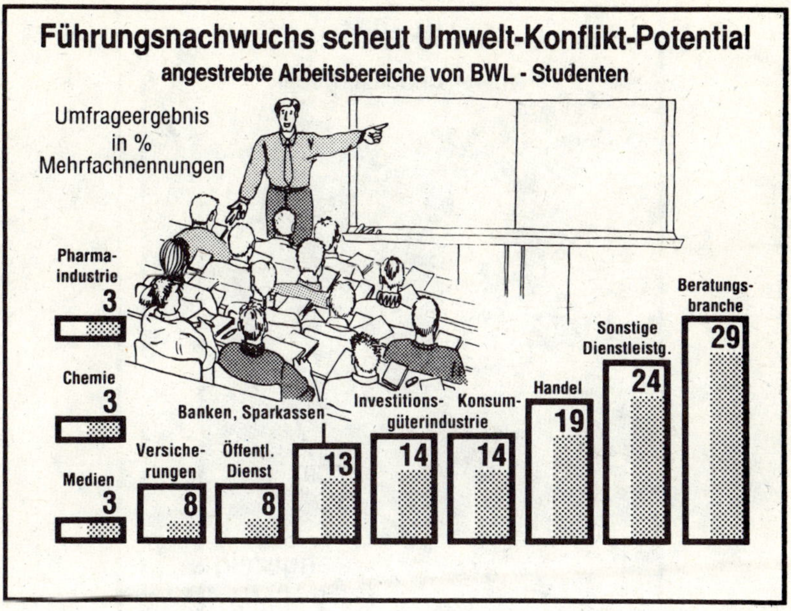

Abb. 5: Führungsnachwuchs scheut Umwelt-Konflikt-Potential (Apitz 1990)

Die Wahl des Arbeitsplatzes – zunehmend umweltorientiert?
Was kommt dabei heraus, wenn man Betriebswirtschaftsstudenten in höheren Semestern nach ihren angestrebten Arbeitsbereichen befragt? Die meisten erhoffen sich den Einstieg in den Dienstleistungsbereich, vor allem als Berater. Eine Karriere in der Industrie wird wesentlich seltener angestrebt, das Schlußlicht bilden Chemische und Pharmaindustrie. Fachleute sind der Meinung, daß sich dahinter eine Scheu vor dem Umwelt-Konflikt-Potential in der Industrie verbirgt und daß bei der Wahl des Arbeitsplatzes zunehmend Umweltgesichtspunkte berücksichtigt werden.

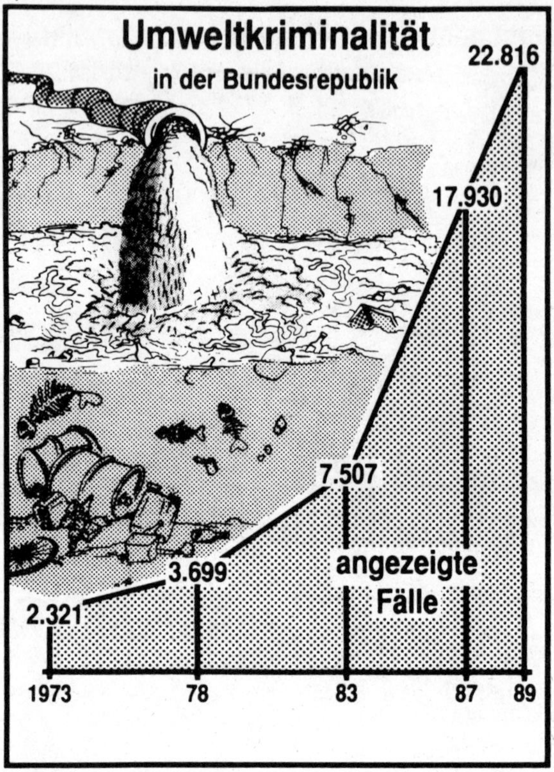

Abb. 6: Umweltkriminalität (BKA 1990)

Umweltdelikte werden zunehmend angezeigt
Umweltschädigendes Verhalten ist kriminell. Dieses Umweltbewußsein schlug sich 1973 erstmals in der Polizei-Statistik nieder, die seitdem Umweltdelikte gesondert erfaßt. Bis 1989 stieg die Zahl der jährlich angezeigten Fälle fast auf das Zehnfache. Hintergrund hierfür ist sicher auch eine gewachsene Umweltsensibilität in der Bevölkerung, so daß Gewässer- und Luftverunreinigungen, umweltgefährdende Abfallbeseitigung und unerlaubtes Betreiben von Anlagen häufiger als früher angezeigt werden. Dennoch dürfte die Dunkelziffer weitaus höher sein.

diese nur zu einem sehr geringen Teil noch in das produzierende Gewerbe oder speziell den Chemie- und Pharmabereich wollen, weil sie dort ein hohes Umwelt-Konflikt-Potential vermuten (vgl. Abb. 5). Stellenbewerber fragen sehr häufig eindringlich nach dem Umwelt-Profil des ausschreibenden Unternehmens.

Umgekehrt zeigt sich, daß Unternehmen, die umwelt-positiv sind, auch in Zeiten der Hochkonjunktur und des Nachwuchskräftemangels leichter qualifiziertes Personal finden und sich das Umweltengagement des Unternehmens auch auf die Motivation und die Leistungsbereitschaft der Mitarbeiter positiv auswirkt.

II. Nachbarn und Standortgemeinden

Besonders wirkt sich die allgemeine Umweltsensibilität bei den unmittelbaren Nachbarn in den Standortgemeinden von Unternehmen aus. Nachbarn sind sehr sensibel gegenüber Umweltbelastungen durch die laufende Produktion und eventuelle Störfälle geworden.

Das früher positive Bild „Der Schornstein raucht“ ist heute negativ besetzt. Bürgerinitiativen als politisches Instrument gegen „Umweltsünder“ werden gegründet, rechtliche Möglichkeiten in vollem Umfang ausgeschöpft.

In der ökologisch orientierten Literatur werden bereits Check-Listen veröffentlicht, die helfen sollen, auch in nicht öffentlichen Verwaltungsverfahren alle Möglichkeiten des „Einmischens“ auszunutzen. Auch von dem Instrument der Strafanzeige gegen Verantwortliche für Umweltbelastungen wird in starkem Maße Gebrauch gemacht, wie die jährlich um rund 15 % steigenden Zahlen der angezeigten Umweltdelikte verdeutlichen (vgl. Abb. 6).

Gemeinden tendieren dazu, in Bebauungspläne für Gewerbegebiete Vorschriften über die Umweltverträglichkeit anzusiedelnder Betriebe aufzunehmen, um ihre Bauleitplanung für den Bürger und die Gremien akzeptabel zu machen.

III. Verbraucher

Verbraucher werden bei ihren Kaufentscheidungen immer umweltsensibler. Bereits 34 % der Verbraucher sind umweltaktiv, d. h. sie orientieren sich bei ihren Kaufentscheidungen und ihrem Freizeitverhalten an Umweltverträglichkeitsaspekten und nehmen sogar einen Mehrpreis hierfür in Kauf (vgl. Abb. 7).

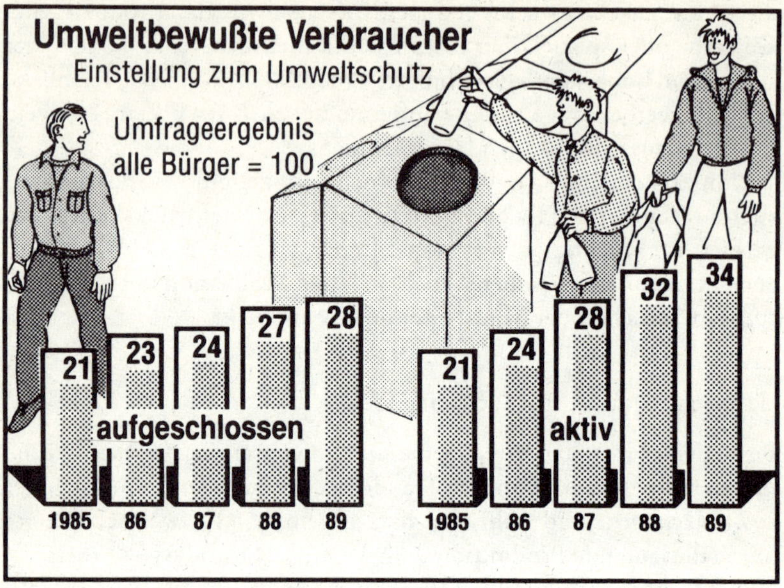

Abb. 7: Umweltbewußte Verbraucher (G&J 1990)

Umweltschutz beginnt bei jedem einzelnen
Wer Altglas und Altpapier zum Sammelcontainer bringt, sein Auto aus Umweltschutzgründen öfter mal stehen läßt und zu Fuß geht oder öffentliche Verkehrsmittel benutzt, wer beim Einkauf umweltverträglichere Produkte auswählt, auch wenn sie teurer sind, der gehört zu den sogenannten „Umwelt-Aktiven", deren Anteil an der westdeutschen Bevölkerung von 21 Prozent (1985) auf 34 Prozent (1989) angestiegen ist. Auch die Umwelt-Aufgeschlossenen, die aber noch nicht oder zögerlich bereit sind, der Umwelt zuliebe auf einen Teil ihrer Bequemlichkeit zu verzichten oder mehr Geld auszugeben, haben ihren Bevölkerungsanteil vergrößert. Zu einer Minderheit sind dementsprechend die Umweltschutz-Gegner bzw. Gleichgültigen geworden. Ihr Bevölkerungsanteil verringerte sich von 58 Prozent (1985) auf 38 Prozent (1989). Da zunehmend umweltverträgliche Produkte nachgefragt werden, kann eine entsprechende Neuausrichtung der Angebotspalette eines Unternehmens für dessen Überleben notwendig sein.

Nach einer Umfrage des Gallup-Instituts in den USA würden 90 % der Verbraucher dort Produkten den Vorzug geben, die in umweltverträglicher Weise produziert und verpackt sind, gebraucht und entsorgt werden können. In Deutschland zeigt sich die hohe Umweltsensibilität der Verbraucher z. B. besonders deutlich in dem explodierenden Marktanteil von Haushaltsreinigern auf Seifen- und Essigbasis. So konnten Produkte der Marke „Frosch" in einem stagnierenden Markt ihren Marktanteil von 1987–1990 von 0,9 auf 8,0 % steigern – mit jährlichen Steigerungsraten von teilweise über 100 %.

Die Produkteigenschaft „Umweltverträglichkeit" wird hier sehr stark honoriert. Gleiches gilt für Produkte mit dem blauen Engel, von denen bereits rd. 3300 anerkannt sind. Auch wenn der blaue Engel nur eine relative Umweltverträglichkeit hinsichtlich einer bestimmten, im Vergleich zu herkömmlichen Konkurrenzproduktionen positiven Produkteigenschaft bescheinigt, ist er doch inzwischen zu einem wichtigen Auswahlkriterium für umweltbewußtere Verbraucher geworden.

Informationen über die Umweltverträglichkeit von Produkten, beispielsweise durch spezielle Test-Zeitschriften oder die Ergänzung herkömmlicher Warentests um den Aspekt der Umweltverträglichkeit, werden immer besser verfügbar. Es gibt umfangreiche Einkaufsführer für umweltverträgliche Produkte. Ein spezialisierter Versandhandel hat sich ebenfalls bereits etabliert.

Eine Marktforschungsstudie hat aufgezeigt, daß in Märkten, die vom Volumen her stagnieren, der Konsument mit Werbung im herkömmlichen Sinn immer schwieriger erreicht werden kann. Während die Aufwendungen für die Werbung überproportional steigen, nimmt der Grad der Wahrnehmung deutlich ab. Die Wahrnehmung der Werbung mit Umweltverträglichkeitsmerkmalen ist dagegen weit überproportional.

Beispiele wie der Umsatzeinbruch bei Shampoos, die mit Dioxan belastet waren, haben aber auch deutlich gezeigt, daß Umweltskandale bei Endverbraucherprodukten zu Umsatzeinbrüchen führen und letztlich sogar die Existenz des jeweiligen Unternehmens in Gefahr geraten kann.

Bürgerinitiativen machen von dem in den USA bereits seit langem bekannten Instrument des Boykottaufrufes auch in Deutschland verstärkt Gebrauch. So hat GREENPEACE an niedergelassene Ärzte einen Aufruf verschickt, künftig keine Präparate zweier namentlich bezeichneter Chemiefirmen mehr zu verschreiben, da diese Firmen sich weigern, sofort aus der Produktion von FCKWs auszusteigen. Gleichzeitig wurden den Ärzten Produktlisten übersandt, in denen stoff- oder wirkungsgleiche Produktalternativen anderer Hersteller für die boykottierten Präparate dargelegt werden.

Solche Aufrufe können gerade bei kleineren Firmen existenzgefährdend sein. Die rein juristische Abwehr ist langwierig und wegen der grundgesetzlich garantierten Meinungsfreiheit oft auch wenig aussichtsreich.

IV. Gewerbliche Kunden

Auch bei Zwischenprodukten wächst die Ökosensibilität der Abnehmer. So verlangen zahlreiche Firmen von ihren Lieferanten bereits genaue Auskünfte über die in den Produkten enthaltenen Stoffe und Konzentrationen, um über eine ökologisch orientierte Materialwirtschaft Umweltprobleme möglichst schon bei der Stoffauswahl vermeiden zu können. Beispiele zeigen, daß wegen der stark verflochtenen, arbeitsteiligen Industriewelt und der durch die Just-in-Time-Fertigung gewachsenen Abhängigkeit der Produzenten komplexer Güter von der pünktlichen Lieferfähigkeit ihrer Zulieferfirmen die gewerblichen Zwischenabnehmer ein großes Interesse daran haben müssen, von Betrieben zu beziehen, die nicht durch ihr Umweltverhalten in Schwierigkeiten geraten können. Fällt beispielsweise in der Automobilindustrie nur ein Glied in der Kette der Zulieferfirmen aus, so können auf diese Weise ganze Fertigungsstraßen stillgelegt werden.

Die Bewertung des Umweltverhaltens der Vorprodukte innerhalb der eigenen Produktion und des Endproduktes sowie das rechtzeitige Erkennen von Umweltrisiken bei Zulieferbetrieben, die deren Lieferfähigkeit beeinträchtigen können, wird deshalb auch für die Abnehmer von Zwischenprodukten immer wichtiger.

V. Lieferanten

Auch die Lieferanten werden zunehmend ökosensibel. Sie wollen ihre Produktionen und Produkte ebenfalls umweltverträglich optimieren, sehen sich aber häufig durch die eingefahrenen Standards ihrer Abnehmer gehindert.

VI. Banken und Versicherungen

Die kreditgebenden Banken erkennen, daß Umweltrisiken auch Umsatz- und Ertragsrisiken bedeuten und die Kreditwürdigkeit der kreditierten Unternehmen gefährden können. Angesichts von zwischen 80 000 und 100 000 bestehenden Altlasten in Deutschland dürften auch viele Grundschulden nicht auf wertvollen Betriebsgrundstükken, sondern auf teuren, sanierungsbedürftigen Altlasten ruhen und deshalb im Verwertungsfalle nutzlos sein.

Die Betriebshaftpflichtversicherungen drängen auf Überprüfung bestehender Policen, die teilweise das Umwelt-Haftpflichtrisiko noch beitragsfrei einschließen, und wollen risikogerecht kalkulieren. Gleichzeitig ergibt sich durch neuere, gesetzliche Tendenzen, wie die Einführung eines Umwelt-Gefährdungs-Haftungs-Rechts, die Notwendigkeit, das abgedeckte Risiko zu überprüfen.

Banken und Versicherungen werden deshalb künftig stärker als bisher auf ein organisatorisch und technisch effektives Risiko-Management in den Unternehmen drängen. Hiervon sind Unternehmen aller Größenordnungen betroffen.

Für Banken ergibt sich zudem im Bereich der Kapitalanlagen ein zusätzlicher Aspekt: „Ethical investment" wird zu einem immer bedeutenderen Thema. Spezialfonds, die ihre Gelder in Unternehmen der Umwelttechnik, aber auch in anerkannt umweltorientierte, saubere Unternehmen aller Branchen investieren wollen, sind gefragt und sprießen aller Orten.

Auch erkennen Banken und Versicherungen, daß mit fachlich und wirtschaftlich fundiertem Öko-Sponsoring imageträchtige PR-Aktionen gestartet werden können.

VII. Öffentliche Instanzen

In kaum einem anderen Bereich entwickelt sich die Gesetzgebung so dynamisch wie im Umweltrecht. Die öffentliche Meinung drängt zu strengeren Gesetzen, härteren Auflagen und konsequentem Vollzug (vgl. Abb. 8). Dies hat bereits zu einer Reihe von Verschärfungen geführt, die sich in Zukunft auch verstärkt auf kleine und mittelständische Unternehmen auswirken werden.

So wird die dritte Stufe der Umsetzung der Vorschriften der TA Luft gerade klein- und mittelständische Betriebe erfassen. Im Abwasserbereich wurden auf der Grundlage des *§ 7a WHG* für Gewerbezweige mit besonders intensiv belasteten Abwässern Anforderungen

Abb. 8: Mehr Härte im Umweltschutz gefordert (Emnid 1988)

Staat soll hart durchgreifen!
Wenn es um den Schutz der Umwelt geht, verlangen die Bundesbürger zunehmend ein härteres staatliches Durchgreifen. Offensichtlich vertrauen viele nicht auf freiwillige Maßnahmen der Unternehmen. Forderten 1985 erst ein Drittel der Bundesbürger strengere Gesetze, so waren es 1987 bereits die Hälfte. Dementsprechend verlangen auch immer mehr Befragte schärfere Auflagen, mehr Kontrollen und härtere Strafen. Dagegen ist der Aufklärungsbedarf in Sachen Umweltschutz nach Auffassung der Befragten rückläufig. Außerdem sehen immer weniger Bürger staatliche Finanzhilfen für Umweltschutzmaßnahmen als erforderlich an.

nach dem „Stand der Technik" formuliert, die ebenfalls zu erheblichen Nachrüstungsanstrengungen führen.

Das neue Umwelthaftungsrecht mit einer verschuldensunabhängigen Haftung für Betreiber bestimmter, umweltgefährlicher Anlagen wird Auswirkungen auf betriebliches Risiko-Management im organisatorischen, technischen und versicherungstechnischen Bereich haben.

Mit der geplanten Umweltstrafrechtsnovellierung wird die strafrechtliche Haftung für das Management verschärft werden. Auch die Frage der Haftung für Altlasten beschäftigt zunehmend die Gerichte und wohl bald auch den Gesetzgeber. Der § 52a BImSchG bietet in vielen Unternehmen Anlaß, die Organisation des Umweltschutzes zu überdenken und auch unter dem Gesichtspunkt der Unternehmensstrategie zu optimieren.

Amtsträger in den Vollzugsbehörden, die mit Umweltstraftaten befaßten Richter und Staatsanwälte hängen ihre Ökosensibilität nicht zu Dienstbeginn an den Garderobenhaken. Parallel zur Zahl der angezeigten Taten ist auch die Zahl der Verurteilungen wegen Umweltstraftaten in den letzten Jahren angestiegen. Schwerpunkte sind die Gewässerverschmutzung, die umweltgefährdende Abfallbeseitigung sowie der ungenehmigte Betrieb genehmigungsbedürftiger Anlagen.

VIII. Medien

Besonders ökosensibel sind die Medien. Vermutete oder tatsächliche Umweltprobleme werden sofort, häufig auch kritiklos, aufgegriffen. Die aggressive Berichterstattung bringt für die Unternehmen viele Reibungsverluste mit sich. So müssen zusätzliche Anfragen von anderen Presseorganen und aus der Bevölkerung beantwortet, Stellungnahmen abgegeben, Gegendarstellungen erstellt und Interview-Partner angeboten werden. Gleichzeitig müssen bestehende Sachprobleme im Brennpunkt der Öffentlichkeit unter Zeitdruck gelöst werden. Im Zeitpunkt einer negativen Berichterstattung kann Öffentlichkeits- und Pressearbeit nur reaktiv sein, d. h. auf Vorwürfe mit mehr oder weniger guten Argumenten reagieren.

Umgekehrt stellen die Medien aber auch bereitwillig Positivbeispiele umweltorientierten Managements dar. Allerdings werden diese kritisch hinterfragt, so daß in der Regel nur echte, umweltorientierte Lösungen bestehen können.

3. Kapitel
Umweltorientierte Unternehmensführung nach Integriertem System (Fallstudie)

Umweltorientierte Unternehmensführung wird heute von zahlreichen Unternehmen gezielt praktiziert. Im EG-Umweltjahr 1987/88 machte die Kommission der Europäischen Gemeinschaften durch Förderung des vorliegenden Buches erstmals das „Integrierte System umweltorientierter Unternehmensführung" bekannt, das von einem Unternehmen mit Sitz in Hamburg und Norderstedt (Schleswig-Holstein) entwickelt worden war.

In den folgenden Abschnitten wird erläutert, wie das Integrierte System umweltorientierter Unternehmensführung entstanden ist (A.), welche innerbetrieblichen und überbetrieblichen Elemente es umfaßt (B.), und welche Impulse auf den Markt von ihm ausgehen (C.).

Die Fallstudie aus dem Umweltjahr 1987/88 wurde wo nötig aktualisiert, wobei einige neue Entwicklungen kurz umrissen wurden.

A. Entstehung des Integrierten Systems umweltorientierter Unternehmensführung (Winter-Modell)

Als im Jahre 1972 die Firma Ernst Winter & Sohn, Hersteller von Diamantwerkzeugen, ihr 125jähriges Jubiläum feierte, wurde die Schonung der Umwelt von der Geschäftsleitung erstmals zu einem offiziellen Unternehmensziel erklärt. Unter anderem wurde an die Mitarbeiter/innen das Buch „Todeskandidat Erde" von E. Snyder verteilt. Der Umweltgedanke hat im Hause Winter demnach bereits „Tradition". Beide Gesellschafter, Ernst Michael Winter und Dr. Georg Winter, fühlen sich ihm verpflichtet.

In den letzten Jahren hat Winter ein Integriertes System umweltorientierter Unternehmensführung (Winter-Modell) entwickelt, das alle Unternehmensbereiche einbezieht und u. a. von der Ausbildung der Lehrlinge bis zur Erwachsenenaus- und -weiterbildung, von der Programmpolitik bis zur Forschung und Entwicklung, von der Materialwirtschaft bis zur Produktion und zum Recycling, von der Bauweise eines neuen Werkes bis zur Ausstattung und Wahl der Firmenfahrzeuge reicht.

Auch im Hause Winter gibt es – gemessen an einem anspruchsvollen Umweltbewußtsein – gewiß noch manche Schwachstellen. Trotz strengster vorbeugender Maßnahmen können Einzelfälle menschlichen oder technischen Versagens im betrieblichen Umweltschutz nie für alle Zukunft völlig ausgeschlossen werden. Selbst dort, wo gesetzliche Umweltschutzvorschriften übererfüllt werden, ist das ökologisch an sich Gebotene noch nicht erreicht. Somit besteht kein Anlaß zur Selbstzufriedenheit. Gefordert ist vielmehr der unablässige Wille zu weiteren Verbesserungen. Dabei sind Anregungen anderer Unternehmen, die technische, organisatorische oder sonstige Fortschritte im Umweltschutz erzielt haben, stets willkommen.

Die Umweltaktivitäten des Hauses Winter, das im In- und Ausland rund 1700 Mitarbeiter beschäftigt, sind eingebunden in die Unternehmenszielsetzung. Diese verlangt, daß – unter der gebotenen Sorge für die Zufriedenheit der Mitarbeiter und die natürliche Umwelt – durch hochwertige Erzeugnisse und Dienstleistungen ein Ergebnis erwirtschaftet wird, das den Einsatz der Mittel rechtfertigt und die Zukunft des Unternehmens und seiner Arbeitsplätze sichert.

Das Umweltengagement des Hauses Winter ist nicht als Werbemaßnahme zur Verkaufsförderung gedacht. Denn der Abnehmer von Diamant-Werkzeugen in der Metall-, Elektro- und Steinindustrie, in der glas-, holz- und kunststoffverarbeitenden Industrie sowie in Maschinenbau, Feinmechanik, Optik und Fahrzeugbau trifft seine Einkaufsentscheidung nach dem Preis-Leistungsverhältnis des Werkzeuges und nicht nach dem Umweltschutz-Image des Herstellers, mag dieses auch in der Konsumgüterindustrie für viele Betriebe absatzfördernd sein.

Ebensowenig gehört das Haus Winter zu den typischen Herstellern von „Umweltschutztechnik". Diese müssen schon aus Absatzgründen an der Förderung des Umweltgedankens interessiert sein. Motiv für die Umweltaktivitäten des Hauses Winter ist in erster Linie das Bewußtsein, daß die Unternehmen als starke Beansprucher der natürlichen Ressourcen auch eine gesteigerte Verantwortung für deren Erhaltung tragen.

Am 6. Juli 1985 wurde das Haus Winter mit dem erstmals verliehenen Umweltpreis des Bundesverbandes Junger Unternehmer (BJU) ausgezeichnet. Die Studien- und Fördergesellschaft der Schleswig-

Holsteinischen Wirtschaft e.V. erkannte dem Hause Winter für das von ihm „entwickelte und verwirklichte Konzept einer umweltorientierten Unternehmensführung“ die Auszeichnung „Umweltfreundlicher Betrieb 1986“ zu; in einer Ansprache anläßlich der Preisverleihung am 12. Dezember 1986 im Rathaus zu Norderstedt unterstrich der Präsident der Bundesvereinigung der Deutschen Arbeitgeberverbände (BDA), Dr. Klaus Murmann, unter Bezugnahme auf das Winter-Modell die mehrjährige Umweltschutz-Pionierrolle des Hauses Winter nicht nur für Schleswig-Holstein, sondern auch für das Bundesgebiet.

Aus den betrieblichen und überbetrieblichen Umweltaktivitäten, die Bestandteil des Winter-Modells sind, werden im folgenden einige Beispiele ausgewählt. Zahlreiche detaillierte Empfehlungen, die zu einem guten Teil ebenfalls der Winter-Praxis entsprechen, finden sich in den Check-Listen zur umweltorientierten Unternehmensführung im 5. Kapitel des vorliegenden Buches.

B. Elemente des Integrierten Systems umweltorientierter Unternehmensführung

I. Innerbetriebliche Umweltschutzaktivitäten

1. Umweltorientierte Mitarbeiterschulung

Der einzelne Mitarbeiter ist die „Lebenszelle“ des „Organismus“ Betrieb. Es kann daher keinen umweltorientierten Betrieb ohne ausgeprägtes Umweltbewußtsein der Mitarbeiter geben.

Aus diesem Grunde werden im Hause Winter für Auszubildende Umweltseminare und umweltbezogene Bildungsausflüge veranstaltet. Für Mitarbeiter werden Vorträge zu Umweltfragen organisiert. Broschüren des Umweltbundesamtes und des Bundesministeriums für Jugend, Familie, Frauen und Gesundheit gelangen zur Verteilung. Die Betriebszeitung hat eine Umweltrubrik. Es finden naturbezogene Preisausschreiben statt.

Die Maßnahmen zur Förderung des Umwelt- und Gesundheitsbewußtseins müssen jedoch verstärkt werden. Beispielsweise erwies es sich vorerst als Fehlschlag, einen Bio-Wagen mit biologisch angebauten Nahrungsmitteln regelmäßig vor das Werkstor fahren zu lassen. Angebotspalette, Preisgefüge und organisatorische Randbedingungen

– vor allem aber die gezielte Vorinformation der Mitarbeiter über alternative Ernährungsformen – bedürfen noch der Verbesserung.

2. Umweltberatung in Mitarbeiterhaushalten

Zwischen 30 und 40 Prozent der Umweltprobleme in der Bundesrepublik Deutschland entstammen privaten Haushalten. Auch hier kann der Betrieb ansetzen. Seit dem 1. April 1985 standen während der 18monatigen Laufzeit des Pilotprojektes den Mitarbeitern des Hauses Winter und den Einwohnern von Hamburg und Norderstedt fünf Umweltberater/innen zur Beratung in den Privathaushalten zur Verfügung.

Umweltberater geben Empfehlungen, wie der Wasserverbrauch gesenkt, der Strom besser genutzt, die Abfallbeseitigung durch Vorsortierung entlastet, im Garten weniger chemische Mittel eingesetzt und Konsumartikel durch vom Umweltbundesamt ausgezeichnete Alternativprodukte ersetzt werden können.

Das Projekt wurde anteilig durch eine Spende des Hauses Winter (160 000 DM), welche die Gesellschafter gemeinsam veranlaßt hatten, und durch Arbeitsbeschaffungsmittel der Bundesanstalt für Arbeit finanziert. Da das Haus Winter keine Konsum- oder Gebrauchsgüter für Haushalte produziert, war von vornherein die denkbare Vermutung entkräftet, daß die Firma unter dem Deckmantel der Umweltberatung versuche, den Absatz ihrer eigenen Produkte zu fördern.

Träger des Pilotprojektes waren die Landesverbände von Hamburg und Schleswig-Holstein des Bundes für Umwelt und Naturschutz Deutschland e. V. (BUND). Nach diesem Pilotprojekt wurde das Berufsbild „Umweltberatung“ von der Aktionsgemeinschaft Umwelt, Gesundheit, Ernährung e. V. (A.U.G.E.) gemeinsam mit der PROGNOS AG, Schweiz, bis 1987 bundesweit weiterentwickelt. Im Jahre 1992 arbeiten in Deutschland über 2500 Umweltberater für Kommunen, Verbände und Unternehmen als Angestellte oder Selbständige.

Der gemeinnützige Verein A.U.G.E. wurde 1985 von Dr. Maximilian Gege, auf den das Konzept der Umweltberatung für Haushalte und Kommunen zurückgeht, gegründet. 1989 startete A.U.G.E. den bisher größten Umweltwettbewerb in der Bundesrepublik. 350 000 Verbraucher beteiligten sich an einem Gewinnspiel, dessen Ziel es war, eine möglichst große Zahl von Haushalten zu umweltverträglicherem Verhalten zu motivieren.

Mit dem Kinder-Umwelt-Klub-International (K.U.K.I.) will

A.U.G.E. Millionen von Kindern zwischen 6 und 12 Jahren dafür gewinnen, Umweltschutz in der täglichen Lebensführung zu praktizieren, da früh geübtes Verhalten für das spätere Leben prägend ist. Gefördert durch die Deutsche Bundesstiftung Umwelt und die EG-Kommission wird K.U.K.I. im Jahre 1992 über 180 Kinderveranstaltungen in den neuen Bundesländern durchführen.

Ab Ende 1986 übertrug A.U.G.E. das Modellprojekt „Umweltberatung für Haushalte und Kommunen" im Auftrag der EG-Kommission auf die Länder Spanien, England und Frankreich. In Frankreich, Straßburg, entstand unter Leitung von Esther Peter-Davis das Bildungsinstitut für Umweltberater, ECO-Conseil, eine Organisation, die Umweltberater ausbildet.

Im März 1989 fand, organisiert von ECO-Conseil und unterstützt vom Europarat, der EG und dem Regionalrat des Elsaß, am Sitz des Europarats in Straßburg der „Premier Atelier Européen sur le conseil en environnement" statt, auf dem die Vertreter von zehn Ländern beschlossen, ein europäisches Netzwerk für Erfahrungsaustausch und wissenschaftliche Zusammenarbeit auf dem Gebiet der Umweltberatung zu schaffen.

Im September 1991 tagte in Wien unter Beteiligung der Vertreter von 14 Ländern der „Deuxième Atelier Européen sur le conseil en environnement". Ein Hauptthema waren Wege zur Einführung der Umweltberatung in den ehemaligen Staatshandelsländern. Der Umweltminister der Tschechoslowakei hat bereits die Schaffung von Umweltberatungszentren in drei Städten angekündigt.

Europaweit haben bisher mehrere Tausend Menschen eine Lebensperspektive als Umweltberater gefunden. Sie wirken als Multiplikator bei der Verbreitung umweltbewußten Verhaltens auf der Verbraucherebene. Dadurch erhöht sich die Nachfrage nach umweltorientierten Gütern und Dienstleistungen, was allen Bürgern und den umweltorientierten Unternehmen zugute kommt. (Nähere Informationen über die „Umweltberatung für Haushalte und Kommunen" enthält: M. Gege, H. Jung, H.J. Pick, G. Winter, Das Öko Sparbuch für Haushalt und Familie, München 1986, S. 190ff. sowie M. Gege, H.J. Pick, K. Riedesser, W. Linden, 1989, Der Umweltfahrplan.)

3. Umweltbeauftragter, Leiter Umwelttechnik, Interdisziplinärer Umweltausschuß und Umweltvorschlagswesen

Nach dem Winter-Modell bekennt sich die Geschäftsleitung zur Berücksichtigung des Umweltschutzes in allen Bereichen und auf allen Ebenen des Unternehmens. Dieser Grundsatz bindet auch die Direktoren sowie alle weiteren Mitarbeiter.

Bis Ende 1988 war im Hause Winter für die Koordinierung der umfassenden innerbetrieblichen Umweltaktivitäten ein Umweltbeauftragter verantwortlich, der der Direktoriumsebene angehörte. Der Umweltbeauftragte ging als hauptamtlicher Geschäftsführer zu einer gemeinnützigen Organisation für industriellen Umweltschutz. Wegen der gewachsenen Aufgaben wurden nunmehr zwei Fachleute für betrieblichen Umweltschutz eingestellt. Ihre Aufgaben sind komplementär.

Für den Betrieb, die Instandhaltung und die Modernisierung emissionsrelevanter Anlagen, für die Minimierung des Chemikalienverbrauches sowie die Erstellung und Durchsetzung von Betriebsanweisungen zum Umgang mit Gefahrstoffen ist der Leiter der Abteilung Umweltschutz verantwortlich, der direkt einem der beiden Technischen Leiter untersteht. Er ist das in der Linie stehende „Exekutivorgan" des technischen Umweltschutzes.

Daneben gibt es den als Stabsstelle direkt der Geschäftsleitung unterstehenden „Umweltbeauftragten". Er kontrolliert – an keinerlei Weisung gebunden und nur dem Gesetz und seinem Gewissen unterworfen – die Einhaltung der umweltrelevanten Gesetze. Insofern ist er „Kontrollorgan", das freiwillig in den Betrieb hereingeholte „Auge des Gesetzes". Er wirkt ferner auf die Entwicklung umweltschonender Verfahren und Erzeugnisse hin, nimmt zu emissionsrelevanten Investitionsentscheidungen Stellung, informiert die Mitarbeiter über Umweltbelange und wahrt – unter Berücksichtigung langfristiger gesetzlicher Entwicklungen – die Aspekte des integrierten Umweltschutzes.

Der „Interdisziplinäre Umweltausschuß", der sich aus Vertretern verschiedener Unternehmensbereiche zusammensetzt, legt den Umweltaktionsplan fest, wirkt in die Unternehmensbereiche hinein und gibt auf periodischen Sitzungen Rechenschaft über erreichte und noch nicht erreichte Umweltziele. Nach reorganisationsbedingter Unterbrechung soll der „Interdisziplinäre Umweltausschuß" im neuen Jahr wieder aktiv werden.

Über das Verbesserungsvorschlagswesen werden Anregungen aus der breiten Mitarbeiterschaft aufgegriffen. Verbesserungsvorschläge, die zu Energie- oder Wassereinsparungen führen, werden nach einem höheren Prämiensatz als sonstige Verbesserungsvorschläge vergütet (30 statt 20% des Betrages der jährlichen Einsparung über zwei Jahre). Bemerkenswert war u. a. ein Verbesserungsvorschlag, der bei einer Investition von 24000 DM eine jährliche Energieeinsparung in Höhe von 60000 DM ermöglicht.

Das Verbesserungsvorschlagswesen wurde in den letzten Jahren stark ausgebaut. Zum Beispiel belief sich die (nach Abzug der Prämien verbleibende) Nettoeinsparung im Jahre 1991 auf über eine halbe Million DM. Das Verbesserungsvorschlagswesen des Hauses Winter belegte in der Branche Metallverarbeitende Industrie nach einer Punktbewertung durch das Deutsche Institut für Betriebswirtschaft e. V. (DIB) 1989 den ersten Platz in der Bundesrepublik Deutschland.

4. Umweltorientierte Produkt- und Verfahrensentwicklung

Die Entwicklung umweltschonender Produkte ist bereits eine Forderung des Geschäftsinteresses. Das Haus Winter stellt beispielsweise für die Gesteinsbearbeitung Diamantkreissägeblätter her, die – gemessen am akustischen Eindruck – nur noch halb so viel Lärm erzeugen wie die üblichen Diamantkreissägeblätter. Manche Sägebetriebe in der Nähe von Wohngebieten sind schon aus Gründen der Standortsicherung auf die leiseren Sägeblätter angewiesen.

Forschung und Entwicklung ermöglichten es, bei allen Typen von Diamantschleifscheiben ohne Leistungseinbußen auf die Verwendung von Asbest zu verzichten.

War Umweltfreundlichkeit des Produktes gestern noch eine kaum honorierte Nebenleistung, so ist sie heute ein wichtiges Verkaufsargument, und morgen wird sie Voraussetzung für die Verkäuflichkeit des Produktes überhaupt sein.

Auch die Entwicklung bzw. Anwendung umweltschonender Fertigungsverfahren ist eine im Hause Winter intensiv verfolgte Daueraufgabe. Zum Beispiel wurde eine Anlage zum Fördern von Kunststoffpulver installiert, die eine weitgehend staubfreie Pulververarbeitung ermöglicht. Dieser Fall illustriert, daß betriebliche Maßnahmen, die dem Umweltschutz dienen, gleichzeitig zur Steigerung der Produktqualität und zur Senkung der Fertigungskosten beitragen können. Bei einer Investition von 250 000 DM und einer jährlichen Einsparung von 60 000 DM errechnet sich ein Amortisationszeitraum von rund vier Jahren.

Durch das Umrüsten dreier Werke von Öl auf den emissionsschwächeren Energieträger Erdgas sowie den Einbau von energiesparenden Thermostaten und Leuchtstoffröhren ergab sich zur Zeit der Durchführung der Maßnahmen eine jährliche rechenbare Kostensenkung von ca. 278 000 DM. Die erforderlichen Investitionen amortisierten sich auf diesem Sektor bereits nach 2,5 Jahren. Das ist ein weiteres Beispiel für die zahlreichen betrieblichen Maßnahmen, die sowohl der Umwelt als auch dem Unternehmen nützen.

In den Jahren 1990/91 entwickelte das Haus Winter gemeinsam mit der Firma Hellmann Hygrex GmbH, Norderstedt, eine neuartige Reststoff- und Wasserrückgewinnungsanlage, die einen Durchbruch im Bereich der Recyclingtechnik darstellt. Die Anlage erlaubt es,

- 60 Tonnen der bisher in einer Abfallverbrennungsanlage zu beseitigenden nickelhaltigen Spülwässer in einen für die Nickelrückgewinnung verwertbaren Reststoff umzuwandeln,
- 80 Tonnen Säuregemisch, das bisher ebenfalls verbrannt wurde, aufzuarbeiten,
- 80 Tonnen des derzeit anfallenden Filterschlammes durch Trocknung auf 20 Tonnen zu reduzieren und anschließend der Aufarbeitung zur Wiederverwertung seiner Inhaltsstoffe zuzuführen.

Durch Verminderung von Beseitigungskosten ergibt sich ein jährlicher Kostenvorteil von 90 000 DM. Bei einem Investitionsbetrag für die Anlage von 200 000 DM beträgt der Amortisationszeitraum 2,2 Jahre.

Zu den Vorteilen der Anlage gehört, daß sie weniger als ein Fünftel der notwendigen Energie bisher bekannter Anlagen benötigt, daß sie ohne Prozeßchemikalien auskommt und daß die niedrige Arbeitstemperatur Verkrusten, Kracken und Wasserdampfdestillation verhindert. Die Anlage wurde weltweit zum Patent angemeldet. Die wirtschaftliche Verwertung soll im Lizenzwege erfolgen. Die Anlage ist ein Beispiel dafür, daß für eigene Zwecke entwickelte Umwelttechnik Chancen auf Märkten eröffnen kann, die abseits vom ursprünglichen Erzeugnisprogramm liegen.

5. Entsorgung und Recycling nach dem letzten Stand der Technik

Ein umweltorientiertes Unternehmen informiert sich laufend über den letzten Stand der Entsorgungstechnik, um nach Möglichkeit mehr zu leisten, als die gesetzlichen Grenzwerte verlangen. Der den Unternehmen bei Gesetzesverschärfungen oftmals durch Einräumung großzügiger Übergangsvorschriften gewährte Bestandsschutz für Altanlagen wird fragwürdig, wenn der Bestand der Natur – Existenzgrundlage allen Lebens und damit auch der Industrie – keinen ausreichenden Schutz erfährt.

Das Haus Winter bemüht sich um Übererfüllung der deutschen Umweltschutzgesetze. In zwei weitgehend automatisierten Abwasseraufbereitungsanlagen werden galvanische Abwässer neutralisiert und entgiftet. Die vom Wasserhaushaltsgesetz vorgegebenen Grenzwerte werden erheblich unterschritten. In mehreren Fabrikationsbereichen wurden lange vor den gesetzlichen Regelungen Staubfilteranlagen installiert. Auch Abgaswaschanlagen, welche die Säurendämpfe aus den Produktionsverfahren reinigen, wurden erhebliche Zeit vor dem Inkrafttreten der entsprechenden gesetzlichen Vorschriften eingesetzt.

Schwestergesellschaften in Ländern mit weniger ausgeprägter Umweltgesetzgebung werden sukzessive den vom Stammhaus verwirklichten Standards angepaßt. Zum Beispiel wurden bei der Auslegung der Abwasseraufbereitungsanlage für ein Werk im Mittelmeerraum die derzeit in der Bundesrepublik Deutschland gültigen Werte angewendet.

Möglichkeiten des Recyclings werden ausgeschöpft. Die bei der Neutralisierung der galvanischen Abwässer ausgefällten Schwermetalloxide werden aufbereitet. Auf diese Weise gelingt es, Kobalt und Nickel, die insgesamt 10 bis 12 Prozent des ausgefällten Trockenschlammes ausmachen, zurückzugewinnen.

Für das Jahr 1992 ist der Bau eines Rückkühlwerkes geplant, das die von den Pressen der Diamantsynthese erwärmten Kühlwässer erneut auf Kühlwassertemperatur bringt und im Kreislauf zurückführt. Auf diese Weise können mit einer Investition von 280000 DM die Kosten für den Bezug von Kühlwasser (Stadtwasser) und die Abwassergebühr für die Einleitung des Kühlwassers in das Siel in Höhe von insgesamt 263000 DM p.a. eingespart werden. Der Amortisationszeitraum liegt bei 1,1 Jahren.

Die Realisierung möglichst vieler kostensparender Umweltschutzmaßnahmen vergrößert den Spielraum für altruistische Umweltschutzmaßnahmen, die sich nicht oder erst langfristig amortisieren.

6. Umweltorientierte Materialbeschaffung

Durch gezielten Einsatz der „Nachfragemacht" kann das Industrieunternehmen – bei aller Fairneß – auf die Lieferanten dahingehend Einfluß nehmen, daß diese ihr Angebot auf umweltverträglichere Produkte umstellen. Das Haus Winter ließ durch ein wissenschaftliches Institut seine Materialwirtschaft systematisch dahingehend untersuchen, durch welche ökonomisch vorteilhaften bzw. vertretbaren Umstellungen ein maximaler Umweltentlastungseffekt erzielt werden könne.

Bei zahlreichen Einkaufspositionen (z.B. Papier, Büromaterial, Farben und Lacken, Reinigungsmitteln, Kühlschmiermitteln, Baustoffen und Kraftfahrzeugen) gab es bereits Umstellungen. Gemessen am Gesamteinkaufsvolumen hat die Materialsubstitution jedoch noch längst nicht den wünschenswerten Umfang erreicht.

Inzwischen arbeiten zahlreiche Betriebe – entsprechend der Empfehlung des Bundesdeutschen Arbeitskreises für umweltbewußtes Management e.V. (B.A.U.M.) – darauf hin, die Nachfrage nach umweltschonenden Alternativprodukten in solchem Umfange zu beleben, daß es für die Angebotsseite attraktiv wird, sich beschleunigt auf „den neuen Markt" einzustellen.

7. Baubiologischer Industriebau

Ein baubiologischer Industriebau ist eine soziale Leistung ersten Ranges. Er stellt eine Form der sozialen Leistung dar, die nicht sogleich konsumiert wird, sondern sich langfristig zum Wohle der Mitarbeiter auswirkt. Eine hohe Qualität der unmittelbaren Arbeitsumwelt fördert auch die Bereitschaft der Mitarbeiter, Qualitätsleistungen zu erbringen.

Bei dem 1985/86 vom Hause Winter in Norderstedt errichteten Industriebau, in den die größte Diamant-Schleifscheibenfertigung Europas eingezogen ist, arbeiteten ein Industriearchitekt und eine baubiologisch orientierte Architektin zusammen. Bei Entwurf, konstruktiven Maßnahmen, technischem Ausbau, Belichtung, Beleuchtung und Baustoffauswahl wurden systematisch baubiologische Kriterien berücksichtigt. Durch die Einschaltung eines Spezialunternehmens für die Anwendung kybernetischer Verfahren bei der Baudurchführung (KOPF-System) konnten die Baukosten ganz erheblich unter den ursprünglichen Planansätzen gehalten werden.

Das Winter-Pilotprojekt erfüllte u. a. die Aufgabe, zu ermitteln, wo für die Hersteller von Baustoffen und technischen Ausrüstungen in Zukunft Entwicklungsschwerpunkte liegen müßten. Entwicklungsbedarf besteht z. B. bei rollstuhlfester Auslegeware aus reiner Wolle, bei preislich und funktional wettbewerbsfähigen Elektrokabeln mit halogenfreier Ummantelung sowie bei Belüftungsaggregaten, die – auf Grasdächern installiert – unter Garantie die Blütenpollen herausfiltern.

Während es baubiologisch orientierte Wohnhäuser und Bürobauten in Deutschland zur Bauzeit bereits gab, handelte es sich bei dem baubiologischen Industriebau um eine Premiere. Dem Europarat in Straßburg wurden die wesentlichen Erkenntnisse des Pilotprojektes zwecks Prüfung der Frage zugänglich gemacht, inwieweit auch bei dem geplanten Gebäude für Menschenrechte baubiologische Kriterien Anwendung finden können. Hier liegt eine große Chance, das Menschenrecht auf eine gesunde Umwelt weithin sichtbar zu demonstrieren.

Von Anfang an zielte das Winter-Pilotprojekt darauf ab, für andere bauwillige Unternehmen ein Signal zu setzen, daß auch diese ihre Ausschreibungen auf baubiologische Architektenleistungen, Bauleistungen und Baustoffe ausrichten. Eine ständig wachsende Nachfrage nach baubiologischen Leistungen und Baustoffen wird deren Anbieter qualitativ und preislich zunehmend wettbewerbsfähig machen. Dann werden sich auch die traditionellen Anbieter verstärkt auf umweltfreundliche Alternativen umstellen. Die Veränderung der Nachfrage ist ein marktwirtschaftlicher Hebel, um die Veränderung des Angebots zu erzwingen. Der schnellste Weg zu einer umweltschonenden Bauwirtschaft führt über eine umweltorientierte Nachfrage.

8. Umweltorientierte Standortentscheidungen

Steht eine Standortverlegung oder eine Neugründung zur Entscheidung, so sollte der Unternehmer die Chance nutzen, den Mitarbeitern und sich selbst die Arbeit unter guten Umweltbedingungen zu ermöglichen. Indem der Unternehmer sich gegen Standorte mit starker Umweltbelastung entscheidet, gibt er gleichzeitig den betreffenden Kommunen ein Signal, daß sich ohne eine konsequente Umweltsanierungspolitik heute viele Unternehmen nicht mehr halten beziehungsweise ansiedeln lassen. Beispielsweise schied bei der Standortsuche für eine Winter-Schwestergesellschaft in den USA eine interessierte Kommune mit ansonsten wettbewerbsfähigen Standortbedingungen von vornherein aus, weil die regionale Industrie die Luft zu stark belastete.

II. Überbetriebliche Umweltschutzaktivitäten

1. Umweltorientierte Verbandsarbeit

Ein mittelständisches Unternehmen hat nur begrenzte Möglichkeiten, auf die Zielfestlegung und Zielverfolgung bei Kammern und Wirtschaftsverbänden Einfluß zu nehmen. Gleichwohl bemüht sich das Haus Winter, durch Mitwirkung in verschiedenen Umweltausschüssen von Kammern und Wirtschaftsverbänden zur Harmonisierung der Wirtschaft mit den Erfordernissen des Umweltschutzes beizutragen. Dabei unterstützt das Haus Winter jene Kräfte, die folgende Ziele verfolgen und in den zuständigen Gremien erfreulicherweise zunehmend Verständnis und Gehör finden:

- Der Verband (bzw. die Kammer) sollte sich nicht nur als Interessenvertreter nach außen, sondern auch nach innen als Hüter eines gewissen Standards umweltverantwortlichen Verhaltens verstehen.
- Der Schutz bzw. die Wiederherstellung der natürlichen Umwelt sollte zu einem der Hauptziele des Verbandes erklärt und bei strategischen und Tagesentscheidungen mit hoher Priorität behandelt werden.
- Der Verband sollte eine Veränderung der wirtschaftlichen Rahmenbedingungen (z.B. der Steuergesetze) dahingehend anstreben, daß das wirtschaftliche Eigeninteresse der Unternehmen an umweltbewußter Unternehmensführung wesentlich stärker als bisher mobilisiert wird.
- Das Interesse einzelner Fachverbände sollte in Umweltfragen nicht durch fachverbandsübergreifende Spitzenverbände vertreten werden – weder in der Öffentlichkeitsarbeit noch bei Aktivitäten im vorparlamentarischen Raum – soweit die Spitzenverbände eine weniger umweltorientierte Position einnehmen als die betreffenden Fachverbände.
- Das (gegenwärtig unterproportionale) Gewicht der umwelttechnischen Industrie bei der verbandinternen Meinungsbildung sollte verstärkt werden.

- Konkrete Problemlösungen sollten im Verhältnis zu programmatischen Erklärungen stärker akzentuiert werden.
- Industrielle Umweltschutz-Pilotprojekte mit Signalwirkung auf breite Wirtschaftskreise sollten gezielt unterstützt werden.

2. Unternehmenskontakte im Dienst von Bürgerinitiativen

Unternehmen verfügen zum Teil über Kontakte, deren Einsatz die Durchschlagskraft von Bürgerinitiativen maßgeblich erhöhen kann. Zum Beispiel führte das Haus Winter im Auftrag der überparteilichen Aktion von Bürgervereinen „Bessere Luft für Hamburg" eine „Internationale Enquête zum letzten Stand der Abgasreinigungstechnik bei kohlebetriebenen Großfeuerungsanlagen" durch, weil der Plan bestand, in unmittelbarer Nachbarschaft der Unternehmenszentrale ein Kohlekraftwerk mit einer nicht dem letzten Stand der Technik entsprechenden Rauchgasentschwefelungsanlage zu errichten.

Die Ergebnisse der Enquête wurden den Ministerpräsidenten der Bundesländer zugestellt und von dem damaligen Ministerpräsidenten Lothar Späth anläßlich eines Bundesratsvorstoßes des Landes Baden-Württemberg zwecks Verschärfung der Großfeuerungsanlagenverordnung zitiert. Durch die Erkenntnisse der Enquête wurde entscheidend dazu beigetragen, daß die Hansestadt Hamburg für Kohlekraftwerke inzwischen die Einhaltung von Grenzwerten vorschreibt, die erheblich unter denjenigen der Großfeuerungsanlagenverordnung liegen. Für den Schadstoff SO_2 z. B. hat Hamburg den Grenzwert halbiert. Dadurch wurde für das gesamte Bundesgebiet ein Signal gesetzt, das wegen des Drucks der bundesweiten öffentlichen Meinung im praktischen Ergebnis die weniger scharfen Grenzwerte der Großfeuerungsanlagenverordnung bereits jetzt außer Kraft gesetzt haben dürfte.

Zum Verhältnis zwischen Industrieunternehmen und Bürgerinitiativen erbrachte das Pilotprojekt neue Erkenntnisse: Der Gegensatz ist kein zwingender. Bei Interessengleichheit können ein Industrieunternehmen und eine Bürgerinitiative zusammenarbeiten (Koalitionsfähigkeit). Weltweite Informationskanäle und Professionalität einerseits sowie lokale Kontakte und Bürgersolidarität andererseits ergänzen sich zu starkem Durchsetzungsvermögen (Synergieeffekt). Das Unternehmen gewinnt an Bürgernähe, die Bürgerinitiative an Sachkompetenz (Konvergenzeffekt). Indem ein Unternehmen sich unter Zusammenarbeit mit einer Bürgerinitiative gegen umweltwidriges Verhalten eines anderen Unternehmens zur Wehr setzt – nachdem dessen Führung auf gütliche Appelle nicht reagierte – wird das erstgenannte Unternehmen selbst zum „Bürger", zum „corporate citizen" und verliert seine, den Bürger abschreckende, Anonymität. Gleichzeitig beweist sich in einem neuen Sinne – ähnlich der Antikörperbildung in einem erkrankten Organismus – eine gewisse „Selbstregulierungsfähigkeit der Wirtschaft".

3. Finanzielle Förderung von Umweltschutz-Organisationen

Die beschriebenen betrieblichen Umweltaktivitäten können nur einen Teil der sich stellenden Aufgaben abdecken. Flankierend bleibt die finanzielle Förderung verschiedener Umweltschutz-Organisationen notwendig.

Zu den vom Hause Winter geförderten Umweltschutz-Organisationen gehört der Wildpark Eekholt in Schleswig-Holstein, dessen Gehege, Lehrpfade und Unterrichtsräume für die Umweltschulung der Auszubildenden besonders geeignet sind.

4. Erfinderbörse Umweltschutz

Das starke Echo, das die Umweltaktivitäten des Hauses Winter in der Öffentlichkeit gefunden haben, führte zu zahlreichen Kontakten mit Innovatoren auf dem Gebiete des Umweltschutzes. Auf diesem Wege lernte das Haus Winter die Schwierigkeiten kennen, die sich den Erfindern bei der Vermarktung ihrer umwelttechnischen Entwicklungen in den Weg stellen. Es galt, den Versuch zu unternehmen, die Erfinder aus ihrer Isolierung herauszuführen.

Im Rahmen des Winter-Modells, das die betrieblichen Organisationsmittel und Kontakte bei Bedarf für Zwecke des Umweltschutzes einsetzt, lud Winter bereits im Jahre 1985 zu einer „Erfinderbörse Umweltschutz" ein, auf der die Innovatoren die Möglichkeit erhielten, in Kurzvorträgen mit anschließender Diskussion ihre Ideen, Entwicklungen oder Erfindungen Vertretern der Behörden, Handelskammer, Industrie, Wissenschaft und Presse vorzustellen.

Ein weiterer Zweck der Veranstaltung lag darin, nach Wegen zur Erhöhung des Innovationstempos auf dem Umweltsektor zu suchen. Innovationshemmnisse, die der schnellen Einführung von Ideen und Erfindungen im Bereich des Umweltschutzes hinderlich sind, liegen nach den Äußerungen der Erfinder unter anderem in einer kartellähnlichen Abschirmung bestimmter Märkte gegen umwelttechnische Neuerungen durch eingeführte Unternehmen sowie in einer Fülle einengender Normungs-, Sicherheits- und Verwaltungsvorschriften, die mit der technischen Entwicklung nicht Schritt halten.

Die „Erfinderbörse Umweltschutz" fand ein starkes öffentliches Echo bis hin zu Umweltschutzverantwortlichen der Europäischen Gemeinschaft. Es ist zu wünschen, daß diese und andere Formen der Innovationsförderung auf dem Gebiet des Umweltschutzes von privaten und öffentlichen Veranstaltern aufgegriffen, fortgesetzt und weiterentwickelt werden.

C. Marktimpulse durch das Integrierte System umweltorientierter Unternehmensführung

Die Umweltbewegung wird zu einer Veränderung der Märkte führen, die in einem solchen Umfang und in einer derartigen Geschwindigkeit bisher nicht beobachtet werden konnte. Manche Unternehmen hadern mit dieser Entwicklung, ohne sie jedoch abbremsen zu können. Die flexiblen Unternehmen jedoch haben den Entwicklungstrend in Richtung umweltfreundlicher Produkte und Dienstleistungen als unumkehrbar erkannt und in ihre strategische Unternehmensplanung einbezogen.

Verantwortliche Unternehmensleitungen, die sich um den Fortbestand einer menschenwürdigen Umwelt und damit gleichzeitig um den langfristigen Fortbestand auch des einzelnen Unternehmens Sorgen machen, müssen bemüht sein, die Umweltbewegung mit allen ordnungspolitisch vertretbaren Mitteln zu beschleunigen. Eine der effektivsten Möglichkeiten hierzu ist die Veränderung der Nachfrage. Sie ist ein marktwirtschaftlicher Hebel, um die Veränderung des Angebots herbeizuführen.

Die Möglichkeiten für Unternehmer, auf die Herausbildung einer umweltorientierten Nachfrage hinzuwirken, sind mannigfaltig. Beispiele sind die Umstellung der Materialwirtschaft auf umweltverträglichere Alternativprodukte, die Errichtung eines baubiologisch orientierten Industriebaus, die Förderung eines gemeinnützigen Trägers, der Umweltberater beschäftigt und ausbildet, die Propagierung umweltverträglicher Erfindungen mittels Veranstaltung einer „Erfinderbörse" oder die Beteiligung an zwischenbetrieblichen Arbeitskreisen für umweltorientierte Materialwirtschaft.

4. Kapitel
Argumentationsliste für umweltorientierte Unternehmensführung

Die folgende Argumentationsliste ist ein Novum. Sie stellt erstmalig Argumente für und gegen die Einführung des Integrierten Systems umweltorientierter Unternehmensführung (Winter-Modell) tabellarisch einander gegenüber.

In Presse, Funk und Fernsehen erhielt das Modell viel Zustimmung. Gemessen an den Diskussionsbeiträgen auf Veranstaltungen von Industrie- und Handelskammern, Fachverbänden der Wirtschaft und wirtschaftswissenschaftlichen Fakultäten ist auch die Einstellung von Praxis und Wissenschaft überwiegend positiv.

Jedoch sind auch kritische Äußerungen ernst zu nehmen, besonders deshalb, weil sie häufig den Keim für eine Verbesserung des Modells in sich tragen. Eine gewissenhafte Abwägung des Für und Wider gelangt zu dem Ergebnis, daß nicht alle Bedenken einfach von der Hand zu weisen sind, aber die positiven Aspekte des Modells eindeutig überwiegen.

Wer sich die Aufgaben der Argumentationsliste (A.) vergegenwärtigt, wird aus dem Studium der verschiedenen Argumentationsfelder (B.) vermehrten Nutzen ziehen.

A. Aufgaben der Argumentationsliste

Die Argumentationsliste hat drei Aufgaben:

1. Sie soll dem Unternehmer bzw. Manager eine Entscheidungshilfe geben, ob er das Integrierte System umweltorientierter Unternehmensführung ganz oder teilweise in dem von ihm geleiteten Betrieb oder in dem von ihm verantworteten Führungsbereich einführen soll.
2. Sie soll allen mit der praktischen Einführung des Modells in einem konkreten Unternehmen befaßten Personen eine zusätzliche Richtschnur sein, wie sich prozedurale oder psychologische Fehler, die den Erfolg erschweren könnten, vermeiden lassen.

3. Sie soll all denjenigen, die sich aus Überzeugung auf wirtschaftlicher, kultureller, religiöser oder politischer Ebene für die weitere Verbreitung des Modells einsetzen wollen, ein zusätzliches argumentatives Werkzeug liefern.

Die Argumentationsliste gibt Antwort auf folgende Fragen: Was bedeutet das Modell umweltorientierter Unternehmensführung für das Selbstverständnis des Unternehmers (I.), für die Erfolgschancen des Führungsteams (II.), für die Zusammenarbeit mit der Belegschaft (III.), für die einzelnen Führungsbereiche (IV.), für die Öffentlichkeits- und Verbandsarbeit (V.)?

Die Liste ist in Form einer Contra/Pro-Bilanz aufgebaut und umfaßt 40 Paare konträrer Positionen. Indem die Liste jeweils mit dem Einwand beginnt, will sie den Verfechtern des Modells die Anregung geben, bei der Überzeugungsarbeit den Gesprächspartner nicht gleich mit Argumenten zu überschütten, sondern zunächst dessen Einwände genau anzuhören und zu durchdenken, sie dann schlüssig zu entkräften und anschließend durch Herausarbeitung der positiven Aspekte zum argumentativen Gegenangriff überzugehen.

Über die Fähigkeit zum Zuhören hinaus muß auch stets die Bereitschaft lebendig bleiben, Anregungen zu übernehmen oder von der eigenen Meinung Abstriche zu machen. Denn das Modell umweltorientierter Unternehmensführung ist nicht ein für allemal fertig, sondern muß sich immer neu an den fortschreitenden Erkenntnissen von Praxis und Wissenschaft messen lassen und an die konkreten Gegebenheiten in den verschiedensten Unternehmen flexibel anpassen.

In der Argumentationsliste wird unter „Unternehmer" auch der unternehmerisch handelnde angestellte Manager und unter „Manager" auch der das eigene Unternehmen leitende Unternehmer verstanden, soweit sich aus dem Zusammenhang nichts Gegenteiliges ergibt.

B. Felder der Argumentation

I. Selbstverständnis des Unternehmers

Contra	*Pro*
1. Unterwerfung unter einen Modetrend	*Bewältigung der Zukunft*
Das Gerede von der Bedrohung der Menschheit durch Umweltzerstörung ist wie die antiautoritäre Welle der 60er Jahre eine Modeerscheinung, die sich von selbst erledigen wird. Durch Experimente mit Modetrends darf der Geschäftsgang nicht gestört werden.	Das Umweltproblem hat neben der Arbeitslosigkeit in der bundesdeutschen innenpolitischen Diskussion höchste Priorität und wird mit zunehmend erkennbaren Umweltschäden auch in anderen Ländern laufend an Gewicht gewinnen. Umweltorientierte Unternehmensführung gehört im Familienbetrieb heute schon zur Nachfolgesicherung, da die umweltbewußte nachfolgende Generation vielfach nicht bereit sein wird, einen die Umwelt zu stark belastenden Betrieb fortzuführen.
2. Anmaßung des Weltverbesserers	*Umweltverbesserung „vor der eigenen Haustür"*
Ein umweltorientiertes Unternehmen allein kann die Umwelt nicht retten – um so weniger, als an der Umweltbelastung neben der Industrie auch die Kraftwerke, der Verkehr, die Landwirtschaft und die Privathaushalte beteiligt sind. Auch wird ein Großteil der Schad-	Wenn alle Unternehmen ihren Energie-, Wasser- und Rohstoffverbrauch nur um wenige Prozente verringern – und ein paar Unternehmen müssen damit anfangen –, so kann manch luftbelastendes Kraftwerk eingespart, manch Wald- und Feuchtgebiet gerettet und manch wichtige Ressource geschont werden. Die

stoffe mit Wind und Wasser über die Grenzen importiert.

Umwelt ist zu kostbar, als daß auf den kleinsten Entlastungsbeitrag auch nur eines einzelnen Unternehmens verzichtet werden könnte.

3. *Übererfüllung des Gesetzes*

Umweltorientierte Unternehmensführung bedeutet, daß der Unternehmer bzw. Manager laufend mehr für die Umwelt tut als das Gesetz verlangt, daß er z. B. weniger Wasser, Energie und schadstoffhaltige Chemikalien einsetzt, weniger Müll verursacht und deponiert und weniger Umweltgifte in die Luft abgibt als gesetzlich erlaubt. Gesetzestreue muß jedoch genügen, da der von Fachleuten beratene Gesetzgeber schon dafür sorgt, daß ein wirklich umweltschädliches Verhalten verboten wird.

Rettung der Marktwirtschaft

Oftmals kann der Gesetz- bzw. Verordnungsgeber umweltschädliche Waren und Verhaltensweisen überhaupt nicht, nur verzögert oder nur in beschränktem Umfange verbieten, weil die Wirtschaftsverfassung liberal, die Rechtsmittelverfahren rechtsstaatlich und langwierig und die Abstimmungsprozesse mit den Interessengruppen reich an Kompromissen sind. Eine Wirtschaft, welche nicht durch umweltbewußte Selbstbeschränkung die marktwirtschaftlichen Freiräume honoriert, wird die Marktwirtschaft politisch verspielen.

4. *Hintertreibung echter Umweltverbesserungen*

Eine überzogen umweltbewußte Unternehmensführung ist nicht nur aus unternehmerischer Sicht, sondern auch vom Standpunkt eines Systemveränderers her abzulehnen, der wie folgt argumentieren würde:

„Das marktwirtschaftliche System macht eine echte und

Ökologisierung der Marktwirtschaft

Die Erfahrung zeigt, daß die Zentralverwaltungswirtschaft und andere praktizierte Wirtschaftssysteme die Umwelt noch weniger schützen können als die soziale Marktwirtschaft. Letztere kann in Richtung einer ökologisch-sozialen Marktwirtschaft fortentwickelt werden, indem einerseits alle Unternehmen das

durchgreifende Gesundung der Umwelt unmöglich; deshalb handelt ein Unternehmer, der das System ohne Umweltskrupel ausnutzt und dadurch dessen politischen Zusammenbruch beschleunigt, im Endeffekt viel umweltfreundlicher als ein Unternehmerkollege, der den Kollaps des Systems durch kosmetische Abmilderung seiner Umweltschädlichkeit hinauszögert."

Integrierte System umweltorientierter Unternehmensführung verwirklichen und andererseits der Gesetzgeber die Schadstoffgrenzwerte kontinuierlich verschärft und die wirtschaftlichen Rahmenbedingungen so verändert, daß nur umweltorientiertes Wirtschaften sich noch lohnt.

5. *Selbstruinierung durch Kostensteigerungen*

Im allgemeinen leisten sich die Unternehmen für den Umweltschutz nur denjenigen finanziellen Aufwand, der zur Einhaltung der Gesetze unbedingt erforderlich ist. Ein Unternehmen, das sich den Luxus erlaubt, darüber hinauszugehen, riskiert seine Wettbewerbsfähigkeit.

Kostensenkung mit Wettbewerbsvorteilen

Viele Maßnahmen, z. B. solche der Wasser-, Energie- und Rohstoffeinsparung, dienen sowohl dem Umweltschutz als auch der Kostenverringerung und damit der Erzielung von Wettbewerbsvorteilen. Daß wirksamer Umweltschutz stets mit hohen Kosten verbunden ist, muß als ein Vorurteil gelten; mit wenig Geld und viel Wissen läßt sich betrieblicher Umweltschutz effektiver betreiben als mit viel Geld und wenig Wissen.

6. *Gefährdung des Vorstandspostens*

Schmälert der Vorstand einer Aktiengesellschaft durch freiwillige Umweltschutzmaßnahmen den Unternehmensgewinn, so versetzt er Aufsichtsrat und Aktionäre in

Absicherung der Managerkarriere

Wer als Manager, z. B. eines Energieerzeugungsunternehmens, ohne Rücksicht auf das sensible Umweltbewußtsein der Öffentlichkeit Ertragsmaximierung betreibt, indem er an sich

Alarm und läuft Gefahr, daß sein Anstellungsvertrag nicht verlängert wird. Angestellte Manager haben deshalb sehr viel weniger Handlungsspielraum für umweltorientiertes Verhalten als Unternehmer, die nicht nur Manager, sondern auch Eigentümer des Unternehmens sind.

verfügbare Umweltschutztechnik nicht anwendet und dadurch öffentlichen Gegenwind und Störungen des Geschäftsganges provoziert, sichert seine Karriere weit weniger als ein Manager, der zum Wohle des Unternehmens durch freiwilligen Umweltschutz mit Augenmaß das gesellschaftliche Umfeld kultiviert. Heute gibt es bereits Fälle, daß Aktionäre beantragen, dem Vorstand die Entlastung zu verweigern, weil dieser sich nicht umweltgerecht verhalten habe.

7. *Aufreibung der Arbeitskraft*

Wettbewerbsdruck, Steuersätze, Tarifkonflikte, Strukturwandel, administrativer Aufwand, Informationsflut – und zu guter Letzt öffentliche Unternehmerschelte – belasten Nerven und Arbeitskraft des Unternehmers bzw. des Managers zur Genüge. Ein unternehmerisches Umweltengagement, das über die Einhaltung der gesetzlichen Vorschriften hinausgeht, ist schlechterdings unzumutbar.

Wiedererlangung der Arbeitsfreude

Viele Unternehmer bzw. Manager werden vom eigenen Gewissen, von der Familie und von der gesellschaftlichen Umgebung mit dem Vorwurf geplagt, daß sie durch Belastung von Boden, Luft und Wasser mit Schadstoffen und durch Überbenutzung begrenzter Rohstoffe den eigenen Kindern und folgenden Generationen die Lebensgrundlage entzögen. Umweltorientierte Unternehmensführung eröffnet dem Unternehmer bzw. dem Manager die Chance, Gewissensruhe, Familienfrieden und soziale Achtung zurückzugewinnen, sich wieder voll mit dem eigenen Beruf zu identifizieren und aus der Arbeitsfreude Kraft für Erfolge zu schöpfen.

II. Erfolgschancen des Führungsteams

Contra	*Pro*
8. *Vorprogrammierung von Zielkonflikten*	*Dauersicherung der Rentabilität*
Tritt neben das Gewinnziel das Ziel maximaler Umweltschonung, so ist die Zielvorgabe gespalten. Der Zielkonflikt zwingt zu Abwägungen, die Zeit kosten und Kraft verschleißen.	Es besteht kein Zielkonflikt, sondern beide Zielsetzungen bedingen sich gegenseitig. Während umweltorientierte Unternehmensführung ohne ausreichende Gewinne nicht dauerhaft realisierbar ist, kann umgekehrt die Gewinnerzielung ohne umweltorientiertes Management nicht langfristig gesichert werden.
9. *Verzettelung der Schlüsselkräfte*	*Sicherung der Unternehmensexistenz*
Das Umweltengagement entzieht Schlüsselkräfte in Verkauf, Technik, Materialwirtschaft, Forschung und Entwicklung, Personal und Finanzen ihren klassischen Aufgaben. Die Ablenkung der Schlüsselkräfte könnte sich in einem schlechteren Unternehmensergebnis spiegeln.	Heute ergeben sich aus dem Umweltsektor für die Unternehmen existenzentscheidende Risiken und Chancen, die tatkräftige Reaktionen seitens aller Schlüsselkräfte verlangen. Während manche Unternehmen an umweltbedingten Haftungsfällen bzw. Umsatzeinbußen zugrunde gehen, expandieren andere aufgrund einer umweltorientierten Programmpolitik.
10. *Institutionalisierung von Kompetenzstreitigkeiten*	*Arbeits- und Risikoentlastung der Bereichsleiter*
Der Umweltbeauftragte auf Direktionsebene soll im Sinne einer Querschnittsaufgabe für die Verwirklichung des Umweltgedankens in	Indem der Umweltbeauftragte gegenüber den Bereichsleitern seine Informations-, Beratungs- und Kontrollfunktion ausübt, greift er nicht in ihre Linienkom-

den Bereichen Technik, Verkauf, Materialwirtschaft, Personal und Finanzen sorgen. Laufende Kompetenzkonflikte zwischen dem Umweltbeauftragten und den Bereichsleitern könnten die Folge sein.

petenz ein. Vielmehr entlastet er die Bereichsleiter und trägt gleichzeitig dazu bei, daß sich das Risiko der gefährlichen Umwelthaftung für sie vermindert.

11. *Provozierung von Budgetkonflikten*

Bei der jährlichen Aufstellung der Kostenbudgets sind Konflikte zwischen dem Umweltbeauftragten und den Bereichsleitern vorprogrammiert. Die Konkurrenz zwischen Umweltschutz und klassischen betrieblichen Aufgaben könnte sich zu einem allgegenwärtigen Tauziehen ausweiten und zu einer spannungsgeladenen Atmosphäre führen.

Optimierung des Mitteleinsatzes

Unter den Leitern der klassischen Unternehmensbereiche setzt sich heute rasch die Erkenntnis durch, daß der Umweltfaktor mehr und mehr zu einem notwendigen Bestandteil auch ihres jeweiligen Aufgabenbereiches wird. Im gleichen Maße wächst ihre Bereitschaft, Umweltschutzbelange in ihren Budgets angemessen zu berücksichtigen.

III. Zusammenarbeit mit der Belegschaft

Contra | *Pro*

12. *Paralysierung des Kostenbewußtseins*

Freiwillige Investitionen in den Umweltschutz gelten weithin noch als Luxus. Wenn das Unternehmen sich aber Luxus erlaubt, sehen viele Mitarbeiter nicht ein, warum sie sparen sollen, und eine fortschreitende Paraly-

Überwindung der Überflußmentalität

Werden die Mitarbeiter durch gezielte Schulung darüber aufgeklärt, daß auch freiwillige Umweltschutzinvestitionen den Sinn haben, Umweltgüter einzusparen, und daß Umweltgüter knapp und kostbar sind, so wirkt das der verbreiteten Überfluß-

sierung ihres Kostenbewußtseins könnte die Quittung sein.

mentalität entgegen. Viele Mitarbeiter gehen dann ihrerseits bedachtsamer mit Energie, Wasser und Rohstoffen um und sind darüber hinaus bemüht, überflüssige Ausgaben einzudämmen, um einen größeren Spielraum für Umweltschutzinvestitionen zu schaffen.

13. Ausuferung des Anspruchsdenkens

Wer am Arbeitsplatz mit schadstoffarmen Wandanstrichen und PVC-freier Auslegeware verwöhnt wird, gerät in Versuchung, immer weitergehende Wohltaten zu fordern – bis hin zur Büro-Hängematte für das kreative Denken. Bekanntlich kommt der Appetit mit dem Essen.

Förderung des Qualitätsbewußtseins

Von Verwöhnung der Mitarbeiter und einer Inflation ihrer Ansprüche darf zumindest solange nicht gesprochen werden wie die Umweltschutzmaßnahmen am Arbeitsplatz lediglich die bisher üblichen Defizite ausgleichen sollen. Eine hohe Qualität der unmittelbaren Arbeitsumwelt fördert das Qualitätsbewußtsein und senkt die Ausschußrate.

14. Züchtung einer „Geschädigtenmentalität"

Zuviele freiwillige Messungen von MAK-Werten (Maximale Arbeitsplatzkonzentration von Schadstoffen) und zu stark dramatisierende Informationen über Gesundheitsgefahren züchten ein übersteigertes Gesundheitsbewußtsein, wenn nicht gar eine hypochondrische „Geschädigtenmentalität", die gestandene Mannsbilder in Prinzessinnen auf der Erbse

Förderung von Gesundheit und Vertrauen

Die medizinische Wissenschaft hat in jüngster Zeit mehr und mehr erkannt, wieviele Krankheiten umweltbedingt sind. Eine systematische Verringerung des Kontaktes mit Schadstoffen am Arbeitsplatz – auch über das gesetzlich gebotene Maß hinaus – und eine nüchterne, wissenschaftlich fundierte Aufklärung der Mitarbeiter fördert nachhaltig deren Gesundheit, Vertrauen und Einsatzbereitschaft.

verwandelt. Der Krankenstand dürfte steigen.

15. *Heraufbeschwörung sozialer Konflikte*

Das Geld für freiwillige Maßnahmen des Umweltschutzes fehlt an anderer Stelle, z. B. bei den außertariflichen Leistungen. Sobald die Mitarbeiter den Eindruck haben, daß die Umwelt z. B. auf Kosten ihrer außertariflichen Weihnachtsgratifikation saniert werden soll, schwindet ihre Bereitschaft, sich für freiwilligen betrieblichen Umweltschutz einzusetzen, und soziale Konflikte stehen ins Haus.

Solidarisierung unter gemeinschaftlichem Opfer

Gewiß ist die Zeit noch nicht reif für freiwillige betriebliche Umweltschutzmaßnahmen in finanziellen Größenordnungen, welche die gewohnten übertariflichen Leistungen des Unternehmens maßgeblich schmälern. Mit allgemein zunehmenden Umweltschäden wird sich jedoch in Zukunft die Erkenntnis durchsetzen, daß die gemeinsame Lebensbasis nur unter solidarischen finanziellen Opfern der Eigentümerseite und der Mitarbeiter zu retten ist.

16. *Politisierung des Betriebsalltags*

Der Konflikt Ökonomie/Ökologie hat bereits zahlreiche Parlamente und die gesamte Gesellschaft gespalten. Warum soll die Unternehmensleitung diesen Konflikt in den Betrieb hineintragen und es dazu kommen lassen, daß Parteibildung die Mitarbeiterschaft entzweit und den Betriebsfrieden gefährdet.

Schutzimpfung gegen Ideologisierung

Wenn den Mitarbeitern im Betrieb vorgeführt wird, daß sich Umweltprobleme besser durch konkrete Taten als durch ideologische Vorurteile und Schlagworte lösen lassen, dann sind sie im Betrieb und auf der Straße immun gegenüber unsachlicher Agitation. Der gemeinsame Einsatz für die Umwelt hat auf Unternehmensleitung und Mitarbeiter einen integrierenden Einfluß, der in andere Lebensbereiche ausstrahlt.

17. *Abwanderung von Mitarbeitern*

Kostenerhöhende Umweltschutzmaßnahmen könnten auf allen hierarchischen Ebenen zu immer neuen Polarisierungen führen und die Mitarbeiter verunsichern. Dann wäre zu befürchten, daß gute Mitarbeiter abwandern.

Wettbewerbsvorsprung auf dem Arbeitsmarkt

Steht die Führungsmannschaft geschlossen hinter dem Umweltgedanken, so setzt er sich rasch und ohne Reibungsverluste auf allen Führungsebenen durch und bindet die Mitarbeiter innerlich noch fester an den Arbeitsplatz. Ein Unternehmen, dessen Umweltengagement sich herumgesprochen hat, kann auf dem Arbeitsmarkt engagierte Lehrlinge, mitdenkende Facharbeiter und zukunftsorientierte Führungskräfte leichter für sich gewinnen als es anderen Unternehmen möglich ist.

18. *Bevormundung durch Öko-Zwang*

Im Ergebnis ist die umweltorientierte Unternehmensführung nichts anderes als der Rückfall in einen autoritären Führungsstil, wenn auch mit neuen Inhalten. Alle Mitarbeiter werden von der Unternehmensleitung gezwungen, die ökologische Brille aufzusetzen.

Motivierung durch Überzeugung

Der Versuch einer autoritären Durchsetzung des Umweltgedankens würde seinen humanen Inhalten widersprechen und sich an Widerständen oder Verzögerungshandlungen vieler „vor Ort" tätiger Mitarbeiter totlaufen. Pointiert gesagt, besteht wirksame umweltorientierte Unternehmensführung zu einem Viertel aus Selbstprüfung und Vorbild des Unternehmers, zu einem weiteren Viertel aus stetiger Mitarbeiterschulung und -ausbildung, zu einem dritten Viertel aus Psychologie und Überzeugungskunst und erst zum letzten Viertel aus sachbezogenen Aktionen.

19. *Abstumpfung der Umweltsensibilität*

Der betrieblich verordnete Umwelt-Perfektionismus führt zu Trotzreaktionen, das ständige Abspielen der Umweltschutzleier zur Abstumpfung der Umweltsensibilität. Ein penetranter Umwelteifer schadet dem Umweltgedanken mehr als er ihm nützt.

Ermutigung zum Umweltengagement

Wenn die Mitarbeiter eine gute Umweltschulung erhalten, so wird ihnen der Umweltschutz zur Herzenssache. Sie empfinden dann die zahlreichen innerbetrieblichen Umweltaktivitäten nicht als Zwang, sondern als Chance und Anreiz zur Entfaltung ihres inneren Umweltengagements.

IV. Die einzelnen Führungsbereiche

Contra / *Pro*

20. *Überschätzung des Umweltmarkt-Potentials*

Aufgrund der Umweltschutz-Euphorie überschätzt der Verkauf die Nachfrage nach umweltschonenden Gütern. Das könnte zu einer falschen Programm-Politik führen.

Entdeckung des Umweltmarkt-Potentials

Das Marktpotential kann durch Testverfahren abgetastet und die Nachfrage durch Verbraucher-Aufklärung noch gesteigert werden. Der Markt ist im Umbruch, so daß sich gerade für Alternativbetriebe und andere „newcomer“, die noch nicht „branchenblind“ sind, ungwöhnliche Chancen eröffnen.

21. *Beunruhigung des Marktes*

Kommt der traditionelle Marktführer bei einem bestimmten Produkt zusätzlich mit einem umweltverträglichen Alternativprodukt auf den Markt, so wird ein gewisser Prozentsatz seiner

Absicherung des Marktanteiles

Zwar mag der Umsatz des Marktführers nicht gewachsen sein, aber seine strategische Ausgangslage hat sich durch die Einführung des Alternativproduktes entscheidend verbessert. Indem er sowohl das klassische als auch

Kunden auf dieses Produkt umsteigen, was nicht zu einer Erhöhung des Umsatzes, sondern lediglich zur Verschiebung eines Teilumsatzes in Richtung auf das neue Produkt führt. Den Neukunden, die das Unternehmen gewinnt, stehen verunsicherte Altkunden, die jetzt auch sein altes Produkt nicht mehr kaufen, in vergleichbarer Zahl gegenüber.

das umweltverträgliche Produkt im Programm hat, kann er sich flexibel auf einen erstarkenden Trend zu umweltbewußtem Käuferverhalten einstellen und seinen Marktanteil gegen Einbrüche von Wettbewerbern, die umweltverträgliche Produkte anbieten, absichern.

22. *Übereilung des Markteinstiegs*

Die umweltorientierte Unternehmensführung verleitet dazu, den Markteinstieg zu übereilen und unnötigerweise „schlafende Hunde zu wecken". Es genügt, fertig entwickelte umweltverträgliche Alternativprodukte „in der Schublade" zu haben, um sie bei Bedarf sofort auf den Markt werfen zu können.

Erringung des Pionierbonus

Die Strategie des umweltverträglichen „Schubladen-Produktes" wird zunehmend gefährlich, da sie sich meist nicht geheimhalten läßt und bei der sensibilisierten Öffentlichkeit zu einem starken Sympathieverlust führt, der sich sogar in Kaufenthaltungen niederschlagen kann. Umgekehrt wird ein Unternehmen, das in der Werbung mit Recht behaupten kann, durch sein neu eingeführtes Produkt ein Umweltproblem erstmalig zu lösen, auf dem Markt von seinem Pionierimage profitieren.

23. *Belastung des Verkaufsgespräches*

Ein Industriekunde, der mit Umweltproblemen zu kämpfen hat, wird einen erklärten Umweltschützer als Lieferanten nur widerwillig ak-

Bereicherung der Verkaufsargumentation

In verständnisvollem Gespräch kann der Kunde meist überzeugt werden, daß das Umweltengagement des Lieferanten auch dem Kunden nützt, indem es dem ge-

zeptieren. Er wird außerdem argwöhnen, daß freiwillige Umweltschutzmaßnahmen des Lieferanten zu einer unnötigen Verteuerung der von diesem angebotenen Produkte geführt haben.

nerellen Ansehen der Industrie, dem Unternehmerbild in der Öffentlichkeit und dem konkreten Produkt – z. B. wegen umweltschonenden und deshalb kostengünstig zu entsorgenden Grundmaterials – zugute kommt. Ferner läßt sich argumentieren, daß manche umweltbewußten Schritte – z. B. Maßnahmen der Material- oder Energieeinsparung – nicht zur Steigerung, sondern zur Verminderung der Produktionskosten und damit zu einem moderaten Angebotspreis geführt haben.

24. *Verängstigung des Kunden*

Wenn der Einkäufer eines Industrie-Kunden nicht von selbst das Umweltthema anspricht, so sollte es unter allen Umständen ausgespart bleiben, um den Einkäufer nicht kopfscheu zu machen. Andernfalls wird der Einkäufer Fragen zur Entsorgung stellen, die Aushändigung des Sicherheitsdatenblattes verlangen, die Offenlegung von Fertigungsgeheimnissen fordern, die zusätzliche Einholung von Wettbewerbsangeboten veranlassen und zu guter Letzt auf einem Preisnachlaß bestehen.

Vertrauensbildung beim Kunden

Wer ein umweltverträglicheres Produkt als der Wettbewerb anzubieten hat, kann diesen Wettbewerbsvorteil voll ausspielen, indem er dem Einkäufer jene Informationen zur Verfügung stellt und jene Fragen in den Mund legt, die den Wettbewerber in Bedrängnis bringen. Die Bereitschaft und die Fähigkeit eines Lieferanten, zu den Umweltaspekten der von ihm angebotenen Waren bzw. Vorprodukte sachkundig und wahrheitsgemäß Stellung zu nehmen, wird das Vertrauen des Kunden stärken und seine Einkaufsentscheidung günstig beeinflussen.

25. *Fehlleitung von Forschungs- und Entwicklungsmitteln*

Die begrenzten Mittel für Forschung und Entwicklung müssen für funktionale Verbesserungen der Produkte eingesetzt werden. Im Wettbewerbskampf kann der funktionale Rückstand eines Produktes durch ökologische Vorteile nicht kompensiert werden.

Zukunftsorientierung von Forschung und Entwicklung

Angesichts der wachsenden ökologischen Anforderungen an Produkte werden deren Abnehmer ökologische Verbesserungen zunehmend als funktionale Verbesserungen werten. Überdies werden Forschung und Entwicklung auf dem Umweltsektor durch zahlreiche internationale, nationale und regionale Förderprogramme unterstützt.

26. *Demotivierung der Technik*

Die Technik, welche die Last der Produktion trägt, wird wegen unvermeidlicher Umweltbelastungen zum Prügelknaben des Unternehmens degradiert, wenn der Unternehmer den Umweltschutz überbetont. Darunter könnten Leistungswille und Innovationskraft leiden.

Neumotivierung der Technik

Die Unternehmensleitung kann den Technikern vor versammeltem Betrieb für ihre Leistungen auf den traditionellen Gebieten Dank und Hochachtung aussprechen und sie gleichzeitig in dem Bewußtsein bestärken, daß gerade sie es sind, auf die der Betrieb bei der Lösung seiner Umweltprobleme am wenigsten verzichten kann. Auf diese Weise werden die Techniker zu kreativer Bewältigung ihrer klassischen und umweltorientierten Aufgaben angespornt.

27. *Gefährdung von Rationalisierungsinvestitionen*

Rationalisierungsinvestitionen unterbleiben, weil freiwillige Umweltschutzinvestitionen Mittel binden. Die Wettbewerbsfähigkeit des

Optimierung von Rationalisierungsinvestitionen

Investitionen, die zu Energie-, Wasser- und Rohstoffeinsparungen führen, sind gleichzeitig Umweltschutz- und Rationalisierungsinvestitionen. Je steiler

Unternehmens könnte leiden.

die Energie-, Wasser- und Rohstoffpreise nach oben gehen, desto größer sind Rationalisierungseffekt und Wettbewerbsvorteil.

28. *Überdimensionierung von Umweltschutzinvestitionen*

Erneuerungs- und Erweiterungsinvestitionen verteuern sich übermäßig durch eine zu anspruchsvolle Auslegung der Emissionsminderungs- bzw. Recyclingtechnik. Der Amortisierungszeitpunkt wird auf diese Weise zu weit hinausgeschoben.

Bewahrung vor Investitionsruinen

Werden bei der Auslegung der Umwelttechnik zukünftige Verschärfungen der gesetzlichen Grenzwerte für Schadstoffemissionen nicht weitsichtig planerisch vorweggenommen und wird der letzte Stand der Umwelttechnik nicht gründlich international recherchiert, so können später die Kosten einer durch Gesetzesverschärfung gebotenen Nachrüstung das Projekt unwirtschaftlich machen und in eine Investitionsruine verwandeln. Eine zukunftsorientierte Umwelttechnik ist der beste Garant für Erteilung und Aufrechterhaltung der Betriebsgenehmigung, zumal in Zukunft der Gesetzgeber immer weniger zur Einräumung von langen Übergangsfristen für veraltete Umweltschutzanlagen bereit sein wird.

29. *Überforderung der Materialwirtschaft*

Die Materialwirtschaft ist überfordert, wenn sie neben klassischen Einkaufkriterien wie Qualität, Preis, Liefer-

Sicherung der Wirtschaftlichkeit

Hauptaufgabe der Materialwirtschaft ist es, die unter Berücksichtigung aller Faktoren für das Industrie-Unternehmen wirt-

zeit und Service auch noch das Kriterium der Umweltverträglichkeit berücksichtigen soll. Wo zuviele Nebenaufgaben statuiert werden, leidet die Erfüllung der Hauptaufgabe.

schaftlichste Einkaufsentscheidung zu treffen. Da aber umweltbelastende Waren bei Gebrauch und Entsorgung unter Umständen Folgekosten hervorrufen, die einen etwaigen Preisvorteil gegenüber umweltverträglicheren Wettbewerbsangeboten nachträglich überkompensieren, gehört die Prüfung der Umweltverträglichkeit zur Wirtschaftlichkeitsprüfung und damit zur Hauptaufgabe der Materialwirtschaft.

30. *Überschreitung der Vergaberichtlinien*

Hat der Einkäufer eines öffentlichen Unternehmens festgestellt, daß der Einsatz der angebotenen Ware trotz der Entsorgungs- und innerbetrieblichen Schadensvermeidungskosten (z. B. Atemschutz bei stark lösemittelhaltigen Lacken) noch wirtschaftlich ist, so darf er darüber hinausgehende Umweltschutzanforderungen nicht stellen. Denn damit würde er dem Wirtschaftlichkeits- und Sparsamkeitsgebot widersprechen, das sich z. B. aus der Verdingungsordnung für Leistungen ergibt, wie sie für die vom Bund gehaltenen Unternehmen gilt.

Ausschöpfung der Vergaberichtlinien

Am 1. Januar 1985 wurde bei der Verdingungsordnung für Leistungen ein entscheidender Durchbruch erzielt, der als positives Signal für umweltorientierten Einkauf in der gesamten Wirtschaft gesehen werden kann. In den Erläuterungen (zu § 8) dieser Verordnung wird nunmehr ausgeführt: „... Unter Beachtung des haushaltsrechtlichen Grundsatzes der Wirtschaft und Sparsamkeit sind an die gewünschte Leistung nur solche Anforderungen zu stellen, die zur Aufgabenerfüllung unbedingt notwendig sind. In diesem Rahmen können z. B. auch Gesichtspunkte des Umweltschutzes berücksichtigt werden."

31. *Zeitvergeudung durch Umweltverträglichkeitsrecherchen*

Zwar kann der Einkäufer Recherchen der Umweltverträglichkeit der angebotenen Waren anstellen. Dann bleibt ihm aber nicht mehr genug Zeit, um die Angebote nach Leistungsdaten und Preisen zu vergleichen und erfolgreiche Preisverhandlungen zu führen.

Vermeidung von Entsorgungsproblemen

Eine materialkundliche Recherche von wenigen Stunden – gegebenenfalls unter Einschaltung eines externen Beraters – kann einem u. U. unverhältnismäßig viel größeren Aufwand an Zeit und Kosten für die Entsorgung vorbeugen. Dieser Zusammenhang ist Einkäufern, welche die Entsorgung der von ihnen eingekauften Materialien selbst verantworten müssen und nicht auf andere Betriebsbereiche, z. B. die Technik, abwälzen können, durch manch bittere Erfahrung bewußt geworden.

32. *Anmaßung von Gesetzgeberaufgaben*

Abgrenzungen zwischen erlaubten und unerlaubten Waren sind ausschließlich Aufgabe des Gesetz- bzw. Verordnungsgebers, der dafür aus Steuergeldern finanziert wird. Der Einkäufer muß sich darauf verlassen dürfen, daß Waren, die der Gesetzgeber nicht verboten hat, auch nicht umweltschädlich sind.

Erweiterung der Einkäuferverantwortung

Nicht alles, was der an komplexe und langwierige Verfahren gebundene Gesetz- und Verordnungsgeber vorläufig noch erlaubt, ist deshalb schon umweltverträglich (vgl. auch Ziffer 3). Zur Beurteilung der Umweltverträglichkeit muß der Einkäufer sich an den neuesten Erkenntnissen der Materialkunde und Betriebsökologie orientieren, wobei ihm Fachveröffentlichungen (z. B. die Liste der Produkte mit dem blauen Umweltengel) und fachkundige Beratung helfen.

33. *Beeinträchtigung der Kreditwürdigkeit*

Eine starke Umweltorientiertheit des Unternehmens kann bei den meist konservativ eingestellten Kreditabteilungen der Banken und Sparkassen die Befürchtung erwecken, daß wirtschaftliche Notwendigkeiten unter idealistischen Zielsetzungen leiden. Dadurch könnte die Kreditaufnahme erschwert werden.

Vertrauensbildung bei den Banken

Den Kreditabteilungen sind die umweltbedingten Haftungs- und Umsatzrisiken durch Firmenzusammenbrüche bewußt geworden, während andererseits die Wertpapierabteilungen Kursgewinne bei erfolgreich im Umweltsektor operierenden Unternehmen beobachten konnten. Deshalb trägt es zur Vertrauensbildung bei den Kreditinstituten bei, wenn ein Unternehmen auch im Umweltbereich ein gezieltes Chancen-Risiko-Management betreibt.

V. Öffentlichkeits- und Verbandsarbeit

Contra / *Pro*

34. *Vereinseitigung des Images*

Wenn die Medien über ein umweltorientiertes Unternehmen berichten, so treten erfahrungsgemäß alle anderen Aspekte des Unternehmens stark in den Hintergrund. Das bereits bestehende Qualitätsimage eines Unternehmens kann durch das neugeschaffene Umweltschutzimage überlagert werden, was nachteilig ist, wenn die maßgeblichen Kunden der Qualität des Produktes

Erschließung neuer Kundenkreise

Falls die Berichterstattung über das Umweltengagement des Unternehmens nicht bereits selbst den Absatz fördert, eignet sie sich meist als Aufhänger für werbewirksame Zusatzaussagen, die dann – ohne Werbekosten – in den redaktionellen Teil der Zeitungen oder in Funk- und Fernsehsendungen gelangen und breiteste Bevölkerungskreise ansprechen. Zugegebenermaßen ist die verkaufsfördernde Wirkung solcher Öffentlichkeitsarbeit für

wesentlich größeres Gewicht beimessen als dem Umweltengagement des Unternehmens.

Konsumartikel wesentlich größer als für Investitionsgüter.

35. *Beeinträchtigung des Arbeitsethos*

Durch laufende Kontakte mit den Medien können Unternehmer dazu verleitet werden, nur noch zu fragen: „Wie kommt das Unternehmen in die Presse?" und nicht mehr: „Was ist wichtig für das Unternehmen?" Das kann zur Entfremdung von der harten Alltagsarbeit führen, die letztlich der alleinige Garant für dauerhaften geschäftlichen Erfolg bleibt.

Schaffung von Spitzenkontakten

Ein in sich gefestigter Unternehmer wird sowohl harte Alltagsarbeit leisten als auch die Chance nutzen, die publizistischen Früchte seines überdurchschnittlichen Umweltengagements zu ernten. Der erhöhte Bekanntheitsgrad des Unternehmens erleichtert es dem Unternehmer, geschäftlich wichtige Kontakte zu den Spitzen der öffentlichen Verwaltung, der Wissenschaft und der Verbände herzustellen und zu nutzen.

36. *Herausforderung eines Imageumschwunges*

Eine Firma, die sich öffentlich als Umweltschutzpionier profiliert und vielleicht dadurch – wenn auch ungewollt – weniger umweltbewußt handelnde Unternehmen öffentlicher Kritik aussetzt, dürfte von jenen Unternehmen und den Medien zukünftig selbst nach strengsten Maßstäben gemessen werden. Das kleinste Umwelt-Mißgeschick der Firma könnte auf diesem Hintergrund zum größten Skandal

Signalwirkung mit Nachahmungseffekt

Die beste Vorbeugung gegen spätere Verdammung ist eine tatsächlich vorhandene und glaubhaft demonstrierte Bescheidenheit, mit der das Unternehmen klarstellt, daß es gegen Fehlschläge nicht gefeit ist, und gern von den Umweltschutzerfahrungen anderer Unternehmen lernt. Auf der anderen Seite soll das Licht nicht unter den Scheffel gestellt, sondern ein Anreiz für andere Unternehmen geschaffen werden, dem Vorbild nachzueifern.

aufgebauscht werden, so daß ein zunächst gutes Umweltschutzimage in sein Gegenteil umschlägt.

37. *Verletzung der Unternehmersolidarität*

Wenn ein Hersteller von umwelttechnischen Investitionsgütern, z. B. nachgeschalteten Anlagen, den Stand der Technik von sich aus vorantreibt und dadurch gesetzliche Grenzwertverschärfungen provoziert, so gefährdet er gleichzeitig die Existenz mancher Unternehmerkollegen auf der Abnehmerseite, weil diese nunmehr zum Kauf der u. U. wesentlich teureren Neuentwicklung genötigt sind, ohne die für die Zusatzinvestition erforderlichen Mittel bereitstellen zu können. Darin liegt ein Bruch der unternehmerischen Solidarität.

Bewährung der Solidarität mit allem Leben

Wenn unter den gegenwärtigen volkswirtschaftlichen Bedingungen die Kostenbelastung vieler Unternehmen (u. a. aufgrund der Steuergesetze) so groß ist, daß die Mittel für Investitionen in modernste Umwelttechnik fehlen, so verlangt die unternehmerische Solidarität, öffentlich für eine Verringerung der Kostenbelastung einzutreten. Auf der anderen Seite gebietet die dem Menschen aufgetragene Solidarität mit allem Leben, daß jeder – auch der Unternehmer – alle Möglichkeiten zur Rettung der Umwelt ausschöpft, die sich gerade ihm eröffnen.

38. *Neutralisierung durch Verbandseinbindung*

Bricht ein Unternehmer im Umweltschutz zu neuen Wegen auf, so ist er zur Erlangung von Insider-Informationen darauf angewiesen, in Umweltausschüssen von Wirtschaftsverbänden mitzuwirken. Dann jedoch sind ihm die Hände gebunden,

Erneuerung der Verbandspolitik

Die Verbandsdisziplin hat nicht die Bindungswirkung eines imperativen Mandats oder eines Maulkorberlasses, sondern stellt dem einzelnen Mitglied frei, unter Wahrung der angemessenen Form seinem eigenen Gewissen zu folgen. Außerdem wächst in jüngster Zeit die Bereitschaft der

weil die Verbandsraison es ihm verbietet, einen unabhängigen Kurs zu steuern.

Wirtschaftsverbände, in ihre offizielle Politik auch Gedanken- und Erfahrungsgut stark umweltorientierter Mitglieder einfließen zu lassen.

39. *Instrumentalisierung durch Parteipropaganda*

Ein umweltengagierter Unternehmer bzw. Manager kann nicht verhindern, daß er von Vertretern verschiedener parteipolitischer Richtungen mit unterschiedlichen Vorzeichen als propagandistisches Demonstrationsobjekt benutzt wird. Im Extremfall ist er für die einen der „weiße Rabe unter den industriellen Umweltsündern" oder aber der „besonders raffinierte Systemerhalter", für die anderen – ebenso unrichtig – „der lebende Beweis, daß der Umweltschutz in unserem Wirtschaftssystem auch ohne Verschärfungen der gesetzlichen Grenzwerte funktioniert".

Versachlichung der Umweltdiskussion

Konzentriert sich der Unternehmer bzw. Manager ganz auf seine konkreten, die Umwelt entlastenden Taten, ohne sich von irgendeiner Seite als parteipolitisches Demonstrationsobjekt einspannen zu lassen, so wird erfahrungsgemäß diese Haltung von allen Seiten respektiert. Politiker aller Richtungen werden stillschweigend daran erinnert, daß auch sie danach trachten sollten, Parteienstreit zurückzustellen und verstärkt an der Lösung konkreter Umweltschutzprobleme zu arbeiten.

40. *Verschwendung von Energie*

Die Öffentlichkeit ist bereits so sehr das Opfer industriefeindlicher Vorurteile, daß Öffentlichkeitsarbeit von Industrieunternehmen auf dem Umweltsektor sinnlos ist. Jedes öffentliche Eintreten von

Freisetzung von Energie

Öffentlichkeitsarbeit ist überall dort zum Scheitern verurteilt, wo das Wort an die Stelle der Tat, das Image an die Stelle der Wahrheit und das Kalkül an die Stelle des Charakters tritt. Erfolgreich sein und positive Kräfte freisetzen

Unternehmen für den Umweltschutz wird sofort als Ablenkungsmanöver, als Scheinengagement mit Alibifunktion oder als kalkulierter Werbefeldzug diskreditiert.

wird Öffentlichkeitsarbeit dort, wo Umweltschutz nicht in den Dienst politischer, schönfärberisch – werblicher oder sonstiger Zwecke gestellt wird, sondern in erster Linie eines ist: das in die Tat umgesetzte Bekenntnis zum Leben.

5. Kapitel
Check-Listen und Faktensammlungen zur umweltorientierten Unternehmensführung

Am Anfang steht der Wille des Unternehmers bzw. Managers, durch umweltbewußte Unternehmensführung Chancen zu ergreifen, Risiken zu entschärfen und staatsbürgerlicher Verantwortung nachzukommen. Sodann sind die Fragen nach der effizientesten Methode (A.) sowie nach den Aktionsfeldern und Maßnahmen (C.) zu beantworten. Dabei ist die Kenntnis der Erfahrung anderer Unternehmen sehr hilfreich (B.). Die Chancen, durch Umweltschutzmaßnahmen gleichzeitig Kosten zu vermeiden bzw. zu senken, verdienen besondere Aufmerksamkeit (D.)

A. Effizienz der Check-Listen-Methode

Das Wirtschaftsunternehmen ist ein komplexes und sensibles Gebilde. Am ehesten ist es mit einem Organismus vergleichbar. Wer umweltorientierte Unternehmensführung – eine „intelligente" Form des Managements – etablieren will, muß

I. alle Ebenen und Funktionsbereiche einbeziehen,
II. die Funktionsbereiche als ein vernetztes System behandeln,
III. das Know-how anwenderfreundlich aufbereiten,
IV. vom Handlungsbedarf im individuellen Unternehmen ausgehen,
V. den Mitarbeiter als Individuum ernst nehmen,
VI. die Unternehmenskultur durch Verhaltenskodizes fördern und
VII. den Fortschritt von Praxis und Wissenschaft laufend nutzen.

Die Check-Listen-Methode erfüllt diese sieben Anforderungen. Die Check-Listen sind bereichsübergreifend, untereinander vernetzt, anwenderfreundlich, anpassungsfähig, motivationsfördernd, verhaltensprägend und aktualisierbar.

Das vorliegende Buch bedient sich der Check-Listen-Methode. Für fast alle Check-Listen wurde eine Faktensammlung erstellt, die einschlägige Unternehmensbeispiele, Unternehmensbefragungsergebnisse sowie ein Schaubild umfaßt.

I. Ganzheitlicher Ansatz

Wie umweltbewußt Unternehmensführung in allen Ebenen und Funktionsbereichen (u. a. Marketing, Produktentwicklung und Herstellungstechnik) verwirklicht werden kann, wird unter B in 28 Check-Listen beschrieben.

Einen Überblick über die 28 Check-Listen gibt Nr. 1 Check-Liste „Gesamtüberblick“ (Check-Liste der Check-Listen).

Sucht der Unternehmer Auskunft, mit welchen Check-Listen er das Projekt zweckmäßigerweise beginnt und in welcher Reihenfolge sich die Check-Listen bestmöglich miteinander verknüpfen lassen, so hilft ihm Nr. 2 Check-Liste „Prioritätenbildung“.

Die Check-Listen 3–28 enthalten Anleitungen bzw. Empfehlungen für Maßnahmen in den einzelnen Funktionsbereichen. Sie wenden sich an die in den einzelnen Funktionsbereichen tätigen Spezialisten.

II. Vernetzung

Untereinander sind die Check-Listen durch zahlreiche Querverweisungen verbunden. So kann der Unternehmer besser übersehen, wie sich bestimmte Umweltschutzmaßnahmen auf verschiedene Funktionsbereiche (z. B. Materialwirtschaft und Fertigungstechnik) gleichzeitig auswirken. Er kann erwünschte Synergien fördern und unerwünschten Nebenwirkungen vorbeugen.

In ihrer Verknüpfung sind die Check-Listen ein Spiegelbild des vernetzten Systems der Funktionsbereiche des Unternehmens. Wer alle Check-Listen samt ihren Querverbindungen studiert hat, kann aus einer ökonomischen und ökologischen, finanziellen und personellen, organisatorischen und psychologischen Gesamtschau heraus handeln. Das ist eine besonders gute Voraussetzung für die Effizienz der Maßnahmen.

III. Anwenderfreundlichkeit

Ein Unternehmer bzw. Manager, der sich an den Start begibt, um das Integrierte System umweltorientierter Unternehmensführung bei dem von ihm geleiteten Unternehmen einzuführen, befindet sich in einer ähnlichen Lage wie der Pilot: er hat wenig Zeit für die Informationseinholung und -verarbeitung und kann sich trotzdem keinen Fehlstart mit Bruchlandung erlauben.

Bevor der Pilot seinen Flug beginnt, prüft er anhand einer Check-

Liste die wichtigsten Funktionen des Flugzeuges durch. Die Check-Liste ist eine der besten Methoden, rasch zum Wesentlichen vorzustoßen und keine wichtigen Punkte zu vergessen.

Es liegt deshalb nahe, auch für den Unternehmer die wichtigsten Informationen in Form von Check-Listen zusammenzufassen. Sie bestehen aus knapp formulierten Empfehlungen bzw. Handlungsanleitungen.

Ein weiterer Vorteil der Check-Listen liegt in ihrer EDV-freundlichen Struktur. Sie enthalten die Informationen in einer Form, welche die Übertragung auf ein EDV-gestütztes Expertensystem erleichtert. In dieser Richtung wurde bereits Entwicklungsarbeit geleistet. Andererseits dürfen die Grenzen für den Einsatz eines Expertensystems nicht verkannt werden.

Die Check-Listen wurden von fachkundigen Unternehmern und praxisorientierten Wissenschaftlern für Unternehmer erstellt. Zahlreiche stichwortartige Beispiele bereichern die Check-Listen. In den Beispielen liegt das Fleisch und Blut der Unternehmenswirklichkeit.

IV. Anpassungsfähigkeit

In welchem Umfang und in welchem Zeitrahmen der Unternehmer das Integrierte System umweltorientierter Unternehmensführung in seinem Unternehmen verwirklichen will, ist grundsätzlich in sein Belieben gestellt.

Er kann sich z. B. darauf beschränken, nur diejenigen Umweltschutzmaßnahmen zu ergreifen, die problemlos und relativ kurzfristig zur Vermeidung oder Senkung von Kosten führen und dadurch zur Ertragsverbesserung beitragen. Solche Umweltschutzmaßnahmen sind in den einzelnen Check-Listen durch * gekennzeichnet. Diese Maßnahmen sind außerdem in einem Fundstellenregister zusammengefaßt.

Darüber hinausgehend kann der Unternehmer aus der isolierten Anwendung einzelner Module Nutzen ziehen. Als Richtschnur kommt dabei eine umweltorientierte Schwachstellenanalyse seines Unternehmens in Betracht.

Schließlich kann der Unternehmer sein ganzes Unternehmen an den mittel- und langfristig erheblich wachsenden umweltbedingten Chancen und Risiken ausrichten, indem er seine Umweltaktivitäten sukzessive – quasi von Check-Liste zu Check-Liste – auf eine breitere Basis stellt.

Ein langfristig denkender Unternehmer, der die Eskalation der Umweltproblematik als einflußreichsten Zukunftstrend erkannt hat, wird in jedem Fall alle Check-Listen studieren oder von den jeweils zuständigen Bereichsstellen durcharbeiten lassen.

Da es möglich ist, jede Check-Liste ganz oder teilweise zu verwirklichen und die Check-Listen mannigfaltig miteinander zu kombinieren, kann den Anforderungen unterschiedlichster Einzelfälle entsprochen werden. Die Check-Listen-Methode ist so anpassungsfähig wie ein Baukastensystem, mag dieser technische Ausdruck ihr Wesen auch nur bedingt treffen.

Die Handlungsanleitungen der Check-Listen sind nicht schematisch anzuwenden. Im Einzelfall können Sachzwänge, Erfahrung und Fingerspitzengefühl ein anderes Vorgehen gebieten.

V. Motivationseignung

In einer Einleitung am Kopf einer jeden Check-Liste wird der innere Zusammenhang mit anderen Check-Listen, mit dem Integrierten System umweltorientierter Unternehmensführung bzw. mit der Unternehmensphilosophie hergestellt. Ein Unternehmer bzw. Manager, der sich bei jeder einzelnen Check-Liste die Sinnzusammenhänge vergegenwärtigt, wird die Empfehlungen bzw. Handlungsanleitungen zielsicherer und engagierter umsetzen. Das gleiche gilt für Mitarbeiter, die der Unternehmer mit der Umsetzung der Check-Listen in die Praxis betraut.

Manche Check-Listen – die für die Etablierung des Integrierten Systems umweltorientierter Unternehmensführung sogar besonders wichtig sind – berühren in starkem Maße den Bereich der Psychologie. Besonders die Check-Listen „Prioritätenbildung", „Willensbildung im Führungsteam" und „Mitarbeitermotivation und -ausbildung" haben es mit dem lebendigen Menschen zu tun, mit Individuen von eigenständigem Charakter und Wert.

Vor allem bei solchen Check-Listen verbieten Individualität und Menschenwürde ein mechanisch vereinheitlichendes Vorgehen „nach Gebrauchsanweisung". Die Check-Listen dürfen nicht als „psychologischer Werkzeugkasten" mißverstanden werden. Sie sind nichts anderes als eine Orientierungshilfe für die in menschlicher Verantwortung handelnde Führungskraft.

VI. Berufsethischer Gehalt

Einige wichtige Empfehlungen der Check-Listen sind geeignet, in die Führungsrichtlinien von Unternehmen Eingang zu finden. Es gibt bereits Beispiele von Unternehmen, bei denen auf diesem Wege die Rücksicht auf die Umwelt zum Bestandteil der Unternehmensethik, der Unternehmenskultur bzw. der Corporate Identity wurde.

Entsprechend können Check-Listen für bestimmte Unternehmensbereiche, z. B. für die Fertigungstechnik, mehr sein als bloße Verfahrensanweisungen. Sie können vielmehr den Charakter eines fachspezifischen Ehrenkodexes erlangen, ähnlich wie den traditionellen Grundsätzen des „ehrbaren Handwerks" eine moralische Komponente innewohnt.

Industrie- und Handelskammern, Unternehmensverbände und wirtschaftliche Berufsvereinigungen können auf Grundlage mancher Check-Listen für ihre Mitglieder Verhaltenskodizes aufstellen, die – wenn ihre Einhaltung wirksam kontrolliert und unter Sanktionen gestellt wird – den Umweltschutz sowie das öffentliche Ansehen der jeweiligen Körperschaft und ihrer Mitglieder fördern.

Die heutigen Industrieverbände tun gut daran, bei den Zünften des ständischen Mittelalters in die Lehre zu gehen. Diese konnten ihren Einfluß Jahrhunderte hindurch erhalten und höchstes Ansehen gewinnen, weil sie sich nicht nur als Interessenvertretung nach außen, sondern auch als eine nach innen gewandte moralische Instanz verstanden und verhielten.

Beispiel für einen branchenspezifischen Kodex ist der „Verhaltenskodex für die Ausfuhr von gefährlichen Chemikalien vom 11. März 1986", der vom Verband der Chemischen Industrie e. V. und dem Verband des Deutschen Chemikalien- Groß- und Außenhandels verkündet wurde (vgl. Check-Liste 28: „Internationale Wirtschaftsbeziehungen").

Einen branchenübergreifenden Kodex – der übrigens weitgehend auf dem Integrierten System umweltorientierter Unternehmensführung fußt – stellt die „Tutzinger Erklärung" vom 13. 5. 1988 dar. Die Erklärung, die sich an der Kürze des biblischen Dekalogs orientiert, wurde auf einer Tagung der evangelischen Akademie Tutzing verkündet. Zwischenzeitlich haben sich zahlreiche bundesdeutsche Unternehmen und Unternehmensverbände durch Unterschrift mit der Erklärung identifiziert.

Auf internationaler Ebene wurden von der Internationalen Handelskammer im Jahre 1986 „The Environmental Guidelines for World Industry" aufgestellt. 1991 verkündete die Internationale Handelskammer „The Business Charter for Sustainable Development – Principles for Environmental Management", in die – über vorbereitende Arbeiten von B.A.U.M. – wesentliche Elemente der Check-Listen Eingang fanden.

Manche Unternehmen mögen die Check-Listen als rein sachbezogenes Regelwerk verwenden. Die Wirkung der Check-Listen wird jedoch am stärksten in einem Unternehmen sein, wo die Verwurzelung der Check-Listen im Wertesystem des Unternehmens für alle Mitarbeiter offen zutage liegt.

VII. Laufende Aktualisierung

Das Wissen über erfolgreiches und gleichzeitig umweltorientiertes Wirtschaften in den verschiedenen Funktionsbereichen des Unternehmens wächst rasch. Dem Leser wird deshalb empfohlen, neben jeder einzelnen Check-Liste die dazugehörige länderübergreifende Quellensammlung zu studieren. Mit Hilfe der für jede Check-Liste angegebenen Datenbanken, Periodika und Organisationen können laufend aktuelle Informationen beschafft werden.

Als besonders innovativ erweisen sich Arbeitskreise und Vortragsveranstaltungen des Bundesdeutschen Arbeitskreises für Umweltbewußtes Management (B.A.U.M.) zu Themen wie „Aufgabe und Ausgestaltung umweltorientierter Unternehmensstrategien" (zu Check-Liste 4), „Chancen des Wasser- und Energiemanagements" (zu Check-Liste 11), „Vorteile der umweltbewußten Beschaffungspolitik" (zu Check-Liste 13), „Schwachstellenanalyse und Vorsorge für Störfälle" (zu Check-Liste 25), „Umweltschutz und Öffentlichkeitsarbeit" (zu Check-Liste 27).

Neue Erkenntnisse haben sich aus einem Forschungsprojekt ergeben, welches das Institut für Gewerbliche Wasserwirtschaft und Luftreinhaltung e. V. (IWL) und das Gerling Weltinstitut für Risiko-Beratung plus Sicherheits-Management GmbH (GRIPS) unter Beteiligung des Bundesdeutschen Arbeitskreises für Umweltbewußtes Management e. V. (B.A.U.M.) und weiterer Organisationen 1990 im Auftrag des Bundesministers für Umwelt, Naturschutz und Reaktorsicherheit bzw. des Umweltbundesamtes durchgeführt haben. Unter dem Titel „Umweltbewußte Unternehmensführung" wurden 600 Unternehmen einer systematischen Befragung und 40 Unternehmen einer Intensiv-Fallstudie unterzogen (siehe unter B I.).

Bei dem Projekt stand das Integrierte System umweltorientierter Unternehmensführung Pate. Wichtige Ergebnisse der Befragung finden sich in der Faktensammlung der jeweils einschlägigen Check-Liste.

Der Leser wird gebeten, Punkte, die der Aktualisierung bzw. der geographischen Adaptierung bedürfen, den Autoren der Check-Listen mitzuteilen. In vielen Fällen kann umgekehrt der Autor der betreffenden Check-Liste dem Leser detalliertere Auskunft oder weitergehende Hilfestellung geben. Die Check-Listen für umweltbewußte Unternehmensführung sollen den kreativen Dialog nicht ersetzen, sondern eröffnen (zur Kontaktaufnahme mit den Autoren vgl. das alphabetische Namensverzeichnis).

B. Einführung zu den Faktensammlungen

I. UBA-Unternehmensbefragung 1990

In Erweiterung der Vorauflagen dieses Buches folgt auf fast jede Check-Liste das Ergebnis einer relevanten Unternehmensbefragung.

Nachdem der „Bundesdeutsche Arbeitskreis für umweltbewußtes Management" (B.A.U.M.) im Jahr 1985 damit begonnen hatte, die unternehmerische Öffentlichkeit gezielt auf die in umweltbewußter Unternehmensführung liegenden Chancen hinzuweisen, setzte sich die Erkenntnis von der großen umweltpolitischen Bedeutung des umweltbewußten Managements mehr und mehr durch.

Auf Initiative des Bundesministers für Umwelt, Naturschutz und Reaktorsicherheit wurde vom Umweltbundesamt im November 1988 einer fünfundzwanzigköpfigen Forschungsgruppe, an der auch B.A.U.M. beteiligt war, ein „Modellversuch umweltorientierte Unternehmensführung" übertragen, dessen zentrales Ziel darin bestand, „Möglichkeiten für Unternehmen zur Kostensenkung und Ertragssteigerung durch umweltorientierte Maßnahmen aufzuzeigen, um auf diese Weise die Geschwindigkeit der Übernahme umweltbewußten und zugleich betriebswirtschaftlich sinnvollen Verhaltens bei den Betrieben zu erhöhen (Verbesserung des präventiven Umweltschutzes)."

Der Modellversuch soll Antworten auf folgende Fragen geben:

1. Wie weit verbreitet ist die umweltorientierte Unternehmensfüh-

rung in deutschen Unternehmen der Industrie, des Handels und bei Banken?

2. Wie läßt sich die umweltorientierte Unternehmensführung konkret in den Unternehmen verbreiten?

Erfaßt wurden 592 Unternehmen des verarbeitenden Gewerbes (darunter auch einzelne Dienstleistungsunternehmen), 15 Finanzdienstleister (darunter drei internationale Großbanken, zwei überregionale Großbanken, drei nationale Banken, drei Spezialbanken sowie vier Sparkassen-Hauptfilialen) und 19 Handelsunternehmen. An die beteiligten Unternehmen wurden ein für die Unternehmensführungen bestimmter Mantelfragebogen sowie Fragebögen zu den Funktionsbereichen ausgegeben.

Im April 1990 wurde der Modellversuch mit einem „Bericht zu den Befragungsergebnissen" abgeschlossen.* Wesentliche Erkenntnisse und Fakten haben wir diesem Bericht entnommen und unter der von uns gewählten Bezeichnung „UBA-Unternehmensbefragung 1990" der jeweils relevanten Check-Liste soweit es möglich und sinnvoll war angefügt. Wir schließen uns den Hinweisen der Forschungsgruppe zur Interpretation der Befragungsergebnisse auch aus der eigenen Erfahrung mit analytischem Material inhaltlich vollständig an und waren durchgängig bemüht, diese bei unseren Wertungen und Verallgemeinerungen anzuwenden: „Verallgemeinerungen der Befragungsergebnisse – etwa im Sinne statistischer Hochrechnungen auf die Gesamtheit der Unternehmen, verbieten sich aus methodischen Gründen; ferner sind die Schlußfolgerungen aus den Befragungsergebnissen nur im Sinne vorsichtiger Tendenzaussagen zu interpretieren."

Wir freuen uns über die weitestgehende Bestätigung der in unseren Check-Listen getroffenen Feststellungen, erhobenen Forderungen und gegebenen Hinweise und Empfehlungen. Ebenso erfreut sind wir über die vom Modellversuch ausgegangenen Anregungen für die Überarbeitung des gesamten Buches und bedanken uns dafür herzlich bei den Initiatoren des Modellversuchs und allen Mitgliedern der Forschungsgruppe.

* Nach Redaktionsschluß des vorliegenden Buches gab das Umweltbundesamt eine Buchfassung des Berichtes heraus: Umweltorientierte Unternehmensführung: Möglichkeiten zur Kostensenkung und Erlössteigerung: Modellvorhaben und Kongress. Im Auftr. des Umweltbundesamtes hg. v. Institut für Gewerbliche Wasserwirtschaft und Luftreinhaltung e. V., Köln. (Red. Schulz, W., Lübcke, H.). Berlin 1991.

II. Schaubilder

Die den Check-Listen angehängten Schaubilder basieren auf der im Vorabschnitt erläuterten Unternehmensbefragung. Sämtliche Grafiken hat imu-bildinfo, Institut für Wirtschaftsgrafik (Essen), speziell für dieses Buch erstellt. Das Copyright liegt bei imu-bildinfo, der Nachdruck ist honorarpflichtig. Die Verwendung als Overheadfolie, Diapositiv usw. bedarf ebenfalls der Genehmigung durch imu.

III. Unternehmensbeispiele

Im Anschluß an fast alle Check-Listen findet sich eine Reihe einschlägiger Unternehmensbeispiele. Die Entwicklung schreitet stürmisch voran. Dabei ist die Wirtschaftspraxis erfindungsreicher als die Theorie.

Für die Zusammenstellung der Beispiele zu den Check-Listen wurden im Wirtschaftsarchiv am Kieler Institut für Weltwirtschaft von Dezember 1988 bis Juni 1990 erschienene Artikel zum Thema Umweltschutz aus folgenden Zeitungen und Zeitschriften ausgewertet: Blick durch die Wirtschaft, Der Spiegel, Die Welt, Die Zeit, Die Presse, Handelsblatt, Frankfurter Allgemeine Zeitung, Frankfurter Rundschau, Neue Züricher Zeitung, Stuttgarter Zeitung, Süddeutsche Zeitung, Wirtschaftswoche.

Beispiele stammen auch aus den Ausgaben 3 '89 bis 3 '90 der Zeitschrift „informiert" des ALPHA MEDIATHEK VERLAG, Köln, aus der Zeitschrift für Mitarbeiter „Moonbeams", Mai '90, von Procter & Gamble sowie aus der Informationsschrift „Sozialbilanz 1987" von Hewlett-Packard.

Pressemeldungen zur Firma Ernst Winter & Sohn (GmbH & Co) werden mit Rücksicht auf die in diesem Buch enthaltene ausführliche Fallstudie nicht wiedergegeben.

Die Umfrageergebnisse wurden einer von Thomas Ewoldt im Herbst 1989 zur Erstellung seiner Diplomarbeit durchgeführten Fragebogenaktion entnommen. Die Diplomarbeit mit dem Thema "Der Einsatz umweltfreundlicher Fertigungsverfahren in der industriellen Produktion aus ökonomischer Sicht" wurde am Fachbereich Wirtschaft der FH Kiel angefertigt.

Im Zeitraum September/Oktober 1991 wurden sämtliche in den Beispielen erwähnte Unternehmen durch Paul Stefan Rosenberg angeschrieben und um Stellungnahme zu den jeweiligen kurzen Texten gebeten. Im Verlauf dieser Aktion wurden viele der Zeitungsmeldungen umformuliert und aktualisiert; andere Beispiele wurden völlig neu erstellt.

Diejenigen Unternehmen, die auf das Schreiben nicht antworteten, wurden in einer Telefonaktion ein weiteres Mal um Stellungnahme gebeten, wodurch noch einige unbestätigte Meldungen bestätigt oder ergänzt werden konnten.

Per Umfrage wurden außerdem B.A.U.M.-Mitgliedsfirmen darum gebeten, über interessante umweltorientierte Aktivitäten in ihren Betrieben zu berichten und Kurzdarstellungen zu einzelnen Maßnahmen zu verfassen.

Abkürzungserklärung:

U: gibt, soweit nicht besonders gekennzeichnet, den Umsatz an, den das jeweilige Unternehmen in der Bundesrepublik Deutschland, Österreich oder der Schweiz im Jahre 1988 erzielen konnte.

B: nennt, soweit nicht anders angegeben, die Zahl der Mitarbeiter, die das jeweilige Unternehmen in der Bundesrepublik Deutschland, Österreich oder der Schweiz im angegebenen Umsatzjahr beschäftigt hat.

BM: Bestatigte Meldung (d. h. von der Firma bestätigte Zeitungsmeldung)

UM: Unbestätigte Meldung (d. h. Zeitungsmeldung, zu der die Firma nicht Stellung genommen hat)

EM: Ergänzte Meldung (d. h. Zeitungsmeldung, die aufgrund zusätzlicher Angaben der Firma ergänzt wurde)

NM: Neue Meldung (d. h. Meldung, die an die Stelle der ursprünglichen Zeitungsmeldung getreten ist)

BU: Meldung von B.A.U.M.-Mitgliedsfirmen, die in einer Umfrage gebeten wurden, umweltorientierte Maßnahmen in ihren Betrieben selbst darzustellen

Die Umsatz- und Belegschaftszahlen wurden, soweit sie nicht in den zitierten Artikeln angegeben sind oder von den Unternehmen selbst stammen, folgenden Quellen entnommen:

1. Handbuch der Großunternehmen 1990, Band 1+2, Verlag Hoppenstedt, Darmstadt.
2. Mittelständische Unternehmen 1989, Band 1+2, Verlag Hoppenstedt, Darmstadt.
3. Österreichs 10.000 größte Unternehmen (Ausgabe 1988/89); D&B – Schimmelpfeng Gesellschaft m.b. H.

C. 28 Check-Listen mit Faktensammlungen

Nr. 1 Check-Liste Gesamtüberblick (Check-Liste der Check-Listen)

Diese Check-Liste beantwortet die Frage, welche Funktionsbereiche von dem Integrierten System umweltorientierter Unternehmensführung abgedeckt werden. Sie verweist schrittweise auf die für jeden Einzelbereich entwickelte Check-Liste.

Die Reihenfolge der Ziffern ist für die praktische Einführung des Systems bei einem konkreten Unternehmen nicht bindend. Sie zielt auch nicht darauf ab, die Punkte nach Wichtigkeit zu ordnen. Auch die Anordnung der Gruppen, zu denen die Punkte zusammengefaßt sind – z. B. personalbezogene, (7.–10.) technikbezogene Punkte (11.–15.) – enthält kein Prioritätsurteil. Ordnungkriterium ist allein die Übersichtlichkeit.

Das Integrierte System umweltorientierter Unternehmensführung kann unabhängig von der jeweiligen organisatorischen Gestaltung des Unternehmens eingeführt werden. Zum Beispiel spielt es keine Rolle, ob die Forschung und Entwicklung sowie die Materialwirtschaft eigenständig oder der Technik zugeordnet sind, ob die Entsorgung zur Technik oder zur Materialwirtschaft gehört, ob der Fuhrpark sich der Technik, der Materialwirtschaft oder der Verwaltung angliedert und ob die Betreuung der Auslandsgesellschaften den Fachbereichen obliegt oder als selbständige Führungsaufgabe ausgeschaltet ist.

1. Sich einen Überblick verschaffen, in welchen Funktionen sich umweltorientierte Unternehmensführung verwirklichen kann. (Siehe im einzelnen: Check-Liste „Gesamtüberblick“.)
2. In Anpassung an die besonderen Verhältnisse des Unternehmens eine zeitliche Rangfolge für die Einführung der Check-Listen festlegen. (Siehe im einzelnen: Check-Liste „Prioritätenbildung“.)
3. Das Führungsteam – soweit das erforderlich ist – mit umweltorientiertem Fühlen, Denken und Handeln vertraut machen. (Siehe im einzelnen: Check-Liste „Willensbildung im Führungsteam“.)
4. Den Schutz der natürlichen Lebensgrundlagen in die Unternehmensziele und -strategien einbinden. (Siehe im einzelnen: Check-Liste „Unternehmensziele und -strategien“.)

5. Die Chancen bzw. Risiken aus umweltbedingten Markttrends nutzen bzw. ausschalten. (Siehe im einzelnen: Check-Liste „Marketing".)
6. Betriebliche Umweltschutzinstitutionen ins Leben rufen und mit geeigneten Mitarbeitern besetzen. (Siehe im einzelnen: Check-Liste „Betriebliche Umweltschutzinstitutionen".)
7. Umwelt- und Qualitätsbewußtsein durch Mitarbeitermotivation, Mitarbeiteraus- und -weiterbildung ausgewogen fördern. (Siehe im einzelnen: Check-Liste „Mitarbeitermotivation und -ausbildung".)
8. An der Werkbank, im Büro und an sonstigen Arbeitsplätzen menschengerechte Arbeitsbedingungen schaffen. (Siehe im einzelnen: Check-Liste „Arbeitsbedingungen".)
9. Für gesunde Mitarbeiterverpflegung unter Einbeziehung biologischer Kost Sorge tragen. (Siehe im einzelnen: Check-Liste „Mitarbeiterverpflegung".)
10. Umweltbewußtes Verhalten und Gesundheit der Mitarbeiter durch Umweltberatung in ihren Privathaushalten fördern. (Siehe im einzelnen: Check-Liste „Umweltberatung für Mitarbeiterhaushalte".)
11. Durch Energie- und Wassereinsparung spektakulär die Kosten senken und gleichzeitig die Umwelt schonen. (Siehe im einzelnen: Check-Liste „Engergie- und Wassereinsparung".)
12. Auf Veranlassung oder zur Mobilisierung des Marketing umweltschonende Produkte entwickeln. (Siehe im einzelnen: Check-Liste „Produktentwicklung".)
13. Auf Umweltverträglichkeit der zu beschaffenden Materialien, des Materialflusses und der Lagerung achten. (Siehe im einzelnen: Check-Liste „Materialwirtschaft".)
14. Durch moderne Fertigungstechnik Umweltbelastung und Entsorgungskosten reduzieren. (Siehe im einzelnen: Check-Liste „Fertigungstechnik".)
15. Umweltbelastung und Materialkosten durch Recycling vermindern, fachgerechte Entsorgung sicherstellen. (Siehe im einzelnen: Check-Liste „Entsorgung und Recycling".)
16. Kontaminierte Grundstücke sanieren, bzw. von vornherein nicht erwerben. (Siehe im einzelnen: Check-Liste „Altlasten".)
17. Firmenfahrzeuge unter Berücksichtigung von Umweltgesichtspunkten auswählen und ausstatten. (Siehe im einzelnen: Check-Liste „Fuhrpark".)

18. Büro- und Fabrikbauten unter Einbeziehung baubiologischer Grundsätze errichten und unterhalten. (Siehe im einzelnen: Check-Liste „Bauwesen".)
19. Betriebsgrundstücke gartengestalterisch und landschaftlich zu einer „Visitenkarte" für ökologisches Bewußtsein machen. (Siehe im einzelnen: Check-Liste „Außenanlagen".)
20. Vor Umweltschutzinvestitionen öffentliche Förderprogramme prüfen. (Siehe im einzelnen: Check-Liste „Finanzen und öffentliche Förderprogramme".)
21. Prüfen, ob Elemente des Öko-Controlling im Unternehmen Einsatz finden können. (Siehe im einzelnen: Check-Liste „Öko-Controlling".)
22. Einhaltung der Umweltschutzgesetze und behördlichen Anordnungen überwachen und Vertragsbeziehungen umweltbewußt gestalten. (Siehe im einzelnen: Check-Liste „Recht".)
23. Haftungsrechtliches Risiko durch organisatorische und personelle Vorsorge vermindern. (Siehe im einzelnen: Check-Liste „Haftungsrechtliche Verantwortung".)
24. Die Verwirklichung von Straftatbeständen vermeiden. (Siehe im einzelnen: Check-Liste „Strafrechtliche Verantwortung".)
25. Risiken generell mittels Schwachstellenanalyse orten und durch Vorsorgemaßnahmen minimieren. (Siehe im einzelnen: Check-Liste „Sicherheitsmanagement".)
26. Unvermeidliche und unkalkulierbare Umweltrisiken unter Ausschöpfung innovativer Versicherungsangebote versichern. (Siehe im einzelnen: Check-Liste „Versicherungen".)
27. Betriebliche Umweltarbeit und -pilotprojekte – auch zur Erzielung eines Nachahmungseffektes – wahrheitsgetreu bekanntmachen. (Siehe im einzelnen: Check-Liste „Öffenlichkeitsarbeit".)
28. Umweltorientierte Unternehmensführung auf Exporte, Importe und ausländische Tochtergesellschaften bzw. Niederlassungen erstrecken. (Siehe im einzelnen: Check-Liste „Internationale Wirtschaftsbeziehungen")

Nr. 2 Check-Liste Prioritätenbildung

Diese Check-Liste will dem Unternehmer, der konkrete Maßnahmen zum Einstieg in die umweltorientierte Unternehmensführung ergreifen möchte, Hilfestellung bei der Festlegung von zeitlichen und sachlichen Prioritäten geben.

Eine systematische umweltorientierte Unternehmensführung läßt sich nicht von heute auf morgen realisieren, sondern erfordert zielgerichtetes, abgestuftes und ausdauerndes Handeln über eine Periode von mehreren Jahren hinweg. Es ist deshalb wichtig, an der bestmöglichen Stelle zu beginnen, eine zweckmäßige Schrittfolge zu wählen und gegebenenfalls angemessene Zeitabstände einzuhalten. Zu beachten sind betriebsökonomische, ökologisch-technische, personell-organisatorische und betriebspsychologische Prioritäten.

Wegen der Vielzahl möglicher Unternehmenstypen, Fallkonstellationen und Zielkonflikte kann die Check-Liste „Prioritätenbildung" kein allgemeingültiges Rezept liefern. Sie ist nicht in der Lage, dem Unternehmer die Verantwortung dafür abzunehmen, daß er aus dem Gesamtüberblick und der Detailkenntnis heraus mit Fachkompetenz und Fingerspitzengefühl, Erfahrung und Intuition die im Einzelfall richtige Entscheidung trifft. Jedoch kann sie typische Wichtigkeitsrangfolgen aufstellen, deren Beachtung die Wahrscheinlichkeit einer richtigen Entscheidung erhöht. Je mehr diese Check-Liste für den Unternehmer zu einem „Einmaleins der Prioritäten" wird, zu einer praktischen Faustregel, deren Maßstäbe sich auch im Umweltbewußtsein verankern, desto geringer ist die Gefahr, daß in der Hektik des Geschäftslebens und im Kreuzfeuer der Einflußfaktoren Fehlentscheidungen getroffen werden.

Betriebsökonomische Prioritäten beachten

1. Umweltschutzmaßnahmen ergreifen, die gesetzlich vorgeschrieben sind. (Siehe im einzelnen Check-Listen „Recht" und „Willensbildung im Führungsteam".)
2. Umweltschutzmaßnahmen ergreifen, die gleichzeitig dem Unternehmen nützen. (Siehe im einzelnen durch Sternchen gekennzeichnete Punkte der Check-Listen für die Einzelbereiche, insbesondere auch der Check-Liste „Willensbildung im Führungsteam".)
3. Umweltschutzmaßnahmen ergreifen, die sich für das Unternehmen neutral auswirken. (Siehe im einzelnen Check-Liste „Willensbildung im Führungsteam".)
4. Erst jetzt und nur unter bestimmten Voraussetzungen Umweltschutzmaßnahmen ergreifen, die das Unternehmen belasten (Siehe im einzelnen Check-Liste „Willensbildung im Führungsteam".)

Ökologisch-technische Prioritäten beachten

5. Akute Gesundheitsgefahren abwenden.
   Gründliche Sicherheitsvorkehrungen treffen, z. B. vorbeugende Messungen der MAK-Werte (Maximale Arbeitsplatzkonzentration von Schadstoffen) durchführen, anstatt an Leib und Leben eines Menschen (des „höchsten Umweltgutes“) schuldig zu werden und die gravierenden Folgen für den Ruf und die Finanzen des Unternehmens tragen zu müssen. (Siehe im einzelnen Check-Liste „Arbeitsbedingungen“.)
6. Energie, Wasser und Materialien einsparen.
   Den Einsatz von Energie, Wasser und Materialien soweit wie möglich verringern (z. B. durch verbesserte Reglertechnik, bzw. mechanische Reinigungsverfahren, bzw. konstruktive Erhöhung der Gestaltfestigkeit), anstatt auf Maßnahmen zur Reduzierung der Umweltfolgen des Einsatzes von Energie, Wasser und Materialien angewiesen zu sein. (Siehe im einzelnen Check-Listen „Energie- und Wassereinsparung“, „Produktentwicklung“, „Fertigungstechnik“, „Materialwirtschaft“ und „Entsorgung, Recycling“.)
7. „Umweltschonende“ Materialien verwenden.
   Vorprodukte, Roh-, Hilfs- und Betriebsstoffe verwenden, die ohne gewichtige Gefährdung der Umwelt hergestellt, eingesetzt und entsorgt werden können (z. B. Tonziegel), anstatt bei Verwendung anderer Materialien funktional oder moralisch die Verantwortung dafür tragen zu müssen, daß bei Herstellung, Einsatz und Entsorgung die notwendigen und oftmals komplizierten gefahrenabwendenden Maßnahmen ergriffen werden. (Siehe im einzelnen Check-Liste „Materialbeschaffung“.)
8. Umweltbelastende Stoffe an der Entstehung hindern.
   Rest-, Umwandlungs- und Schadstoffe durch Umstellung auf sogenannte „Integrierte Techniken“ (z. B. Wirbelschichtfeuerung) an der Entstehung hindern, anstatt zu versuchen, sie durch „End-of-the-pipe-Techniken“ (z. B. Rauchgaswäsche, Staubfilter) einzufangen. (Siehe im einzelnen Check-Listen „Fertigungstechnik“ und „Entsorgung, Recycling“.)
9. Umweltbelastende Stoffe und Wärme wiederverwenden.
   Rest-, Umwandlungs- und Schadstoffe bzw. Wärme in den Produktionsprozeß zurückführen und wiederverwenden (Recycling), anstatt den Versuch zu unternehmen, sie umweltschonend

zu entsorgen. (Siehe im einzelnen Check-Listen „Fertigungstechnik“ und „Entsorgung, Recycling“.)

10. Umweltbelastende Stoffe und Lärm an der Quelle einfangen.
Rest-, Umwandlungs- oder Schadstoffe und Lärm an ihrer Quelle einfangen (Emissionsverminderungs-Techniken, z. B. Kapselung lärmender Maschinen), anstatt sie erst an Orten ihrer Einwirkung unschädlich zu machen (Immissionsschutz-Techniken, z. B. Lärmschutzwand). (Siehe im einzelnen Check-Liste „Fertigungstechnik“.)

11. Umweltbelastende Stoffe in „beherrschbaren“ Zustand versetzen.
Rest-, Umwandlungs- und Schadstoffe bei der Unschädlichmachung in einen solchen Aggregat-Zustand bzw. Reinheitsgrad versetzen (z. B. durch Vermeidung von Schadstoffvermischungen), daß ihr Schadenspotential bestmöglich beherrschbar ist, anstatt zu unverhältnismäßig teuren Umwandlungs- bzw. Trennungsprozessen gezwungen zu sein. (Siehe im einzelnen Check-Listen „Fertigungstechnik“ und „Entsorgung, Recycling“.)

12. Menschliches Schutzverhalten entbehrlich machen.
Einwirkung von Lärm, Hitze und umweltbelastenden Stoffen durch ausschließlich technische Maßnahmen unschädlich machen (z. B. Lärmschutzwand, Ventilator, Schadstoffabsaugung), anstatt den Betroffenen ein zusätzliches Schutzverhalten zuzumuten (z. B. Aufsetzen einer Lärmschutzhaube, Anlegen einer Atemschutzmaske oder sonstiger Schutzkleidung), das erfahrungsgemäß oft unterbleibt. (Siehe im einzelnen Check-Liste „Arbeitsbedingungen“.)

Personell-organisatorische Prioritäten beachten

13. Bei den „richtigen“ Mitarbeitern beginnen.
Mit Umweltschutzmaßnahmen bei Bereichen, Abteilungen und Arbeitsplätzen beginnen, wo sich bereits umweltorientierte Mitarbeiter finden, anstatt dort, wo erst noch Überzeugungarbeit geleistet werden muß. (Siehe im einzelnen Check-Listen „Willensbildung im Führungsteam“ und „Mitarbeitermotivation und -ausbildung“.)

14. Die „richtigen“ Mitarbeiter einstellen.
Bereits bei der Einstellung eines neuen Mitarbeiters neben der klassisch-fachlichen Qualifikation auch Umweltschutzkennt-

nisse und -fähigkeiten prüfen, anstatt später Kraft, Zeit und Geld für Überzeugung und Schulung aufwenden zu müssen. (Siehe im einzelnen Check-Liste „Mitarbeitermotivation und -ausbildung".)

15. Auf den „richtigen" Mitarbeiter delegieren.
Auf Direktionsebene einen ökologisch, ökonomisch und psychologisch gleichermaßen befähigten Umweltbeauftragten einsetzen, anstatt später im Wege eines permanenten „Reparaturservice" zu versuchen, Unausgewogenheiten und Defizite auszugleichen. (Siehe im einzelnen Check-Liste „Betriebliche Umweltschutzinstitutionen".)

16. Die „richtigen" organisatorischen Einheiten schaffen.
In Großunternehmen unter Umständen in Anlehnung an den Gedanken der „Profitcenters" eigenverantwortliche, sich selbst kontrollierende „Ecologycenters" schaffen, anstatt später die Nachteile einer schwerfälligen Umweltschutz-Zentral-Bürokratie „ausbügeln" zu müssen. (Siehe im einzelnen Check-Listen „Willensbildung im Führungsteam" und „Betriebliche Umweltschutzinstitutionen".)

17. Für die „richtigen" Lehrinhalte sorgen.
Im Rahmen der klassisch-fachlichen und gleichzeitig umweltorientierten Lehrlingsausbildung und Erwachsenenaus- und -weiterbildung Eigeninitiative und Selbstkontrolle fördern, anstatt später darauf angewiesen zu sein, zahllose Einzelanweisungen und Kontrollvorgänge in Gang zu setzen. (Siehe im einzelnen Check-Liste „Mitarbeitermotivation und -ausbildung".)

Betriebspsychologische Prioritäten beachten

18. Mitarbeiternahen Umweltschutzmaßnahmen Vorrang geben.
Erst mitarbeiternahe, dann mitarbeiterferne Umweltschutzmaßnahmen erwägen, z. B. beschränkte Instandhaltungsmittel dafür einsetzen, daß mit Umweltfarben die Innenwände im Mitarbeiterbereich anstatt der Außenwände gestrichen werden.

19. Gewohnheitsbildenden Umweltschutzmaßnahmen Vorrang geben.
Erst gewohnheitsbildende Umweltschutzmaßnahmen ergreifen, dann solche, die mitarbeiterunabhängig wirken und deshalb einen geringeren „pädagogischen" Effekt haben, z. B. zunächst traditionelles WC-Papier durch Recycling-WC-Papier ersetzen, Pa-

pierkörbe mit Kunststoff-Sammelbehältern ausstatten und Fahrzeuge mit Start-Stop-Anlagen ausrüsten und erst später die Fabrikwände mit Efeu begrünen, wenn nicht alles gleichzeitig möglich ist.

20. Umweltschutzmaßnahmen mit Signal- bzw. Breitenwirkung Vorrang geben.
Umweltschutzmaßnahmen mit Signal- bzw. Breitenwirkung eher als unspektakuläre bzw. bereichsspezifische Umweltschutzmaßnahmen ergreifen, z. B. frühzeitig den Benziner der Geschäftsleitung auf Katalysator und das Geschäftsleitungsbriefpapier auf Recycling-Papier umstellen, anstatt entsprechende Maßnahmen bei einem der Fachbereiche zu beginnen.

21. Umweltschutzmaßnahmen mit sonstigem Aufmerksamkeitswert Vorrang geben.
Frühzeitig Engagement durch solche Umweltschutzmaßnahmen erwecken, die sich durch Überraschungseffekte, Originalität, zu Herzen gehenden („Rettet die Entenfamilie!“) oder solidarisierenden Charakter auszeichnen, anstatt blasse Routinemaßnahmen an den Anfang zu stellen.

22. Umweltschutzmaßnahmen mit wirtschaftlichem „Blitzerfolg“ Vorrang geben.
Am Anfang zur Erweckung spontaner Zustimmung Umweltschutzmaßnahmen anstreben, die zu einem wirtschaftlichen „Blitzerfolg“ führen, in zweiter Linie solche, die sich erst langfristig bezahlt machen und deshalb als „motivatorischer Startschuß“ weniger geeignet sind, z. B. zunächst „Kunstgriffe“ der Energieeinsparung realisieren, danach Energieeinsparungs-Investitionen mit langer Amortisationsdauer. (Siehe im einzelnen durch Sternchen gekennzeichnete Punkte der Check-Listen für die Einzelbereiche, insbesondere auch der Check-Liste „Energie- und Wassereinsparung“.)

23. Umweltschutzmaßnahmen zeitlich nach Konsensfähigkeit staffeln.
Zunächst gesetzlich vorgeschriebene und wirtschaftlich vorteilhafte Umweltschutzmaßnahmen anstreben (z. B. Anbringung von Staubfiltern bzw. Thermostaten), da diese allgemein konsensfähig sind, erst danach wirtschaftlich neutrale (z. B. Anbringung von Umweltschutz-Informationen am Schwarzen Brett), weil diese bereits auf psychologische Widerstände treffen können und erst im Anschluß daran wirtschaftlich belastende (z. B. Ver-

anstaltung von Umweltseminaren für Auszubildende), weil deren Durchsetzung meist unmöglich ist, solange den maßgeblichen Führungskräften keine ausreichende Zeit zur Entwicklung eines reifen Umweltbewußtseins gelassen wurde. (Siehe im einzelnen Check-Liste „Willensbildung im Führungsteam".)

24. Konfliktträchtige Umweltschutzmaßnahmen besser später, dann aber konsensfähig verwirklichen.
Zum Beispiel den Schutz vor Passivrauchen nicht zu Beginn der Umweltaktivitäten in Form eines generellen Rauchverbots im Betrieb, sondern besser gut vorbereitet und dann auf konsensfähige Weise verwirklichen, weil anderenfalls eine Solidarisierung der Raucher zu einer betrieblichen Antiumweltschutzbewegung eintreten könnte; auch nicht als erste Maßnahme die generelle Einführung fleischarmer oder biologischer Kost als Kantinenessen in Betracht ziehen, sondern alternative Menüs bedachtsam einfädeln und dann „zweigleisig fahren", da die Ernährungsgewohnheiten fast „weltanschauliche" Qualität haben („Fleischwölfe", „Körnerfresser") und das Unternehmen in diesem „Glaubenskrieg" nicht einseitig Partei ergreifen darf.

UBA-Unternehmensbefragung 1990

Aus der „UBA-Befragung '90" wird ersichtlich, daß die Unternehmensleitungen äußerst unterschiedliche Prioritäten des Einstiegs in die umweltorientierte Unternehmensführung überhaupt setzen. Eine betriebsinterne Abfolge von Maßnahmen im Sinne einer übergreifenden Systematik ist derzeit noch nicht erkennbar. Dies geht offenbar auch auf die breit gefächerte Palette von Gründen und Motiven für betriebliche Umweltschutzaktivitäten zurück.

Entgegen der noch verbreiteten Meinung, die Wirtschaft verfolge den Umweltschutz vorwiegend aus Public-Relations-Gründen, stimmten dieser Position nur vier Prozent der Befragten zu. Allerdings sind 88 Prozent der wohl durchaus realistischen Ansicht, daß sich ein schlechtes Umweltimage nachhaltig negativ auf den Unternehmenserfolg auswirken könnte. Rund 71 Prozent der Unternehmen betreiben den Umweltschutz als Existenzsicherung (vor allem im Hinblick auf den Produktionsstandort) und betrachten sogar das Krisenmanagement und die Notfallplanung als Teil des betrieblichen Umweltschutzes.

Determinanten für den Stellenwert des Umweltschutzes.

Frage: „Welche Gründe bzw. Motive sind Ihrer Meinung nach für den heutigen Stellenwert des Umweltschutzes in Ihrem Unternehmen von Bedeutung?"

Grund/Motiv*	**1. Grund**	**2. Grund**	**3. Grund**	**Gesamtmaßzahl****
ökologische/soziale Verantwortung***	**30,5 %** (172)	**23,3 %** (25)	**12,6 %** (25)	1./741
Gesetzgebung/staatliche Vorschriften	**22,5 %** (127)	**13,1 %** (56)	**12,6 %** (25)	2./314
Unternehmenssicherung/Risikoaspekte	**12,1 %** (68)	**8,9 %** (38)	**11,1 %** (22)	3./302
Image/Öffentlichkeitsaspekte	**9,2 %** (52)	**11,9 %** (51)	**18,6 %** (37)	4./295
Mitarbeiter/Personalschutz	**8,3 %** (47)	**14,0 %** (60)	**13,6 %** (27)	5./288
Marktdruck/Marktpotentiale/Absatzmöglichkeiten	**7,8 %** (44)	**13,5 %** (58)	**16,6 %** (33)	6./281
Schonung der Umwelt/Lebensqualität	**8,2 %** (46)	**10,7 %** (46)	**10,6 %** (21)	7./251
Wertschöpfungspotentiale/Gewinn	**1,4 %** (8)	**4,7 %** (20)	**4,5 %** (9)	8./73
Gesamt	**100,0 %** (564)	**100,0 %** (429)	**100,0 %** (199)	
keine Angaben/keine Relevanz	(28)	(163)	(393)	803

* Im Rahmen der Auswertung wurden die selbstdeklarierten Gründe bzw. Motive in homogene Gruppen zusammengefaßt.

** Die Gesamtzahl wurde ermittelt, indem der wichtigste Grund mit drei Punkten, der zweitwichtigste mit zwei Punkten und der drittwichtigste mit einem Punkt gewichtet wurden. Die erste Ziffer gibt die so ermittelte Rangfolge wieder.

*** Inwiefern sich hinter einer vorgegebenen „ökologischen/sozialen Verantwortung" als Grundmotiv in Wahrheit der Druck gesetzlicher Vorschriften verbirgt (und umgekehrt!), dürfte nur schwer zu erkunden sein.

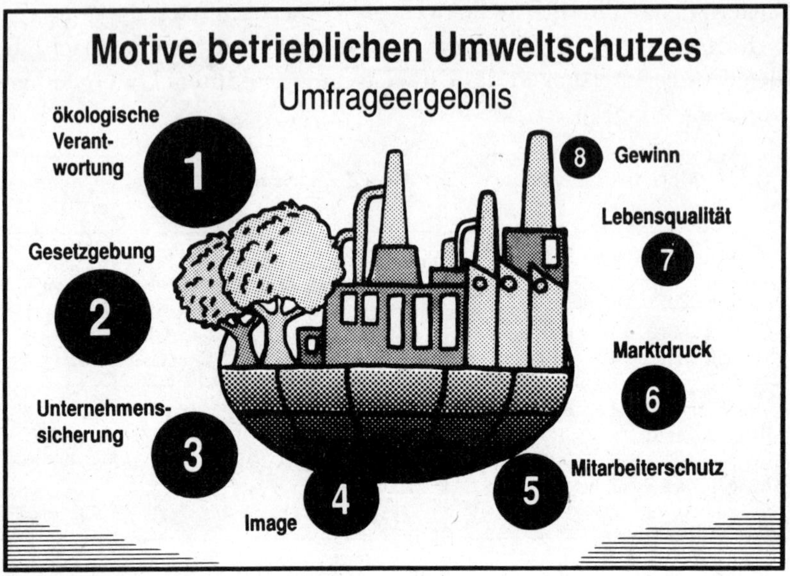

Abb. 9: Motive betrieblichen Umweltschutzes (UBA 1990)

Innere und äußere Beweggründe

Menschliches Wirtschaften hat die Umwelt stark in Mitleidenschaft gezogen. Die Schäden an den natürlichen Lebensgrundlagen für Mensch und Tier sind unübersehbar, so daß die Notwendigkeit des Umweltschutzes keine Frage mehr sein dürfte. Aber ist Einsicht der einzige Grund für Unternehmen, weniger umweltbelastend zu wirtschaften? Eine bundesweite Umfrage ergab, daß die knapp 600 befragten Unternehmen ihre ökologische Verantwortung zwar an die erste Stelle setzen, äußerer Druck von seiten des Gesetzgebers, der Öffentlichkeit und der Konkurrenz aber ebenfalls eine nicht zu unterschätzende Rolle spielt. Es wurde deutlich, daß sich Ökologie und Ökonomie nicht zwangsläufig ausschließen.

So gesehen ist der Vermutung zuzustimmen, daß die „mittlerweile hohe Bedeutung des Umweltschutzes als Unternehmensziel stärker aus der Risikoabwehr als aus der Chancen-Nutzung entsteht". Letzteres direkt erfragt ergibt, daß 53 Prozent der Unternehmen im konsequenten Verfolgen des Umweltschutzgedankens einen Weg zur spürbaren Verbesserung der Chancen im Wettbewerb sehen. Immerhin waren 36 Prozent der Befragten bereits in der Lage, auf Kostensenkungs- und Erlössteigerungspotentiale zu verweisen, während 32 Prozent die Ansicht vertraten, der Umweltschutz verschlechtere insgesamt das wirtschaftliche Ergebnis des Unternehmens.

Nach den drei wichtigsten Gründen bzw. Motiven für den heutigen Stellenwert des Umweltschutzes in ihren Unternehmen befragt, gaben 135 (23 Prozent) der interviewten Mitglieder der Geschäftsleitungen einen einzigen, 230 (39 Prozent) zwei und 199 (34 Prozent) drei Gründe an. Eindeutige Priorität genießen demnach die ökologisch/soziale Verantwortung sowie die Einhaltung gesetzlicher Vorschriften (vgl. die Tabelle auf S. 107 sowie Abb. 9).

Nr. 3 Check-Liste Willensbildung im Führungsteam

Umweltorientierte Unternehmensführung kann nur mit dem Führungsteam, nicht gegen dieses durchgesetzt werden. Haben Mitglieder des Führungsteams noch nicht die Notwendigkeit umweltorientierter Unternehmensführung erkannt, so müssen sie überzeugt werden.

Im Falle einer Aktiengesellschaft ist Überzeugungsarbeit auch in Richtung auf den Aufsichtsrat und die Hauptversammlung zu leisten. Hier gelten analoge psychologische Empfehlungen, wie sie im folgenden für eine einheitliche Willensbildung im Führungsteam abgegeben werden.

Sich nach den eigenen Motiven und der eigenen Glaubwürdigkeit fragen

1. Sich die Frage stellen: „Habe ich genug Achtung und Verständnis für den anderen, und behandle ich ihn mindestens ebenso verantwortungsbewußt wie die kreatürliche und pflanzliche Umwelt?"
2. Sich selbst prüfen: „Geht es mir um die Umwelt, oder handle ich aus Profilierungsstreben oder anderen eigennützigen Gründen?"
3. Sich kritisch fragen: „Ist mein Handeln bereits vorbildlich umweltschonend, oder nehme ich meinen Worten durch gegenteiliges Handeln ihre Glaubwürdigkeit?"

Sich in das Denken und Fühlen des Gesprächspartners hineinversetzen

4. Die umweltorientierte Unternehmensführung gegenüber den Bereichsleitern mit Aspekten aus ihrem jeweiligen Fachbereich begründen, z. B.
   - gegenüber dem Personalleiter: mit „Human-Relations",
   - gegenüber dem Verkaufsleiter: mit überbetrieblicher Image- und Werbewirkung,
   - gegenüber dem technischen Leiter: mit einem neuen Motivationsschub für das Verbesserungsvorschlagswesen,
   - gegenüber dem Leiter der Materialwirtschaft: mit der Verminderung von Entsorgungsproblemen durch umweltorientierten Einkauf,
   - gegenüber dem Leiter des Finanzwesens: mit Kostenersparnis, Kostenneutralität bzw. Kostenüberschaubarkeit.
5. Die umweltorientierte Unternehmensführung gegenüber den Bereichsleitern unter Einstellung auf ihre jeweilige Motivationslage begründen, z. B.
   - bei erkennbarem Sicherheitsbedürfnis: mit der Schärfe der Umwelthaftung, der vergrößerten Aufklärungslage und den erhöhten Strafmaßen,
   - bei spürbarem Zugehörigkeitsbedürfnis: mit der integrierenden Wirkung des Umweltgedankens auf Gesellschaft, Belegschaft und Familie,
   - bei ersichtlichem Achtungsstreben: mit der Befreiung von dem Odium des Umweltzerstörers,
   - bei hervorstechendem Selbstverwirklichungsdrang: mit der Chance, im Grenzbereich zwischen Ökonomie und Ökologie echte Pionierleistungen zu erbringen,
   - bei durchschimmernder Berührungsangst gegenüber alternativem Gedankengut: mit der positiven Erfahrung anderer Unternehmen.
6. Auf mechanistische Anwendung von Motivationstechniken und manipulatorisches Taktieren verzichten, da ein solches Vorgehen der zwischenmenschlichen Achtung widerspricht und außerdem schnell durchschaut wird, was zu starker Demotivation führen kann.

Jeden Beschluß psychologisch vorbereiten, absichern und nutzbar machen

7. Beschlüsse über betriebliche Umweltschutzmaßnahmen von langer Hand durch rechtzeitige Information und Motivierung der Mitglieder des Führungsteams vorbereiten.
8. Mit der Beschlußfassung über Maßnahmen, die umstritten sein könnten, günstigen Zeitpunkt abwarten, z. B. erfolgreichen Jahresabschluß, Firmenjubiläum oder Großauftrag.
9. Mitglieder des Führungsteams, die bei dem Beschluß für eine Umweltschutzmaßnahme überstimmt wurden, nicht als Besiegte behandeln, sondern noch nachträglich zu überzeugen versuchen.
10. Positive Beschlüsse über Umweltschutzmaßnahmen in der Betriebsöffentlichkeit gut bekanntmachen, damit das Führungsteam ein Bild der Geschlossenheit bietet und die einzelnen Mitglieder um so stärker auf den Beschluß festgelegt sind.
11. Bei positivem Echo einer gemeinsam beschlossenen Umweltschutzmaßnahme gegenüber der Betriebsöffentlichkeit oder in den Medien auf die Beteiligung aller hinweisen und dadurch allen ein Erfolgserlebnis vermitteln.
12. Bei negativem Echo einer gemeinsam beschlossenen Umweltschutzmaßnahme („Das Recyclingpapier ist so grimmelig!") für angegriffene Mitglieder des Führungsteams in die Bresche springen und dadurch den Teamgeist stärken.
13. Bei jeder Gelegenheit die Mitglieder des Führungsteams durch Dank und Lob für ihre umweltbewußte Haltung zu weiteren Umweltschutzmaßnahmen motivieren.

Eine Strategie nach psychologischen Prioritäten entwickeln

14. Zunächst nur zur eigenen Orientierung eine mittelfristig angelegte Strategie entwerfen, in welcher Reihenfolge die wünschenswerten betrieblichen Umweltaktivitäten zur Beschlußfassung auf die Tagesordnungen der Sitzungen des Führungsgremiums gelangen sollen.
15. Dabei berücksichtigen, daß Art, Umfang und zeitlicher Rhythmus der zur Beschlußfassung vorgelegten Umweltaktivitäten entsprechend dem manchmal nur allmählich wachsenden Umweltbewußtsein im Führungsteam abgestuft sein müssen.
16. Vorsehen, daß nacheinander und über mehrere Sitzungen verteilt beschlossen werden soll über

- Umweltschutzmaßnahmen, die gesetzlich vorgeschrieben sind,
- Umweltschutzmaßnahmen, die dem Unternehmen nützen,
- Umweltschutzmaßnahmen, die sich für das Unternehmen neutral auswirken,
- Umweltschutzmaßnahmen, die das Unternehmen belasten.

Über Umweltschutzmaßnahmen beschließen, die gesetzlich vorgeschrieben sind (erste Stufe)

17. Ein Programm zur Durchführung der gesetzlich vorgeschriebenen Umweltschutzmaßnahmen aufstellen und zur Beschlußfassung vorlegen, z. B.
    - Anschaffung einer Abwasseraufbereitungsanlage zwecks Einhaltung der gesetzlichen Grenzwerte,
    - Errichtung einer Lärmschutzhalle zur Verminderung des Lärms auf den gesetzlich zulässigen Pegel und darunter.
18. Ein einstimmiges positives Votum des Führungsgremiums anstreben, z. B. mit folgenden Gründen:
    - Die Verletzung von Gesetzen zum Schutze der Umwelt ist kein „Kavaliersdelikt".
    - Gesetzwidrig handelnde Unternehmen sind u. a. von Entschädigungsforderungen oder gar Betriebsschließung bedroht.
    - Für Mitglieder des Führungsteams ist bei gesetzwidrigem Verhalten u. a. mit Geldbußen und Kriminalstrafen zu rechnen.
19. In der beschlußfassenden Sitzung darauf hinwirken, daß sich im Bewußtsein aller Teilnehmer festsetzt:
    - Umweltschutz gehört auf die Tagesordnung des obersten Führungsgremiums,
    - Umweltschutz ist unumgänglich,
    - Umweltschutz ist einstimmigkeitsfähig.
20. Mit der Beschlußfassung gleichzeitig abzielen auf eine Stärkung des Umweltschutz-„Wir-Gefühls" unter dem Motto: „Wir sind gesetzestreu. Beim Umweltschutz kennen wir keine Kompromisse."
21. Vom gesetzlich vorgeschriebenen Umweltschutz (der „Pflicht") zum freiwilligen Umweltschutz (der „Kür") übergehen und sofort nach oder gleichzeitig mit der ersten Stufe die zweite betreten.

Über Umweltschutzmaßnahmen beschließen, die dem Unternehmen nützen (zweite Stufe)

22. Ein Programm „eigennütziger“ Umweltschutzmaßnahmen aufstellen und zur Beschlußfassung vorlegen, z. B.
    - Energiekostenverminderung durch Einbau von Reglern in die Heizungssysteme,*
    - Reduzierung von Deponiegebühren durch Einsatz von Preßcontainern anstelle offener Hausmüllcontainer,*
    - Verminderung der Wasserkosten durch Einbau von Spartasten für WC-Spülkästen,*
    - Verminderung von Rohstoff-, Abfuhr- und Deponiekosten durch Rückgewinnung von Schwermetallen aus Galvanikschlämmen,*
    - Verminderung des Haftungsrisikos durch Ersetzung eines leckgefährdeten Öltanks,*
    - Erhöhung der Umsätze und Verbesserung des Ertrags durch Entwicklung und Vermarktung umweltschonender Produktalternativen.
23. Ein einstimmiges positives Votum für zumindest eine Reihe der vorgeschlagenen Maßnahmen anstreben, z. B. mit der Begründung,
    - daß die Umweltschutzmaßnahme sich schneller amortisiert als konkurrierende Investitionsprojekte,
    - daß die Umweltschutzmaßnahme gravierendere Risiken abwendet als konkurrierende Maßnahmen der Risikoverminderung,
    - daß die umweltorientierte Marketing-Maßnahme einen höheren Umsatz- und Ertragszuwachs verspricht als konkurrierende Marketing-Maßnahmen.
24. In der beschlußfassenden Sitzung ganz gezielt darauf hinwirken, daß sich im Bewußtsein aller Teilnehmer festsetzt bzw. erneut verankert:
    - Umweltschutz gehört auf die Tagesordnung des obersten Führungsgremiums,

Durch * gekennzeichnet sind diejenigen Umweltschutzmaßnahmen, die meist problemlos und relativ kurzfristig zur Vermeidung oder Senkung von Kosten führen.

- Umweltschutz ist nicht nur unumgänglich, sondern auch einträglich,
- Umweltschutz ist einstimmigkeitsfähig.

25. In der gemeinsamen Sitzung erneut dem umweltbezogenen „Wir-Gefühl" Vorschub leisten: „Wir tun etwas für die Umwelt! Um so besser, daß wir damit auch dem Unternehmen nützen!"
26. Den günstigen psychologischen Einfluß der zweiten Stufe mehrere Quartale hindurch wirken lassen und durch laufende Erfolgsmeldungen (z. B. über erzielte Wasser-, Energie- und Rohstoffeinsparung) verstärken, bevor zur dritten – psychologisch anspruchsvolleren – Stufe übergegangen wird.

Über Umweltschutzmaßnahmen beschließen, die sich für das Unternehmen neutral auswirken (dritte Stufe)

27. Ein Programm für neutrale, d. h. solche Umweltschutzmaßnahmen aufstellen, die dem Unternehmen weder nützen noch es belasten (mögen sie auch mittel- oder langfristig für das Unternehmen von Nutzen sein), z. B.
    - Anbringung von besonderen „Schwarzen Brettern" für Umweltschutz-Informationen neben den Brettern für offizielle Mitteilungen der Unternehmensleitung und des Betriebsrates,
    - Ersetzung umweltbelastender Reinigungsmittel durch funktional und preislich vergleichbare umweltschonende Alternativprodukte,
    - kostenneutrale Erweiterung der Kantinenmenüs um biologische Nahrungsvarianten,
    - Duldung kostenloser Informationsveranstaltungen von Umweltberatern und Verbraucherverbänden im Betrieb.
28. Das Programm nicht en bloc auf die Tagesordnung bringen, sondern die einzelnen Punkte mit Fingerspitzengefühl auf mehrere Sitzungen verteilen.
29. Zunächst über leicht durchführbare Umweltschutz-Aktivitäten beschließen lassen (z. B. Aushängung von Umweltinformationen am „Schwarzen Brett"), erst auf späteren Sitzungen über solche Umweltschutz-Aktivitäten, die mehr organisatorischen Aufwand erfordern oder aus anderen Gründen umstritten sein könnten (z. B. Umweltberatung in der Kantine).
30. Ein einstimmiges positives Votum des Führungsteams anstreben, z. B. mit folgenden Gründen:

- Durch die Maßnahme wird das Unternehmen materiell kaum belastet.
- Durch Motivation der Mitarbeiter entsteht ein „ideeller" Nutzen für das Unternehmen.
- Ein planmäßig aufgebautes Umweltbewußtsein der Mitarbeiter führt zumindest mittel- und langfristig zur Verminderung von Umweltschutz-Risiken und zur Wahrnehmung von Umweltschutz-Chancen und damit auch zu einem rechenbaren Nutzen für das Unternehmen.
- Den für das Unternehmen sich nur „nutzenneutral" auswirkenden Umweltschutzmaßnahmen muß zugute gehalten werden, daß das Unternehmen zuvor (z. B. durch Energie-Einsparungsmaßnahmen auf der zweiten Stufe) vom Umweltschutz profitiert hat.

31. Besondere Sorgfalt auf Überzeugung derjenigen Mitglieder des Führungsteams verwenden, die der Auffassung sind, jede nicht strikt auf Ertragserzielung gerichtete Unternehmenstätigkeit sei als schädliche Ablenkung zu unterbinden.
32. Bei Bedarf auf die „Argumentations-Liste für umweltorientierte Unternehmensführung" zurückgreifen.
33. Wenn sich abzeichnet, daß ein einstimmiges positives Votum nicht erzielbar ist, unter Umständen Vorschlag zurückziehen und neu einbringen, sobald ein allgemein gestiegenes Umweltbewußtsein die Erreichung eines einstimmigen Votums ermöglicht.
34. Erkennen, daß ein etwas später erreichtes einstimmiges Votum der Ausbreitung des Umweltgedankens im Unternehmen oftmals mehr nützt, als ein frühzeitig erzieltes – womöglich noch knappes – Mehrheitsvotum, das „den Keim der Zwietracht" in sich trägt.
35. In der beschlußfassenden Sitzung darauf hinwirken – Wiederholung und Gewöhnung sind entscheidend –, daß sich im Bewußtsein aller Teilnehmer die Vorstellung festsetzt:
    - Umweltschutz gehört auf die Tagesordnung des obersten Führungsgremiums,
    - Umweltschutz ist eine billigenswerte Sache auch dann, wenn er dem Unternehmen nichts einbringt,
    - auch Umweltschutz, der dem Unternehmen nichts einbringt, ist mehrheits- bzw. einstimmigkeitsfähig.
36. Erneut auf Stärkung des umweltbezogenen „Wir-Gefühls" hin-

arbeiten, unter dem Motto: „Wir sind nicht nur aufs Geld aus. Umweltschutz auch ohne Eigennutz!"

37. Einige Quartale hindurch das Führungsteam an den für das Unternehmen nutzenneutralen Umweltschutz gewöhnen, bevor die vierte – psychologisch problemreichste – Stufe erklommen wird.

Erst jetzt über Umweltschutzmaßnahmen beschließen, die das Unternehmen belasten (vierte Stufe)

38. Zunächst nur zur eigenen Orientierung ein Programm mit den für die Umwelt wünschenswerten, aber das Unternehmen – zumindest in kurzfristiger Sicht – belastenden Umweltschutzaktivitäten aufstellen, z. B.
   - systematische Umweltschutz-Schulung für Auszubildende,
   - Übertragung hoher inländischer Umweltschutzstandards auf die Produktionsstätten von Tochtergesellschaften im Ausland, obwohl dort weniger anspruchsvolle gesetzliche Standards gelten,
   - Berücksichtigung baubiologischer Grundsätze bei der Planung des nächsten Fabrikneubaues,
   - Subventionierung eines Bauernhofes, der die Mitarbeiter zu günstigen Bedingungen mit biologisch angebauten landwirtschaftlichen Produkten versorgt.
39. Auf jeden Fall eine Phase des gründlichen und verantwortungsvollen Nachdenkens einlegen, bevor weitere Schritte unternommen werden.
   - Sich darüber klar sein, daß mit den umweltfördernden, aber das Unternehmen belastenden Umweltschutzmaßnahmen die kritische Stufe umweltorientierter Unternehmensführung betreten wird.
   - Sich vor Augen führen, daß nunmehr die Verhältnisse auf den Kopf gestellt werden, indem erstmalig die Umwelt nicht mehr dem Unternehmen, sondern – wenigstens teilweise – das Unternehmen der Umwelt dient.
   - Deutlich erkennen, daß das Ziel des Umweltschutzes hier – jedenfalls in kurzfristiger Betrachtung – in Konflikt mit dem Ertragsziel, dem Lebensnerv des Unternehmens, gerät.
   - Beherzigen, daß alle weiteren Schritte nicht nur von der Sorge um die Umwelt, sondern auch von der Verantwortung für das

Unternehmen, seine Menschen und Arbeitsplätze geprägt sein müssen.
- Sich bewußt machen, daß unverzichtbare sachliche und psychologische Voraussetzungen vorliegen müssen, bevor der Sitzung des Führungsgremiums eine der erwünschten Umweltschutzmaßnahmen zur Beschlußfassung vorgelegt werden darf.

40. Sich darüber Rechenschaft ablegen, ob die sachlichen Voraussetzungen vorliegen:
    - Anhand einer generellen Situationsanalyse unter gründlicher Auswertung der betriebswirtschaftlichen Kennzahlen beurteilen, ob das Unternehmen so gesund ist, daß eine Ertragsminderung – mag sie auch nach Zeit und Umfang sehr begrenzt sein – in Kauf genommen werden kann.
    - Sicherstellen, daß ein aussagefähiges „Controlling" im Sinne eines finanziellen Frühwarnsystems besteht.
    - Sich davon überzeugen, daß dem Führungsgremium auch strikt ertragsorientierte Mitglieder angehören, die dauerhaft als massive Anwälte der ökonomischen Notwendigkeiten auftreten und notfalls die Bremse betätigen.
    - Sorge tragen, daß die Aufgabe des auf Direktionsebene angesiedelten Umweltbeauftragten von einer Persönlichkeit wahrgenommen wird, welche die Kostenkontrolle nicht weniger beherrscht als den Umweltschutz.
    - Bei Fehlen einer der sachlichen Voraussetzungen sich bis zu deren Vorliegen auf Beschlüsse zu Umweltschutzmaßnahmen der Stufen eins bis drei beschränken.
    - Stets an der Verbesserung der sachlichen Voraussetzungen arbeiten, indem z. B. durch besondere Anstrengungen bei Marketing und Rationalisierung finanzielle Reserven für die erwünschten Umweltaktivitäten geschaffen werden.
41. Sich vergewissern, ob die psychologischen Voraussetzungen für ein positives Votum des Führungsgremiums vorliegen, insbesondere, ob alle Teilnehmer der Sitzung schon ein ausreichend reifes und tragfähiges Umweltbewußtsein haben oder ob zunächst noch weitere Überzeugungsarbeit geleistet werden muß.
42. Bei Vorliegen der sachlichen und psychologischen Voraussetzungen ein einstimmiges positives Votum des Führungsteams z. B. unter Hinweis darauf anstreben,
    - daß die kostenerhöhenden gegen die kostenvermeidenden und

kostensenkenden Umweltschutzmaßnahmen verrechnet werden müßten, und daß durch erfolgreiche Energie- und Wassersparmaßnahmen eine finanzielle Reserve zugunsten kostenerhöhender Umweltschutzmaßnahmen gelegt worden sei,
- daß die Gesamtlage des Unternehmens es gestatte, öffentlicher Verantwortung durch die vorgeschlagenen Umweltschutzmaßnahmen gerecht zu werden,
- daß in mittel- und langfristiger Betrachtung das gegenwärtige finanzielle Opfer sich wahrscheinlich sogar als eine nützliche Investition entpuppe.

43. Das Zustandekommen des Beschlusses psychologisch zur Vorbereitung späterer entsprechender Beschlüsse verwerten, indem allen Beteiligten für den „verantwortungsvollen Schritt" oder die „gute Tat" gedankt und ein Umwelt-„Wir-Gefühl" unter dem Motto geschaffen wird: „Der Umweltschutz ist uns ein Opfer wert."

UBA-Unternehmensbefragung 1990

Die vorbehaltlose Identifikation aller Mitglieder des Führungsteams mit dem Grundanliegen umweltorientierter Unternehmensführung wird in der „UBA-Befragung '90" als unverzichtbare Voraussetzung aller diesbezüglichen Aktivitäten betont.

Eine umweltorientierte Unternehmensführung liegt nach Meinung der Forschungsgruppe dann vor, „wenn der Umweltschutzgedanke in die Führungsgrundsätze, die Planung und das Zielsystem des Unternehmens integriert ist und in entsprechenden Strategien und Maßnahmen auf allen Handlungsfeldern des jeweiligen Unternehmens umgesetzt wird. Das Erreichen dieses ‚standard of reference' ist Voraussetzung für die systematische Nutzung von Kostensenkungs- und Erlössteigerungspotentialen durch Umweltschutzmaßnahmen."

Folgerichtig anerkennen 86 Prozent der befragten Unternehmen den Umweltschutz vordringlich als Aufgabe der Geschäftsleitungen; nur 18 Prozent erachten primär den Gesetzgeber für zuständig.

Daß auch in den Führungsteams der Meinungsbildungsprozeß zur umweltorientierten Unternehmensführung noch nicht abgeschlossen ist, geht aus der Häufigkeit von „teils/teils"-Antworten auf die Frage nach den Kosten-Gewinn-Wirkungen des betrieblichen Umweltschutzes hervor, wobei die Tendenz zur positiven Wertung unverkennbar ist.

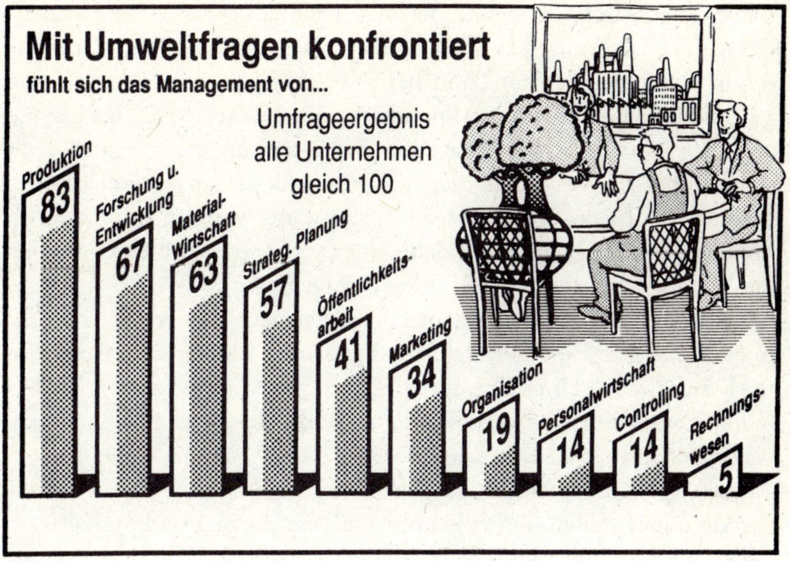

Abb. 10: Mit Umweltfragen konfrontiert (UBA 1990)

Managementbereiche unterschiedlich betroffen
Betrieblicher Umweltschutz setzt voraus, daß Umweltbelange im Management berücksichtigt werden. Wie eine bundesweite Umfrage unter knapp 600 Unternehmen ergab, spielt Umweltschutz in erster Linie im Produktionsbereich eine wichtige Rolle. Dagegen fühlt sich das Rechnungswesen in nur wenigen Unternehmen davon berührt. Immerhin gibt es keinen Bereich, der von keinem Unternehmen mit Umweltfragen in Zusammenhang gebracht wird.

Die „UBA-Befragung '90" bestätigt nachhaltig die Unverzichtbarkeit einer harmonischen Zusammenarbeit von Führungsteam und Verantwortlichen der Funktionsbereiche.

Ohne den Grundsatz: „Umweltschutz ist Chefsache" im geringsten zu relativieren, verweisen die Befragten auf die herausragende Sachkompetenz vor allem der Verantwortlichen des Bereiches der Produktion. Insgesamt ergibt die Analyse der empfundenen Betroffenheit der Managementbereiche durch Umweltprobleme das aus dem Schaubild ersichtliche Resultat (vgl. Abb. 10).

Das Produktionsmanagement empfindet nach eigener Darstellung im Kontext zum F&E-Bereich eine herausragende Verantwortung für den betrieblichen Umweltschutz deshalb, weil

- die Produktion eine vernehmliche Quelle der betrieblichen Emissionen darstellt,
- dieser (primär technisch ausgerichtete) Funktionsbereich über ein systemübergreifendes Problembewußtsein verfügt und deshalb
- die meisten marktfähigen Problemlösungen zum Umweltschutz hervorbringt bzw. hervorbringen muß.

Diese Erkenntnis sollte vom Führungsteam bei der Festlegung von Kompetenzhierarchien (Beratungsrechte, Initiativrechte, Vetorechte und Weisungsbefugnisse) sowie von Prioritäten der Entscheidungsfindung beachtet werden. Die Befragungen weisen sowohl bei den Unternehmensführungen als auch bei den Funktionsbereichen ohnehin auf eine nahezu völlige Identifikation des betrieblichen Umweltschutzes mit technischen Kategorien hin.

Unternehmensbeispiele

1. Die *BASF AG* (U 1990: 46,6 Mrd. DM, B: 134 647) hat sich mit ihren 1979 erstmals veröffentlichten Unternehmensleitlinien eine Art „Grundgesetz" gegeben, das in der jetzt gültigen Version verbindlich festlegt: „Wirtschaftliche Belange haben keinen Vorrang gegenüber dem Umwelt- und Arbeitsschutz". In einem umfangreichen Seminarprogramm wird das Führungsteam auf die Bedeutung dieser Aussage für die berufliche Tätigkeit hingewiesen. (NM)
2. Beim schweizerischen Handelskonzern *Migros* (U 1990: 14 Mrd. Franken, B: 68 000) wird sehr auf eine ökologische Orientierung geachtet. Dies ist nur dann möglich, wenn auch die Führungskräfte von den grünen Ideen überzeugt sind. Dazu wurden bereits

1986 für 400 Manager des Unternehmens Seminare über die Ursachen und Wirkungen der weltweiten Umweltkrise abgehalten. Anderen Mitarbeitern wird der Stoff während der Arbeitszeit mit Hilfe einer Videokassette vermittelt. (Süddeutsche Zeitung, 24.9. 89) (EM)

Nr. 4 Check-Liste Unternehmensziele und -strategien

Grundlage für ein ökologiegerechtes Unternehmensverhalten ist eine kritische Überprüfung der Unternehmensphilosophie, die Formulierung eines die Umweltbelange integrierenden Zielsystems und die Festlegung situationsadäquater Strategien der Unternehmung.

Ausgehend von einer vorurteilsfreien Situationsanalyse (Frage: Wo stehen wir?) sind das erstrebenswerte Leitbild und die Sollzustände der Unternehmung (Frage: Was wollen wir erreichen?) zu definieren sowie die längerfristigen Akzentsetzungen in der Geschäftstätigkeit zu bestimmen (Frage: Welche Maßnahmenbündel sollen ergriffen werden?).

Ökologische Schlüsselprobleme in den Geschäftsfeldern identifizieren (Key Issue Analyse)

1. Chancen und Risiken in der Umwelt und auf den Märkten analysieren (externe Faktoren), insbesondere
   - umweltpolitische Aktivitäten des Gesetzgebers (z. B. Emissionsschutzgesetz, Abfallbeseitigungsgesetz),
   - Umweltbewußtsein der Öffentlichkeit (z. B. Presseberichte, Demonstrationen),
   - Umweltbewußtsein der Abnehmer (z. B. Einstellungs- und Verhaltensänderungen),
   - umweltbezogene Aktivitäten der Konkurrenz (z. B. Einführung umweltfreundlicher Produkte),
   - Entwicklungen im Bereich der Wissenschaft und Forschung (z. B. Katalysatortechnik).
2. Stärken und Schwächen in der Unternehmung analysieren (interne Faktoren), insbesondere
   - Höhe der zur Verfügung stehenden Mittel für umweltgerichtete Investitionen (z. B. Entwicklung),
   - Aufgeschlossenheit und Flexibilität der leitenden Mitarbeiter zu Umweltproblemen,
   - Charakteristik und Nähe des Leistungsprogramms zu Um-

weltschutzmärkten (z. B. Nutzung von Synergien, Zugang zu Ökomärkten).

3. Ökologische Strategieposition der Unternehmung systematisch bestimmen, z. B. durch
   - systematische Gegenüberstellung von Chancen/Stärken, Risiken/Stärken, Chancen/Schwächen und Risiken/Schwächen sowie durch
   - Lokalisierung und Bewertung der „kritischen" Faktoren in der strategischen Ökobilanz (z. B. Übertragbarkeit von vorhandenem technologischen Know-how auf Umweltschutzmärkte; fehlende finanzielle Mittel für entsprechende Investitionen).

Unternehmensziele ökologiegerecht festlegen

4. Unternehmenspolitische Leitbilder und Grundsätze ökologiebezogen formulieren, wie z. B.
   - Sicherung der freien und sozialen Marktwirtschaft durch den Nachweis ihrer Vereinbarkeit mit ökologischen Anforderungen,
   - Sicherung der Unternehmensexistenz durch frühzeitiges Erkennen globaler Trends und Berücksichtigung in der Unternehmenspolitik,
   - Schaffung von Wettbewerbsvorteilen durch Minimierung der Umweltbelastung,
   - offensive Aufnahme ökologischer Herausforderungen in allen Unternehmensbereichen und Entwicklung von Beiträgen zur Problemlösung,
   - Beschleunigung der Erkenntnisgewinnung im Umweltsektor durch Zusammenarbeit mit Wirtschaft und Wissenschaft.
5. Langfristige Umweltzielsetzungen für das gesamte Unternehmen definieren. Beispiele dafür sind:
   - Ausschöpfung der Good-Will-Vorteile, die sich aus dem Umwelt-Engagement bei Mitarbeitern, Öffentlichkeit und öffentlichen Entscheidungsträgern ergeben,
   - Ausschöpfung der Kostenvorteile aus Energie-Einsparung, Ressourcenschonung und sonstigem umwelttechnischen Fortschritt,
   - Minimierung der Risiken aus Geschäftsführerhaftung, Produkthaftung, abrupter gesetzlicher Grenzwertverschärfung oder plötzlicher Erstarkung umweltorientierter Nachfrage,

– Multiplikation der Erkenntnisse durch Zusammenarbeit mit Verbänden, Medien und öffentlichen Entscheidungsträgern,
– Einflußnahme auf die Gesetzgebung durch Aktivitäten im vorparlamentarischen Raum.

6. Beziehungen zwischen den Umwelt- und Renditezielen der Unternehmung prüfen und bewerten.
   – Auswirkungen von Umweltzielen auf Umsatz, Kosten und Gewinn abschätzen,
   – bedeutsame Zielkonflikte (z. B. vorübergehend höhere Kosten, geringerer Umsatz, schlechtere Liquidität) aufzeigen,
   – langfristige Zielprioritäten im Zielsystem festlegen (z. B. Umweltziele als Haupt- oder Nebenziele und deren mögliche Veränderung im Zeitablauf).
7. Den ökologischen Bezug in allen Bereichszielen verdeutlichen.
   – Im Personalmarkt die Attraktivität für aufgeschlossene Mitarbeiter steigern und die Bindung an das Unternehmen stärken,
   – in der Beschaffung von Roh-, Hilfs- und Betriebsstoffen umweltbewußt vorgehen,
   – in der Produktion Kosten durch Einsparungen von Energie, Rohstoffen und Wasser senken,
   – im Vertrieb auf umweltfreundliche Logistik achten (etwa: Schiene statt Straße).

Ökologiegerechte Strategien formulieren

8. Basisstrategien festlegen.
   – Defensives oder offensives Vorgehen?
     Das Gesetz des Handelns in der Hand behalten: Agieren ist besser als Reagieren!
   – Konzentriertes oder differenziertes Vorgehen?
     Konzentration der Kräfte auf die firmenspezifische Kompetenz (z. B. Spezialist bei der Lösung bestimmter Umweltprobleme) anstreben.
9. Umweltbezogene Geschäftsfeldstrategien planen.
   – Geschäftsfelder in den Produkt-, Markt- und Technologiedimensionen definieren (Produktnutzen, Marktsegmente, Technologien unter Umweltaspekten beschreiben) und Prioritäten für die Bearbeitung von Marktsegmenten festlegen.
   – Grundsatzverhalten gegenüber den Marktteilnehmern (Wett-

bewerber, Handel, Kunden) bestimmen (Abgrenzungs- oder Kooperationsmöglichkeiten prüfen).
- Produkt- und Programmstrategien präzisieren (Verbesserung der Umweltverträglichkeit des Programms durch Produktinnovation, Produktvariation und Produkteliminierung).
- Ökologie-Portofolios aufstellen und auf ausgewogene Mischung der einzelnen Felder achten.

10. Umweltbezogene Bereichsstrategien formulieren (siehe hierzu Check-Listen „Marketing" usw.).

UBA-Unternehmensbefragung 1990

In einer Zusammenfassung des Standes der umweltorientierten Unternehmensführung kommen die Bearbeiter der „UBA-Befragung '90" zu dem Schluß, daß bei den Unternehmen der Umweltschutz zwar grundsätzlich als positiv bewertet werde, aber derzeit nur ausnahmsweise als ausdrücklich formuliertes Unternehmensziel gelte.

Von den befragten Unternehmen setzten beispielsweise nur 0,4 Prozent den Umweltschutz auf Rang 1 der Unternehmensziele, 1,7 Prozent auf den 2. Rang, 3,5 Prozent auf den 3. Rang, 5,4 Prozent auf Rang 4 und 7,1 Prozent gar auf den 5. Rang. Zudem gaben mehr als 28 Prozent überhaupt nur zwei Unternehmensziele an; ein fünftes Ziel wurde von 62 Prozent der Befragten gar nicht erst genannt.

Dennoch zeigten die angegebenen Zielbeziehungen zwischen Unternehmens- und Umweltzielen, daß dies nicht notwendigerweise mit einer Mißachtung des Umweltschutzes als Unternehmensziel einhergehen muß. Das kann dem Schaubild entnommen werden (vgl. Abb. 11).

Die Bedeutung der in der Check-Liste „Unternehmensziele und -strategien" empfohlenen Integration der Umweltbelange in die Unternehmensphilosophie wird anhand der Ergebnisse einer Kreuztabulierung erhärtet. Danach gaben Unternehmen, bei denen der Umweltschutz Bestandteil der Unternehmensphilosophie bzw. -grundsätze ist, in deutlich stärkerem Ausmaß als andere an, durch konsequenten Umweltschutz ihre Wettbewerbschancen zu verbessern (57,4 zu 44,9 Prozent). Nur 28,4 Prozent der Unternehmen mit ökologisch integrierter Unternehmensphilosophie betrachten den Umweltschutz als unproduktive Kostenquelle, während es bei den übrigen immerhin 46,5 Prozent sind. Lediglich bei dem Verhältnis zwischen dem Unternehmensziel „Gewinn steigern" und dem Umweltschutz gibt es eine relative Angleichung von 29,5 Prozent zu 22,4 Prozent zugunsten der

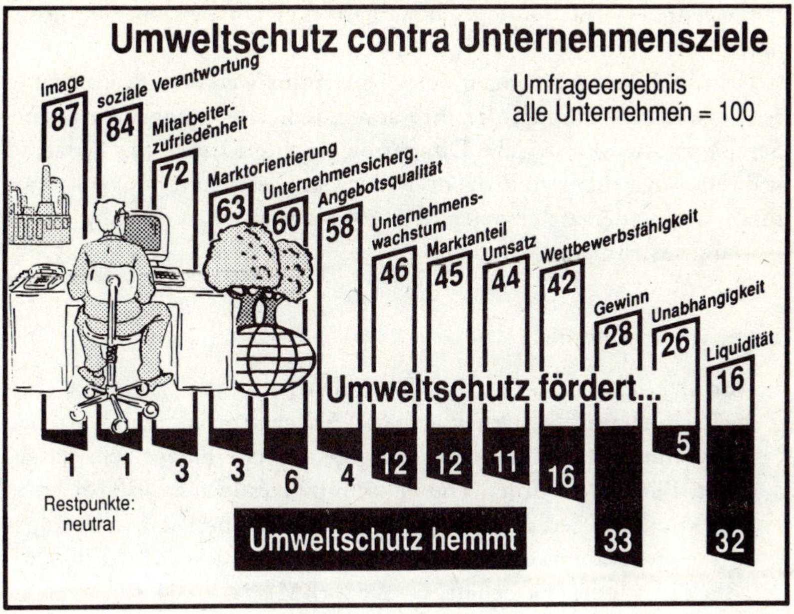

Abb. 11: Umweltschutz contra Unternehmensziele? (UBA 1990)

Umweltschutz rechnet sich
Umweltschutz steht betriebswirtschaftlichen Interessen keinesfalls entgegen. Die meisten Unternehmensziele lassen sich im Einklang mit der Schonung der Natur verfolgen. Dieses Ergebnis erbrachte eine bundesweite Unternehmerbefragung. Lediglich im Zusammenhang mit Gewinnsteigerung und Liquidität werden überwiegend Zielkonflikte gesehen. Dennoch sind 28 Prozent der Befragten der Meinung, daß mehr Gewinn nicht zu Lasten der Umwelt gehen muß.

Unternehmen mit ökologisch integrierter Unternehmensphilosophie.

Deutliche Verbesserungen der Chancen im Wettbewerb konstatieren jene Unternehmen, die ihre strategischen Planungsinstrumente bereits um die ökologische Dimension erweitert haben (54 Prozent), während sogar über 76 Prozent der Unternehmen eine solche Erwartung an eine derzeit erst geplante „ökologische Erweiterung" ihrer Planungsinstrumente knüpfen.

Unternehmensbeispiele

1. Von der *Bayer AG* (U: 17,8 Mrd. DM, B: 63755) werden Umweltschutz und Sicherheit neben Wirtschaftlichkeit und Streben nach Innovationen als gleichrangige Unternehmensziele dargestellt. Für 1989 wurden Umweltschutzinvestitionen in Höhe von 600 Mio. DM geplant. Diese sind Teil eines über acht Jahre angelegten Programms mit einem Gesamtvolumen von 8 Mrd. DM. (Blick durch die Wirtschaft, 5. 12. 88) (BM)
2. Das Unternehmen *EFR-Papier* (B: 10–15) in Kiel-Raisdorf hat sich auf das Papierrecycling spezialisiert. Es werden beschädigte, verschmutzte, feuchte oder aus anderen Gründen unbrauchbar gewordene Papierrollen sowie Restbestände, die sonst in das übliche Verfahren zur Herstellung von Recyclingpapier eingehen würden, bei Druckereien und Papierherstellern aufgekauft. Diese Papierrollen werden sorgfältig abgerollt und das noch verwendbare Papier anschließend neu aufgerollt. Ein so wieder brauchbar gewordenes Papier wird auf Maß geschnitten und danach an Druckereien weiterverkauft. (Umfrageergebnisse 6/90, Thomas Ewoldt) (UM)
3. Die *Elida-Gibbs GmbH* (U 1991: 485,5 Mio. DM, B: 850), B.A.U.M.-Mitglied, hat den Umweltschutz fest in die Unternehmenszielsetzung integriert. Über den Umwelt-Management-Plan werden ökologische Aspekte in alle Funktionsbereiche der betrieblichen Abläufe einbezogen. Zur Verwirklichung einer umweltbewußten Unternehmensführung findet ein Informationsaustausch mit Kritikern, Wissenschaftlern, Medien, Handelspartnern und Verbrauchervereinigungen statt. Das Umwelt-Management-Team sammelt und bewertet alle Informationen und setzt sie in Maßnahmen um. (BU)
4. Die *Esprit de Corp. GmbH*, Design- und Vertriebsunternehmen für junge Mode und Lifestyleartikel in Düsseldorf, hat sich bereits

Ende der 80er Jahre bei ihren internen Beschaffungsmaßnahmen (Büro-, Arbeitsmaterialien, Kantine, Verpackung, etc.) ökologisch orientiert und engagiert. Weltweit, in allen Esprit-Gesellschaften, gibt es sogenannte „Eco-Desks", spezielle Gruppen, die sich mit umweltorientierten Projekten befassen. Im Laufe der vergangenen zwei Jahre sind neben der Beschaffung die Gebiete Produktion, Architektur, Warenpräsentation, Grafik/Verpackung und Werbung einem starken, ökologisch bedingten Wandel unterworfen gewesen, der das Erscheinungsbild des Unternehmens zum Teil extrem verändert hat. (NM)

5. Die *Haniel-Gruppe* (U 1990: 15,1 Mrd. DM, B: 27598) ist mit einigen Unternehmensbereichen im Umweltschutz tätig:
– ELG Haniel GmbH ist der Weltmarktführer im Edelstahl-Recycling; der Sekundär-Rohstoff wird im Erzeugungsprozeß bereits bis zu 90 % eingesetzt.
– CWS AG ist führend in der Waschraumhygiene, vor allem auch mit Stoffhandtuchrollen. Ihre Wiederverwendbarkeit und ein ausgefeiltes Wasserkreislaufsystem beim Waschen, teilweise mit eigener Klär- und Meßanlage sind äußerst umweltgerecht.
– Die Thyssen Haniel Logistic GmbH verfügt über eine eigenständige Gefahrgutlogistik mit einem bundesweit einmaligen Speziallager, dem Rhein-Main-Safety-Port in Frankfurt.
– Haniel Envirotec GmbH ist europaweit in der Sanierung von Brand- und Wasserschäden, Maschinen und Anlagen sowie Altlasten aktiv und bietet neben vorbeugendem Brandschutz auch entsprechende Consulting-Dienstleistungen an.
– Haniel Industrie-Service GmbH hat ihre Schwerpunkte bei Industrie-, Rohr- und Kanalreinigungsdienstleistungen, Korrosionsschutz, Wartung und Instandhaltung von Industrieanlagen sowie der Behandlung von Reststoffen. (NM)

6. Die *Hertie Waren- und Kaufhaus GmbH* (U 1990: 6,7 Mrd. DM, B: 35000) bekennt sich mit „Verantwortung Umwelt: Unsere Sache" seit Jahren zum aktiven Umweltschutz. Wie in den Unternehmensgrundsätzen festgeschrieben, praktiziert Hertie Umweltschutz als ganzheitliche Aufgabe: als Lieferant (Checkliste Umwelt) über Versorgungswege (Anteil Schiene 70 Prozent, Transportverpackung nur als recyclingfähiges oder Mehrweg-Material), bei den Mitarbeitern (zentrale, regionale, lokale Arbeitskreise, Schulung zum Umweltberater), durch interne Maßnahmen (Energieeinsparung, vielfältige Recyclinglösungen), im Sortiment (3400

Artikel aus- und neu gelistet, keine Pestizide, Verpackungsabbau), gegenüber den Kunden (Infosysteme, Beratungen) sowie in überbetrieblichen Initiativen (Forschungsunterstützung, Förderkreis Jugend Umweltschutz, Verbände). (NM)

7. Bei der *Lever GmbH* (U: 541 Mio. DM, B: 1108), Konzerntochter der Deutschen Unilever-Gruppe, steht derzeit die Umweltverträglichkeit der Produktpalette im Vordergrund aller Bestrebungen. Die Manager der deutschen Unilever GmbH wollen die Entwicklung umweltverträglicher Produkte zum primären Leitfaden der Unternehmenspolitik machen. (Blick durch die Wirtschaft, 9. 8. 1989) (UM)
8. Die *OBI Bau- und Heimwerkermarkt-Kette,* (U 1990: 1,8 Mrd. DM, B: ca. 5000), B.A.U.M.-Mitglied, hat unter dem Motto „Glaubwürdigkeit und Konsequenz" ein Konzept zur umweltorientierten Unternehmensführung gestartet. In den Baumärkten werden lösungsmittelfreie Kleber und FCKW-freie Baustoffe verkauft. (informiert, Januar 1990, S. 32) (BM)
9. Die *Staatl. Mineralbrunnen GmbH Bad Brückenau* (U 1991: 14 Mio. DM, B: 60), B.A.U.M.-Mitglied, verfolgt ein ganzheitliches ökologisches Konzept, welches alle Handlungen der Firma umfaßt. So werden durch den Bau des ersten ökologischen Abfüllbetriebes unter den Gesichtspunkten Abwasseranfall, Energienutzung, Lärm, Müll und Baubiologie alle ökologisch optimalen Technologien vereinigt. In Zusammenarbeit mit dem Staatsbad und der Stadt Bad Brückenau wurde das ökologische Konzept auf das gesamte Gebiet des Bades ausgeweitet. Die große öffentliche Beachtung führte zu enormen Umsatzsteigerungen von jährlich 20–30 Prozent. Eine Ökobilanz wird die ökologischen Fortschritte kontinuierlich darstellen. (NM)

Nr. 5 Check-Liste Marketing

Marketing bedeutet Führung des Unternehmens vom Markte her. Durch bedürfnisgerechte Planung, Koordination und Kontrolle aller absatzpolitischen Instrumente sollen die Kundenprobleme gelöst und die Unternehmensziele (Gewinn, Sicherheit) langfristig erreicht werden.

Im gesamtwirtschaftlichen Güterversorgungsprozeß gewinnen ökologische Aspekte für die Erfolgssicherung der marktorientierten Führung an Bedeutung. Veränderte rechtliche Rahmenbedingungen in Form verschärfter Umweltgesetze und das erhöhte ökologische Bewußtsein der Käufer beinhalten weitreichende Risiken und eröffnen neue Chancen bei der Vermarktung von Güter- und Dienstleistungen.

Die Sicherung der Wettbewerbsfähigkeit erfordert ebenso wie die soziale Verantwortung die Entwicklung ökologiegerechter Marketingkonzeptionen. Die folgende Check-Liste enthält die grundlegenden Überlegungen, die bei der Entwicklung solcher Konzeptionen in erwerbswirtschaftlichen Unternehmungen zu berücksichtigen sind.

Marketingziele ökologiegerecht festlegen (siehe dazu auch Check-Liste „Unternehmensziele und -strategien“)

1. Marketingkonzeption in der Unternehmensphilosphie und im Zielsystem verankern (z. B. Sicherung der langfristigen Wettbewerbsfähigkeit“.)
2. Marketingziele meßbar und überprüfbar formulieren, und zwar sowohl
   - in ökonomischer Sicht (z. B. Erringung von x % Marktanteil auf definierten neuen Umweltmärkten in einem definierten Zeitraum) als auch
   - in psychografischer Sicht (z. B. Schaffung oder Stärkung von Image und Bekanntheitsgrad als Problemlöser in bestimmten Umweltfragen).
3. Zielprioritäten festlegen und vorgeben bzw. vereinbaren, und zwar
   - nach Produktgruppen bzw. Produkten,
   - nach Kundengruppen bzw. Kunden und
   - nach Regionen.

Marketing-Maßnahmen integriert planen

4. In der Produktpolitik (siehe auch Check-Liste „Produktentwicklung“)
   - rohstoffschonende und recyclingfähige Produkte herstellen bzw. anbieten (z. B. Rohstoffe nach dem Prinzip der größtmöglichen Sparsamkeit verwenden, knappe Rohstoffe durch reichlich vorhandene ersetzen, Abfallmengen minimieren

bzw. in Richtung auf bessere Umweltverträglichkeit verändern),
- umweltfreundliche Merkmale der Produktgestaltung in der Markierung hervorheben (z. B. Blauer Umweltengel),
- Verpackung funktionsgerecht gestalten und aus umweltfreundlichen Materialien herstellen (z. B. Steigerung der Mehrfachverwendbarkeit der Verpackung),
- umweltfreundliche Produktnutzung durch Kundendienst und Beratungsleistungen (umweltfreundliche Servicepakete, Umweltfachseminare) sicherstellen.

5. In der Kommunikationspolitik (siehe auch Check-Liste „Öffentlichkeitsarbeit")
   - den Trend zum wachsenden Umweltbewußtsein der Konsumenten offensiv aufnehmen und durch Werbe- bzw. Public-Relations-Maßnahmen verstärken,
   - mit ökologischen Argumenten und Werbebotschaften Bekanntsheitsgrad und Image des Unternehmens als kompetenter Problemlöser in Umweltfragen bei ausgewählten Zielgruppen positiv verändern,
   - diese Argumente wahr und nachprüfbar darstellen,
   - durch übergreifende Aktionen (Verbände etc.) das Mißtrauen der Öffentlichkeit gegen das Umweltverhalten von Unternehmungen abbauen.
6. In der Distributionspolitik
   - zwischen Industrie und Handel Absatzkanäle vereinbaren, die umweltschonende Rückführungssysteme ermöglichen (Retrodistributionskanäle),
   - durch Einrichtung von Recycling-Centren und durch Beratung beim Handel das Umweltverhalten beim Verbraucher entwickeln,
   - in der Logistik umweltschonende Transportmittel (bezogen auf Energie und Emissionen) bevorzugt einsetzen (siehe auch Check-Liste „Fuhrpark".)
7. In der Preis- und Rabattpolitik
   - wenn höhere Preise auf Grund umweltschonender Herstellungsverfahren unvermeidbar sind, die Kalkulation gegenüber Handel und Verbraucher transparenter machen (ökologisch orientierte Preisdifferenzierung),
   - überprüfen, ob umweltfreundliche Produkte durch eine Mischkalkulation entlastet werden können.

8. Alle Einzelmaßnahmen im Hinblick auf ein integriertes, unter Umweltgesichtspunkten profilierendes Gesamtmix überprüfen und justieren.

Marketing-Organisation und -Controlling überprüfen und anpassen (d. h. strategiegerechte Strukturen und Systeme schaffen)

9. Ökologisches Bewußtsein auf allen Führungsebenen im Unternehmen durchsetzen (siehe auch Check-Listen „Willensbildung im Führungsteam" sowie „Mitarbeitermotivation und -ausbildung").
   - Bewußtsein durch Information und Schulung verstärken,
   - Identität und „Wir-Gefühl" im Hinblick auf vorbildliches Umweltverhalten schaffen.
10. Organisatorische Voraussetzungen für die Verwirklichung der Strategien schaffen.
    - Umstrukturierung in der Aufbauorganisation einleiten,
    - Verantwortlichen für alle Umweltfragen (z. B. als Umweltbeauftragten) auf der Geschäftsleitungsebene bestimmen (siehe auch Check-Liste „Betriebliche Umweltschutzinstitutionen".)
11. Informations- und Anreizsysteme ausbauen.
    - Umwelt-Controlling durch Einsatz zusätzlicher, auf die Erfüllung der Umweltziele gerichteter Kontrollinstrumente (Monitoring-Systeme) entwickeln,
    - Besonders Anreize schaffen, um die definierten Umweltziele zu erreichen bzw. zu übertreffen (z. B. Bonussysteme).

UBA-Unternehmensbefragung 1990

Entscheidender Orientierungspunkt einer erfolgreichen ökologieorientierten Marketing-Konzeption ist also neben der vorausschauenden (!) Berücksichtigung gesetzlicher Umweltvorschriften das ständig wachsende ökologische Bewußtsein der Abnehmer/Käufer. Um so verwunderlicher ist es, daß im Rahmen der „UBA-Befragung '90" nur 187 (32 Prozent) der 592 befragten Unternehmen zum Marketing Stellung genommen haben. Den auf den Funktionsbereich „Marketing" direkt bezogenen Bereichsfragebogen füllten gar nur 103 Unternehmen aus. Nur 34 Prozent von ihnen schätzen die Betroffenheit des Marketing durch Umweltschutzfragen „sehr groß: bzw. „groß" ein.

Bedenken sind angemeldet, wenn bei der Beurteilung des umweltbezogenen Käuferverhaltens einerseits ein Drittel der befragten Unternehmen meinen, daß „die Kenntnisse über ökologische Zusammenhänge bei den Konsumenten zu gering seien, um das bekundete Umweltbewußtsein auch in Käufe umzusetzen", andererseits jedoch nur 17,6 Prozent von ihnen bei der Marktforschung (Marktentwicklung) überhaupt Umweltinformationen erfassen.

Nur 8 Prozent der befragten Produzenten/Lieferanten erhoben bislang umweltrelevante Marktinformationen beim Handel, obwohl dessen Bereitschaft zur Weitergabe solcher Informationen laut Befragung von 19 führenden Handelsunternehmen uneingeschränkt gegeben ist.

Lieferantenseitige Hemmnisse für eine stärkere Beachtung der umweltinduzierten Kaufbereitschaft der Kunden sieht der Handel im nach wie vor nicht ausreichenden Angebot an umweltverträglichen Produkten (68,4 Prozent der Befragten), zu hohen Preisen für umweltfreundliche Produkte ohne hinreichende Begründung für deren objektive Unumgänglichkeit (50 Prozent), zu wenig Werbung mit Umweltargumenten wie z. B. „Blauer Umweltengel" (33 Prozent) und die immer noch zu beobachtende Ausnutzung starker Marktpositionen bestimmter Lieferanten zugunsten herkömmlicher Produkte.

Hinsichtlich des Standes und der Perspektiven der ökologiegerechten Festlegung von Marketingzielen lassen die Befragungsergebnisse hoffen. Sie lassen sich dem Schaubild entnehmen (vgl. Abb. 12).

Folgende Gründe werden von den 103 befragten Unternehmen für die als erforderlich befundene stärkere Einbeziehung des Umweltschutzes in die Marketing-Grundsätze genannt:

– Umweltschutz wird zunehmend zum Wettbewerbsfaktor	67 Prozent
– Wertvorstellungen der Öffentlichkeit	61 Prozent
– veränderte Kundenbedürfnisse	58 Prozent
– Werthaltung der Mitarbeiter	58 Prozent
– Erschließung neuer Marktpotentiale	50 Prozent
– öffentliche Auflagen/Gesetze	44 Prozent

Daß bisher jedoch nur 7,9 Prozent jener Unternehmen in ihre Marketing-Grundsätze den Umweltschutzgedanken integriert haben, weist auf die erheblichen Reserven dieses Funktionsbereichs und der umweltorientierten Unternehmensführung insgesamt hin.

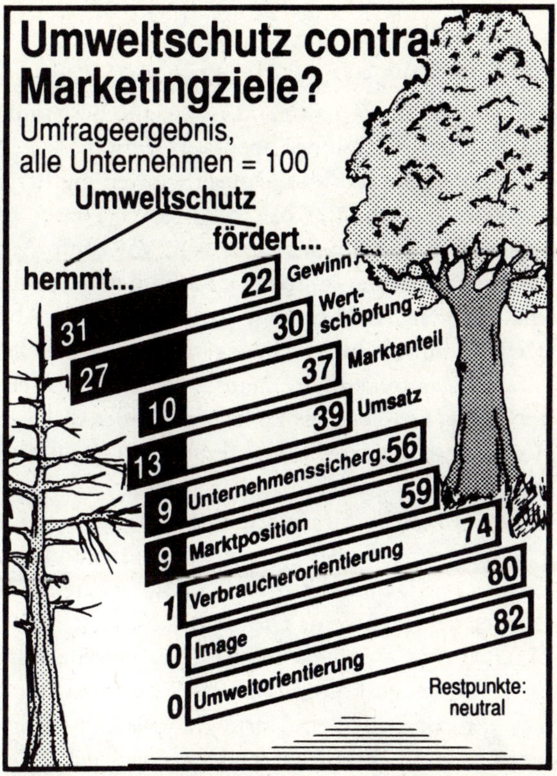

Abb. 12: Umweltschutz contra Marketingziele? (UBA 1990)

Umweltschutz als Leitlinie
Wer ein Produkt an den Mann oder die Frau bringen will, kann mit seiner Werbestrategie auch gleichzeitig dem Umweltschutz dienen, denn beides schließt sich nicht aus. Die Berücksichtigung der Umweltentlastung wirkt bei der Verfolgung von Marketingzielen eher fördernd. Zu diesem Ergebnis kommt eine bundesweite Unternehmerbefragung. Einzig in der Frage der Gewinnsteigerung sehen mehr Befragte den Umweltschutz als Hemmschuh denn als förderlich an.

Unternehmensbeispiele

1. Von der *ADAM OPEL AG* (U: 17,5 Mrd. DM, B: 52 325) werden in der Bundesrepublik ab dem 24.04. 1989 alle Benzinmodelle mit geregeltem Katalysator billiger ageboten. Für die Kat-Versionen der Modelle Corsa, Kadett und Omega wurden die Preise um 350 bis 670 DM gesenkt. (FAZ, 22.04. 1989) (UM)
2. Die *Amag*, die Importorganisation von VW und Audi in der Schweiz, wirbt in Zeitungsannoncen damit, daß jeder, der im letzten Quartal 1989 ein Auto bestellt hat, ein Halbtax Abonnement der Schweizer Bundesbahn geschenkt bekommt. Durch diese Aktion soll die Zusammenarbeit Bahn – Straße gefördert werden. Nur so könne das Problem des zu hohen Straßenverkehrsaufkommens in der Schweiz gelöst werden. (informiert, Januar 1990, S. 27) (UM)
3. Der *Bayerische Brauerbund* rät seinen Mitgliedern, den Flaschenhals nicht mehr mit rohstoff- und energieaufwendiger Alu-Folie zu verzieren. Statt dessen sollte die Flasche lieber mit einem Etikett aus Papier versehen sein. Die Aufschrift des Etiketts könnte lauten: „Der Umwelt zuliebe in der Pfandflasche ohne Aluminiumfolie". Inzwischen kommt ca. 2/3 des bayerischen Flaschenbiers ohne Alu-Folie auf den Markt. Man schätzte, daß dies bis 1993 für das gesamte Flaschenbier in Bayern gelten wird. (Der Spiegel, 19.03. 1990) (EM)
4. Die *BMW AG* bietet für die gesamte Motorradmodellpalette schadstoffreduzierende, technische Maßnahmen an. Diese Initiative wurde im Rahmen der BMW Motorrad-Umweltoffensive bei der Kölner Zweiradausstellung IFMA im September 1991 öffentlich verkündet. So gibt es für die Modelle K 1 und K 100 RS den weltweit ersten geregelten Motorrad-Katalysator. Aber auch für alle anderen BMW-Motorräder gibt es Systeme zur Schadstoffreduktion, und zwar in Form des ungeregelten Katalysators und des Sekundär-Luft-Systems (SLS) zur Abgasnachverbrennung. (NM)
5. Das Wiener Elektrohandelsunternehmen *Elektro Netto Hadwiger & Hardt Handelsgesellschaft m.b.H.* (U: 55 Mio. Schilling, B: 11) startete im Oktober 1989 eine zunächst auf 3 Monate befristete Aktion. Auf Anruf bei dem Unternehmen werden alte Elektrogeräte kostenlos abgeholt und entsorgt. Diese Maßnahme ist nicht mit dem Zwang verbunden, ein neues Gerät zu kaufen. (Die Presse, 22.09. 1989) (BM)

6. Die *NANZ Gruppe*, Stuttgart, (U: 1990: 2,7 Mrd. DM, B: 14000) setzt in ihren Märkten auf die Comicfiguren „Nani“ und „Bambu“ als Umweltbotschafter. Zum umweltbewußten Handelsangebot gehören u. a. der offene Verkauf von Obst, Gemüse, Fleisch, Wurst und Käse; Hygiene- und Schreibpapiere aus alt- und chlorfrei gebleichtem Papier, umweltschonende Haushaltsreiniger und Waschmittel, Molkereiprodukte und Getränke und Mehrwegsysteme sowie die Abgabe von Leinen- und Papier-Einkaufstaschen. „Hinter den Kulissen“ sind Energiespar- und Energierückgewinnungstechnik, Mehrweg-Transportsysteme sowie konsequente Mülltrennung vorgeschrieben. (NM)
7. Die *Otto Versand GmbH & Co.* (U 1991/92: 20,1 Mrd. DM weltweit, B: 42000), B.A.U.M.-Mitglied, signalisiert ihren Lieferanten, daß umweltfreundliche Produkte bei der Aufnahme in das Sortiment bevorzugt werden. Wichtigen Herstellern wurde schriftlich mitgeteilt, daß neben Preis und Qualität auch die Umweltverträglichkeit eines Produkts zu den entscheidenden Kriterien gehören. Aus den Katalogen ausgelistet wurden Artikel aus Tropenhölzern, Pelze sowie FCKW-haltige Spraydosen. Besonders umweltschonende Produkte werden im Katalog als solche auch gekennzeichnet. (BU)
8. *PRO-CARTON*, die Europäische Vereinigung der kartonerzeugenden und -verarbeitenden Industrie, B.A.U.M.-Mitglied, initiierte im Sommer 1991 ein Pilotprojekt zum Recycling von Faltschachteln als flankierende Maßnahme zum Abfallwirtschaftskonzept der Stadt Hamburg. Gemeinsam mit dem Altpapierhandel und 100 *co op*-Lebensmittelsupermärkten wurde die Hamburger Bevölkerung aufgefordert, neben Papier auch Faltschachteln zum Altpapier zu geben. Plakate in den Märkten wiesen auf die Aktion hin; zudem wurden Tragetaschen aus 100 % Recyclingpapier verteilt. Cartoons klärten über den Weg der Faltschachtel vom Ladentisch über die Altpapiersammlung bis hin zum Recycling auf. Absicht der Aktion war, dem Verbraucher eine Anleitung zu geben, wie er selbst zur Verminderung seines Hausmülls und zu einer umweltgerechten Abfallentsorgung beitragen kann. (Blick durch die Wirtschaft, 05. 06. 1990) (EM)
9. Die im *Verband der Lackindustrie* zusammengeschlossenen Hersteller von Lacken und Farben verzeichneten 1990 einen überdurchschnittlichen Anstieg beim Absatz von umweltschonenden Produkten. Bei Dispersionslackfarben für den Bautenbereich

wurde eine Steigerung von 17,4 Prozent erzielt. Bei den völlig lösemittelfreien Pulverlacken betrug die Steigerung 12,3 Prozent. Wasserlacke für die industrielle Verarbeitung verzeichneten einen Anstieg von 6,1 Prozent. Auch festkörperreiche High-Solids lagen mit 4,9 Prozent Zuwachs über dem Gesamtdurchschnitt der Lackproduktion in der Bundesrepublik (3,3 Prozent; Mitteilung des Stat. Bundesamtes). Durch die Verwendung dieser Beschichtungsstoffe konnte die Verwendung von organischen Lösemitteln um mindestens 100.000 t gesenkt werden. (informiert, März 1990, S. 20) (EM)

Nr. 6 Check-Liste Betriebliche Umweltschutzinstitutionen

Die betrieblichen Umweltschutzinstitutionen haben die Aufgabe, den Gedanken des Umweltschuztes koordinierend und interdisziplinär in allen Unternehmensbereichen einzuführen, aufrechtzuerhalten und zu verstärken. Steigende Risiken, verschlechterte Umweltbedingungen insgesamt und zunehmende Sensibilisierung der Mitarbeiter und der Öffentlichkeit erfordern vorbeugende Umweltaktivitäten durch ein intensives Umweltmanagement.

Die hier vorgestellten Umweltschutzinstitutionen sind als zusätzliche Institutionen gedacht und nicht zu verwechseln mit den gesetzlich gebotenen. Insbesondere hat der Umweltbeauftragte, der im Rahmen des Integrierten Systems umweltorientierter Unternehmensführung auf Direktionsebene als bereichsübergreifender Koordinator und Innovationsförderer eingesetzt wird, eine viel umfassendere Aufgabe als der Betriebsbeauftragte für Umweltschutz, der als Gewässerschutzbeauftragter, Immissionsschutzbeauftragter oder Betriebsbeauftragter für den Abfall nach deutschem Recht für bestimmte Unternehmen vorgeschrieben ist und vornehmlich technischen Umweltschutz betreibt.

Umweltbeauftragten einsetzen

1. Funktionsbeschreibung/Aufgabenkatalog für einen Umweltbeauftragten festlegen und in Betriebsnorm verankern. Aufgaben sind insbesondere
   - Mitarbeit an und Koordinierung von betrieblichen Umstellungsmaßnahmen auf umweltfreundlichere Produkte,

- Beobachtung umweltpolitischer Entwicklungen und Aufbau eines Frühwarnsystems unter Zuhilfenahme interner und externer Experten,
- Kontaktpflege mit den Betriebsräten in allen Umweltfragen,
- Mitarbeit in internen und externen Umweltausschüssen,
- Beobachtung neuer Entwicklungen und Produkte im Rahmen einer umfassenden und umweltgerechten Materialbeschaffung,
- glaubhafte Darstellung der Umweltaktivitäten des Unternehmens nach außen, sofern dies nicht durch andere Ressorts oder Gesellschafter/Inhaber wahrgenommen wird,
- Einleitung vorbeugender Schadstoffmessungen, Vorschläge zur Vergabe von Beratungsaufträgen über Möglichkeiten zur Einsparung von Energie und Wasser,
- Prüfung, ob betriebliche Umweltschutzanlagen bei freier Kapazität anderen Unternehmen gegen Kostenerstattung zur Verfügung gestellt werden können (z. B. im Rahmen der Abfallbeseitigung oder von Recyclingverfahren),
- Teilnahme an Fortbildungsveranstaltungen.

2. Umweltbeauftragten auf Direktionsebene/Geschäftsleitungsebene etablieren.
   Es empfiehlt sich, ein besonders engagiertes und umweltorientiertes Mitglied des Leitungsgremiums mit dieser Aufgabe zu betrauen.
3. Umfassend innerbetrieblich informieren über Aufgaben, Sinn und Ziele der neu geschaffenen Funktion des Umweltbeauftragten.
4. Organigramm erarbeiten, aus dem die Verantwortlichkeiten und Zuständigkeiten klar ersichtlich sind.
5. Arbeit des Umweltbeauftragten aktiv unterstützen.
6. Auftretende Zielkonflikte zwischen Bereichsinteressen und Umweltinteressen schnell diskutieren und lösen. (Siehe im einzelnen Check-Liste „Willensbildung im Führungsteam".)
7. Budget für überbetriebliche Umweltschutzmaßnahmen festlegen. (z. B. Unterstützung von Umweltschutzverbänden).
8. Separate Planung von Umweltschutzinvestitionen im Investitionsplan und individuellen SOLL-IST-Vergleich durchführen.
9. Für ausreichende Abstimmungen und Diskussionen zwischen Bereichsleitern/Direktoren/Geschäftsleitungsmitgliedern und dem Umweltbeauftragten sorgen.
10. Dem Umweltbeauftragten Gelegenheit geben, in Mitarbeiterver-

sammlungen (Betriebsversammlungen, Informationsrunden usw.) auf Umweltprobleme und Lösungsansätze hinzuweisen.

Umweltbezogene Pläne und Erfolgsbilanzen aufstellen

11. Schwachstellenanalyse erarbeiten unter Einbeziehung aller Bereiche sowie der Tochter- und Schwestergesellschaften und Maßnahmeprogramm entwickeln, das Lösungswege, Verantwortlichkeiten und Terminvorgaben beinhaltet.
In der Schwachstellenanalyse erfolgt eine systematische Erfassung aller bekannten und abschätzbaren Umweltprobleme und Umweltrisiken des Unternehmens, gewichtet nach Prioritäten. Insbesondere sind die Risiken des Eintritts und der Folgen von Störfällen systematisch zu ermitteln, damit vorbeugende Maßnahmen ergriffen werden können.
12. Nach Möglichkeit im Maßnahmenplan konkrete betriebliche Umweltziele festlegen, wie z. B.:
– Beseitigung unvertretbarer Risiken aus der Lagerung und Handhabung gefährlicher Materialien innerhalb von sechs Monaten,
– Umstellung von umweltproblematischen Materialien auf umweltverträglichere Materialien innerhalb von zwölf Monaten,
– Reduzierung des Wasserverbrauchs um 20 % im galvanischen Betrieb innerhalb von sechs Monaten,
– Optimierung der Entsorgung von Altöl innerhalb der nächsten sechs Monate.
13. Störfallplan aufstellen.
Alle im Bereich des betrieblichen Umweltschutzes tätigen Mitarbeiter sind an der Entwicklung eines Störfallplanes zu beteiligen. Ziel muß sein, bei Störfällen besonnen, rasch und gezielt handeln zu können und keine Hektik – die schnell zu unüberlegten Handlungen führen könnte – entstehen zu lassen.
14. Sicherstellen, daß in der Materialwirtschaft eine Stoffliste entwickelt wird, die z. B. folgende Informationen beinhaltet:
– Positions-Nummer,
– Benennung,
– chemische Bezeichnung,
– gefährliche Reaktionen und Toxizität,
– ökologische Gefahren,
– Transportcode,

- technische Schutzmaßnahmen,
- Entsorgung,
- Alternativen,
- Verbauch pro Jahr,
- Preis pro Einheit,
- Lieferant.

15. Interne Umweltbilanz erstellen, in der die Vorteile und eventuellen Nachteile der Umweltaktivitäten soweit wie möglich quantifiziert und gegenübergestellt werden.

Umweltausschuß Technik gründen

16. Im Umweltausschuß Technik alle betriebsspezifischen Umweltprobleme/-fragen, wie z. B.
    - Materialfragen,
    - Energieversorgung,
    - Wasserversorgung,
    - Abfallentsorgung,
    - Sondermüllentsorgung,
    - Recyclingmöglichkeiten,
    - Umweltprobleme im Produktionsprozeß,
    - Einhaltung gesetzlich vorgeschriebener Grenzwerte für Umweltbelastungen, Lärm, Stäube usw. behandeln.
17. Dafür sorgen, daß der Umweltbeauftragte in diesem Ausschuß vertreten ist.
18. Aufgabenstellung exakt definieren.
19. Regelmäßigen Sitzungsrhythmus festlegen und Protokoll anfertigen lassen.
20. Erfolgskontrolle durch Ausschußvorsitzenden durchführen lassen.

Interdisziplinären Umweltausschuß einsetzen

21. Neben dem Umweltausschuß Technik einen Umweltausschuß gründen, in dem alle Unternehmensbereiche sowie der Umweltbeauftragte vertreten sind.
    Dieser Ausschuß sollte sich primär mit übergreifenden und nicht technischen Umweltfragen beschäftigen, wobei Mitglieder dieses Gremiums den Umweltbeauftragten partiell unterstützen sollten.
22. Ebenfalls Aufgabenstellung bestimmen, Sitzungsrhythmus fest-

legen, Protokoll erstellen lassen und Ausschußvorsitzenden mit der Erfolgskontrolle betrauen.

UBA – Unternehmensbefragung 1990

In 56 Prozent der von der „UBA-Befragung '90" erfaßten Unternehmen ist der Umweltgedanke bereits fester Bestandteil der Organisationsphilosophie; nur bei 24 Prozent ist dies nicht der Fall und auch künftig nicht geplant.

Im Rahmen der organisationsstrukturellen Gestaltung der Unternehmen werden Belange des Umweltschutzes vor allem berücksichtigt bei der Gestaltung von Arbeitsprozessen, Arbeitsabläufen und/oder Produktionsprozessen, bei der Betriebsausstattung und bei der Arbeitsplatzgestaltung.

Als am weitesten verbreitete Organisationseinheit mit umweltschutzrelevanten Aufgaben wird naturgemäß der Betriebsbeauftragte für Umweltschutz genannt. Deutlich weniger genutzt werden Stabstellen, Projektteams oder Umweltausschüsse. Die weit verbreitete Identifikation des betrieblichen Umweltschutzes mit technischen Kategorien bewirkt, daß Umweltschutzinstitutionen bzw. mit Umweltschutzaufgaben betraute Institutionen primär dem technischen und weit weniger dem kaufmännischen Bereich zugeordnet werden. So gehört z. B. der Betriebsbeauftragte für Umweltschutz bei 91 Prozent der Unternehmen eher zum technischen und bei nur 4 Prozent eher zum kaufmännischen Bereich.

Die Betriebsbeauftragten für Umweltschutz nehmen wesentlich öfter Risikomanagements-, einschließlich Sicherheitsfunktionen, wahr als chancenorientierte Innovationsfunktionen. Über 91 Prozent der installierten Beauftragten stammen aus dem eigenen Unternehmen; 23 Prozent der Unternehmen rufen externe Berater in Umweltfragen zu Hilfe. In der Regel werden die Beauftragten für Umweltschutz zwar mit über das gesetzlich vorgeschriebene Maß hinausgehenden Kompetenzen ausgestattet, aber nur in 25,5 Prozent der Unternehmen verfügen sie über ein eigenes Budget. Einen Umweltbeauftragten auf Direktionsebene gibt es derzeit nur in wenigen Fällen, allerdings sind in 58,9 Prozent der Unternehmen die Beauftragten für Umweltschutz der Unternehmensleitung direkt unterstellt.

Die Kompetenzen der wichtigsten betrieblichen Umweltinstitutionen verteilen sich wie folgt:

Kompetenzen von Institutionen mit Umweltschutzaufgaben

Institutionen mit Umweltschutzaufgaben	Kompetenzen				
	Beratungsrechte	Initiativrechte	Vetorechte	Weisungsbefugnisse gegenüber der Linie	
Stabstellen	6,7 % (2)	36,7 % (11)	33,3 % (10)	23,3 % (7)	100 % (30)
Betriebsbeauftragte für Umweltschutz	8,8 % (5)	19,3 % (11)	35,1 % (20)	36,8 % (21)	100 % (57)
Environmental Circles	16,7 % (1)	50,0 % (3)	33,3 % (2)	0 % (0)	100 % (6)
Projektteams	22,7 % (5)	54,5 % (12)	9,1 % (2)	13,6 % (3)	100 % (22)
Umweltausschüsse/ -gremien	14,3 % (3)	52,4 % (11)	14,3 % (3)	19,0 % (4)	100 % (21)
Summe Kompetenzform	16 (11,8 %)	48 (35,3 %)	37 (27,2 %)	35 (25,7 %)	136 (100 %)

Bedenklich ist eine noch zu geringe Verbreitung betrieblicher Umweltinformationssysteme zur systematischen Erkennung der Quellen von Umweltbeeinträchtigungen. So verfügen 24,6 Prozent der erfaßten Unternehmen über Stofflisten, jeweils 14,4 Prozent über Material- und Stoff- sowie Energieflußrechnungen, 10,8 Prozent über betriebliche Emissionskataster und 3 Prozent über Ökobilanzen. Aussageschmälernd wirkt allerdings der Umstand, daß von 97 der antwortenden Unternehmen überhaupt nur 36 über ein solches Informationssystem verfügen.

76,3 Prozent der Befragten gaben an, daß durch die Integration von Umweltschutzfragen in das betriebliche Controlling ökologische Risiken rechtzeitig erkannt werden. 94,5 Prozent betonten, daß mittels Umwelt – Controlling Chancen durch Umweltschutzmaßnahmen frühzeitiger erkenn- und nutzbar sind.

Unternehmensbeispiele

1. Unter dem Namen „Umweltschutz und Arbeitssicherheit" wurden in der *Bayer AG* (U: 17,8 Mrd. DM, B: 63 753) ein Vorstandsausschuß sowie eine Zentralkommission gebildet. Bei Bayer arbei-

ten etwa 3 Prozent der Belegschaft in Umweltschutz- und Sicherheitsabteilungen. (Wirtschaftswoche, 09. 06. 1989) (BM)

2. Das Umwelt-Management-Team der *Elida Gibbs GmbH* (U 1991: 485,5 Mio. DM, B: 850), B.A.U.M.-Mitglied, – zusammengesetzt aus Abteilungsleitern der verschiedensten Bereiche – sammelt und bewertet alle Informationen aus dem Umweltschutzbereich und setzt diese in Maßnahmen um. Die notwendigen strategischen Entscheidungen werden von der Geschäftsführung getroffen. Ein hauptamtlicher Umwelt-Referent ist verantwortlich für Koordination und Durchsetzung der Strategie und Maßnahmen. Seine Befugnisse gehen bis hin zum Stoppen von Produktionsprozessen, falls dies notwendig sein sollte. (NM)
3. Die *IBM Deutschland GmbH* (U 1991: 14,8 Mrd. DM, B: 30 848), B.A.U.M.-Mitglied, hat mit dem Einsatz eines Umweltschutz-Bevollmächtigten und zweier „Umwelt- und Chemiekoordinatoren" eine Organisationseinheit geschaffen, der es obliegt, die zentralen Umweltfragen des Unternehmens zu koordinieren. Größere Projekt-Planungen werden mit Hilfe einer internen sogenannten EIA-Richtlinie (Environmental Impact Assessment) auf ihre Umweltverträglichkeit hin überprüft und müssen vom Umweltschutzbeauftragten freigegeben werden. Die Umweltschutzstrategie des Unternehmens konzentriert sich auf die Hauptgebiete Immissionsschutz, Gewässerschutz, Abfallbewirtschaftung, Lärmschutz und Energiewirtschaft. (BU)
4. Das Maschinenbauunternehmen *Körber AG* (U 1990: 1.500 Mio. DM, B: 6 800) hat ein betriebsinternes Entsorgungssystem eingerichtet. Dadurch sind die Kosten für die Entsorgung um geschätzte 40 Prozent geringer als ohne ein solches System. Der betriebseigene Entsorger hat ein Vetorecht bei der Materialbeschaffung. Es werden nur Stoffe eingekauft, die auch sicher zu beseitigen sind. Anfallende Rest- und Abfallstoffe werden in 75facher Sortierung gesammelt und entsorgt. (Stuttgarter Zeitung, 28. 01. 1989) (EM)
5. Die *Otto Versand GmbH & Co.* (U 1991/92: 20,1 Mrd. DM weltweit, B: 42 000), B.A.U.M.-Mitglied, hat die Umweltverantwortung zu einem ausdrücklichen Unternehmensziel erhoben. Dabei gilt das Prinzip: Jeder Mitarbeiter ist umweltverantwortlich. Die bereichsübergreifende Koordination aller Umweltschutzmaßnahmen übernimmt die Umweltkoordinationsabteilung. Sie knüpft Kontakte zu externen Fachleuten, leitet die problembezogen ar-

beitenden Umweltarbeitsgruppen, vertritt die Entscheidungen gegenüber der Öffentlichkeit und sorgt für die Motivation der Mitarbeiter. Zur Verstärkung und Multiplikation des Umweltschutzgedankens in den einzelnen Bereichen des Hauses wurde in jeder Hauptabteilung ein verantwortlicher Ansprechpartner der Umweltkoordinationsabteilung benannt. Dieses sogenannte „Umweltnetzwerk" wird mit speziellen Informationen versorgt und nimmt an einem besonderen Fortbildungsprogramm teil. (NM)

6. Die *Schülke & Mayr GmbH* (U 1991: 180 Mio. DM, B: ca. 550), B.A.U.M.-Mitglied, hat den Umweltschutz in zweierlei Hinsicht im Unternehmen institutionalisiert. Zum einen berichtet der Leiter der Stabstelle „Arbeitssicherheit und Umweltschutz" der Geschäftsführung über ökologische Belange. Zum anderen wurde eine Arbeitsgruppe „Ökologie" eingerichtet, deren Mitglieder aus sämtlichen Bereichen des Unternehmens stammen. Dadurch soll gewährleistet werden, daß Umweltschutzaspekte bei allen Projekten des Unternehmens berücksichtigt werden. (BU)
7. In der *Sony Deutschland GmbH* (U 1991: ca. 2 Mrd. DM, B: 1200), B.A.U.M.-Mitglied, wurde wie auch in der Muttergesellschaft in Tokio und auf europäischer Ebene eine Umweltarbeitsgruppe eingesetzt, deren Koordination ein hauptamtlicher Projektmanager Umwelt übernommen hat. Zu den Umweltschutzaktivitäten des Unternehmens zählen unter anderem Maßnahmen im Bereich der Abfallwirtschaft, das interne Recycling von Elektronik-Schrott und der Einsatz von wiederverwertbaren Verpackungen. (BU)
8. Der *Verband der Chemischen Industrie e. V. (VCI)* in Frankfurt am Main, Kennedyallee 93, unterhält seit vier Jahren eine eigene Chemie-Umweltberatungsgesellschaft (CUB). Aufgabe der CUB ist es, kleine und mittelständische Mitgliedsfirmen des VCI in Fragen des Umwelt- und Gesundheitsschutzes sowie der Arbeitssicherheit und der technischen Sicherheit zu beraten. Die Leistungen der Berater, zu denen Ingenieure, Chemiker und Juristen zählen, sind unentgeltlich. (FAZ, 14.02.1990) (EM)

Nr. 7 Check-Liste Mitarbeitermotivation und -ausbildung

In den Mitarbeitern liegt die entscheidende Kraft des Unternehmens. Das Wohlwollen der Mitarbeiter muß durch gerechtes und humanes Handeln gewonnen und erhalten werden. Die Einsatzbereitschaft ist zu fördern und der Kreativität Entfaltungsraum zu geben.

Soll ein Unternehmen mit eingefahrenen Organisationsformen und Abläufen auf den Kurs umweltorientierter Unternehmensführung gebracht werden, so bedeuten dessen Mitarbeiter das größte Risiko, aber auch die größte Chance für das Gelingen.

Können die Mitarbeiter nicht überzeugt werden, so scheitert das Projekt trotz bester sachlicher Vorbereitung. Sind jedoch die Mitarbeiter erst einmal für den Gedanken umweltorientierter Unternehmensführung gewonnen, so wird das Projekt annähernd von selbst zum Erfolg.

Motivation und Ausbildung sollten darauf abzielen, das Bewußtsein für Umweltqualität stets Hand in Hand mit dem traditionellen Qualitätsbewußtsein zu entwickeln, d.h. mit dem inneren Engagement für Qualitätsarbeit und Qualitätsprodukte.

Qualitätsleistungen im betrieblichen Umweltschutz kann ein Unternehmen dauerhaft nur erbringen, wenn es seine Wettbewerbsfähigkeit auf dem Markt durch Qualitätsleistungen im traditionellen Sinne laufend absichert.

Ein Mitarbeiter, der sein Handwerk nicht versteht, kann es auch nicht umweltbewußt ausüben. Was nützt etwa dem Einkäufer die Kenntnis umweltschonender Alternativrohstoffe, wenn er diese mangels ausreichender Verhandlungstechnik nicht zu wettbewerbsfähigen Preisen beschaffen kann?

Bei der Wahl der Ausbilder ist deshalb darauf zu achten, daß diese neben ihrem Umweltschutzwissen fachliche Autorität besitzen. Das Umweltschutzwissen der Ausbilder soll über das traditionelle Fachwissen hinausgehen, nicht an dessen Stelle treten.

Ein Ausbilder ohne fachliche Autorität im klassischen Sinne wäre auch für den Umweltschutz ein schlechter Botschafter. Nur wer von seinen Mitarbeitern als Könner im traditionellen Sinne anerkannt wird, findet Gehör, wenn er an deren Arbeit zum Zwecke des Umweltschutzes zusätzliche Anforderungen stellt.

Je mehr Sachkompetenz die Mitarbeiter der klassischen Funktionsbereiche haben, desto besser werden die im Umweltbereich tätigen Mitarbeiter ihre Aufgabe erfüllen.

Denn erstens beruhen gute Lösungen im Bereich des Umweltschutzes oft auf interdisziplinärer Teamarbeit. Beispielsweise muß der Umwelttechniker gemeinsam mit dem Verfahrensingenieur versuchen, den Fertigungsablauf so umzugestalten, daß Schadstoffe recycliert werden.

Zweitens sagt die Erfahrung, daß ein hohes Anspruchsniveau in den verschiedenen Funktionsbereichen des Unternehmens, z. B. in der Technik und der Forschung und Entwicklung, auf das Anspruchsniveau im Umweltschutz, insbesondere im technischen Umweltschutz, oftmals abfärbt. Qualitätsbewußtsein „steckt an".

Erbringt ein Unternehmen in einem Teilbereich Spitzenleistungen, so erfüllt der Geist qualitätsbewußter Kreativität meist auch andere Bereiche des Unternehmens. In diesem Sinne gilt für das Unternehmen der Satz: „Qualitätsbewußtsein ist unteilbar".

Wenn Motivation und Ausbildung gleichzeitig auf Produktqualität und Umweltqualität ausgerichtet sein sollen, so erscheinen – im Hinblick auf Wettbewerbskampf und Zeitmangel – die Ziele unerreichbar hoch gesteckt. In der Tat wird sich vieles erst dann verwirklichen lassen, wenn die Umweltprobleme und das Umweltbewußtsein in unserer Gesellschaft noch weiter zugenommen haben. Aber wer sich keine anspruchsvollen Ziele steckt, verfehlt deshalb oft die erreichbaren.

Umweltorientierte Unternehmensführung wird begünstigt durch einen kooperativen Führungsstil. Eine Einführung des Umweltgedankens „von oben herab", ohne innere Beteiligung der Mitarbeiter wäre nicht nur ineffektiv, sondern würde auch den humanen Gehalt des Gedankens von vornherein verfälschen.

Wo humane Denk- und Verhaltensmodelle eingeführt werden sollen, muß auch in einer einfühlsamen, den Menschen achtenden Weise vorgegangen werden. Es gilt, die erforderliche Zielstrebigkeit und Dynamik verantwortungsbewußt abzufedern.

Die Motivation und Ausbildung jugendlicher Mitarbeiter verdient besondere Aufmerksamkeit. Es muß darauf hingearbeitet werden, daß jeder Jahrgang die Lehre mit guten Noten – und zwar auch hinsichtlich der Umweltschutzkomponenten seines Faches – beendet.

Der größte Teil der jungen Mitarbeiter wird nach Abschluß der Lehre bereit sein, dem Lehrbetrieb, unter anderem wegen dessen Umweltbewußtsein, weiterhin die Treue zu halten. Müssen ältere Mitarbeiter ersetzt werden oder expandiert das Unternehmen, so können die jungen Mitarbeiter übernommen werden.

Auf diese Weise nimmt der Anteil an Mitarbeitern, deren fachliche Qualifikation die Umweltthematik einschließt, von Jahr zu Jahr zu, bis er im Unternehmen dominiert. Das ist ein langer und mühsamer, aber besonders sicherer Weg für die Verwirklichung eines Integrierten Systems umweltorientierter Unternehmensführung.

Umweltorientierte Motivation und Ausbildung aller Mitarbeiter bleibt unglaubhaft, solange das Unternehmen nicht in den meisten wichtigen Funktionsbereichen, besonders auch bei Fertigungstechnik und Entsorgung, sichtbare Anstrengungen unternimmt, die Umweltbelastungen zu verringern. Für jugendliche Mitarbeiter, aber auch für ältere Mitarbeiter, soweit sie nicht in der Tagesroutine erstarrt sind, sondern sich die Sensibilität für die Frage nach dem Sinn ihrer Arbeit bewahrt haben, gilt folgende Überlegung.

Häufig wird unserer Jugend vorgeworfen, ihr mangele es an den klassischen Tugenden wie Fleiß, Präzision, Zuverlässigkeit, Umsicht, Beherrschtheit, Selbstdisziplin, Überlegtheit und Qualitätsbewußtsein. Dieser Vorwurf ist jedoch unberechtigt. Im Gegenteil fällt auf, mit welchem Fleiß ein Großteil der Jugend ökologisches Grundwissen erwirbt. Präzise werden Schadstoffe gemessen. Zuverlässig werden Tiere gepflegt und umsichtig Feuchtbiotope betreut. Mit Beherrschtheit werden Wildtiere beobachtet und mit Selbstdiziplin Abfälle getrennt und fortgeschafft. Überlegtheit und Qualitätsbewußtsein bestimmen den Einkauf umweltschonender Gebrauchsgüter und schadstoffarmer Nahrungsmittel.

Die klassischen Tugenden sind noch da, aber nicht immer dort, wo der schulmäßige Unternehmensleiter sie haben will. Warum – so fragt sich ein Großteil der Jugend – soll ich fleißig sein? Damit die Abwässer noch schmutziger und die Badestrände am Meer noch ungenießbarer werden? Warum soll ich mit Selbstdisziplin jeden Morgen pünktlich zur Arbeit erscheinen, wenn der Müll, der durch meine Arbeit mitverursacht wird, jährlich stärker mein Trinkwasser bedroht? Warum soll ich auf die Qualität meiner Arbeit achten, wenn ich dadurch eine Fabrik fördere, deren unzulänglich gefilterte Rauchgase die Qualität der Luft und meine Gesundheit verschlechtern?

Wenn die klassischen Tugenden bei der beruflichen Arbeit seltener als früher zu finden sein sollten, dann vor allem deshalb, weil der Sinn der Arbeit vielfach kaum noch erkennbar ist. Als sinnvoll wird Arbeit dann empfunden, wenn sie nicht nur Geld einbringt, sondern wenn darüber hinaus ihr primäres Ergebnis erkennbar die Wohlfahrt des Staates und seiner Bürger erhöht. Das aber kann nur dann der Fall sein, wenn das Arbeitsergebnis nicht mit verseuchtem Grundwasser, verschmutzten Flüssen, vergifteter Luft, erkrankten Wäldern, aussterbenden Tier- und Pflanzenarten und verschlechterter Gesundheit erkauft wird.

Ein güterproduzierendes Unternehmen, dem es gelingt, mit umweltschonenden Produktionsverfahren umweltgerechte Produkte herzustellen, erspart vielen der dort arbeitenden Menschen den Gewissenskonflikt, „davon zu leben, daß Leben vernichtet wird". Erst derjenige kann sich mit „Leib und Seele" für die Arbeit engagieren, der sicher ist, daß er durch seine Arbeit nicht die Natur zerstört, auf die „Leib und Seele" angewiesen sind. Im umweltorientierten Unternehmen gewinnt Arbeit ihren alten Sinn, die rechtverstandene Wohlfahrt der Bürger zu erhöhen, zurück. Ein Unternehmen, das Sinn gibt, darf Leistung fordern und wird sie von seinen wohlmotivierten Mitarbeitern auch erhalten.

Es wäre ein Irrtum, zu glauben, das Integrierte System umweltorientierter Unternehmensführung würde im Betrieb die klassischen Arbeitstugenden aushöhlen. Das Gegenteil ist richtig. Durch den wieder erkennbar gewordenen Sinn der Arbeit werden die klassischen Arbeitstugenden neu gestärkt, und zwar sowohl bei den betrieblichen Umweltaktivitäten als auch bei den klassischen betrieblichen Aufgaben. Mit der gleichen Präzision werden Schadstoffe gemessen, aber auch Werkzeuge hergestellt. Mit der gleichen Umsicht werden Abfälle entsorgt, aber auch zerbrechliche Produkte des Unternehmens für den Verkauf verladen.

Wir müssen einen angemessenen Lebensstandard für die Bevölkerung sichern, aber unter Wahrung der natürlichen Grundlagen allen Lebens. Deshalb müssen wir für Umweltverträglichkeit der Produktionsverfahren und Produkte der Unternehmen Sorge tragen. Die angestammte Arbeit gewinnt durch gleichzeitigen Schutz der Umwelt vor ihren negativen Nebenwirkungen eine zusätzliche Legitimation. Durch umweltbewußte Unternehmensführung verschaffen wir unseren Mitarbeitern und uns selbst das existentielle Erlebnis wahrhaft sinnvoller Arbeit.

Konzept für Motivation und Ausbildung entwerfen

1. Klären, wer motiviert und ausgebildet werden soll:
   - Mitglieder des Führungsteams (z. B. Geschäftsleitung, Geschäftsführung, Vorstand),
   - Mitglieder der mittleren Führungsebene (z. B. Hauptabteilungsleiter, Abteilungsleiter),
   - weitere Angestellte,
   - Gewerbliche,
   - Auszubildende,

- Mitarbeiter von Dienstleistungsbetrieben, die häufig oder laufend im Unternehmen arbeiten (z. B. Maler, Klempner, Installateure sowie Personal von Reinigungs- oder Entsorgungsunternehmen), soweit nicht von vornherein stark umweltorientierte Dienstleistungsbetriebe ausgesucht werden, was die zweckmäßigere Lösung ist,
- ehemalige Mitarbeiter des Unternehmens (z. B. Rentner, Pensionäre) – in eingeschränktem Umfange (z. B. durch Umweltberater für Haushalte),
- Angehörige von Mitarbeitern – in eingeschränktem Umfange (z. B. durch Umweltberater für Haushalte).

2. Klären, zu welchem Zweck motiviert und ausgebildet werden soll: Erlangung der Bereitschaft und Fähigkeit,
   - sich mit Fleiß und Kreativität für die Erreichung der betrieblichen Umweltziele einzusetzen, sich am Arbeitsplatz umweltorientiert zu verhalten und gleichzeitig den klassisch-fachlichen Aufgaben (z. B. Schleifen, Drehen, Messen) voll gerecht zu werden,
   - sich auf dem Weg zur Arbeit, im Haushalt und bei allen Freizeitbeschäftigungen umweltorientiert zu verhalten,
   - als Staatsbürger (auf Kommunal-, Landes- oder Bundesebene) durch Beteiligung an Wahlen und Bürgerinitiativen Verantwortung für die Umwelt und eine qualitäts- und umweltbewußte Wirtschaft wahrzunehmen,
   - am Arbeitsplatz, in der Familie, im Sportverein oder in sonstigen privaten Gemeinschaften dafür zu werben, daß Umweltbewußtsein gleichrangig neben dem klassisch-fachlichen Qualitätsbewußtsein stehen muß.
3. Klären, mit welchem Ziel motiviert und ausgebildet werden soll; Gewinnung des „ganzen Menschen" für den Umweltgedanken durch Ausrichtung von Motivation und Ausbildung auf das
   - Fühlen: Stärkung der gefühlsmäßigen Bindung an Natur und Heimat (Natur- und Heimatliebe),
   - Denken: Einübung in vernetztes Denken (z. B. Vogelsterben bedeutet Insektenplage, bedeutet Pestizideinsatz, bedeutet Grundwassergefährdung, wobei jedes Glied der Ursachenkette weitere Ursachenketten auslöst, die in mannigfacher Weise aufeinander zurückwirken),
   - Verantwortung empfinden: Verdeutlichung der Verantwortung gegenüber der eigenen Gesundheit, gegenüber den Mit-

menschen, Pflanzen und Tieren und gegenüber zukünftigen Generationen und ihrer belebten Umwelt,
- Urteilen: Schulung der Fähigkeit, umweltbezogene Informationen auszuwählen, zu werten und zu verwerten, um aus der Verantwortung heraus eine gezielte Entscheidung treffen zu können,
- Handeln: Ermutigung des Antriebs, die eigene Entscheidung in konkretes Handeln zum Nutzen der Umwelt und des Menschen umzusetzen.

Gleichzeitige Entwicklung des Fühlens, Denkens, Verantwortungsempfindens, Urteilsvermögens und Handlungswillens in Richtung auf Qualitätsarbeit und Qualitätsprodukte im klassisch-fachlichen Sinne.

4. Klären, welche Inhalte durch Motivation und Ausbildung vermittelt werden sollen:
- die Biosphäre als vernetztes System und natürliche Grundlage, d. h. Seinsvoraussetzung allen Lebens,
- die Gefährdung des biologischen Gleichgewichts und damit des Menschen durch Schädigung von Wasser, Boden, Luft, Tier- und Pflanzenwelt,
- Die Möglichkeiten, welche für Industrie und Handwerk, Energieerzeugung, Landwirtschaft und Privathaushalte bestehen, Umweltschäden zu beseitigen oder zu vermeiden, und in diesem Zusammenhang
  - die Funktionsweise des Integrierten Systems umweltorientierter Unternehmensführung,
  - die Umweltentlastung, die im Falle einer Übernahme des Systems durch alle Wirtschaftsunternehmen eintreten würde,
  - die Erkenntnis, daß umweltorientierte Unternehmensführung dauerhaft nur von solchen Unternehmen praktiziert und propagiert werden kann, die durch preislich marktgerechte Qualitätsprodukte bzw. Qualitätsleistungen im klassisch-fachlichen Sinne ihre Wettbewerbsfähigkeit behaupten,
- die konkreten Möglichkeiten für den einzelnen, Umweltschäden zu vermeiden oder zu beseitigen oder sich in anderer Weise direkt oder indirekt für die Umwelt zu engagieren, nämlich
  - als Firmenmitarbeiter (z. B. durch Präzisionsmessungen bei

der Ermittlung von Umweltgiften am Arbeitsplatz, aber auch durch hochgenaues Kalibrieren von Werkstücken, weil Qualitätsarbeit und Qualitätsprodukte im klassisch-fachlichen Sinne zur Absicherung der Wettbewerbsfähigkeit des Unternehmens und damit seiner überdurchschnittlichen Umweltaktivitäten beitragen),

- als Privatperson (z. B. durch Einsparung von Energie, Wasser und Chemikalien im Haushalt),
- als Staatsbürger (z. B. durch Beteiligung an einer kommunalen Sondermüll-Sammel-Aktion),
- als Multiplikator durch Wort und Vorbild (z. B. im Bürgerverein, in der Kirchengemeinde, in Sportclubs, auf Campingplätzen und in Reisegesellschaften).

5. Klären, mit welcher Methode motiviert und ausgebildet werden soll:
   – Abstufung des Überzeugungsprozesses. Praktisch bewährt haben sich die folgenden Stufenschritte:
     - Weckung der Neugier und des Interesses der Mitarbeiter für Umweltfragen (z. B. durch Aushängung einer Zeitungsnotiz über einen kommunalen Umweltskandal, der die Mitarbeiter persönlich angeht, am Schwarzen Brett für die Geschäftsleitungsmitteilungen; Ausstellung eines Abgaskatalysators mit Beschreibung in einer Schauvitrine; Aufstellung einer Wassertonne mit der Aufschrift: „Soviel Wasser verschwendest du im Zeitraum x durch falsche Toilettenspülung“),
     - allmähliche Anhebung des betrieblichen Informationspegels in bezug auf Umweltfragen (z. B. durch Anbringung eines besonderen „Schwarzen Brettes“ mit der Aufschrift „Umweltinformationen“ für laufend aktualisierte Mitteilungen über betrieblichen und außerbetrieblichen Umweltschutz),
     - bewußte Überzeugungsarbeit zur Entwicklung eines Umweltbewußtseins, das die Probleme erkennt und zu konkreten Lösungsbeiträgen drängt (z. B. durch Erläuterungen des Försters zum Baumsterben bei einem Bildungsausflug der Auszubildenden),
     - praktische Ermunterung und Anleitung zu umweltschonendem Verhalten am Arbeitsplatz, im Haushalt und bei Freizeitbeschäftigungen (z. B. durch Einrichtung einer betrieblichen Sammelstelle für private Altbatterien oder durch

Finanzierung von Umweltberatern, die auf Anforderung durch Mitarbeiter deren Haushalt besuchen).

– Bestmögliche Ausschöpfung der Lernkapazität. Nach einer didaktischen Faustregel behält der Mensch:
  - 10 Prozent von dem, was er liest (z. B. Umweltrubrik in der Betriebszeitung),
  - 20 Prozent von dem, was er hört (z. B. Umweltschutz-Kassette aus der betriebseigenen Audiothek),
  - 30 Prozent von dem, was er sieht (z. B. Benutzung von Umweltfarben durch Betriebshandwerker),
  - 50 Prozent von dem, was er hört und sieht (z. B. Vortrag mit Demonstration auf einem Umweltseminar für Auszubildende),
  - 70 Prozent von dem, was er selbst sagt (z. B. eigene mündliche Darstellung eines Umweltproblems in der Sitzung des interdisziplinären Umweltausschusses),
  - 90 Prozent von dem, was er selbst tut (z. B. sparsames Füllen des Waschmaschinen-Meßbechers mit Waschmittel nach Anleitung durch den Umweltberater für Haushalte).

– Einstellung auf typische Bedürfnislagen. Nach der Alltagserfahrung besonders ansprechbar sind:
  - das Bedürfnis nach materiellem Verdienst als Grundlage der Lebenshaltung und Schlüssel zur Erfüllung mannigfaltiger Bedürfnisse (z. B. durch Prämien für die Erreichung betrieblicher Umweltziele oder für umweltrelevante Verbesserungsvorschläge),
  - das Bedürfnis nach Sicherheit (z. B. durch Informationen über Nahrungsmittelgifte oder über die Wichtigkeit von Schutzkleidung am Arbeitsplatz),
  - das Bedürfnis nach Zugehörigkeit (z. B. durch Favorisierung von Lehrveranstaltungen gemeinschaftsbildenden Charakters – etwa mehrtägige Umwelt-Seminare für Auszubildende),
  - das Bedürfnis nach Achtung (z. B. durch Dank, Lob, Anerkennung oder Verleihung einer Ehrennadel für vorbildlich umweltorientiertes Verhalten),
  - das Bedürfnis nach Selbstverwirklichung (z. B. durch Mitwirkung des Mitarbeiters an der Festlegung der betrieblichen Umweltziele).

– Beachtung der genannten methodischen Faustregeln (über Abstufung des Überzeugungsprozesses, bestmögliche Ausschöpfung der Lernkapazität und Einstellung auf typische Bedürfnislagen) auch bei der Vermittlung von allgemeinem und betrieblichem klassisch-fachlichen Qualitätsbewußtsein, das vom Umweltbewußtsein niemals verdrängt oder überlagert werden darf, sondern ihm als komplementäres Bewußtseinselement die Waage halten soll.

6. Klären, durch wen motiviert und ausgebildet werden soll. Je nach Art und Ausrichtung der Motivations- bzw. Bildungsveranstaltung kommen in Betracht
   - der Umweltbeauftragte des Unternehmens, der auf Direktionsebene die Verantwortung für Umweltfragen trägt,
   - der Betriebsbeauftragte für Umweltschutz (z. B. der Gewässerschutzbeauftragte, der Immissionsschutzbeauftragte, der Betriebsbeauftragte für den Abfall), der für bestimmte Unternehmen gesetzlich vorgeschrieben und auf technischer Ebene für die Verminderung von Umweltbelastungen zuständig ist,
   - Vertreter von Behörden, die den Vollzug der Umweltschutzgesetze und -auflagen zu überwachen haben,
   - Wissenschaftler (z. B. umweltorientierte Ärzte, Chemiker, Physiker, Ökotrophologen sowie Ökologen),
   - Umweltberater für Haushalte und Kommunen, welche die Ausbildungsanforderungen der Aktionsgemeinschaft Umwelt, Gesundheit, Ernährung e. V. (A.U.G.E.) erfüllen,
   - speziell ausgebildete Lehrer der Berufsschule,
   - Repräsentanten von Verbraucher-Verbänden,
   - Vertreter von Entsorgungsunternehmen, von Herstellern umwelttechnischer Produkte oder von Unternehmen, die vorbildliche Emissionsminderungstechnik anwenden,
   - Handwerker, die ihren Beruf – z. T. unter Rückkehr zu überlieferten, altbewährten Methoden – in umweltschonender Weise ausüben und zu praktischen Demonstrationen in der Lage sind,
   - Erfinder umwelttechnischer Lösungen,
   - fachkundige Journalisten,
   - Vertreter von ökologischen Bürgerinitiativen oder studentischen Arbeitsgemeinschaften mit ökologischer Ausrichtung,
   - Personen, die als „Umweltopfer“ aus eigener Erfahrung berichten können, wie ihre Gesundheit oder ihr Eigentum durch Umweltbelastungen geschädigt wurde,

- Prominente (Identifikationsfiguren), die sich zu umweltbewußtem Verhalten bekennen und dadurch andere Menschen zur Nachahmung anregen.

7. Klären, mit welchen Mitteln motiviert und ausgebildet werden soll. In Betracht kommen:
   - Verbreitung von Informationen,
   - Nutzung von Geselligkeiten,
   - Einräumung von Mitwirkungsbefugnissen,
   - Einführung von Anreizsystemen,
   - Verschaffung von Anerkennung,
   - Vermeidung bzw. Ausräumung von Demotivation,
   - Förderung solidarischer Umweltprojekte,
   - Erweiterung der Lehrlingsausbildung,
   - Ergänzung der Erwachsenenaus- und -weiterbildung.

Maßnahmen für Motivation und Ausbildung ergreifen

8. Informationen verbreiten.
   - Umweltrelevante Artikel aus der Tagespresse unter die Mitarbeiter verteilen oder aushängen.
   - Bevorstehende Presse-, Funk- oder Fernsehberichte über die Umweltaktivitäten des Unternehmens den Mitarbeitern rechtzeitig ankündigen.
   - In der Betriebszeitung eine Umweltrubrik schaffen.
   - Eine Sondernummer der Betriebszeitung zum Thema „Umwelt" veröffentlichen.
   - Zum Thema „Freizeitgestaltung" eine weitere Sondernummer der Betriebszeitung herausbringen, in der Mitarbeiter über naturnahe Freizeitbeschäftigungen berichten (z. B. biologischen Schrebergarten, Aktionen für den Vogelschutz, Radwandern, Biotopschutz), wodurch andere Mitarbeiter zur Nachahmung angeregt werden.
   - In unregelmäßiger Folge in der Betriebszeitung gut bebilderte Artikel bringen mit Themen wie: „So kam ich vom Rauchen los", „Ich ließ mein Auto zu Hause", „Radeln hält dich jung".
   - Mit Hilfe der Betriebszeitung umweltbezogene Preisausschreiben durchführen, z. B. unter den Themen: „Mein schönstes Naturfoto", „Bäume und Wälder – ein Zeichen- und Malwettbewerb für alle Mitarbeiter", „Mitarbeiterkinder malen Tierbabies".

- Als Prämien umweltbezogene Preise – z. B. eine einwöchige Reise in ein waldreiches Naturschutzgebiet – vorsehen.
- Die prämierten Einsendungen in der Betriebszeitung veröffentlichen und unter Umständen vergrößern und als Wandschmuck in den Betriebsräumen verwenden.
- Im Falle einer internationalen Gruppe die ausländischen Gesellschaften in den Wettbewerb einbeziehen, da dies nicht nur zu reizvollem Motivaustausch führt, sondern auch zum „inneren" Zusammenwachsen der Gruppenglieder und zur grenzüberschreitenden Verbreitung des Umweltkonzeptes beiträgt.
- Aktuelle innerbetriebliche oder außerbetriebliche Umweltinformationen am „Schwarzen Brett" für offizielle Betriebsmitteilungen aushängen.
- Neben den „Schwarzen Brettern" für Geschäftsleitungs- bzw. Betriebsratsmitteilungen ein besonderes „Schwarzes Brett" für „Umweltinformationen" schaffen, nicht zuletzt, um augenfällig zu machen, daß ein „Drittes Element" die betrieblichen Belange und die Arbeitsbeziehungen berührt.
- Umweltrelevante Druckschriften verteilen, z. B. solche des Umweltbundesamtes, des Bundesministeriums für Jugend, Familie, Frauen und Gesundheit, der Aktionsgemeinschaft Umwelt, Gesundheit, Ernährung e. V. (A.U.G.E.) und der Verbraucherverbände.
- Eine betriebseigene Umwelt-Bibliothek (Bücher, Schautafeln, Umweltspiele), Umwelt-Audiothek (Kassetten, Schallplatten) bzw. Umwelt-Videothek (Dias, Video und Schmalspurfilme) für die Mitarbeiter einrichten.
- Einen elektrischen „Fließschriftkasten" mit wöchentlich neuen Umwelttips (z. B. „Unseren Altpapier-Container nicht vergessen") in der Kantine anbringen.
- Zu Weihnachten den Abteilungen dekorative und informative Schautafeln mit Vögeln, Pflanzen, Schmetterlingen usw. als Wandschmuck schenken.
- Die Teilnehmer regulärer Versammlungen (z. B. Betriebsversammlung, Informationsrunde für Leitende) und Sitzungen (z. B. Wirtschaftsausschuß, Betriebsratssitzung, Meisterrunde) kurzgefaßt über Erfolge bzw. noch ungenügende Fortschritte des betrieblichen Umweltschutzes informieren.

9. Geselligkeiten nutzen.
   - In Weihnachts- oder Neujahrsansprache Umweltthema berühren.
   - Vor Weihnachten in den Abteilungen ein „Umweltquiz" veranstalten mit Vogelhäuschen, Blumenzwiebeln, Wildblumensamen und dergleichen als Preisen.
   - Bei Betriebsausflügen interessant aufgemachte Verbraucherberatungs-Shows durchführen.
   - Bei Betriebsfesten eine „Umwelt-Tombola" veranstalten, mit einem Fahrrad als Hauptgewinn.
   - Bei verschiedensten Anlässen Umweltbücher, -kassetten, -videofilme oder Naturzeitschriften-Abonnements verlosen.
   - Einen betrieblichen Fahrradausflug oder eine Fahrradsternfahrt organisieren, weil auf diese Weise viele Mitarbeiter das Fahrrad wiederentdecken.
   - Bei einem „Tag der offenen Tür" Umweltschutz-Einrichtungen des Unternehmens den Angehörigen der Mitarbeiter oder einer breiteren Öffentlichkeit vorstellen.
   - Auf einem Fest für Mitarbeiter-Kinder Umweltberater für Haushalte oder Vertreter von Verbraucher-Verbänden gutes Kinderspielzeug (z. B. handgeschnitzte Kasperpuppen) vorführen lassen und gesunde „Knusperwaren" (im Gegensatz zu Gummibärchen und vergleichbaren Süßigkeiten) anbieten, um den Eltern Spiel- und Nahrungsalternativen greifbar vor Augen zu führen.
   - Bei Kinderfesten, Tagen der offenen Tür und ähnlichen Veranstaltungen stets prüfen, ob hinausgehend über die Mitarbeiter und ihre Familien auch die Familien aus der Nachbarschaft des Unternehmens mit eingeladen werden können – was nicht nur der Verbreitung des Umweltgedankens dient, sondern auch – besonders in einer kleinstädtischen Umgebung – das Ansehen des Unternehmens in der Öffentlichkeit sehr günstig beeinflußt.
   - Sich klarmachen, daß gesellige Veranstaltungen, welche Mitarbeiter-Familien und Familien aus der Nachbarschaft des Unternehmens unter dem Thema „Umweltschutz" zusammenführen, nicht nur preiswerter, sondern auch öffentlichkeitswirksamer sind als große Public-Relations-Anzeigen – zumal bei origineller Konzeption der Veranstaltung die Presse sogar im redaktionellen Teil berichtet.

– Auf Rentnertreffen (mit Kaffee und schmackhaften Biohäppchen) Umweltberater zu Worte kommen lassen, weil die Rentner stark daran interessiert sind, durch umweltbewußtes Handeln im Haushalt Geld einzusparen, und weil sie in ihrer ausgedehnten Freizeit gut zur Verbreitung des Umweltgedankens beitragen können.

10. Mitwirkungsbefugnisse einräumen.
   – Als leitender Mitarbeiter Sorge tragen, daß vor Beginn des Geschäftsjahres jeder unterstellte und sachlich in Betracht kommende Mitarbeiter einen Katalog von Umweltzielen vorbereitet, die er im Laufe des Jahres erreichen will und deren Verwirklichung weitgehend von ihm selbst und den ihm unterstellten Mitarbeitern abhängt.
   – Diesen Zielkatalog mit dem Mitarbeiter besprechen und dahingehend überprüfen, ob er mit dem Unternehmensleitbild, den Unternehmenszielen und den Zielen für den jeweiligen Unternehmensbereich (z. B. Verkauf, Technik, Materialwirtschaft, Personal, Finanzen) übereinstimmt.
   – Darauf hinwirken, daß der Mitarbeiter die in seinem Zielkatalog enthaltenen Umwelt-Ziele (ebenso wie die anderen Ziele) selbst quantifiziert, z. B. „Bei gleicher Produktionsausbringung Verminderung des Energie- und Wasserverbrauchs um x Prozent; Erhöhung des Anteils recyclierter Vorprodukte am Gesamteinkaufsvolumen um y Prozent".
   – Den Mitarbeiter anhalten, nach möglichen kostenmindernden Umweltschutzmaßnahmen in seinem Verantwortungsbereich zu fahnden (siehe die mit Sternchen gekennzeichneten Maßnahmen in den Check-Listen) und im Erfolgsfalle ein Lob nicht vergessen.
   – Den Mitarbeiter dazu auffordern, bei der Aufstellung seines Zielkataloges die seinen Bereich betreffenden Umwelt-Check-Listen systematisch zu berücksichtigen.
   – Sicherstellen, daß die ökonomischen Ziele mit der gleichen Gründlichkeit wie die ökologischen erarbeitet werden und daß der Mitarbeiter zur Erreichung aller Ziele in gleichem Maße motiviert ist.
   – Sich mit dem Mitarbeiter über eine verbindliche Endfassung des Kataloges einigen und ihn in der Überzeugung bestärken, daß im wesentlichen er selbst sich seine Ziele vorgegeben hat.
   – Periodisch (z. B. vierteljährlich) mit dem Mitarbeiter vertrau-

ensvolle Gespräche führen, in denen über den Fortschritt bei der Erfüllung der ökonomischen und ökologischen Ziele diskutiert, die Beseitigung von Schwierigkeiten eingeleitet und notfalls eine Zieländerung vorgenommen wird.

- Dem Mitarbeiter das deutliche Bewußtsein geben, daß am Jahresende durch das Controlling (jetzt gleichzeitig ein „Öko-Controlling") geprüft wird, ob der Mitarbeiter die gemeinsam mit ihm aufgestellten und von ihm akzeptierten ökonomischen und ökologischen Ziele erreicht hat und wenn nicht, welche Ursachen dafür verantwortlich sind.
- Bei der Führung des Mitarbeiters das Gewicht auf die Ergebniskontrolle legen und an die Stelle der Ablaufkontrolle durch den Vorgesetzten die Selbstkontrolle des Mitarbeiters treten lassen, der auf diese Weise mehr Eigeninitiative und Arbeitsfreude entwickelt.

11. Anreizsysteme einführen.
    - Durch Bonus oder Erfolgsprämie Anreiz zur Erreichung oder Überschreitung nicht nur der ökonomischen, sondern auch der ökologischen Ziele geben.
    - Unter Umständen eine Formel entwickeln, nach der sich der Bonus für die Erreichung des ökonomischen Zieles vermindert, wenn nicht gleichzeitig das ökologische Ziel erreicht wurde.
    - Sorge tragen, daß die etwaige Bonusformel es nicht zuläßt, Untersoll auf der ökologischen Seite durch Übersoll auf der ökonomischen Seite oder ökonomisches Untersoll durch ökologisches Übersoll zu kompensieren.
    - Soweit noch nicht geschehen, ein betriebliches Verbesserungs-Vorschlagswesen schaffen, das den Mitarbeiter an den durch seinen Vorschlag ermöglichten Einsparungen finanziell beteiligt.
    - In der Satzung des betrieblichen Verbesserungs-Vorschlagswesens verankern, daß kostensparende Verbesserungsvorschläge mit einem höheren Prämiensatz vergütet werden als üblich, wenn sie gleichzeitig der Energie-, Wasser- oder Rohstoffeinsparung dienen oder in anderer Weise dem Umweltschutz zugute kommen.
    - Durch Aufhängung besonderer Briefkästen mit der Aufschrift „Umwelt-Tips" die Mitarbeiter animieren, auch solche Umweltschutz-Vorschläge zu machen, die nicht zu Kosteneinspa-

rungen führen und deshalb im Rahmen des Verbesserungs-Vorschlagswesens in der Regel nicht prämiert werden.

- Einreicher derartiger „Umwelt-Tips“ mit Dank, Lob, ehrender Erwähnung in der Betriebszeitung oder – im Falle besonders guter oder sich häufender Anregungen – mit einer Ehrennadel bedenken.
- „Umwelt-Tips“, die sich entgegen den Erwartungen des Einreichers als kostensparend erweisen, automatisch über das Verbesserungs-Vorschlagswesen mit Geld prämieren.
- In betrieblichen „Quality-Circles“ – wo Mitarbeiter in einer Atmosphäre kreativen, geistigen Wettbewerbs ohne Rücksicht auf Hierarchiestufen und Bereichsgrenzen Verbesserungen vorschlagen – auch nach umweltverbessernden Maßnahmen suchen lassen und hierdurch dokumentieren, daß Umweltschutz zum Thema „Qualität“ gehört.
- Unter Umständen für Problemschwerpunkte besondere „Environmental-Circles“ einrichten.
- Auch andere Techniken, die der Kreativität Anreiz bieten, wie zum Beispiel Brainstorming und Metaplantechnik für Fortschritte und Problemlösungen im Umweltbereich nutzbar machen.
- In einer geselligen Veranstaltung – etwa in der Weihnachtszeit – jene Mitarbeiter ehren, die sich durch gute Vorschläge (z. B. im betrieblichen Verbesserungs-Vorschlagswesen oder in den Quality-Circles) ausgezeichnet haben und ihnen die Teilnahme an einer attraktiven Verlosung ermöglichen.
- Unter Umständen die Ehepartner der Mitarbeiter zu den „Erfinderfesten“ mit einladen, um den Mitarbeitern die Möglichkeit der Selbstdarstellung gegenüber ihren Ehepartnern zu verschaffen und diese gleichzeitig zu Bundesgenossen für den betrieblichen Umweltschutz zu gewinnen.
- Bekanntgeben, daß für Gehaltsfindung und Beförderung neben der Erreichung der betrieblichen ökonomischen Ziele auch gewertet wird, ob der Mitarbeiter die betrieblichen Umweltziele erreicht.
- Bei allen Anreizsystemen besonderes Gewicht darauf legen, daß die Kriterien, an welche sich Vorteile für die Mitarbeiter knüpfen, eindeutig definiert sind und gleichmäßig und gerecht angewendet werden.

12. Anerkennung verschaffen.
    - Abteilungsleiter, Meister, Vorarbeiter, Arbeiter, Betriebsräte sowie sämtliche Mitarbeiter durch Lob, Dank und Anerkennung für ihre umweltbewußte Haltung zu weiterem Umweltengagement motivieren.
    - Die Betriebsöffentlichkeit (z. B. Betriebsversammlung, Betriebsausflug, Betriebsfest) als Forum für die ehrende Anerkennung wählen.
    - Stets darauf achten, daß besondere Leistungen auf klassisch-fachlichem Gebiet die gleiche Anerkennung finden wie Verdienste auf dem Umweltsektor.
    - Mitarbeiter, die sich um den betrieblichen Umweltschutz verdient gemacht haben, auch überbetrieblich ehren, z. B. durch Beantragung einer entsprechenden Ehrennadel, wie sie z. B. die Studien- und Fördergesellschaft der Schleswig-Holsteinischen Wirtschaft e. V. gestiftet hat.
    - Durch Öffentlichkeitsarbeit Medienberichte über die Umwelt-Aktivitäten des Unternehmens auslösen, um den Mitarbeitern Erfolgserlebnisse zu vermitteln und ihr „Wir-Gefühl" in bezug auf die Umwelt zu stärken.
    - Durch geeignetes Informationsmix darauf hinweisen, daß die Medien auch die Umweltschutz-Erfolge der Technik, z. B. bei der Energie- und Wassereinsparung, angemessen erwähnen, da viele Ingenieure und Techniker sich von der Umweltberichterstattung der Medien generell als Prügelknaben behandelt fühlen und durch publizistische Anerkennung zu weiteren umwelttechnischen Fortschritten motiviert werden.
    - Mitteilungen an die Medien über die Umwelt-Aktivitäten des Unternehmens mit Aussagen über seine Qualitätsprodukte und -leistungen anreichern – in der Hoffnung, daß die Medien auch einige dieser Aussagen veröffentlichen und dadurch nicht nur Kunden ansprechen, sondern gleichzeitig die Mitarbeiter für ihre klassisch-fachlichen Leistungen ehren.
13. Demotivation vermeiden bzw. ausräumen.
    - Erkennen, daß die psychologische Vorbereitung, Begleitung und „Erfolgskrönung", kurz, die psychologische Absicherung jeder wesentlichen Umweltschutzmaßnahme für die umweltorientierte Führungskraft ebenso wichtig ist wie das Seil für den Bergsteiger.

- Umweltschutzmaßnahmen psychologisch vorbereiten.
  - Den Mitarbeiter nicht vor vollendete Tatsachen stellen oder unter Verletzung seiner Selbstachtung übergehen, sondern ihn rechtzeitig über die beschlossene Umweltschutzmaßnahme und ihre Gründe informieren.
  - Nach Möglichkeit dem Mitarbeiter Anerkennung seiner Fachkompetenz bezeugen, z. B. durch die Frage, wie nach seiner Erfahrung die beschlossene Umweltschutzmaßnahme so schnell, effektiv und kostengünstig wie möglich durchgeführt werden kann.
- Umweltschutzmaßnahmen psychologisch begleiten.
  - Den Mitarbeiter „seelisch betreuen", wenn durch Umweltschutzmaßnahmen in seine Gewohnheiten eingegriffen wird (seit der Umstellung auf Diesel kann er nicht mehr so schnell überholen), wenn der angestammte Komfort eingeschränkt wird (das Papier ist nicht mehr so weiß) oder wenn Zusatzanforderungen gestellt werden (zum Altpapier-Container sind es 40 Schritte).
  - Mit Geduld und Hartnäckigkeit sicherstellen, daß beschlossene Umstellungen nicht durch Rückfall in alte Gewohnheiten (z. B. das Wegwerfen von Altbatterien in den Papierkorb) zunichte gemacht werden.
- Umweltschutzmaßnahmen mit Erfolgserlebnissen „krönen".
  - Mit Dank und Lob für die fachgerechte Durchführung einer aufgetragenen Umweltschutzmaßnahme nicht sparsam sein.
  - Nach der Erkenntnis handeln, daß Anerkennung unter Anwesenheit Dritter nicht nur doppelt stark wirkt, sondern auch eine Motivation für den Dritten bedeutet, auf gleichem Wege Anerkennung zu erlangen.
- Widerstände gegen Umweltschutzmaßnahmen einfühlsam ausräumen.
  - Ergründen, warum beschlossene Umweltschutzmaßnahmen verschleppt, „vergessen" oder unter Vorwänden blokkiert werden.
  - Beherzigen, daß selten sachliche Gründe, meistens jedoch Fehler in der Menschenbehandlung für die genannten Widerstände verantwortlich sind.
  - Bei vergeblicher persönlicher und sachlicher Überzeugungsarbeit unter Umständen nach der Erfahrung handeln, daß ein tragbarer Kompromiß wertvoller sein kann als ein

„hoheitlicher Akt", der einen demotivierten und innerlich widerstrebenden Mitarbeiter zurückläßt.

14. Solidarische Umweltprojekte fördern.
   - Seitens des Unternehmens uneigennützige Leistungen für den Umweltschutz erbringen und in der Betriebsöffentlichkeit, besonders auch gegenüber dem Betriebsrat, betonen, daß das Unternehmen (beziehungsweise die Eigentümerseite) zugunsten der Umwelt auf einen Teil des Ertrages verzichtet habe, ohne hierfür kurzfristig oder überhaupt einen Ausgleich zu erlangen.
   - Auf dem Hintergrund dieses „ersten Schrittes" anregen, daß auch jeder Mitarbeiter einen kleinen freiwilligen Beitrag erbringen möge, z. B. indem er pro Tag einen „Umweltgroschen" in einen „Umweltfonds" einzahlt.
   - Gleichzeitig ankündigen, daß am Jahresende dem Fondsvermögen ein gleich hoher Betrag aus Mitteln des Unternehmens hinzugefügt wird.
   - Über den solidarisch aufgebrachten Betrag zugunsten der Umwelt solidarisch verfügen, d. h. unter Stimmparität von Unternehmensleitung und Mitarbeitern.
   - Beispielsweise gemeinsam beschließen, einen Bauernhof zu unterstützen, der die Unternehmenskantine oder die Mitarbeiter privat mit biologisch angebauten Nahrungsmitteln versorgt.
   - Eine von Mitarbeitern bekundete Bereitschaft, sich freiwillig außerhalb der Arbeitszeit für betriebsnahen Umweltschutz zu engagieren – z. B. bei Errichtung eines Feuchtbiotops auf dem Werksgelände – durch Finanzierung der notwendigen Sachmittel, fachlichen Anleitung und zünftigen Verpflegung beantworten.
   - Unter Umständen eine besonders gut motivierte Mitarbeiterschaft geheim darüber abstimmen lassen, ob ein Teil der bei gutem Geschäftsverlauf für außertarifliche Leistungen des Unternehmens zur Verfügung stehenden Mittel für ein populäres, den Mitarbeitern unmittelbar zugute kommendes Umweltschutzprojekt eingesetzt werden soll.
   - Als populäre Umweltschutzprojekte zum Beispiel in Erwägung ziehen: den Kauf und die ökologisch vorbildliche Gestaltung eines Betriebssport- und Freizeitgeländes – das dann den Mitarbeitern als Vereinsmitgliedern gehört – oder die Ingang-

setzung oder Unterstützung einer öffentlichen Kampagne gegen ein unzureichend entschwefeltes Kohlenkraftwerk in der Nachbarschaft des Unternehmens.

- Durch den im Unternehmen solidarisch verwirklichten Umweltschutz ein Beispiel dafür geben, daß auch auf volkswirtschaftlicher Ebene Umweltschutzfortschritte am besten unter solidarischen materiellen Verzichtleistungen aller Bürger zu erzielen sind.
- Auf geselligen Veranstaltungen – z. B. einem Gartenfest auf dem Öko-Betriebssportgelände – die solidarisch verwirklichten Umweltschutzprojekte den Mitarbeitern und der Öffentlichkeit vorstellen, um anderen Unternehmen Anreiz zur Verwirklichung vergleichbarer Projekte zu geben.

15. Lehrlingsausbildung erweitern.
   - Größte Sorgfalt auf die umweltorientierte Ausbildung der Lehrlinge verwenden, da diese für ökologisches Gedankengut besonders empfänglich sind und als neue Generation die Zukunft der industriellen Zivilisation beeinflussen.
   - Gleichgewicht zwischen den ökonomischen und den ökologischen Anstrengungen herstellen und aufrechterhalten.
     • Das Lehrprogramm so ausrichten, daß die Auszubildenden sich gleichzeitig mit den ökonomischen und den ökologischen Unternehmenszielen identifizieren und in beiden Richtungen Fleiß und Eigeninitiative entwickeln.
     • Bei der praktischen Arbeit die Auszubildenden anhalten, Fleiß, Gründlichkeit, Selbstdisziplin und Qualitätsbewußtsein stets gleichrangig sowohl im klassisch-fachlichen Bereich (z. B. bei der Messung der Werkstückstoleranzen) als auch im Umweltbereich (z. B. bei der Messung von Schadstoffen) zu verwirklichen.
     • Im theoretischen Unterricht die Auszubildenden davon überzeugen, daß auf das Spannungsverhältnis zwischen Ökonomie und Ökologie nicht mit dem Zweifel des Entweder-Oder reagiert werden sollte, sondern mit der Gewißheit des Sowohl-Als-Auch, nicht mit dem Nachlassen der Kräfte in der einen oder anderen Richtung, sondern mit der Verdoppelung der Anstrengung, um beiden Richtungen gerecht zu werden.
     • Sorge tragen, daß in allen Lehrveranstaltungen dieser Gedanke als ein roter Faden erkennbar bleibt.

- Zur Vermittlung dieses Gedankens auch plastische Bilder gebrauchen: „Wir müssen unseren Bogen mit aller Kraft gleichzeitig am ökonomischen und am ökologischen Ende spannen, um ins Schwarze zu treffen".
- Dem Mißverständnis begegnen, umweltorientierte Lehrlingsausbildung bedeutet „weiche Welle" und statt dessen die Wahrheit beim Namen nennen: „Die Arbeit wird härter, weil komplexer, aber befriedigender, weil sinnvoller".

– Den Umweltgedanken in das Ausbildungsprogramm integrieren.
  - Bildungsausflüge bzw. kurze Bildungsreisen durchführen, und zwar unter folgenden drei Hauptthemen:
    + „Gesunde Natur miterforschen und miterleben" (Ziele sind z. B. Forstamt, Wildpark, Waldlehrpfad, Vogelwarte und Naturschutzpark).
    + „Zerstörte Umwelt miterfassen und miterleiden" (in Betracht kommen z. B. „alternative" Hafenrundfahrt mit Besichtigung der Einleitungsrohre der Hauptgewässerverschmutzer, Besuch einer Altlast-Großdeponie und Führung durch einen landwirtschaftlichen Betrieb mit Massentierhaltung).
    + „Lösungswege miterkennen und miterproben" (besichtigungsfähig sind z. B. ein vorbildliches Klärwerk, eine Phosphateliminations-Anlage, eine Rauchgasentschwefelungsanlage und ein „alternativer" landwirtschaftlicher Betrieb; auch eine Müllsammelaktion mit anschließender Auswertung ist denkbar, z. B. unter dem Thema: „Camping-Müll und wie er sich vermeiden läßt").
  - „Learning by doing" – Projekte verwirklichen, z. B.
    + einfache Boden-, Wasser- und Luftuntersuchungen durchführen,
    + bei der Begrünung des Betriebsgrundstückes helfen,
    + unter Anleitung lärmdämmende Maßnahmen an eigenen Motorrädern, Mofas oder Kraftfahrzeugen erproben.
  - Mehrtägige Umweltseminare durchführen, die jeder Auszubildende einmal während seiner drei- bzw. dreieinhalbjährigen Lehre besucht, und dabei zur Sicherstellung eines ausgewogenen Informations- und Meinungsspektrums Fach-

leute mit verschiedenen Blickrichtungen zu Worte kommen lassen.

- Periodisch, z. B. alle acht Wochen, einen „Umweltorientierungs-Freitag" stattfinden lassen.
- Den theoretischen Unterricht in der Berufsschule erweitern, nämlich durch Einflußnahme auf die Träger der Berufsschule, den Informationen über umweltorientiertes Verhalten am Arbeitsplatz im offiziellen Lehrplan breiteren Raum zu geben.
- Die praktische Lehre in der Lehrwerkstatt – etwa für Dreher und Werkzeugmacher – durch umweltorientierte Lernziele ergänzen und z. B. vorsehen:
  + für das erste Lehrjahr (handwerkliche Grundlagen): umweltschonenden Umgang mit Hilfs- und Betriebsstoffen,
  + für das zweite Lehrjahr (Fertigung von Vorrichtungen für den innerbetrieblichen Bedarf): Bau kleiner Umweltschutzvorrichtungen,
  + für das dritte Lehrjahr (Versetzung in den Betrieb): umweltschonendes Verhalten am Arbeitsplatz.
- Darauf hinwirken, daß die Prüfungsvorschriften angepaßt werden und z. B. im Falle angehender Dreher und Werkzeugmacher
  + in der schriftlichen Fachkunde-Prüfung auf der Berufsschule neben den verschiedenen Drehmaschinen-Typen, Zahnformen und Gewindearten, Meßverfahren und Maßtoleranzen usw. auch typische Umweltgefährdungen durch Schmiermittel und dergleichen angesprochen werden,
  + bei der Punktebewertung der praktischen Prüfung neben Aussehen, Maßhaltigkeit, Oberflächengüte und Funktion des Werkstückes auch etwaige umweltrelevante Arbeitsschritte bewertet werden,
  + in der mündlichen Prüfung vor der Kommission der Industrie- und Handelskammer im Rahmen der Fachkunde und Gemeinschaftskunde auch der Umweltschutz zur Sprache gebracht wird.

– Für die notwendige umweltorientierte Fortbildung der Ausbilder bzw. Prüfer Sorge tragen.

16. Erwachsenenaus- und -weiterbildung ergänzen.
   – Innerbetriebliche und außerbetriebliche Aus- und Weiterbil-

dungsprogramme entwickeln, die nicht nur die klassisch-fachlichen, sondern auch die betriebsökologischen Kenntnisse und Fähigkeiten der Mitarbeiter den jeweils neuesten technischen und sonstigen Anforderungen anpassen, um die Mitarbeiter dauerhaft in den Stand zu setzen, neben ehrgeizigen ökonomischen Zielen auch anspruchsvolle ökologische Ziele zu verwirklichen.

– Wie bei der Lehrlingsausbildung so auch im Rahmen der Erwachsenenaus- und -weiterbildung sicherstellen, daß die klassisch-fachlichen und die betriebsökologischen Bildungsanstrengungen im Gleichgewicht bleiben.
– Die betriebsökologische Mitarbeiteraus- und weiterbildung in die klassisch-fachliche integrieren.
  • Die umweltorientierte Aus- und Weiterbildung nicht zu einem zweiten Bildungsgang mißraten lassen, der ohne zeitlichen und sachlichen Bezug zur klassisch-fachlichen Aus- und Weiterbildung neben dieser herläuft, sondern die betriebsökologischen Inhalte zum untrennbaren Bestandteil der regulären Aus- und Weiterbildungsgänge machen.
  • Die betriebsökologischen Inhalte innerhalb der regulären Aus- und Weiterbildungsgänge nicht zu isolierten „Lerneinheiten" zusammenfassen, sondern bei jedem regulären Lernschritt – soweit er umweltrelevant ist – den ökologischen Bezug herstellen, z. B. die sichere und dosisbewußte Handhabung der Ölkanne beibringen, anstatt sich darauf zu beschränken, nach der praktischen Arbeit einen Videofilm über Tankerkatastrophen vorzuführen.
  • Jedem Mitarbeiter die Kenntnis vermitteln, was jeder einzelne Arbeitsschritt in funktionaler und in ökologischer Hinsicht bedeutet und ihn durch praktische Anleitung und Einübung in den Stand setzen, jeden Arbeitsschritt in funktionaler und ökologischer Hinsicht zu optimieren.
  • Auf diese Weise nicht nur sicherstellen, daß alle betrieblichen Bereiche vom Umweltgedanken abgedeckt werden (horizontale Integration des Systems umweltorientierter Unternehmensführung), sondern darüber hinaus, daß innerhalb des jeweiligen Bereiches jeder einzelne Arbeitsgang bzw. Vorgang am Umweltgedanken mit der gleichen Intensität gemessen wird wie am Qualitätsprinzip (vertikale Integration).

- Große Sorgfalt auf die Aus- und Weiterbildung der mit der Ausbildung betrauten Führungskräfte verwenden, z. B. der Meister, die häufig bodenständige Rechtschaffenheit mit traditioneller Handwerksehre verbinden und auf deren Verantwortungsbewußtsein Verlaß ist.
- Bei der außerbetrieblichen Aus- und Weiterbildung das Angebot vorhandener Institutionen ausschöpfen, z. B.
  - nach Arbeitsschluß Vorträge zu privat interessierenden Umweltthemen (z. B. umweltschonende Haushaltsführung, gesunde Ernährung) durch „Umweltberater für Haushalte" oder Vertreter von Verbraucher-Verbänden halten lassen,
  - zum Besuch von Umweltkursen der Volkshochschule oder anderer Bildungseinrichtungen anregen, und zwar unter Kostenübernahme durch das Unternehmen, wenn der Lehrinhalt im Unternehmen Anwendung findet,
  - die Teilnahme an Fernlehrgängen unter vergleichbaren Bedingungen fördern.

UBA – Unternehmensbefragung 1990

Die „UBA-Befragung '90" legt einen krassen Gegensatz zwischen den Erfordernissen und der Realität des Umweltengagements im Personalwesen bloß. Die in der vorliegenden Check-Liste „Mitarbeitermotivation und -ausbildung" (an die sich die Fragestellung der Forschungsgruppe besonders eng anlehnt) so ausführliche Darlegung der Rolle der Mitarbeiter für das Konzept einer umweltorientierten Unternehmensführung entspricht der tatsächlichen Betroffenheit dieses Bereichs durch die Belange des Umweltschutzes (im Unterschied zu der *empfundenen* Betroffenheit nach dem Schaubild 10).

72,5 Prozent der befragten Unternehmen verfügen über ein Personalleitbild, das bei 47,7 Prozent auch schriftlich fixiert und bei 51,2 Prozent allen Mitarbeitern bekannt ist. Leider wurden die Unternehmen nicht direkt nach der Integration von Umweltaspekten in das Personalleitbild befragt; es beziehen jedoch immerhin 30 Prozent solche Aspekte in die stellenbezogenen Anforderungsprofile mit ein. 49 Prozent der Unternehmen integrieren Umweltaspekte in die Ausbildungspläne und 17 Prozent lassen Umweltschutzkenntnisse bei Personaleinstellungen mit in die Beurteilung der künftigen Mitarbeiter einfließen.

Das äußere Umweltimage hat nach Auffassung von 70 Prozent der

Befragten zunehmend positive Wirkung auf die Rekrutierung und (50 Prozent) auf die langfristige Bindung qualifizierter Mitarbeiter an das Unternehmen. Ebenso meinen 95 Prozent, daß ein solider und glaubwürdig vorgebrachter innerbetrieblicher Umweltschutz positiv zur Motivation der Mitarbeiter beiträgt. Allerdings herrscht in den meisten der befragten Unternehmen im Gegensatz zu dem in der Check-Liste empfohlenen kooperativen Führungsstil eher ein „top-down-Ansatz" der innerbetrieblichen Umweltpolitik vor, der die Einbeziehung des ökologischen Wissens der Mitarbeiter in Entscheidungen und damit deren ökologisch-innovative Motivation behindert.

Es verwundert deshalb nicht, daß bei der Rangfolge der Initiierung von betrieblichen Umweltschutz-Maßnahmen das Top-Management mit 77,6 Prozent bzw. das Gesamtmanagement mit 57,7 Prozent an der Spitze steht, während die gewerblichen Arbeitnehmer mit 24,2 Prozent auf dem 6. von 10 Rängen und damit noch hinter den Auszubildenden mit 30,8 Prozent stehen.

Nur 15 Prozent der Befragten erachten ihr betriebliches Anreizsystem für geeignet, den Belangen eines verbesserten Umweltschutzes Rechnung zu tragen. Es liegt der Schluß nahe, daß die bestehenden Systeme vielfach eher ein Hemmnis zur Verwirklichung umweltverträglicher Neuerungen sind.

Ein spezielles Umweltverbesserungs-Vorschlagswesen in Kombination mit einem personalwirtschaftlichen Anreiz- und Sanktionssystem, das umweltfreundliche Verhaltensweisen fördert und umweltbelastende Handlungen sanktioniert, existiert nur bei sehr wenigen Unternehmen.

In die betrieblichen Aus- und Weiterbildungsmaßnahmen beziehen 46,9 Prozent der Unternehmen Themen des Umweltschutzes stark bzw. sehr stark ein.

Der prozentuale Anteil von Umweltschutzthemen in den betrieblichen Weiterbildungsmaßnahmen ergibt sich aus dem Schaubild 13.
Die Annahmefrequenz umweltschutzbezogener Weiterbildungsmöglichkeiten nach Funktionsbereichen beträgt bei den befragten Unternehmen in der Produktion 77,5 Prozent, im Bereich Forschung und Entwicklung 67,3 Prozent, in der Materialwirtschaft 45,9 Prozent, im Marketing 20,4 Prozent, in der Strategischen Planung 19,4 Prozent, im Personalwesen 13,3 Prozent, in der Organisation 10,2 Prozent, im Controlling 4 Prozent und im Rechnungswesen 2 Prozent. Sicher nicht zufällig deckt sich diese Reihenfolge nahezu völlig mit der in Abb. 10 gezeigten Betroffenheitsskala der Funktionsbereiche, da das

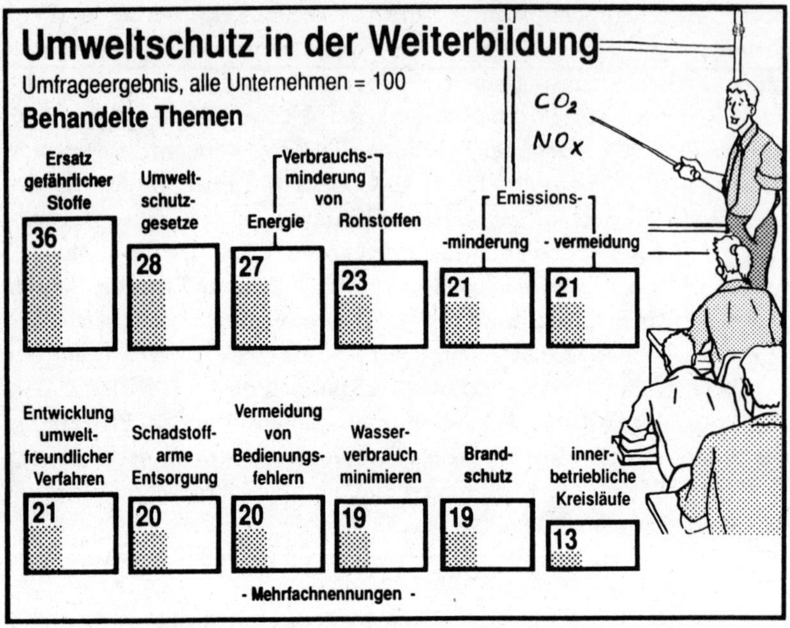

Abb. 13: Umweltschutz in der Weiterbildung (UBA 1990)

Mitarbeiterschulung in Umweltfragen

Betrieblicher Umweltschutz setzt voraus, daß die Mitarbeiter über entsprechendes Wissen verfügen. Deshalb ist der Schutz der Umwelt bei fast allen westdeutschen Firmen Gegenstand von Weiterbildungsmaßnahmen. Nur 5 Prozent der bundesweit knapp 600 befragten Unternehmen verzichten darauf.

An erster Stelle der Themenliste steht der Ersatz gefährlicher Stoffe, gefolgt von der immer umfangreicheren Umweltschutzgesetzgebung. Wie man Emissionen vermeiden und Energie und Material einsparen kann, sind ebenfalls häufig angesprochene Weiterbildungsinhalte.

Knapp die Hälfte der befragten Unternehmen (48,9 Prozent) vermitteln bereits ihren Auszubildenden Inhalte betrieblichen Umweltschutzes.

Interesse der dort Beschäftigten an einer Qualifizierung in Umweltfragen sicher in einem direkten Verhältnis zu ihrem Betroffenheitsempfinden stehen wird.

Insgesamt dürfte der Beitrag des Personalwesens zur Verbreitung einer umweltorientierten Unternehmensführung noch überdurchschnittlich weit unter den gegebenen Möglichkeiten und gebotenen Notwendigkeiten liegen.

Unternehmensbeispiele

1. Bei der Computerfirma *ATARI* (U: 222 Mio. DM) haben die Mitarbeiter, die auf die Raucherpause verzichten, Anspruch auf einen halben Tag Sonderurlaub pro Monat. Die halben Tage können auch aufgespart werden. So ergibt sich ein Extraurlaub von 6 Tagen pro Jahr. (informiert, September 1989, S. 32) (BM)
2. Zwischen den Arbeitgebern in der *chemischen Industrie* und der Gewerkschaft besteht eine Übereinkunft, die Information und Ausbildung der Betriebsräte auf dem Gebiet des Umweltschutzes zu verbessern. Hierzu wurde eine gemeinsame Gesellschaft (GIBUCI) gegründet. (Handelsblatt, 26. 01. 1989) (EM)
3. Die *Elida Gibbs GmbH* (U 1991: 485,5 Mio. DM, B: 850), B.A.U.M.-Mitglied, informiert ihre Mitarbeiter mit einem eigens dafür geschaffenen „grünen Report". Darin wird über umweltrelevante Maßnahmen der Firma, Lob oder Kritik von außen und innen berichtet. Jeder Mitarbeiter hat in diesem „grünen Report" die Gelegenheit, sich zu Wort zu melden. Das betriebliche Vorschlagswesen wurde ausdrücklich um umweltrelevante Verbesserungen erweitert. (Blick durch die Wirtschaft, 09. 08. 1989) (EM)
4. Die Firma *Neckermann* (U 1990: 2,3768 Mrd. DM, B: 7 372), B.A.U.M.-Mitglied, will ihre Mitarbeiter durch umweltorientierte Information und Fortbildung sensibilisieren. So gibt es bei Neckermann einen Umweltbriefkasten, eine Umweltzeitschrift, Seminare zum Thema Umweltschutz und im Einzelfall die Möglichkeit, an dem von der Umweltberatungsgesellschaft A.U.G.E. mbH, Hamburg, entwickelten und angebotenen Fernlehrgang zum geprüften Wohn- und Umweltberater teilzunehmen. (BU)
5. Bei den *OBI* – Bau- und Heimwerker Märkten (U 1990: 1,8 Mrd. DM, B: ca. 5 000), B.A.U.M.-Mitglied, nehmen 83 Mitarbeiter einzelner Baumärkte an einem von der Umweltberatungsgesellschaft A.U.G.E. mbH, Hamburg, extra für Obi entwickelten

Fernlehgang teil. In 14 Lehrbriefen werden die teilnehmenden Obi-Mitarbeiter umfassend zum/zur „Obi Wohn- und Umweltberater/in" geschult. (BU)

6. Für die *Otto Versand GmbH & Co.* (U 1991/92: 20,1 Mrd. DM weltweit, B: 42 000), B.A.U.M.-Mitglied, ist die Sensibilisierung und Information der Mitarbeiter ein zentrales Element der Umweltstrategie. Durch Hausmitteilungen, Mitarbeiterzeitung, Mitarbeitervideomagazin, Umweltpresseschau und Umwelttelefon werden die Mitarbeiter regelmäßig über den Stand der Umweltschutzmaßnahmen informiert. Auch im Fort- und Ausbildungsprogramm ist der Umweltschutz mit Vorträgen, Gesprächskreisen und Workshops ein Schwerpunktthema. Eine ganz praktische Ermunterung zu umweltgerechtem Verhalten erfahren die Mitarbeiter z. B. durch eine Batteriesammelstelle, die Mülltrennung am Arbeitsplatz oder das Angebot einer besonders günstigen Netzkarte für öffentliche Verkehrsmittel. Das Otto-Umweltbuch, das allen Mitarbeitern geschenkt wurde, gibt darüber hinaus eine Vielzahl von Tips für umweltbewußtes Handeln im Alltag. (NM)
7. Die *Vergölst GmbH* (U 1990: 402 Mio. DM, B: 1 600), B.A.U.M.-Mitglied, größter bundesdeutscher Markenhersteller von Recycling-Reifen, arbeitet neben der Fabrikation und Vermarktung eines absolut umweltfreundlichen Produktes zudem konsequent an einer umfassenden umweltorientierten Unternehmensführung. Im Werk Bad Nauheim wird mit modernster Verfahrenstechnik gearbeitet, die Emissionen, Energie- und Wasserverbrauch in allen Betriebsteilen minimiert. Zahlreiche Produktionsabfälle wie Rauhmehl, Schälgut, Holzpaletten oder Plastikfolien landen nicht auf dem Müll, sondern werden an Wiederverwerter abgegeben. Und auch der Einkauf ist auf umweltfreundliche Vorgaben getrimmt, insbesondere in Sachen Verpackung. Selbstredend: Die Mitarbeiter des Unternehmens können im Rahmen des betrieblichen Vorschlagswesens ständig dazu beitragen, dem umweltfreundlichen Recycling-Reifen ein ebensolches Umfeld zu verschaffen. (NM)

Nr. 8 Check-Liste Arbeitsbedingungen

Die Schaffung einer menschengerechten Arbeitswelt bildet eine unabdingbare Voraussetzung für die Verwirklichung einer ökologisch verträglichen Produktion. Man kann kaum damit rechnen, daß Mitarbeiter ihre Kreativität zum Schutze der Umwelt einsetzen, wenn sie im eigenen Unternehmen unter stark belastenden Bedingungen arbeiten müssen. Die folgende Check-Liste enthält die Überlegungen, die zur Verwirklichung menschengerechter Arbeitsbedingungen erforderlich sind.

Belastungen durch Umgebungseinflüsse vermeiden

Bei jedem Versuch der Vermeidung von Belastungen durch Umgebungseinflüsse, gleich ob Lärm, Licht und Farben, Raumklima oder Arbeitsstoffe (Schadstoffe), gilt immer folgender Vorgehensgrundsatz:

- Zunächst Maßnahmen zur prinzipiellen Vermeidung der Belastungen (durch Änderung der Produktionsbedingungen und der Arbeitsverfahren, soweit technisch realisierbar) durchführen.
- Danach belastende Einflüsse von der Umgebung durch Einbau von Kapselungsmaßnahmen (zur Lärmminderung), Entstaubungs-, Entgiftungsanlagen (hierzu gehören auch Kläranlagen, Verbrennungsanlagen) usw. fernhalten.
- Erst, wenn diese Maßnahmen nicht durchführbar (oder unverhältnismäßig teuer) sind, individuelle Schutzmaßnahmen für den einzelnen Menschen am Arbeitsplatz vorsehen (Gehörschutz, Staubschutzmasken, Dosimeter u. ä.).

1. Lärmeinwirkung (Geräuschemissionen, Erschütterungen) mindern.
   - Lärmbelastung aus dem eigentlichen Arbeitsprozeß durch Auswahl geeigneter Verfahren und Optimierung der Bedingungen (z. B. Wahl geeigneter Arbeitsmittel) vermindern.
   - Lärmbelastung aus zusätzlichen Tätigkeiten (werden weniger beachtet als die Haupttätigkeiten, tragen oft aber relativ stark zur Gesamtlärmbelastung bei) reduzieren.
   - Gegenüber unbeeinflußbaren Lärmquellen in der Arbeitsumgebung abschirmen.
   - Lärmbereiche kennzeichnen.
   - Verwendung persönlicher Schutzmittel überprüfen.
   - Lärmdisponierte Personen gesundheitlich/medizinisch überwachen.
2. Beleuchtung und Farbgebung optimieren.
   - Beleuchtungsstärken auf die Art der Arbeit abstimmen.

Hierzu gibt es in den einschlägigen Bestimmungen (in der Bundesrepublik Deutschland in den Arbeitsstättenrichtlinien) Angaben von Mindestbeleuchtungsstärken für die verschiedenen Tätigkeiten.

- Weitere lichttechnische Gütemerkmale, wie z. B. Beleuchtungsniveau, Leuchtdichteverteilung, Blendungsbegrenzung, Lichtrichtung und Schattigkeit, Lichtfarbe und Farbwiedergabe, gemäß den einschlägigen Bestimmungen umsetzen (Arbeitsstättenverordnung in der Bundesrepublik Deutschland).
- Indirektbeleuchtung bei Bildschirmarbeitsplätzen verwenden. Leuchten sind hierbei gegen die Decke (möglichst hell (weiß)) gerichtet; somit fällt auf die Bildschirme nur indirektes Licht, was sich im völligen Fehlen von Reflexen äußert (mit der Folge einer geringeren Augenbelastung).
- Lampen verwenden, die weitgehend der spektralen Verteilung des normalen Tageslichtes entsprechen.
  Licht hat große physiologische und psychologische Auswirkungen auf den Menschen. Bei Leuchtstoffröhren mit sehr eingeschränkter spektraler Verteilung Kombination verschiedener Lampen verwenden, die in der Summe wieder der Verteilung des Tageslichtes näherungsweise entsprechen.
- Flimmern (Flackern) von Leuchtstoffröhren durch elektronische Vorschaltgeräte oder Dreiphasenschaltung vermeiden.
- Farben gestalten unter Berücksichtigung von räumlichen Gegebenheiten (Raummaßen, aufgestellten Maschinen, Fußbodenstruktur, Deckengestaltung, Säulen und Trägern, Fenstern, Durchfahrten usw.), farblichen Vorgaben (Maschinen, Materialien, Produkten, Fahrzeugen u. ä.), Einteilung in Arbeitsbereiche und Ruhebereiche, Beschäftigtenstruktur und Anzahl der Beschäftigten sowie der auszuführenden Tätigkeiten und der Arbeitszeiten.
  Hierbei sind die Farbwirkungen sehr wesentlich: beispielsweise kann eine helle Deckenfarbe eine niedrige Decke optisch „höherziehen", eine dunkle Deckenfarbe eine hohe Decke niedriger erscheinen lassen; „grün" wirkt subjektiv lärmstillend und erscheint im Dämmerlicht am hellsten, da es sich im Bereich der maximalen Empfindlichkeit des menschlichen Auges befindet.

3. Raumklima regulieren.
   - Lufttemperatur, relative Luftfeuchte, Luftgeschwindigkeit

und Wärmestrahlung so einstellen, daß sie dem Behaglichkeitsbereich des Menschen entsprechen.
Der Luftdruck als weitere Größe wird hier außer Betracht gelassen, da er nur selten beeinflußbar ist.
- Besonders im Auge behalten bzw. vermeiden
  - Zugluft (lokale Luftgeschwindigkeitsunterschiede),
  - asymmetrische Verteilung der Wärmestrahlung,
  - zu kalten oder zu warmen Fußboden,
  - zu großes Temperaturgefälle zwischen Kopf- und Fußhöhe.

4. Schadstoffe am Arbeitsplatz vermeiden.
   - Schadstoffemission minimieren
     - durch Auswahl geeigneter Arbeitsverfahren, Werkstoffe, Zusatzstoffe, Hilfsstoffe usw.,
     - durch Auswahl geeigneter Schutzgase (falls erforderlich und möglich),
     - durch Optimierung der Parameter der verwendeten Arbeitsmittel.
   - Auftretende Schadstoffe messen und entsprechende gesetzliche Vorschriften beachten.
     Näheres in „Klima und Luft am Arbeitsplatz", herausgegeben vom Institut für Angewandte Arbeitswissenschaft, 1986; u. a. ist zu gewährleisten, daß die vorgeschriebenen Größen nicht überschritten werden: die MAK-Werte (Maximale Arbeitsplatz-Konzentration) und die TRK-Werte (Technische Richtkonzentration); letztere werden für Stoffe festgelegt, für die zur Zeit keine MAK-Werte aufgestellt werden können (krebserzeugende, erbgutverändernde Arbeitsstoffe).
   - Schadstoffe berücksichtigen, die nicht aus dem Produktionsprozeß bzw. von den erstellten Produkten emittiert werden: Emissionen aus Baubestandteilen, Abfallstoffen, Alkohol, Zigaretten, Konservierungsstoffe u. a.
   - Bereiche kennzeichnen, in denen Schadstoffe emittiert werden.
   - Anwendung persönlicher Schutzmittel überprüfen.
   - Schadstoffdisponierte Personen gesundheitlich/medizinisch überwachen.
   - Ausreichende Lüftung sicherstellen.
     Lüftung ist auch bei sehr kleinen Schadstoffemissionen unbedingt erforderlich, um evtl. Langzeitwirkungen kleiner Konzentration von Schadstoffen zu vermeiden.

Arbeitsmittel (einschließlich EDV-Hardware) und Arbeitsplätze ergonomisch gestalten

5. Auf funktionssichere Bedienelemente achten.
6. Übersichtliche und leichte Zugänglichkeit der einzelnen Komponenten gewährleisten.
7. Für deutlich erkennbare und leicht erreichbare NOT-AUS-Schalter sorgen.
8. Bei der Gestaltung von Bedien- und Anzeigeelementen und der Abmessung des Arbeitsplatzes anthropometrische Erkenntnisse beachten.
   Hier sind insbesondere Bewegungsraum und -ablauf, Arbeitshöhen sowie erforderliche Knieeinrück- und Fußvorstoßräume, Abstützungen und Sehbereiche zu beachten mit dem Ziel, Zwangshaltungen, sonstige ungünstige (statische Haltearbeit) oder unnatürliche Körperhaltungen zu vermeiden. Insgesamt sind statische Haltearbeit, einseitige dynamische Muskelarbeit und Überbeanspruchung bei dynamischer Muskelarbeit zu vermeiden.
9. Bei Bildschirmen auf ausreichende Leuchtdichte, Flimmerfreiheit, Bildstabilität, Entspiegelung, Verstellmöglichkeit sowie ausreichenden Kontrast achten.

Arbeitssicherheit vergrößern

10. Auf die Einhaltung der Sicherheitsvorschriften achten (inklusive Tragen von persönlichen Sicherheitsgegenständen).
11. Sicherstellen, daß NOT-AUS-Einrichtungen schnell, leicht und gefahrlos betätigt werden können bzw. bei Überschreiten vorgegebener Grenzwerte automatisch ansprechen.
12. Verhindern, daß Personen in den Gefahrenbereich automatisch arbeitender Maschinen (einschließlich CNC-Maschinen und Industrierobotern) gelangen (Sicherheitszäune, Schranke usw.) und daß eventuell umherfliegende Teile die Sicherheit von Personen gefährden.
13. Zusätzliche Vorkehrungen treffen, falls aus technischen Gründen Sicherheitseinrichtungen aufgehoben werden müssen, etwa für die Betriebsarten „Einrichten“ oder „Instandhaltung“. In diesen Fällen Personengefährdung z. B. durch „Schleichgang“, Tippschaltung ausschließen.

14. Automatische Kollisionskontrolle überall dort einsetzen, wo es möglich ist.
15. Fahrwege u. ä. deutlich abgrenzen und markieren.
16. Sicherheitskennzeichnungen (Farben, Symbole) immer gut erkennbar halten.
17. Blendschutz- und Spritzerschutz-Einrichtungen vorsehen.
18. Neue Stoffe erst nach Vorliegen des entsprechenden Sicherheitsdatenblattes einsetzen.
    - Sicherheitsdatenblatt beim Hersteller des Stoffes anfordern.
    - Gefährlichkeit des Stoffes prüfen.
    - Schutzmaßnahmen und Verhaltensregeln festlegen.
19. Auf Problemangemessenheit der Software achten.
    - Überflüssige Belastungen des Bearbeiters vermeiden. Die Erledigung der eigentlichen Arbeitsaufgabe muß von seiten der Software unterstützt werden, ohne den Anwender durch Eigenschaften des Systems zu belasten (etwa zusätzliche „Verwaltungs- und Routinetätigkeiten", beispielsweise bei Textsystemen: Merken, wo oder unter welcher Bezeichnung bestimmte Textpassagen abgespeichert wurden).
    - Maskenfolge auf die übliche Folge der Arbeitsschritte abstimmen.
    - Art und Form der Eingabe der Arbeitsaufgabe anpassen (z. B. grafische Eingabe).
    - Datenorganisation ohne Zutun des Benutzers durchführen lassen.
    - Folgen häufig wiederkehrender Kommandos mittels belegbarer Funktionstaste zusammenfassen.
    - Antwortzeiten dem jeweiligen Dialog angemessen lang gestalten (programmierbare Zeitverzögerung vorsehen).
20. Auf Selbsterklärungsfähigkeit achten.
    - Unmittelbare Verständlichkeit des Systems garantieren. Auf Verlangen des Anwenders müssen Einsatzzweck, Einsatzweise, Leistungsumfang und Voraussetzungen erklärt werden.
    - Eingabeform auf den Wissensstand des Nutzers abstimmen.
    - Eingabehilfen situations- (verfahrens-)abhängig in Form von Texten, Grafiken oder Bildern (oder Kombination hiervon) anbieten.
    - Konkrete Objekte („icous") zur Eingabe – wenn immer möglich – verwenden („Radiergummi" oder „Papierkorb" je nach

Löschvorgang, „Pinsel" zum Ausfüllen von Flächen, abstrahierte Maschinen zur Umbelegung von Aufträgen usw.).
- Steuerbare Informationsdichte der Darstellung vorsehen.
- Sicherstellen, daß im Hintergrund ablaufende Prozesse sichtbar gemacht werden können.

21. Möglichst vielfältige Steuerbarkeit vorsehen.
    - Initiative zur Aufnahme/Unterbrechung/Fortführung des Dialogs vom Nutzer ausgehen lassen, nur in Ausnahmen vom System.
    - Wahlmöglichkeit zur Interaktionsform (Laienstatus, Expertenstatus u. ä.) einräumen.
    - Korrekturfähigkeit von anderen Eingaben bei Testläufen sicherstellen.
22. Auf Verläßlichkeit achten.
    - Weitestgehende Kongruenz zwischen Dialogverhalten und erfahrensgeprägten Erwartungen des Benutzers anstreben.
    - Auf gleichmäßige und kalkulierbare Antwortzeiten achten.
    - Erkennen lassen, daß ein eingegebener Befehl bearbeitet wird.
    - Jederzeitige Auskunft über den Systemzustand garantieren.
    - Sicherstellen, daß ähnliche Aktionen ähnliche Ausführungen bewirken.
23. Vorkehrungen zur Fehlerbehandlung treffen.
    - Fehler zum Zweck der Behebung verständlich darstellen.
    - Fehlerhinweise mit Angaben zur Fehlerursache und Fehlerbehebung (soweit möglich) versehen.

Rechtzeitig Qualifizierungsmaßnahmen durchführen

24. Zur Eingewöhnung in neue Arbeitssysteme unterstützende Schulungsmaßnahmen vorsehen.
    Hierzu bieten sich Formen der Lerngruppen an, die bereits in etlichen Unternehmen erfolgreich angewendet werden.
25. Qualifizierungsmaßnahmen über eine entsprechend ausgestaltete Arbeitsorganisation unterstützen.
    Arbeitsorganisationen, die bisherige erworbene Fähigkeiten und erworbenes Wissen weiter fördern und darüber hinaus – individuell unterschiedlich – dem einzelnen Mitarbeiter neue Aufgaben zuteilen, sind dem Qualifizierungsprozeß förderlich.
26. Qualifizierungsmaßnahmen über die fachlichen Aspekte hinaus

um soziale Aspekte bereichern sowie Anregungen zur eigenen Weiterentwicklung bieten.

27. Qualifizierungszweck durch Erklärung übergeordneter sowie nebengeordneter Systeme (neben dem jeweiligen Arbeitssystem, in dem sich der einzelne Mitarbeiter befindet) transparent machen (Zusammenhänge müssen erkennbar werden).

Sechs Grundregeln der Gesamtgestaltung eines Arbeitssystems beachten

28. Anforderungen mit den Fähigkeiten der jeweiligen Mitarbeiter abstimmen.
    Ziel ist die Vermeidung von Über- und Unterforderung mit der Folge von Streß.
29. Monotonie und Taktbindung vermeiden.
30. Den Mitarbeitern ausreichende räumliche und organisatorische Freiheitsgrade zur Aufgabenbewältigung einräumen.
31. Bei jeder Arbeit neben ausführenden Elementen immer auch planerische, entscheidungsorientierte und kontrollierende Elemente vorsehen.
    Zeitlicher Dispositionsspielraum muß für jeden Mitarbeiter vorhanden sein. Jeder Mitarbeiter muß Kontrollmöglichkeiten über das eigene Handeln haben und entsprechend den individuellen Fähigkeiten, Interessen und seinem Wissen in Entscheidungs- und Planungsvorgänge einbezogen werden.
32. Soziale Isolation vermeiden.
33. Verfahren der Gruppenarbeit (Teamarbeit) in die betriebliche Organisation einbauen (Qualitätszirkel, Werkstattkreise, Lernstatt u. ä.).

UBA – Unternehmensbefragung 1990

Auf den Arbeitsplatz einwirkende und von ihm ausgehende Umweltfaktoren sind strenggenommen auch ein Aufgabengebiet des Personalwesens, das jedoch vielfach ausschließlich dem technischen Bereich zugeordnet wird.

Leider bietet die „UBA-Befragung '90" hierzu nur ungezielte bzw. Nebeninformationen mit geringer Verallgemeinerungswürdigkeit. Der berechtigte Anspruch unserer Gesellschaft, eine ökologische und soziale Marktwirtschaft zu verkörpern, hätte einen speziellen Befragungskomplex für die sozialen Aspekte umweltorientierter Unternehmensführung gerechtfertigt.

In acht von zehn Einzeldarstellungen zur praktizierten Umweltorientierung ausgewählter Unternehmen sind interessante Beispiele zur Vermeidung von schädlichen Umwelteinflüssen auf die Arbeitsplätze der Mitarbeiter aufgeführt, die von sozialer Verantwortung der Unternehmensführungen beim Streben nach umweltgerechtem Wirtschaften zeugen.

Verwertbare Aussagen zu Umweltaspekten der betrieblichen Arbeitsbedingungen finden sich in den quantifizierten Befragungsergebnissen lediglich zu umweltbedingten Mitarbeiterfluktuationen, zur Unfall- und Krankenstatistik, zur Sicherheit am Arbeitsplatz und zu verhaltensbezogenen Ursachen, die zu Umweltschäden führen können.

Hinsichtlich der Fluktuation gaben 45,7 Prozent der befragten Unternehmen an, umweltbedingte Kündigungsmotive wie Belästigung durch Lärm, Schmutz, Gerüche und andere Gefahren am Arbeitsplatz zu analysieren. Über die Auswertung der Ergebnisse und eingeleitete Konsequenzen gibt es keine Angaben. 39,1 Prozent der Unternehmen führen solche Analysen gar nicht erst durch, und bei 15,2 Prozent gibt es derartige Belästigungen und Gefahren für die Mitarbeiter nicht.

Immerhin 81,4 Prozent der Unternehmen erfassen die Ursachen von Unfällen umweltgefährdender Bereiche und 47 Prozent die Ursachen von Krankheiten in jenen Bereichen.

Die Sicherheit am Arbeitsplatz ist mit 11,8 Prozent an den Umweltschutzthemen der betrieblichen Weiterbildung beteiligt, wobei zu beachten ist, daß gewiß weitere Maßnahmen hierzu im Rahmen der üblichen Arbeitsschutz- und Sicherheitsbelehrungen erfolgen.

Gründe verhaltensbezogener Ursachen, die zu Umweltschäden führen können, sehen 70 Prozent der befragten Unternehmen im Nichteinhalten von Vorschriften, 69 Prozent in Bedienungsfehlern, 60 Prozent in Gewöhnungseffekten und 44 Prozent im Leichtsinn.

Unternehmensbeispiele

1. Mit gezielten Aus- und Fortbildungsmaßnahmen will die *Bayer AG* (U: 17,8 Mrd. DM, B: 63 755) das Umwelt- und Sicherheitsbewußtsein der Mitarbeiter erhöhen. Aus diesem Grund sind seit

1988 alle Mitarbeiter verpflichtet, an entsprechenden Seminaren teilzunehmen. (Wirtschaftswoche, 09.06.1989) (BM)

2. Der Bereich Technik der *Deutschen Lufthansa AG* (U 1990: 12,8 Mrd. DM, B: 48 711) hat ein neues Verfahren zum Entfernen von Lack von Flugzeugen entwickelt. Die Lackschichten werden mit einem Hochdruck-Wasserstrahl abgelöst. Der Wasserstrahl erreicht dabei fast Schallgeschwindigkeit. Wegen der Geräuschentwicklung muß das Personal Gehörschutz tragen. Die abgelöste Farbe wird in einer Sondermüllverbrennungsanlage beseitigt. Das neue Verfahren erfüllt viel besser Ansprüche des Umwelt- und Arbeitsschutzes als das vorher angewandte chemische Beizen. Zudem werden mit der neuen Methode jährlich ca. 11 Mio. DM gespart. (FAZ, 09.06.1990) (EM)
3. Die *Eternit-Werke Ludwig Hatschek AG* (U: 1 411 Mio. ÖS, B: 1 279) in Oberösterreich haben bereits frühzeitig auf Kritik, die durch die Verwendung von Asbest bedingt war, reagiert. So wurde eine asbestfaserfreie Produktgeneration entwickelt (Forschungsaufwand 600 Mio. ÖS) und parallel dazu ein unternehmensunabhängiger Umweltbeirat installiert (1983 konstituiert), der ein Kontrollorgan des Unternehmens in Umweltfragen darstellt. In der Öffentlichkeit resultiert diese geänderte Unternehmensphilosophie in einer erhöhten Transparenz, Offenheit und Diskussionsbereitschaft. (NM)
4. Durch hochmoderne Lackierungsverfahren für Systemregale kann die *Rudolf Bohnacker Unternehmensgruppe* (B: 1 100) auf den Einsatz gesundheitsschädigender Lösungsmittel und Schwermetalle verzichten. Das Unternehmen investiert außerdem in den Lärmschutz. (Stuttgarter Zeitung, 27.10.1989) (BM)
5. Beim Kauf von Maschinen achtet die *Staatl. Mineralbrunnen Siemens Erben OHG* (U 1990: über 5,5 Mio. DM, B: 150), B.A.U.M.-Mitglied, darauf, daß besondere elektronische Regelungen der Maschinen für eine Verminderung des Flaschenabriebes (Verlängerung der Lebensdauer) sorgen. Gleichzeitig werden damit eine Lärmminderung und eine Verringerung des Energieverbrauches erzielt. (NM)

Nr. 9 Check-Liste Mitarbeiterverpflegung

Jahr für Jahr werden in der Bundesrepublik Deutschland ca. 40 Milliarden DM für die Linderung ernährungsbedingter Krankheiten ausgegeben. Herzerkrankungen, Stoffwechselerkrankungen, Verdauungsstörungen, Rheuma, Gicht, Magen-Darm-Erkrankungen, Zukkerkrankheit (Diabetes), verschiedene Krebs-Krankheiten u. a. hängen oft mit einer falschen Ernährung zusammen.

Trotz aller Warnungen der Wissenschaftler und Ärzte und trotz aller Hiobsbotschaften in Presse, Rundfunk und Fernsehen wird immer noch

- zu viel und zu schnell gegessen,
- zu wenig gekaut,
- zu viel tierisches und zu wenig pflanzliches Fett verzehrt,
- zu viel Weißbrot, Konservennahrung, Zucker und Salz gegessen, dafür kommen zu wenig frisches Gemüse, Salat, Kartoffeln und Hülsenfrüchte auf den Tisch.

„Übergewicht und Fehlernährung sind, glaubt man den Medizinern, neben Rauchen, Alkohol und Streß die entscheidenden Krankheitsfaktoren in der westlichen Überflußgesellschaft“ (E. R. Koch, Krebswelt, Köln 1981, Seite 113). Viele Krankheiten verursachen schweres persönliches Leid für die Betroffenen und deren Angehörige. Sie mindern die Lebensqualität und bringen teilweise schwerwiegende Probleme mit sich.

In einer Umstellung der Ernährungsgewohnheiten sehen viele Ärzte eine Basistherapie, die oft allein schon, ohne Tabletten und sonstige Medikamente, viele Krankheiten lindert oder beseitigt. Millionen von Arbeitnehmern werden täglich in den Betrieben verpflegt. Somit stellt die Kantinenverpflegung eine einmalige Chance dar, den Mitarbeitern ein gesundes und wohlschmeckendes Essen zur Verfügung zu stellen, das die Grundsätze einer gesunden Ernährung berücksichtigt und ausreichende Mengen an Vitaminen, Mineralstoffen, Spurenelementen sowie Fett, Eiweiß und Kohlehydrate liefert und gleichzeitig gewohnheitsbildend im Sinne einer Beeinflussung auch des häuslichen Ernährungsverhaltens wirkt.

Unter dem Blickwinkel des Unternehmenserfolges ist hervorzuheben, daß gesunde Mitarbeiter in der Lage sind, starke Leistungsenergien zu entfalten. Außerdem werden die betrieblichen Fehlzeiten und daraus resultierende Lohnfortzahlungskosten gesenkt. Es empfielt sich, auf diese Aspekte stets deutlich hinzuweisen, wenn in der Betriebspraxis eine Erweiterung des Angebots an vollwertiger Kantinenkost angestrebt wird.

Informationsgrundlagen schaffen

1. Mitarbeiter über Auswirkungen falscher Eßgewohnheiten informieren.
   - Schriftliche Mitteilungen/Rundschreiben machen.
   - Anschläge an Informationstafel veranlassen.
   - Vorträge von Ernährungsspezialisten (Ökotrophologen, Gesundheitsberatern, Umweltberatern u. a.) halten lassen.
   - Kurze, aber aussagefähige Broschüren erstellen und verteilen lassen.
   - Interessante Literatur/Bücher pro Abteilung zur Verfügung stellen und ausleihen lassen.
   - Besichtigungen von Bio-Höfen/alternativ betriebenen landwirtschaftlichen Betrieben organisieren.
2. Umfrage starten und Bereitschaft erkunden, ob Interesse für ein alternatives Ernährungsangebot besteht.
3. Auf keinen Fall vor Information mit Umstellungen beginnen. Der „Ernährungsbereich“ ist stark vorurteilsbelastet und somit nur mit gezielten und so weit wie möglich objektiv und wissenschaftlich abgesicherten Informationen positiv zu beeinflussen. Wer sich richtig ernähren und auch Freude am Essen haben will, braucht Informationen über die Bedürfnisse seines Körpers, über die wesentlichen Nährstoffe und damit über die Zusammensetzung der Nahrung.
4. Personalabteilung, Betriebsrat und Werksarzt einschalten.
5. Kantinenverpflegung überprüfen.
   - Beim Lieferanten nachfragen, wieviel Zeit zwischen Herstellung des Essens und Lieferung besteht. Je länger die Zeit zwischen dem Kochvorgang und der Essenslieferung beziehungsweise der Essenaufnahme ist, desto größer sind die Vitamin- und Mineralstoffverluste.
   - Feststellen lassen, ob die Menüs ausreichende Mengen der durchschnittlich benötigten Mineralstoffe, Vitamine und Spurenelemente liefern.
   - Auf Kohlehydrate, Fett und Eiweißbestandteile überprüfen lassen.
   - Frage klären, wieviel Zucker und Salz die Menüs beinhalten. Wir essen zu viel, zu fett, zu süß, zu salzig, warnt auch die Deutsche Gesellschaft für Ernährung.
   - Die den Lebensmitteln beigefügten Zusatzstoffe feststellen.

- Darauf achten, daß keine „bestrahlten Lebensmittel" verarbeitet werden.
- Auf die Berücksichtigung qualitativ hochwertiger Lebensmittel hinwirken.
  Produkte von kontrolliertem Anbau bevorzugen.

6. Von Vollwertküchen Menüangebote erstellen lassen. Unter Vollwertküche versteht man eine Zubereitung, die bei schonender Verarbeitung von Lebensmitteln den höchstmöglichen Wert an Vitaminen, Mineralstoffen und essentiellen Nährstoffen bewahrt. Dies wird gewährleistet durch sorgsame Vorbereitung, kurze Garzeit und schnellstmögliche Weitergabe der Gerichte an den Kunden.
   - Ein Vollwertgericht beinhaltet z. B.:
     • Salat vorweg, um die Darmtätigkeit anzuregen und eine leichtere Verdaulichkeit zu gewährleisten,
     • vegetarisches Hauptgericht mit Vollwertgetreide aus biologischem Anbau,
     • Dessert, zusammengestellt aus Obst oder Milchprodukten (Calcium).
   - Vollwertküchen verwenden nur Frischprodukte, soweit möglich aus biologischem Anbau, kaltgepreßte Öle, Meersalz, zum Süßen Honig.
     „Vollwertküche kann auch Feinschmeckergaumen mit interessanten Geschmackserlebnissen verwöhnen."
7. Hinweise über Fettanteile, Salzgehalt, Joule auf den Essensplänen ausdrucken lassen.

Speise- und Getränkeangebot verändern

8. Alternative Gerichte anbieten:
   - Rohkost-Salatteller,
   - vegetarische Gerichte.
     Vegetarier leben länger als vergleichbare Menschen mit herkömmlichen Lebens- und Eßgewohnheiten. Sie sterben seltener an Herz-Kreislauf-Erkrankungen und Krebs. Zu diesem Ergebnis kommt eine 5-Jahres-Studie des Deutschen Krebsforschungszentrums in Heidelberg.
9. Prüfen, ob ein Kantinenbetrieb mit eigener Küche wirtschaftlich ist.
10. Umliegende Gaststätten und Restaurants in die Überlegungen

einbeziehen und darauf hinwirken, daß die Menüangebote verstärkt unter den Aspekten einer „gesunden Ernährung“ erstellt werden.

Eine Untersuchung in über 1000 Kantinen und fast 2000 Gaststätten hat gezeigt, daß das Essensangebot dort viel zu gehaltvoll, zu fett und zu vitaminarm ist: Gegenüber empfohlenen Menüs war der Energiegehalt um 36 % (Kantine) beziehungsweise 71 % (Restaurant) zu hoch, der Fettgehalt um 58 % (Kantine) beziehungsweise mehr als doppelt so hoch (Restaurant), der Vitamingehalt um 40 % (Kantine) beziehungsweise 30% (Gasthaus) zu niedrig! (R. Grießhammer, der Öko-Knigge, Reinbek bei Hamburg 1984, Seite 150)

11. Inhalt der Getränkeautomaten überprüfen und stark zuckerhaltige Getränke durch Mineralwasser u. ä. ersetzen.
12. Andere Warenautomaten ebenfalls überprüfen und ungesunde Nahrungsmittel durch gesündere ersetzen beziehungsweise das Angebot an gesünderen Nahrungsmitteln erweitern, z. B.durch Obst, Vollkornkekse, Vollkornwaffeln, Fruchtschnitten, Müsliriegel usw.

Ergänzende Anreize im Umfeld bieten

13. Bei betrieblichen Veranstaltungen – z. B. Empfängen wegen Jubiläen, Geburtstagsfeiern, Betriebsausflügen – zumindest alternativ auch „gesunde“ Kost anbieten.
    Auch aus Vollkornprodukten können sehr schmackhafte und gesunde Snacks/Zwischenmahlzeiten/Menüs angeboten werden.
14. Nicht versuchen, alles auf einmal zu ändern, mit Einfachem und Unauffälligem beginnen – z. B. Vollkornnudeln, Naturreis, täglich frischem Salat.
15. Alternative Frühstücksverpflegung anbieten, z. B.
    - Vollkornbrötchen,
    - Joghurt/Quark mit rechtsdrehender Milchsäure, da beide darmfreundlich und bekömmlich sind,
    - Müsli.
16. Wenn irgendwie möglich, bei betrieblichen Veranstaltungen auf den Ausschank von Alkohol verzichten und alkoholfreie Getränke anbieten (Mineralwasser, Obstsäfte – auf geringe Zuckerbestandteile achten –, Gemüsesäfte u. ä.).

17. Für eine harmonische Umgebung sorgen.
    Grünpflanzen, richtige Beleuchtung, gepflegt gedeckte Tische leisten u. a. einen wichtigen Beitrag für eine harmonische Atmosphäre.
18. Bei Konferenzen, Besprechungen u. ä. mit mehreren Teilnehmern nicht nur übliches Gebäck aus Weißmehl/Zucker, sondern alternativ auch Nüsse, Trockenobst und Obst sowie Vollkorngebäck anbieten.
19. Auf Zucker verzichten und zum Süßen Honig bereitstellen.

UBA – Unternehmensbefragung 1990

Wie die „UBA-Befragung '90" zeigt, wurden bereits bei 96 Prozent der befragten Unternehmen die Einkaufsabteilungen auf eine umweltbewußte Beschaffung für den Eigenbedarf eingestellt. Bei 43 Prozent sind auch die Betriebskantinen mit dem Einkauf von Vollwertkost, Mehrweggeschirr usw. einbezogen.

Unternehmensbeispiele

1. In der Küche der *Evangelischen Akademie Bad Boll* richtet man sich nach folgenden Kriterien: regionaler und saisonaler Einkauf, fleischarme Kost, Einkauf und Zubereitung vollwertiger, naturbelassener und frischer Nahrungsmittel, Einkauf aus ökologischem Anbau, Abfallvermeidung, sanfte Chemie und Energiesparen bei Transport (Einkauf) und Küchenbewirtschaftung. Neben dem üblichen Recycling von Metallen, Glas, Papier und Pappe wurde zur Müllvermeidung ein Frühstücksbuffet eingeführt, wo Müsli, Käse, Wurst, Marmelade und Butter offen angeboten werden. Des weiteren wird durch den Direkteinkauf von Milch, Joghurt und Quark ab Hof eine große Menge von Plastikverpackungen eingespart. Auch wird die Akademie heute direkt vom Ortsmetzger mit Fleisch in Mehrwegebehältern versorgt, während früher das Fleisch von einer Großschlächterei, Stück für Stück in dicke Kunststoffolie eingeschweißt, geliefert wurde. Ähnliche Absprachen bestehen mit regionalen Erzeugern von Kartoffeln, Salat und Gemüse. (NM)
2. In der Cafeteria der *Hewlett-Packard GmbH* (U: 2,8 Mrd. DM, B: 5 484), B.A.U.M.-Mitglied, wird einiges für die Umwelt getan. Abfälle wie Glas, Pappe, Blech und Papier werden getrennt gesammelt und zum Recycling gegeben. Die Lieferanten werden aufge-

fordert, den Aufwand für Verpackung zu reduzieren. Mit dem Ersatz von Flüssigwaschmitteln durch Pulver konnte der Verbrauch an Reinigungsmitteln um 15 Prozent gesenkt werden. Der Einsatz kleiner Küchengeräte hilft beim Energiesparen. Ebenso Maßnahmen zur Wärmerückgewinnung in Spülmaschinen. (Hewlett-Packard: Sozialbilanz 1987, S. 9) (UM)

3. Den Mitarbeitern der *Kreissparkasse Köln* (Bilanzsumme: 11,7 Mrd. DM, B: 2 710) wird eine abwechslungsreiche und gesunde Kantinenkost angeboten. Täglich stehen ein Vollwertgericht sowie Müsli und zusätzlich frisches Obst und frisch zubereiteter Salat aus biologischem Anbau auf dem Speiseplan. Das frisch geschrotete Getreide stammt aus eigener Getreidemühle. Die Gerichte enthalten oft Naturreis oder Vollkornnudeln. Zum Süßen der Speisen wird Honig statt Zucker verwendet. Auf Konserven sowie Einweggeschirr und -besteck verzichtet die Kreissparkasse Köln ganz. Der dennoch anfallende Müll wird nach organischem Abfall, Glas, Altpapier, Weißblech und Aluminium sortiert. Altfette werden abtransportiert, und wiederverwendbare Verpackungen an die Lieferanten zurückgegeben. (Umfrageergebnisse 10/90) (BM)
4. Für die *Otto-Versand GmbH & Co.* (U 1991/92: 20,1 Mrd. DM weltweit, B: 42 000), B.A.U.M.-Mitglied, gilt im Kantinenbereich die Devise: „Mehrweg statt Einweg". Plastikeinweggeschirr wurde konsequent durch Porzellangeschirr ersetzt, Getränke werden überwiegend in Zapfanlagen angeboten, auf Getränkedosen wird verzichtet, und 90 Prozent aller Getränkeflaschen sind Mehrwegflaschen. Lebensmittel in Großgebinden werden nur noch in wiederverwertbaren Verpackungen abgenommen. Die anfallende Abfallmenge konnte so erheblich reduziert werden. Wasserspararmaturen und die Verwendung von biologisch abbaubaren Putz- und Reinigungsmitteln sorgen für einen geringen Wasserverbrauch und tragen zur Entlastung des Abwassers bei. Gesundheitsbewußten Mitarbeitern wird täglich ein Vollwertmenü angeboten. Für eine angenehme Umgebung beim Essen ist durch die Einrichtung von Nichtraucherzonen gesorgt. (Umfrageergebnisse 10/90) (EM)
5. Im Hauptsitz der *Schweizerischen Kreditanstalt* werden jährlich 15 t Kaffeesatz kompostiert. Diese Kaffeereste werden in der Kantine, Kaffeeautomaten und den Kaffeemaschinen der Mitarbeiter gesammelt. (Neue Züricher Zeitung, 25.08. 1989) (BM)

Nr. 10 Check-Liste Umweltberatung für Mitarbeiterhaushalte

Berechnungen von Umweltschützern zeigen, daß der private Haushalt mit rund 30 % an der gesamten Umweltbelastung der Bundesrepublik Deutschland beteiligt ist. Auch wenn diese Zahl möglicherweise nicht auf alle EG-Länder zutrifft, kann doch davon ausgegangen werden, daß die privaten Haushalte eine mitentscheidende Rolle bei der Verursachung von Umweltproblemen (im weitesten Sinne) spielen.

Umweltprobleme entstehen z. B. durch Abfallerzeugung (rund 5 Zentner Abfall pro Person und Jahr), Wasserverbrauch (140–150 Liter pro Person und Tag), Energieverbrauch, Abwasserbelastung aufgrund des Einsatzes von Wasch-, Reinigungs- und Pflegemitteln (mehr als 2 Millionen Tonnen jährlich, welche in die Abwässer gelangen), Luftbelastungen wegen Gebrauchs von Lösemitteln und Treibgasen aus Farben, Lacken, Verdünnern, Klebstoffen und Sprays sowie Einsatz von Holz-, Kohle-, Ölheizungen und immer mehr Abgase aufgrund einer steigenden Anzahl von Kraftfahrzeugen, schließlich auch Bodenbelastungen aufgrund der Verwendung von Pestiziden, Dünger und Streusalz.

In dieser Situation fragt sich der einzelne, was er eigentlich für den Schutz unserer Umwelt und damit unserer natürlichen Existenzgrundlagen tun kann. Es klingt ganz einfach. Der Schutz unserer Umwelt fängt bei jedem Menschen selbst an. Denn (fast) jeder kann

- bei sorgfältigem Umgang mit Wasser täglich viele Liter sparen,
- auf den Einsatz von Pflanzenschutzmitteln verzichten,
- mit weniger Verpackung und ohne Plastiktüten auskommen und sich z. B. einmal auf den guten alten Korb besinnen,
- Mehrwegflaschen statt Einwegflaschen/Dosen benutzen,
- wesentlich weniger Chemie im Haushalt einsetzen,
- umweltverträglicher autofahren,
- Umweltfreundliche oder umweltschonende Artikel kaufen und umweltbelastende Erzeugnisse meiden.

Und wenn dies Millionen der Bürger in den europäischen Staaten beherzigen, wird sich bald eine wesentliche Verbesserung der Umwelt und damit der Lebensqualität jedes einzelnen Menschen einstellen. Aufklärung und Information der Bürger ist jedoch dringend geboten. Dabei mangelt es oft an der Einsicht in die Zusammenhänge und an praktischen, leicht umsetzbaren Ratschlägen. Hier kann jedes Unternehmen eine wichtige Hilfestellung leisten, indem es seinen Mitarbeitern die Möglichkeit verschafft, in ihrem Privathaushalt Umweltberatungen in Anspruch zu nehmen.

Umweltberatung für Mitarbeiter ist eine echte Sozialleistung des Unternehmens, denn die Mitarbeiter lernen,
- ihre Gesundheit vorbeugend zu schützen,
- Geld zu sparen und
- einen persönlichen Beitrag für eine verbesserte Umwelt zu leisten.

Gelegenheiten für Umweltberatung in Mitarbeiterhaushalten schaffen

1. Umweltberater für Beratung der Mitarbeiter einstellen oder von einem anderen Träger anfordern, gegebenenfalls unter Leistung einer Fianzierungshilfe.
2. Eventuell mit anderen Unternehmen sprechen und einen Umweltberater gemeinsam beschäftigen.
3. Mit Umweltorganisationen in Kontakt treten und Einstellung von Umweltberatern anregen.
4. Auf erstklassige Qualifikation, politische Neutralität und objektive Beratungsleistung des Umweltberaters achten.
5. Den Umweltberater offiziell den Mitarbeitern vorstellen und ihnen Sinn und Zweck der Umweltberatung detailliert erklären.
6. Informationen über staatliche Finanzierungshilfen einholen. Z. B. ist in der Bundesrepublik Deutschland eine finanzielle Unterstützung über sogenannte „Arbeitsbeschaffungsmaßnahmen-Programme“ der Arbeitsämter möglich.
7. Vortrags- und Diskussionsveranstaltungen mit Umweltberatern und Mitarbeitern organisieren, auf denen interessante Themen wie z. B.
   - Chemieeinsatz im Haushalt,
   - Müllvermeidung,
   - Wasser- und Energieeinsparungsmöglichkeiten,
   - gesundes Bauen und Heimwerken

   behandelt werden.
8. Faustregeln für eine objektive und wettbewerbsrechtlich abgesicherte Umweltberatung aufstellen.
   - Sachlich beraten und negative Kritik vermeiden.
   - Nur solche Produkte/Leistungen empfehlen, die in einem sachkundigen, neutralen Verfahren, welches mit Sicherungen gegen Fehlurteile ausgerüstet und um Objektivität bemüht ist,

sich als umweltfreundlich erwiesen haben (z. B. Umweltzeichen „Blauer Engel" des Umweltbundesamtes).
– Keine Behauptungen aufstellen, die unwahr sind oder deren Wahrheit nicht beurteilt werden kann.
– Lobende Äußerungen von umweltfreundlichen Produkten/Leistungen bevorzugen gegenüber der Kritik an umweltschädlichen Produkten oder Leistungen (vgl. Literaturangabe zu P. C. Mohr, Vier Faustregeln für den Umweltberater).

9. Auf absolut vertrauliche Behandlung der Informationen achten, die die Umweltberater im Rahmen der Beratungstätigkeit erhalten.
10. Die Stadt oder Gemeinde zur Einstellung von Umweltberatern anregen.
11. Durch gezielte Information die Mitarbeiter verstärkt für Umweltprobleme sensibilisieren.
Bereits 1973 hat eine Meinungsumfrage, die auf Initiative der Kommission der Europäischen Gemeinschaften durchgeführt wurde, ein außerordentliches Interesse für das Problem „Umwelt" ergeben. Auch in den Folgejahren blieb für die Europäer der Schutz der Umwelt und die Bekämpfung von Umweltverschmutzungen eines der drei wichtigsten Probleme – neben der Arbeitslosigkeit und Armut (siehe: Die Europäer und ihre Umwelt, herausgegeben von der Kommission der Europäischen Gemeinschaften, Brüssel 1982, S. 2).

Tips/Ratschläge für praktischen Umweltschutz an Mitarbeiter geben

12. Energie einsparen.
– Richtige Raumtemperatur einstellen, denn 1°C weniger spart 6% Energie.
– Auf Wäschetrockner verzichten, zumindest auf energiesparende Geräte achten.
– Thermostat-Ventile einbauen (15% Energieeinsparung sind möglich).
– Fenster abdichten/isolieren.
– Keine Heizkörperverkleidungen einsetzen.
– Energiesparende Heizkessel installieren.
13. Wasserverbrauch reduzieren.
– Durchflußbegrenzer in Wasserhähne einbauen.
– Toilettenspülung mit Spartaste ausrüsten.

- Einhebelmischbatterien installieren.
- Undichte Wasserhähne und Toilettenspülungen abdichten.
- Duschen statt baden.

  Diese Maßnahmen, die allesamt keinen großen Aufwand voraussetzen, führen leicht zu einer Wassereinsparung von 10 000 Liter jährlich pro Person und Haushalt.

14. Weniger umweltbelastend waschen.
  - Auf Vorwäsche verzichten.
  - Statt Kochwäsche 60° C-Wäsche wählen.
  - ⅓ weniger Waschmittel pro Waschgang dosieren.
  - Nur mit voller Trommel waschen.
  - Keine Weichspüler und Waschverstärkertücher benutzen.
  - Feinwaschmittel statt Vollwaschmittel einsetzen.
  - Waschmaschinen mit niedrigerem Wasser- und Energieverbrauch kaufen.
  - Flecken separat behandeln.
15. Pflege- und Reinigungsmittel gezielter und umweltschonender einsetzen.
  - Auf WC- und Sanitärreiniger verzichten und dafür grüne Seife oder einen milden Allzweckreiniger benutzen.
  - Kalkablagerungen mit Essigsäure behandeln.
  - Auf WC-Beckensteine und WC-Wasserkastensteine verzichten.
  - Keine chemischen Rohrreiniger einsetzen, Verstopfungsprobleme mit Saugglocke oder Spirale lösen.
  - Wenig fettiges Geschirr mit heißem Wasser ohne Spülmittel waschen.
  - Zur allgemeinen Reinigung vermehrt grüne Seife oder Schmierseife einsetzen.
  - Mittel mit bleichenden und desinfizierenden Eigenschaften vermeiden.
  - Fensterscheiben nur mit Wasser und einem Schuß Essig oder Spiritus reinigen.
  - Normal verschmutzte Böden mit klarem Wasser reinigen; bei stärkerer Verschmutzung einen Schuß grüne Seife oder milden Allzweckreiniger beigeben.
  - Unbehandelte Möbel mit Bienenwachs, Leinölfirnis oder Schellack schützen.
  - Auf Einsatz desinfizierender Mittel verzichten.

16. Abfälle/Müll vermeiden.
    - Keine aufwendig verpackten Produkte kaufen.
    - Mehrwegverpackungen bevorzugen, z. B. Pfandflaschen.
    - Auf Kunststoffverpackungen verzichten.
    - Keine Chemie in die Mülltonne werfen.
    - Papier wiederverwenden oder sammeln.
    - Glas sammeln und zum Recycling geben.
    - Küchenabfälle auf einen Komposthaufen bringen.
    - Altöl bei Sammelstellen abliefern.
    - Dafür sorgen, daß Sammelstellen für Papier, Glas, Sondermüll, Altöl eingerichtet werden.
17. Umweltschonende Lacke, Farben und Holzschutzmittel benutzen.
    - Naturharzlacke verwenden.
    - Im Wohnbereich mit schadstoffarmen Kunstharzdispersionsfarben oder Naturharz- Dispersionsfarben streichen.
    - Im Innenbereich soweit wie möglich auf chemische Holzschutzmittel verzichten.
18. Giftfrei gärtnern.
    - Auf den Einsatz von chemischen Pflanzenschutzmitteln verzichten.
    - Reste von Pflanzenschutzmitteln als Sondermüll behandeln und nicht in die Mülltonne werfen.
    - Möglichkeiten des natürlichen Düngens, z. B. durch Kompost, Gründüngung, Pflanzenjauchen nutzen.
    - Organische Abfälle kompostieren.
    - Keinen Torf verwenden – alternativ dafür Rindenhumus und Kompost.

Alle Tips für geldsparende und gesundheitsfördernde Umweltschutzmaßnahmen entstammen dem „Öko-Sparbuch für Haushalt und Familie", München 1986, verfaßt vom Autorenteam M. Gege, H. Jung, H. J. Pick und G. Winter.

UBA – Unternehmensbefragung 1990

Über die Ausbreitung der betrieblich organisierten Umweltberatung für Mitarbeiterhaushalte trifft die „UBA-Befragung '90" keine repräsentativen Aussagen. Lediglich Einzelbeispiele deuten darauf hin, daß Betriebe in ihren inner- und außerbetrieblichen Informationen zum Umweltschutz – vielfach als „Grünes Brett" bereits zur Regel geworden – auch Hinweise zur ökologiebewußten Haushaltsführung einschließen. Auch diesbezügliches Informationsmaterial des Umweltbundesamtes wird an Mitarbeiter u. a. auf diesem Wege weitergegeben.

Eine äußerst wirksame Initiative zur Eindämmung der von Sondermüll verschiedenster Art ausgehenden Gefahren ergreift immer mehr Unternehmen und sollte schnell zur uneingeschränkten Norm werden. Es handelt sich um die Übernahme und ordnungsgemäße Mitentsorgung sogenannter „Problemabfälle" der Mitarbeiter wie z. B. Altbatterien, überlagerte Medikamente, Altöl, Farbreste, Lösungsmittel, Laugen, Säuren usw. Da die Betriebe ohnehin zur geordneten Entsorgung solcher Abfälle gesetzlich verpflichtet sind, entstehen nur geringe Zusatzkosten, aber ein hoher gesellschaftlicher Nutzen.

Als Beispiel wird im Befragungsmaterial eine Firma in Minden angeführt, die allein im Jahr 1988 für das Werk und die 300 Mitarbeiter 170 l Altöl, 30 kg Medikamente und 50 kg Batterien entsorgte.

Unternehmensbeispiel

Die *Procter & Gamble GmbH* (U 1989/90: 4,09 Mrd. DM, B: 7 300) brachte im Mai 1990 eine Zeitschrift für die Mitarbeiter zu den Themen Umwelt und Produktsicherheit heraus. Unter anderem sind darin auch Tips des WWF zum umweltbewußten Wäschewaschen abgedruckt. Solche Tips sind auch jeder ‚Ariel Ultra'-Packung beigefügt. Des weiteren sind in der Zeitschrift für die Mitarbeiter die Anschrift und ein Spendenkonto des WWF abgedruckt. (Procter & Gamble: Moonbeams, Mai 1990), (BM)

Nr. 11 Check-Liste Energie- und Wassereinsparung

Die Energiekosten sind in den energieintensiven Branchen ein bestimmender Wettbewerbsfaktor, in den Bereichen der Industrie mit geringerem Energieeinsatz ein Rationalisierungsfaktor.

Gleiches gilt angesichts steigender Wasserpreise inzwischen auch für die Wasserkosten. Denn dem Wasser kommt als Energie„träger" in vielen Heizungs- und Kühlsystemen, als Prozeßmedium in vielen Anlagen und schließlich als Abfall„träger" im Sanitärbereich große Bedeutung zu.

Die Beschäftigung mit dem Energie- und Wasserverbrauch in einem Unternehmen führt zu neuen Ideen, die den Produktionsablauf optimieren können. Im Verlauf eines konsequent durchgeführten

Energie- und Wassermanagements kommt es zwangsläufig zu Kosten- und Rohstoffersparnissen.

Planung für energie- und wassersparende Maßnahmen anregen

1. Bestandsaufnahme durchführen.
   Wissen Sie, an welcher Stelle innerhalb des Betriebes am meisten Strom, Wärme, Wasser verbraucht wird?
2. Verbraucher nach der geschätzten Menge des Verbrauches ordnen.
3. Gesamtkosten der zugeführten Energie- bzw. des verbrauchten Wassers ermitteln.
4. Energie- und Wasserkosten so weit wie möglich einzelnen Verbrauchsstellen zuordnen.
5. Ermittelte Daten an einer Stelle des Unternehmens sammeln.
6. Kleine Projektgruppe bilden.
   Zu denken ist insbesondere an Mitarbeiter der Produktion, der Planung, des Einkaufes.

Energie- und Wassereinsparziele festlegen

7. Energie- und Wasserverantwortlichen für den Standort, den Bereich, die Werkstatt, die Abteilung benennen.
8. Ziele für den einzelnen Bereich zusammen mit der Projektgruppe und einem Energieberater formulieren.
9. Mögliche Einsparbeträge benennen und mögliche Auswirkungen der vorgesehenen Maßnahmen diskutieren.

Energie- und Wassermaßnahmen mit kurzer Amortisationszeit auswählen

10. Bei Waschanlagen Auslaufventile mit Spardispers einsetzen.*
11. Bei Duschen automatische Absperrventile einsetzen.*
12. Verluste an undichten Leitungen und Auslaufstellen feststellen und beseitigen.*
13. Bei Spülbädern Temperaturregler verwenden.*
14. Warmwasserleitungen zusätzlich isolieren.*
15. Wärmetauscherflächen häufig reinigen, um bestmöglichen Wärmeübergang zu gewährleisten.*

* Durch * gekennzeichnet sind diejenigen Umweltschutzmaßnahmen, die meist problemlos und relativ kurzfristig zur Vermeidung oder Senkung von Kosten führen.

16. Zur Betriebsüberwachung Wasseranlagen mit Manometern, Thermometern, Durchflußmeßgeräten, Drosselventilen und Durchflußbegrenzern überall dort ausrüsten, wo es sinnvoll und wirtschaftlich erscheint.*
17. Wasser- und Kühlwasserpumpen in Abhängigkeit vom Durchfluß steuern.*

Energie- und Wassersparmaßnahmen mit längerer Amortisationszeit auswählen

18. Rückkühlanlagen anstelle von Stadtwasser einsetzen.
19. Örtlichen Wasserwärmern dann den Vorzug geben, wenn größere Wärmeverluste durch Speicherung und lange Leitungen zu erwarten sind.
20. Wasserversorgung nach Qualität und Quantität voneinander trennen (Trink-, Brauch-, Industriewasser).
21. Direkt mit Außenluft oder geschlossenen Kreisläufen kühlen anstelle von Frischwasserkühlung.
22. In Wasch- und Duschräumen zur Mischung thermostatische Ventile installieren, die mit automatischer Abschaltung arbeiten.
23. Wasseraufbereitungsanlagen für Wasch-, Brauch- und Spülwasser installieren (Wasser-Recycling).

Organisatorische Maßnahmen zur Unterstützung der Energie- und Wassersparmaßnahmen vorsehen

24. Waschgelegenheiten, Duschen und Toiletten regelmäßig auf Dichtheit überprüfen.*
25. Nicht benötigte Wasserstellen absperren.*
26. Undichte Zapfstellen sofort reparieren.*
27. Warmwasser nicht höher als 50°C ab Heizzentrale bzw. Verteiler abgeben. Dem Verbraucher soll Warmwasser nicht über 45°C zur Verfügung stehen.*
28. Minimale Kühlwassermengen vorsehen; reduzierte Wassermenge bringt höhere Austrittstemperaturen.*
29. Frischwasserbedarf von Kühltürmen auf ein Minimum reduzieren. Kühlwasserkreisläufe bei Nichtbedarf abstellen.*
30. Die Zirkulation von Brauchwarmwasser abstellen, wenn länger als 4 Stunden kein Bedarf vorhanden ist.*
31. Zirkulationspumpen für Brauchwasser außerhalb der Betriebszeit abstellen.*

32. Interne Verrechnungskosten möglichst getrennt für Stadtwasser, Hauswasser, Brunnenwasser und Umlaufwasser aufstellen. „Gerechte“ Mengen- und Kostenverteilung nach Verbrauchsmessung.*
33. Notwendige Spül- bzw. Verbrauchsmengen für WC, Duschen und Spülbäder genau einstellen.*

Prioritäten setzen

34. Die besprochenen Maßnahmen an einer Stelle innerhalb der Organisation nach den oben genannten Gruppen zusammenstellen, nämlich
    - organisatorische Maßnahmen,
    - Maßnahmen mit kürzerer Amortisation,
    - Maßnahmen mit längerer Amortisation.
35. Die Erledigung periodisch kontrollieren lassen.
36. Durchgeführte Maßnahmen in Form eines Soll/Ist-Vergleiches überprüfen.
37. Ergebnisse in Form eines Kurzprotokolls zur Information an die Mitarbeiter geben.
38. Die erzielten Energieeinsparungen interessierten Gruppen innerhalb und außerhalb der Abteilung demonstrieren.

Einsparungen fortsetzen

39. Sich nicht mit dem Erreichten zufrieden geben.
40. Nächste Stufe einleiten.

UBA – Unternehmensbefragung 1990

Ein umweltbewußtes Unternehmen trägt also zur Energie- und Wassereinsparung sowohl indirekt über die Funktion seiner Produkte (vgl. Check-Liste 12) als auch direkt über deren Fertigungsprozeß (vgl. Check-Liste 14) selbst bei. Obwohl dieser wichtige Bereich umweltorientierter Unternehmensführung kein eigenständiger Analysegegenstand der „UBA-Befragung '90“ war, finden sich an zahlreichen Stellen der Befragungsergebnisse aufschlußreiche Aussagen.

Das unmittelbare Motiv der Mehrheit der befragten Unternehmen zur Einsparung von Energie und Wasser (wie übrigens auch zur ressourcenschonenden Stoff-Substitution) liegt eher im Bereich der Umweltverträglichkeit der Produktion, in der Imageverbesserung der

Unternehmen und in der Kostensenkung begründet als in der Verantwortung für die drohende Ressourcenverknappung. So sehr diese etwas einseitige Motivlage aus kaufmännischer Sicht verständlich sein mag, so wenig befriedigend ist sie gemessen an den Grundsätzen eines als umweltbewußt geltenden Unternehmens. Der Einsatz der Produktlinienbetrachtung bzw. von Ökobilanzen ist bei den befragten Unternehmen in der Regel nur spärlich entwickelt.

Zur Wassereinsparung gehört bekanntlich nicht nur die Einschränkung des absoluten Verbrauchs, sondern auch der Beitrag des Verbrauchers zur Erhaltung der Wasserqualität in den verfügbaren Ressourcen. Wenn beispielsweise dem Einsatz umweltverträglicher Materialien von den Energie- und Wasserversorgern (100 Prozent), von den Eisen- und NE-Metallerzeugern (86 Prozent) sowie der Feinkeramik-, Glas- und Papierindustrie (83 Prozent) sehr hohe Bedeutung zukommt, ihm jedoch bei 50 Prozent der Befragten der Chemieindustrie nur „etwas Bedeutung" zukommt, so kann dies wirklich nur teilweise mit der Feststellung in der „UBA-Befragung '90" erklärt werden, daß „Umweltverträglichkeit für die Chemische Industrie ein Verfahrens- und Emissionsverhinderungsproblem im eigenen Produktionsprozeß darstellt, die vor- und nachgelagerten Stufen der stofflichen Umwelteinwirkung jedoch weitgehend ausgeklammert bleiben."

Bei den eingesetzten Methoden zur Energie- und Wassereinsparung fällt auf, daß das Engagement des kaufmännischen Bereichs weit hinter dem des technischen zurückliegt.

Ein nachahmenswertes Beispiel zur Vervollkommnung des Energie- u. Wasser-Managements beschreibt die „UBA-Befragung '90" im Rahmen einer Sonderbefragung zur ökologieorientierten Wertanalyse. Als methodische Neuerung dieser „Umwelt-Wertanalyse" wird die Erweiterung der herkömmlichen Wertanalyse – Kriterien „technisch machbar" und „wirtschaftlich interessant" um die Kategorie „ökologisch verträglich" eingeführt. Befragungspartner war ein Unternehmen der Möbelindustrie; das Objekt der Pilotstudie ist die Verpackung von Möbelteilen mittels Schrumpffolie.

Ergebnis der WA-Studie ist: der Austausch des Energieträgers von elektrischem Strom durch Abfallholz, eine (u. a. auch wassersparende) Verfahrensoptimierung und die Vermeidung bzw. das bessere Recycling von Verpackungsabfällen. Neben zahlreichen ökologischen Effekten erbrachte ein Kostenvergleich allein für den Stromverbrauch eine jährliche Einsparung von 169 000 DM.

Unternehmensbeispiele

1. Die Firma *„BERGMANN GmbH* natürlich wohnen“ (U 1992: ca. 100 Mio. DM, B: 350), B.A.U.M.-Mitglied, hat als bedeutenster Anbieter von Massivholzmöbeln ein integratives Umweltkonzept entwickelt. Holzreste werden zur Eigenenergiegewinnung genutzt, Abfallsorten werden spezifisch gesammelt und entsorgt. Die Möbel werden mit natürlichen Oberflächen wie Ölen und Wachsen geschützt und es werden nur regenerative Hölzer der nördlichen Region verwendet. (NM)
2. In der *Demmel Schilderfabrik GmbH & Co.* (U 1991: 22 Mio. DM, B: 205), B.A.U.M.-Mitglied, wurde im Bereich Galvanik für jeden Teilstrom eine separate Wasseruhr installiert. Dadurch konnte die Abwassermenge um ca. 20 Prozent reduziert werden. Außerdem werden vorhandene Behandlungstechniken gezielter genutzt. (BU)
3. Die *Deutsche Lufthansa AG* (U 1990: 12,8 Mrd. DM, B: 48 711) ersetzt bis 1992 die Boeing 727 durch den Airbus A 320. Der A 320 verbraucht pro Kilometer 40 Prozent weniger Sprit als die 727. Die Lufthansa kann damit pro Jahr rund 110 000 t Kerosin, die ca. 77 Mio. DM kosten, einsparen. (Süddeutsche Zeitung, 25.04.1990) (EM)
4. Die *Digital Equipment Corporation* (U 1991: 1,8 Mrd. DM, B: 4 492), B.A.U.M.-Mitglied, hat in ihrer deutschen Niederlassung in Kaufbeuren „Visonetic Energyk“ als Werkzeug zur Energieeinsparung eingeführt. Mit diesem Instrumentarium werden die Daten des Wasser- und Stromverbrauchs transparent gemacht, was den sparsameren Umgang mit diesen Ressourcen fördert. 1991 konnte das Unternehmen seinen Stromverbrauch um fast 1,5 Mio. KWh gegenüber dem Vorjahr reduzieren. Die Wassereinsparung belief sich auf 12 400 Kubikmeter; der Energieverbrauch im Bereich Gas und Heizung sank um bis zu 10 Prozent. (BU)
5. Die *Ganter Schuhfabrik GmbH* (U 1990: 44,3 Mio. DM, B: ca. 330), B.A.U.M.-Mitglied, hat eine Vielzahl von Energiesparmaßnahmen im Bereich der Produktion ergriffen. Neben Vorkehrungen zur Wärmedämmung bei der Dachkonstruktion der Produktionshalle sorgt die Zufuhr der durch Maschineneinsatz erwärmten Luft in die Frischluft für eine Verringerung des Energieverbrauchs. Dadurch konnten 30 Prozent der Heizkosten eingespart werden. In der Pneumatik wurde durch den Ersatz zweier Kol-

benkompressoren durch einen Schraubenkompressor der Energieverbrauch um 40 Prozent gemindert. Für eine Reduzierung der Energiespitze sorgen sogenannte Stromwächter, die bei Höchstbelastung bestimmte Aggregate ausschalten. (BU)

6. Die *Gummi-Mayer KG* (U: 625 Mio. DM, B: 2 700) und die *Vergölst GmbH* (U 1990: 402 Mio. DM, B: 1 600), B.A.U.M.-Mitglied, beides Markenhersteller von Recycling-Reifen, erzielen durch die Runderneuerung erhebliche Ressourceneinsparungen und verringern zugleich drastisch die Abfallberge. Während für einen neuen Reifen 35 Liter Erdöl und ein raffiniert strukturiertes Gewebe aus Cordfächen oder extrem dünnen Stahlseilen benötigt werden, reduziert sich der Aufwand beim zweitgummierten Reifen auf nur 5,5 Liter Erdöl. Zudem entlasten die Recycler Deponien und Verbrennungsanlagen um jährlich mehr als 130 000 t Altreifen (Gesamtanfall in der Bundesrepublik: rund 450 000 t). (Blick durch die Wirtschaft, 16. 5. 1990) (EM)
7. Bei der *Holsten-Brauerei AG* Hamburg (U 1991: 830 Mio. DM, B: 1 519), B.A.U.M.-Mitglied, entfielen im letzten Jahrzehnt rund 13 Prozent aller Aufwendungen bei technischen Investitionen auf Umweltschutzmaßnahmen. Durch neue Anlagen und Mehrfachbenutzung konnte der Wasserverbrauch in den vergangenen zehn Jahren um 58 Prozent pro Einheit gesenkt werden. Auch die Abwasserbelastung wurde spürbar gesenkt. So wurde die Schmutzfracht durch separate Entsorgungssysteme für Überschußhefe, Abfallkieselgur, abgelöste Etiketten und durch Wiederaufbereitung von Lauge aus der Flaschenreinigung drastisch reduziert. Der Einatz schwermetallfreier Etiketten führte zu einer deutlichen Unterschreitung der Einleiter-Grenzwerte für Kupfer und Zink. Darüber hinaus konnte neben einer Reihe kleinerer Wärmerückgewinnungsanlagen im Produktions- und Abfüllbereich sowie in der Gebäudetechnik vor allem durch den Einsatz einer großtechnischen Wärmepumpe mit Wasserdampf als Energieträger der Einsatz von Primärenergie um 48 Prozent pro Einheit reduziert werden. (NM)
8. Die britische *Imperial Chemical Industries Pls.* fertigt für die *Wella AG* (Konzernumsatz: 2,2 Mrd. DM, B im Konzern: 12 500) Haarwaschmittelflaschen aus biologisch abbaubarem Kunststoff. Das dabei verwendete Basismaterial Biopol wird aus mit normalem Zucker gefütterten Mikroorganismen erzeugt. Durch dieses Verfahren werden die Vorräte an fossilen Energie-

vorräten, die zur Erzeugung herkömmlichen Kunststoffs nötig sind, geschont. Landwirtschaftliche Überschüsse lassen sich zudem besser verwerten. (Wirtschaftswoche, 11. 05. 1990) (UM)

9. Die *KEG, Krankenhausentsorgungsgesellschaft mbH* (U 1991: 8 Mio. DM, B: ca. 50), B.A.U.M.-Mitglied, verwendet für die Dampfdesinfektion von Krankenhausabfällen ausschließlich Sekundärenergie in Form von Dampf aus der benachbarten Hausmüllverbrennung. Durch Kondensation frei werdende Wärme wird zusätzlich für das Aufheizen von Brauchwasser eingesetzt, das im Betrieb an anderen Stellen benötigt wird. (BU)
10. In der *Robert Bosch GmbH* (U: 15,1 Mrd. DM, B: 71 930), B.A.U.M.-Mitglied, wird durch Recycling-Systeme der Verbrauch von Frischwasser um 40 Prozent reduziert. Bei den Chlorwasserstoffen konnte der Bedarf um 65 Prozent vermindert werden. (Blick durch die Wirtschaft, 10. 11. 89) (BM)
11. Die *Staatl. Mineralbrunnen GmbH Bad Brückenau* (U 1991: 14 Mio. DM, B: 60), B.A.U.M.-Mitglied, hat sich bei der Energieversorgung der Abfüllanlage für Erdgas und für das System der Kraft-Wärme-Kopplung entschieden. Per Gasmotor wird in einem Blockheizkraftwerk elektrische Energie erzeugt. Die dabei entstehende Abwärme, etwa 67 Prozent der im Erdgas gespeicherten Energie, wird durch Wärmetauscher zurückgewonnen und zur Warm- und Heißwasserbereitung eingesetzt. Das System, das die Abfüllanlage fast vollständig mit Strom und Wärmeenergie versorgt, verbraucht rund 30 Prozent weniger Energierohstoffe als herkömmliche Methoden der Energiegewinnung.(BU)
12. Die *Staedtler Mars GmbH & Co* (U 1991: 493 Mio. DM, B: 4 000), B.A.U.M.-Mitglied, hat durch den Einsatz einer Wasseraufbereitungsanlage und luftgekühlter Kondensatoren mit geschlossenen Kühlkreisläufen sowie durch die Verwendung wassersparender Duscharmaturen ihren Wasserverbrauch um 40 Prozent gesenkt. Die Beheizung der gesamten Warenannahme und des Hochregallagers durch erwärmte Kühlluft mit Hilfe von Druckluft-Kompressoren erlaubt die jährliche Einsparung von rund 400 000 KWh Energie. Ein neues Brennverfahren für Graphitminen reduziert darüber hinaus den Energieverbrauch um rund 40 000 KWh an Strom und 1 250 000 KWh an Gas. (BU)
13. In einem Werk der *Zellstoff- und Papierfabrik Frantschach AG* (U: 1,8 Mrd. Schilling, B: 760) aus Österreich konnte durch ein

Reinigungsverfahren und ein Wasserkreislaufsystem der Wasserbedarf pro Kilogramm Papier von 150 auf 25 Liter gesenkt werden. (Die Presse, 28. 12. 1988) (UM)

Nr. 12 Check-Liste Produktentwicklung

Die Produktentwicklung soll das Leistungsprogramm eines Unternehmens marktgerecht gestalten. „Marktgerecht" heißt in vielen Fällen heute schon direkt auch „umweltgerecht", jedenfalls bei allen Produkten, die wegen ihrer möglichen Folgen für die Umwelt einer Produktregulierung (wie etwa Automobile oder Waschmittel) oder zumindest einer gesteigerten Aufmerksamkeit seitens des Konsumenten unterliegen (letzteres etwa bei Verpackungsmitteln).

Aber auch solche Produkte, bei denen die potentielle Umweltschädlichkeit nicht so offenkundig ist wie bei den eben genannten Beispielen, sollten einer umweltorientierten Produktentwicklung unterzogen werden. Denn im Stadium der Produktentwicklung wird auch über Materialien und Produktionsprozesse, und damit eben über die aus der Sicht des Naturhaushalts wesentlichen stofflichen Fragen entschieden.

Die nachstehende Check-Liste eröffnet die Möglichkeit, im Rahmen der Produktentwicklung ökologische Aspekte neben ökonomischen Aspekten zu berücksichtigen.

Die Wertanalyse auch ökologisch nutzen

1. Überprüfen, ob zur Herstellung nicht regenerierbare Rohstoffe eingesetzt werden, an denen eventuell Raubbau betrieben wird. Beispiel: verbrauchte Mengen an Wasser und Luft.
2. Überprüfen, ob zur Herstellung große Energiemengen benötigt werden:
   - Energiebedarf/Arbeitsstunde,
   - Energiebedarf/Produkteinheit.
3. Überprüfen, ob Verbrauch, Gebrauch und/oder Pflege beim Verwender mit hohem Energieverbrauch bzw. mit hoher Luft-, Wasser- oder Bodenbelastung verbunden sein werden.
4. Überprüfen, ob das Produkt aufgrund der eingesetzten Materialien leicht in den biologischen Naturkreislauf und den technischen Rohstoffkreislauf zu integrieren ist. Zu beachten sind insbesondere
   - Reaktivierungsmöglichkeiten der gebrauchten Produkte,

- Energiebedarf bei der Reaktivierung,
- nicht verwendbare Abfälle,
- Energiebedarf für die Abfallbeseitigung.

5. Überprüfen, ob sich die Materialien und Komponenten leicht der Wiederverwertung zuführen lassen.
   - Bedenken, daß die Entsorgung PCB-haltiger Askarel-Transformatoren nur über Sondermülleinrichtungen möglich ist,
   - Leuchtstoffröhren und Entladungslampen wegen der enthaltenen umweltschädlichen Stoffe (Schwermetalle) sammeln und unzerstört(!) an den Hersteller zurückgeben.

Stoffliche Zusammensetzung und konstruktiven Aufbau nicht ohne Berücksichtigung der ökologischen Wirkungen bei Produktion, Ge- und Verbrauch sowie Entsorgung festlegen

6. Stoffliche Zusammensetzung der Erzeugnisse unter Vermeidung umweltschädlicher Substanzen festlegen und gefährliche Stoffe unter Einschaltung der Materialwirtschaft substituieren.
   - Cyanidhaltige durch cyanidfreie Elektrolyse ersetzen.
   - Antimonoxid im Bereich Flammhemmittel für Textilien und Kunststoffe ersetzen.
   - Antimonsulfit bei Bremsbelägen ersetzen.
   - Arsenoxid als Läuterungsmittel für Glas durch Antimontrioxid ersetzen.
   - Bleimetalle bei Gleitlagern durch bleifreie Legierungen ersetzen.
   - Bleimetall bei Bleiloten durch Zinn oder andere Verfahren ersetzen.
   - Cadmiummetall zum Cadmieren durch Zink und Aluminium ersetzen.
7. Standardisierung zur Reduzierung des Teilspektrums anstreben.
   - DIN- und Normteile verwenden.
   - Anzahl der Mehrfachverwendungsteile erhöhen.
8. Erforderliche Arbeits- und Betriebsmittel unter ökologischen Gesichtspunkten mit ins Kalkül ziehen.
9. Gesetzgeberische und behördliche Eingriffe bei der Entwicklung berücksichtigen, z. B. durch
   - cadmiumfreie Schrauben für Schwedenexporte,
   - niedrige Formaldehydgehalte in Spanplatten.
10. Produkte derart gestalten, daß bei der Fertigung der Werkstoffeinsatz minimiert wird.

- Wand- und Blechdicken reduzieren, ohne allerdings damit etwaige Risiken zu vernachlässigen.
- Verschnittmengen bei spanender und spanloser Fertigung senken (eckig statt rund).
- Abfälle durch Flächenschluß mittels Gleitspiegelung bei der Anordnung auszustanzender Blechteile vermindern.

11. Bei chemisch-technologischer Fertigung Verfahrenswahl ökologisch optimieren.
    - Schwefelsäure kann aus Gips, Kalirohsalz, Schwefelwasserstoff oder schwefelhaltigen Erzen gewonnen werden.
    - Zellstoff kann mit Kalziumbisulfitverfahren (hohe SO_2-Emission) oder Magnesiumbisulfitverfahren (geringe SO_2-Emission, dafür MGO-Emission) hergestellt werden.
12. Unter Beachtung aller Vorstufen der eigenen Produktion und des Energiebedarfs der Beseitigung das Produkt energieoptimal gestalten.
    - Formdimension beachten: Klein ist besser als groß.
    - Formkontur beachten: Aerodynamik beeinflußt Energieverbrauch.
    - Materialinhalt optimieren.
        - Gewichtsreduktion spart Energie.
        - Keramische Bauteile ermöglichen bessere Wärmeisolierung.
        - Sinterkeramische Bauteile verringern den Brennstoffbedarf.
13. Produkte entsorgungsfreundlich unter Minimierung der Inanspruchnahme der Umwelt als Abfallaufnahmemedium gestalten.
    - Verpackung unter ökologischen Gesichtspunkten minimieren bzw. auf übermäßige Verpackung von Gütern verzichten.
        - Für Schleifscheiben oder andere scheibenförmige Produkte mit großem Durchmesser sechseckige Kisten verwenden (spart 15 % Holz im Vergleich zu quadratischen Abmessungen).
        - Standardisierte Verpackungseinheiten zur optimalen Raumausnutzung im Transportmittel und Lager verwenden.
        - Packstoff mit der niedrigsten erforderlichen Energie-Einsatzmenge wählen.
        - Packmittel für die Mehrfachverwendung konzipieren.
    - Langlebige Produkte entwickeln.
        - Funktionale und stilistische Lebensdauer der Produkte erhöhen.

- Materialdeterminierte Lebensdauer erhöhen.
- Produkte reparatur- und wartungsfreundlich gestalten.

14. Produkte unter dem Gesichtspunkt einer umweltverträglichen Verwertung nach Gebrauch entwickeln.
    - Umweltgefährdende Stoffe substituieren.
    - Materialien einsetzen, die nach Gebrauch einer Verwertung zurückgeführt werden können.
    - Leichte Zerlegbarkeit der Produkte sicherstellen.

UBA – Unternehmensbefragung 1990

Die „UBA-Befragung '90" geht von einer zentralen Stellung des Bereiches „Forschung und Entwicklung" (F&E) bei der umweltorientierten Produktentwicklung aus. Dies ergibt sich zum einen aus der hohen Umweltbetroffenheit dieses Bereiches im allgemeinen (mit 67 Prozent an zweiter Stelle hinter dem Bereich Produktion) und zum anderen aus der Integration von Umweltschutzgedanken in die F&E-Grundsätze bei 76,4 Prozent der befragten Unternehmen im besonderen.

Immerhin 4,0 Prozent von ihnen setzten die „Entwicklung umweltfreundlicher Produkte/Stoffe/Verfahren" auf den 1. Rang, 4,9 Prozent auf den 2. Rang und 4,2 Prozent auf den 3. Rang von 11 F&E-Zielen.

Das höchstbewertete Ziel ist die Qualitätssteigerung (25,6 Prozent), gefolgt von der „Erschließung neuer Marktpotentiale" (16 Prozent), der Kostensenkung (15,2 Prozent) und dem „Erfüllen von Kundenbedürfnissen" (13,6 Prozent).

Bedenklicherweise setzten nur jeweils 2,4 Prozent die „Materialeinsparung" und die „Energiegewinnung/-ausnutzung" auf Rang eins.

Ein etwas „umweltfreundlicheres" Bild zeigten die gefragten Zielbeziehungen zwischen F&E- und Umweltzielen der Unternehmen (vgl. Abb. 14).

Für die von der angespannten Umweltsituation sicher nicht unbehelligte Zukunft des Gütesiegels „Deutsche Wertarbeit" scheint die Tatsache äußerst bedeutsam, daß nicht nur die Qualitätsführerschaft in den F&E-Zielen der deutschen Unternehmen einen hervorragenden Rang einnimmt, sondern im F&E-Bereich nunmehr auch die Beziehungen zwischen der Qualitätssteigerung und den Umwelt-

Abb. 14: Umweltschutz und F&E Im Betrieb: (UBA 1990)

Umweltschutz fördert Forschungsziele
Lassen sich durch die Verfolgung von Umweltschutzzielen im F&E-Bereich die betrieblichen Kosten senken? Jeder dritte Unternehmer meint, daß dies möglich sei. Dagegen sieht nur jeder vierte Umweltschutzziele in diesem Zusammenhang als hemmend an. Das ergab eine bundesweite Befragung von knapp 600 Unternehmen. Umweltschutzziele sind auch für andere Forschungs- und Entwicklungsziele – aus Unternehmersicht – eher förderlich als hemmend.

schutzzielen von der Mehrheit der Unternehmen als komplementär oder zumindest neutral beurteilt werden.

Wenn dennoch 23,8 Prozent von ihnen das F&E-Ziel „Kostensenkung" als konkurrierend zu den Umweltschutzzielen einordnen, so dürfte es sich dabei auch um jene Unternehmen handeln, bei denen „tendenziell umweltorientierte Kriterien nicht in den F&E-Prozeß einbezogen (werden), weil dies die Optimierungsprozesse behindert."

Bis zu 67 Prozent der befragten Unternehmen gaben an, unter den verschiedensten Einflüssen auf ihre Wettbewerbskraft den Umweltschutz stets als starke Quelle für Innovationen empfunden zu haben. Um so bedauerlicher ist eine in der „UBA-Befragung '90" festgestellte Tendenz zur Zurückhaltung der Unternehmen, in den alles in allem doch expandierenden Umweltschutzmarkt zu diversifizieren.

Schließlich sei auf einen für die Unternehmensführung interessanten Zusammenhang zwischen Public Relations, Marketing und Umweltschutz verwiesen: Bei 57,1 Prozent der befragten Unternehmen eröffnete der Umweltschutz über Kundenanregungen aus Verbraucherabteilungen dem betrieblichen Know-how neue Anwendungsmöglichkeiten!

Unternehmensbeispiele

1. Die Firma *Brauns-Heitmann* (B 1990: 250) bietet ihr HEITMANN Vollwaschmittel seit Juni 1991 im Lebensmittelhandel in einer HEITMANN Waschmittel-Abfüllstation an. Aus dieser kann sich der Verbraucher sein Waschmittel in die wiederverwertbare Originalflasche selbst abfüllen. Dieses System spart Geld und schont die Umwelt. (NM)
2. An den Produkten des Schweizer Einzelhändlers *Migros* (U 1990: 14 Mrd. Franken, B: 68 000) kann man den Willen, Ökonomie und Ökologie miteinander zu vereinbaren, klar erkennen. Bei vielen Produkten wie zum Beispiel Zahnpastatuben wird auf Faltschachteln verzichtet. Zu den Weichspülmitteln, Shampoos, Flüssigseifen, Flüssigwaschmitteln und den Gläsern mit löslichem Kaffee gibt es Nachfüllpackungen. Getränke in Dosen wurden nie verkauft. Es wurden dünnere Joghurtdeckel und leichtere Gewürzgläser verwendet, und aus den Spraydosen wurden bereits 1988 FCKW's als Treibmittel verbannt. (FAZ, 05. 10. 1989) (EM)
3. Die *Procter & Gamble* GmbH (U 1989/90: 4,09 Mrd. DM,

B: 7300) hat bereits 1989 begonnen, für Höschenwindeln oxidationsgebleichten Zellstoff zu verwenden, anstelle des bis dahin üblichen chlorgebleichten Sulfatzellstoffes, durch den die Abwässer erheblich belastet wurden. Außerdem konnten bei Höschenwindeln aufgrund von feuchtigkeitsspeichernden Substanzen ca. 30 Prozent Zellulose eingespart werden. Für die dünneren und 17 Prozent leichteren Windeln wird wesentlich weniger Verpackungsmaterial benötigt. Außerdem konnten der Transportaufwand und der Lagerraumbedarf deutlich reduziert werden. Die von Procter & Gamble eingeführten Kompaktverpackungen senken noch einmal den Verbrauch von Rohstoffen und Energie bei Verpackungen und Transport um 50 Prozent. (NM)

4. Der Reinigungs- und Pflegemittelhersteller *Werner & Mertz* (U 1990: 300 Mio. DM, B: ca. 1 200) brachte bereits im Frühjahr 1986 einen biologisch gut abbaubaren Allzweckreiniger auf den Markt. Inzwischen ist die Serie, die unter dem Markenzeichen „FROSCH“ angeboten wird, auf neun umweltorientierte Produkte erweitert worden. Zu dem Sortiment zählen sechs Putzmittel, ein Flüssig-Waschmittel, ein Bleich-Soda, ein Enthärter sowie ein Wasserfilter. Die Frosch-Produkte machen mittlerweile ca. 45 Prozent des Gesamtumsatzes bei Werner & Mertz aus. Im Putz- und Pflegemittelmarkt gehört Frosch daher zu den umsatzstärksten Marken im Markt. (Wirtschaftswoche, 02. 02. 1990) (EM)

5 Der Schokoladen- und Süßwarenhersteller *Wissoll Wilh. Schmitz-Scholl* (U 1989: 200 Mio. DM, B: 1 200) bietet eßbare Pralinenverpackungen an. Das Unternehmen will damit gegen die zunehmende Verpackungsflut angehen. Zusammen mit dem Waffel-Hersteller *Helmut Löser GmbH & Co. KG* (U: 25 Mio. DM, B: 130) wurde dieses neue Produkt entwickelt. Allein bei Wissoll sind 25 Fachleute mit der Verbesserung und Weiterentwicklung gesunder, natürlicher und umweltschonender Produkte und Produktverpakkungen beschäftigt. (FAZ, 07. 02. 1990) (BM)

6. Die *Zweckform Büro-Produkte GmbH* (U 1990: 181 Mio. DM, B 1990: 343), B.A.U.M.-Mitglied, produziert schon seit den 70er Jahren fast alle ihre Papierprodukte aus Recyclingpapier. Da Altpapier ein preiswerter Rohstoff ist, war es möglich, die Recyclingpapier-Produkte preisgünstiger als Konkurrenten auf den Markt zu bringen. War zunächst nur die Entwicklung eines neuen Produktes geplant, so ist daraus eine Unternehmenspolitik geworden, bei der neben wirtschaftlichen Zielen auch ökologische Aspekte

berücksichtigt werden. 1978 entfiel nur ein Prozent des Umsatzes auf umweltschonende Produkte. 1988 waren es schon 40 Prozent. Dabei konnte der Gesamtumsatz mehr als verdreifacht werden. Traditionelles Papier wird heute nur noch dort eingesetzt, wo Recyclingpapier noch keine Alternative ist. (Süddeutsche Zeitung, 23. 9. 89) (EM)

Nr. 13 Check-Liste Materialwirtschaft

Die Materialwirtschaft ist das Versorgungssystem des Unternehmens. Sie sichert die Liefer- und Produktionsbereitschaft zu wirtschaftlichen Bedingungen vom Beschaffungsmarkt über alle Wertsteigerungsstufen des Unternehmens bis hin zum Absatzmarkt.

Im Verantwortungsbereich der Materialwirtschaft liegen, schließt man nicht nur die Beschaffung von Verbrauchsgütern, sondern auch die von Investitionsgütern ein, oft mehr als die Hälfte der Kosten eines Unternehmens. Diese können für umweltschädliche, umweltneutrale oder umweltfreundliche materielle und immaterielle Produkte aufgewandt werden.

Aufgrund der neuen Verpackungsverordnung, die für den Vertreiber von Verpackungen Rücknahmepflichten mit Freistellungsmöglichkeiten (z. B. Beteiligung am System „Grüner Punkt") statuiert, erlangt gegenwärtig das Verpackungsmanagement gegenüber den Kunden und Lieferanten des Unternehmens starke Bedeutung.

Die folgende Check-Liste zeigt jene Gesichtspunkte auf, welche im Rahmen einer ökologisch orientierten Materialwirtschaft Berücksichtigung finden sollten.

Istanalyse über die vom eigenen Unternehmen im Beschaffungsbereich ausgehenden Umweltbelastungen erstellen

1. Stofflich-energetische Bilanzierung durchführen.
   – Betriebliche Daten erfassen.
     • Die in die Produktion eingehenden Stoffe erfassen.
     • Stoffumwandlungen im Produktionsprozeß aufzeigen.
     • Ergebnisse hinsichtlich Form, Menge und Zusammensetzung aufzeigen.
   – Ökologische Auswirkungen erfassen.
     • Die emittierten Stoffe betrachten und sie an ihren ökologischen Wirkungsort weiterverfolgen.
     • Einwirkungen auf das betroffene Gebiet ermitteln:

+ Transport- und Ausbreitungsverhalten,
+ Persistenz (Zeitraum bis zum biologischen Abbau),
+ Akkumulationsverhalten (Transport- und Anreicherung in der Nahrungskette),
+ mögliche Umwandlungsprozesse.

– Soll-Vorgaben konzipieren.
  • Zielgerichtete betriebsplanerische Aussagen ableiten.
  • Ökologischen Belangen Priorität einräumen.
  • Innerbetriebliche Stoff- und Energiekreisläufe erarbeiten.

2. Materialwirtschaftliche Umweltkennziffern errechnen.
   – Umweltelastizitäten ermitteln, die angeben, um wieviel Prozent der „Umweltverbrauch" (z. B. die vom Betrieb ausgehenden Emissionen bei gefährlichen Stoffen, das Sondermüllaufkommen etc.) ansteigt, wenn ein bestimmtes Einkaufsvolumen um 1 Prozent ansteigt.
   – Recyclingquote ermitteln als Anteil des recyclierten Materials an dem Gesamtmaterialverbrauch p. a.

Ökologisch orientierte Einkaufskonzeption formulieren

3. Umweltgefährliche Stoffe im Produktionsbereich substituieren (siehe auch Check-Listen „Produktentwicklung" und „Fertigungstechnik"), z. B.:
   – Bei Brems- und Kupplungsbelägen, Dichtungen, Fußbodenbelägen und bauchemischen Produkten Asbest ersetzen.
   – Im Oberflächenschutz beim Verzinken Cadmium durch cadmiumarmes Feinzink, galvanisches Aluminieren oder Aluminiumbedampfung ersetzen.
   – Chlorkohlenwasserstoffe im Bereich Kaltreiniger ersetzen durch abwasserentlastende Kaltreiniger.
   – PCB-haltige Transformatoren durch Trockentransformatoren oder silikongefüllte Transformatoren ersetzen.
4. Umweltschädliche Betriebsmittel im allgemeinen Verwaltungsbereich durch umweltfreundlichere Produkte ersetzen, z. B.
   – Tapeten und Rauhfaser aus Papierrecycling für die Raumausstattung,
   – schadstoffarme Lacke für Instandhaltungsmaßnahmen,
   – blei- und chromatarme Anstrichstoffe für den Korrosionsschutz,
   – salzfreie, abstumpfende Mittel für den Winterdienst,

- umweltschonende Rohrreiniger,
- Produkte aus Recyclingkunststoffen (etwa: Pflanzenbehälter, Parkmöbel, Bakenfüße, Bodenbeläge, Baufolien),
- Papierhandtücher und Papierputztücher für den Sanitär- und Putzbereich,*
- Umweltschutzpapier für den grafischen Bereich (Formulare, Briefpapier, Umschläge, Mappen),*
- Mehrwegflaschen im Kantinenbereich,
- Mehrwegstiegen für Lebensmittel im Kantinenbereich
- wassersparende Spülkästen und Duscharmaturen (siehe auch Check-Liste „Energie- und Wassereinsparung"),*
- energiesparende Leuchten (Dreibandenleuchtstofflampen, Kompaktleuchtstofflampen, einseitig gesockelte Leuchtstofflampen, Halogen-Metalldampflampen, Natriumhochdruckdampflampen).*

5. Umweltschädliche Ausstattungen im Bürobereich, insbesondere Ordnungs- und Ordnungshilfsmittel aus unnatürlichen Werkstoffen durch Mittel aus natürlichen Werkstoffen ersetzen, z. B.
   - Ablagekörbchen aus Pappe, Karton oder Holz,
   - Karteikästen aus Holz,
   - Ordner aus Pappe ohne Kunststoffkaschierung mit trennbarem Deckel und Hebelmechanik,
   - Hefter und Mappen aus Pappe,
   - Papierkörbe mit Einlagen für sonstige Abfälle zur getrennten Papiersammlung aus Holz, Korbgeflecht oder Altpapier,
   - Lineale aus Buchenholz mit Metalleinlage,
   - Stempel, Stempelkissen und Stempelträger aus Holz bzw. Metall,
   - Schreibstifte mit Wechselminen, nachladbare Tintenschreiber,
   - Füller, unbehandelte Bleistifte,
   - lösemittelfreie Leime, Kleister, Klebstifte,
   - Korrekturflüssigkeiten auf Wasserbasis.
6. Umweltschädliches Verpackungsmaterial vermeiden.
   - Volumen und Gewicht der Verpackung minimieren.
   - Wiederverwendbare Verpackungen (Mehrwegverpackungen) einsetzen.

* Durch * gekennzeichnet sind diejenigen Umweltschutzmaßnahmen, die meist problemlos und relativ kurzfristig zur Vermeidung oder Senkung von Kosten führen.

- Verpackungen verwenden, deren Material recycliert werden kann.
- Unter anderem folgende Verpackungen nach Möglichkeit substituieren:
  - Verbundverpackungen, wie z. B. beschichtete Papiere, Bitumenpapiere, Materialkombinationen Papier/Kunststoff oder Metall/Kunststoff oder Papier/Metall,
  - Mehrkomponentenkunststoffe,
  - PVC,
  - Imprägniertes, beschichtetes Holz,
  - Verpackungsmaterialien, bei deren Herstellung FCKW verwendet worden ist.

Beschaffungsmarktforschung mit dem Ziel der Ersetzung umweltschädlicher Produkte durchführen

7. Produktanforderungen ermitteln und Produktinformationen zusammenstellen.
   - Unternehmensinterne Verwendung des Produktes ermitteln und deren Problematik aufzeigen (Beispiel: formaldehydhaltige Spanplatten als Abdeckplatten für Waschmaschinen und Geschirrspüler).
   - Produktbestandteile und ihre Eigenschaften aufzeigen (Beispiel: ökotoxikologische Wirkung von PCB in Transformatoren).
   - Produktbesonderheiten ermitteln (Beispiel: Lagerfähigkeit, Lager- und Transportempfindlichkeit).
8. Lieferanteninformationen zusammenstellen, insbesondere Herstellungsverfahren beim Lieferanten erfragen (Beispiel: Kurzflotten- oder Langflottentechnik in der Textilindustrie; Einsatz der Sparspültechnik im Galvanikbetrieb; Magnesiumbisulfit- statt Calciumbisulfitverfahren bei der Papierherstellung).
9. Lieferanten- und Brancheninformationen für alternative Produkte abfragen.
   - Informationsquellen für alternative Produkte abfragen (vgl. Hinweise am Schluß dieser Check-Liste).
   - Gegebenenfalls umweltschutzorientierte Institute in die Marktanalyse einschalten (etwa das Institut für Stadtforschung und Strukturpolitik Berlin, das Öko-Institut/Freiburg oder die Katalyse-Gruppe in Köln oder AUGE/Hamburg).

   – Umweltorientierte Fachliteratur und Fachzeitschriften analysieren (vgl. Hinweise im Literaturverzeichnis).
10. Intern die F+E-Abteilung sowie Konstruktion im Hinblick auf Materialalternativen befragen.

Anfrageaktion aufgrund der Ereignisse der Beschaffungsmarktforschung starten

11. Anzahl der anzufragenden Firmen festlegen.
    – Stellung des anzufragenden Teils in der umweltorientierten ABC-Analyse ermitteln.
    – Getrennt nach ABC-Status des Teils die Anzahl der zu berücksichtigenden nationalen und internationalen Lieferanten festlegen (z. B. A-Teil: 10 Lieferanten, davon 5 im Ausland; B-Teil: 6 Lieferanten, davon 3 im Ausland; C-Teil: 3 Lieferanten, davon 1 im Ausland).
12. Formelle Aspekte der Anfrage festlegen.
    – Für Anfrageformulare grundsätzlich Recyclingpapier verwenden.
    – Anfrageinhalte konzipieren, insbesondere hinsichtlich
      • des angewandten Produktionsverfahrens,
      • der Umweltschutzinstrumentarien für die Schadstoffrückhaltung,
      • der Standorte der Produktionsstätten,
      • der Instrumente zur Kontrolle der Gesetzeseinhaltung,
      • der Rechtsvorschriften, Verbraucherschutzvorschriften und Prüfvorschriften in verschiedenen Ländern.
13. Antworten unter ökologischen und ökonomischen Gesichtspunkten auswerten.
    – Auf Vollständigkeit der erforderlichen Angaben achten.
    – Preis, Menge, Lieferkonditionen und technische Angaben prüfen.
      • Belastende Stoffe und Energien in der Nutzungsphase unter Angabe der Stoffmengen und der Emissionshöhe erfassen und Informationsquellen für die Belastungseinstufung benennen.
      • Stoffe angeben, die in Abhängigkeit von der Beseitigungsmethode umweltbelastend wirken können.
      • Überschrittene Grenzwerte angeben und Belastungsfaktoren benennen.

- Mit einem in Leistung und Einsatzbereich gleichwertigen Konkurrenzprodukt hinsichtlich des Ressourcenverbrauchs vergleichen, mögliche verbrauchssenkende Einrichtungen nennen.
- Weiterverwertung der Produktinhaltsstoffe aufzeigen und Verwendung von Recyclingstoffen in der Produktion darlegen.
- Angaben über Lebensdauer, Modelländerung sowie Einsparung von Rohstoffressourcen und Arbeitskraft machen.
- Angaben über Beseitigungsmöglichkeiten (Hausmüll oder Sondermüll) machen.

14. Angebote mittels Scoringmodell (Punktbewertungssystem) nach Umweltfreundlichkeit einstufen.
    - Beurteilungsskala auswählen.
    - Kriteriengewichte festlegen.
    - Verknüpfungsprinzip festlegen.
    - Zurückweisungsskala bestimmen.

Einkaufsverhandlungen umweltorientiert führen

15. Bereitschaft zur Offenlegung umweltrelevanter Daten ermitteln.
16. Bereitschaft zur Verwendung von Mehrwegverpackungen ermitteln.
17. Packmittelart unter ökologischen Aspekten vereinbaren.
18. Packmittelauslegung und Anlieferungsart festlegen.
19. Mit Verpackungsmittellieferanten vertraglich vereinbaren, daß die von ihnen gelieferten Verpackungsmaterialien folgende Voraussetzungen erfüllen müssen:
    – Für die Verpackungen ist ein flächendeckendes Erfassungssystem außerhalb der öffentlichen Abfallversorgung eingeführt.
    – Die Verpackungen sind wiederverwertbar (Verwertungsgarantie).
    – Für die Verpackungen bestehen Abnahme- und Verwertungsgarantien von entsprechenden Verwertungsgesellschaften, z. B.:
        - Resy – Entsorgungs- und Wiederverwertungssystem für Transportverpackung aus Papier und Pappe,
        - ReCarton – Gesellschaft für Wertstoffrückgewinnung aus Getränkekartons mbH,

  - VKD – Verwertungsgesellschaft gebrauchte Kunststoffverpackungen mbH,
  - INTERSEROH AG,
- die Verpackungen sind entsprechend den oben genannten Garantieerklärungen gekennzeichnet (z. B. durch den „Grünen Punkt").

20. Mit den Warenlieferanten vertraglich vereinbaren, zukünftig nur noch Waren in Verpackungen zu liefern, für die die unter 19 aufgezählten Voraussetzungen vorliegen.
21. Unbedenklichkeitsbescheinigungen für die einzukaufenden Produkte anfordern.
22. Entsorgungsbeteiligung vereinbaren (vgl. auch Check-Liste „Recht").
23. Mit branchen- und fachspezifischen Verbänden kooperieren (vgl. Hinweise am Schluß dieser Check-Liste).

Lagerung der Materialien in Abhängigkeit von der Umweltgefährdung vornehmen

24. Gefährliche Chemikalien und Stoffe verschließen.
25. Lagerhilfsmittel unter umwelttechnischen Gesichtspunkten vorschreiben (z. B. abgasarme Stapler oder mehrfachverwendbare Transportkästen).

Materialfluß zur Vermeidung von Ressourcenverschwendung optimieren

26. Fertigungsoptimale Verpackungseinheiten zusammenstellen.
27. Nicht wiederverwendbares Verpackungsmaterial recyclieren.
    - Papier, Pappe zum Altpapiercontainer schaffen lassen.
    - Wiederverwendbare Verpackung im eigenen Unternehmen weiterverwenden.*
    - Kunststoffverpackungen dem Kunststoffrecycling zuführen.

UBA – Unternehmensbefragung 1990

Die Betroffenheit der Materialwirtschaft in Umweltschutzfragen wird – wie erwähnt – von 63 Prozent der in der „UBA-Befragung '90" interviewten Unternehmen als „groß" bzw. „sehr groß" eingestuft, wobei diese Betroffenheit vom Materialmanagement selbst mit

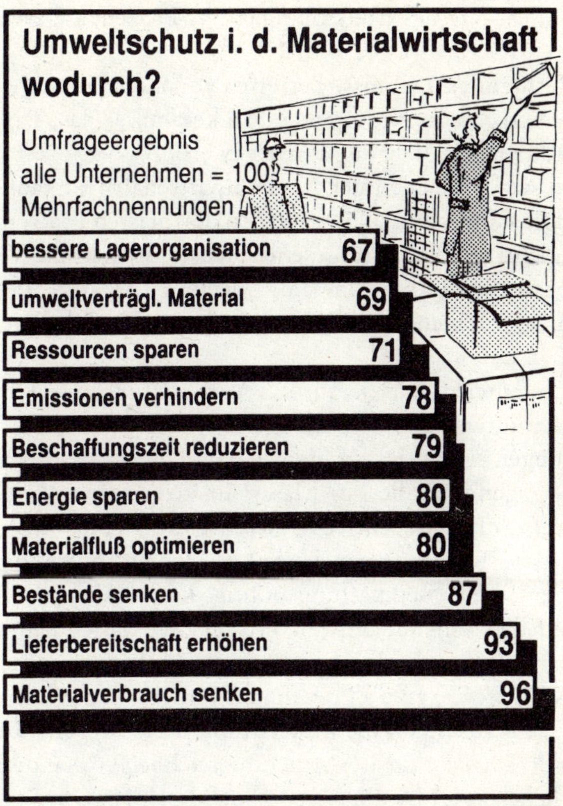

Abb. 15: Umweltschutz in der Materialwirtschaft – wodurch? (UBA 1990)

Umwelt kann auch indirekt geschützt werden
Umweltschutz ist nicht nur auf direktem Wege, sondern auch indirekt zu betreiben. Das zeigt eine Umfrage bei westdeutschen Unternehmen. Neben dem Einsatz umweltverträglicher Materialien und der Einsparung von Ressourcen und Energie ist es z. B. möglich, durch die Senkung der Bestände und eine höhere Lieferbereitschaft, die Durchlaufzeiten gefährlicher Stoffe zu verkürzen. Dadurch werden Umweltschäden für den Fall eines Unglücks begrenzt. Der Bereich Materialwirtschaft kann auch auf den Materialverbrauch in der Produktion direkt Einfluß nehmen.

74 und aus der Sicht des Controlling mit 77 Prozent angesetzt worden ist.

Diese Befragungsergebnisse betreffen vor allem die Branchen Energie-, Gas- und Wasserversorgung, Feinkeramik, Glas, Papier, Leder und Textil sowie das Nahrungsmittelgewerbe.

Von den vier Bereichen der Materialwirtschaft (Einkauf, Logistik, Lager und Bestandscontrolling) werden die meisten Innovationschancen im Einkauf (44 Prozent) gesehen. Kostensteigernde Effekte werden hingegen für die Bereiche Logistik und Lager (36 Prozent) befürchtet. Leider fehlen Ökobilanzen und/oder Produktlinienanalysen weitestgehend.

Die Materialwirtschaft kann zur Verringerung der Umweltbelastung durch unterschiedliche Maßnahmen beitragen. Die Häufigkeit der Nennungen ergibt sich aus dem Schaubild 15.

Die überragende Rolle des Materialmanagements – insbesondere des Einkaufs – für präventive Umweltschutzmaßnahmen wird von allen befragten Unternehmen bestätigt. Die Einkaufsaktivitäten der umweltorientierten Beschaffungspolitik konzentrieren sich zu 51 Prozent auf den Einkauf umweltverträglicher Maschinen und Anlagen sowie auf direkte Einkaufsverbote, zu 36 Prozent auf umweltverträgliche Werkstoffe, zu 29 Prozent auf umweltverträgliche Handelswaren, zu 20 Prozent auf die Beschaffung primär regenerativer Stoffe und zu 17 Prozent auf die Bevorzugung reichlich vorhandener Stoffe.

Hervorhebenswert ist die – wenn auch noch zögerliche – Ausbreitung der Auswahl und Bevorzugung umweltbewußter Lieferanten als Beschaffungsstrategie. Eine weltweit führende Versandhandelsgruppe charakterisiert ihre umweltorientierte Unternehmensphilosophie u. a. damit, daß sie ihre beachtliche „Marktmacht" bewußt einsetze, um mittels verstärkt umweltbezogener Lieferverpflichtungen der Vorlieferanten die Entwicklung und Herstellung umweltverträglicher Produkte zu erzwingen.

Haupthinderungsgrund der zügigeren Ausbreitung einer solchen Strategie scheint weniger ein fehlendes Angebot umweltverträglicher Alternativen der Lieferanten zu sein als vielmehr mangelnde Sachkenntnis und Uninformiertheit der Einkäufer bei der Bestimmung umweltschonender Stoffe, Teile, Artikel oder Betriebsmittel. Die gezielte Aufbereitung wert- und stoffbezogener Umweltinformationen für strategische und operative Entscheidungen des Materialmanagements ist offenbar ein Gebot der Zeit.

Für die Substitution umweltbelastender Materialien, die bei 90 Pro-

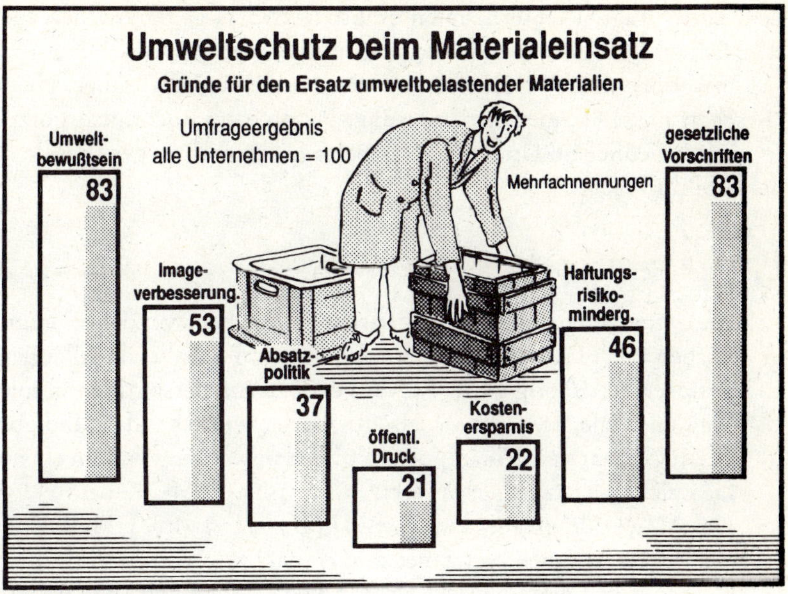

Abb. 16: Umweltschutz beim Materialeinsatz (UBA 1990)

Gesetzgebung greift
Wie viele westdeutsche Betriebe versuchen ernsthaft, umweltbelastende Materialien durch weniger schädliche zu ersetzen? Es sind 90 Prozent der knapp 600 bundesweit befragten Unternehmen. Als Gründe für die Substitution werden gleichgewichtig in erster Linie das eigene unternehmerische Umweltbewußtsein und die Erfüllung gesetzlicher Vorschriften genannt. Dabei stellt sich die Frage, ob ohne den entsprechenden Druck des Gesetzgebers die eigene Einsicht allein zu entsprechenden umweltentlastenden Maßnahmen geführt hätte.

zent der befragten Unternehmen praktiziert wird, gelten die sich aus dem Schaubild ergebenden Handlungsmotive (vgl. Abb. 16).

Umweltprobleme resultieren aus den einzelnen Logistikbereichen (Beschaffung, Distribution, Lagerung, Produktion und Entsorgung) in unterschiedlichem Umfange. Das Befragungsergebnis geht aus dem Schaubild 17 hervor.

Unternehmensbeispiele

1. *Alexander Pietschmann*, Ökofriseur in Aachen, verzichtet beim Färben der Haare auf synthetische Färbemittel, die als Allergieauslöser verdächtig sind. Er verwendet statt dessen Henna mit Walnußschale, Krappwurzel, Rhabarberwurzel oder Indigo. FCKW-Sprays und Shampoos mit Dioxan werden von ihm ebenfalls nicht benutzt. (Der Spiegel, 17. 04. 1989) (BM)
2. Die *AURO Pflanzenchemie GmbH* (U 1991: 9 Mio. DM, B: 50), B.A.U.M.-Mitglied, setzt bei der Herstellung von Naturfarben als Rohstoff Leinöl ein, das aus Flachs gewonnen wird. Um dem Ziel, einer ganzheitlichen ökologischen Produktionsweise näherzukommen, greift AURO auf den regionalen Anbau zurück und nimmt dafür die im Vergleich zum Weltmarkt wesentlich höheren Preise in Kauf. AURO arbeitet mit Landwirten zusammen, die den Lein unter verbesserten konventionellen Methoden anbauen, das heißt, ohne Klärschlammdüngung und unter Minimierung des Einsatzes von Schädlingsbekämpfungsmitteln. Darüber hinaus wurden auch Verträge mit Bauern geschlossen, die sich verpflichtet haben, die Leinpflanze nach ökologischen Gesichtspunkten kontrolliert anzubauen. (BU)
3. Die *Bischoff & Klein GmbH & Co.* (U: 433 Mio. DM, B: 1 956) erstellte Stofflisten für ihren Materialeinkauf. Alle Zulieferer mußten Auskunft über die Zusammensetzung ihrer Produkte erteilen. So war es möglich, Schadstoffquellen aufzudecken. Die Schadstoffe konnten durch umweltverträgliche Vorprodukte vermieden werden. Für Bischoff & Klein ergab sich somit die Möglichkeit, die Investitionen in Höhe von mehreren hunderttausend Mark für eine weitere Kläranlage einzusparen. (Wirtschaftswoche, 9. 12. 1988) (BM)
4. Die *BMW-AG* (U: 19,9 Mrd. DM, B: 56 981) hat bewiesen, daß auf FCKW-haltige Stoffe verzichtet werden kann. In den letzten fünf Jahren konnte der Verbrauch von Lösemitteln auf 4 Prozent

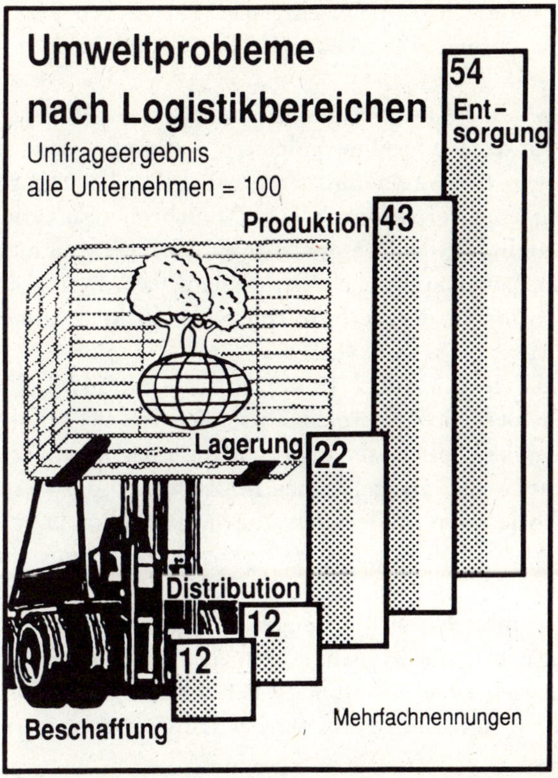

Abb. 17: Umweltprobleme nach Logistikbereichen (UBA 1990)

Umweltschutz fängt beim Einkauf an

Die Logistikbereiche eines Unternehmens haben die Aufgabe, alle für die Aufrechterhaltung des Betriebs wichtigen Abläufe optimal zu koordinieren. Dabei sollten Umweltbelange ebenfalls berücksichtigt werden. Für die meisten der fast 600 bundesweit befragten Unternehmen ist die Logistik der umweltgerechten Entsorgung problematisch. Dagegen wird die Verteilungs- und Beschaffungslogistik kaum mit Umweltproblemen in Zusammenhang gebracht. Möglicherweise ist vielen nicht klar, daß auch in diesen Bereichen umweltbewußt entschieden werden kann, etwa durch die Wahl des Transportmittels oder den Einkauf umweltverträglicher Stoffe, Anlagen, Büromaterialien etc. Dadurch könnten womöglich manche Entsorgungsprobleme bereits im Vorfeld entschärft werden.

der ursprünglichen Menge eingeschränkt werden. Dabei entstanden nur geringe Mehrkosten. (Wirtschaftswoche, 13.4. 1990) (UM)

5. Der *Bundesverband der Filialbetriebe und SB-Warenhäuser* fordert von der Verpackungsindustrie, daß umweltschonende Verpackungen hergestellt und Verpackungsabfälle vermieden werden. Bei jeder Verpackung, die nicht mehrmals zu verwenden ist, muß zumindest das Material für ein Recycling brauchbar sein. Falls die Verpackungshersteller dieser Aufforderung nicht nachkommen, droht der Verband mit weiteren Maßnahmen. (informiert, März 1990, S. 20) (UM)
6. Die *Deutsche Bank AG* (B: 56 482), B.A.U.M.-Mitglied, hat im Rahmen des „db-Unternehmensservice Umweltschutz" in Zusammenarbeit mit unabhängigen Partnern eine Umwelt-Datenbank entwickelt. Sie stellt einen Informationspool von Anbietern umweltorientierter Dienstleistungen, Produkte und Technologien dar und beinhaltet derzeit 2500 Anbieter mit rund 10 000 detaillierten Angeboten. Anbieter können über die Umwelt-Datenbank ihre Umweltleistungen zielgruppennah präsentieren. Nutzer wie Unternehmen, Kammern, Kommunen und Berater können sich einen Überblick über das Angebot, Lösungsmöglichkeiten und deren Anbieter bei Umweltproblemen verschaffen. (BU)
7. Die *Dr. Fritsch GmbH/KG* (U 1991: 30 Mio. DM, B: 80), B.A.U.M.-Mitglied, ersetzt sukzessive die im Betrieb benötigten Batterien durch wiederaufladbare Batterien. (BU)
8. Die *Elida-Gibbs GmbH* (U 1991: 485,5 Mio. DM, B: 850), B.A.U.M.-Mitglied, hat im Bereich der Materialwirtschaft eine Vielzahl von Maßnahmen getroffen, die zur Entlastung der Umwelt beitragen. Neben dem Verzicht auf Bakterizide in der Deodorant-Herstellung und auf PVC-haltiges Verpackungsmaterial sowie der Umstellung aller Aerosol-Sprays auf Treibgas wird unter anderem auch bei der Rohstoffbeschaffung auf die Auswahl von umweltverträglichen Stoffen geachtet. Mit den Lieferanten werden Gesundheits-, Sicherheits- und Umweltstandards erarbeitet, die zu einer Minimierung des Risikopotentials und einer Qualitätsverbesserung führen. Damit wurde zum Beispiel die Umstellung auf die Verwendung von Kaliumsorbat erreicht, einem naturidentischen Lebensmittel-Konservierungsstoff. (BU)

9. Die *Ganter Schuhfabrik GmbH* (U 1990: 44,3 Mio. DM, B: ca. 330), B.A.U.M.-Mitglied, ersetzt lösungsmittelhaltige Klebstoffe und Farben zunehmend durch solche, die auf Dispersionsbasis hergestellt werden. Verunreinigte Lösungsmittel werden durch Destillation zurückgewonnen und wiederverwendet. Dadurch wurde der Verbrauch von Lösungsmitteln um 75 Prozent gesenkt. Statt in den Müll wandern leere Garnspulen wieder zum Nähfadenhersteller zurück, wo sie erneut eingesetzt werden können. Durch den beleglosen Datenaustausch zwischen Produktion und Verwaltung spart Ganter außerdem jährlich 300 kg an Papier. (BU)
10. Bei der *Heinlein-Plastik-Technik GmbH* (U 1989: ca. 14 Mio. DM, B: ca. 100) B.A.U.M.-Mitglied, wird Polypropylen und Polyethylen in Granulatform als Basismaterial verarbeitet. Früher wurde dieses Granulat in PE-Säcken gekauft und gelagert. Dabei entstand eine große Menge Abfall an PE-Säcken. Dieser Abfall kann jetzt vermieden werden, das Granulat wird heute in vier neu erstellten Silos gelagert. (Umfrageergebnisse 11/89, Thomas Ewoldt) (BM)
11. Die *Hoechst AG* (Konzernumsatz 1990: 45 Mrd. DM, B (im Konzern) 172 890) wird ihr neues Kältemittel R 134 a in Verbindung mit einer Rücknahme-Garantie auf den Markt bringen. R 134 a soll das vollhalogenierte Kältemittel FCKW 12 ablösen. Es schädigt die Ozonschicht nicht und weist gegenüber FCKW 12 ein um rund 90 Prozent minimiertes Treibhaus-Potential auf. (NM)
12. Die *KEG, Krankenhausentsorgungsgesellschaft mbH* (U 1991: 8 Mio. DM, B: ca. 50), B.A.U.M.-Mitglied, hat sich entschieden, bei der Anschaffung isolierter Kühlfahrzeuge für die Krankenhausentsorgung ausschließlich FCKW-freie Kühlaufbauten für die Fahrzeuge einzukaufen. (BU)
13. Beim Einkauf von Büromaterial für die 135 Geschäftsstellen der *Kreissparkasse Köln* (Bilanzsumme: 11,7 Mrd. DM, B: 2 710) wird, wenn immer möglich, auf umweltfreundliche Produkte geachtet. Für Vordrucke, einen Großteil der Geschäftspost und Fotokopien wird chlorfrei gebleichtes Papier verwendet; für Ordner, Schnellhefter, Trennblätter und Briefumschläge Recycling-Papier. Textmarker wurden gegen Feststoffmarker ausgetauscht. Es werden nur unlackierte Bleistifte und lösungsmittelfreie Klebestifte eingekauft sowie Prospekthüllen aus Polyethylen. Alle

Hygienepapiere sind ebenfalls aus umweltfreundlichem Recycling-Papier. (NM)

14. *McDonald's, Deutschland Inc.* (U 1991: 1,283 Mrd. DM, B: ca. 26 000), Marktführer in der Schnellgastronomie, investierte über 2 Mio. DM in die Erforschung umweltfreundlicher Projekte. Ziel ist es, keinen Abfall aus McDonald's Restaurants auf die Deponie oder in die Verbrennung gelangen zu lassen. Ein Schritt zur besseren Kompostierbarkeit des Abfalls ist die Umstellung von geschäumten Polystyrolverpackungen auf Vepackungen aus Karton, der mindestens zu 72 Prozent aus Recyclingmaterial besteht. Zu den Umweltaktivitäten der Firma zählen auch die Umstellung von Bier und Mineralwasser aus Dosen auf Mehrwegflaschen bzw. Containersysteme, die Verwendung von Recyclingmaterial bei nahezu allen Broschüren und Geschäftspapieren sowie im Restaurant bei Servietten und Tablettsets. Recycelt werden heute bundesweit Kartonagen, PE-Folien und Altfett sowie teilweise Lebensmittelabfälle. (Recyclingquote ca. 33 Prozent). (NM)
15. Die *Neumarkter Lammsbräu* (U 1991: ca. 13 Mio. DM, B: 80), B.A.U.M.-Mitglied, hat strategische Maßnahmen zur Sicherung des ökologischen Anbaus der zur Bierherstellung notwendigen Rohstoffe getroffen. Um regionale Landwirte für dieses Anliegen zu gewinnen, wurde eine Agrar-Ingenieurin eingestellt, deren Aufgabe es ist, Bauern als langfristige Lieferanten zu akquirieren und ihnen das nötige Know-How für den Anbau nach Bioland-Richtlinien zur Verfügung zu stellen. Dadurch wurde mittlerweile eine Versorgung mit Öko-Getreide zu 25 Prozent und mit Öko-Hopfen zu 100 Prozent erreicht. (BU)
16. Die *Otto Versand GmbH & Co.* (U 1991/92: 20,1 Mrd. DM weltweit, B: 42 000), B.A.U.M.-Mitglied, überprüft alle Büroartikel auf ihre Umwelt- und Gesundheitsverträglichkeit und setzt möglichst umweltschonende Produkte wie zum Beispiel lösungsmittelfreie Korrekturflüssigkeiten, Klebestifte oder Textmarker ein. Der gesamte hausinterne Schriftverkehr wird auf Recyclingpapier abgewickelt, auch alle Laserdrucker, Fotokopierer oder Tabelliermaschinen arbeiten damit. Alle Werbemittel, die Mitarbeiterzeitschrift sowie der Geschäftsbericht werden auf chlorfreiem Papier gedruckt, und auch die Katalogpalette wird – im Rahmen der technischen Möglichkeiten – schrittweise auf chlorfrei gebleichtes Papier umgestellt. Verpackungen bestehen aus dünner Recyclingkartonage oder umweltverträglichen Polyethy-

lenbeuteln. Auf FCKW-geschäumtes Füllmaterial wird verzichtet und Altkartonagen werden gesammelt, gepreßt und dem Recycling zugeführt. (NM)

17. Die *Schülke & Mayr GmbH* (U 1991: 180 Mio. DM, B: ca. 550), B.A.U.M.-Mitglied, hat eine Umfrage bei ihren Rohstofflieferanten gestartet, in der es auch um die ökologische Qualität der Produkte geht. Aus den Antworten soll ein „Positiv/Negativ-Katalog" entwickelt werden, indem die Rohwaren unter ökologischen Aspekten beurteilt werden. Diese Auflistung soll dann als Maßstab der Produktentwicklung gelten. (BU)
18. Die *Staatl. Mineralbrunnen Siemens Erben OHG* (U 1990: über 5,5 Mio. DM, B: 150), B.A.U.M.-Mitglied, füllt aus Umweltschutzgründen ausschließlich Mehrwegemballagen ab. 1989 erfolgte eine Umstellung auf Einheitsleergut der Genossenschaft Deutscher Brunnen, wodurch für den Handel ein geringerer Sortieraufwand für das Leergut anfällt. Der Aufdruck auf den Flaschenetiketten ist frei von toxischen Schwermetallen. Der Einsatz von Reinigungs- und Desinfektionsmitteln ist sehr gering; so erfolgt zum Beispiel die Sterilisation durch Dampf statt durch Chemikalien. Für eine ressourcenschonende Quellenbeanspruchung sorgen eine automatisierte Regelung und Überwachung. (NM)
19. Der Haarkosmetik-Konzern *Wella-AG* (Konzernumsatz: 2,2 Mrd. DM, B (im Konzern): 12 500) bietet als Pilotprojekt ein Haarwaschmittel in einer biologisch abbaubaren Kunststoffflasche an. Der Kunststoff Biopol wird von Bakterien hergestellt. Die mit Zucker gefütterten Bakterien produzieren kleinste Kunststoffkügelchen, die sie als Energievorrat in den Zellen ablagern. In einem technischen Verfahren kann dieser Kunststoff jedoch isoliert und dann verwertet werden. Das Produkt zerfällt auf dem Komposthaufen oder in sehr sauerstoffhaltigem Wasser in kürzester Zeit zu Wasser und CO_2. Da die Zuckerrüben das CO_2 der Luft entziehen, entsteht bei dem Verfahren kein zusätzliches Treibhausgas. Bei der Verwendung im Badezimmer hat Biopol die gleichen Haltbarkeitseigenschaften wie klassischer Kunststoff. (Wirtschaftswoche, 11. 5. 1990) (UM)

Nr. 14 Check-Liste Fertigungstechnik

Die Produktions- und Fertigungstechnik umfaßt alle Anlagen zur Umwandlung, Be- und Verarbeitung von Rohstoffen und Halbfabrikaten. Sie ist für die von einem Industriebetrieb ausgehenden Emissionen im allgemeinen von entscheidender Bedeutung.

Umweltschonende Neuerungen können nicht nur dazu beitragen, die von einem Betrieb erzeugten Umweltbelastungen zu vermindern. Sie sind häufig auch wirtschaftlich, indem sie den Material-, Wasser- und Energieeinsatz ebenso wie die Entsorgungskosten für Abfall und Abwasser vermindern, unter Umständen auch die Produktqualität erhöhen und den Produktionsausschuß reduzieren.

Mittelfristig können sich aus wirkungsvollen Umweltschutzmaßnahmen auch positive Imageeffekte bei Anwohnern, Kunden und regulierenden Behörden ergeben.

Umweltschutztechnik und umweltbewußtes Management verhalten sich zueinander wie Hardware und Software (vgl. Abb. 18).

Einsatzstoffe und Leistungsprogramm umweltfreundlich gestalten

1. Besonders umweltbelastende Rohstoffe, Behandlungsstufen und Teile des Produktionsprogramms durch weniger umweltbelastende ersetzen bzw. aufgeben (siehe auch Check-Listen „Materialwirtschaft", „Produktentwicklung"). So kann man z. B.
   - an Stelle des besonders gesundheitsgefährdenden Lösungsmittels Trichlorethylen das weniger belastende und energiesparende Trichlorethan oder Perchlorethylen einsetzen,
   - Cadmium- bzw. Chrombeschichtungen durch Zinkschichten ersetzen,
   - bei der Galvanisierung statt cyanidischer Zink-Elektrolyte auch cyanidfreie oder saure verwenden,
   - konventionelle Lacke durch lösemittelarme Lacke (Wasserlacke), High-Solid-Systeme oder Pulverlacke ablösen,
   - emissionsarme Energieträger verwenden, z. B. schwefelarme Brennstoffe oder leichtes Heizöl bzw. Gas an Stelle von schwerem Heizöl.
2. Bei Naßprozessen die Temperatur vermindern bzw. auf bei niedriger Temperatur betriebene Prozesse umstellen, z. B. auf Kaltreiniger, auf Kaltverweil-Bleiche und -Färbeverfahren.*
3. Trockenprozesse bzw. ein Abkühlen der Werkstücke vermeiden, z. B. von diskontinuierlicher Fertigung auf einen kontinuierli-

* Durch * gekennzeichnet sind diejenigen Umweltschutzmaßnahmen, die meist problemlos und relativ kurzfristig zur Vermeidung oder Senkung von Kosten führen.

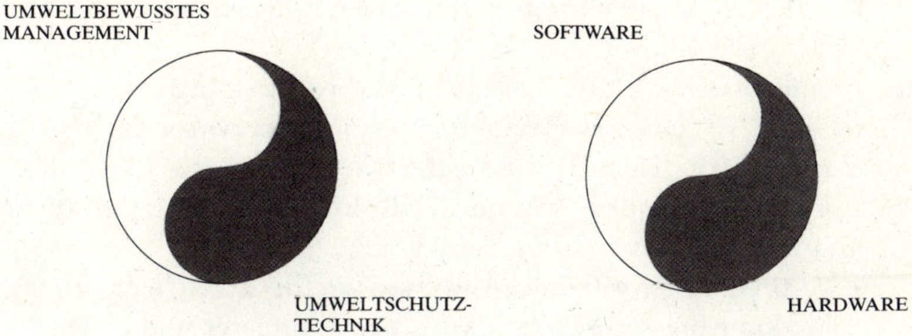

Abb. 18: Die Revolution der Software

Umweltschutztechnik und umweltbewußtes Management sind aufeinander angewiesen wie Hardware und Software.
Wie eine gute Software den Nutzen aus der Hardware maximiert, so umweltbewußtes Management den Nutzen aus der Umweltschutztechnik.
Wie Fehler in der Software die teuerste Hardware entwerten, so können Fehler im Management die beste Umweltschutztechnik nutzlos machen.
Die Umweltschutztechnik wird – wie eine gute Hardware – weiterentwickelt.
Die Revolution aber findet im umweltbewußten Management – wie in der Software – statt.

chen Prozeßablauf umstellen, um auf eine Zwischenlagerung verzichten zu können.*

4. Brennstoffe zur Optimierung der Verbrennungsprozesse aufbereiten. Z. B. schweres Heizöl homogenisieren, wobei das Heizöl mechanisch in feinste Partikel aufgeteilt wird.
5. Additive verwenden, welche die Rohstoffausnutzung erhöhen und/oder die Emissionen vermindern, z. B.
   - verbrennungsfördernde Additive, welche durch katalytische Wirkung die Verbrennungsvorgänge optimieren und beschleunigen,
   - Stahlkonverter, bei denen an Stelle von Luft reiner Sauerstoff verblasen wird.
6. Die Produktion selten unterbrechen oder umstellen, wenn dies eine Reinigung bzw. ein Aufheizen der Anlage erforderlich macht.

„Saubere Techniken“ nutzen

7. Bei der Lieferung, Lagerung, Zerkleinerung und/oder Vermengung staubender Materialien durch geschlossene Lager, Transport- und/oder Produktionseinrichtungen Emissionen verhindern.
8. Techniken einsetzen, welche die Inputstoffe zu einem größeren Teil ausnutzen.
   - Brenn- und Verbrennungsanlagen umgestalten; beispielsweise die Wirbelschichtfeuerung bei der Energiegewinnung oder Gegendrucköfen bei der Roheisenerzeugung nutzen.
   - Moderne Lackiersysteme verwenden. Diese vermindern den Anteil fehlverspritzter Lacke und erhöhen damit den Wirkungsgrad von ca. 50 Prozent bei normalem Luftspritzen auf mehr als 95 Prozent bei der Tauchlackierung, dem Walz- oder Gießverfahren.
   - Bei Naßprozessen durch Verminderung des Badvolumens und/oder durch eine geringe Chemikalienkonzentration den Einsatz von Chemikalien reduzieren.*

     Das Volumen von Behandlungsbädern kann man z. B. durch Vermeidung überflüssiger Hohlräume in den Behandlungsbehältern und einen geeigneten Transport der Flüssigkeit zur Ware (z. B. mit Hilfe von Düsen) bzw. der Ware durch die Flüssigkeit vermindern. Die durchschnittliche Chemikalienkonzentration richtet sich in der Regel nach dem Werkstück mit den maximalen Anforderungen. Sie läßt sich daher durch eine Bereinigung des Leistungsprogramms, geeignete Produktionsplanung und/oder Meß- und Steuerungstechnik, welche die Konzentration den jeweiligen Anforderungen anpassen, herabsetzen.

9. Moderne Meß- und Regeltechnik nutzen.
   - Automatische Kontrolle und Dosierung der Konzentration von Behandlungs- oder Prozeßchemikalien vermindert Material-, Personal- und Umweltschutzkosten, stabilisiert die Produktqualität und vermindert den Ausschuß sowie die Stillstandszeiten der Anlage.*
   - Eine z. B. an der Leitfähigkeit des Wassers orientierte automatische Frischwasserdosierung an Spül- und Waschprozessen vermindert nicht nur den Frischwasserbedarf. Sie erhöht auch die in den Abwässern enthaltene Wertstoffkonzentration und erleichtert damit ein Recycling (vgl. 14 ff.). Bei warm betriebenen Prozeßstufen ergibt sich darüber hinaus eine Energieersparnis.*
   - Bei Trocknungsprozessen resultieren aus einer automatischen Steuerung der Produktionsgeschwindigkeit, der Abluftfeuchte etc. eine Energieersparnis, eine bessere Maschinenausnutzung und eine Qualitätsverbesserung.*
   - Optimierung von Brenn- und Verbrennungsprozessen vermindert die Emissionen und erhöht bei der Energiegewinnung die Verbrennungsleistung.*
10. Standzeiten von Behandlungsbädern verlängern, z. B. durch
   - intensive Pflege mit Hilfe von (Ultra-)Filtration, Flotation, Ionenaustausch, Elektrodialyse, Adsorption, Elektrolyse oder Ausfällung von Verunreinigungen,*
   - Vorreinigung der Werkstücke (z. B. Heißwasserbehandlung).*
11. Leckagen und emissionsträchtige Betriebsstörungen vermindern, z. B. durch
   - regelmäßige Sicherheitskontrollen,
   - emissionsmindernde Dichtungsmaterialien und -prinzipien,
   - intensivere Wartung der Anlagen, der Rohre, Rohrverbindungen, Pumpen und Absperreinrichtungen,
   - Information und Ausbildung der Mitarbeiter.
12. Zu trocknende Werkstücke mechanisch entwässern, z. B. abquetschen.

13. Energieausnutzung erhöhen, indem man Anlagen, in denen mit hoher Temperatur gearbeitet wird, isoliert, kapselt oder abdeckt. Z. B. die Oberfläche heißer Behandlungsbäder durch Styroporkugeln verkleinern (siehe auch Check-Liste „Energie- und Wassereinsparung“).*

Wertstoffe bzw. Wärme zurückgewinnen (siehe auch Check-Liste „Entsorgung, Recycling“)

14. Abströme unterschiedlicher Inhaltsstoffe nicht vermengen, da sonst eine Rückführung der Abströme bzw. eine Rückgewinnung von Wertstoffen erschwert wird.
15. Die Konzentration schadstoffhaltiger Abströme durch Kapselung der Anlagen bei Luftemissionen bzw. Verminderung von Spül- und Waschwasser bei Naßprozessen erhöhen, da dies ein Recycling erleichtert.
16. In den Abströmen enthaltene Wertstoffe in die Produktion zurückführen bzw. in verwertbare Stoffe umwandeln.
    - Abströme direkt in der Produktion einsetzen.*
      Bei der Oberflächenveredlung füllt man z. B. die in warmen Behandlungsbädern auftretenden Verdunstungsverluste mit möglichst hoch konzentriertem Spülwasser auf. Bei der Papierherstellung verwendet man das bei der Entwässerung anfallende Wasser zur Rohstoffaufbereitung (Quellen der Fasern).
    - Wertstoffe zurückgewinnen und den einzelnen Verfahrensstufen zuführen. Z. B. Rückgewinnung von
      • Schwermetallen, Säuren etc. aus Abwässern durch den dezentralen Einsatz von Ionenaustauschern, Umkehrosmose, Ultrafiltration und Verdunstern,
      • Säuren und organischen Lösungsmitteln aus der Abluft durch die Verwendung von Adsorbern oder Absorbern.
    - Leicht verschmutztes Wasser zum Vorspülen verwenden.*
    - Wasser durch Einsatz von Kreislaufanlagen mehrfach verwenden.*
17. Wärme zurückgewinnen.
    - In Kühl- und Produktionswasser bzw. Abgasen enthaltene Abwärme sowie an der Hallendecke oder in einzelnen Räumen konzentrierte Abwärme durch Wäremaustauscher nutzen.

– Heiße Abluft dem Produktions- oder dem Brennprozeß zuführen.

Emissionen durch der Produktion nachgelagerte Umweltschutzmaßnahmen vermeiden

18. Freisetzung von Schadstoffen durch Kapselung vermeiden.
19. Wirkungsvollere Umweltschutzanlagen verwenden.
    So lassen sich in der Metalloberflächenbearbeitung durch eine konsequente Anwendung wassersparender Maßnahmen die außerordentlich störanfälligen Durchlaufanlagen durch sichere und effizientere Chargenanlagen ersetzen.
20. Umweltschutzanlagen nutzen, bei denen wenig Abfall entsteht.
    Z. B. vermindern Entschwefelungsanlagen, bei deren Einsatz an Stelle von Schlamm weiterverwertbare Stoffe wie Schwefel, Schwefeldioxid, Schwefelsäure oder Gips anfallen, die zu deponierende Abfallmenge.
21. Funktionsweise der Schadstoffbehandlungsanlagen sicherstellen, insbesondere durch regelmäßige Wartung und Kontrolle sowie durch Kontroll- und Alarmeinrichtungen für den Pegelstand in Behältern für Behandlungschemikalien, die Funktion von Meßelektroden, Dosierelementen und Mischer sowie zur Kontrolle der Reinigungsleistung.
22. Auswirkungen von Leckagen und Störungen der Abwasserbehandlungsanlage vermindern, z. B. durch
    – automatische Notabschaltung der Produktion bei Störfällen, Notauffangbecken etc.,
    – Anschluß aller Gullis an die Abwasserbehandlung.
23. Produktionsabfälle zwecks Wieder- bzw. Weiterverwertung weiterleiten (siehe auch Check-Liste „Entsorgung, Recycling"), z. B.
    – verbrauchte Säure an Hütten zur Erzextraktion,
    – schwermetallhaltige Konzentrate an zentrale Aufbereitungsanstalten,
    – Metall- bzw. metallhaltige Abfälle (Aluminium, Blei, Cadmium, Chrom, Kupfer, Quecksilber, Zink) an Sekundärhütten,
    – Kunststoffabfälle an die kunststofferzeugende Industrie,
    – Altpapier und Glas an entsprechende Sammelstellen bzw. Verwender,
    – Klärschlämme als Dünger an die Landwirtschaft oder bei zu

hoher Schwermetallkonzentration an die Wertstoffrückgewinnung.

UBA-Unternehmensbefragung 1990

Im Fragespiegel der „UBA-Befragung '90" wird die Wendung „nach dem Stand der Technik zulässiges Maß an Emissionen" gebraucht, um die Unternehmen zur Selbsteinschätzung ihres höchstmöglichen Engagements bei der Emissionssenkung zu bewegen.

Dergestalt nach den „Ursachen für das Überschreiten der nach dem Stand der Technik zulässigen Emissionen" befragt, verweigerten extrem viele Unternehmen die Antwort. Und zwar 80 Prozent der Befragten beim Abwasser, 70,4 Prozent bei der Abluft, 87,8 Prozent bei Lärm und Erschütterungen und 80 Prozent beim Abfall.

Offenbar wurde diese Frage vor allem deshalb nicht angenommen, weil „der" Stand der Technik nicht definiert und in dieser Komplexität vom einzelnen wohl auch schwer faßbar ist. Schließlich gibt es für jeden Fertigungsprozeß einen spezifischen „Stand der Technik", der auch für die Möglichkeiten der Emissionsminderung bzw. -vermeidung relevant sein dürfte.

Neben weiteren Erklärungen für den hohen Verweigerungsgrad ist auch der Vermutung der Forschungsgruppe zuzustimmen, „daß trotz ausgeprägter Bekenntnisse zum Umweltschutz in der Praxis die umweltbezogene Selbstkontrolle nicht hinreichend entwickelt ist".

Auf eine Wiedergabe der dadurch unrepräsentativ gewordenen Angaben kann und muß deshalb hier verzichtet werden.

Große Bedeutung kommt hingegen den Befragungsergebnissen im Hinblick auf die meist kontroverse Beurteilung der kostenmäßigen und ökologischen Vorzüge oder Nachteile von additiven oder integrierten Umweltschutztechnologien zu. Meist wird ja in den „additiven technischen Lösungen zur Verringerung der Umweltbelastungen (durch den Einbau zusätzlicher Anlagen zur Schadstoffabscheidung) ein erheblicher Kostenfaktor gesehen". Die integrierten Lösungen hingegen gelten als kostengünstiger, weil bereits bei der Konstruktion und Installation der Fertigungsanlagen und -technologien allen Umweltschutzanforderungen von vornherein Rechnung getragen werden kann (vgl. Abb. 19 und 20).

Obwohl die Entscheidung für die eine oder andere Variante erheblich von einzelfallbezogenen Kriterien abhängen mag und ohnehin häufig zu Mischformen tendiert, kann die in den Befragungsergebnis-

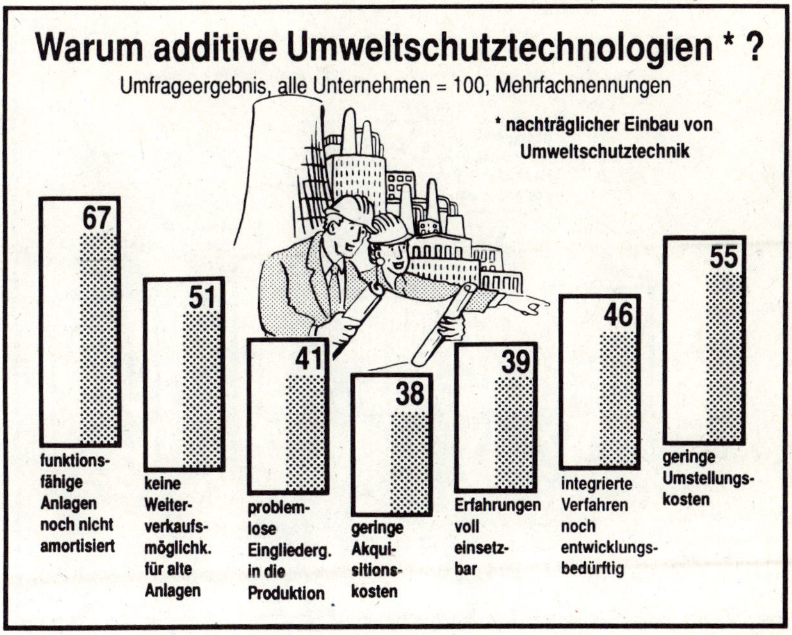

Abb. 19: Warum additive Umweltschutztechnologien? (UBA 1990)

Bestehendes verbessern

Unternehmen, in denen Umweltschutzanforderungen zu erfüllen sind, haben die Wahl: Sie können komplette, neu entwickelte Verfahren einsetzen, bei denen von Anfang an Umweltschutzbelange berücksichtigt wurden (integrierte Umweltschutztechnologien) oder an bestehenden Produktionsanlagen nachträglich emissionsmindernde Einzelmaßnahmen durchführen (additive Umweltschutztechnologien, z. B. Einbau eines Filters). Letztere Möglichkeit wird vielfach aus dem Grunde gewählt, daß bestehende noch voll funktionsfähige Produktionsanlagen nicht ausgetauscht werden müssen, wie etwa beim Einsatz integrierter Technologien, deren bessere Wirksamkeit in manchen Fällen noch nicht erwiesen ist.

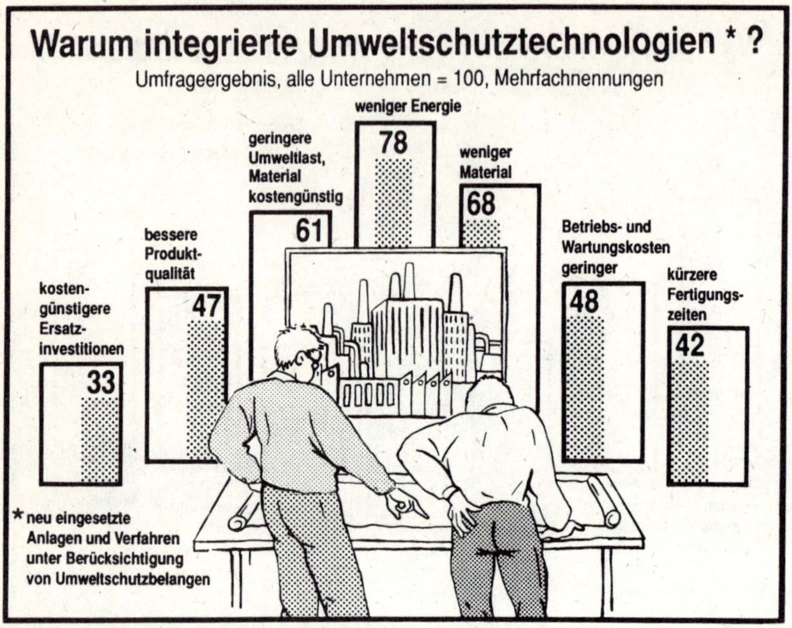

Abb. 20: Warum integrierte Umweltschutztechnologien? (UBA 1990)

Einsparungseffekte im Vordergrund
Unternehmen, in denen Umweltschutzanforderungen zu erfüllen sind, haben die Wahl: Sie können an bestehenden Produktionsanlagen nachträglich emissionsmindernde Einzelmaßnahmen durchführen (z. B. Einbau eines Filters) oder komplette, neu entwickelte Verfahren einsetzen, bei denen von Anfang an Umweltschutzbelange berücksichtigt wurden. Ausschlaggebend für den betrieblichen Einsatz der letztgenannten Technologien sind – nach einer bundesweiten Unternehmerbefragung – vor allem Einsparungen von Energie und Material. Außerdem können in den meisten Fällen weniger umweltbelastende und gleichzeitig kostengünstigere Materialien als bisher verwendet werden. Für ein Drittel der Unternehmen waren integrierte Umweltschutztechnologien sogar kostengünstiger als eine Ersatzinvestition herkömmlicher Technologie.

sen erarbeitete Gegenüberstellung der Pro-und-contra-Argumente von praktischem Nutzen für die Investitionspolitik umweltbewußter Unternehmen sein.

Bei der Befragung des Umweltengagements im F&E-Bereich wurde leider nicht zwingend unterschieden zwischen der Entwicklung umweltschonender Produkte einerseits und Verfahren andererseits. „Demzufolge konnte dort auch keine Aussage dazu getroffen werden, ob aus umwelttechnischer Sicht die additive oder die integrierte Lösung zu bevorzugen ist. Dies sollte jedoch bei jeder betrieblichen Investitionsentscheidung eine unverzichtbare Vorgabe der Beziehungen zwischen den Umweltschutz- und F&E-Zielen sein."

Unternehmensbeispiele

1. Die *AURO Pflanzenchemie GmbH* (U 1991: 9 Mio DM, B: 50), B.A.U.M.-Mitglied, verarbeitet bei der Herstellung von Farben, Lacken und Imprägnierungen Rohstoffe auf möglichst schonende Art und Weise. Das heißt, die molekulare Struktur der Inhaltstoffe, ihre natürliche Komplexität und Vielfältigkeit sollen so weit wie möglich erhalten bleiben. Deshalb wird bei chemischen Umwandlungsprozessen darauf geachtet, daß sowohl der Rohstoff selbst als auch das Modifikationsmittel natürlichen Ursprungs sind. Als Modifikationsmittel wird zum Beispiel Colophonium-Glycerinester eingesetzt. Um eine möglichst umfassende Ent-Anonymisierung der Ausgangsstoffe und der Verfahrensweise zu erreichen, strebt AURO eine hohe Produktionstiefe an, obwohl dies im Einzelfall eine geringere Produktivität zur Folge haben kann. (BU)
2. Bei der *AEG Hausgeräte AG* (U 1990: 2,82 Mrd. DM, B: 12 516), B.A.U.M.-Mitglied, zeigt sich auch bei den Herstellungsverfahren die ökologische Orientierung der Unternehmung. Durch die Anwendung eines Kunststoffspritzgußverfahrens mit Heißkanalgeräten kann die Abfallmenge verringert werden. Tiefziehteile werden mit einer besonderen Anlage beschichtet, so daß auf chemische Lösungsmittel verzichtet werden kann. Desweiteren erfolgt die Verpackung der Elektrogeräte mit umweltschonenden Materialien. (FAZ, 2. 1. 1990) (BM)
3. Der Verpackungshersteller *Bischof & Klein GmbH und Co.* (U: 433 Mio. DM, B: 956) hat seine Verpackungsmaschinen präziser eingestellt. Gleichzeitig wurden die Folien dünner gemacht

und ein neuartiger Kleber verwendet. Durch diese Maßnahmen hat sich der Materialeinsatz um 30 Prozent verringert. (Der Spiegel, 17. 4. 1989) (BM)

4. Bei der *Dr. Fritsch GmbH/KG* (U 1991: 30 Mio. DM, B: 80), B.A.U.M.-Mitglied, wird bei der Herstellung von Bindungsmitteln zur Fertigung von Diamantwerkzeug durch Installation einer neuen Pulvermischanlage, welche mit einer ebenfalls neu installierten Filterungs- und Absauganlage errichtet wurde, ein staubfreies Wiegen, Mischen und Verpacken erreicht. Dadurch werden die gesetzlichen Grenzwerte erheblich unterschritten. (BU)
5. Beim in der Lebensmittelbranche tätigen Schweizer Unternehmen *Frisco-Findus* konnte man dadurch, daß Glacepackungen nicht mehr aus Kunststoff gezogen, sondern gespritzt werden, 6 t Material pro Jahr einsparen. Durch den Verzicht auf einen Kälteschutz, der zum Beispiel ersatzweise auch unter Verwendung von Zeitungspapier erreichbar ist, ließen sich jedes Jahr 1,3 t Karton und 250 Kubikmeter Styropor einsparen. (Neue Zürcher Zeitung, 25. 8. 1989) (BM)
6. Bei der *Grundig AG* (U [incl. Auslandsgesellschaften]: 3,2 Mrd. DM, B: 12 434) wird unter anderem auf organische Lösungsmittel bei der Reinigung von Metallteilen verzichtet, da diese Lösungsmittel die Atmosphäre belasten und ins Grundwasser eindringen können. Statt dessen wird fast ausschließlich mit lösungsmittelfreien, wässrigen Lösungsmitteln gearbeitet. Bei den Lacken wird durch modernste Roboter und Elektrostatik-Lakkierungsautomaten mit hohem Wirkungsgrad ein sparsamer Lackauftrag, zum Großteil mit umweltfreundlichen Wasserlacken, erzielt. Auch in der Löttechnik erübrigen nahezu rückstandsfreie Löthilfsmittel eine umweltbelastende Reinigung der Leiterplatten. (NM)
7. Die *IBM Deutschland GmbH* (U 1991: 14,8 Mrd. DM, B: 30 848), B.A.U.M.-Mitglied, hat im Rahmen ihres Kontrollprogramms für den Einsatz kritischer Substanzen die Verwendung von FCKW's in der Produktion von Halbleiterspeichern eingestellt. Im Rahmen weiterer Substitutionsprojekte soll auf den Einsatz von chlorierten Kohlenwasserstoffen in der Produktion bis Ende 1993 gänzlich verzichtet werden. (NM)
8. Der europaweit auf dem Markt für Hygiene-Artikel tätige schwedische Konzern *Mölnlycke* (Werk Deutschland B: 250), B.A.U.M.-Mitglied, wendet beim Bleichen von Zellstoff das so-

genannte CTMP-Verfahren an. Dabei wird als Mittel zum Bleichen Wasserstoffperoxid benutzt. Nach dem Gebrauch im Wasser zerfällt das Peroxid dabei zu Sauerstoff und Wasser. Das Abwasser wird weniger belastet. (Die Presse, 16. 6. 1989) (BM)

9. Die in der Nähe von Nürnberg angesiedelte *Neumarkter Lammsbräu* (U 1991: ca. 13 Mio. DM, B: 80), B.A.U.M.-Mitglied, produziert seit 1984 Ökobier. Dabei ist das Mälzungs- und Brauverfahren nach Umweltkriterien ausgerichtet. So sind sowohl in der Mälzerei wie auch in der Brauerei umfangreiche Energierückgewinnungssysteme eingerichtet. Die Messung der Füllmenge in den Flaschen erfolgt nicht mit schwach radioaktiver Bestrahlung, sondern durch foto-optische Geräte. Die Flaschenhälse der Pfandflaschen sind nicht mit Stanniol umwickelt. Das Ökobier wird ausschließlich in Fässern und Mehrwegflaschen und -kästen abgefüllt. Auch werden für den Anbau von Gerste und Hopfen weder synthetische Mineraldünger noch chemisch-synthetische Pestizide verwendet (Bioland). (NM)

10. Bei der *PWA Papierwerke Waldhof-Aschaffenburg AG* (U 1990: über 4 Mrd. DM, B: ca. 12 000) sind innovative Produktionsverfahren zum Schutz der Umwelt und zur Abfallvermeidung fester Bestandteil der Unternehmensstrategie. So erhielt PWA Waldhof unter anderem im Jahr 1989 einen Umweltschutzpreis als weltweit erste Tissue-Zellstoffabrik mit einem absolut chlorfreien Bleichprozeß. In den integrierten Produktionsanlagen stellt PWA heute rund 500 000 t Zellstoff her, gebleicht ohne jegliches Chlor. Und mit mehr als 700 000 jato ist der Konzern derzeit der größte Altpapierverwerter Mitteleuropas. (NM)

11. Die *Thanex Polyurethan Chemie GmbH & Co. KG* (U 1990: 15 Mio. DM, B: 50) ist Entwickler des pentangetriebenen Polyurethan-Systems. Für die Herstellung von Isolierplatten können Polyurethane jetzt erstmals wirtschaftlich und umweltfreundlich geschäumt werden; das Ozonschädigungspotential ist gleich null. Ferner wurde auch auf die sonst üblichen chlorhaltigen Flammschutzmittel verzichtet. Die Zulassung für den deutschen Markt ist vom Institut für Bautechnik erteilt worden. Lizenznehmer bisher: Shell Chemie und Willich Schaumsysteme. (NM)

12. Die *Wini Büromöbel GmbH*, Coppenbrügge (U 1991: ca. 90 Mio. DM, B: ca. 400), B.A.U.M.-Mitglied, berücksichtigt den Themenkreis „Umweltschutz und Gesundheit im Büro". So werden bereits im Fertigungsprozeß alle Bohrlöcher und Schnittkan-

ten der Spanplatten gemäß den Empfehlungen der Verbraucherzentralen und der Stiftung Warentest verschlossen und belegt. Auf diese Art und Weise wird der Austritt von Formaldehyd vermindert. (BU)

Nr. 15 Check-Liste Entsorgung und Recycling

Die von Jahr zu Jahr wachsende Knappheit von Deponieraum und die faktische Unmöglichkeit, neue Deponiestandorte politisch durchzusetzen, machen nachdrücklich klar, daß Gesichtspunkte einer umweltschonenden Entsorgung und eines möglichst weitgehenden Recyclings auf allen Ebenen unternehmerischen Handelns zu einer wichtigen Entscheidungsrestriktion geworden sind.

Entsorgungs- und Recycling-Gesichtspunkte werden heute in vielen Unternehmen bereits bei der Produktentwicklung, bei der Entwicklung und Auswahl von Fertigungsverfahren und bei der Materialbeschaffung berücksichtigt (siehe die entsprechenden Check-Listen).

Zwecks Durchsetzung einer umweltschonenden Entsorgung und Verwertung hat der Gesetzgeber in der Bundesrepublik Deutschland bereits einige Wirtschaftsbereiche verpflichtet, ihre Erzeugnisse (Motor- u. Getriebeöle, Verpackungen) kostenlos nach Gebrauch vom Anwender zurückzunehmen und einer stofflichen Verwertung zuzuführen.

Mit Inkrafttreten der neuen Verpackungsverordnung (für Transportverpackungen ab 1. 12. 1991, Umverpackungen – z. B. Blisterverpackungen – ab 1. 4. 1992, Verkaufsverpackungen ab 1. 1. 1993) werden Erzeuger von Verpackungen und Verpackungsmaterialien (Hersteller) sowie der Handel für Verpackungen und verpackte Güter (Vertreiber) grundsätzlich dazu verpflichtet, Verpackungen zurückzunehmen und einer erneuten Verwendung oder einer Verwertung außerhalb der öffentlichen Abfallversorgung zuzuführen. Für Verkaufsverpackungen – das sind sämtliche Verpackungen, die der Endverbraucher notwendigerweise zunächst mitnimmt – wird eine Freistellungsmöglichkeit von der Rücknahmeverpflichtung eröffnet, wenn im Einzugsgebiet des Vertreibers ein haushaltsnahes Erfassungssystem mit nachgeschalteter Sortierung und stofflicher Verwertung installiert ist, welches bestimmte Effizienzquoten einhält und allein von den betroffenen Herstellern und Vertreibern finanziert wird.

In der nachfolgenden Check-Liste sind diejenigen Gesichtspunkte aufgeführt, welche das Unternehmen bei Entscheidungen über die Behandlung zukünftig bei ihm entstehender Reststoffe im Sinne eines umweltbewußten Managements zu beachten hat. Zum Thema „Altlasten"-Beseitigung sei auf das vom Lande Baden-Württemberg herausgegebene Altlasten-Handbuch verwiesen.

Entsorgung und Recycling einer systematischen Planung unterwerfen

1. Istanalyse der zu entsorgenden Materialien mittels einer stofflich-energetischen Bilanzierung erstellen.
   - Rückstände benennen, beschreiben und identifizieren.
     - Bei Einzelstoffen die stofflichen Kriterien nennen.
       Beispiele: Herstellungsverfahren, Verarbeitung des Hauptprodukts.
     - Merkmale der Beschaffenheit nennen.
       Beispiele: stoffliche Zusammensetzung; Abmessung; physikalische, chemische, biologische Merkmalseigenschaften.
     - Physiologische Merkmale nennen.
       Beispiele: Farbe; Erscheinungsbild.
     - Medizinische Merkmale nennen.
       Beispiele: akute Toxizität; Langzeittoxizität.
     - Produktionsmerkmale nennen.
       Beispiele: Herstellungsverfahren; Grad der Bearbeitung.
   - Rückstände klassifizieren.
     Beispiele: Aggregatzustand; Größenverhältnis; Herkunft; Verwendungs- und Entsorgungsmöglichkeiten.
   - Rückstände mittels Rückstandsschlüssel kennzeichnen.
2. Möglichkeiten der Abfallvermeidung durch ein Unterbinden des Entstehens schädlicher Rückstände bei der Produktion überprüfen (siehe Check-Liste „Fertigungsverfahren").
3. Möglichkeiten der Abfallminderung durch Reduktion der entstehenden schädlichen Rückstände bei der Produktion überprüfen.
4. Möglichkeiten der Vermeidung von Verpackungsabfall prüfen.
   - Möglichkeiten der Minimierung von Volumen und Gewicht des Verpackungsmaterials untersuchen.
   - Bei Verpackungen Quellen von Verunreinigungen identifizieren, die ein Recycling der Verpackung erschweren.
5. Möglichkeiten der Abfallverwandlung durch physikalische und

chemische Transformation in unschädliche Substanzen und Energien überprüfen.
Beispiele: Gemisch von Methylalkohol, Ameisensäure, Essigsäure und Ester wird bei 900–1000 Grad C zu Kohlendioxid und Wasser verbrannt.

6. Abfallnutzung durch Rückführung von Abfällen und Schadstoffen in die eigene oder fremde Produktion überprüfen (siehe auch Check-Liste „Fertigungsverfahren“).
7. Abfalldiffusion überprüfen.
   – Verdünnung durch Emission und Immission testen.
   – Konzentration testen.
8. Recyclingmöglichkeiten im eigenen Unternehmen und extern überprüfen (siehe auch Check-Liste „Fertigungsverfahren“).
   – Flexibilität der Organisationstypen und Prozeßtypen der Fertigung hinsichtlich der Recyclingerfordernisse ermitteln.
   – Monetäre Auswirkungen des Recycling hinsichtlich Einnahmen und Ausgaben abschätzen.
   – Recyclingpotential ermitteln auf der Basis der unternehmensspezifischen Erzeugnis- und Leistungsprogramme.
     • Mengenmäßige Änderungen beachten und analysieren.
     • Strukturelle Änderungen analysieren.
     • Auswirkungen von Design und Verpackungen untersuchen, z. B. auf recyclingfeindliche Legierungen verzichten, Buntmetallanteile reduzieren, korrosionsbeständige Metalle verwenden, auf leichte Trennbarkeit verschiedener Komponenten achten.
     • Unterschiedliche Beschaffenheit der Rohstoffe beachten.
     • Änderung der Produktionsverfahren in Erwägung ziehen.
   – Im eigenen Produktionsprozeß nicht recyclierbare Stoffe den Abfallbörsen melden.
     Beispiele: Abfallbörsen des VCI (Verband der Chemischen Industrie); Abfallbörsen des DIHT (Deutscher Industrie- und Handelstag).
   – Rückstände an die Recycling-Informationssysteme melden.
     Beispiel:
     AWIDAT – Abfallwirtschaftsdatenbank des Umweltbundesamtes, Berlin.
   – Im Recycling-Management mitarbeiten.

Erfassung des Recyclingmaterials organisieren durch Integration des Recyclings in die Material- und Lagerwirtschaft (siehe Check-Liste „Materialwirtschaft")

9. Rückstandsverwaltung zur Koordination aller Recyclingaktivitäten schaffen.
10. Sammlung und Behältnisse organisieren.
    - Volumen des Abfalls durch Preßcontainer senken.*
    - Altölsammelstellen einrichten.
    - Getrennte Sammlung von Papier, Kunststoff und Aluminium ermöglichen.
    - Lösungsmittel, Laugen, Säuren, Farben sammeln.
    - Papierverwertung (EDV) durch Kleinschneiden für Verpakkungsmaterialien organisieren.
    - Fehlkopien zu Notizblöcken schneiden.*
11. Von den Lieferanten und Herstellern Produktmerkblätter und Sicherheitsdatenblätter (DIN 52900) anfordern.
12. Sammelstellen den eigenen Mitarbeitern für deren Recyclingpotential anbieten.

Änderung der allgemeinen Geschäftsbedingungen in Kooperation mit den Lieferanten durchführen (siehe Check-Listen „Recht" und „Materialwirtschaft")

13. Allgemeine Einkaufsbedingungen entsprechend um die Haftung des Lieferanten für die Umweltverträglichkeit der gelieferten Produkte erweitern.
14. Entsorgungsklauseln aufnehmen, die zusichern, daß die bezogenen Produkte ohne besondere Aufwendungen entsorgt werden können.
15. Klausel aufnehmen, nach der der Lieferant zusichert, daß die mitgelieferte Verpackung kostenlos der Verwertung zugeführt werden kann.
16. Rücknahmeverpflichtung für Einweggebinde bestätigen lassen.
17. Klausel über Informations- und Aufklärungsverpflichtung im Hinblick auf Stoffe und Produkteigenschaften aufnehmen.
18. Absicherungsklausel aufnehmen, die das Unternehmen von allen

* Durch * gekennzeichnet sind diejenigen Umweltschutzmaßnahmen, die meist problemlos und relativ kurzfristig zur Vermeidung oder Senkung von Kosten führen.

Schäden freihält, die durch eine Verletzung der gesetzlichen Verpflichtungen entstehen.

Entsorger kontrollieren

19. Seriosität der Entsorgungsunternehmen überprüfen.
20. Versicherungspflicht für Entsorgungsunternehmen vereinbaren, um das eigene Unternehmen vor Folgeschäden zu schützen, die sich aus unsachgemäßer Entsorgung ergeben können (siehe Check-Liste „Versicherungen").
21. Abfallbeseitigungsfirmen nach ihren Genehmigungen zur Entsorgung fragen.
22. Bei den Entsorgungsunternehmen die behördlichen Auflagen erfragen und ihre Einhaltung stichprobenartig überprüfen.
23. Intern Nachweisbücher über die Entsorgung anhand von Begleitpapieren der Entsorgung führen.

UBA-Unternehmensbefragung 1990

„Der umweltfreundlichste und zugleich kostengünstigste Effekt wird nach wie vor durch die höchstmögliche Einsparung von Material und Energie überhaupt erzielt, wodurch Entsorgung und Recycling weitestgehend entbehrlich werden." Entsprechende Programme und Aktionen wurden bzw. werden laut „UBA-Befragung '90" von 89 Prozent der Unternehmen durchgeführt. Das Schwergewicht liegt dabei auf der Einsparung von Energie mit 65 sowie Wasser, Wert- und Betriebsstoffen mit je 52 Prozent.

Als entscheidende Voraussetzung einer stofflich-energetischen Bilanzierung zu entsorgender Materialien gilt die regelmäßige Messung der von der Fertigung ausgehenden Emissionen. Die Meßintensität der Unternehmen (intern und extern) beträgt durchschnittlich bei Abwasser 53 Prozent, bei Abluft 45 Prozent, bei Lärm und Erschütterung 20 Prozent, bei Abwärme 21 Prozent und bei Abfall 29 Prozent (vgl. Abb. 21).

Kreuzvergleiche ergaben, daß z. B. 86 Prozent jener Unternehmen, die „Wasser sparen" als direktes Umweltschutzziel in den Unternehmensgrundsätzen ausweisen, auch regelmäßige Abwassermessungen durchführen. Andererseits messen nur 27 Prozent der Unternehmen mit dem Umweltschutzziel „Energie sparen" auch regelmäßig die Abwärme.

58 Prozent aller Unternehmen und 68 Prozent der befragten Pro-

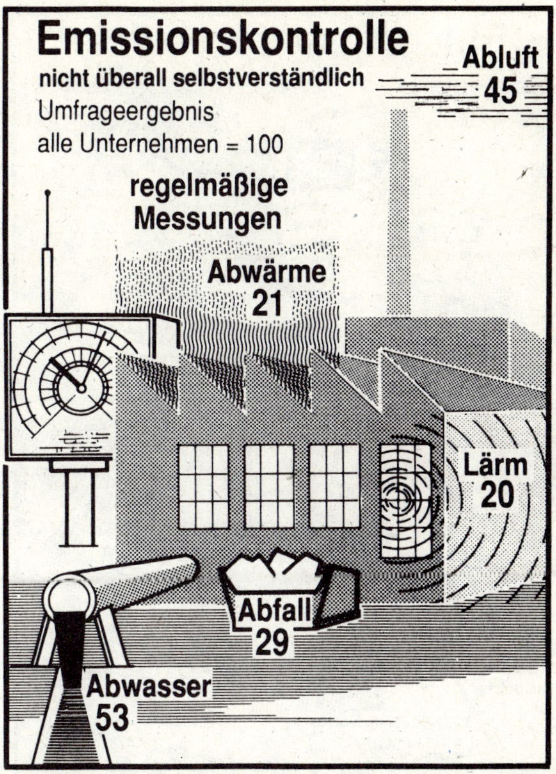

Abb. 21: Emissionskontrolle (UBA 1990)

Abwassermessungen am häufigsten
Wer betrieblichen Umweltschutz betreiben will, muß wissen, wo und in welchem Umfang umweltbelastende Emissionen im Betrieb auftreten. Erst dann können geeignete Maßnahmen geplant und umgesetzt werden. Aber nur vergleichsweise wenige Unternehmen kontrollieren die Emissionen regelmäßig, wobei Abwassermessungen noch am häufigsten vorgenommen werden. Abwärme und Lärm sind nur in jedem fünften der bundesweit knapp 600 befragten Unternehmen Gegenstand regelmäßiger Messungen.
In den meisten Fällen handelt es sich um betriebseigene Messungen. Behörden oder Fachinstitute werden wesentlich seltener aktiv.

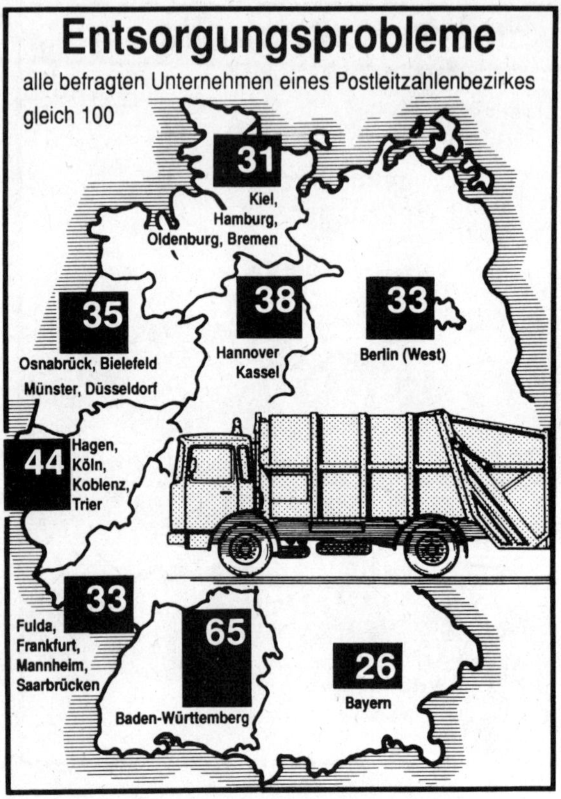

Abb. 22: Entsorgungsprobleme (UBA 1990)

Branchen unterschiedlich stark betroffen
Die Abfallentsorgung stellt für die meisten westdeutschen Unternehmen kein Problem dar. Das erbrachte eine bundesweite Befragung von knapp 600 Unternehmen in Industrie, Handel und Bankwesen. Dies überraschende Ergenis mag u.a. daher rühren, daß die Befragung bereits vor zwei Jahren erfolgte. Branchenspezifisch gibt es allerdings Unterschiede. So ist die Entsorgung für Unternehmen der Metallerzeugung (76 Prozent), der chemischen Industrie (67 Prozent) und des Zweiges Feinkeramik, Glas, Papier (61 Prozent) überwiegend problematisch. Das erklärt unter anderem auch die regionalen Unterschiede in dieser Frage. Die Konzentration der Chemischen Industrie im Südwesten der Bundesrepublik brachte in der Umfrage das höchste Ergebnis, während im Dienstleistungsschwerpunkt Berlin das Entsorgungsproblem zum Befragungszeitpunkt für jedes dritte Unternehmen bestand.

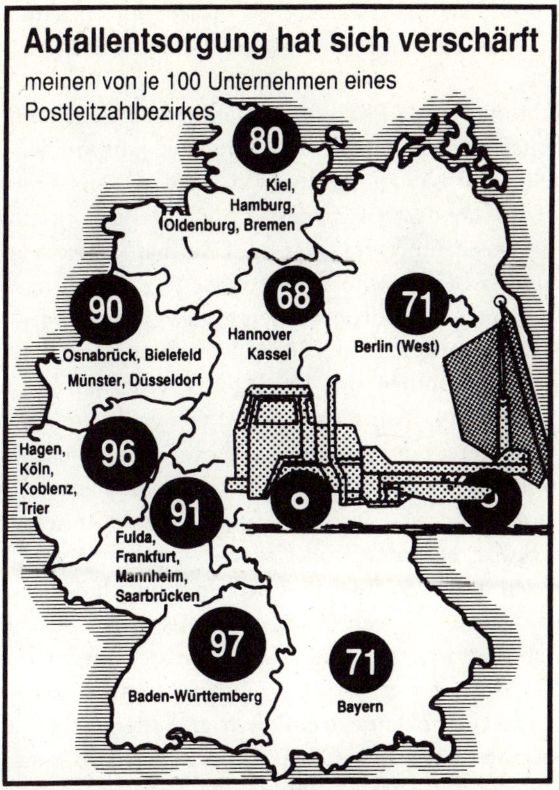

Abb. 23: Abfallentsorgung hat sich verschärft (UBA 1990)

Sorgen mit der Entsorgung
Die Abfallentsorgung hat sich in den letzten Jahren verschärft. Das meinen 84 Prozent der knapp 600 bundesweit befragten Unternehmen. Großbetriebe schätzen die Entwicklung noch etwas häufiger negativ ein (89 Prozent) als mittelständische (82 Prozent). Am stärksten zugespitzt hat sich das Entsorgungsproblem in Südwestdeutschland, wobei hier wahrscheinlich die Konzentration der chemischen Industrie für das hohe Umfrageergebnis mitverantwortlich ist. Als Hauptgrund für die Verschärfung werden gestiegene Abfallgebühren genannt. Doch handelt es sich hierbei weniger um eine Ursache als vielmehr um eine Folgeerscheinung des wachsenden Abfallproblems.

duktionsbereiche sehen in einer umweltorientierten Entsorgung ein Problem, für das fallweise oder generell geeignete Lösungen fehlen (vgl. Abb. 22).

Nach Meinung von 84 Prozent der befragten Unternehmen hat sich das Abfallentsorgungsproblem in den letzten Jahren eher verschärft. Als Gründe hierfür werden genannt (in Prozent): steigende Abfallgebühren (59), steigender Anteil der Sonderabfälle (43), Engpässe bei Entsorgungsunternehmen (43), Engpässe bei Entsorgungsanlagen (32), steigendes Abfallvolumen (28), Schwierigkeiten mit den Behörden (26) und mangelnde Sortierbarkeit (17) (vgl. Abb. 23).

Eine Zusammenarbeit in der Abfallvermeidung und -entsorgung pflegen die Unternehmen mit (in Prozent): den Kommunen (21), direkten Entsorgern (46) und Entsorgern von Sondermüll (38).

Noch zu wenige Unternehmen erachten die Rückführung und Wiederverwertung von eigenerzeugten Produkten bzw. Stoffen als zwingend notwendig, was auf ein nach wie vor unterentwickeltes Denken in Stoffkreisläufen und Präventivstrategien schließen läßt. Ginge man nur von den (offenbar wegen mangelnder ökologischer Datenerfassung sehr wenigen) Antworten aus dem Kreise der befragten Unternehmen aus, so wäre die Quote des internen Recycling (Recycling – Materialwert × 100 : Materialinputwert) mit durchschnittlich 2 (zwei) Prozent extrem niedrig. Andere Schätzungen über die realen internen Recycling-Quoten liegen bei 36 Prozent.

Rund 48 Prozent der Unternehmen organisieren die Rückführung verkaufter Erzeugnisse über das externe Recycling. Eine Beteiligung der Marketing-Bereiche an der Organisation rückwärtsgerichteter Absatzkanäle erscheint – mit beispielsweise 12 Prozent bei Abfällen – entschieden zu gering. Nur 9 Prozent jener Bereiche planen die Einführung eines Sammel- und Rückführungssystems, und bei 41 Prozent sind die eigenen Produkte für eine Rückführung erst gar nicht geeignet.

Unternehmensbeispiele

1. Die *AEG Hausgeräte AG* (U 1990: 2,82 Mrd. DM, B: 12 516), B.A.U.M.-Mitglied, ist in ihren Haushaltsgeräten dazu übergegangen, die verwendeten Kunststoffteile zu kennzeichnen. Jedes Teil wird dazu mit einem DIN-Zeichen versehen, an dem das verwendete Material zu erkennen ist. Dadurch wird bei einem späteren Recycling die Aufarbeitung erleichtert. Beim Kunst-

stoff-Recycling ist es nötig, die einzelnen Kunststoffe getrennt zu behandeln. (FAZ, 27. 3. 1990) (BM)

2. In dem Unternehmen *Benckiser-Knapsack* wurden die Systeme daraufhin untersucht, ob herausgefilterte Stoffe den Verfahren wieder zugeführt werden können. Jetzt werden die Filter zurückgewonnen, und der Verbrauch von teuren Zusatzstoffen wird reduziert. (Blick durch die Wirtschaft, 10. 11. 1989) (UM)
3. Die *Coca-Cola GmbH* in Essen führt über die Beteiligung am Dualen System hinaus in ihrem Firmensitz ein hausinternes Recyclingprogramm durch. Bereits im Mai 1991 wurden in allen Gebäuden ausreichend Collectoren zum Sammeln von Polystyrolbechern aufgestellt. Regelmäßig werden die gesammelten Becher von der Firma Tedeco abgeholt und dem Recycling zugeführt. Im Oktober wurden Behälter zum Sammeln von Altglas und Batterien aufgestellt, solche für Papier und Pappe sollen in den nächsten Wochen folgen. Die Mitarbeiter sind nun dazu aufgerufen, auch alle bei ihnen zu Hause anfallenden Materialien mitzubringen und über dieses System zu entsorgen. (NM)
4. Die *Digital Equipment Corporation* (U 1991: 1,8 Mrd. DM, B: 4492), B.A.U.M.-Mitglied, handelt mit EDV-Anlagen und bietet Kunden einen Entsorgungsservice für Computerschrott an. Gebrauchte Toner, Farbbänder, Reinigungsflüssigkeiten und anderes Zubehör werden vom Zentrallager in Dreieich Sprendlingen kostenlos zurückgenommen. Für gebrauchte Rechner- und Speichersysteme, Bildschirme sowie Drucker verlangt das Unternehmen bei der Rücknahme eine Selbstkostenbeteiligung der Kunden. Rund zehn Prozent der Geräte werden nach erfolgter Reinigung und Reparatur über den „used equipment market" wiederverkauft. Der gesamte Computerschrott geht an das Recyclingunternehmen MABA, wo die Geräte demontiert und nach sechs verschiedenen Materialien getrennt weitergegeben werden. Wertvolle Rohstoffe werden in den Produktionskreislauf zurückgeführt, nur Reststoffe werden noch deponiert. Auch schwermetallhaltige Bildröhren werden bei MABA recycliert, von Digital zurückgenommen und erneut der Verwertung zugeführt. (BU)
5. Die *Dow Stade GmbH* (U: 1,715 Mrd. DM, B 1990: 1645) hat durch den Einsatz geeigneter, z. B. selbst entwickelter und patentierter Prozeßbausteine geschlossene Stoffkreisläufe erreicht und ist damit praktisch unabhängig von Sondermülldeponien. Zu diesen Prozeßbausteinen zählen u. a.:

- Reststoffverwertungsanlage zur Verwertung von vor allem festen und pastösen Reststoffen unter gleichzeitiger Erzeugung von 150000 t Dampf, 35000 t wäßriger Salzsäure und 40000 t Natriumkarbonat im Jahr, letzteres durch Ausnutzung von Kohlendioxid aus dem Abgas. Diese Wertstoffe werden in die Produktion zurückgeführt.
- Turmbiologie zur effizienten biologischen Abwasserreinigung.
- Chemolyse-Anlage, mit deren Hilfe die in der biologischen Kläranlage anfallende Klärschlammenge um 90 Prozent reduziert wird. Die verbleibende, relativ geringe Sammelmenge wird dann in der Reststoffverwertungsanlage verwertet. (NM)

6. Bei der *Dr. Fritsch GmbH/KG* (U 1991: 30 Mio. DM, B: 80), B.A.U.M.-Mitglied, wird das im Betrieb anfallende Abfallpapier (zum Beispiel Zeitungen und Papierreste) zerkleinert und als Verpackungsmaterial ersatzweise für Styroporchips verwendet. (BU)
7. Die *Edding AG* (U 1991: 100 Mio. DM, B: 130), B.A.U.M.-Mitglied, hat bundesweit ein Projekt zur Rücknahme ausgedienter Filz- und Faserschreiber aus eigener Produktion gestartet. Die gebrauchten Stifte werden bei den Fachhändlern in eigens dafür aufgestellten Boxen gesammelt, an die Firma in Ahrensburg geschickt und dann dem Recycling zugeführt. (BU)
8. Die *Genossenschaft für Alu-Dosen-Recycling* bemüht sich in der Schweiz um die Erhöhung der Recyclingquote für Alu-Dosen. Um dies zur erreichen, wird auf jede verkaufte Dose ein Aufgeld von 5 Rappen verlangt. Die Rückgabe der Dosen kann in speziellen Automaten erfolgen, die pro zurückgegebener Dose 5 Rappen auszahlen. Die Automaten werden von der Firma *Egapro* betrieben. (Neue Zürcher Zeitung, 27. 4. 1990) (UM)
9. Die *Heinlein-Plastik-Technik GmbH* (U 1989: ca. 14 Mio. DM, B: ca. 100), B.A.U.M.-Mitglied, verarbeitet für die Herstellung von Primärpackmitteln Kunststoffgranulat in Spritzgießmaschinen. Der bei dem Spritzvorgang entstehende Anguß wird vermahlen und als Mahlgut dem Originalgranulat prozentual wieder beigemischt. Verschmutztes oder überschüssiges Mahlgut wird zur Herstellung von Fußbodenfliesen eingesetzt. (Umfrageergebnisse 11/89, Thomas Ewoldt) (EM)
10. In der Inlandsgruppe der *Hoechst AG* (Konzernumsatz 1990: 45 Mrd. DM, B im Konzern: 172 890) wären ohne ein Entsorgungsmanagement 1990 rund 4,35 Mio t potentieller Abfälle bzw. Reststoffe angefallen. Durch die Einführung neuer Verfahren in den

zurückliegenden Jahren konnten rund 300000 t an Reststoffen vermieden werden. Weitere 3,03 Mio t konnten einer Verwertung zugeführt werden. Rund 1,02 Mio t Reststoffe blieben übrig; nur sie mußten als Abfälle beseitigt werden. Dies entspricht einer Verwertungsquote von 75 Prozent.

11. Die *IBM Deutschland GmbH* (U 1991: 14,8 Mrd. DM, B: 30848), B.A.U.M.-Mitglied, hat sich gegenüber ihren Kunden zur kompletten Rücknahme aller Computergeräte verpflichtet. Die ausgedienten Produkte werden abgeholt, bei IBM demontiert und durch ausgewiesene Fachfirmen dem Stand der Technik gemäß entsorgt. Kunden müssen sich an diesem Service mit einem Selbstkostenpreis beteiligen. IBM konnte damit eine Recyclingrate von 83 Prozent erreichen. (BU)
12. Die *Kaufring AG* (U 1991: 2463,9 Mio. DM, B: 1430), B.A.U.M.-Mitglied, setzt auf Mehrwegtransportverpackungen. 80 Prozent aller Artikel werden in Mehrwegsystemen transportiert. Kern des Systems sind zusammenklappbare Kunststoffbehälter auf Mehrwegpaletten, die eine Lebensdauer von fünf Jahren erreichen, bevor sie zu neuen Transportbehältern recycliert werden. (BU)
13. Die *KEG, Krankenhausentsorgungsgesellschaft mbH* (U 1991: 8 Mio DM, B: ca. 50), B.A.U.M.-Mitglied, hat ein Recyclingverfahren für Fotochemikalien (Fixierbäder) entwickelt und installiert, mit dem verbrauchte Fixierbäder aus medizinischen und graphischen Einrichtungen gereinigt, entsilbert und aufgefrischt werden können. Die Fixierbäder werden anschließend wiederverwendet. Für dieses Produkt wurde der Blaue Engel von der RAL-Kommission in Zusammenarbeit mit dem Bundesumweltamt verliehen. (BU)
14. Bei der *Kreissparkasse Köln* (Bilanzsumme: 11,7 Mrd. DM, B: 2710) wird seit drei Jahren in allen Betriebsstellen eine strikte Mülltrennung nach recyclierbarem Abfall (Papier und Glas) und Sondermüll (Farbbänder, Datenträger, Mikrofilme, Batterien) vorgenommen. Um einen Beitrag zur Einschränkung des Sondermülls zu leisten, wurden z. B. batteriebetriebene Rechner durch Solarrechner ersetzt. Auf den Kauf von batteriebetriebenen Werbegeschenken wird ganz verzichtet. Darüber hinaus wurde für kurze Stadtfahrten ein Dienstfahrrad angeschafft, das immer öfter zum Einsatz kommt. (NM)
15. Die *Miele & Cie GmbH & Co. KG* (U 1990 [Miele-internatio-

nal]: 3,2 Mrd. DM, B [Miele International]: 14700) kündigte an, daß zukünftig in allen Hausgeräten die Kunststoffteile nach dem verwendeten Material gekennzeichnet werden. Wenn die Materialien nach Sorten getrennt gesammelt werden, ist ein späteres Recycling der Kunststoffe wesentlich leichter möglich. (informiert, März 1990, S. 21) (BM)

16. Die *Mohndruck graphische Betriebe GmbH* (U 1990/91: 950 Mio DM, B: 2400), B.A.U.M.-Mitglied, haben durch eine Reihe von Maßnahmen im Produktionsprozeß eine Verringerung der Umweltbelastungen erreicht. In der Setzerei und im Reprobereich wird zum Beispiel aus gebrauchtem Filmmaterial 97prozentiges Silber zurückgewonnen. Durch eine Kreislaufführung in den Entwicklungsmaschinen können bis zu 85 Prozent der fotografischen Abwässer vermieden werden. Ziel des Unternehmens ist es weiterhin, kritische Prozeßstoffe durch umweltverträglichere Materialien – beispielsweise UV-Lack durch Dispersionslack – zu ersetzen. (BU)
17. Die *Nokia Data GmbH* (U 1989: 257 Mio. DM, B: 440) entwickelte zusammen mit der Firma Reichert Metalle ein weitreichendes Entsorgungskonzept zur umweltschonenden Verwertung ausgedienter Computer. Bislang wurden aus dem Computer-Schrott nur die edelmetallhaltigen Komponenten herausgebrochen, der Rest erhöhte die Müllberge. Neuerdings erlaubt das Konzept der Nokia Data-Techniker aber eine Zerlegung des Computers in sieben unterschiedliche Materialklassen. Es werden Metallschrott, technische Kunststoffe, Batterien, Glas, Leiterplatten, Kabel und Stecker getrennt gesammelt. (FAZ, 26. 3. 1990) (UM)
18. Die Firma *POLYTRONIC Kunststoff-Elektro GmbH* (U 1991: 19 Mio DM, B: 140) B.A.U.M.-Mitglied, stellt Duscharmaturen her und bietet seit dem Frühjahr 1991 in Fachbaumärkten sämtliche Artikel verpackungsfrei zum Kauf an. Duschbrausen, -stangen, Schläuche und Zubehör sind in Acrylglaskästen untergebracht. Der Kunde kann die Ware – ähnlich dem Prinzip des Zigarettenautomaten – aus den Kästen entnehmen. Damit werden jährlich rund 250000 aufwendige Verpackungen eingespart. (BU)
19. Die *Schülke & Mayr GmbH* (U 1991: 180 Mio. DM, B: ca. 550), B.A.U.M.-Mitglied, hat ein neues Verfahren zur Abwasserreinigung entwickelt, das die Wiederverwendung des zur Reinigung benötigten Adsorptionsmittels ermöglicht. Es wurde eine Pilot-

anlage mit einer Reinigungskapazität von 750 Litern pro Stunde installiert und im Rahmen einer Diplomarbeit auf ihre Leistungsfähigkeit hin untersucht. Das herkömmliche Reinigungsverfahren mit Hilfe von Aktivkohle soll durch die neue Technik ersetzt werden. Dadurch können 80 Prozent des bisher anfallenden Sondermülls ersetzt werden. (BU)

20. Der Bereich Energieerzeugung (KWU) der *Siemens AG* (U 1990: 63,2 Mrd. DM weltweit, B: 373 000 im Geschäftsjahr 89/90) hat ein zweistufiges Verfahren zur thermischen Müllbehandlung entwickelt, bei dem in der ersten Stufe der zerkleinerte Müll bei 450 Grad C verschwelt und in der zweiten Stufe die Schwelgase und der Schwelkoks bei 1300 Grad C verbrannt werden. Bei diesem Schwel-Brenn-Verfahren bleiben von dem eingebrachten Müll je nach Rauchgasreinigungsverfahren höchstens 2,5 Prozent bis weniger als ein Prozent an Produkten aus der Reinigung übrig, die gesondert deponiert werden müssen. Messungen haben nachgewiesen, daß sämtliche erst im Dezember 1990 mit der 17. Verordnung zum Bundesimmissionsschutzgesetz in Kraft getretenen Grenzwerte, einschließlich der Grenzwerte für die Abgabe von Dioxinen und Furanen, eingehalten oder sogar unterschritten werden können. Abwasser fällt bei diesem Verfahren nicht an. (NM)

21. Die *Staatl. Mineralbrunnen GmbH Bad Brückenau* (U 1991: 14 Mio. DM, B: 60), B.A.U.M.-Mitglied, stattet Mehrwegflaschen mit Verschlüssen aus Aluminium aus, das besser als Kunststoff recycliert werden kann. Um Rohstoffe und Energie zu sparen, werden außerdem bei der Sicherung des Verschlusses statt Metall- oder Kunststoffringen Papierstreifen eingesetzt, die sichern, daß nur ungeöffnete Originalabfüllungen in den Handel kommen und beim ersten Öffnen aufreißen. Bei den Etiketten wird auf Hochglanzpapier und metall- oder schwermetallhaltige Druckfarben verzichtet. Die Aufkleber werden mit leicht abbaubarem Leim sparsam beschichtet, bei der Flaschenreinigung wieder abgelöst, getrennt gesammelt und dem Recycling zugeführt. (BU)

22. Bei der *Staatl. Mineralbrunnen Siemens Erben OHG* (U 1990: über 5,5 Mio. DM, B: 150), B.A.U.M.-Mitglied, werden defekte Flaschen und Kästen recycelt. Für Altetiketten besteht ein geschlossener Recyclingprozeß (Verarbeitung z. B. zu Briefumschlägen durch Papierhersteller). Alte Verschlüsse werden an Unternehmer verkauft, welche nach Kunststoff- und Aluminiuman-

teil trennen und recyceln. (Umfrageergebnisse 11/89, Thomas Ewoldt) (EM)

23. Die *Staedtler Mars GmbH & Co* (U 1991 493 Mio. DM, B: 4000), B.A.U.M.-Mitglied, hat eine neue Verpackung entwickelt, die eine Alternative zur problematischen Entsorgung von Blister-Karten bietet. Im Gegensatz zu den herkömmlichen Blisterverpackungen, die mit Plastikhauben versehen waren, welche nur schwer vom Kartonmaterial getrennt werden konnten, werden die neuen Fensterkarten ohne Kunststoff hergestellt. Der Karton läßt sich nun problemlos recyceln. (BU)
24. Als erster Automobilanbieter auf dem deutschen Markt garantiert die *Volkswagen AG* (Konzernumsatz 1990: 68,1 Mrd. DM, B im Konzern: 261 038) die kostenlose Rücknahme von Altfahrzeugen des Typs Golf A3 ab dem Modelljahr 1992. Diese Rücknahmegarantie ist durch die konsequent recyclingfähige Konstruktion des neuen Fahrzeugs und den Einsatz wiederverwertbarer Kunststoffe möglich geworden. Die Erkenntnisse auf dem Gebiet des Fahrzeugrecycling stammen zum großen Teil aus dem Pilotprojekt in Leer. So wird auch der VW-Polo seit Mai 1991 mit Stoßfängern aus Recyclingkunststoff gefertigt. Alle Kunststoffstoßfänger werden bundesweit über die Händlerorganisationen gesammelt, sortenrein zu Granulat gemahlen und zur Produktion neuer Stoßfänger wiederverwendet. (NM)
25. Der Textilveredler *Windel Textil GmbH & Co.* (B: 1030) reinigt seit über 50 Jahren seine hochverschmutzten Abwässer auf ca. 100 ha Grünlandbiologie (Grasflächenverrieselung über drainiertem Untergrund und Wurzelraumentsorgung nach Prof. Kikkuth) mit einer Gesamtreinigungsleistung von über 90 Prozent. Darüber hinaus hat sich die Firma für den Bau einer vollbiologischen Abwasserreinigungsanlage durch Langzeitbehandlung in großvolumigen Belebtschlammanlagen nach dem System BIOLAK entschieden. Die Gesamtinvestition für dieses über den Stand der Technik hinausgehende Konzept beläuft sich auf rd. 20 Mio. DM bei einer Ausbaugröße von 60 000 EGW. (NM)

Nr. 16 Check-Liste Altlasten

Zur umweltbewußten Unternehmensführung gehört, daß Altlasten, die auf dem Betriebsgrundstück möglicherweise vorhanden sind, ermittelt und beseitigt werden. Auch Risikovorsorge und Renditedenken verlangen die rechtzeitige Sanierung kontaminierter Betriebsgrundstücke.

Verlassene und stillgelegte Ablagerungsplätze mit kommunalen und gewerblichen Abfällen (Altablagerungen), wilde Ablagerungen, Aufhaldungen und Verfüllungen mit umweltgefährdenden Produktionsrückständen, auch in Verbindung mit Bergematerial und Bauschutt, ehemalige Industriestandorte, Korrosion von Leitungssystemen, defekte Abwasserkanäle, abgelagerte Kampfstoffe, unsachgemäße Lagerung wassergefährdender Stoffe und andere Bodenkontaminationen können sogenannte Altlasten zur Folge haben.

Nach Schätzungen aus den Jahren 1984/85 gibt es allein in der Bundesrepublik Deutschland 35 000 Verdachtsstandorte, davon 30 000 Altablagerungen und 5000 Betriebsgelände.

Die Kosten zur Sanierung und Überwachung der 30 000 Altablagerungen in der Bundesrepublik Deutschland für den Zeitraum von 1986 bis 1995 werden mit 7,6 Milliarden DM geschätzt. Zur Sanierung und Überwachung der 5000 kontaminierten Betriebsgelände fallen für den gleichen Zeitraum voraussichtlich Kosten in Höhe von 9,24 Milliarden DM an.

Nach neueren Schätzungen gibt es in Deutschland 80 000 Altlasten, die neuen Bundesländer nicht eingerechnet.

Emissionen aus Altlasten gefährden unsere Schutzgüter – Wasser, Luft, Flora und Fauna – und nicht zuletzt den Menschen selbst.

Darüber hinaus können Altlasten, die sich auf dem Betriebsgrundstück eines Unternehmens befinden – wenn sie nicht rechtzeitig entdeckt und entschärft werden – eine strenge Haftung des Unternehmens auslösen. In einigen Fällen hat diese Haftung bereits zum Konkurs der Unternehmen geführt.

Die Haftung des Unternehmens tritt nach deutschem Polizeirecht auch dann ein, wenn das Unternehmen kein Verschulden trifft. Dieser Fall ist z. B. dann gegeben, wenn das Unternehmen das Grundstück neu erworben hat, ohne zu wissen, daß der Verkäufer oder ein früherer Eigentümer das Grundstück kontaminiert hat.

Vor dem Neuerwerb von Grundstücken muß deshalb stets geprüft werden, ob es durch eine Altlast kontaminiert ist. Diese Prüfung gehört zu den Standard-Sorgfaltspflichten eines Geschäftsführers. Auch zu den Pflichten des Notars zählt es, den Grundstückserwerber auf das Risiko einer Altlast hinzuweisen. Die vertragliche Zusicherung des Verkäufers, das Grundstück sei nicht kontaminiert, nützt dem Käufer häufig nicht viel. Denn wenn der Käufer des Grundstükkes wegen der Altlast in Anspruch genommen wird, kann er zwar wegen der zugesicherten Mängelfreiheit des Grundstückes Rückgriff auf den Verkäufer nehmen. Dieser ist jedoch oft nicht in der Lage, die hohen Sanierungskosten zu erstatten.

Auch ein Kreditinstitut, das sich für ein Darlehen an ein Unternehmen von diesem ein Grundpfandrecht an einem Grundstück bestellen lassen will, muß zunächst prüfen, ob das Grundstück frei von Altlasten ist. Eine Altlast drückt in vielen Fällen die Beleihungsgrenze eines Grundstückes auf den Nullpunkt herab.

Hat ein Unternehmen die Erkenntnis gewonnen, daß es „auf einer Altlast sitzt", mag es sie selbst verschuldet haben oder nicht, so ist manchmal das Argument zu hören, man solle „keine schlafenden Hunde wecken". Diese Einstellung ist nicht nur unternehmensethisch fragwürdig, sie ist vielfach auch wirtschaftlich unvernünftig. Denn erstens kann durch rechtzeitige Unterbrechung des Kontaminierungsprozesses der ganz große Schaden in vielen Fällen noch abgewendet, die Zeitbombe quasi entschärft werden. Zweitens geht der Geschäftsführer eines Unternehmens das Risiko ein, in einem Strafverfahren verurteilt zu werden, wenn ihn ein Verschulden daran trifft, daß der Kontaminierungsprozeß nicht unterbrochen wurde.

Der folgende Fragenkatalog ist ein Wegweiser bei der Überprüfung von Industriegrundstücken im Hinblick auf ihre Altlastenrisiken.

Informationen über die Historie erfassen

1. Daten und Fakten des Grundstückes aus Akten und Befragungen zusammenstellen.
   – Alte Akten und Schriftstücke über das Grundstück sammeln (z. B. bei Gemeinden, IHK, Landesämtern, vorherigen Besitzern).
   – Frühere Mitarbeiter, Nachbarn, Feuerwehr befragen (z. B. über Produktion, eingesetzte Stoffe, Unfälle).
2. Alte Karten und Luftbilder besorgen bzw. einsehen
   – Nach auffälligen Veränderungen des Geländes schauen (z. B. nach ehemaligen Gräben oder Auskofferungen, alten Kellern).
   – Luftbilder auswerten (z. B. auf Bombentrichter achten, die oft als Abfallgruben benutzt wurden).

3. Klassifikation der früheren Besitzer/Produzenten durchführen, Untersuchungen erstrecken auf
   - Branchen, die auf dem Gelände vertreten waren (z. B. Zeitangaben, Umstände),
   - Größe der Vorgänger (z. B. Produktionszahlen),
   - Verfahren der früheren Produzenten (z. B. Lohngalvanik mit CKW-Entfettung),
   - Stoffkataster der früheren Produzenten (z. B. Cyanide, Fluoride, CKW, Beizsäuren).
4. Lage der früheren Produktionsstätten erforschen.
   - Lagepläne über Aufbau der Produktionsstätten beschaffen (z. B. Tanklager, Materiallager, Beizerei).
   - Informationen über den Sicherheitsstandard der Lager- und Produktionsstätten mit gefährlichen Stoffen einholen.
5. Die nachbarschaftlichen Verhältnisse hinsichtlich Altlasten abklären.
   - Erkundigungen über Fälle von Altlasten in der Nachbarschaft einholen (z. B. Kommunale Ämter fragen, Altlastenkataster bei Landesbehörden einsehen).
   - Bei bekannten Altlasten in der Nachbarschaft, z. B. Ausmaß und Art erkunden, rechtliche Verhältnisse abklären.

Informationen vor Ort erfassen

6. Geologische und hydrologische Charakterisierung des Geländes sondieren.
   - Ortsbesichtigung mit Geologen durchführen.
   - Geologische Karten und Grundwasserkarten studieren (z. B. geologischen Untergrund und hydrologische Verhältnisse genau abklären).
   - Untersuchen, wie die Oberfläche des Geländes beschaffen ist (z. B. ermitteln, aus welchem Jahr die Bitumendecke stammt).
   - Geographische Lage des Geländes abklären (z. B. Hang-, Tallage).

Die gesammelten Informationen bewerten

7. Entscheidung über Durchführung von Untersuchungen treffen.
   - Keine Untersuchung durchführen, wenn eindeutig kein Altlastenrisiko besteht
     (z. B. Gelände wurde nur für Bürogebäude genutzt).
   - Im Zweifelsfall immer Voruntersuchungen für eine Gefährdungsabschätzung vornehmen.
8. Leitlinien für Voruntersuchungen erstellen, drei Untersuchungen, abhängig von den möglichen Emissionspfaden in Erwägung ziehen,
   - Wasseruntersuchung
     (z. B. auf Schadstoffe die über Niederschlagswasser, Sickerwasser in den Untergrund bzw. ins Grundwasser gelangt sein können).
   - Bodenuntersuchung
     (z. B. auf Belastungen, die durch Verwehungen, Auswaschungen oder direkten Kontakt mit Schadstoffen entstanden sein können).
   - Bodenluftuntersuchung
     (z. B. auf Deponiegase, die durch anaerobe Zersetzung organischer Substanzen entstanden sein können oder auf leichtflüchtige Chlorkohlenwasserstoffe, die unter Umständen die Bodenluft belasten).
9. Eruieren, wo sich der Standort befindet,
   z. B. im Wasserschutzgebiet,
   z. B. in Nähe der Wohnbebauung.
10. Ermitteln, welche umweltgefährdenden Stoffe verwandt oder abgelagert wurden, nach
    - Wassergefährdungsklasse,
    - Abfallkategorie.

Wasseruntersuchung durchführen

11. Alle vorhandenen Grund- und Oberflächenwasseraufschlüsse wie Brunnen, Pegel, Quellen, Flüsse und Seen in Karten darstellen.
12. Alle geologischen und hydrogeologischen Daten des zu untersuchenden Geländes zusammenstellen.
13. Auf der Grundlage dieser Kenntnisse Bohrpunkte für den Bau von Grundwassermeßstellen festlegen.

14. Oberflächennahes Grundwasser untersuchen auf
    - chemische Belastungen,
    - hydrogeologische Verhältnisse
      (z. B. Grundwasserfließrichtung, Grundwasserflurabstand, geologischen Aufbau des Untergrundes).
15. Lage der Grundwassermeßstellen im Oberstrom und im Unterstrom der Altablagerung bzw. des Altstandorts festlegen.
16. Anzahl der Meßstellen, abhängig von der Größe der Altablagerung, mindestens drei zur Ermittlung der Grundwassergleichen (hydrologisches Dreieck) vorgeben.
17. Beim Bau der Grundwassermeßstellen unbedingt die einzelnen Grundwasserstockwerke getrennt erfassen.
18. Angetroffene Grundwasserleiter im Falle von Lockergestein möglichst in voller Mächtigkeit erfassen.
19. Bei Kluftgrundwasserleitern mit den entsprechenden Geologischen Landesämtern zusammenarbeiten.
20. Parameterliste Grundwasseruntersuchung zusammenstellen, abhängig von der Art, dem Alter, der Lage und der Größe der Ablagerung.
    Falls Kenntnisse über die Inhaltsstoffe und Konzentrationen vorhanden sind, die Parameter direkt festlegen, falls nicht, schrittweise vorgehen:
    - 1. Schritt: Summenparameter im Labor bestimmen und Messungen vor Ort durchführen (z. B. pH-Wert, Leitfähigkeit, Temperatur, Redoxpotential, Sauerstoff, Farbe, Geruch, Aussehen, Wasserspiegel, Fördermenge und Förderzeit)
    - 2. Schritt: Einzelparameter bestimmen (z. B. Schwermetalle, CKW, Aromaten).
21. Untersuchungsergebnisse beurteilen und entscheiden, ob weitere Untersuchungen des Bodens oder der Bodenluft notwendig sind.

Bodenuntersuchung durchführen

22. Untersuchungsmethoden auswählen
    (z. B. Sondierbohrungen, Schürfen, Kernbohrungen).
    Als Bohransatzpunkte die kritischen Stellen der ehemaligen bzw. aktuellen Produktion, bzw. im Falle von Altablagerungen im Oberstrom und Unterstrom gelegene Stellen auswählen.
    - Bodenproben entnehmen

(z. B. Mischproben, horizontierte Proben aus offensichtlich belasteten Bereichen)
- Endtiefe (d. h. maximale Tiefe) der Bohrungen abhängig von der Lage der Grundwasseroberfläche, von der Lage abdichtender Tonschichten, von der Aufgabenstellung festlegen.

23. Parameterliste Bodenuntersuchung zusammenstellen, analog zu den Kriterien der Wasseruntersuchung.
    Untersuchungen durchführen
    - in der Originalsubstanz
    - im Eluat (wässeriger Auszug).

Bodenluftuntersuchung durchführen

24. Falls in Betracht kommt, daß leichtflüchtige Komponenten im Boden oder Grundwasser vorhanden sind, Bodenluft mittels Einzelproben oder kontinuierlicher Probenahme aus Gasmeßpegeln untersuchen.
    Bei der Festlegung der Probepunkte sich orientieren entweder
    - am Raster oder
    - an erfahrungsgemäß kritischen Punkten der Produktion (z. B. Galvanik, Entfettung, Lagerung, Abfüll- bzw. Umfüllstationen, Transportwege).
25. Parameterliste Bodenluftuntersuchung zusammenstellen.
26. Untersuchungsergebnisse in Wasser, Boden und Bodenluft beurteilen, Gefährdungsabschätzung durchführen.
27. Sanierungsvorschläge ausarbeiten.

Unternehmensbeispiele

1. Die *Mannesmannröhren-Werke AG* (U 1990: 3,409 Mrd. DM, B: 14 700) führte auf ihrem ehemaligen Betriebsgelände in Düsseldorf-Lierenfeld nach dem Verkauf eine der bisher in Deutschland größten Altlastensanierungen durch. Das Gelände war bis 1987 100 Jahre lang zur Röhrenproduktion genutzt worden, davon nur die letzten 17 Jahre von Mannesmann. Gefunden und beseitigt wurden Belastungen von Mineralöl-Kohlenwasserstoffen (MKW), Chlorkohlenwasserstoffen und polyzyklischen Kohlenwasserstoffen. Unter anderem reinigte eine Hochdruck-Bodenwaschanlage der *Klöckner-Oecotec GmbH* seit April 1987 innerhalb eines Jahres rund 80 000 t Boden von MKW-Belastungen. Die Sanierung kostete 50 Mio. DM. (Wirtschaftswoche, 5. 5. 1989) (EM)

2. Die Firma *Nordac* bietet in Hamburg ein Verfahren zur Reinigung von verseuchtem Boden an. Eine Art Waschmaschine trennt jedes einzelne Erdkorn von seinen Verschmutzungen. Die teilweise giftigen Abfälle werden verbrannt oder in Salzstöcken gelagert. Durch staatliche Maßnahmen motiviert man Unternehmen mit verseuchtem Boden im Gelände, das Angebot der Nordac zu nutzen. (Die Zeit, 13. 4. 1990) (UM)
3. Die zur Metallgesellschaft AG (Konzernumsatz: 15,2 Mrd. DM, B: 25 132 weltweit) gehörende *Sekundärbleihütte Braubach* (U: 50,7 Mio. DM, B: 161) rüstete Ende 1989 ein Klärbecken mit einer chemischen Behandlungsstufe nach. Damit sollen die Oberflächen- und Sickerwässer einer seit den dreißiger Jahren genutzten Schlackenhalde behandelt werden. (Blick durch die Wirtschaft, 8. 12. 1989) (UM)

Nr. 17 Check-Liste Fuhrpark

Der betriebliche Fuhrpark hat die Aufgabe, den verschiedenen Unternehmensbereichen sichere und qualitativ einwandfreie Verkehrsmittel zur Verfügung zu stellen. Personenkraftwagen und Lastkraftwagen spielen eine maßgebliche Rolle für die Schadstoffbelastungen der Luft und sind Ursache der – oft unerträglichen – Lärmbelästigung vieler Millionen unserer Mitbürger.

Aus den Auspuffrohren der Autos gelangen mehr Schadstoffe in die Luft als aus allen Industrieschloten der Bundesrepublik Deutschland, nämlich u. a. 6,2 Mio. t Kohlenmonoxid, 1,3 Mio. t Stickoxide, 650 000 t Kohlenwasserstoffe; darunter 50 000 t krebserregendes Benzol. Die negativen Konsequenzen für die Gesundheit der Menschen und die Umwelt sind dabei hinreichend bekannt: Lungenerkrankungen, Schädigung der Atmungsorgane, Beeinflussung des Blutbildes, Kreislaufstörungen, Waldsterben, um nur die wichtigsten zu nennen.

Insofern ist jeder nicht in einem Automobil verbrannte Liter Sprit und jede Senkung der bei der Verbrennung freigesetzten Abgasmenge bzw. des beim Fahren verursachten Lärms ein Gewinn für die Menschen und ihre belebte Umwelt. Die folgenden Maßnahmen sind dabei hilfreich.

Umweltverträgliche Fahrzeuge einkaufen

1. Benziner mit geregeltem 3-Wege-Katalysator oder Dieselfahrzeuge mit Oxydationskatalysator und Abgasrückführung anschaffen; Modelle auswählen, die die scharfen US-amerikanischen Grenzwerte einhalten.
   Die Frage, ob die Diesel-Variante ökologisch und medizinisch mit der Benziner-Variante gleichwertig ist, wird unterschiedlich beantwortet (Stand November 1991).
   Der Standpunkt eines bedeutenden Automobilherstellers:
   Autos mit geregeltem 3-Wege-Katalysator stoßen bei allen Fahrzuständen ca. 90 % weniger Schadstoffe wie Kohlenmonoxid, Kohlenwasserstoffe und Stickstoffoxide aus, was durch zahlreiche Untersuchungen belegt wird.
   Seit Dieselfahrzeuge zunehmend mit Oxidationskatalysator und Abgasrückführung ausgerüstet werden, sind Dieselfahrzeuge im Emissionsverhalten den Benzinfahrzeugen mit 3-Wege-Katalysator gleichzustellen.
   Die in den Medien immer wieder publizierte Krebsgefahr durch Rußpartikelemissionen aus Dieselfahrzeugen ist wissenschaftlich nach wie vor nicht abgesichert. Neueste Forschungsergebnisse am Fraunhofer-Institut in Hannover, die von Prof. Heinrich vor Abschluß einer Gesamtstudie als Teilergebnis veröffentlicht wurden, weisen darauf hin, daß die Kanzerogenität nicht von der Art der Partikel, sondern von ihrer Größe abhängt. Wird eine minimale Partikelgröße unterschritten (Schwellenwert), so kann die Selbstreinigungskraft der Lungen den Ruß nicht mehr abatmen. Titandioxidpartikel oder reiner Kohlenstoffstaub (nachweislich keine kanzerogenen Stoffe) führten in den neuartigen Experimenten teilweise ebenfalls zu kanzerogenen Veränderungen des Lungengewebes. Es liegt also die Vermutung nahe, daß nicht speziell Dieselpartikelemissionen, sondern generell lungengängige Stäube, die eine Größenordnung unterhalb des Schwellenwertes haben, kanzerogen wirken. In diesem Zusammenhang gewinnt die Mitteilung des Umweltbundesamtes an Bedeutung, daß die Partikelemissionen in der Bundesrepublik Deutschland im Jahre 1989 nur zu ca. 18 % aus dem Verkehr, zu ca. 50 % aus Industrieprozessen und zu ca. 32 % aus Haushalten, von Kleinverbrauchern, aus der Industriefeuerung und von Kraft- und Fernheizwerken stammen.

Da Dieselfahrzeuge im direkten Vergleich mit Ottomotorfahrzeugen mindestens 20 % weniger Treibstoff verbrauchen und damit auch 20 % weniger Kohlendioxid emittieren, können die Nutzer von Dieselfahrzeugen einen Beitrag zur Verminderung des Treibhauseffektes leisten.

Nach heutigem Kenntnisstand sind deshalb moderne Dieselmotoren, die mit Abgasrückführung und Oxidationskatalysator ausgerüstet sind, sowohl in ökologischer als auch in medizinischer Sicht den Ottomotorfahrzeugen mit Katalysatoren gleichzusetzen.

Der Standpunkt des Umweltbundesamtes:

Dieselfahrzeuge können im Vergleich zu Benzinern mit geregeltem 3-Wege-Katalysator nicht empfohlen werden, da das Problem der relativ hohen NOx-Emissionen sowie der Partikelemissionen noch nicht gelöst ist. Die Rußpartikelemissionen stehen im Verdacht, eine Krebsgefahr darzustellen. Gerüchte, daß geringe Platinabsonderungen aus Katalysatoren eine Krebsgefahr darstellen, haben sich bisher nicht bestätigt.

2. Kfz-Kaufentscheidungen auch von den Abgas- und Lärmwerten abhängig machen
   - Da es erhebliche Unterschiede gibt, Abgasvergleich anstellen.
   - Informationen beim Umweltbundesamt Berlin einholen.
3. Keine Metallic-Lackierungen verlangen.*

   Beim Spritzvorgang können aromatische Kohlenwasserstoffe die Gesundheit schädigen u. Lösemittel-Abgase die Umwelt belasten.
4. Für lange Strecken Fahrzeuge mit fünf Gängen bevorzugen.*
5. Kraftfahrzeuge mit lärmarmen und langlebigen Auspuffanlagen ausrüsten.

   Es gibt bereits Anlagen, die bestimmte Grenzwerte für Lärm einhalten und eine garantierte Wartungsfreiheit von 2 Jahren/ 75 000 km haben.
6. Runderneuerte Reifen mit Gütezeichen und Umweltengel einsetzen.*

   In der Bundesrepublik Deutschland fallen jährlich mehr als 300 000 Tonnen Altreifen an, die bei der Verbrennung zu Umweltproblemen führen. Beim runderneuerten Reifen werden

* Durch * gekennzeichnet sind diejenigen Umweltschutzmaßnahmen, die meist problemlos und relativ kurzfristig zur Vermeidung oder Senkung von Kosten führen.

80 % des Reifens wiederverwendet, so daß interessante Rohstoffeinsparungen möglich sind.

Vorhandene Fahrzeuge nachrüsten und umweltbewußt warten

7. Katalysator oder entsprechende Abgasrückführungssysteme einbauen lassen.
8. Transistor-Zündanlage einbauen bei Benzin-Kraftfahrzeugen.*
   Der herkömmliche Unterbrecher verschleißt schnell, senkt die Motorleistung und erhöht den Benzinverbrauch. Die Transistor-Zündanlage garantiert bis zu einer Laufleistung von 40 000 km die eingestellten optimalen Werte. Sie ist auch als Umrüstsatz zum nachträglichen Einbau lieferbar.
9. Asbestfreie Brems- und Kupplungsbeläge einbauen.
10. Schubabschaltung einbauen.*
   Die Schubabschaltung sperrt die Kraftstoffzufuhr, wenn der Fuß vom Gaspedal genommen wird. Benzineinsparungen bis zu 20 %.
11. Geräte zum Abschalten des Motors bei Wartezeiten einbauen, z. B. Start-Stop-Anlagen.*
   Automobil-Modelle mit serienmäßiger automatischer Motoran- und -abschaltung wurden bereits angekündigt.
12. Kraftfahrzeuge einer regelmäßigen Inspektion zuführen.
13. Öfter Reifendruck kontrollieren.*
   Eine Abweichung von 0,5 bar von dem vorgeschriebenen Reifendruck kann bereits einen Kraftstoffmehrverbrauch von 5 % bedeuten.
14. Zündkerzen häufig wechseln bei Benzin-Kfz, wenn möglich Breitbandkerzen einsetzen.*
   Zündkerzen sind für die optimale Verbrennung des Kraftstoff-Luftgemisches entscheidend.
15. Luftfilter regelmäßig austauschen, um dadurch eine Senkung des Kraftstoffverbrauchs bis zu 10 % zu erzielen.*
16. Vergaser richtig einstellen.*
   Ein schlecht eingestellter Vergaser kann bis zu 20 % mehr Kraftstoff verbrauchen und entsprechend mehr Abgase verursachen.
17. Motor nur in Werkstatt oder Tankstelle waschen.
18. Altöl ordnungsgemäß beseitigen.
19. Bleifrei tanken.*
   Beim Hersteller, bei Automobil-Clubs oder an den Tankstellen

sich darüber informieren, ob das Kraftfahrzeug bleifrei betankt werden kann.

Umweltfreundlich fahren

20. Nicht aggressiv und hochtourig fahren.*
Hochtouriges Fahren verursacht 25 % mehr Kraftstoffverbrauch als eine zurückhaltende Fahrweise und produziert doppelt soviel Kohlenmonoxid. Zusätzlich entsteht ein extremer Motorlärm.
21. Gleichmäßig und vorausschauend fahren.*
So zeigen z. B. Testergebnisse, daß ein eiliger Fahrer auf einer 28 km langen Strecke in der Stadt bei 32 Ampeln 40 % mehr Sprit (und Geld) verbrauchte – für einen Zeitgewinn von 7 Minuten.
22. Konstante Geschwindigkeiten auch auf der Autobahn fahren.*
Bei einer Testfahrt benötigte der eilige, schnelle Fahrer für 1550 km 175 Liter Kraftstoff, der langsamer fahrende 125 Liter, Einsparung somit 50 Liter und 12,5 kg weniger Ausstoß von Kohlenmonoxid. Zeitverlust 1 1/2 Stunden.
23. Rechtzeitig schalten und im wirtschaftlichsten Gang fahren.*
Den 1. Gang nur zum Anfahren benutzen und schnell in den 2., 3. und 4. Gang schalten.
24. Motor an Ampeln, Bahnübergängen und bei sonstigen, länger als 30 Sekunden dauernden Wartezeiten abstellen.*
25. Grüne Welle durch vorausschauendes Fahren nutzen.*
26. Motor nicht im Leerlauf auf Temperaturen bringen; gleich losfahren, da der Motor beim Fahren schneller warm wird und die Startautomatik sich früher abschaltet.*
27. Nicht bis zum Rand tanken.
28. Sorgfältig mit dem Choke umgehen.*
Bei 20° Celsius Außentemperatur Choke nicht benutzen, bei 0° Celsius schon nach 30 Sekunden wieder halb hineindrücken und nach 2–3 Minuten ganz hineinschieben. Bei nicht zurückgenommenem Choke werden zweimal mehr Kohlenwasserstoffe und sogar neunmal mehr Kohlendioxid produziert. (Siehe E. R. Koch, Umweltschutz zu Hause, München 1984, Seite 233)
29. Im Stau Gebläse abschalten.
Bei eingeschaltetem Gebläse gelangen bis zu 25 % mehr Kohlenmonoxid und bis zu 36 % mehr Kohlenwasserstoffe in den Innenraum des Kraftfahrzeuges.

Umweltfreundlich planen

30. Weniger Kurzstrecken fahren.*
Kurzstrecken kosten extrem viel Kraftstoff. Z.B. liegt der Kraftstoffverbrauch bei kaltem Motor direkt nach dem Starten bei 40 Litern auf 100 km, nach einem Kilometer Fahrt immer noch bei 20 Litern pro 100 km. Erst nach 4 km tritt Normalisierung des Verbrauchs ein.
31. Einkaufsfahrten in die City verstärkt mit öffentlichen Verkehrsmitteln durchführen, Park- and Ride-Angebot nutzen.*
Der ADAC hat errechnet, daß an verkaufsoffenen Samstagen der Parkplatzsuchverkehr in den Innenstädten bis zu 75 % des Gesamtverkehrs ausmacht.
32. Schulung für umweltbewußtes und kraftstoffsparendes Fahren durchführen, vor allem bei Fuhrparks mit vielen Außendienstfahrzeugen und Einsatz von Lastkraftwagen.*
33. Wettbewerb veranstalten mit dem Ziel, die Fahrer mit den günstigsten Kraftstoffverbräuchen zu ermitteln.*
34. Dachgepäckträger abnehmen, wenn nicht erforderlich.*
Ein Mittelklassewagen verbraucht bei konstant 130 km pro Stunde auf 100 km mit leerem Dachgepäckträger gut 12 %, mit beladenem Dachgepäckträger und Plane bis zu 20 % und bei beladenem Dachgepäckträger ohne Plane sogar bis zu 25 % mehr Kraftstoff.
35. Fahrgemeinschaften unterstützen.*
Wenn 4 Personen in einem Kraftfahrzeug täglich die gleiche Strecke fahren, können bis zu 70 % der Fahrkosten eingespart werden, die Umwelt wird spürbar entlastet.

UBA-Unternehmensbefragung 1990

Vor allem in den Darstellungen zur praktizierten Umweltorientierung in ausgewählten Unternehmen enthält die „UBA-Befragung '90" wertvolle Anregungen für die Nutzung ökologisch-ökonomischer Potenzen im betrieblichen Fuhrpark.

Immer mehr Unternehmen – derzeit ca. 77 Prozent – legen bei der Beschaffung für den Eigenbedarf neben ökonomischen auch ökologische Auswahlkriterien an. Für den betrieblichen Fuhrpark bedeutet dies, daß nur noch Fahrzeuge angeschafft werden, die einen geregelten Katalysator besitzen (Benzinfahrzeuge) bzw. die US-Norm einhalten (Dieselfahrzeuge).

Durch die Optimierung von Fahrtrouten durch die Beschaffungs- und Distributionslogistik (Reduzierung der Tonnen-Kilometer) konnte bei vielen Unternehmen neben der Kostensenkung somit erheblich zur Verringerung der Luft- und Lärmbelastung beigetragen werden.

Eine mittelständische Brauerei in der Oberpfalz z. B. stellte EDV-gestützt von der früher üblichen fallweisen Bestellung seitens der Kundschaft auf regelmäßigen Telefonverkauf um, mit dem Ergebnis, Doppelfahrten zu vermeiden und die einzelnen Touren optimal auszulasten. Dadurch konnten die gefahrenen Kilometer pro transportiertem Hektoliter um ein Drittel reduziert werden.

Es wäre auch von Fall zu Fall zu prüfen, ob die heute weithin geläufige fertigungssynchrone Belieferung (Just-in-time) aus ökologischer Sicht nicht bedenklich ist.

Unternehmensbeispiele

1. Das Beispiel der Schweizer *Abroll-Container-Service AG* zeigt, wie wirtschaftlich und umweltschonend der Gütertransport auf der Schiene im Vergleich zur Straße vonstatten gehen kann. Der Unternehmer hat einen Container-Service entwickelt, mit dem pro Jahr 2000 LKW-Fahrten eingespart werden. (informiert, Juni 1990, S. 30) (UM)
2. Die *Deutsche Bundespost* hat durch die Umstellung ihres Fuhrparks auf Dieselantrieb bereits ab 1978 durch die bessere Energieausnutzung erhebliche Mengen an Kraftstoff einsparen und damit den Schadstoffausstoß dementsprechend reduzieren können. Seit dem 1. 1. 1985 werden PKW und Transporter ausschließlich in schadstoffarmer Ausführung beschafft. Ältere PKW der Bj. 1981 bis 1984 wurden in den Jahren 1986/87 mit einem Aufwand in Höhe von 3,7 Mio. DM auf schadstoffarmen Betrieb nachgerüstet. Auch wird die Entwicklung von Rußfiltern für Dieselmotoren mit besonderer Aufmerksamkeit verfolgt; bei Serienreife ist ihr Einsatz vorgesehen. Bei der Beschaffung von LKW mit über 6 t zulässigem Gesamtgewicht wird eine lärmarme Ausführung vorgegeben, bei den übrigen Fahrzeugen auf möglichst niedrige Geräuschwerte geachtet. Für den innerbetrieblichen Transport werden schadstofffreie Elektrofahrzeuge eingesetzt. Der Einsatz von Elektro-Straßenfahrzeugen scheitert zur Zeit noch an den nur bedingt verwendbaren Antriebsbatterien. (NM)

3. Auf Betreiben der *Deutschen Bundespost* hat die Industrie bereits ab Mitte der 70er Jahre einen schwermetallfreien „postgelben" Lack für Kfz entwickelt, mit dem ab 1981 das bis dahin verwendete „cadmiumgelb" ersetzt werden konnte. Für die Entwicklung und Erprobung asbestfreier bzw. -armer Bremsbeläge hat die DBP ihren Fuhrpark den Belag- und Fahrzeugherstellern zur Verfügung gestellt. Die zwischenzeitlich auf den Markt gekommenen Beläge werden, soweit freigegeben, auch für Altfahrzeuge zur Entlastung der Umwelt verwendet. Das gleiche gilt auch für Kupplungsbeläge. Runderneuerte Reifen kommen regelmäßig zum Einsatz, wodurch wertvolle Rohstoffe geschont wie auch Abfälle vermieden werden. (NM)
4. Die *Edding AG* (U 1991: 100 Mio. DM, B: 130), B.A.U.M.-Mitglied, hat die Einsatzmöglichkeiten eines Solarmobils im firmeneigenen Fuhrpark getestet. Das Elektroauto hat sich besonders auf Kurzstrecken bewährt, wo es weiterhin gute Dienste leistet. Die übrigen Fahrzeuge des Unternehmens wurden mit Katalysatoren ausgerüstet. (BU)
5. Erheblich leiser können die schweren Laster von *Iveco* in Deutschland (U 1990: 2,5 Mrd. DM, B: 6400) seit Anfang 1991 bestellt werden: Nach den Fernverkehrsmodellen mit 377 PS bietet das europäische Unternehmen jetzt zwei weitere Modelle mit einer besonderen Geräuschdämmung an. Damit lassen sich alle Iveco-Fernverkehrsfahrzeuge ab 318 PS ab Werk in der „L"-Version ordern. Das weiße „L" im grünen Punkt, vorn am Lastwagen angebracht, signalisiert: „Ich bin nicht lauter als 80 db(A) und darf auch nachts in und durch Österreich fahren". Bei den Modellen TurboStar und TurboTech sorgen eine aufwendige Kapselung des Motors und spezielle Auspuffanlagen dafür, daß die Geräuschemission um beachtliche 4 db(A) sinkt. (NM)
6. Der schweizerische Konzern *Migros* (U 1990: 14 Mrd. Franken, B: 68 000) läßt über 50 Prozent seiner Gütertransporte von der Bahn durchführen. Die Entlastung der Straßen von Transporten mit LKW ist ein Beitrag des Unternehmens zum Umweltschutz. (Der Spiegel, 7. 8. 1989) (EM)

Nr. 18 Check-Liste Bauwesen

Zu den unternehmerischen Notwendigkeiten gehört es, in Bauten zu investieren, die Produktion, Vertrieb, Administration und andere betriebliche Abläufe ermöglichen. Dem steht gegenüber, daß jedes Bauwerk unabhängig von seiner Größe eine Beeinträchtigung der Natur im weitesten Sinne darstellt.

Bedenkt man, daß ein betriebliches Bauwerk nicht nur den genannten Unternehmensabläufen gerecht werden soll, sondern gleichzeitig der Imagevermittlung bzw. -steigerung, der Marktprofilierung und Marktakzeptanz wie auch der Schaffensfreude und -bereitschaft der Mitarbeiter dient, erscheint es fast zwingend, daß der investierende Unternehmer sich nicht nur direkt absatzorientierten, sondern auch umweltbezogenen Gedanken bei der Planung zuwendet.

Daß die Einbeziehung umweltorientierter Planungsaspekte marktwirtschaftlichem Denken nicht entgegensteht, zeigt nachfolgender Handlungskatalog.

Planungsvoraussetzungen schaffen

1. Bereits bei den ersten Überlegungen zum Bauen einen erfahrenen Fachmann an der Planung beteiligen (Architekt mit Schwerpunkt Baubiologie, Bauökologie).
2. Standort des geplanten Bauwerks auf negative Einflüsse untersuchen und gegebenenfalls meiden.
   – Vorhandene Umweltbelastungen feststellen (Wasser, Boden, Luft, Klima) durch Begehung, Sichten von vorhandenen Umweltdaten (Behörden, Gesundheitsämter, Institute), eigene Messungen.
   – Baugrundstücke auf geopathogene Zonen (Störzonen) durch einen qualifizierten Geobiologen (Rutengänger) bzw. einen Radiästheten untersuchen lassen.

Umweltorientiertes Baukonzept entwickeln

3. Gebäude schonend in das Landschaftsbild einfügen und auf die regionale Bauweise abstimmen.
4. Bei der Form und Lage des Baukörpers und der Anordnung der Räume Topographie, klimatische Verhältnisse und Himmelsrichtungen berücksichtigen (z. B. passive Sonnenenergienutzung durch Fensterflächen zum Süden und geschlossene Fassaden zum Norden).
5. Bei der Grundrißplanung die Ergebnisse der geobiologischen Untersuchung berücksichtigen.
   – Arbeitsplätze nicht über Störzonen anordnen.

- Im Bereich der Störzonen Verkehrswege, Abstellflächen, WCs und andere Nebenräume anordnen.

6. Betriebliche Organisation und Nutzungsabläufe so planen, daß
   - keine Beeinträchtigungen von einzelnen Arbeitsplätzen auf andere stattfinden (Lärm, Staub, Gase),
   - Müllentsorgungs- und -wiederverwertungskonzepte realisiert werden können.
7. Fassaden abwechslungsreich gestalten.
8. Grünzonen innerhalb der Gebäude schaffen.
9. Durch den Baukörper unvermeidbar zerstörte Vegetationsflächen durch Fassaden- und Dachbegrünung ersetzen.

Baumaterialien mit geringer Umweltbelastung verwenden

10. Bei der Auswahl der Baustoffe folgende Kriterien beachten:
    - Umweltbelastung und Gesundheitsgefährdung bei der Herstellung des Materials (Ressourcenverschwendung, Energieverbrauch, Emissionen, giftige Nebenprodukte),
    - Umweltbelastung und Gesundheitsgefährdung bei der Verarbeitung des Materials (z. B. Einatmen von Lösemitteldämpfen bei Malern),
    - Umweltbelastung und Gesundheitsgefährdung bei der Benutzung der Gebäude (z. B. Atemwegserkrankungen durch ausgasendes Formaldehyd),
    - Umweltbelastung und Gesundheitsgefährdung bei der Entfernung der Baustoffe (z. B. Lungenkrebs durch Asbestfasern; Luftbelastung bei der Verbrennung von Kunststoffen).
11. Natürlichen Materialien mit guten physikalischen Eigenschaften den Vorzug geben (z. B. Holz, Lehm, Ziegel, Naturstein).
12. Ist der Einsatz weniger umweltfreundlicher Baustoffe nicht zu vermeiden, diese nur gezielt verwenden (z. B. Stahl und Stahlbeton nur zur Lastaufnahme und nicht zur Schaffung von Wandflächen).
13. Auf optimalen Wärmeschutz bei allen Konstruktionen achten.

Technischen Ausbau ökologisch planen

14. Alternative Konzepte zu allen Bereichen unter Berücksichtigung örtlicher Gegebenheiten entwickeln (einschließlich Kosten-Nutzen-Analyse und Darstellung der Umweltentlastung).

15. Bei Belichtung/Beleuchtung gesundheitlichen Aspekten den Vorrang einräumen (siehe auch Check-Liste „Arbeitsbedingungen").
    - Sämtliche Arbeitsplätze mit Tageslicht versehen.*
    - Fenster mit UV-strahlendurchlässigem Glas einbauen.
    - Flure und Treppenhäuser mit Tageslicht beleuchten.*
    - Für zusätzliches Kunstlicht am Arbeitsplatz Beleuchtungskörper mit hoher Anpassung an das natürliche Tageslichtspektrum verwenden.
16. Beeinträchtigungen durch Elektroinstallationen vermeiden.
    - Elektroinstallation auf das notwendige Maß beschränken.
    - Leitungen besser stern- als ringförmig verlegen.
    - Abgeschirmte Kabel verwenden.
17. Heizungs-, Klima- und Lüftungsanlagen energiesparend und gesundheitsschonend planen (siehe auch Check-Liste „Energie- und Wassereinsparung").
    - Sämtliche Fenster an Arbeitsplätzen zum Öffnen vorsehen.
    - Klimatisierung auf ein unumgängliches Maß beschränken.*
    - Nur im Niedertemperaturbereich heizen.*
    - Heizungssystem mit geringer Lüftungs- und hoher Strahlungswärme planen (z. B. Warmluft in Hohlkammerziegeln im Fußboden).
    - Alle Möglichkeiten der Wärmerückgewinnung und Wärme-Kraft-Kopplung nutzen.*
18. Sanitärinstallation unter dem Aspekt der Trinkwasserschonung planen (siehe auch Check-Liste „Energie- und Wassereinsparung").
    - Trinkwassernutzung (Grundwasser) im Produktionsbereich vermeiden. Je nach Möglichkeit Fluß-, Meer-, Regen- oder wiederaufbereitetes Wasser verwenden.
    - Trinkwasserverbrauch durch Grauwassernutzung reduzieren (z. B. Abwasser der Duschen für die Toilettenspülung).
    - Regen- und Schmutzwasser trennen.
    - Regenwasser für Wasch- und Reinigungszwecke verwenden.
    - Regenwasser für Bewässerung von Außenanlagen nutzen.
    - Regenwasser über einen Teich ableiten.
    - Industrielle Abwässer trennen und wiederaufbereiten.

* Durch * gekennzeichnet sind diejenigen Umweltschutzmaßnahmen, die meist problemlos und relativ kurzfristig zur Vermeidung oder Senkung von Kosten führen.

- Wassersparármaturen an WC-Spülung, Duschen, Handwaschbecken u. a. installieren.*

19. Abfallreduzierung den Vorrang einräumen (siehe auch Check-Liste „Entsorgung, Recycling").
    - Sinnvolle und praktische Möglichkeiten zur getrennten Müllsammlung vorsehen.
    - Gefährdung durch Sondermüll ausschließen.
    - Getrennten Müll der Rohstoffwiedergewinnung zuführen.
    - Organische Abfälle auf dem Betriebsgrundstück kompostieren und verwenden.

Außenanlagen naturnah gestalten

20. Mutterboden des Aushubs sorgfältig aufbewahren und zur Freiflächengestaltung verwenden.*
21. Befestigte Flächen (Fahrbahnen, Stellplätze, Höfe) auf das notwendige Maß beschränken.
22. Zu befestigende Flächen nicht versiegeln (z. B. betonieren, asphaltieren), sondern mit Verbundpflaster oder verdichtetem Kies versehen.
23. Heimische, standortgerechte Pflanzen verwenden.
24. Energiebedarf des Gebäudes durch Windschutzhecken und -bäume verringern.
25. Im Süden des Gebäudes laubabwerfende Bäume pflanzen, da diese im Sommer Schatten spenden und im Winter die Sonnenstrahlen hindurchlassen.
26. Auf großzügigen Grundstücken Biotope einrichten.
27. Keine chemischen Pflanzenschutzmittel verwenden.

UBA-Unternehmensbefragung 1990

In der „UBA-Befragung '90" wurde ermittelt, daß derzeit nur in 17 Prozent der befragten Unternehmen bei der Beschaffung für den Eigenbedarf, bei Neu- oder Umbauten nach baubiologischen Grundsätzen verfahren wird. Besonders bei der baubiologischen Industriearchitektur bilden vermutete Mehrkosten vielfach ein Hindernis umweltbezogener Maßnahmen im Verwaltungsbereich.

Praxisbeispiel: Aufbereitung der Check-Liste für eine Entscheidungssitzung
Umweltorientierter Industriebau – ein Pilotprojekt im Rahmen des Winter-Modells

Objekt:	Industrie-Erweiterungsbau
Standort:	Norderstedt bei Hamburg, Gewerbegebiet Harksheide
Nutzung:	Größte Diamant-Schleifscheibenfertigung Europas
Fertigstellung:	1985/86 1. Bauabschnitt, 1989 2. Bauabschnitt
Bauherr:	Ernst Winter & Sohn Norderstedt GmbH & Co., 2000 Norderstedt
Architekt:	Industrieplanung Klaus Hermanussen + Partner GmbH, 2000 Hamburg
Baubiologische Beratung:	Heike Jung, Dipl.-Ing. Architektin, 2359 Wakendorf II
Bauleitung:	IFAB Baumanagement GmbH, 3450 Holzminden
Gebäude:	3geschossiger Ziegelmauerwerksbau
Nutzung:	EG: Fertigungsbereich 1. OG: Lehrwerkstatt, Sozialräume, Kantine 2. OG: Büroräume und EDV
Grundstücksgröße:	ca. 4000 m²
Bebaute Fläche:	2104 m²
Geschoßfläche:	6310 m²
Umbauter Raum:	30839 m³
Nutzfläche:	5469 m²
Gesamtbaukosten:	ca. 13,5 Mio. DM
Mehrkosten für baubiol. Maßnahmen:	ca. 1,5 % der Gesamtbaukosten (ca. 200000 DM, wobei kostenerhöhende und kostenmindernde Maßnahmen saldiert sind)

Empfohlene baubiolog. Maßnahmen	Begründung	Entscheidung positiv	Entscheidung negativ
Gestaltung/Entwurf			
Fassade in gegliedertem Ziegelsichtmauerwerk	warmes, natürliches Material	aus nebenst. Gründen	—
Betonung der einzelnen Geschosse, z.B. Rundbögen im Erdgeschoß	abwechslungsreiche Fassade	aus nebenst. Gründen	—
Längsgliederung des gestreckten Baukörpers durch z.B. Loggien u. besondere Fenstergestaltung	Gliederung des langen Baukörpers, Belichtung der Flure, zusätzl. Aufenthaltszonen im Flurbereich	aus nebenst. Gründen	—
Konstruktive Maßnahmen			
Außenwände aus Ziegelmauerwerk	hohe Wärmespeicherfähigkeit, gutes hygroskopisches Verhalten, keine Verwendung von Dämmstoffen	aus nebenst. Gründen, keine Mehrkosten im Vergleich zu mehrschaliger, gedämmter Mauerwerkskonstruktion	—
Einsatz von Stahlbeton reduziert auf den statisch erforderlichen Umfang	Material hat gute statische Eigenschaften, ist jedoch ungünstig für positives Raumklima	aus nebenst. Gründen	—
Dach in Holzleimbinderkonstruktion mit Grasdachdeckung	sichtbare Holzleimbinder als gestalterisches Element in den Büroräumen, durch Dachbegrünung Ersetzen eines Teils	—	Mehrkosten durch die Holzleimbinder im Vergleich zur konventionellen Konstruktion zu hoch, Eintrag von Pollen in

	der verbauten Vegetationsfläche, Verbesserung des Klimas, der Luftqualität und des Schallschutzes sowie Verzögerung des Regenwasserabflusses		die Büroräume durch die EDV-Klimatisierung? Höhere Versicherungsprämie aus Fehleinschätzung des Feuerrisikos (inzwischen keine höhere Versicherungsprämie mehr).
Fenster generell zu öffnen	Klimatisierung reduziert auf Teile der Fertigung und EDV, d. h. auch keine evtl. gesundheitsgefährdenden Nebenwirkungen; individuell regelbare Frischluftzufuhr über zu öffnende Fenster, kein Gefühl des Eingeschlossenseins	aus nebenst. Gründen	—
Fenster mit zusätzlichen obenliegenden Lüftungsklappen	gezielte Lüftung der Räume möglich, insbesondere gute Abzugsmöglichkeit von Stauwärme im Sommer	aus nebenst. Gründen	—
Außenliegender Sonnenschutz mit aufstellbaren Markisoletten	individuelle Bedienung, in Kombination mit vorst. Fensterkonstruktion optimaler Sonnenschutz mit guter Lüftungsmöglichkeit	aus nebenst. Gründen in Teilbereichen	—
Belichtung/Beleuchtung			
Alle Arbeitsplätze tageslichtorientiert	Schaffung optimaler Arbeitsbedingungen	aus nebenst. Gründen	—

Oberlichter in den Fluren und Fenster oberhalb der Bürotüren	Tageslicht auch in den Fluren	aus nebenst. Gründen	—
Beleuchtung der Arbeitsplätze mit True-Lite-Leuchtstofflampen	Kunstlicht mit hoher Anpassung an das natürliche Tageslichtspektrum, verhindert schnelle Ermüdung, fördert Konzentration und Ausdauer, geringere Streßbelasung als bei herkömmlichen Leuchtstofflampen	Versuch in zwei vergleichbaren Büroabschnitten, bei pos. Ergebnis Nachrüstung jederzeit möglich	Materialkosten sehr hoch, Zweifel am pos. Effekt noch nicht ausgeräumt
Elektronische Vorschaltgeräte	Umschalten auf Gleichstrom, Strom fließt konstant in eine Richtung, Entfallen des 50-Hertz-Flimmerns, Schonung des Nervensystems, energiesparend	Einsatz im EDV-Bereich, hier keine höheren Kosten, da der Einsatz von Spezialgeräten entfällt	aus Kostengründen nicht überall
Technischer Ausbau			
Sämtliche sanitärtechnischen Einrichtungen wassersparend ausgerüstet	Reduzierung des Trinkwasserverbrauchs	aus nebenst. Gründen	—
Grauwassernutzung (Abwasser der Duschen) für die Toilettenspülung	Reduzierung des Trinkwasserverbrauchs	—	vorh. Technik für Einsatz in diesem Umfang noch nicht ausgereift
Fensterbankkanäle und Schutzrohre für Elektroleitungen aus Stahlblech	Abschirmung der elektr. Leitung, im Brandfall kein Entstehen giftiger Gase	aus nebenst. Gründen	—

Elektroleitungen halogenfrei	im Brandfall keine gesundheitsgefährdenden Gase (wie z. B. bei PVC)	—	erheblich teurer als konventionelle
EDV-Löschanlage mit CO_2 statt mit Halon	gesundheitlich unbedenklicher	aus nebenst. Gründen	—
Hypokaustenheizung	Warmluftzirkulation durch Tonhohlkammern, hoher Anteil an Strahlungswärme	Großflächiger Einsatz der Heizung in der Kantine	Für Büros mit flexibler Aufteilung und individuell regelbarer Beheizung ungünstig
Wärmerückgewinnung aus der Be- und Entlüftungsanlage der Kantine	50 % Energieeinsparung	aus nebenst. Gründen	—
Baustoffe			
Trassmörtel	Naturprodukt, verhindert Kalkausblühungen und Auslaugungen, verminderte Rißneigung, höhere Widerstandsfähigkeit gegenüber angreifenden Wässern	aus nebenst. Gründen	—
Flexible Wände aus Naturgips	Im Gegensatz zum Chemiegips entsteht hier kein radioaktives Radon	aus nebenst. Gründen	—
Holzfenster	regenerierbarer Baustoff mit guten physikalischen Eigenschaften, erheblich geringerer Energieverbrauch bei der Herstellung als bei Kunststoff-	aus nebenst. Gründen	—

	oder Aluminiumfenstern und keine Umweltbelastung mit Schadstoffen		
Behandlung der Fenster und Holzverkleidungen mit offenporiger Lasur ohne PCP, HCH/Lindan u. a. bedenklichen Stoffen	keine Gesundheitsgefährdung, Erhaltung der positiven Eigenschaften des Holzes	aus nebenst. Gründen	—
Verglasung mit Quarzglas	UV-Strahlendurchlässig, Verbesserung der gesundheitl. Bedingungen am Arbeitsplatz (lebensnotwendiges Vitamin D wird vom Körper nur im Zusammenwirken mit UV-Strahlung gebildet)	aus nebenst. Gründen	—
Kupferdachrinnen und -rohre	lange Lebensdauer	aus nebenst. Gründen	—
Holzpflasterboden in der Lehrwerkstatt	warmes, natürliches Material mit guten Eigenschaften	—	Kosten im Vergleich zum konventionellen Industriefußboden (auch ökol. vertretbar) zu hoch
Teppichboden aus reiner Wolle	Naturfasern baubiol. unbedenklicher, gute raumklimat. Eigenschaften	Versuchsweise in einigen Bereichen Verlegung eines Wollteppichs für hohe Beanspruchung	Verlegung nicht in allen Büros, da Produkt ohne Herstellergarantie für Rollstuhleignung
Lösemittelarmer Teppichkleber	geringere Gesundheits- und Umweltbelastung durch schädliche Gase	aus nebenst. Gründen	—

Bodenbelag aus Linoleum statt PVC (in großem Umfang)	100 %iges Naturprodukt aus Leinöl, Harz, Kork- und Holzmehl, Jute, permanent keimtötend und antistatisch, im Brandfall weniger gesundheitsschädliche Gase	aus nebenst. Gründen, billiger als vergleichbare PVC-Produkte (z. B. Mipolam)	—
Zementgebundener Caseinkleber für Linoleumbeläge	keine Gesundheits- und Umweltbelastung	aus nebenst. Gründen	—
Lösemittelarme Lacke	geringere Umweltbelastung	aus nebenst. Gründen	—
Begrünung/Freiflächen			
Teilweise Fassadenbegrünung	Klimaverbesserung, Staubreduzierung in der Außenluft, schallmindernd	aus nebenst. Gründen	—
Großzügige Begrünung der Terassen ($180\,m^2$) und Loggien	Grünoasen im Arbeitsbereich, Klimaverbesserung, Staubreduzierung in der Außenluft, schallmindernd	aus nebenst. Gründen	—
Fahrbahnen überwiegend aus Rasengittersteinen	weniger versiegelte Flächen, Niederschlagswasser kann versickern	aus nebenst. Gründen	—

2359 Wakendorf II, 16. 2. 1990

Heike Jung, Dipl.-Ing.
Architektin

Unternehmensbeispiele

1. Die *Heinlein-Plastik-Technik GmbH* (U 1989: ca. 14 Mio DM, B: ca. 100), B.A.U.M.-Mitglied, nutzt die während der Verarbeitung in den Spritzgußmaschinen entstehende Abwärme aus. Über neu verlegte Fußbodenheizungen können jetzt die Bürogebäude mit dieser Abwärme geheizt werden. (Umfrageergebnis 6/90, Thomas Ewoldt) (BM)
2. Die *IBM Deutschland GmbH* (U 1991: 14,8 Mrd. DM, B: 30 848), B.A.U.M.-Mitglied, hat im firmeneigenen Liegenschaftshandbuch eine Anweisung zur „Ökologie beim Bau und Betrieb von Gebäuden" erlassen. Sie beschäftigen sich unter anderem mit Maßnahmen zur Schall- und Wärmedämmung, mit der Verwendung von Altstoffen, Holzschutzmitteln, der Begrünung von Dächern sowie der Wasserbewirtschaftung und der Abfallentsorgung. Beteiligte an Bau- und Umbauprojekten und Mitarbeiter, die mit Betrieb und Wartung der Gebäude beschäftigt sind, müssen sich an diese Regeln halten. Ausnahmen bedürfen der Zustimmung der Bauwesen- und Betriebsleitung. (BU)
3. Das bayerische Energieversorgungs-Unternehmen *Isar-Amperwerke AG* (U 1990: 1,7 Mrd. DM, B: 3 400) hat ein mit den Abgasen einer Hausmüll-Deponie betriebenes Kraftwerk in Betrieb genommen. Das Deponiegas, das sonst die Umwelt belastet, wird aus dem Müll abgesaugt. Mit dem Gas wird ein Generator zur Stromerzeugung angetrieben. So kann eine große Menge fossiler Brennstoffe eingespart werden. Das kleine Kraftwerk ist in zwei Schallschutzcontainern untergebracht. Zwischenzeitlich betreibt das Unternehmen drei Deponiegasnutzungsanlagen, zwei weitere sind im Bau. (Süddeutsche Zeitung, 9. 3. 1990) (EM)
4. Die *Siegsdorfer Petrusquelle GmbH*, Siegsdorf, (U 1990: 9 Mio. DM, B: 40) B.A.U.M.-Mitglied, hat, analog der Arbeitsweise ihres Schwesterbetriebes Bad Brückenau, ebenfalls ein gesamtökologisches Konzept mit einer Fülle von Detailmaßnahmen zur Umsetzung gebracht. Hier wurden zusätzliche Schwerpunkte bei der ökologischen Gestaltung der Außenanlagen gesetzt (Bodenentsiegelung, Wand- und Dachbegrünung, Biotopanlage). (NM)
5. Die *Staatl. Mineralbrunnen GmbH Bad Brückenau* (U 1991: 14 Mio. DM, B: 60), B.A.U.M.-Mitglied, hat beim Bau ihres Abfüllbetriebs gesamtökologische und insbesondere Lärmschutzaspekte berücksichtigt. So wurden bevorzugt Materialien wie Kork, Holz,

Sandstein und Linoleum bei der Errichtung des Gebäudes verwendet. Beschichtungen, Farben und Klebstoffe enthalten keine Lösungsmittel, die Recyclingtapeten keine Kunststoffe. Das Arbeitslicht wird vor allem durch große Fenster und Energiesparlampen erzeugt. Für ein ausgeglichenes Raumklima sorgen Pflanzen im Innenbereich, an der Außenwand und auf dem Dach, die Luftfeuchtigkeit, Sauerstoffgehalt und Temperatur regulieren. Um Lärmemissionen zu verringern, wurde nach der Devise „Vermeiden, Kapseln und Schlucken" verfahren. Schwingungs- und Aufprallgeräusche werden deshalb durch Abfederungen und Puffer geschluckt, Maschinenlärm wird durch Plexiglashüllen gedämpft. Spezielle Wand- und Deckenelemente schlucken weitere Schallwellen, so daß die Produktionsgeräusche außerhalb der Abfüllanlage nur noch leise zu hören sind. (BU)

6. Die Firma *Time/System GmbH* (U 1991: 53 Mio. DM, B: 170), B.A.U.M.-Mitglied, hat bei der Errichtung ihres vom Planungsbüro Jan Cousin Ökotekt© konzipierten Verwaltungsneubaus durch eine Reihe von Maßnahmen ökologische und baubiologische Aspekte berücksichtigt. Durch die Reduzierung von Außenwandflächen, den Einsatz von Dämmstoffen, eine Fensterfront nach Süden und die Ausnutzung einer Lagerhalle im Norden als Klimapuffer konnte zum Beispiel eine Reduzierung der benötigten Wärmeenergie erreicht werden. Dazu tragen auch die Wärmeerzeugung durch einen Niedertemperaturgaskessel nach dem Brennwertprinzip und die Verteilung der Wärme mittels Plattenheizkörper bei. Die energiesparende Bauweise hat insgesamt zu einem um 30 Prozent verminderten Normwärmebedarf geführt, die Wärmerückgewinnungsanlage reduziert den Normwärmebedarf um weitere 17 Prozent. Durch den Einbau einer Regenwassernutzungsanlage können darüber hinaus jährlich 450 Liter Trinkwasser eingespart werden. (BU)

Nr. 19 Check-Liste Außenanlagen

In den Industrienationen wird laufend Boden überbaut und werden Flächen versiegelt. In der Bundesrepublik Deutschland sind es bereits 10 % der Fläche. Bodenversiegelung hat negative Auswirkungen auf Grund- und Oberflächenwasser, Luft, Klima, Pflanzen- und Tierwelt, auf Selbststeuerungsprozesse in der Umwelt und auf die menschliche Gesundheit. Es gilt, durch die Flächennutzung entstehende Umweltbelastungen zu minimieren.

Das Betriebsgelände mit seinen Baulichkeiten und Freiflächen ist eine „Visitenkarte" des Unternehmens. Es bietet eine Chance, ökologisches Bewußtsein nach außen sichtbar werden zu lassen. Auf der anderen Seite erwarten Mitarbeiter und Besucher traditionell eine „ordentliche" Anlage. Noch ist die vorherrschende Gartenmode wenig umweltfreundlich; eine Neuorientierung ist jedoch erkennbar.

Naturnah gestaltete Flächen sind nicht nur schöner als intensiv gepflegte Rasenflächen und geteerte Plätze, sondern häufig in der Unterhaltung auch billiger.

Ökologie ist eine komplexe Wissenschaft, und gezielter Naturschutz setzt sehr viel Fachkenntnis voraus. Es ist daher sinnvoll, sich bei der Umsetzung der folgenden Maßnahmen von Fachleuten beraten zu lassen.

Den Boden und das Grundwasser schützen

1. Bodenversiegelung einschränken.
   Der Boden muß leben können. Auf dem Gelände soll möglichst viel Vegetation gedeihen. Niederschlagswasser soll auf dem Grundstück versickern, um das Grundwasser zu speisen.
   – So wenig Fläche wie möglich versiegeln.
   – Die nach den jeweiligen Umständen „sanfteste" Art der Bodenbefestigung wählen, beispielsweise Kies-Betten, Rasengittersteine oder Pflasterungen (z. B. mit Natursteinen) anstelle von fugendichten Plattenbelägen oder gar Teer und Beton.
   – Prüfen, ob bereits versiegelte Flächen wieder freigelegt werden können.
2. Boden bedeckt halten.
   Der Boden muß vor Witterung geschützt sein.
   – Boden der Rabatten, Staudenbeete und Baumscheiben (Bodenfläche oberhalb des Wurzelraums) mit einer Mulchdecke aus Rindenmulch, Stroh oder Rasenschnitt bedecken.
   – Unbenötigte, nicht der Repräsentation dienende Flächen der spontanen Besiedlung durch Wildpflanzen überlassen.
3. Keinen Mineraldünger einsetzen.
   Düngesalze schaden dem Boden und bei ihrer Herstellung der gesamten Umwelt.

- Zur Düngung Kompost oder käufliche biologische Präparate wählen.
- Aus Naturschutzgründen auf die Verwendung von Torf verzichten.

4. Regenwasser nicht in die Kanalisation abführen.
   - Einen Sickerteich anlegen.
   - Regenwasser in einen Sickerbrunnen leiten.
   - Niederschlag auffangen und als Brauchwasser nutzen.

Üppige Pflanzenbestände fördern

5. Den Mitarbeitern die Wohltat einer grünen Umgebung verschaffen.
   Pflanzen bilden Sauerstoff, kühlen und befeuchten die Luft, spenden Schatten, binden Staub, sind Lebensraum für Tiere.
6. Dichte Gebüschgruppen, freiwachsende Hecken, starkwüchsige Bäume pflanzen, hohe Grasbestände dulden.
7. Zäune, Pergolen, Carports und Fassaden mit Rank- und Kletterpflanzen begrünen.
   Wandbegrünungen führen bei richtiger Auswahl und intaktem Mauerwerk zu längerer Haltbarkeit der Wände.
8. Dächer bepflanzen.
   Viele Flachdächer und schwach geneigte Dächer sind nachträglich leicht und kostengünstig zu begrünen. Grasdächer isolieren die Gebäude und sparen Heizungskosten; außerdem entlasten sie die Siele, indem sie den Abfluß von Regenwasser von der Fläche verzögern.
   Wo die Statik eine intensive Begrünung (hohe Grasvegetation auf ca. 15 cm starker Bodenschicht) nicht zuläßt, empfiehlt sich eine extensive Bergünung (Magerrasenvegetation auf bis zu 5 cm starkem Substrat). Auch solche Dächer können sich zu Standorten schöner und seltener Pflanzen entwickeln. Zur fachgerechten Ausführung Dachdecker und Landschaftsgärtner heranziehen.

Die richtigen Pflanzen wählen

9. Bodenqualität, Besonnung und andere Faktoren des (Klein-)Klimas bei der Pflanzenwahl berücksichtigen.
   Die Pflanzen sind dadurch gesünder und brauchen wenig Pflege. Der Verzicht auf chemische Pflanzenschutzmittel wird erleichtert.

10. Heimische Sträucher und Bäume bevorzugen.
    Die heimische Tierwelt ist durch eine gemeinsame, sehr lange Entwicklungszeit an die heimischen Pflanzenarten angepaßt. Fremdländische Pflanzen bieten nur sehr wenigen Vertretern der lokalen Tierwelt Nahrung.
11. Hochgezüchtete und exotische Zierstauden durch nur wenig züchterisch bearbeitete Arten und Sorten mit ungefüllten Blüten ersetzen.
    Altbewährte, robuste Stauden der Bauern- und Klostergärten bieten vielen Insekten Nahrung und stehen an Schönheit modernen Pflanzensortimenten nicht nach. Das gilt auch für Rosen.

An die Wildtiere denken

12. Unterschlupf für Tiere schaffen.
    An Gebäuden und Bäumen Nisthilfen und Verstecke anbringen, nach Möglichkeit Dachboden (bzw. einen abgegrenzten Teil des Dachbodens) und Schuppen zugänglich machen.
    - Je nach Standort der Unternehmensgebäude (z. B. naturnahe Lage am Rande einer Kleinstadt, Industriezone in der Nachbarschaft eines Waldgebietes, gartenreicher Vorort einer Großstadt) zum Schutze unterschiedlichster Tierarten beitragen, z. B. von Turmfalke, Wald- und Steinkauz, Schleiereule, Mauersegler, Rauch- und Mehlschwalbe, Haus- und Gartenrotschwanz, Grau- und Trauerschnäpper sowie von Fledermäusen und Insekten (Hautflügler, Schmetterlinge).
    - Bei Auswahl und Anbringung der Nisthilfen unbedingt von erfahrenen Naturschützern beraten lassen.
13. Todesfallen für Tiere entschärfen.
    - Senkrecht stehende Gebläseschächte, Regentonnen und -fallrohre, Kellerschächte usw. mit Drahteinsätzen versehen.
      Oft fallen Amphibien, Vögel und Säugetiere in solche Geräte oder Nischen und ertrinken oder verhungern darin.
    - Zwischenräume zwischen Dämmplatten und Außenwänden mit Sand oder Kies auffüllen.
    - Fensterflächen, die Vögel freien Durchflug vortäuschen, durch Anbringung optischer Hinweisreize erkennbar machen.
    - Lagerstätten von Altholz umsetzen, bevor sie abgebrannt werden.

Beim Umsetzen auf eventuell vorhandene Nester und Jungtiere achten.

Spezielle Lebensräume anlegen

14. Ungenutzte Rasenflächen in blumenreiche Wiesen umwandeln. Dabei Standort beachten und, wenn möglich, magere Trocken- oder Feuchtwiesen anlegen.
15. Einen naturnahen Teich anlegen.
    - Den Teich als Lebensraum von Wasserpflanzen, Molchen, Kröten, Fröschen, Libellen vorsehen und deshalb auf jeglichen Fischbesatz verzichten.

      Fische führen meist auch zu Algenplagen, trübem Wasser und rascher Verlandung.
    - Fehlt für einen Teich der Platz, wenigstens eine Vogeltränke und eventuell eine Lehmpfütze anlegen, an der Schwalben Niststoffe finden.

      Ebenerdige Vogeltränken sollen rundum einige Meter freie Sicht bieten.
16. Auch an Kleinbiotope wie Stein- oder Reisighaufen, abgestorbene Baumstämme, nach Süden gerichtete, besonnte Steilhänge auf sandig-lehmigem Boden denken.

Ordnung nicht übertreiben

17. Im Herbst und über Winter abgeblühte Stauden stehen lassen.
    In den oftmals hohlen Stengeln, in Blattspreiten und Blütenständen suchen Insekten Winterquartier. Vögel finden hier natürliche Winternahrung.
18. Fallobst einige Zeit liegen lassen.
    Am vergärenden Obst tun sich viele Tiere gütlich, z. B. Igel und Schmetterlinge.
19. Herbstlaub unter Gebüschen zu Haufen zusammenrechen, Schnittholz von der Gehölzpflege zu Reisighaufen auftürmen.
    Hier finden zahlreiche Kleintiere ein Quartier.

Grünrückstände kompostieren oder als Mulchmaterial verwenden

20. Bei genügend großem Grundstück einen Komposthaufen anlegen, um auf dem Betriebsgelände oder in der Kantine anfallende

organische Abfälle zu verwerten, anstatt sie auf dem Wege der üblichen Entsorgung zu vernichten.
Bei richtiger Anlage entstehen weder Geruchsbelästigungen noch werden Ratten angelockt.

Bänke, Zäune usw. bedachtsam auswählen

21. Bei der Auswahl der Möblierung Stilelemente des Umfeldes berücksichtigen und nach Möglichkeit natürliche Werkstoffe wie Holz oder Naturstein wählen.
22. Auch im Außenbereich umweltschonende Schutzanstriche benutzen.
23. Verwendungsmöglichkeiten von Recyclingprodukten prüfen.

UBA-Unternehmensbefragung 1990

Einen relativ hohen Stellenwert unter den Motiven des betrieblichen Umweltschutzes nimmt laut „UBA-Befragung '90“ die „Sicherung des Produktionsstandortes“ ein. Fast 80 Prozent der befragten Unternehmen, die Umweltrisiken als existenzgefährdend einordnen, stimmten dem Statement zu, daß der Umweltschutz zur Sicherung des Produktionsstandortes unbedingt nötig ist. Aber angesichts der wachsenden Umweltsensibilität der Bevölkerung und hinreichender Erfahrung mit einschlägigen Aktionen von Bürgerinitiativen ist offenbar die Sicherung des Standortes nicht nur eine Frage der Belastung für Nachbarschaft und Umgebung durch umweltschädliche Emissionen eines Betriebes, sondern zunehmend auch ein Faktor des ästhetischen Images, das wesentlich durch die naturnahe Gestaltung der Außenanlagen im Sinne vorliegender Check-Liste bestimmt wird.

Unternehmensbeispiele

1. Der Verpackungshersteller *Bischof & Klein GmbH & Co.* (U: 433 Mio. DM, B: 1956) legte einen Feuerlöschteich als Biotop an. Neben der am Teich vorbeiführenden Straße wurde eine Sperre errichtet, die verhindern soll, daß Frösche auf der Straße überfahren werden. (Die Zeit, 20. 10. 1989) (BM)
2. Die *Hetzel & Co. Metallhüttenwerk GmbH* (U: 75 Mio. DM, B: 148) hat durch Baumaßnahmen verhindert, daß von ihrem Betriebsgelände aus Belastungen für die Umwelt entstehen. Die Aus-

gangsstoffe für den Recycling-Prozeß lagern auf dem Betriebshof. Um zum Beispiel die Verwehung von Bleiasche zu verhindern, wurden schon 1978 Windfänge errichtet. Als diese neueren Ansprüchen nicht mehr genügten, wurde 1988 mit einem Aufwand von 3,5 Mio. DM das ganze Lagergelände überdacht. (Blick durch die Wirtschaft, 5. 12. 1989) (UM)

3. Bei der Planung eines Vertriebsgebäudes und der Cafeteria der *Hewlett-Packard GmbH* (U: 2,8 Mrd. DM, B: 5 484), B.A.U.M.-Mitglied, in Böblingen war es ein Anliegen, die Außenanlagen in die natürliche Umgebung zu integrieren. Deshalb wurden vor allem für den Standort typische Gehölze angepflanzt, die Vögeln und Insekten einen Lebensraum bieten. Die Parkplätze sollten sich möglichst harmonisch in das Landschaftsbild einfügen. Möglichst viele Bäume wurden als Schattenspender für die Autostellplätze angepflanzt. Eine zunächst geplante Begrünung des Daches der Cafeteria wurde aus Kostengründen aber nur teilweise verwirklicht. (A. S. Schmid, in Hewlett-Packard: Sozialbilanz 1987, s. 6/7) (UM)
4. Gezielt hat die *Unternehmensgruppe Rudolf Bohnacker* (B: 1 100) das Gelände für ein neues Werk ausgesucht. Das neue Werk soll in unmittelbarer Nachbarschaft des Uhlinger Bahnhofs gebaut werden, damit die Produkte direkt mit der Eisenbahn vertrieben werden können. Durch die Lieferung und den Abtransport von 120 000 Tonnen an Gütern über die Schiene entsteht eine Straßenentlastung von 20 000 Lastwagenfuhren. Auch werden durch verstärktes Durchsetzen loser Ware im Markt große Mengen an Verpackungsmaterial (z. B. Skinkarten) eingespart. (Stuttgarter Zeitung, 27. 10. 1989) (EM)

Nr. 20 Check-Liste Finanzen und öffentliche Förderprogramme

Dem Finanzbereich kommt im Rahmen eines umweltbewußten Managements neben den klassischen Aufgaben der Finanzversorgung und Finanzkontrolle eine strategische Bedeutung zu. Gefordert ist er als kritischer Partner vor allem der Technik und des Einkaufs. Im Dialog mit den jeweiligen Betriebsbereichen sollte er vor jeder Investitionsentscheidung und vor jeder größeren Beschaffung nachhaltig prüfen lassen, ob der Faktor Umweltschutz bereits in der Anlagenkonzeption und bereits im Produkt hinreichend berücksichtigt ist. Denn: Integrierter Umweltschutz ist auch betriebswirtschaftlich stets besser; Einsatz ausschließlicher Umwelttechnik ist nicht allein in ökologischer Hinsicht häufig nur die zweitbeste Lösung.

Es lohnt sich im übrigen auch mit Blick auf die öffentlichen Finanzierungshilfen, dem präventiven Umweltschutz Beachtung zu schenken. Integrierte Umwelttechnik ist das wichtigste Zukunftsthema auf der Ebene der staatlichen Umweltschutzförderung. Folgerichtig werden in mehreren Mitgliedsstaaten der EG zunehmend auch Hersteller umweltschonender Anlagen bzw. Produkte gefördert. Der Finanzbereich sollte das Thema Umweltschutz also nicht nur bei der betrieblichen Anpassung an Umweltschutzanforderungen, sondern auch bei neuen Marketingkonzeptionen checken.

Bei Umweltschutzinvestitionen die Weichen richtig stellen

1. Den Begriff „Umweltschutzinvestitionen" klären.
   Im allgemeinen wird von einer Umweltschutzinvestition erwartet, daß sie die Menge und Schädlichkeit des Abwassers oder die Schadstoffemissionen in die Luft oder die Menge und Schädlichkeit des Abfalls oder die Schädigung des Bodens unmittelbar oder mittelbar vermindert oder festgestellte Schäden beseitigt. Bezugspunkt ist zumeist die Umweltsituation des Betriebes vor Durchführung der Investition.
2. Bei jeder betrieblichen Investition fragen,
   – ob es sich um eine Umweltschutzinvestition handelt
   oder
   – ob sie zu Belastungen der Umwelt führt.
3. Bei jeder Umweltschutzinvestition prüfen,
   – ob sie ausschließlich dem Umweltschutz dient
   oder
   – ob sie neben der Entlastung der Umwelt auch Beiträge zur Produktion des Betriebes leistet (integrierter Umweltschutz).
4. Vorschläge zur Anschaffung reiner Umweltschutztechniken auch dann nicht als unabänderlich hinnehmen, wenn Umweltschutzauflagen drängen, sondern mit Nachdruck prüfen,
   – ob gleiche oder bessere Umweltschutzwirkungen nicht durch vorzeitigen Ersatz vorhandener Produktionsanlagen und Anschaffung neuer, umweltschonender Maschinen erzielbar sind,
   und
   – ob die Umweltschutzbehörden bereit sind, wenn erforderlich,

wegen des integrierten Ansatzes Fristverlängerung zu gewähren.

Nachdruck bei der Prüfung ist angezeigt, weil Umwelttechniker und Umweltbehörden mitunter konventionelle Lösungen, also reine Umweltschutzanlagen, bevorzugen.

5. Wenn Investitionen zu Umweltbelastungen führen werden, kontrollieren, ob
   - keine umweltfreundlichere Investitionsalternative existiert (Stichwort: Integrierter Umweltschutz),
   - alle Kosten, die durch die Umweltbelastungen voraussichtlich entstehen werden, bei der Kalkulation des Projekts richtig berücksichtigt wurden.

   Häufig bleiben in der Praxis außer acht: Zukünftig stark steigende Kosten für Sonderabfallentsorgung; Bestand des umweltfreundlichen Grenzwertniveaus, der selten über 5 Jahre hinausreicht; völlig neue Investitionszwänge in absehbaren Zeiträumen, Einsparungen bei Roh-, Hilfs- und Betriebsstoffen durch interne Kreislaufführungen; Einsparungen von Energie- und Deponiekosten durch Recyclingprojekte.
6. Dynamische Investitionsrechenverfahren bevorzugen, z. B. die
   - Kapitalwertmethode,
   - interne Zinsfuß-Methode.

   In der Praxis dominieren immer noch statische Amortisationsvergleichsrechnungen sowie Kostenvergleichsrechnungen, wie sich aus den Antworten aus einer Erhebung über Recycling in der Industrie ergibt. Sie diskriminieren gewöhnlich langfristige Projekte, deren Nutzen erst in späteren Jahren anfällt.
7. Für den Umweltschutz eigene Kostenstellen einrichten. Genaue Kalkulation im Umweltschutz ist kein Zeichen mangelnden Umweltbewußtseins, sondern Voraussetzung für betriebswirtschaftlich und ökologisch rationale und effiziente Investitionsentscheidungen. Aber: Stark ansteigende Umweltschutzkosten sind nicht in erster Linie eine Folge zu hoher Umweltschutzanforderungen, sondern ein Zeichen zu konventioneller betrieblicher Anpassung an die Anforderungen. Häufigste Fehler:
   - Es wird allein auf End-of-the-pipe-Technik gesetzt; Folge: Exponentiell steigende Kosten.
   - Es wird nur der Betriebsvorgang betrachtet, an dem das Umweltproblem auftritt; Folge: Bei jedem neuen Umweltproblem kumulative Kosteneffekte.

Das Finanz-Management muß die Umweltkostenentwicklung kritisch verfolgen und bei stark ansteigenden Kostenverläufen Bericht über Rationalisierungsmöglichkeiten verlangen. Das kann entscheidend dazu beitragen, das Betriebspersonal zu umweltbewußterem und – per saldo – kostensparendem Verhalten zu erziehen.

Umweltschutzförderungsprogramme ausschöpfen

8. Zuallererst wichtige Grundregel beherzigen:
Mit der Investition nicht beginnen, bevor der Förderantrag gestellt wurde. Bei manchen besonders attraktiven Förderungsprogrammen darf die Investition sogar erst dann begonnen werden, wenn die staatliche Zuwendung bewilligt wurde.
Tip: Im Falle von Zeitdruck empfiehlt es sich, die Gründe plausibel darzulegen und vorzeitigen Vorhabenbeginn zu beantragen.
9. Auf jeden Fall die allgemein zugänglichen Hilfen aufgreifen und zwar auf Bundesebene
   – die ERP-Umwelt-Kreditprogramme
   – die Umweltschutzprogramme der Kreditanstalt für Wiederaufbau und der Deutschen Ausgleichsbank
   – und unter bestimmten Voraussetzungen auch das Investitionsprogramm des Bundesumweltministers.
10. Die Finanzierungsmöglichkeiten aus ERP-Mitteln und Umweltschutzprogrammen der Kreditanstalt für Wiederaufbau in Frankfurt und der Deutschen Ausgleichsbank in Bonn möglichst weitgehend nutzen, denn
   – sie bieten die für „Normalinvestitionen" z. Zt. günstigsten Kreditkonditionen (im Regelfall bis zu 2 Prozent unter Kapitalmarktniveau, in den neuen Bundesländern in den ERP-Programmen sogar 2,5 Prozent),
   – sie können auch für umweltschonende Produktionsanlagen gewährt werden,
   – sie sind unkompliziert und meist günstiger als Geschäftsbankenangebote,
   – sie sind über 10 Jahre zinsstabil und gut dotiert: 1992 voraussichtlich ca. 3,3 Mrd. DM.
11. Bei Anlagen mit Demonstrationscharakter Mittel aus dem Inve-

stitionsprogramm des Bundesumweltministers beantragen; dort werden

- Zuschüsse bis zu 50 % der Investitionskosten gezahlt
- oder hohe Zinsverbilligungen (in der Regel 5 % oder mehr) in der Anlaufphase des Projekts (ca. 5 Jahre) zu Darlehen aus den entsprechenden Kreditprogrammen der Kreditanstalt für Wiederaufbau und der Deutschen Ausgleichsbank gezahlt,
- aber im Verhältnis zu den vorgenannten Kreditprogrammen hohe Anforderungen an das Projekt gestellt
- und umfangreiche Berichtspflichten auferlegt.

12. Bei großtechnisch noch nicht erprobten Verfahren nicht den Weg zum Bundesforschungsminister scheuen, denn es lohnt sich:
    - Hohe Zuschüsse zu Investitionsausgaben und Betriebskosten sind möglich,
    - aber tatsächlicher Forschungsbedarf wird immer vorausgesetzt, d. h. Förderung erforschter Verfahren ist hier stets ausgeschlossen.
13. Förderprogramme der einzelnen Länder miteinbeziehen. Viele Bundesländer haben eigene Länderprogramme, die in der Regel attraktiver als die Bundesprogramme sind. Das Volumen dieser Programme ist jedoch meist eng begrenzt, so daß sie mitunter schnell erschöpft sind. Informationen hierzu erhalten sie bei Ihrem jeweiligen Landesumweltministerium. Ausführliche Hinweise zu den Landesprogrammen sind auch in der Broschüre „Investitionshilfen im Umweltschutz“ des Bundesumweltministeriums enthalten.
14. Sich über Hilfen aus den Quellen der Europäischen Gemeinschaften informieren, denn
    - die Kommission der Europäischen Gemeinschaften kann Zuschüsse für modellhafte Maßnahmen – auch des integrierten Umweltschutzes (umweltfreundliche Produktionsanlagen) – gewähren, aber der Topf ist klein, der Mitgliedstaaten sind viele, und die Umweltschutzdefizite dürften überall recht groß sein,
    - die Europäische Investitionsbank in Luxemburg bietet bei Umweltschutzinvestitionen interessante Kreditkonditionen in ECU und verschiedenen Valuta.

    Die Zinskonditionen der Europäischen Investitionsbank werden nicht aus öffentlichen Budgets subventioniert. Sie sind trotzdem häufig günstiger als die Konditionen nationaler Geschäftsbanken, denn die Europäische Investitionsbank kann sich völlig uneingeschränkt auf allen europäischen Finanzplätzen und am Eurodollarmarkt refinanzieren und hat weniger steuerliche Auflagen als viele nationale Geschäftsbanken.

15. Die allgemeinen Wirtschaftsförderungsprogramme Ihres Landes durchforsten, wenn Sie Finanzierungsprobleme bei der Produktion umweltfreundlicher Produkte oder Produktionsanlagen haben. Dies gilt angesichts der umfangreichen Förderprogramme in den neuen Bundesländern vor allem für Projekte, die dort durchgeführt werden.
    Solche innovativen Produktionen besitzen häufig eine gewisse Priorität bei der Wirtschaftsförderung, sofern nachhaltige Marktchancen bestehen. Davon sollten Sie sich aber schon im eigenen Interesse sorgfältig überzeugt haben.
16. Weitere Informationen einholen und die wichtigsten Förderbegriffe klären:
    - z. B. Modell-/Demonstrationsanlagen: Großtechnisch erprobt, in einem identischen Bereich unter identischen Bedingungen noch nicht eingesetzt und von mehr als individuellem Interesse;
    - z. B. integrierter Umweltschutz: Weniger Umweltbelastung durch neue Produktionsanlage ohne besondere zusätzliche Umweltschutzanlagen.

Anmerkung:
Von den Umweltförderprogrammen des Bundes sind hervorzuheben:

ERP – Luftreinhaltungsprogramm Ost
ERP – Abwasserreinigungsprogramm Ost
ERP – Abfallwirtschaftsprogramm Ost
DAB – Ergänzungsprogramm III
KfW – Umweltprogramm
ERP – Luftreinhaltungsprogramm West
ERP – Abwasserreinigungsprogramm West
ERP – Abfallwirtschaftsprogramm West
Förderung von Investitionen zur Verminderung von Umweltbelastungen

Daneben bieten die einzelnen Bundesländer ca. 35 Förderprogramme für den Bereich des betrieblichen Umweltschutzes an.
Einzelheiten enthält u. a. die Broschüre „Investitionshilfen im Umweltschutz", zu beziehen bei der

Bundesanzeiger Verlagsgesellschaft mbH
Postfach 10 80 06
5000 Köln

Die Anschriften der für Förderungsmaßnahmen zuständigen Stellen (internationale Stellen, die obersten und oberen Umweltschutzbehörden von Bund und

Ländern, sonstige Stellen) sowie weitere Literaturangaben enthält das Verzeichnis der deutschen Quellen unter Check-Liste Finanzen.

UBA-Unternehmensbefragung 1990

Die „UBA-Befragung '90" konzentrierte sich zum Thema Finanzen/Finanzierung vor allem auf die Auswertung von 102 Modellvorhaben der Investitionsförderung zur Luftreinhaltung bei Altanlagen sowie (im Rahmen einer Teilstudie) auf umweltbezogene Finanzierungsstrategien von 15 Finanzdienstleistern.

Das Umweltbundesamt förderte im Zeitraum von 1979 bis 1986 mehr als 200 Investitionsprojekte zur Luftreinhaltung von Altanlagen, die sich vorwiegend in Branchen befinden, die stark unter Strukturschwächen leiden. Während das primäre Interesse der geförderten Unternehmen wohl darin bestand, ihre Altanlagen am kostengünstigsten nach den gültigen Luftreinhaltenormen weiterbetreiben zu können, ging es dem UBA bei der Förderung der Modellvorhaben um den Abbau von Vorbehalten gegen die Machbarkeit technischer Nachrüstung.

Mit dieser Förderung wurden befriedigende Ergebnisse erzielt. Von zwei Ausnahmen abgesehen, wurden bei fast allen Altanlagen nach der Investition die Normen der TALuft '86 unterschritten, dabei von 27,3 Prozent um mindestens eine Größenordnung. Die Abscheidegrade liegen meistens bei 90 Prozent und darüber, in 6 Prozent sogar bei 100 Prozent. Die Übertragbarkeit der angewandten Verfahren ist hoch. Eine der Erkenntnisse des Modellvorhabens ist die erneute Bestätigung, daß integrierte Techniken der Luftreinhaltung den additiven kostenmäßig überlegen sind.

Banken und Sparkassen gelten gemeinhin als umweltpolitisch neutral, soweit man nur ihre eigene unternehmerische Tätigkeit in Betracht zieht. Wie die Teilstudie zeigt, kann jedoch die Wirkung der von ihnen angebotenen Marktleistungen auf das Umweltverhalten des produzierenden Gewerbes ungemein groß sein. Das beginnt bei der umweltbezogenen Gestaltung der eigenen Bedingungen der Kreditgestaltung und reicht hin bis zur Finanzierungsberatung für die Erlangung öffentlicher Fördermittel.

Von den 15 befragten Finanzdienstleistern bieten 12 diverse Umweltschutzinformationen an, z. B. über Förderprogramme, Gesetze und Verordnungen, Technologie und umweltschutzrelevante Marktchancen.

Nach der Höhe des für die nächsten 10 Jahre zu erwartenden Investitionsvolumens befragt, gaben 12 der Befragten Summen zwischen 200 und 400 Mrd. DM an. Ihre Angebotspolitik wollen sie mit folgenden Maßnahmen auf diesen Finanzierungsbedarf einstellen (Antworten absolute Häufigkeiten):

Wie hoch schätzen sie das Investitionsvolumen im Umweltschutz für die nächsten 10 Jahre (Klassifizierung vorgegeben)?
50–100 Mrd. DM: 1;
100–200 Mrd. DM: 2;
200–400 Mrd. DM: 12;
Sehen Sie in diesem Zusammenhang die Notwendigkeit, Ihre Produkt-/Angebotspolitik darauf abzustimmen?
1 nein
14 ja
Falls ja, wie können diese Maßnahmen aussehen?
11 Vergabe von günstigeren Krediten
8 Finanzierung von Umweltschutz-Forschungsvorhaben
5 Vergabe von Preisen für umweltfreundliche Forschungsleistungen oder Produkte
10 Bereitstellung von Informationen zur Erkennung der Chancen für umweltschutzbezogene Marktleistungen
8 Übernahme von Patenschaften für umweltschutzbezogene Aktionen
8 Informationen über neue Technologien zur Lösung von Umweltschutz-Problemen
1 Kontaktherstellung zu Öko-Instituten

Ihre Unterstützung bei der Erlangung von Förderungsmitteln für umweltschutzbezogene Maßnahmen bieten 14 der befragten Finanzinstitute an. Als die wirksamsten Förderungsprogramme bezeichneten 10 die Kreditanstalt für Wiederaufbau (KfW) wegen ihrer schnellen Entscheidung und der langen Laufzeiten, 4 favorisierten das ERP-Luftreinhaltungsprogramm wegen seiner Basisfinanzierung, des beträchtlichen Volumens an Mitteln und der schnellen Zuteilung.

Unternehmensbeispiele

1. Die *ADAM OPEL AG* (U: 17,5 Mrd. DM, B: 52 325) führt die Abwasserbehandlung unmittelbar in den einzelnen Produktionsbereichen durch. Es wurden Spezialreinigungsanlagen entwickelt, die eine wirkungsvolle und gezielte Vorbehandlung der Schmutzwässer ermöglichen. Durch die Kombination von Vorwaschgang und aufwendigem Hauptwaschgang können die vorgeschriebenen Grenzwerte bei den Schadstoffeinträgen deutlich unterschritten

werden. Die nach dem Giftgehalt sowie der Menge berechneten Abwassergebühren sind daher bei OPEL vergleichweise gering. OPEL zahlt für 10 Mio. m^3 Abwasser jährlich nur 50000 DM Gebühr. (Wirtschaftswoche, 19. 1. 1990) (UM)

3. In einem „Modell Schleswig-Holstein" entsorgt ein Mitgliedsbetrieb des *Bundesinnungsverbandes des Deutschen Kälteanlagenbauerhandwerks* ausrangierte Kühlschränke. Etwa 30 Arbeiter zerlegen in Neumünster die Kühlschränke in ihre Bestandteile. Öl und Kühlflüssigkeit werden abgesaugt. Den Dämmschäumen wird FCKW zu mehr als 90 Prozent entzogen. Das schleswig-holsteinische Umweltministerium fördert dieses Projekt mit einem Investitionszuschuß von einer halben Mio. DM. (Wirtschaftswoche, 12. 5. 1989) (EM)
4. Die *Daimler Benz AG* (Konzernumsatz 1990: 85,5 Mrd. DM, B: im Konzern: 376785), B.A.U.M.-Mitglied, erprobte in Berlin mit Wasserstoff betriebene Fahrzeuge. Bei diesen Motoren besteht das Abgas hauptsächlich aus Wasserdampf und ist völlig CO_2-frei. An den Gesamtkosten dieses Projekts von 60 Mio. DM war das Bundesforschungsministerium mit 36 Mio. DM beteiligt. (Wirtschaftswoche, 29. 9. 1989) (EM)
5. Die *Deutsche Bank AG* (B: 56482), B.A.U.M.-Mitglied, bietet mit der Datenbank „db-select" der gewerblichen Wirtschaft und Freiberuflern in Deutschland die gezielte Auswahl aus rund 670 Förderprogrammen an, von denen rund 50 der Unterstützung von Umweltschutzinvestitionen dienen. Sie können mit 32 Schlagworten aus dem Bereich des Umweltschutzes abgerufen werden. Subventionsgeber sind die Bundesländer, der Bund und die Europäische Gemeinschaft. Die von der Deutschen Bank in Zusammenarbeit mit europäischen Partnern ausgebaute Datenbank „euro-select" enthält darüber hinaus Informationen über nationale und regionale Förderprogramme für Europa, die von der Europäischen Gemeinschaft und den EG-Ländern unterstützt werden. Rund 100 dieser Programme fördern Investitionen im Umweltschutzbereich. (BU)
6. Die *Freiburger Energie- und Wasserversorgungs-AG* (U 1990: 352 Mio. DM, B: 504) wendet jährlich etwa eine Million DM für Vorsorgemaßnahmen zum Wasserschutz auf. Die ermittelten Meßdaten stehen den in den Wasserschutzgebieten wirtschaftenden Bauern unmittelbar zur Verfügung. Zudem zahlt FEW verlorene Zuschüsse im sechsstelligen Bereich an die Bauern zur Einführung

umweltschonender Anbaumethoden. FEW hat eigens einen Landwirtschaftsmeister zur Beratung der Bauern angestellt. Mit diesem Programm hofft die FEW aufwendige Aufbereitungsanlagen überflüssig zu machen. (NM)

7. Die *Metallgesellschaft AG* (Konzernumsatz: 15,2 Mrd. DM, B: 25 132 weltweit) erhält zusammen mit der italienischen *Tonolli-Gruppe* für die Umstrukturierung der im gemeinsamen Besitz befindlichen *Sekundär-Bleihütte Braubach* (U: 50,7 Mio. DM, B: 161) öffentliche Unterstützung. Aufgrund der Übernahme einer Bürgschaft für einen Kredit in Höhe von 8 Mio. DM durch das Land Rheinland-Pfalz, ergänzt durch Hilfen des Bundesministeriums für Forschung und Technologie sowie des Umweltbundesamtes, konnte eine Anlage zur Aufbereitung von Altbatterien erstellt werden. (Blick durch die Wirtschaft, 7. 3. 1989) (UM)
8. Im Herbst 1989 beschlossen die Projektpartner *Papierfabrik Hermes*/Düsseldorf (U 1986: 100 Mio. DM, B: 180), *Hartmann Druckfarben*/Frankfurt (U: 100 Mio. DM, B: ca. 350), *Henkel*/Düsseldorf (U: 4,2 Mrd. DM, B: 35 943 weltweit) und das Institut für Papierfabrikation an der Technischen Hochschule Darmstadt ein auf vier Jahre befristetes Forschungsvorhaben zur Entwicklung neuer Flotationsverfahren, mit deren Hilfe die Qualität von Recyclingpapier entscheidend verbessert werden kann. Hierfür konnten die Projektpartner auch das Bundesministerium für Forschung und Technologie gewinnen, welches das Forschungsprojekt mit 9 Mio. DM unterstützt. Somit ist das Projekt mit einer Gesamtsumme von 18 Mio. DM ausgestattet. Inzwischen ist das Institut für Aufbereitungstechnik an der Bergakademie Freiberg/Sachsen als fünfter Projektpartner hinzugekommen.(NM)

Nr. 21 Check-Liste Öko-Controlling

Hier handelt es sich nicht um eine Check-Liste im strengen Sinne, sondern um Anregungen, die über die übliche Checklisten-Methode hinausgehen und letztlich in ein umfassendes Öko-Controlling münden.

Die meisten Unternehmen haben die verhältnismäßig einfachen Methoden der herkömmlichen ökologischen Schwachstellenanalyse über Check-Listen sicher bei weitem noch nicht ausgeschöpft. Vielfach lassen sich hiermit gravierende Umweltbelastungen auf Anhieb erkennen und in Teamarbeit Lösungen ermitteln. Um in verschiedenen Führungsebenen und Funktionsbereichen allerdings eine systematische, laufende bzw. periodisch wiederkehrende Informationsversorgung, Zielsetzung, Planung, Steuerung und Kontrolle für ökologiegerechte operative und strategische Entscheidungen zu erreichen, ist auf Dauer ein Umwelt-Controlling unverzichtbar.

Methoden, Instrumentarium und Organisation des Öko-Controlling sind noch in Entwicklung begriffen. Eine „flächendeckende" Einführung in Unternehmen nach ausgereiften Standards und branchenbezogenen Empfehlungen ist deshalb noch nicht möglich. Dennoch wird von vielen Firmen bereits intensiv daran gearbeitet, das finanzielle Controlling durch ein ökologieorientiertes zu ergänzen – sowohl aus Eigeninteresse als auch im Hinblick auf mögliche Bilanzierungs- und Prüfungspflichten, die für bestimmte Kategorien von Unternehmen ein obligatorisches External Environmental Auditing einschließen (etwa im Rahmen der Umweltverträglichkeitsprüfung oder der im Juni 1991 von der Europäischen Kommission erlassenen Verordnung über den ökologischen Landbau).

Nach den Vorstellungen der International Chamber of Commerce (ICC) soll ein Umweltschutz-Audit allerdings in erster Linie auf freiwilliger Basis praktiziert werden und nur unternehmensinternen Zwecken dienen. Es ist „ein Management-Instrument, das einer systematischen, dokumentierten, periodischen und objektiven Beurteilung dient, wie gut Umweltschutzorganisation, -management und -einrichtungen funktionieren, um den Schutz der Umwelt zu fördern" (ICC, Umweltschutz-Audits, Paris 1989, S. 9). Im Sinne eines freiwilligen, offensiven Umweltmanagements soll auch im folgenden das (darüber hinausgehende) Öko-Controlling verstanden werden.

Aufbauorganisatorisch läßt es sich entweder in ein Umweltreferat oder in eine Controlling-Abteilung einfügen. Je nach Unternehmensgröße und -schwerpunkt läßt sich das Öko-Controlling als koordinierende und führungsunterstützende Maßnahme in Form einer Stabsstelle der Geschäftsleitung, der Divisions, der Regionen institutionalisieren oder einer Querschnittsfunktion mit Linienverantwortung zuordnen (z. B. bei komplexen logistischen Problemen und hoher Materialintensität der Materialwirtschaft). Das Aufgabenfeld läßt sich dabei folgendermaßen umreißen:

1. Analyse

– Erfassung ökologischer Schwachstellen z. B. über Check-Listen, Produkt-, Prozeßbilanzen, ökologische Buchhaltung, Ökobilanzen,

- Bewertung nach ausgewählten ökologiebezogenen Beurteilungskriterien und Verdichtung der Aussagen nach einzelnen Problemfeldern,
- Aufbereitung für Managemententscheidungen nach einem Prioritätenkatalog (produkt-, bereichs-, verfahrens-, stoff-, standortbezogen).

2. Planung und Koordination

- Empfehlung von Maßnahmen (z. B. Investitionen, Substitution, Recycling, Produktverbesserung, Sortimentsbereinigung),
- Ableitung strategischer Ziele und operationaler operativer/taktischer Zielsetzung nach Bereichen und Führungsebenen,
- Organisationsentwicklung (z. B. über Schulungen, Bildung von environmental-circles, Einbeziehung der Mitarbeiter in Schwachstellenanalysen und Alternativensuche),
- Aufbau eines Umweltinformationssystems (Ergänzung von PPS- und CIM-Systemen um ökologische Informationen, Unterstützung der Abteilung durch Versorgung mit Informationen, Hinweis auf Umweltdatenbanken etc.).

3. Durchsetzung und Kontrolle

- Beratung und kritische Begutachtung der Linien mit Vetorecht bei umweltrelevanten Entscheidungen,
- regelmäßiger Soll-Ist-Kennzahlenvergleich und Durchführung einer freiwilligen internen Umweltrevision (Umwelt-Audit).

4. Regelung und Steuerung

- Ausgleich und Beseitigung von Störungen,
- Abwehr voraussehbarer neuer Umweltbelastungen, Veranlassung weiterer Schwachstellenanalysen,
- Aktualisierung der ökologischen Schwachstellenanalyse.

Umweltinformationen

Für eine ökologische Schwachstellenanalyse liefert das herkömmliche Rechnungswesen samt den Betriebsstatistiken nur unzureichende Informationen. Zwar lassen sich Umweltkosten wie: der Energie- und Rohstoffverbrauch, Abschreibungen auf Filteranlagen oder Entsorgungskosten erfassen; damit erkennt man aber nur einen kleinen Teil der Umwelteinwirkungen (soweit diese eben als externe Kosten dem Unternehmen zugerechnet bzw. internalisiert werden). Ansonsten enthält das Rechnungswesen hauptsächlich Kosten- und Preisinfor-

mationen, die ex post aus kurzfristigen Angebots- und Nachfrageverhältnissen resultieren.
Umweltinformationen entziehen sich großenteils einer ökonomischen Wertberechnung, sind schwer quantifizierbar und beruhen oft auf subjektivem Wertempfinden (z. B. gegenüber dem „Wert" der gesamten Schöpfung, dem „Wert" einer Schmetterlingsart oder einer schönen Landschaft), beinhalten also ethische Stellungnahmen zu der „natürlichen Natur" (Altner) und den Wahlmöglichkeiten späterer Generationen.
Umweltinformationen resultieren aus Erkenntnissen verschiedener Wissenschaftsdisziplinen (Biologie, Geologie, Physik, Chemie etc.) und sie sind zum großen Teil unsicher, dynamisch und sehr komplex.
Eine ökologische Schwachstellenanalyse als Basis für ein effizientes Umwelt-Controlling im Unternehmen muß zumindest folgenden Anforderungen gerecht werden:

- ökologische Schwachstellen rechtzeitig erkennen, um Risiken zu vermeiden und die eigene Wettbewerbsfähigkeit zu sichern und zu stärken,
- die Komplexität des Umweltproblems reduzieren, für das Management verständlich sein und trotzdem wissenschaftlichen Ansprüchen standhalten,
- in modularer Form auf verschiedene Branchen und Betriebstypen anwendbar sein und je nach Stärken und Schwächen und Fortschrittsstadium der Umweltorientierung dem Unternehmen Spielräume lassen.

Ökologische Schwachstellenanalysen können auf Produkte (z. B. Verpackungen), Prozesse (z. B. Energiewirkungsgrade), Stoffe (z. B. Öko-Toxizität), Altlasten, Büromaterial etc. gerichtet sein. Eine umweltbewußte Unternehmensführung zieht nicht nur Konsequenzen aus diesen Teiluntersuchungen, sondern erstellt daraus einen möglichst umfassenden Umweltbericht, der mosaikartig erweitert werden kann und immer aussagekräftiger die wesentlichen Umweltdefizite eines Unternehmens hervorhebt (vgl. z. B. die „Ökobilanz" der Swissair 1991 oder den Ökobericht von Kunert/Hudson 1991).
Einen anderen Weg gehen Totalanalysen, die von vornherein sämtliche (wesentliche) Umwelteinwirkungen eines Unternehmens erfassen wollen und damit eine Schattenrechnung zur finanziellen Buchführung aufstellen. Über die relativ einfache, nicht standardisierte Methode der Check-Listen hinaus wurden hierfür insbesondere zwei Ansätze entwickelt: die Ökologische Buchhaltung (nach Müller-

Wenk, St. Gallen) sowie die Öko-Bilanz (unter Federführung des Instituts für ökologische Wirtschaftsforschung, Berlin).

Ökologische Buchhaltung

Die verschiedenen Umwelteinwirkungen eines Unternehmens werden in physikalischen Einheiten wie Gewicht, Volumen oder Joule gemessen. Der Begriff „Umwelteinwirkung" steht hier für alle Entnahmen von Stoffen und Energie aus der natürlichen Umwelt. Input- und Abfallstoffe werden, je nach Beanspruchung der natürlichen Umwelt (etwa dem Erschöpfungsgrad der Ressourcen oder der Belastbarkeit von Umweltmedien) mit Äquivalenzkennziffern (bzw. Öko-Faktoren) versehen. Daraus ergibt sich für verschiedene Umwelteinwirkungen, wie Abwärme, Nutzung nichtregenerativer Rohstoffe und Abfälle, eine vergleichbare Maßzahl in Rechnungseinheiten (RE) bzw. Öko-Punkten. Die Gesamtzahl an RE drückt die Gesamtumweltbelastung eines Unternehmens aus, die – gleiche Äquivalenzkennziffern vorausgesetzt – geeignet sind, Betriebe, Regionen, Branchen in ihrer Umweltbelastung zu vergleichen. In erster Linie soll dem Unternehmen aber eine rationale Entscheidungshilfe geboten werden, welche die für den Umweltschutz zur Verfügung stehenden Mittel in diejenigen Sektoren lenkt, wo der Effekt der Umweltentlastung am größten ist, etwa bei der Abwasserreinigung oder dem Einsparen von Rohstoffen.

Bei der Aufstellung von Äquivalenzkennziffern (Aek) berücksichtigt man zwei unterschiedliche „Knappheitsbegriffe": die Ratenknappheit und die Kumulativknappheit.

Ratenknappheit

Die Ratenknappheit bringt den Grad der Umweltbeeinträchtigung durch Immissionen zum Ausdruck und errechnet sich wie folgt:

$$\text{Aek} = \frac{F}{F_k - F} \times \frac{1}{F_k}$$

F = tatsächliche Verbrauchsrate

F_k = kritische Verbrauchsrate (Maximale Immissions-Konzentrations-Werte, unter Umständen regional differenziert)
$F > F_k$ nicht definiert

Ökologische Buchhaltung von Roco Conserven Rohrsbach (Schweiz) – Abschluß 1975

Konto	Menge in physikalischen Maßeinheiten	Äquivalenzkoeffizient (AeK)	RE
1. *Energieverbrauch*			
1.1. Elektrizität	6 803 525 kWh	15,75 RE/MWh	107 156
1.2. Gas	43 890 m^3	0,022 RE/M^3	966
1.3. Heizöl, speziell	98 292 l	0,013 RE/Liter	1 278
Heizöl, mittel	1 979 780 l	0,013 RE/Liter	25 698
Heizöl, schwer	534 880 l	0,13 RE/Liter	6 953
1.4. Autobenzin	108 322 l	0,13 RE/Liter	1 408
1.5. Dieselöl	177 500 l	0,013 RE/Liter	3 308
Subtotal Energie			145 767
2. *Materialverbrauch*			
2.1. Weißblech bestehend aus:			
Eisen	2 453 800 kg	0,0388 RE/t	95
Zinn	20 700 kg	72,7 RE/kg	1 504 890
Mangan	12 435 kg	0,01565 RE/kg	195
2.2. Lötzinn bestehend aus:			
Zinn	5 239 kg	72,7 RE/kg	380 875
Blei	7 111 kg	3,1 RE/kg	22 044
2.3. Aluminium	18 787 kg	66,5 RE/t	1 249
2.4. Polyäthylen, Polystrol	243 456 kg	0,0144 RE/kg	3 505
2.5. Polyvinylchlorid	36 917 kg	0,00654 RE/kg	241
2.6. Glas	913 468 kg	0	0
2.7. Deckel zu Gläsern aus:			
Eisen	64 248 kg	0,0388 RE/t	2
Zinn	400 kg	72,7 RE/kg	29 080

Mangan	310 kg	0,01565 RE/kg	5
2.8. Papier, Karton	683 166 kg	0	0
Subtotal Material			1942 181
3. *Bodenverbrauch*	0 m²		0
4. *Feste Abfälle*			
4.1. ungiftige, deponierbare	1 445 m³	0,0114 RE/m³	16
5. *Abwasser*			
5.1. Phosphorgehalt	347 kg	295,32 RE/kg	102 476
6. *Gasförmige Abfälle*			
6.1. Schwefeldioxid SO_2	81 000 kg	1,12 RE/t	91
6.2. Kohlenmonoxid CO	32 208 kg	61,6 RE/t	1984
6.3. Kohlendioxid CO_2	8 245 400 kg	0,05 RE/t	412
6.4. Kohlenwasserstoffe	22 242 kg	1401 RE/t	31 161
6.5. Stickoxide	19 614 kg	37,6 RE/t	737
Subtotal Gase			34 385
7. *Abwärme*			
7.1. aus Elektrizität	5 851 Gcal	14,76 RE/Tcal	86,4
7.2. aus Gas	307 Gcal	14,76 RE/Tcal	4,5
7.3. aus Erdölderivaten	26 356 Gcal	14,76 RE/Tcal	389,0
Subtotal Abwärme			480,0
8. *Umwelteinwirkungen in Haushalten*			
8.1. verbrennbarer Hausmüll (resultierende Verbrennungsrückstände)	994 m³	0,0114 RE/m³	11,3

8.2. PVC-Abfälle	21 042 kg	0,72 RE/t	204,5
(resultierendes HCI bei Verbrennung)			
Subtotal Haushalt			215,8
9. *Materialweiterlieferungen*			
9.1. Lieferungen Leerdosen an andere Konservenfabriken			
bestehend aus:			
Eisen	523 490 kg	0,0388 RE/t	
Zinn	5 520 kg	72,7 RE/kg	401,30
Mangan	2 640 kg	0,01565 RE/kg	
Blei	1 520 kg	3,1 RE/kg	4,7
Subtotal Weiterlieferungen			406,0
Rekapitulation			145,7
Energieverbrauch			1 942,2
Materialverbrauch			./. 406,0
./. Materialweiterlieferung			
Feste Abfälle			
Abwasser			102,5
Gasförmige Abfälle			34,4
Abwärme			0,5
Einwirkungen bei Haushalten			0,2
Totaleinwirkung Roco 1975			1 819,5

Kumulativknappheit

Die Kumulativknappheit setzt die jährlichen Ausbeutungen nichtregenerativer Rohstoffe mit dem Stand der vermuteten Reserven in Beziehung:

$$Aek = \frac{nF}{R - nF} \times \frac{1}{R}$$

n = der normativ festzulegende Zeithorizont, in der ein Rohstoff noch verfügbar gehalten werden soll
F = jährlicher Fluß von Rohstoffen in das zivilisatorische System
R = bekannte Reserven

Als einziges Unternehmen wendet bisher die Konserven- und Tiefkühlkostfabrik Frisco-Findus (ehemals Roco-Rohrschach, Schweiz) diese Methode an (vgl. Abschluß 1975 S. 295–297). Der dargestellte Ansatz wurde inzwischen von Braunschweig (1984 und 1988) und Liebich (1986) weiterentwickelt zu einer „Öko-Budgetierung der 2. Generation" (BUWAL, Methodik für Ökobilanzen, 1990).
Die Vorzüge der ökologischen Buchhaltung, deren Erstellung in den Aufgabenbereich eines Umweltreferats fiele, lassen sich für ein Unternehmen folgendermaßen zusammenfassen:

- sie vermittelt dem Unternehmer einen Überblick über die Umwelteinwirkungen der gesamten Produktionstätigkeit oder einzelner Produkte. Die Summe der produktbezogenen Rechnungseinheiten muß dabei mit der Summe der ökologischen Buchführung übereinstimmen,
- sie läßt die Umweltschwachstellen eines Unternehmens erkennen und lenkt die Aufmerksamkeit in die Bereiche der größten Belastungen,
- sie ermöglicht eine operationale Fassung der Strategie eines „qualitativen Wachstums", das heißt der Wertschöpfung eines Unternehmens bei nicht steigenden, sondern eher sinkenden Rechnungseinheiten,
- sie kann als ökologische Schattenrechnung die Finanzbuchhaltung wirkungsvoll ergänzen, ohne daß monetäre und reale Größen miteinander vermischt werden. Als Fernziel (bei veränderten wirtschaftspolitischen Rahmenbedingungen) verlaufen die Ergebnisse der Finanzbuchhaltung mit den Ergebnissen der ökologischen Buchführung synchron,

- sie kann zur Versachlichung der Zusammenarbeit mit Behörden dienen und Informationslücken über integrierte unternehmensinterne Umweltschutzmaßnahmen schließen,
- sie kann eine glaubwürdige Öffentlichkeitsarbeit unterstützen und zur Versachlichung von Werbeaussagen beitragen.

Problematisch sind

- das Ziel einer Normwirkung von Äquivalenzkennziffern (Öko-Faktoren) für alle Unternehmen mit der Möglichkeit einer externen Revision und staatlichen Kontrolle,
- die Ausklammerung von Lärm, Toxizität, Radioaktivität, Vernichtung von Arten, Vorstufen- und Nachstufenbelastungen, (in der jüngeren Version auch die Rohstofferschöpfung), sonstige Standortfaktoren (Fuhrpark, Bausubstanz, Läger),
- die numerische Darstellung in absoluten Größen (womit ein naturwissenschaftlicher Scheinperfektionismus entsteht und expertokratische Entscheidungsstrukturen gefördert werden),
- die Vernachlässigung von bestehenden und zu erwartenden Umweltrisiken, Gesetzesverschärfungen sowie der Akzeptanz und Umweltsensibilität der Bevölkerung.

Ökobilanz

Ein anderer methodischer Ansatz der systematischen und umfassenden ökologischen Schwachstellenanalyse eines Unternehmens ist die Ökobilanz, die derzeit in den Firmen Bischof & Klein (Lengerich), Nordenia Verpackungswerke (Steinfeld), Borges GmbH (Osnabrück), Langer & Co (Bremen), Armstrong World Industries (Münster) und Lammsbräu (Neumarkt) erprobt wird (vgl. auch Hallay, H., (Hg.) Die Ökobilanz, 1989).

Die Umwelteinwirkungen eines Unternehmens werden dabei in 4 Teilbilanzen erfaßt:

1. In einer Betriebsbilanz werden alle Inputstoffe (Roh-, Hilfs-, Betriebsstoffe, Kaufteile, Handelswaren), stoffliche und nichtstoffliche Emissionen (Abwasser, Abluft, Abfall, Lärm, Radioaktivität), Energieverluste sowie der Output (Erzeugnisse, Kuppelprodukte) mit möglichst genauer Inhaltsangabe der Materialien aufgelistet. Der Betrieb erscheint hierbei als „black box".
2. In einer Produktlinienbilanz werden die Umwelteinwirkungen repräsentativer Produkte/Produktgruppen von der Rohstoffentnahme über Transport und Zwischenveredelungsstufen bis hin

zum Handel, Konsum und zur Nachkonsumphase (Entsorgung) verfolgt.

3. In einer Prozeßbilanz werden die im Unternehmen eingesetzten Produktionsverfahren nach Fertigungsschritten/-bereichen auf Input-/Outputströme des Materials und der Energie untersucht.
4. In einer Standortbilanz werden alle sonstigen umweltrelevanten Faktoren und Aktivitäten des Unternehmens analysiert wie z. B. Flächennutzung, Bausubstanz, Altlasten, Beständesituation, Infrastrukturbelastung, Betriebsstoffe und Inventar im Verwaltungsbereich.

Über diese 4 Bilanztypen können Umweltprobleme aus Maschinen, Anlagen, Verfahren, Produkten, Stoffen, Bauwerken, ja dem gesamten Betriebsstandort abgeleitet werden. Aus Quervergleichen zwischen umweltbelastenden Produkten, Stoffen oder Maschinen können hierbei Konzentrations- und Kumulationseffekte sichtbar gemacht werden, z. B. die Häufung materialbedingter Emissionen bei bestimmten Produkten oder Fertigungsschritten. Über Rezepturen bzw. Stücklisten (Teileverwendungsnachweis!) können mehrfach verwendete umweltgefährdende Stoffe in verschiedenen Produkten lokalisiert werden. Unter Umständen erledigt sich durch die Substitution eines spezifischen Einsatzstoffes eine Reihe von ökologischen Problemen bei der Produktanwendung, der Lagerung, Fertigung sowie der Abfallbeseitigung, oder die Veränderung der Ablaufplanung (z. B. Fremdvergabe von Arbeitsschritten) hilft Emissionen vermeiden.

Die Klassifizierung ökologischer Schwachstellen innerhalb der 4 Teilbilanzen findet für Materialien, Produkte und Verfahren anhand eines Kriterienkatalogs statt, der insbesondere einem präventiven Umweltmanagement kurz-, mittel- und langfristigen Handlungsbedarf aufzeigt. Die Bewertungskriterien sind im einzelnen:

1. Umweltrechtliche/-politische Anforderungen
(Nationales und EG-Recht: „Ökologie-Push").
2. Gesellschaftliche Akzeptanz
(Anforderungen verschiedener gesellschaftlicher Gruppen: „Ökologie-Pull").
3. Gefährdungs-/Störfallpotential
(Normalfall- und Störfallrisiko).
4. Internalisierte Umweltkosten
(Im Rechnungswesen des Unternehmens erscheinende Umweltkosten bzw. umweltbedingte Umweltverluste).

5. Externe Kosten auf der Produktlinie (Belastung von Boden, Luft, Wasser, Arten, Biozönosen vor und nach der eigenen Produktion).
6. Erschöpfung nichtregenerativer bzw. (übernutzter) regenerativer Ressourcen (voraussichtliche Reichweite der Rohstoffreserven; Berücksichtigung, ob potentiell nachwachsende pflanzliche Rohstoffe bzw. Tiere übernutzt oder ausgebeutet oder aus Monokulturen/Massentierhaltungen bezogen werden).

In Verwendung dieser Kriterien kann mit Hilfe einer *relativ* abstufenden ABC-Bewertung der Handlungsbedarf nach Aktionsbereichen und Zeithorizont priorisiert werden. Mit dem Verzicht auf rein quantifizierende numerische oder gar monetarisierende Bewertung wird den o. g. Spezifika von Umweltinformationen Rechnung getragen, gleichzeitig bietet die Kombination von ABC- und XYZ-Analysen (qualitative und mengenmäßige Klassifizierung) die Möglichkeit zur Transparenz, Verdichtung und Absonderung des Unwesentlichen vom Wesentlichen aus einer fast unübersehbaren Fülle von Umweltfakten. Ohne im Unverbindlichen subjektiver Wertmaßstäbe und in der Beliebigkeit des jeweiligen Unternehmens zu verschwimmen, können Umwelteinwirkungen dergestalt aufbereitet werden, daß Entscheidungen im strategischen (Produkt-/Geschäftsfeld-Portfolio, Investitions-/Produktplanung) oder operativen Bereich (Verfahrenswahl, make or buy-Entscheidung, konstruktive Verbesserung) getroffen werden können. A- oder B-Fälle lassen sich außerdem gezielt selektieren, je nach „Fortschrittsstadium" der Umweltorientierung (zuerst Umweltgesetze erfüllen, dann Umweltrisiken eliminieren), je nach Stärken und Schwächen, Konkurrenzsituationen und übrigen strategischen Planungen. Damit läßt sich ein Katalog ökologischer Prioritäten mit den übrigen gesellschaftlichen, betriebswirtschaftlichen Zielen eines Unternehmens abstimmen.

Die Ergänzung um eine XYZ-Analyse soll die Einsatzrelevanz von Stoffen/Verfahren berücksichtigen, wobei unterschiedliche Umweltintensitäten z. B. über „kritische Verbrauchsmengen" vergleichbar gemacht werden können (vgl. Klassifizierungsschema S. 302 und 303).

Die Erfassung ökologischer Schwachstellen erfolgt somit im Eigeninteresse des Unternehmens und auf freiwilliger Basis und dient in erster Linie unternehmensinternen Zwecken, nämlich:

– der Information über die Umweltverträglichkeit von Stoffen, Ver-

ABC–XYZ Klassifizierungsschema der Ökobilanz

Kriterien / ABC	A	B	C
ABC 1 Umweltrechtliche/-politische Anforderungen	Mißachtung/Verletzung gesetzlicher Vorschriften (z. B. Überschreitung von Grenzwerten, Einsatz verbotener Stoffe)	Vom Gesetzgeber sind Grenzwertverschärfungen, Anwendungsverbote vorgesehen, Mißachtung von Branchenabkommen	Stoffe, Anlagen, Maschinen werden vorschriftsmäßig eingesetzt und betrieben
ABC 2 Gesellschaftliche Akzeptanz	Produkt, Stoff, Verfahren steht unter dauerhafter Kritik (z. B. von Bürgerinitiativen, Naturschutzverbänden, wichtigen Kunden)	Umweltbundesamt bzw. Umweltinstitute warnen vor Verharmlosung und fordern schärfere Bestimmungen	Keine (nennenswerte) öffentliche Kritik bekannt
ABC 3 Gefährdungs-/Störfallpotential	Hohes ökol. Risikopotential, besonders hohe Störfallgefahr bzw. im Störfall entstehendes gravierendes ökol. Problem (z. B. nach GefStoffV, BImSchV)	Mittleres ökol. Risikopotential mittlere Störfallgefahr (z. B. WGK 1, 2; Emissionsklasse II, III)	Kein/kaum Gefährdungs-Störfallpotential vorhanden
ABC 4 Internalisierte Umweltkosten	Hohe Entsorgungs-/Überwachungskosten, Produktivitätsverluste, Umsatzeinbußen	Mittlere Umweltkosten	Keine/geringe Umweltkosten

ABC 5 Externe Kosten (Produktlinie)	Produkt, Stoff, Verfahren mit Umweltbelastungen auf den Vor- und Nachstufen	Umweltbelastungen in Teilbereichen der Stofflogistik	Keine/kaum Umweltbelastungen feststellbar
ABC 6 Erschöpfung nichtregenerativer, regenerativer Ressourcen	Gefahr der kurzfristigen Erschöpfung (RW ≤ 30 Jahre)	Rohstoffe mittelfristig erschöpft (RW ≤ 30–100 Jahre)	Rohstoffe langfristig verfügbar bzw. Sekundärrohstoffe (RW > 100 Jahre)
XYZ Kriterien	X	Y	Z
XYZ Einsatzrelevanz (Volumeneffekt der Inputstoffe)	Hoher Verbrauch/Jahr	Mittlerer Verbrauch/Jahr	Untergeordnete Bedeutung im Verbrauch

fahren, Produkten, Anlagen und sonstigen Unternehmensaktivitäten,
- der Erleichterung der Kontrolle von Umweltschutzmaßnahmen durch die Unternehmensführung im Sinne eines Umwelt-Audits,
- der Feststellung der Erfüllung unternehmenspolitischer Vorgaben, was auch die Einhaltung behördlicher Auflagen umfaßt,
- der Förderung des Bewußtseins der Belegschaft für Umweltschutzmaßnahmen und -veranwortlichkeiten (durch Einbeziehung in den Prozeß der Umweltdatenerfassung und Alternativensuche in Umweltausschüssen, workshops etc.),
- Hinweisen auf Produktivitätsverluste (Abfälle), Umweltrisiken und Wettbewerbsnachteile (akut und drohend),
- der Bereithaltung von Informationen für Störfälle oder Notfallsituationen (z. B. Lagerbrand).

Darüber hinaus bietet eine ökologische Schwachstellenanalyse die Grundlage für eine glaubwürdige Öffentlichkeitsarbeit gegenüber
- den Behörden (Nachweis umweltverträglicher Verfahren, Förderung integrierter Umweltmaßnahmen statt E-O-P Techniken, Auskunft über aktuelle Umweltdaten wie z. B. Grenzwertunterschreitung, Rückstandsanalysen),
- den Versicherungen (erleichterter Versicherungsschutz wegen Umwelt-, Produkthaftungs- und Störfallrisiken),
- den Konsumenten (fundierte Darstellung bisheriger und geplanter Umweltschutzverbesserungen).

Im Sinne eines Öko-Controlling werden die Teilbilanzen der Ökobilanz laufend fortgeschrieben und aktualisiert (möglichst über ein EDV-Programm), so daß die Veränderung der ökologischen Schwachstellen („A"-Fälle von Stoffen, Produkten, Verfahren oder sonstigem) anhand der getroffenen Maßnahmen und veränderten externen Rahmenbedingungen verfolgt werden kann. Eine interne ökologische Revision sowie die Steuerung des laufenden Entscheidungsprozesses einer umweltbewußten Unternehmensführung kann hierbei jeweils auf die neuesten Umweltdaten zurückgreifen.

Umweltkennziffern

Der Prozeß der Planung und Steuerung sollte außerdem ergänzt werden durch ein Kennzahlensystem, das nach Branchen, Abteilungen und Führungsebenen zu differenzieren ist und einen ständigen Soll-Ist-Vergleich ermöglicht. Auf ein gesamtes Industrieunternehmen bezogen sind folgende ausgewählte Umweltkennziffern denkbar:

Abfallvolumen/-gewicht (sortiert) pro Jahr,
Abfall-/Kuppelproduktverkaufserlöse pro Jahr,
Anzahl Mehrweg-/Einwegverpackungen Warenannahme/interner Transport/Versand,
Einwegverpackungen recyclingfähig Warenannahme/interner Transport/Versand,
Entsorgungskosten (Sondermüll/Hausmüll) pro Jahr,

$$\text{Recyclingquote}_{\text{intern}} = \frac{\text{intern recyceltes Material/Abwasser/Abwärme/J}}{\text{Gesamtmaterial/-abwasser/-energieverbrauch/J}},$$

$$\text{Recyclingquote}_{\text{extern}} = \frac{\text{extern recyceltes Material/Abwasser/Abwärme/J}}{\text{Gesamtmaterial/-abwasser/-energieverbracuh/J}},$$

$$\text{Ausschußquote} = \frac{\text{Ausschußmaterialwert} \times 100}{\text{Materialverbrauch pro Jahr}},$$

$$\text{Verwurfsquote} = \frac{\text{Verwurfswert pro Jahr} \times 100}{\text{durchschn. Lagerbestandswert}},$$

$$\text{Vorratsintensität} = \frac{\text{Vorräte (zu HK real)} \times 100}{\text{Umsätze (zu HK real)}},$$

Wasserverbrauch pro Jahr,

Abwasserabgaben pro Jahr,

Volumen und Struktur der stofflichen/nicht-stofflichen Emissionen pro Jahr

$$\text{spezifischer Energieverbrauch/Nettoprod.} = \frac{\text{Endenergieverbrauch}}{\text{Nettoproduktionswert}},$$

$$\text{spezifischer Endenergieverbrauch/Besch.} = \frac{\text{Endenergieverbrauch}}{\text{durchschn. Beschäftigte}},$$

Endenergieverbrauch nach Energieträgern (regenerativ/nicht-regenerativ),

Endenergieverbrauch absolut pro Jahr,

Nettowertschöpfung (real) = Umsatz (real) – Materialverbrauch (real),

UBA-Unternehmensbefragung 1990

Als Hauptfunktionen des betrieblichen Rechnungswesens unter Umweltgesichtspunkten betrachten die Akteure der „UBA-Befragung '90" die systematische Dokumentation bestehender Umweltbelastungen und die (monetäre) Zurechnung umweltschutzbedingter Erlöse und Kosten auf bestimmte Leistungserstellungen. Aber nur 4,8 Prozent der befragten Unternehmen vertraten die Ansicht, daß das betriebliche Rechnungswesen von Fragen des Umweltschutzes überhaupt betroffen sei.

Auf den gegenwärtigen Stand der Eignung des betrieblichen Rechnungswesens im Sinne einer ökologischen Buchführung lassen die Antworten auf die Frage schließen, ob das Rechnungswesen eine Betrachtung umweltschutzbedingter Erlös- und Kostenentwicklung nach folgenden Kriterien erlaubt:

Kriterien	Nein	Ja
1. Umweltschutzbereiche	69,5 %	30,5 %
2. Organisatorische Einheiten	83,2 %	16,8 %
3. Investitionsobjekte	81,4 %	18,6 %
4. Produktlinien	89,8 %	10,2 %

42 Prozent der befragten Unternehmen gaben an, den Anteil von Umweltschutzmaßnahmen an Kostensenkungen bzw. Erlössteigerungen über das betriebliche Rechnungswesen auswerten zu können und führten die folgenden Maßnahmen an:

30,4 %	Material-/Energieeinsparung
24,5 %	Recyclingerlöse
15,7 %	Vermeidung von Abfallbeseitigungsgeb.
13,7 %	billige Rohstoffe
4,9 %	Einsatz integrierter Technologien
4,9 %	Lizenzvergabe
3,9 %	Patentverkäufe

Eine Eignung des betrieblichen Rechnungswesens zur Feststellung objektbezogener Erlös- und Kostenentwicklungen ist also durchaus ausbaufähig, da sich diese Betrachtung erneut fast ausschließlich auf die sogenannten „klassischen" Umweltmedien eines Betriebes bezieht.

Nur 10,6 Prozent der befragten Unternehmen beantworteten die Frage nach einer Erweiterung des betrieblichen Rechnungswesens um Umweltschutzaspekte. Davon waren mehr als die Hälfte der Meinung, daß eine derartige Erweiterung „nicht zwingend notwendig“ sei, während 48,7 Prozent eine Erweiterung als Voraussetzung für eine umweltorientierte Unternehmensführung überhaupt betrachteten. 29,9 Prozent halten diese Erweiterung für „wirtschaftlich nicht vertretbar“.

In der Zusammenfassung kommt die „UBA-Befragung ’90“ zu dem Fazit:

„Da man zur Zeit noch davon ausgehen muß, daß die Unternehmen in dem Aufbau eines umweltschutzorientierten Rechnungswesens „Nacharbeitungsbedarf“ sehen, kann die Ausnutzung möglicher Wertschöpfungspotentiale durch das Rechnungswesen noch nicht geleistet werden. Dennoch gaben die Befragten des Rechnungswesens mehrheitlich an, daß der Einsatz integrierter Umweltschutztechnologien aus betriebswirtschaftlicher Sicht sinnvoll ist.

Diese Aussage kann insofern eher als Grundüberzeugung intepretiert werden denn als objektiv nachvollziehbar, da aus dem zuvor Gesagten eine Qualifizierung kaum möglich erscheint.“

Unternehmensbeispiele

1. Bei der *Armstrong World Industries GmbH* (B: 1 224) wurde das Schonen der Umwelt über Öko-Controlling zum Produktionsprinzip erhoben. Die gesamte Produktion, von der Materialbeschaffung über den Energieverbrauch bis hin zur Müllabfuhr, soll durch ein betriebsinternes Controlling nach ökologischen Gesichtspunkten optimiert werden. Zunächst erfaßt man alle vom Betrieb ausgehenden Gefahren und nimmt nachfolgend eine umweltbezogene Schwachstellenanalyse sowie eine ökologische Bilanzierung vor. Abschließend sollen Kosten-Nutzen-Analysen und Einführungspläne für ein umfassendes Öko-Controlling erstellt werden. Motivations- und Fortbildungskurse für die Mitarbeiter sind ebenfalls vorgesehen. Die Konzernmutter selbst, Armstrong World Industries Inc., hat entsprechend ihren 130 Jahre alten ethischen Firmengrundsätzen den Umweltschutz weltweit für alle ca. 100 Werke in die Produktentwicklung und in die operationale Strategie mit aufgenommen und bindende Richtlinien herausgegeben. (Wirtschaftswoche, 19. 1. 1990) (EM)

2. Mit einer Ökobilanz wollen die Verpackungswerke *Bischof & Klein GmbH & Co.* (U: 433 Mio. DM, B: 1956) in Zukunft ökologische Chancen und Risiken innerhalb des Unternehmens aufdecken. Der Betrieb wird in einer Input-Output-Rechnung als „black-box" betrachtet. Alle hineingesteckten Stoffe und Energien sowie alle herauskommenden Produkte, Abfälle, Abwässer, Ablüfte und sogar der Lärm sind zu berücksichtigen. Bischof & Klein erfaßt und bewertet zudem bilanztechnisch die wichtigsten ökologischen Folgen der einzelnen Produkte und Produktionsanlagen. Die Ökobilanz soll so zu einem eigenen umweltorientierten Frühwarnsystem werden. (Frankfurter Rundschau, 17. 5. 1989; Wirtschaftswoche, 9. 12. 1988) (BM)
3. Die *Holsten Brauerei AG* Hamburg (U 1991: 830 Mio. DM, B: 1519), B.A.U.M.-Mitglied, hat zur Überwachung von Prozeßgrenz- und Verbrauchswerten ein integriertes Computersystem installiert. Mit Hilfe eines Arbeitsplatzrechners werden die Daten erfaßt, visualisiert und bearbeitet. Aus den Werten der monatlichen Produktsätze und des Energieverbrauchs werden Kenngrößen der monatlichen IST-Relativ-Werte gebildet und den SOLL-Größen gegenübergestellt. Aus diesem Vergleich ergeben sich regelnde Eingriffe der Verantwortlichen mit dem Ziel der Verbrauchs- und Emissionsminderung sowie der Kostenoptimierung. (BU)
4. Der schweizerische Handelskonzern *Migros* (U 1990: 14 Mrd. Franken, B: 68000) führt eine EDV-gestützte „Öko-Bilanzierung" für Verpackungen durch. Das Programm basiert auf Publikationen des schweizerischen Bundesamtes für Umwelt, Wald und Landschaft. Für eine Verpackung kann man über ihren gesamten Werdegang ermitteln, wie stark Luft und Wasser belastet werden, wie hoch der Energiebedarf ist und welcher Aufwand für die Abfallbeseitigung entsteht. Das Programm gilt als das weltweit am besten entwickelte Analyseninstrument für die Umsetzung einer umweltbewußten Unternehmenspolitik. (Der Spiegel, 7. 8. 1989) (EM)
5. Die *Mohndruck graphische Betriebe GmbH* (U 1990/91: 950 Mio. DM, B: 2400), B.A.U.M.-Mitglied, wollen in Zukunft in der Logistik ökologische Gesichtspunkte stärker berücksichtigen. Im Rahmen einer ganzheitlichen Betrachtung werden deshalb nicht nur die Produktions-, sondern auch die Beschaffungs- und Absatzlogistik unter umweltorientierten Gesichtspunkten optimiert.

Dabei ist es bereits gelungen, rund 30000 Tonnen des jährlichen Papierbedarfs von der Straße auf die Schiene zu verlagern. Das entspricht einem Anteil von 25 Prozent. (BU)

6. Die Brauerei *Neumarkter Lammsbräu* (U 1991: ca. 13 Mio. DM, B: 80), B.A.U.M.-Mitglied, hat Umwelt-Controlling als Service-Funktion des Managements installiert. Die umweltpolitischen Teilziele des Unternehmens, insbesondere in den Bereichen Ressourcenverbrauch und Energieeinsparungen, werden als Standards der jährlichen Zielplanung des Unternehmens fest verankert. Der Controllingprozeß erfolgt über monatliche Berichte der Abteilungsleiter und der Geschäftsführung und die Beschreibung des Ziels für den folgenden Monat. Mit Hilfe des Controllings werden ökologisch (und ökonomisch) relevante Informationen, die durch Betriebskontrollen bei den Rohstoffproduzenten, durch Preisvergleiche bei umweltverträglichen Verpackungen und durch Brauwasserkontrollen gewonnen werden, in die Sprache des Rechnungswesens und des Managements übersetzt. (BU)
7. Die *Procter & Gamble GmbH* (U 1989/90: 4,09 Mrd. DM, B: 7300) erstellt in ihrem Betrieb Ökobilanzen, die dazu beitragen, Entscheidungsprozesse im Hause auf eine möglichst breite Basis zu stellen. Alle Ökobilanzen bestehen aus mindestens drei Blöcken: der buchhalterischen Erfassung der gesamten Umweltbelastungen (von der Gewinnung der Rohstoffe bis zur Entsorgung der Abfälle), der Aggregation der erfaßten Daten und der Bewertung der Auswirkungen. Die Ökobilanzen dienen
   - der Erfassung des Status quo bezüglich der gesamten Umweltbelastungen eines Produktes.
   - der Identifizierung von Verbesserungspotentialen.
   - der Überprüfung von Entwicklungszielen bei Neuentwicklungen, d. h. Abwägung verschiedener Optiken. (NM)
8. In der *Schering Gruppe* (Konzernumsatz 1990: 5,9 Mrd. DM, B im Konzern: 26695) werden zur ökologischen Bewertung einzelner Standorte und Betriebe Bilanzen erstellt. Ergänzend erfolgen wirtschaftliche Bilanzierungen ökologisch wichtiger Maßnahmen. Es werden umweltbezogene Kennziffern ermittelt, und die Projekte und Maßnahmen des Unternehmens werden auf die Einhaltung der eigenen Umweltschutz-Leitsätze hin überprüft. (Umfrageergebnisse 11/89, Thomas Ewoldt) (NM)

Nr. 22 Check-Liste Recht

Das Privatrecht eröffnet dem Unternehmer die Möglichkeit, seine persönliche Vorstellung von umweltbewußter Unternehmensführung im Zusammenwirken mit Mitinhabern, Gesellschaftern, Aktionären, Mitarbeitern, Lieferanten und Kunden durch vertragliche Vereinbarungen oder Regelungen verbindlich zu gestalten. Dieses kann z. B. geschehen durch

- die Aufnahme des Umweltschutzes in die strategischen Ziele des Unternehmens (Satzung, Gesellschaftsvertrag),
- interne Richtlinien und Arbeitsanweisungen über die praktische Verwirklichung des Schutzes der Umwelt,
- Vereinbarungen mit dem Betriebsrat,
- die Entscheidung, solche Produkte herzustellen, einzukaufen, zu nutzen oder zu vertreiben, deren umweltschonende Eigenschaften bei der Herstellung, bei der Nutzung und bei der Entsorgung überwiegen.

Daneben fordert die staatliche Gemeinschaft mit immer konkreter werdenden Umweltschutzgesetzen und -verordnungen von jedem Unternehmer umweltbewußtes Verhalten. Insbesondere das Haftungsrecht wird international als reines Gefährdungshaftungsrecht (d. h. Haftung auch ohne Verschulden) auf die möglichen Schädiger ausgedehnt.

Verstöße gegen diese Gesetze können im Einzelfall geahndet werden durch

- Produktionsverbote,
- Stillegung von Anlagen,
- Betriebsschließungen,
- Kriminalstrafen,
- Geldbußen,
- Schadensersatz,
- sonstige Haftung, z. B. polizeirechtliche Haftung als Handlungs- oder Zustandsstörer.

Der Vertrag zur Gründung der Europäischen Wirtschaftsgemeinschaft vom 25. März 1957 (EWG-Vertrag) begründet Kompetenzen auch auf dem Gebiete des Umweltschutzrechtes; insbesondere durch die Einheitliche Europäische Akte (Artikel 130 r-t des EWG-Vertrages) ist eine ausdrückliche und umfassende Rechtsgrundlage für eine gemeinschaftliche Umweltpolitik und für eine Berücksichtigung des

Umweltschutzes mit Wirkung vom 1. Juli 1987 geschaffen worden. Gleichwohl ist Umweltschutzrecht für die Mehrzahl der Unternehmen im wesentlichen – heute noch – nationales Recht.
Die nachfolgende Check-Liste ist beispielhaft orientiert am Umweltschutzrecht der Bundesrepublik Deutschland.

Vorkehrungen zur Einhaltung der Gesetze und behördlicher Regulierungen treffen

1. Umweltschutz planen, durchführen und kontrollieren.
   Die Entscheidung des Unternehmens, die Verwirklichung des Umweltschutzes im gesamten Unternehmen als eines der Firmenziele (Teilziele) auszugestalten, fördert die Bereitschaft aller Mitarbeiter, die Umwelt zu schützen und ist damit eine gute Voraussetzung, die Erfüllung der gesetzlichen Pflichten und die Vermeidung von Haftungstatbeständen zu gewährleisten. Zur Realisierung dieser Entscheidung empfiehlt sich folgendes Vorgehen:
   – Den Umweltschutz in die offiziellen Firmenziele aufnehmen, und zwar über die Satzung oder den Gesellschaftsvertrag des Unternehmens oder durch schriftliche Bekanntmachung gegenüber allen Mitarbeitern und Geschäftspartnern.
   – Den Geschäftsbereich „Umweltschutz" der Geschäftsführung zuordnen.
   – Ein für den Umweltschutz verantwortliches Mitglied der Geschäftsführung (Umweltschutzdirektor) ernennen.
     • Der Benannte übernimmt im Unternehmen und nach außen die Verantwortung für die Erfüllung der Umweltgesetze und der aufgrund der Umweltgesetze erlassenen Rechtsverordnungen und allgemeinen Verwaltungsvorschriften.
     • Die Gesamtverordnung aller Mitglieder der Geschäftsführung oder des Vorstandes bleibt davon unberührt.
   – Einen Umweltschutzbeauftragten berufen.
     • Ihm sind alle bestehenden, den Betrieb betreffenden Umweltgesetze, Verordnungen sowie behördlichen Verfügungen bekannt zu machen,
     • er hat deren Einhaltung zu überwachen durch Kontrollen der Betriebsstätten, die insbesondere durch Beobachten, Messen von umwelterheblichen Betriebsvorgängen ausgeübt werden,

- er berät das Unternehmen bei der Entwicklung, Einführung und Anwendung umweltschonender Verfahren einschl. Verfahren zur Vermeidung oder Verminderung der beim Betrieb entstehenden Reststoffe,
- er informiert die Mitarbeiter des Unternehmens über die von ihrer Tätigkeit ausgehenden Umweltgefahren,
- er berichtet der Geschäftsführung mindestens einmal jährlich schriftlich und trägt darüber hinaus mindestens einmal jährlich der Geschäftsführung mündlich vor.

– Ein betriebliches Vorschlagwesen zur Verringerung von Umweltbelastungen und Umweltgefährdungen einführen.

2. Umweltschutz im Betrieb organisieren.
Aufgabe dieser Organisation ist es, sicherzustellen, daß die dem Schutz vor schädlichen Umwelteinwirkungen und vor sonstigen Gefahren, erheblichen Nachteilen oder erheblichen Belästigungen dienenden Vorschriften und Anordnungen beim Betrieb des Unternehmens beachtet werden.

– Einen schriftlichen Organisationsrahmen des Umweltschutzes schaffen.
Dieser legt die Verantwortlichkeit in jeder Geschäftsebene fest, also z. B. von der Geschäftsführung über die Produktplanung und Produktentwicklung bis zur Erprobung und schließlichen Serienproduktion, von dem Einkauf und Verkauf bis zur Werbung und zum Rechtswesen.

– Ein Kontroll- und Aufsichtswesen organisieren.
Beispiel eines Organisationsplanes zur Verantwortlichkeit für die Einhaltung von Vorschriften über die Einleitung von Abwässern in die öffentliche Kanalisation (Aufbau der Organisation):
Verantwortlich sind
Geschäftsführung
– Herr ... (Umweltschutzdirektor).
Produktplanung
– Herr ...
Leiter der Abteilung Produktplanung mit dem Recht zur Delegation an andere Mitarbeiter nach Prüfung.
Fabrikation
– Herr ...
Leiter der Fabrikationsabteilung mit dem Recht zur Delegation an andere Mitarbeiter nach Prüfung.

Kontrolle
– Herr ... (Umweltbeauftragter).

Beispiel eines Organisationsplanes über die praktische Durchführung des Umweltschutzes (Ablauforganisation):
Von der Geschäftsführung werden Arbeitsanweisungen herausgegeben, so daß der ausführende Mitarbeiter seine Pflichten zur Reinhaltung von Wasser, Luft und Boden, Lärmvermeidung, Abfallverwertung und Abfallbeseitigung, Strahlenschutz usw. kennt.
Beispiel einer Arbeitsanweisung eines Betriebes, der Abwässer in die städtische Schmutzwasserkanalisation einleitet und über eine Abwasseraufbereitungsanlage verfügt:
Arbeitsanweisung:
„Die Grenzwerte der Schmutzwasserverordnung der Stadt für die Einleitung von Phosphat 100 mg/l sind einzuhalten.
Beim Betrieb der Abwasseraufbereitungsanlage sind laufend Messungen durchzuführen und alle 2 Stunden Proben zu ziehen, die sofort zu untersuchen sind. Die Meßergebnisse sind zu dokumentieren und täglich dem Umweltbeauftragten vorzulegen.
Die Abwasseraufbereitungsanlage ist – im Zusammenwirken mit dem Hersteller – so zu optimieren, daß bei allen Betriebsabläufen keine Grenzwertüberschreitungen stattfinden, sondern ein ausreichender Sicherheitsabstand ständig eingehalten wird.
Auch im Rahmen von Wartungs- oder Instandsetzungsarbeiten oder in sonstigen Fällen dürfen die Grenzwerte nicht überschritten werden.
Bei festgestellten Grenzwertüberschreitungen ist die Anlage anzuhalten. Sie darf erst wieder in Betrieb genommen werden, wenn die Einhaltung der Grenzwerte sichergestellt ist.
Verantwortlich für die Einhaltung der Grenzwerte der Schmutzwasserverordnung der Stadt im Betrieb ist Herr ...
Grenzwertüberschreitungen sind Straftatbestände oder Ordnungswidrigkeiten und werden von der Staatsanwaltschaft verfolgt. Sie können zu Stillegungsverfügungen führen."

3. Planung, Durchführung und Kontrolle des Umweltschutzes im Unternehmen den zuständigen Behörden bekanntgeben. Dieses kann auch eine gesetzliche Verpflichtung sein, § 52a Abs. 2 des Bundesimmissionsschutzgesetzes.
4. Alle bei dem Betrieb des Unternehmens für das Unternehmen

maßgeblichen Umweltvorschriften (Gesetze, Verordnungen, Anweisungen) beachten, z. B. für

- das Einbringen oder Einleiten von Stoffen in Wasser, Luft oder Boden,
- Erschütterungen, Lärm, Druck, Gase, Wärme,
- Einsammeln, Befördern, Behandeln, Lagern und Ablagern von Abfällen,
- Gewinnen von Stoffen und Energie aus Abfällen,
- Herstellen, in Verkehr bringen oder Verwenden von Stoffen und Produkten,
- Befördern von gefährlichen Stoffen.

In der Bundesrepublik Deutschland sind dieses vor allem das

- Wasserhaushaltsgesetz (Gewässerschutz),
- Bundesimmissionsschutzgesetz (Schutz vor Luftverunreinigungen und Lärmbelastungen),
- Abfallgesetz (Abfallvermeidung, Abfallverwertung, Abfallbeseitigung),
- Chemikaliengesetz (Schutz vor gefährlichen Stoffen),
- Bürgerliches Gesetzbuch (Schutz von Gesundheit, Eigentum),
- Umwelthaftungsgesetz (verschuldensunabhängige Haftung für Gesundheits- und Eigentumsschäden durch gefährliche Anlagen),
- Produkthaftungsgesetz (verschuldensunabhängige Haftung für Gesundheits- und Sachschäden durch fehlerhafte Produkte),
- Strafgesetzbuch (Bestrafung für unzulässige Einwirkungen auf Luft, Wasser und Boden).

5. Vor der Aufnahme des eigentlichen Betriebes und/oder der Fertigstellung der Anlage alle Gefahren ausschließen, die zu einer Tötung, Körperverletzung, Gesundheits- oder Sachbeschädigung führen können, z. B. bei der Installation, bei Test- oder Probeläufen, bei der Demonstration der Anlage. Alle erforderlichen Genehmigungen einholen. Bei Änderung der Anlagen Genehmigungsbedürftigkeit prüfen und erforderliche Genehmigungen einholen.
6. Nach Einstellung des Betriebes oder Stillegung einer gefährlichen Anlage alle Gefahren ausschließen, die die Gefährlichkeit der Anlage vor der Einstellung begründet haben, z. B.
   - alle Meßgeräte instand halten und weiter betreiben,
   - die Anlage weiterhin vor Einwirkungen Dritter schützen.

Umweltschäden und Haftungsrisiken kleinhalten

7. Alle für Menschen, Tiere, Pflanzen gefährlichen – insbesondere giftigen – Stoffe kennzeichnen und ihre gesonderte Lagerung betreiben (s. auch Check-Listen „Materialwirtschaft, Entsorgung, Recycling").
8. Herkunft der gefährlichen Stoffe dokumentieren.
9. Die Produktion oder die Anlage bestimmungsgemäß betreiben, z. B. unter Einhaltung der Emissionswerte, und dieses ständig dokumentieren.
   - Alle erforderlichen Genehmigungen einholen.
   - Alle in dem Genehmigungsbescheid gesetzlich oder behördlich vorgegebenen Kontrollen ständig durchführen und dokumentieren.
   - Bei auffälligen Befunden sofort handeln und dieses dokumentieren.

   Nur durch den mittels Dokumentation belegten Nachweis, daß der Betrieb bestimmungsgemäß geführt wurde, können gesetzliche Ursachenvermutungen (vergl. z. B. § 6 des Gesetzes über die Umwelthaftung) widerlegt werden.
10. Alarmpläne für Umweltunfälle – Störfälle – erarbeiten und in schriftlichen Arbeitsanweisungen dokumentieren, z. B.
    - betriebliche Anweisung bei Überschreiten des Grenzwertes für Schwefeldioxyde eines Kohlenkraftwerkes,
    - betriebliche Anweisung bei Überschreiten der einzuhaltenden Lärmgrenzwerte einer Reperaturanlage für Flugzeuge,
    - betriebliche Anweisung bei Überschreiten der Grenzwerte für Phosphate beim Einleiten von Abwasser in die öffentliche Kanalisation,

    und Regelungen treffen für
    - das Abstellen der Anlage,
    - die Minderung des Schadens,
    - die Dokumentation der Schadensursachen,
    - die Unterrichtung der zuständigen Behörden und der Öffentlichkeit,
    - die Beiziehung der Rechtsabteilung oder eines Rechtsanwaltes mit Rücksicht auf mögliche Haftungsansprüche oder staatsanwaltschaftliche Ermittlungen.
11. Produzentenhaftung des Unternehmens für Umweltschäden vermeiden, z. B.

- beim Vertrieb von Reinigungsmitteln die in der Höchstmengenverordnung festgesetzten Höchstmengen an Phosphaten nicht überschreiten,
- Fehler des Produktes bei der Konstruktion und Herstellung ausschließen,
- vor Gefahren beim Umgang mit dem Produkt warnen, auch vor solchen Gefahren warnen, die bei bestimmungswidrigem Umgang mit dem Produkt eintreten können,
- Rückrufsystem einrichten,
- die Herkunft aller erworbenen und verarbeiteten Sachen dokumentieren.

12. Vertragspartner (z. B. Lieferanten, Bauunternehmer, Handwerker und Transporteure) durch rechtsverbindliche Vereinbarungen verpflichten,
    - möglichst umweltschonende Produkte zu liefern,
    - über umweltgefährdende Eigenschaften der Produkte aufzuklären,
    - für den Fall von Umweltschäden Sofortmaßnahmen (Verfahren zur Neutralisierung der Schäden) bekannt zu geben,
    - die Entsorgung des gelieferten Produktes oder von dessen Resten zu übernehmen,
    - die gelieferte Verpackung zurückzunehmen.
13. Abfälle auf Verwertbarkeit überprüfen, sonst nur auf dem gesetzlich vorgesehenen Wege beseitigen; etwa erforderliche Genehmigungen einholen; beim Einsatz von Fremdfirmen deren Geschäftsgebaren und wirtschaftliche Lage prüfen.

Beim Kauf von umweltbeeinträchtigenden Unternehmen oder Grundstücken Vorsorge wegen ökologischer Gefahren treffen

14. Umweltrisikoanalyse (Umweltaudit) erstellen, wenn die industrielle oder gewerbliche Tätigkeit des zu erwerbenden Unternehmens oder Grundstückes hierzu Veranlassung gibt:
    - Entsprechen die bestehenden Anlagen und Systeme den heutigen gesetzlichen Anforderungen und dem Stand der Technik?
        - Sind für alle Anlagen in ihrem gegenwärtigen Zustand die erforderlichen Genehmigungen vorhanden?
        - Sind behördliche Verfahren anhängig, anhängig gewesen oder stehen diese bevor?

  - Gibt der Produktionsprozeß Probleme auf oder liegen diese eher in der Vergangenheit?
  - Gibt der bloße Augenschein des Betriebsgeländes bereits Anlaß zur Besorgnis?
  - Liegt bereits eine Bodenuntersuchung vor?
- Welche Altlasten (Altablagerungen von umweltgefährdenden Stoffen) sind vorhanden, z.B. korrodierende Fässer, lecke Tankanlagen?
- Gibt es eine Dokumentation über frühere Aktivitäten auf dem Betriebsgelände sowie eine Dokumentation über frühere Eigentümer, Mieter, Pächter und dergl. und deren Tätigkeiten; tauchen dabei Reizworte wie Asbest, PCB, Trichloräthylen, Schwermetalle, Deponie usw. auf?
- Welche Auseinandersetzungen mit der Nachbarschaft hat es in der Vergangenheit gegeben?
- Welche Auflagenverschärfungen und Grenzwertherabsetzungen sind in Zukunft zu erwarten, und wie kostenwirksam sind diese?
- Welche Störfallrisiken bestehen, u. a. im Umgang mit gefährlichen Stoffen?
- Wie sind die Haftungsfragen für das Unternehmen geregelt?
  - Gefährdungshaftung,
  - Verschuldenshaftung,
  - Beweisfragen.
- Ist dem Unternehmen die Altlastenrichtlinie der EG bekannt, welche Folgerungen sind aus ihr zu ziehen?

  Definition der Altlast:

  Altlasten sind Schadstoffanreicherungen in Boden und Grundwasser, die auf umweltgefährdende Nachwirkungen der industriellen Produktion oder Nachwirkungen aus den beiden Weltkriegen zurückgehen, soweit ein hinreichender Verdacht besteht, daß von ihnen (enger: im Zuge der vom Käufer beabsichtigten Grundstücksnutzung) Auswirkungen ausgehen, die die Sicherheit und Ordnung (weiter: das Wohl der Allgemeinheit) wesentlich beeinträchtigen oder künftig beeinträchtigen werden.

15. Aus der Umweltrisikoanalyse sich ergebende Folgerungen vertraglich für folgende Risiken regeln:
    - Betreiberrisiko,
    - Sanierungsrisiko,

- Gefahrerforschungsrisiko,
- Abfallbeseitigungsrisiko,
- Strafbarkeitsrisiko,
- Betriebsunterbrechungs- und Stillegungsrisiko,
- Baugrundrisiko,
- Bauzeitverlängerungsrisiko,
- Baukostenerhöhungsrisiko,
- Risiko, zivilrechtlich von Dritten in Anspruch genommen zu werden.

Beispiele für mögliche vertragliche Vereinbarungen:

- Vertragliche Zusicherung (Erklärung) über vorliegende Betriebsgenehmigungen oder Altlastenfreiheit bzw. Erklärung, daß über Altlasten nichts bekannt ist,
- Vereinbarung einer Haftung des Verkäufers für
  - das Vorliegen aller erforderlichen Genehmigungen für den Betrieb
  - die Freiheit des Grund und Bodens von umweltgefährdenden Belastungen, insbesondere Altlasten (s. dazu oben),
- Übernahme einer Freistellungsverpflichtung durch den Verkäufer für öffentlich- und privatrechtliche Betriebs- und Altlastenrisiken,
- Herabsetzung des Kaufpreises wegen festgestellter Altlasten oder bestehenden Altlastenverdachts,
- Hinausschieben der Fälligkeit des Kaufpreises bis zur Durchführung der erforderlichen Sanierung aufgrund sachverständiger Beurteilung,
- Hinausschieben der Eigentumsübertragung bis zur Klärung von Altlastenrisiken,
- Vereinbarung einer unbegrenzten oder begrenzten Haftung für Risiken,
- Abtretung von zivilrechtlichen Ersatzansprüchen des Verkäufers gegen Drittverursacher, die für den Schaden verantwortlich sind,
- Beweislastregelung, z. B. wird dem Verkäufer für den Streitfall die Beweislast dafür auferlegt, daß er und seine Hilfspersonen keine Kenntnis von Umständen hatten, die auf Altlasten hinwiesen,
- Verlängerung der Verjährungsfrist, die gesetzliche Gewährleistungspflicht von einem Jahr ab Übergabe wird für Altlasten auf 3 oder 5 Jahre verlängert.

Mit Umweltschutz nur in unangreifbarer Weise werben

16. Die Begriffe
umweltfreundlich,
umweltschonend,
umweltbewußt,
bio,
öko,
nicht isoliert in der Werbung für das Unternehmen oder ein Produkt verwenden, z. B. nicht mit dem Slogan werben „Wir sind ein umweltbewußtes Unternehmen und führen nur umweltfreundliche Produkte".
17. Bei der Werbung mit Begriffen wie
umweltfreundlich,
umweltschonend,
...
genau und deutlich angeben, warum das Produkt im einzelnen „umweltschonend" ist.
Diese Angaben müssen selbstverständlich wahr und dürfen nicht irreführend sein. Beispiel: Die Waschmaschine ist umweltschonend, weil in einem Waschgang nur 50 % der bisher für Waschmaschinen üblichen Wassermenge verbraucht wird.
18. Den „Blauen Umweltengel" nicht isoliert in der Werbung einsetzen; vielmehr entsprechend der erteilten Benutzungsbefugnis angeben, aus welchen Gründen die Anerkennung als Umweltzeichen erfolgt ist, z. B. „weil zu 100 % aus Altpapier".

UBA-Unternehmensbefragung 1990

Das Erfüllen gesetzlicher Auflagen der staatlichen Umweltpolitik gehört laut „UBA-Befragung '90" neben dem Ersatz gefährlicher Stoffe zu den derzeit noch bestimmenden Antriebskräften betrieblicher Umweltschutzmaßnahmen.
Als Trendentwicklung wird allerdings die Ablösung defensiver Handlungsantriebe durch eher offensive wie z. B. „Umweltschutz als Innovationsquelle" usw. in Aussicht gestellt.

Wiederholt wird in der Kommentierung der Befragungsergebnisse der wohl bei jeder handlungsbezogenen Befragung mögliche Verdacht auf sogenannte „sozial erwünschte Antworten" erwähnt. Dies tritt vor allem dann auf, wenn im Fragespiegel gesetzlich vorgeschriebene Maßnahmen im Kontext zu betrieblichen Entscheidungen stehen und der Befragte dazu neigen mag, gesetzlich ohnehin Unumgängliches als vorbildlichen Akt ökologischer/sozialer Verantwortung zu deklarieren (vgl. z. B. Abb. 11 zu Check-Liste 4 oder Abb. 9 zu Check-Liste 2). Insofern dies allerdings im Zusammenhang mit Umweltschutzmaßnahmen geschieht, die über das gesetzlich geforderte Maß hinausgehen, dürfte es sich um eine durchaus wünschenswerte Erscheinung handeln, da sie zumindest auf Kenntnisse des Unternehmens im Umweltrecht schließen läßt.

Die Kenntnisse und das Wissen um ökologische Zusammenhänge werden von 92,8 Prozent der befragten Unternehmen für den Vorstand bzw. die Geschäftsführung als „sehr groß“ und „groß“ eingeschätzt. Für das Management sind dies 84,9 Prozent und für die Mitarbeiter 47,7 Prozent. Inwiefern diese ökologischen Kenntnisse neben naturwisenschaftlichen und ökonomischen Aspekten des Umweltschutzes auch das Recht einschließen, war leider nicht zu ermitteln. Die Angaben der Unternehmen über das ökologische Wissen der Mitarbeiter scheinen jedoch insgesamt zu hoch zu liegen, so daß die Forschungsgruppe zu dem Schluß kommt: „In 77,8 Prozent der Fälle wurde das ökologische Wissen als sehr groß oder groß bewertet. Auch hier stellt sich das Problem sozial erwünschter Antworten. Als Durchschnitt über alle Mitarbeitergruppen hinweg dürften diese sehr hohen Werte den betrieblichen Realitäten (noch) nicht entsprechen.“

Wie aus der Abb. 13 zu Check-Liste 7 ersichtlich wird, ist nur bei 28,4 Prozent der Unternehmen die Umweltschutzgesetzgebung direkter Bestandteil der umweltorientierten Weiterbildungsmaßnahmen. Mehr als 86 Prozent davon werden nur in der Weiterbildung auf Führungsebene wirksam, was unseres Erachtens für das umweltbewußte Handeln aller Mitarbeiter ein Hemmnis ist und zudem der breiten Mitwirkung der gesamten Belegschaft im Rahmen umweltorientierter Systeme des Verbesserungsvorschlagswesens der Betriebe entgegensteht.

Unternehmensbeispiele

1. Der Weltflugverkehr hat starke Zuwächse zu verzeichnen. Um zu erwartenden gesetzlichen Maßnahmen vorzugreifen, drängen Fluggesellschaften Triebwerkhersteller dazu, ruhigere Triebwerke mit weniger Abgasen herzustellen. So wurden bei der *Deutsche Lufthansa AG* (U 1990: 12,8 Mrd. DM: B: 48711) die Motoren entrußt und schallgedämpft. Die Lufthansa beschäftigt sich weiter-

hin mit der Entwicklung lärmmindernder Anflugverfahren. (Süddeutsche Zeitung, 25. 4. 1990) (BM)

2. Die *Kronos Titan-GmbH* (U 1990: ca. 800 Mio. DM, B: 1 450) hat 1987 in Nordenham und 1989 in Duisburg (zusammen mit der Sachtleben Chemie GmbH) Dünnsäure-Aufbereitungsanlagen in Betrieb genommen. In diesen wird Schwefelsäure hoher Konzentration zurückgewonnen, die anstelle von Frischsäure eingesetzt wird. In Nordenham fällt bei der Aufbereitung außerdem Eisensulfat für die Abwasserklärung an. Dünnsäure aus den Werken des Unternehmens wird seither nicht mehr in die Nordsee eingebracht. Die Verklappung von Abfallsäure in der Nordsee ist seit dem 31. Dezember 1989 durch eine EG-Vorschrift verboten. (NM)
3. Die *Volkswagen AG* (Konzernumsatz 1990: 68,1 Mrd. DM, B im Konzern: 261 038), B.A.U.M.-Mitglied, hat 1991 eine neue Karosserie-Lackieranlage für 1 Mrd. DM im Werk Wolfsburg in Betrieb genommen. Bei der neuen Anlage kann man weitgehend auf den Einsatz von Lösungsmitteln verzichten. Statt dessen wird auf Wasser zurückgegriffen. Die ab dem Jahr 1991 geltenden Vorschriften der TA Luft beschleunigen die Durchführung der Investition. Die neuen Grenzwerte für organische Lösungsmittel werden mit der Lackieranlage um mehr als 50 Prozent unterboten, während vorher die Standards um 6 Prozent überschritten wurden. (Süddeutsche Zeitung, 13./14. 1. 1990) (EM)

Nr. 23 Check-Liste Haftungsrechtliche Verantwortung

Besonderes Augenmerk bei der Überprüfung der umweltbezogenen Betriebssicherheit verlangt die Kenntnis der Haftungssituation. Produktivität und Marktakzeptanz gewährleisten Umsatz und Gewinn; das Eintreten eines Haftpflichtfalles jedoch, aufgrund dessen Ansprüche von außen auf den Betrieb zukommen, betrifft unter Umständen die wirtschaftliche Existenz des Unternehmens. Die Haftungsvorsorge stellt demzufolge einen betriebswirtschaftlichen Wertposten dar. Konsequenz hieraus ist die Beachtung der haftungsrechtlichen Gegebenheiten und die Vermeidung von Haftungsrisiken durch Überprüfung der gesamten Betriebssituation.

Rechtsgrundsätze der Haftung kennen

1. Grundsatz der Haftung aus Verschulden beachten (Verschuldenshaftung).

2. Grundsatz der Haftung ohne Verschulden beachten (Gefährdungshaftung).
3. Grundsatz der öffentlich-rechtlichen Inanspruchnahme beachten (Handlungsstörer, Zustandsstörer).
4. Einschlägige Gesetzestexte, Verordnungen und Ortssatzungen in ihrer jeweils letzten Fassung kennen.
5. Fachzeitschriften auf Mitteilung branchenspezifischer Risiken durcharbeiten.
6. Aktuelle Veröffentlichungen der Rechtsprechung zum Zwecke betrieblicher Vorsorgemaßnahmen auswerten und archivieren.

Verkehrssicherungspflichten wahrnehmen

7. Produktart, -menge, -reaktionsverhalten und tatsächlichen Umgang mit Stoffen im Betrieb kennen.
8. Gelände durch geeignete Umfriedung gegen mißbräuchliches Betreten absichern.
9. Verkehrssicherungspflichten aus der Weggabe von Abfallprodukten erfüllen.

Mitarbeiterqualifikation erhöhen

10. Mitarbeiter nach deren Kenntnissen und persönlichen Eigenschaften auswählen.
11. Mitarbeiter aktuell und unverzüglich informieren durch
    - Rundlauf von Lesemappen
    - Anbringen von Aushängen unter Berücksichtigung neuer haftungsrechtlicher Entwicklungen.
12. Arbeitsanweisungen auf einzelne Produktionsabschnitte bezogen verfassen
    - unter Berücksichtigung fremdsprachiger Mitarbeiter,
    - unter Verwendung leicht faßlicher Formulierungen insbesondere im Zusammenhang mit Umweltfragen; z. B.: mißlungene Produktmischungen zur Vermeidung großer Umweltschäden nicht „durch die Kanalisation entsorgen“.
13. Ausgewählte Mitarbeiter für abgegrenzte Umweltaufgaben persönlich in die Pflicht nehmen.

Situation der Betriebstätte erfassen

14. Kenntnis der Auswirkungen des Betriebsgeschehens auf die Umgebung erlangen und ständig neu überprüfen.
15. Zugänge zum Betriebsgelände kontrollieren:
    - Personen namentlich erfassen,
    - einzubringende Stoffe überprüfen.
16. Kennzeichnung der Stoffe kontrollieren.
    Unter anderem empfiehlt es sich, Begleitpapiere auf Klassifikationen zum Beispiel der Gefahrgutverordnung zu überprüfen.
17. Innerbetriebliche Transportwege vorgeben.
18. Beobachtungen und Stichproben zum Verbleib der Stoffe vornehmen.
19. Gesetzliche Anforderungen bei Lagerhaltung von Stoffen allen Mitarbeitern bekannt machen:
    - z. B. besonders zu lagernde Stoffe kenntlich machen,
    - Vorsorgemaßnahmen für den Fall eines Lagerschadens bekanntmachen.

Produktionsbereiche überwachen

20. Zulieferer prüfen und Haftungsvereinbarungen treffen.
21. Eingangs- und Lagerbuchhaltung zum Nachweis vorhandener Stoffe kontinuierlich fortschreiben.
22. Bewegung und Verbringung von Stoffen innerhalb der Produktionsbereiche dokumentieren.
23. Transportsysteme warten und instand setzen:
    - Container auf Dichtigkeit und Abdeckung kontrollieren,
    - Rohrleitungen auf Dichtigkeit – insbesondere an unübersichtlichen Stellen – überprüfen.
24. Produktionsstätten auch zwischen den regelmäßigen Wartungen auf Emissionen prüfen.
    Zu diesem Zweck empfiehlt es sich, betriebsentsprechende und produktionsabhängige Eigenwartungspläne zu schaffen.
25. Dokumentation der Wartungs- und Prüfungsmaßnahmen in mehrfacher Ausfertigung anlegen.
    Es gilt, die Voraussetzungen für die Erbringung eines Entlastungsbeweises im Schadensfalle zu schaffen; Beispiel: Nachweismöglichkeit der sorgfältigen Betriebsführung.
26. Verbleib der Stoffe im Betrieb überprüfen.
    Die Mengen der gelieferten Rohstoffe, der Stoffe in der Verarbei-

tung und der Stoffe im Endprodukt sind miteinander zu vergleichen, um unbemerkte, haftungsauslösende Verluste von Stoffen zu erkennen und zu vermeiden.

Verhalten von Produkten nach Auslieferung beobachten

27. Informationen über Umweltrelevanz der Stoffe sammeln.
28. Auswirkungen gleicher und vergleichbarer Produkte beobachten.
29. Weitergabe der Produkterfahrungen in alle Betriebsbereiche gewährleisten.

Vertriebswege kontrollieren

30. Bei den beauftragten Transportunternehmen regelmäßig prüfen, wie zuverlässig sie sind
    – beim Verladen der Produkte,
    – bei der Handhabung während des Transportes.
31. Erkenntnisse über Verbraucherverhalten sammeln.
32. Auf ordnungsgemäße Verpackung achten.
33. Beanstandungen systematisch erfassen.

Gesetzesentsprechende Entsorgung garantieren

34. Abfallzwischenlagerung durch Betriebsbeauftragten regeln.
35. Leerbehältnisse in übersichtlicher Weise zusammenfassen.
36. Abfallarten nach Umweltgesichtspunkten sortieren.
37. Sonderabfall durch nachgewiesenermaßen autorisiertes Unternehmen entsorgen.
38. Nicht hinreichend identifizierten Abfall zunächst als Sonderabfall behandeln.
39. Alle Möglichkeiten der Wiederverwertung von Produktionsrückständen wahrnehmen.

Vorsorgemaßnahmen durchführen

40. Gepsräche zwischen Fachleuten aus allen Betriebsbereichen ständig durchführen.
41. Betriebsbezogene Vorschriften in die betriebliche Praxis umsetzen.
    Ein besonders effektives Motivationsmittel ist die Beispiele verwendende, am besten bildergestützte Darstellung von möglichen

Sachverhalten, die eine Haftung nach Umweltrecht auslösen würden (z. B. nach gesetzlichen Bestimmungen über Einleitungen, Abfallbeseitigung, Immissionen oder aufgrund von Sicherungsauflagen).

42. Mit den Ordnungsbehörden absprechen, nach welchem System im Störfall die gefährdeten Personen informiert bzw. gewarnt werden sollen, nämlich
    - die Mitarbeiter des Betriebes,
    - die Bevölkerung in der Umgebung des Betriebes.

    Die u. U. sehr weitreichende Haftung aus unterlassener Warnung der Bevölkerung im Unglücksfall kann hierdurch verringert oder ausgeschlossen werden.
43. Mit dem Haftpflichtversicherer zusammenarbeiten.
    - Die Erfahrung des Haftpflichtversicherers nutzen.
    - Die Haftpflichtversicherer über alle haftungsrelevanten Veränderungen des Betriebsgeschehens, der Produktpalette, der Entsorgung oder der Betriebsstätte informieren.
44. Mit kompetenten Beratungsinstituten zusammenarbeiten
    - zur Vermeidung von Betriebsrisiken,
    - zur Beseitigung haftungsbegründender technischer, juristischer und organisatorischer Sachverhalte.

Unternehmensbeispiele

1. Bis zu 1 000 Lastwagen passieren täglich das Tor Süd des Werkes Frankfurt-Höchst der *Hoechst AG* (Konzernumsatz: 1990: 45 Mrd. DM, B im Konzern: 172 890). Die Sicherheitsmaßnahmen des Unternehmens gehen dabei weit über den gesetzlichen Rahmen hinaus: Jedes in das Werk ein- und ausfahrende Fahrzeug mit Gefahrgut wird von speziell ausgebildeten Mitarbeitern anhand von Kontroll-Listen überprüft. Die Kontrollen schärfen das Sicherheitsbewußtsein der Spediteure und führen so zu einer deutlichen Risiko-Reduzierung beim Gefahrgut-Tansport auf der Straße. („Sicherer Transport gefährlicher Güter", Hoechst AG, 1991) (NM)
2. Die *Lever GmbH* (U: 541 Mio. DM, B: 1 108), B.A.U.M.-Mitglied, bietet seit Ende 1988 konsequent nur noch phosphatfreie Vollwaschmittel an. Für den Waschmittelhersteller ist es nicht nur eine Verpflichtung, die bestehenden Gesetze zu erfüllen. Die Lever GmbH will die Umweltverträglichkeit ihrer Waschmittel über das

vom Gesetzgeber geforderte Maß hinaus ständig verbessern. Aus diesem Grund wurde zusätzlich zum Phosphatverzicht das Vollwaschmittel Sunil um eine sulfatfreie Version erweitert. (Blick durch die Wirtschaft, 9. 8. 1989) (UM)

3. Die *L3 Sonderabfall GmbH* (U 1989: 19 Mio. DM) beschäftigt sich mit der Entsorgung von Sonderabfällen aus Krankenhäusern. Von dem Unternehmen wurden luftdichte Behälter entwickelt, die sicherstellen, daß niemand mit den Abfällen in Kontakt kommt. Mit speziellen Kühlfahrzeugen werden die Spezialcontainer zu einer Sondermüllverbrennungsanlage gebracht. (FAZ, 12. 12. 1989) (UM)
4. Für einen vorsorglichen Verbraucherschutz sorgt die *Pfanni-Werke Otto Ernst KG* (U: 333,5 Mio. DM, B: ca. 1 500) in München. So wurde allen 1 300 unter Vertrag stehenden Bauern die Verwendung von Klärschlamm als Düngemittel untersagt. Kurz vorher gingen Berichte durch die Presse, nach denen das Bundesumweltministerium empfohlen hatte, den vielleicht mit Dioxinen und Schwermetallen belasteten Klärschlamm nicht zur Düngung auf Wiesen und Feldern zu benutzen. (Süddeutsche Zeitung, 5. 2. 1990) (UM)

Nr. 24 Check-Liste Strafrechtliche Verantwortung

Über das Straf- und Ordnungswidrigkeitenrecht verfolgt der Gesetzgeber rechtswidrige und schuldhafte Verstöße gegen bestimmte Gesetzesnormen. Anders als im Zivilrecht haftet nicht die juristische Person (= das Unternehmen), sondern die natürliche Person (= der Mensch). Strafrechtliche Verantwortung ist also eine höchst persönliche Verantwortung.

Signifikant ist die Tatsache, daß gerade im Umweltbereich sehr häufig auf der „Chefetage“ ermittelt wird und unter dem Gesichtspunkt des Organisationsverschuldens verstärkt Unternehmensleiter und Führungskräfte in die Ermittlungsverfahren mit einbezogen werden, weil sie ihrer Organisations-, Überwachungs-, Kontroll- und Aufsichtspflicht nicht hinreichend nachgekommen sein sollen.

In der Bundesrepublik Deutschland gibt es z. B. allein im Umweltbereich zur Zeit ca. 200 Gesetze und Verordnungen mit Strafbestimmungen. Die Zahl der entdeckten und verfolgten Umweltdelikte steigt kontinuierlich um etwa 20 % jährlich:

1974:	2 800	Verfahren
1982:	6 700	Verfahren
1987:	18 000	Verfahren
1988:	21 100	Verfahren

Die Folgen eines Ermittlungs- oder Strafverfahrens können sein:

1. Negative Publizität
   - Imageverlust des Unternehmens,
   - Umsatzeinbußen mit Ertragsausfällen,
   - Probleme bei der Personalbeschaffung,
   - Pressalien von Bürgerinitiativen.
2. Verunsicherung der Mitarbeiter
   - Belastung des Betriebsklimas durch gegenseitige Schuldzuweisungen der Mitarbeiter.
   - Makel des Vorbestraftseins der verurteilten Mitarbeiter, verbunden mit den Gefahren des Autoritätsverlustes und Karrierebruches.
   - Generelle Abnahme der Risiko- und Entscheidungsfreudigkeit der Mitarbeiter.
   - Generelle Schwächung der Identifikation („innere Kündigung") der Mitarbeiter mit dem Unternehmen.
3. Arbeitskraftentzug und Kostenbelastung
   - Engpässe in der Personalkapazität (besonders bei Entzug von Schlüsselkräften),
   - organisatorische Vertretungsprobleme,
   - Vertretungskosten,
   - Kosten des Strafverfahrens.

Die Einleitung eines Ermittlungs- oder Strafverfahrens setzt immer ein schuldhaftes menschliches Fehlverhalten voraus. Wo Menschen arbeiten, sind Fehler, Unachtsamkeiten und Nachlässigkeiten nie völlig auszuschließen. Dennoch läßt sich das strafrechtliche Risiko durch gezielte personelle und organisatorische Maßnahmen erheblich reduzieren.

Mitarbeiter sorgfältig auswählen

1. Das Personal im Hinblick auf den jeweiligen Zuständigkeitsbereich nach persönlicher und fachlicher Qualifikation auswählen.
2. Auf die Qualifikationsmerkmale bereits bei der Einstellung achten.

   Hier liegt der erste Schritt, verantwortungsbewußte und damit umweltbewußte Mitarbeiter heranzuziehen. Was vielfach übersehen wird: Die Frage des Verantwortungsbewußtseins stellt sich auf allen Ebenen. Kraß formuliert: Der Pförtner oder Hilfsarbeiter muß für den ihm zu übertragenden Aufgabenbereich proportional die gleiche Identifikation mit seiner Aufgabe beweisen wie das Top-Management.

3. Programme bzw. Tests entwickeln, die auf den jeweiligen Aufgabenbereich abgestellt sind und mit Hilfe derer das individuelle Verantwortungsbewußtsein (Gewissenhaftigkeit) geprüft werden kann.
4. Auch bei Versetzungen von Mitarbeitern innerhalb des Betriebes auf diese Merkmale achten.

Mitarbeiter umweltbewußt betreuen

5. Umweltbewußtes Verhalten zu einer Maxime des beruflichen Aufgabenbereiches machen.
6. Das zuständige Personal kontinuierlich über Sicherheits- und Umweltvorschriften informieren und entsprechend schulen.
   Dies ist besonders wichtig, da Umweltgesetzgebung und -rechtsprechung unablässig in Bewegung sind. Es werden ständig neue Gesetze erlassen, bestehende Gesetze geändert. Nur wer hier auf dem laufenden bleibt, minimiert die Gefahr, wegen Verstößen gegen gesetzliche Bestimmungen strafrechtlich belangt zu werden. Unwissenheit über bestehende Gesetzesnormen verhindert nicht eine Bestrafung bzw. Verfolgung. Andererseits kann eine Tat nur bestraft werden, wenn die Strafbarkeit gesetzlich bestimmt war, bevor die Tat begangen wurde.
7. Die Schulungen nach Möglichkeit immer durch dieselbe(n) Person(en) durchführen lassen.
   So können angesammeltes Know-how, Unterrichtserfahrung und Personenkenntnisse des Schulungspersonals bestmöglich genutzt werden.
8. Kenntnisse aus externen Seminaren an alle zuständigen Betriebsangehörigen weitervermitteln (Multiplikator-Effekt).
9. Den Kenntnisstand der Mitarbeiter in regelmäßigen Abständen kontrollieren, um sicherzustellen, daß die Mitarbeiter den Schulungen mit der notwendigen Aufmerksamkeit folgen.
10. Schriftliche Arbeitsanweisungen erstellen und auf deren Einhaltung achten.

11. Den Betriebslauf – besonders für den Notfall einer Betriebsstörung – soweit wie möglich (ggfs. per Check-Liste) dokumentieren.
12. An angebotenen Weiterbildungs- und Informationsveranstaltungen von (Berufs-)Verbänden teilnehmen, die in aller Regel qualifiziert und meist kostenfrei sind.
13. Auf die regelmäßigen Informationsveranstaltungen der Industrie- und Firmenversicherer achten und den Kundenbetreuer danach fragen.

Betrieb durchdacht organisieren

14. Verantwortungs- und Kompetenzbereiche klar zuordnen und abgrenzen.
    Nur wer seine Pflichten und Kompetenzen kennt, kann richtig reagieren!
15. Die innerbetrieblichen Organisationsstrukturen schlüssig ausgestalten und einer regelmäßigen Prüfung unterziehen – im Zweifel mit Hilfe externer Berater.
16. Hierzu ein gut durchdachtes und den individuellen Anforderungen des Betriebes entsprechendes Organigramm erstellen.
17. Dafür sorgen, daß dieses Organigramm allen Mitarbeitern bekannt ist, damit die darin festgeschriebenen Hierarchieebenen beachtet werden – sowohl von unten nach oben, wie insbesondere auch von oben nach unten.

Gefahrenabwehrplan erstellen

18. Einen detaillierten Sicherheits-, Katastrophen- und Gefahrenabwehrplan erstellen und den aktuellen Gegebenheiten ständig anpassen.
19. Diesen Plan mit den örtlichen Behörden (Feuerwehr, Ordnungsamt, Polizei etc.) gemeinsam ausarbeiten und dort hinterlegen.
20. Bei größeren Betrieben in regelmäßig durchgeführten Planbeispielen mit den Behörden den „Ernstfall" üben.
21. Im eigenen (Sicherheits-)Interesse hohe Anforderungen an die betriebliche Störfallvorsorge stellen.
    In Deutschland empfiehlt es sich z. B., die in der Störfall-Verordnung (12. Verordnung zum Bundes-Immissionsschutzgesetz) festgeschriebenen Maßnahmen nach Möglichkeit auch dann zu

treffen, wenn der Betrieb nicht in den Anwendungsbereich der Verordnung fällt.

Juristische Beratung sicherstellen

22. Eine juristische Beratung als ständiges Instrument einsetzen.
23. Zu diesem Zweck in ein Beratungsverhältnis mit einem qualifizierten Anwalt eintreten (falls keine eigene Rechtsabteilung vorhanden oder kein Hausjurist angestellt ist).
    Dadurch lassen sich ohne großen Verwaltungsaufwand viele rechtliche Probleme im Vorfeld lösen. Überdies ist sichergestellt, daß der Betrieb die jeweils aktuellen gesetzlichen Bestimmungen kennt.
24. Sorge tragen, daß der Anwalt bzw. ein eingeweihter Kanzleipartner stets erreichbar ist.

Die eigenen Rechte und Pflichten kennen

25. Die Mitarbeiter über ihre (straf-)prozessualen Rechte und Pflichten informieren, damit sie wissen, wie sie sich im Falle eines Falles bei Befragungen durch Ordnungsbehörde, Kriminalpolizei oder Staatsanwaltschaft zu verhalten haben.
26. Hierzu regelmäßige Schulungen durch einen Juristen durchführen.
27. Ein kurzgefaßtes Merkblatt über die jeweiligen Rechte und Pflichten verfassen und an den wichtigsten Stellen hinterlegen.
28. Bei Abfassung der „Spielregeln“ für den Umgang mit Polizei und Staatsanwaltschaft auch die (Berufs-)Verbände oder den Partner in Versicherungsfragen einschalten.

Öffentlichkeitsarbeit verbessern

29. Besonderes Augenmerk darauf richten, wie im nie völlig auszuschließenden Falle der Einleitung eines strafrechtlichen Ermittlungsverfahrens die Öffentlichkeit unterrichtet werden soll.
30. Eine offensive, der Wahrheit verpflichtete Informationsstrategie für den Fall der Fälle vorbereiten.
31. Vorsorglich, d.h. nicht erst im Schadensfall, eine Person mit der Verantwortung betrauen, Erklärungen gegenüber der Öffentlichkeit abzugeben, die Wort für Wort wahr, fachlich richtig und von den betrieblichen und juristischen Konsequenzen her durchdacht sind.

32. Vorsorge treffen, daß sich die Medienvertreter ihre Informationen nicht über die Staatsanwaltschaft beschaffen müssen.

Position eines Umweltbeauftragten schaffen

33. Die Position eines Sicherheits-(oder Umwelt-)Beauftragten auch dann schaffen, wenn dies für den betreffenden Betrieb gesetzlich nicht vorgeschrieben ist.
34. Hierzu einen besonders zuverlässigen und qualifizierten Mitarbeiter auswählen.
    Er sollte in dem ihm übertragenen (schriftlich genau festgelegten!) Aufgabenbereich unabhängig von seiner hierarchischen Stellung im Betrieb weisungsbefugt sein und direkten Zugang zu Vorstand/Geschäftsführung haben.
35. Dokumentieren, daß die Unternehmensleitung seine Aktivitäten mitträgt.
36. Ihm die Aufgabe zuordnen, die personellen, technischen und organisatorischen Vorsorgemaßnahmen sicherzustellen.

Betriebsrat einbinden

37. Die Arbeitnehmervertreter in Aktivitäten und Entscheidungen in Sachen Umwelt mit einbinden.
    Die Mitarbeiter müssen die Umweltschutzmaßnahmen mittragen, da letztere ansonsten ins Leere laufen. Zunächst wird Überzeugungsarbeit durch die Unternehmensführung erforderlich sein. Diese ist um so erfolgversprechender, je stärker sich die Arbeitnehmervertreter mit den Maßnahmen identifizieren.
38. Die Arbeitnehmervertreter in betrieblichen Umweltfragen durch den Umweltbeauftragten angemessen schulen lassen.

Straf-Rechtsschutz-Versicherung prüfen

39. Den Abschluß einer Straf-Rechtsschutz-Versicherung, die von einigen wenigen Industrie- und Firmenversicherern angeboten wird, in Betracht ziehen.
    Sie gewährt den Unternehmensleitern und Führungskräften, letztlich allen Mitarbeitern, Rechtsschutz bei strafrechtlicher Umweltverantwortung sowie bei strafrechtlicher Produkt- und Betriebsstättenverantwortung.
    Trotz aller Vorsorgemaßnahmen lassen sich menschliche Fehler

und Versäumnisse nie völlig ausschließen, die zu einem strafrechtlichen Ermittlungsverfahren führen. Durch den Abschluß einer Straf-Rechtsschutz-Versicherung kann das Unternehmen dokumentieren, daß es seine Führungskräfte und sonstigen Mitarbeiter nicht „im Regen stehen läßt".

40. Bei Abschluß einer Straf-Rechtsschutz-Versicherung mit aller Schärfe deutlich machen, daß das Unternehmen von seinen Mitarbeitern in Umweltdingen die gleiche Sorgfalt verlangt, als bestünde diese Versicherung nicht.
Ohnehin sind etwaige Geldstrafen von der Straf-Rechtsschutz-Versicherung nicht gedeckt.

Unternehmensbeispiele

1. Die *BASF AG*, Ludwigshafen, (U 1990: 46,6 Mrd DM, B: 134 647) hat eine 15 Personen starke Mannschaft, die in der Umweltüberwachung tätig ist. Die zentrale Wachstation, in der alle Daten zusammenlaufen, ist rund um die Uhr besetzt. Die Aufgabe dieser Mitarbeiter ist die Zusammenführung und Auswertung der aktuellen Meßdaten von Luft-, Abwasser-, Wasser- und Lärmüberwachung. Es werden kontinuierlich Daten u. a. von Schwefeldioxid, Stickoxid, Ozon, Staub, gelöstem organischen Kohlenstoff sowie Windstärke und -richtung ermittelt. Dadurch können bei einem eventuellen Störfall sehr schnell und sehr gezielt Maßnahmen zur Störungsbeseitigung getroffen werden. (Wirtschaftswoche, 14. 7. 1989) (EM)
2. Die *Bayer AG* (U: 17,8 Mrd. DM, B: 63 755) will ein „Luft-Programm" zur Reduktion von Schadstoffemissionen durchführen. Allein in das Kraftwerk des Unternehmens sollen 700 Mio. DM investiert werden, damit die in der Großfeuerungsanlagen-Verordnung gesetzten Standards zu erfüllen sind. (Die Welt, 10. 4. 1990) (BM)
3. Die *Dow Stade GmbH* (U: 1,715 Mrd. DM, B 1990: 1 645) setzt zur Herstellung von Polycarbonat das toxische Gas Phosgen als Zwischenprodukt ein. Dieses Gas wird auch in der sich im Bau befindlichen MDI-Anlage zur Anwendung kommen, in der Vorprodukte für Polyurethane hergestellt werden sollen. In beiden Fällen wird zusätzlich zu den vielfältigen konventionellen Sicherheitsmaßnahmen eine neuartige „Containment"-Technologie angewandt, bei der alle Apparate und Rohrleitungssysteme, die

Phosgen enthalten, von einer zweiten druckfesten Stahlhülle umgeben sind. Die entsprechenden Anlagenteile der MDI-Anlage sind hierzu in einem großen Druckbehälter aus Stahl von 24 m Durchmesser und 40 m Höhe untergebracht. Hierdurch wird das Restrisiko einer Freisetzung von Phosgen auf nahezu null reduziert. (Wirtschaftswoche, 14. 7. 1989) (EM)

4. Die *Voest-Alpine Industrieanlagenbau Gesellschaft m.b.H.* in Linz hat nach einem einjährigen Probelauf den Betrieb einer Hochtemperaturvergasungsanlage eingestellt. Es konnten Bestimmungen zu den Schadstoffemissionen nicht erfüllt werden. Bei einem zu errichtenden Nachfolge-Modell sollen die Schwachpunkte des alten Systems nicht mehr auftreten. (Die Presse, 25. 1. 1990) (UM)

Nr. 25 Check-Liste Sicherheitsmanagement

Die betriebliche Sicherheit muß integraler Bestandteil umweltorientierter Unternehmensführung werden. Umweltrisiken sind Sicherheitsrisiken, Sicherheitsrisiken oftmals Umweltrisiken.

Es gibt eine Vielzahl von Unfallverhütungsvorschriften, deren Einhaltung von den Behörden überwacht wird. Während gesetzliche Vorschriften in aller Regel nur Mindestanforderungen festschreiben, sollte es unternehmerisches Ziel sein, darüber hinaus ein Optimum an Betriebssicherheit zu erreichen und damit gleichzeitig Umweltrisiken zu mindern.

Der Nutzen für den Betrieb und seine Mitarbeiter liegt auf humanitärer, aber auch auf ökonomischer, ökologischer und haftungsrechtlicher Ebene: Menschen bleiben von Verletzungen weitgehend verschont, Produktionspannen und Unfälle werden ebenso vermieden wie Störfälle, das Risiko von Strafverfahren und Haftungsansprüchen wird erheblich reduziert.

Gefordert ist ein effizientes Sicherheitsmanagement, bei dem es darauf ankommt, die betrieblichen Gefährdungsrisiken

– zu erkennen (1.–17.),

um sie dann mittels geeigneter personeller und organisatorischer Maßnahmen

– zu bewältigen (18.–28.).

Schwachstellenanalyse durchführen

1. Die ehrliche Bereitschaft und den Willen fördern, sich mit betrieblichen Risiken ernstlich auseinanderzusetzen.

2. Umfassende und gründliche Analyse der betrieblichen und organisatorischen Gefahrenpotentiale erstellen.
3. Die Analyse nicht einseitig auf die Technik beschränken.
4. Die statistisch gesehen größte Gefahrenquelle bei Unfällen/Störfällen, d. h. den Menschen mit seinen Fehlern und Unzulänglichkeiten, in die Analyse einbeziehen.
5. Folgende Unsicherheitsfaktoren und Störungspotentiale des Unternehmens berücksichtigen:
   - Menschen,
   - Organisation,
   - Anlagen,
   - standortbedingte Einflußfaktoren,
   - Rohstoffe,
   - Produkte und Produktionsverfahren,
   - Zulieferungs- und Absatzwege,
   - Lagerung gefährlicher Stoffe.

Externe Hilfestellung nutzen

6. Bedenken, daß jahrelange Gewöhnungseffekte oftmals zu einer Art „Betriebsblindheit" führen.
7. Sich des „know-how" qualifizierter Fachleute bedienen (Chemiker, Geologen, Biologen, Juristen, Wirtschaftswissenschaftler etc.).
8. Vor allem zu Beginn die Einschaltung von Beratungsinstituten bzw. -einrichtungen erwägen, die durch Schadensabwicklungen oder Risikountersuchungen in Hunderten von Fällen den Blick für typische betriebliche Gefahrenlagen gewonnen haben und über die verschiedenen Spezialisten verfügen.

Mit Behörden zusammenarbeiten

9. Besonders die Kooperation mit Mitarbeitern der Berufsgenossenschaft und der Gewerbeaufsicht anstreben.
10. Durch akurate Verwirklichung der behördlich geforderten Maßnahmen und durch regelmäßige Gespräche oder Einladungen zu gemeinsamen Betriebsbegehungen Vertrauen schaffen und guten Kontakt pflegen.
11. Die Mitarbeiter der Berufsgenossenschaft und der Gewerbeaufsicht nicht nur als Kontrolleure (die sie von Gesetzes wegen sind) respektieren, sondern auch als Berater schätzen.

12. Die Behördenvertreter in die umwelt- und sicherheitsrelevanten Entscheidungen mit einbinden.

Handlungsbedarf ermitteln

13. Mit Analyse vor Ort (also im Betrieb) den „Ist-Zustand" schonungslos mit allen Schwachstellen und Defiziten offenlegen.
14. Gemeinsam mit Beratern, eventuell sogar unter Einbeziehung der Aufsichtsbehörde, einen „Soll-Zustand" erarbeiten, der den betriebsspezifischen Gegebenheiten Rechnung trägt.
15. Aus einer Gegenüberstellung den konkreten Handlungsbedarf ableiten (vgl. Ziff. 18, 19).

Wartungsvertrag abschließen

16. Die Sicherheitsanalyse als ständiges Instrumentarium einsetzen.
17. Die betrieblichen Sicherheitsstandards kontinuierlich überprüfen – durch eine Art Wartungsvertrag.

Die aus der Analyse resultierenden Verbesserungsvorschläge umsetzen

18. Erkannte Fehler und Schwachstellen möglichst umgehend, akute Gefahrenquellen sofort beseitigen (Soforttherapie).
19. Prophylaktische Maßnahmen ergreifen, um Sicherheits- und Umweltrisiken auf ein Minimum zu reduzieren, zum Beispiel:
    - Aktionen zur Steigerung des Umwelt- und Sicherheitsbewußtseins durchführen (Motivationsschub).
    - Fachausbildung und ständige Weiterbildung in folgenden Bereichen ermöglichen: Umwelttechnik, Sicherheitstechnik und Arbeitsplatzgestaltung.
    - Regelmäßige Gespräche und Diskussionen mit Führungskräften führen über Fragen der Verantwortung und Delegation, um damit die Organisations-, Auswahl- und Aufsichtsverantwortung ebenso zu stärken wie das generelle Führungsverhalten.
    - Organisationspläne (Organigramm) entwerfen.
    - Führungsrichtlinien entwerfen, die umweltbewußtes Verhalten als eine tragende Maxime umfassen (Verhaltenskodex).
    - Regelmäßige Seminare (intern, extern) für alle Mitarbeiter anbieten zu den Themen: Umweltschutz und Betriebssicherheit.
    - Regelmäßige Informationen über die rechtlichen Rahmenbedingungen im Umweltbereich geben.

– Regelmäßige Informationen über die technischen Rahmenbedingungen im Umweltbereich geben.

Öffentlichkeitsarbeit verbessern

20. Ein Vertrauensverhältnis zu der örtlichen Presse herstellen.
21. Auch ohne konkreten Anlaß regelmäßig betriebsbezogene Fragen mit den Medienvertretern erörtern und diese über bereits durchgeführte Maßnahmen zum Umweltbereich informieren.
22. Die Öffentlichkeitsarbeit nach einem Störfall/Unfall bis ins Detail organisieren, um zu vermeiden, daß durch falsche, fehlerhafte, lückenhafte oder unterdrückte Informationen der Schaden ausgeweitet wird (Imageverlust-Umsatzrückgang).
23. Ein bestimmtes Mitglied des Top-Managements autorisieren, gegenüber den Medien verbindliche Erklärungen im Namen der Firma abzugeben.
24. Die von einschlägigen Institutionen angebotenen Fachseminare regelmäßig besuchen.

Position eines Umweltbeauftragten schaffen

25. Einen Umwelt- und/oder Sicherheitsbeauftragten auch dann installieren, wenn für den Betrieb keine gesetzliche Verpflichtung dazu besteht.
26. Ihm die Aufgabe zuordnen, die oben beschriebenen Maßnahmen zu koordinieren, aber auch regelmäßig zu kontrollieren.

Betriebsrat einbinden

27. Eine enge Zusammenarbeit mit den Arbeitnehmervertretern anstreben.
28. Sie von Anfang an in die Aktivitäten mit einbinden und mit den notwendigen Informationen versorgen.

UBA-Unternehmensbefragung 1990

Wie bereits zur Check-Liste „Prioritätenbildung“ erwähnt, vermuten die Bearbeiter der „UBA-Befragung '90“, daß die hohe Bedeutung des Umweltschutzes in den Unternehmenszielen noch primär dem Interesse an einer effizienten Risikoabwehr entspringt.

Das Sicherheitsmanagement der übergroßen Mehrheit der Unternehmen erstreckt sich seit langem auch auf die Abwehr von Umweltrisiken. Daß nach wie vor die Maßnahmen zur Risikoerkennung und -abwehr in erster Linie technischer Natur sind, ist weit mehr verständlich als die offensichtliche Unterschätzung des personellen Faktors:

Maßnahmenformen gegen Umweltrisiken

Möglichen Umweltrisiken begegnen wir durch ...	in erster Linie	in zweiter Linie	in dritter Linie	Gesamt	keine Angaben
technische Maßnahmen	85,7 % (487)	9,5 % (54)	4,8 % (27)	100 % (568)	24
organisatorische Maßnahmen	17,0 % (91)	59,2 % (316)	23,8 % (127)	100 % (534)	58
personelle Maßnahmen	9,6 % (50)	27,9 % (146)	62,5 % (327)	100 % (523)	69
Gesamt (3 × 592 = 1776)	628*	516*	481*	1625*	151

* Bei einer Reihe von Unternehmen sind zwei, z. T. auch alle drei Maßnahmenformen gleich bedeutsam

Auffallend ist, daß 69 der befragten Unternehmen zu personellen Aspekten der Abwehr von Umweltrisiken überhaupt keine Angaben gemacht haben.

Als Hauptmotive des Umwelt-Risiko-Managements werden genannt (die Reihenfolge entspricht der Gewichtung): das Umweltimage, die Standortsicherung, die Existenssicherung und die Notfallplanung.

Von den 592 befragten Unternehmen führen 383 (64,6 Prozent) regelmäßig Risikoanalysen durch. Diese werden erstellt von: der Geschäftsführung (44 Prozent), von externen Beratern (27 Prozent) und von Versicherungen oder Versicherungsmaklern (30 Prozent). Bei 330 (86 Prozent) schließen diese Risikoanalysen auch Umweltrisiken ein. Sie beziehen sich bei 312 (94 Prozent) auf die Anlagensicherheit, bei 296 (89 Prozent) auf Notfallpläne und bei 290 (87,8 Prozent) auf Standortfaktoren. Immerhin analysieren 273 (82,7 Prozent) auch Umweltrisiken, die von der Mitarbeiterqualifikation ausgehen können. 47,4 Prozent der befragten Unternehmen betrachten die Umweltrisiken als möglicherweise existenzgefährdend.

In der strategischen Planung arbeiten nur 34 Prozent der befragten Unternehmen mit Stärke-/Schwächenanalysen, in die wiederum lediglich bei 31,9 Prozent Umweltschutzaspekte integriert sind.

Von zunehmender Bedeutung im Umweltsicherheitsmanagement ist das Controlling als eine Mischung aus Rückkopplungs- und Früherkennungssystem. Für 85 Prozent der direkt befragten Controller dient das Controlling der frühzeitigen Chancen- und Risikoidentifizierung auch auf ökologischem Gebiet; 83,2 Prozent sehen in ihm eine Unterstützung für die umweltbezogene strategische Unternehmensplanung.

55,4 Prozent von 96 speziell danach befragten Unternehmen erfassen im Rahmen ihres Controlling keine Umweltinformationen, dagegen beziehen 32,4 Prozent in Doppelnutzung Umweltinformationen ein, die durch das herkömmliche Instrumentarium bereits erhoben worden sind. 9,5 Prozent haben hierzu spezielle ökologiebezogene Instrumente eingeführt und 2,7 Prozent bisherige erweitert.

Für potentielle Störfälle bestehen in 73,8 Prozent der Unternehmen fest vorgegebene Notfall- und Alarmpläne; in 93,7 Prozent von ihnen sind diese schriftlich fixiert. Derzeit in Vorbereitung sind solche Pläne in 16,7 Prozent der Unternehmen.

Unternehmensbeispiele

1. Rund 10 000 Mitarbeiter der Werke *Hoechst AG* (Konzernumsatz 1990: 45 Mrd. DM, B im Konzern: 172 890) im Rhein-Main-Gebiet besuchten im Juni 1990 die Aktionstage „Gib dem Unfall keine Chance“. In Zusammenarbeit mit Berufsgenossenschaften, Herstellern von Arbeitsschutzartikeln sowie Fachabteilungen des Werkes wurden Beispiele für sicheres Arbeiten demonstriert. Durch diese und ähnliche Aktionen in den Vorjahren konnte die Unfallquote auf 12 pro 1 000 Mitarbeiter gesenkt werden. („Arbeitssicherheit – Jahresbericht 1990“, Hoechst AG 1991) (NM)
2. Die Brauerei *Neumarkter Lammsbräu* (U 1991: ca. 13 Mio. DM, B: 80), B.A.U.M.-Mitglied, hat Umweltgefahren im Produktionsbereich erfaßt und durch technische Maßnahmen eliminiert. So wurden unter anderem in der Flaschenabfüllung Schallschutzanlagen und in der Mälzerei Einrichtungen zur Entstaubung installiert. Ein Gerät zur Füllhöhenkontrolle, das mit einem radioaktiven Strahler arbeitet, wurde dagegen abgeschafft. (BU)
3. Die *RWE-DEA AG* (U 1990: 17,8 Mrd. DM, B: 5 430) fördert

Erdöl in Nord- und Ostsee mit umweltschonenden Techniken. Die Förderplattform Schwedeneck-See vor dem Ostseebad Damp wurde so konstruiert, daß von der Plattform nicht ein Tropfen Flüssigkeit in die Ostsee gelangen kann. Sogar das Regenwasser wird aufgefangen, an Land gepumpt und dort entsorgt. Die hohen Umweltschutzanforderungen zur Reduzierung von Schadstoffeintragungen in die See wurden auch während der Bohrphase erfüllt. Im Feld Mittelplate vor Friedrichskoog wurden zudem schärfste Maßstäbe zur Verringerung der optischen und akustischen Beeinträchtigung angelegt. Das gewonnene Rohöl transportiert das Mittelplate Konsortium mit einem eigens für die Wattenmeerfahrt gebauten Doppelhüllen-Leichter nach Brunsbüttel. (Die Welt, 28. 7. 1989) (EM)

4. Die Firma *Sennheiser electronic KG* (U: 112 Mio. DM, B: 1 200) entwickelte zusammen mit der *Deutsche Lufthansa AG* (U 1990: 12,8 Mrd. DM, B: 48 711) einen Lärmschutz in Flugzeugen. Die lärmmindernde Hörgarnitur funktioniert nach dem Prinzip der Geräuschdämpfung durch gegenläufige Schallwellen. Da im Cockpit eines Flugzeuges ein Geräuschpegel von bis zu 95 Dezibel (Gefahrengrenze ab 85 Dezibel) entstehen kann, rüstet die Lufthansa ihre Flugzeugführer mit dieser Hörgarnitur aus. So kann in Ohrennähe der Piloten eine Senkung des Lärmpegels bis zu 18 Dezibel erreicht werden. (Der Spiegel, 22. 5. 1989) (BM)
5. Die *Siemens AG* (U 1990: 63,2 Mrd. DM weltweit, B: 373 000 weltweit im Geschäftsjahr 89/90) verfolgt seit Jahren ein Programm zur Substitution von Halogenkohlenwasserstoffen (HKW), zu denen auch die FCKW gehören. Inzwischen kann überwiegend auf die Reinigung von Leiterplatten mit FCKW verzichtet werden. Als Alternativen werden andere Flußmittel eingesetzt, die in bestimmten Fällen eine Nachreinigung nicht mehr erfordern; in anderen Fällen wird mit Isopropanol oder mit Terpenen, einem Orangenschalenextrakt, gereinigt. Bei den Bestrebungen, auf die Stoffklasse der HKW ganz zu verzichten, spielt es auch eine wesentliche Rolle, daß sie ein hohes Gefährdungspotential für Boden und Grundwasser aufweisen und somit der technische Aufwand zum sicheren Umgang mit diesen Stoffen sehr groß ist. (Frankfurter Rundschau, 10. 10. 1989) (EM)
6. Die *Staatl. Mineralbrunnen GmbH Bad Brückenau* (U 1991: 14 Mio. DM, B: 60), B.A.U.M.-Mitglied, hat beim Bau einer neuen Abfüllanlage besonderen Wert auf Maßnahmen gelegt, die verhin-

dern, daß schädliche Stoffe aus der Produktion ins Erdreich gelangen können. Der Boden wurde deshalb mehrfach mit Folien, Tonschichten und Beton abgedichtet. Außerdem wird mit Hilfe von Wassersammelsystemen das Regenwasser an den Zufahrten zu der Anlage aufgefangen und durch einen Ölabscheider von Schadstoffen durch Lkw und Gabelstapler befreit. Die Reinigungslauge der Abfüllanlage wird in einem geschlossenen Kreislauf geführt und, um Wasser zu sparen, nach jedem Durchlauf wiederaufbereitet und wiederverwendet. Um das zur Flaschenspülung benötigte Frischwasser zu entkeimen, werden anstelle von Desinfektionsmitteln UV-Strahlen eingesetzt. (BU)

Nr. 26 Check-Liste Versicherungen

Das betriebliche Versicherungswesen hat die Aufgabe, das Unternehmen gegen unkalkulierbare Risiken abzusichern. Besonders wichtig ist dies im Bereich existenzbedrohender Risiken, zu denen heutzutage Umweltschäden zu zählen sind.

Versicherung kann dabei nur ein Teil der notwendigen Risikovorsorge sein; die Hauptlast wird in Vermeidungsstrategien liegen.

Die Versicherungswirtschaft stellt sich erst allmählich auf Risiken der Umweltbeeinträchtigung bzw. aus Umweltbeeinträchtigungen ein; auch heute noch muß die Versicherung gegen Folgen von Umweltschäden als nicht ausgereift bezeichnet werden. Die nachfolgenden Empfehlungen basieren auf dem Stand vom Mai 1992.

Eigenschäden aus Umweltrisiken bedenken

Umweltschäden können eigene Güter des Unternehmens bzw. seiner Mitarbeiter beeinträchtigen.

1. Kranken-, Unfall- und Lebensversicherungen überprüfen.
   Personenschäden sind denkbar etwa in der Erkrankung der Atemwege, der Augen, der Haut oder der inneren Organe. Sie können langsam, wie eine Krankheit, auftreten und sich verschlimmern – Asbestose, Staublunge (Krankenversicherung) – und dabei häufig zu Berufsunfähigkeit und frühem Tod führen (gesetzliche oder berufsgenossenschaftliche Versicherung, Lebensversicherung); sie können aber auch unfallartig – wie in Bophal, Seveso oder Tschernobyl – eintreten und ebenso zu permanenten wie zu „nur“ zeitweiligen Schädigungen führen (Unfallversicherung, Lebensversicherung).

Empfehlung: Bei der stark ausgeprägten Sozialgesetzgebung in eigentlich allen Ländern der EG ist gewisser Grundschutz gesetzlich bereits vorgesehen; besonders gefahrgeneigte Betriebe (Asbestindustrie, Bergbau, Chemieindustrie etc.) sollten aus sozialer Verantwortlichkeit ihren Mitarbeitern gegenüber über ergänzende betriebliche Rahmenversicherungen für Unfall- und Lebensversicherungsschutz ihrer Mitarbeiter nachdenken.

2. Feuer-, Maschinen- und Unterbrechungsversicherungen überprüfen.
Sachschäden sind etwa denkbar an Einrichtungsgegenständen und Gebäuden, hervorgerufen durch Säuren, Gase, Dämpfe oder auch Ruß infolge eines Feuers (Feuerversicherung, auch wenn die Maschinen selbst nicht vom Feuer zerstört werden), und an Maschinen, besonders Wasserpump- oder Filteranlagen, hervorgerufen durch verunreinigtes Wasser oder mit aggressiven Partikeln durchsetzte Luft, verschmutzte Öle oder Kühlmittel (Maschinenversicherung, Technische Versicherung).
Empfehlung: Sachversicherungen sind meist freiwillig, Ausnahmen gelten zum Teil für Gebäude, regional auch für Maschinen. Ihr kostenverursachender Abschluß sollte in gesunder Relation zum (subjektiven) Wert der Sache für das Unternehmen stehen. Schlüsselanlagen sollten daher nicht nur gegen den Verlust der Anlage selbst, sondern vor allem auch gegen den durch ihre Zerstörung/Stillegung eintretenden Unterbrechungsschaden versichert werden, während für jederzeit wiederbeschaffbare Güter wie z. B. Autos die Vereinbarung eines Selbstbehaltes oder sogar die Risikotragung ohne Versicherungsschutz erwägenswert ist.
3. Bodenkontaminationen bedenken.
Kosten der Dekontamination von Grundstücken können in Zukunft nicht mehr über die Haftpflichtversicherung abgedeckt werden. Sie sollten deshalb – soweit möglich – als Anhang zu den Sachversicherungen (Feuer-, Maschinen- oder Elektronikversicherung) abgeschlossen werden. Eventuell ist eine „Eigenversicherung“ zu überlegen.
4. Die Erhaltung der Umwelt als solche, also die Erhaltung der Wasser-, Luft- und Bodenressourcen, ist nicht versicherbar.

Fremdschäden aus Umweltrisiken bedenken

Bedeutender für die Risikostrategie von Unternehmen sind die Inanspruchnahmen durch Dritte aus vom eigenen Unternehmen verursachten Umweltschäden. Da es mindestens nach dem UmweltHG (seit 1. 1. 1991) nicht mehr auf Verschulden ankommt und auch das Erfordernis zum Nachweis einer schadenverursachenden Kausalität gemindert ist, wird die Absicherung dieses finanziellen Risikos immer wichtiger.

Das neue UmweltHG und das gestiegene Umweltbewußtsein haben dazu geführt, daß Haftpflichtversicherungsschutz gegen Umweltschäden nur noch eingeschränkt zu erhalten ist.

5. Alte Versicherungen bestehen lassen.
   Alte Versicherungen bieten weitergehenden Deckungsschutz als das neue, wohl ab 1. 1. 93 geltende Modell. Sie sollten deshalb erhalten werden, solange die Versicherer dazu bereit sind (bis 1995/96?). Beim Wechsel von einer auf die andere Versicherungsart ist die dann bestehende Risikolage deutlich zu dokumentieren, um Ansprüche gegen den alten bzw. neuen Versicherer abgrenzen zu können.
6. Risiken erkennen.
   Grundlage einer jeden seriösen Umwelthaftpflicht-Versicherung ist eine gründliche Risikoanalyse. Deren Gegenstand sollten nicht nur die (nicht versicherbaren) Altlasten, sondern vor allem gegenwärtige und zukünftige Risiken aus Betriebsabläufen und Produkten sein.
7. Risiken minimieren – Erfahrungen der Versicherer nutzen.
   Die erkannten Risiken können häufig durch (einfache) Umstellungen des Betriebsablaufs oder Produktionsvorgangs gemindert werden. Hierbei können die Versichererfahrungen aus gleichen oder ähnlichen Branchen, verbunden mit den entsprechenden Schadenerfahrungen, sinnvoll eingesetzt werden.
8. Deckungssummen, Selbstbehalte und „Eigenversicherungen" überdenken.
   Aus der Risikoanalyse (oben 6.) sollten sich die möglichen Schäden aus Betriebsabläufen oder Produkten ergeben. Dementsprechend sind – unter Berücksichtigung der Kumulationsgefahr – die Deckungssummen zu wählen. Dabei sollte beachtet werden, daß die Haftungshöchstgrenze von DM 160 Mio sowohl für Personen- wie für Sachschäden keine Bedeutung für die Wahl der Deckungs-

summe haben muß. Weiter wird die Realisierung der gewünschten Deckungssumme von den Möglichkeiten der Versicherer abhängen, entsprechend hohe Summen auch zur Verfügung stellen zu können; die deutschen Versicherer sind hier auf internationale (Rückversicherungs-)Kapazitäten angewiesen.

Selbstbehalte können helfen, die zu erwartenden hohen Prämien zu mindern. Ihre Bekanntgabe mag im übrigen das Risikobewußtsein der eigenen Mitarbeiter schärfen.

Schließlich ist zu bedenken, daß jedenfalls nach dem neuen Modell abgeschlossene Umwelthaftpflicht-Versicherungen keine der Haftung kongruente Deckung bieten werden. Es werden also nicht versicherte (und nicht versicherbare?) Risiken verbleiben, die besonders genau analysiert und bewertet werden sollten. Für diese Risiken sollten eigene Rückstellungen – unter Beachtung der steuerlichen Möglichkeiten – erwogen werden; jedenfalls aber sind Notfallpläne aufzustellen etwa für nicht versicherte Bodendekontaminationskosten.

9. Pflichtversicherung?
Nach Anhang 2 zum UmweltHG wird es ca. 1500 Installationen/Anlagen in der Bundesrepublik Deutschland geben, welche einer Pflichtversicherung unterliegen werden. Für diese Anlagen wird für den Herbst 1992 mit der Bekanntgabe einer entsprechenden Deckungsvorsorgeverordnung gerechnet, welche nach gegenwärtigem Stand detailliert vorgeben wird, wie eine solche Versicherung auszusehen hat.

Unternehmensbeispiele

1. Die *Colonia Versicherung AG* (Prämieneinnahmen: 2,4 Mrd. DM, B: 4 624), Industrieversicherer, bietet eine Umweltberatung an. Es wurde festgestellt, daß nicht Vorsatz oder grobe Fahrlässigkeit, sondern Unkenntnis von Richtlinien und Unsicherheit hinsichtlich der Haftungsrisiken, teilweise aber auch Gleichgültigkeit gegenüber den von Umweltschäden ausgehenden Gefahren bei den Unternehmen vorzufinden sind. Daher berät die Colonia kostenlos sowohl Kunden als auch Nichtkunden über die möglichen Ausgestaltungen und Bedingungen einer Umwelthaftpflichtversicherung. Auch im Schadensfall wird Hilfestellung bei der Sanierung angeboten. (Die Welt, 26. 10. 89) (UM)
2. Die *Gerling Consulting Gruppe, Institute für Risiko-Consulting*

Plus Sicherheits-Management GmbH, Köln (B 1990: über 240), B.A.U.M.-Mitglied, vertreten in sieben europäischen Ländern, bietet als eine der Dienstleistungen ganzheitliche Umweltberatung an. Aufgrund der Erfassung von Risiken mit den Kriterien „Mensch, Organisation, Technik" werden Maßnahmen zur Erhöhung der Umweltsicherheit im Unternehmen empfohlen und deren Umsetzung begleitet. Dabei werden die betrieblichen, ökologischen Notwendigkeiten unter Berücksichtigung der wirtschaftlichen Umsetzbarkeit in dem beratenden Unternehmen herausgearbeitet. (NM)

Nr. 27 Check-Liste Öffentlichkeitsarbeit

Mit der Öffentlichkeitsarbeit (Public-Relations-Tätigkeit) soll eine dauerhafte und feste Bindung zwischen dem Unternehmen und der Öffentlichkeit hergestellt werden, um Verständnis und Vertrauen in der Öffentlichkeit aufzubauen und zu pflegen. Dabei kann das Unternehmen auch Informationen über die von ihm durchgeführten Maßnahmen zum Schutze von Gesundheit und Umwelt für die Schaffung eines den Unternehmenszielen dienlichen Images verwerten.

Auf der anderen Seite fördern solche Informationen gleichzeitig den Umweltschutz, weil sie bewußtseinsgestaltend auf die Öffentlichkeit wirken und zur Nachahmung einladen. Die folgenden Hinweise können Anregungen für eine umweltorientierte Öffentlichkeitsarbeit geben.

Die Maximen der Wahrheit, Klarheit und Einheit von Wort und Tat beachten.

1. Public-Relations-Aussagen über umweltorientiertes Handeln nur zulassen, soweit sie jeder Nachprüfung ihres Inhalts gewachsen sind.
   Hinweise eines Unternehmens auf sein besonders umweltfreundliches Verhalten können zu Nachforschungen seitens der Öffentlichkeit und zu verstärkter selbstkritischer Fragestellung aus dem Kreise der eigenen Mitarbeiter führen. Nicht belegbare Aussagen sind in solchen Fällen kontraproduktiv.
2. Nicht allgemein über „Umweltfreundlichkeit" des Unternehmens, sondern über konkrete Aktivitäten berichten.

Das ist klarer verständlich und glaubhafter. „Lyrische Bekenntnisse" zum Umweltschutz erwecken in der Öffentlichkeit leicht den Eindruck, daß sie konkrete Handlungen ersetzen sollen.

3. Nicht über Pläne, sondern über Taten berichten.
   Das Bild, welches in der Public-Relations-Aussage vom Unternehmen gezeichnet wird, muß den Realitäten in der Gegenwart entsprechen. „Edle Absichten" für die Zukunft werden von der Öffentlichkeit nicht honoriert oder gar als Ablenkung von der „traurigen Gegenwart" empfunden.

Besser Geld in gute Maßnahmen als in gute Berichte über mittelmäßige Maßnahmen stecken

4. Den Umstand nutzen, daß die Medien gerne über innovatives Verhalten beim Umweltschutz berichten.
   - Mitarbeiter, die für Öffentlichkeitsarbeit zuständig sind, an der Planung von Maßnahmen des Umweltschutzes beteiligen.
   - Maßnahmen mit gutem Öffentlichkeitseffekt zeitlich „entzerren", d. h. über einen längeren Zeitraum verteilen, um eine wiederholte Erwähnung in den Medien zu erreichen.
   - Prüfen, ob Mittel, die für umweltbezogene Public-Relations-Anzeigen bzw. -Sendungen eingeplant sind, in konkrete betriebliche Umweltschutzaktivitäten umgeleitet werden können, deren Umweltnutzen oder Neuartigkeit zu Berichten im redaktionellen Teil der Zeitungen bzw. Sendungen und damit zu einem erheblich besseren Publizitätseffekt führt.
5. Umweltschützende Maßnahmen unter Einbeziehung der Öffentlichkeit planen und durchführen.
   - Betriebliche Abfallsammelstellen soweit wie möglich auch für die Benutzung durch die Bevölkerung aus der Nachbarschaft des Betriebsgeländes freigeben.
   - Beiträge zur Pflege und zum Ausbau von Biotopen in der Nähe von betrieblichen Standorten leisten – etwa im Zuge der Lehrlingsausbildung (siehe auch Check-Liste „Mitarbeitermotivation und -ausbildung").
   - Örtlichen Umweltschutzgruppen als Unternehmen beitreten oder Beitritt von Mitarbeitern begünstigen, soweit die Ziele der Gruppen mit den Unternehmenszielen vereinbar sind.
   - Umweltberatung für Mitarbeiterhaushalte auf Anwohner des Unternehmensstandortes erstrecken (siehe auch Check-Listen

„Umweltberatung für Mitarbeiterhaushalte" und „Mitarbeitermotivation und -ausbildung").
- Weitere Unternehmen für das freiwillige betriebliche Umweltengagement gewinnen und durch gemeinsames Vorgehen bei der Öffentlichkeitsarbeit deren Wirkung verstärken.
- Mit anderen Unternehmen, Behörden, öffentlichen Einrichtungen und wissenschaftlichen Instituten kooperieren, um Synergieeffekte und gleichzeitig ein positives öffentliches Echo zu erzielen.
- Sich vergegenwärtigen, daß Umweltschutzmaßnahmen, die in erster Linie um der Sache selbst willen durchgeführt werden, meist eine bessere Öffentlichkeitswirkung erzielen als vorrangig aus Imagegründen ergriffene Umweltschutzmaßnahmen.

Stets alle wichtigen Aktionsfelder und Zielgruppen im Auge behalten

6. Public-Relations-Aussagen über u. a. folgende innerbetriebliche und überbetriebliche Umweltschutzaktivitäten des Unternehmens (siehe im einzelnen Check-Liste „Gesamtüberblick") treffen:
   - Fortschritte bei der Entsorgung bzw. bei dem Recycling von Abfällen, Abwasser und Abluft, bei der Nutzung von Abwärme sowie bei der Verminderung von Lärmemissionen,
   - Verbesserung der Arbeitsbedingungen durch erhöhte Sicherheit am Arbeitsplatz, humanere Arbeitsplatzgestaltung und gesundheitsbewußtere Kantinenverpflegung,
   - Erfolge von Forschung und Entwicklung hinsichtlich der Sicherheit und Umweltfreundlichkeit von Produkten, Produktionsverfahren, Produktionsanlagen und Entsorgungseinrichtungen,
   - Gewinnung weiterer Unternehmen für verstärkte betriebliche Umweltschutzaktivitäten und Kooperation mit anderen Unternehmen, mit Umweltschutzverbänden oder mit öffentlichen Trägern zur Erreichung übergeordneter Umweltschutzziele.
7. Public-Relations-Aussagen so auswählen, abfassen und streuen, daß die unterschiedlichsten Zielgruppen erreicht und „angesprochen" werden, d. h.
   - sowohl die Mitarbeiter des Unternehmens als auch die Anwohner der nächsten Werksumgebung,

- sowohl die Kunden des Unternehmens als auch die breite Öffentlichkeit,
- sowohl Fachleute des Umweltschutzes in Behörden, Verbänden, Instituten und anderen Firmen als auch interessierte Laien,
- sowohl Berufstätige und Rentner als auch Studenten, Schüler und (nicht zu vergessen) Kinder, die um ihrer selbst willen und als Motivator der Eltern Aufmerksamkeit verdienen,
- sowohl positiv eingestellte Bevölkerungskreise als auch Skeptiker und Mitglieder kritischer Bürgerinitiativen.

UBA-Unternehmensbefragung 1990

Nur 107 (18 Prozent) der insgesamt 592 befragten Unternehmen beantworteten den Fragebogen zum Bereich Public-Relations (PR) im Rahmen der „UBA-Befragung '90".

Adressaten der umweltbezogenen PR-Aktivitäten sind (Reihenfolge gleich Gewichtung): die Kunden, Kredit- und Eigenkapitalgeber, die Arbeitnehmer, der Handel, Behörden, die Nachbarschaft, Fachleute des Umweltschutzes und – eindeutig an letzter Stelle – umweltsensible Bürgerinitiativen: „Ob das geringe Ansehen bei Umweltbürgerinitiativen Ursache oder Folge der nachrangigen Stellung der Bürgerinitiativen als Adressat von Unternehmens-PR ist, kann nicht gesagt werden. Allerdings deuten sowohl die nachrangige Stellung der Bürgerinitiativen als Adressatengruppe als auch das (von den Unternehmen) dort nicht gut eingeschätzte Image darauf hin, daß Umweltschutzargumente in den PR entweder kein ausreichendes Gewicht für sensible Ansprechpartner haben oder ihnen ein solches nicht zugetraut wird."

Auch in den Inhalten der umweltbezogenen Öffentlichkeitsarbeit läßt sich eine Rangfolge der PR-Aktivitäten erkennen, die in etwa mit den Zielgruppen korrespondiert. Es sind dies: die Qualität der Produkte, Umweltfreundlichkeit der Produktion und der Produkte, Arbeitsqualität, Preispolitik, Entlohnung der Mitarbeiter. Das Schwergewicht der Umweltschutzargumente ist unverkennbar auf die Marktbeziehungen zu den Arbeitnehmern gerichtet. Diese produkt- und produktionsbezogene Imagepflege folgt der allgemeinen PR-Tendenz, gerade wichtige Argumente unmittelbar für die Stärkung der Marktstellung einzubringen.

Wie hoch das Umweltimage im Hinblick auf den Unternehmenserfolg angesetzt wird, geht auch aus dem Befragungskomplex „Umweltrisiken" hervor:

„Umweltrisiken als mögliche existenzgefährdende Risiken und Bedeutung eines schlechten Umweltimages für den Unternehmenserfolg"

Umweltrisiken als möglicherweise existenzgefährdende Risiken	„Ein schlechtes Umweltimage würde sich nachhaltig auf unseren Unternehmenserfolg auswirken"					Insgesamt
	stimme voll zu	stimme zu	teils/teils	lehne ab	lehne voll ab	
NEIN	94 31,33 %	145 48,33 %	34 11,33 %	18 6,00 %	9 3,00 %	300 100 %
JA	152 54,87 %	92 33,21 %	22 7,94 %	10 3,61 %	1 0,36 %	277 100 %
Insgesamt	246	237	56	28	10	577

Auf zwei empfindliche Schwachstellen in umweltbezogener PR macht die „UBA-Befragung '90" besonders nachdrücklich aufmerksam. Zum einen haben 61 Prozent der befragten Unternehmen trotz ihres beachtlichen Engagements in der Öffentlichkeitsarbeit für auftretende Umwelt-Störfälle keinen eigenständigen PR-Plan zur verbindlichen Information der Öffentlichkeit vorliegen. Auch die übrigen 39 Prozent haben diesen Plan nur z. T. schriftlich fixiert. Zum anderen erfolgt im Störfall bei 77 Prozent der Unternehmen die Information der Öffentlichkeit durch die Unternehmensführung selbst. In 50 Prozent der Unternehmen ist der Betriebsbeauftragte für Umweltschutz auskunftsfähig und nur in 40 Prozent der PR-Bereichsleiter.

Da erfahrungsgemäß bei Störfällen die Unternehmensführung voll in die operativen Aktionen zur Gefahrenbekämpfung einbezogen ist, kann selbst ein nur kurzzeitiges PR-Defizit nicht nur zu nachhaltigen Imageverlusten führen, sondern schwerwiegende Nachfolgegefahren durch unterlassene oder falsche Information der Behörden, der Medien und der Nachbarschaft heraufbeschwören.

Deshalb lautet das diesbezügliche Fazit der „UBA-Befragung '90": „Es scheint, daß PR in der Bewältigung von Umweltproblemen (z. B. bei Störfällen) zu geringe Aufmerksamkeit gewidmet wird."

Unternehmensbeispiele

1. Aus Anlaß ihres 100. Geburtstages 1989 hat die *Allianz AG* (Prämieneinnahmen 1990: 38,3 Mrd. DM) eine Stiftung gegründet. Das Stiftungskapital beträgt 100 Mio. DM. Die Allianz Stiftung fördert derzeit vorwiegend Projekte des Natur- und Landschaftsschutzes mit Modellcharakter, darunter die Renaturierung des Neckarufers und die Erhaltung des Biosphärenreservates Spreewald. (Süddeutsche Zeitung, 10./11. 3. 1990) (EM)
2. Die *BASF AG* (U 1990: 46,6 Mrd. DM, B: 134 647) ist das erste Unternehmen, das jedes Jahr einen Umweltschutzbericht vorlegt. Er ist in einen Journalteil mit Interviews und Reportagen und einen umfassenden Datenteil gegliedert. Aus dem Bericht geht hervor, was die BASF im letzten Jahr beim Umweltschutz bewegt hat, wo ihre nächsten Ziele liegen und welche Probleme noch bewältigt werden müssen. Er gibt Aufschluß über Investitionen, über laufende Kosten und über Forschungsvorhaben zum Schutz der Umwelt, informiert über Störfälle und über erzielte Fortschritte eines vorsorgenden Umweltschutzes in der BASF. (informiert, September 1989, S. 19) (EM)
3. Zusammen mit dem *Bundesverband Bürgerinitiativen Umweltschutz (BBU)* initiierte die *Beeck-Feinkost GmbH* (B 1990: ca. 540) eine Aufklärungsaktion zum „Schutz der Meere". Fischindustrie, Handel und Verbraucher sollen zum Verzicht auf Treibgas, phosphathaltige Reinigungsmittel und Pestizide angehalten werden. (Der Spiegel, 17. 4. 1989) (BM)
4. Die *Ciba-Geigy AG* (U: 17,6 Mrd. Franken, B: 88 757 weltweit) hat an die Bewohner der Nachbarschaft ihres Werkes in Basel Plastiksäcke zur Entnahme von Geruchsproben verteilt. Die Proben sollen im Werk untersucht werden. Auf diese Weise hofft man, Mängeln in der Filterung der Abluft oder in der Produktion auf die Spur zu kommen. Über Resultate der Aktion wurde am XIX. Medichem in Basel (17.–20. Sept. 1991) berichtet: Z. Jardas, Diagnosis of odor annoyance by a simple method. (informiert, März 1990) (EM)
5. Die *Demmel Schilderfabrik GmbH & Co.* (U 1991: 22 Mio. DM, B: 205), B.A.U.M.-Mitgl., hat einen Katalog für überwachungsbedürftige Abfälle erarbeitet, der bei Veranstaltungen der IHK Lindau vorgestellt wurde. Er enthält eine übersichtliche Einstufung der Abfälle auch als Gefahrengut und Gefahrenstoff. (BU)

6. Die *Deutsche Lufthansa AG* (U 1990: 12,8 Mrd. DM, B: 48 711) mit dem Kranichvogel im Firmenzeichen ist in einer Zeit, in der Werbung und Verkaufsförderung an ihre Grenzen stoßen, in das Sponsoring von Umweltschutzverbänden eingestiegen. Sie unterstützt den Deutschen Bund für Vogelschutz bei der Durchführung eines Kranich-Schutzprojektes in Lüchow-Dannenberg. (Die Zeit, 11.8.1989) (BM)
7. Die *Digital Equipment Corporation* (U 1991: 1,8 Mrd. DM, B: 4 492), B.A.U.M.-Mitglied, hat sich für einen Wechsel zum Öko-Sponsoring entschieden. Anstelle der Deutschen Tourenwagen-Meisterschaft werden ökologische Zwecke gefördert. Zum Beispiel wurden die Gesellschaft für Ökologie, GfÖ, mit einem geographischen Informationssystem und die Initiative des Verbandes Deutscher Biologen, BioNet, mit einem Computernetzwerk zur Auswertung von Umweltschutzdaten von regionalen Gewässern in ihrer Arbeit unterstützt. (BU)
8. Die *Dresdner Bank AG* (Bilanzsumme 1990: 180 Mrd. DM, B: 32 212), B.A.U.M.-Mitglied, fördert u. a. die Durchführung eines Kongresses zum Thema „Umweltorientierte Unternehmensführung" in Erfurt. Veranstaltet wird der Kongreß vom Bundesdeutschen Arbeitskreis für umweltbewußtes Management (B.A.U.M.) für leitende Mitarbeiter aus Betrieben und Kombinaten der DDR. In Zusammenarbeit mit der *Deutschen Bank AG* (Bilanzsumme 305,3 Mrd. DM, B: 54 769), B.A.U.M.-Mitglied, veranstaltet B.A.U.M. im Schweriner Schloß einen Kongreß für umweltbewußte Unternehmensführung. (Blick durch die Wirtschaft, 31.5.1990) (EM)
9. An der Universität Karlsruhe wird ein von der *Hewlett Packard GmbH* (U: 2,8 Mrd. DM, B: 5 484), B.A.U.M.-Mitglied, gestifteter Lehrstuhl für Umweltanalytik eingerichtet. Das Unternehmen unterstützt den Lehrstuhl mit jährlich 700 000 DM. (informiert, September 1989, S. 33) (UM)
10. Seit mehr als einem halben Dutzend Jahren erweist sich die *Holsten Brauerei AG*, Hamburg (U 1991: 830 Mio. DM, B: 1 519), B.A.U.M.-Mitglied, als beständiger und zuverlässiger Sponsor von Naturschutzvorhaben. Das Engagement erstreckt sich auf Wattenmeer, Feuchtgebiete und Trockenflächen in Norddeutschland, auf Seeadler, Kranich und Otter sowie viele weitere Tiere und Pflanzen. Seit 1985 wird alljährlich ein Naturschutzpreis vergeben. (Blick durch die Wirtschaft, 18.9.1989) (EM)

11. In der *IBM Deutschland GmbH* (U 1991: 14,8 Mrd. DM, B: 30 848), B.A.U.M.-Mitglied, wurde im Jahr 1991 über 1 Million DM für umweltbezogene Projekte ausgegeben. Die Projektschwerpunkte liegen in der Umwelterziehung und in der Partnerschaft der IBM zu den insgesamt elf Deutschen Nationalparks. Neben der finanziellen Unterstützung und den Sachspenden helfen drei freigestellte Mitarbeiter des Unternehmens beim Aufbau der Infrastruktur, wobei das besondere Interesse den sechs Nationalparks in den neuen Bundesländern gilt. Im Bereich der Umwelterziehung wurden u. a. erhebliche Mittel zum Ausbau der Ökologiestation Bremen und des Naturschutzseminars Sunder in Niedersachsen bereitgestellt. (NM)
12. Die *IBM Deutschland GmbH* (U 1991: 14,8 Mrd. DM, B: 30 848), B.A.U.M.-Mitglied, stellt innerhalb ihres „Secondment"-Programms Manager gemeinnützigen Organisationen für einen Zeitraum von bis zu drei Jahren zur Mitarbeit in Umweltschutz-Projekten zur Verfügung. Das Computerunternehmen übernimmt für diesen Zeitraum alle anfallenden Gehälter und Spesen. (informiert, September 1989, S. 33) (EM)
13. Die *Matuschka Gruppe* (B: ca. 250) hat eine Stiftung zur Rettung des tropischen Regenwaldes ins Leben gerufen. (Blick durch die Wirtschaft, 23. 11. 1989) (BM)
14. Die *Mohndruck graphische Betriebe GmbH* (U 1990/91: 950 Mio. DM, B: 2 400), B.A.U.M.-Mitglied, dokumentieren mit einer Vielzahl von Veröffentlichungen das Engagement des Unternehmens im Bereich des Umweltschutzes. Dazu gehören die Broschüre „Wir denken weiter", ein Buch mit dem Titel „1. Mohndruck Umweltforum", das sich mit ökologischen Herausforderungen an die Druckindustrie beschäftigt, sowie die Dokumentation einer Vortragsreihe mit dem Titel „Das umweltfreundliche Buch – ein Buch mit 7 Siegeln". Außerdem hat Mohndruck für vorbildliche Diplomarbeiten in den Studienschwerpunkten Papier, Farben, Entsorgungstechnik, BWL und Marketing den Umweltpreis '91 verliehen. Dieser Preis wird auch 1992 wieder ausgeschrieben. (BU)

Nr. 28 Check-Liste Internationale Wirtschaftsbeziehungen

Umweltorientierte Unternehmensführung darf an den Landesgrenzen nicht haltmachen. Zum einen sind Lebensumwelt und Gesundheit der Menschen im Ausland nicht weniger schutzwürdig als im Inland. Zum anderen wirken die im Ausland verursachten Umweltschäden aufgrund der ökologischen Zusammenhänge häufig auf das Inland zurück. Umweltorientierte Unternehmensführung hat sich bei Exporten, bei der Produktion im Ausland und bei Importen zu bewähren.

Für Im- und Exportbeziehungen mit EG-Ländern ergibt sich mit der Vollendung des europäischen Binnenmarktes eine besondere Konstellation.

Der europäische Binnenmarkt kann nur dann reibungslos funktionieren, wenn sich die EG-Staaten über die gemeinschaftlichen Produktanforderungen und damit auch über die gemeinschaftlichen Umweltstandards für die Produkteigenschaften einigen.

Nach der Einheitlichen Europäischen Akte kann der Ministerrat mit qualifizierter Mehrheit über die Umweltstandards für die Produkte beschließen. Das hat den Vorteil, daß nicht mehr – wie im Falle des Einstimmigkeitserfordernisses – der Mitgliedstaat mit den niedrigsten Umweltstandards das gemeinsame Anspruchsniveau bestimmen kann.

Es ist zu wünschen, daß der Ministerrat sehr anspruchsvolle Umweltstandards für die Produkte beschließt, weil auf diese Weise die Unternehmen in allen EG-Staaten zur Entwicklung umweltverträglicher Alternativprodukte angehalten werden. Das aber erhöht – angesichts des weltweit wachsenden Interesses an umweltverträglichen Produkten – die Wettbewerbsfähigkeit und Marktchancen der europäischen Industrie sowie die Sicherheit ihrer Arbeitsplätze.

Generell sollte ein umweltorientiertes Unternehmen seine internationalen Wirtschaftsbeziehungen an folgenden Verhaltensnormen ausrichten:

Umweltorientiert exportieren

1. Sicherstellen, daß die für den Export hergestellten Güter die gleichen Qualitätsanforderungen und Standards erfüllen wie die für das Inland bestimmten Produkte des Herstellers, sofern im Einfuhrland nicht strengere Anforderungen gelten.

2. Vorkehrungen treffen, daß die Abnehmer bzw. Verwender durch allgemeinverständliche Informationen und fachspezifische Schulungsprogramme in die Lage versetzt werden, die Güter ohne Gefährdung der Umwelt oder der menschlichen Gesundheit anzuwenden, zu transportieren, zu lagern, unschädlich zu machen oder zu entsorgen.
3. Den Export der Produkte einschränken oder beenden, wenn die Vorsorge für die Umwelt des Einfuhrlandes oder die Gesundheit von Menschen im Einfuhrland dies erfordern.

Im Ausland umweltorientiert produzieren

4. Sicherstellen, daß die Produktionsstätten ausländischer Tochterfirmen die gleichen Normen für Anlagensicherheit, die gleichen Grenzwerte für Schadstoffemissionen und die gleichen sonstigen umweltrelevanten Anforderungen wie die Produktionsstätte der Muttergesellschaft erfüllen, sofern im Lande der Tochtergesellschaft nicht strengere Anforderungen gelten.
5. Die Herstellung der Produkte einschränken oder beenden, wenn die Vorsorge für die Umwelt des Landes der ausländischen Produktionsstätte oder für die Gesundheit der Bürger dieses Landes das erfordert.
6. Den umwelttechnischen Stand aller Gesellschaften einer internationalen Gruppe durch Know-how-Transfer auf das Niveau des jeweils umwelttechnisch am weitesten fortgeschrittenen Gruppengliedes anheben.
7. Sorge tragen, daß die von Produktionsstätten ausländischer Tochtergesellschaften hergestellten Produkte die gleichen Qualitätsanforderungen und Standards erfüllen, wie die vom Mutterunternehmen im Inland für das Inland hergestellten Produkte, sofern im Lande der Tochtergesellschaft nicht strengere Normen gelten.

Umweltorientiert importieren

8. Informationen darüber einholen, ob der ausländische Produzent von Industriegütern oder landwirtschaftlichen Erzeugnissen bei deren Produktion die gleichen Normen für Anlagensicherheit, die gleichen Grenzwerte für Schadstoffemissionen und die gleichen sonstigen umweltrelevanten Anforderungen erfüllt, wie sie

für eine vergleichbare industrielle oder landwirtschaftliche Produktion im Inland gesetzlich vorgeschrieben sind.

9. Für den Fall einer negativen Auskunft versuchen, die durch das potentielle Einkaufsvolumen gegebene Nachfragemacht (buying-power) dahingehend einzusetzen, daß der ausländische Produzent bei der Produktion sich so verhält, wie er sich nach den inländischen Gesetzen zum Schutze der Umwelt würde verhalten müssen.
10. Für den Fall, daß eine solche Einflußnahme auf den Produzenten – sowohl auf direktem Wege als auch über den vielleicht zwischengeschalteten Handel – unmöglich oder erfolglos ist, versuchen, bei umweltschonender handelnden inländischen oder ausländischen Produzenten zu beziehen.

Bemerkenswerterweise verkündete der bundesdeutsche Verband der Chemischen Industrie e. V. (VCI) am 10. Juli 1986 „Leitlinien der Chemischen Industrie", in denen unter anderem der in den Punkten 3–5 der Check-Liste angesprochene Fragenkomplex behandelt wird. Die chemische Industrie gibt dort unter anderem folgende Erklärungen ab: „Wenn es die Vorsorge für Gesundheit und Umwelt erfordert, wird sie ungeachtet der wirtschaftlichen Interessen auch die Vermarktung von Produkten einschränken oder die Produktion einstellen." „Für Umweltschutz und Anlagensicherheit gelten für die deutschen Unternehmen und ihre Tochtergesellschaften im In- und Ausland gleiche Grundsätze."

Zwar bedeuten „gleiche Grundsätze" für Umweltschutz und Anlagensicherheit nicht zwangsläufig schon „gleiche Standards". Auch haben die Leitlinien des Verbandes nicht die Bindungswirkung einer rechtlichen Verpflichtung für die Verbandsmitglieder. Schließlich zeigen verschiedene Störfälle, daß bei Festlegung und Einhaltung von Sicherheitsstandards auch im Inland noch erhebliche Defizite bestehen. Gleichwohl muß die Verabschiedung der Leitlinien begrüßt werden.

Die Frage, nach welchen Grundsätzen ausländische Tochtergesellschaften durch Technologietransfer auf das umwelttechnische Niveau der Muttergesellschaft angehoben werden sollen, ist Gegenstand von Beratungen innerhalb des Europäischen Chemieverbandes CEFIC (Conseil Européen des Fédérations de l'Industrie Chimique). Die Öffentlichkeit sieht dem Ergebnis dieser Beratungen mit Interesse entgegen.

Hervorhebung verdient ebenfalls, daß der Verband der Chemischen Industrie e. V. gemeinsam mit dem Verband des Deutschen Chemikalien-Groß- und Außenhandels e. V. einen „Verhaltenskodex für die Ausfuhr von gefährlichen Chemikalien" aufgestellt hat, der eine Reihe von OECD-Empfehlungen aufgreift und am 11. März 1986 in Kraft trat. Er regelt detaillierter – und z. T. in milderer Form – den in der Check-Liste unter den Punkten 1–3 und 7 angesprochenen Fragenkomplex und wird unten in seinem vollen Wortlaut wiedergegeben.

Der Anwendungsbereich des Verhaltenskodex ist in mehrfacher Hinsicht begrenzt. Einmal nimmt der Kodex Bezug auf eine Liste gefährlicher Stoffe, die noch nicht fertiggestellt ist. Sodann bezieht er sich nicht auf Endprodukte. Auch enthält er gewichtige Vorbehalte, indem er z. B. auf die technischen Möglichkeiten und den sachgemäßen Umgang (vergleiche Ziffer I) abstellt.

Insgesamt ist es jedoch begrüßens- und nachahmenswert, daß hier ein Industrieverband – hinausgehend über die bloße Interessenvertretung nach außen – Anforderungen an seine Mitglieder stellt. Zwar dient auch dies der Imagepflege und der langfristigen Interessenwahrung, doch eine moralische Komponente tritt erkennbar hinzu.

Zwar sind die Sanktionsmöglichkeiten begrenzt. Der Verband der Chemischen Industrie e. V. schließt nach eigenen Angaben ein Mitglied, das gegen den Kodex vom 11. 3. 1986 verstößt, nicht aus. Aber der von einem Verhaltenskodex ausgehende moralisch-gesellschaftliche Druck ist nicht zu unterschätzen, besonders dann, wenn seine Einhaltung gewissenhaft kontrolliert und zum Gegenstand periodischer öffentlicher Berichte gemacht wird.

Verhaltenskodex für die Ausfuhr von gefährlichen Chemikalien vom 11. März 1986

(verkündet von dem Verband der Chemischen Industrie e. V. und dem Verband des Deutschen Chemikalien-Groß- und Außenhandels e. V.)

Vorwort

Die Verwendung von Chemikalien kann Gefahren für den Menschen und die Umwelt hervorrufen. Regierungen, Hersteller und Handel tragen daher die Verantwortung, daß eine Gefährdung der menschlichen Gesundheit und der Umwelt durch den Gebrauch von Chemikalien soweit wie möglich vermieden wird. Diese Verpflichtung bezieht sich auf den Einsatz im Ausfuhrland sowie im Einfuhrland.

Um dieser Verantwortung gerecht zu werden, sind Maßnahmen zu treffen, welche den Einfuhrländern helfen, die bestimmungsgemäße Verwendung eingeführter Stoffe, Zubereitungen oder Erzeugnisse besser zu kontrollieren und die mit ihrer Anwendung verbundenen Gefahren für Mensch und Umwelt abzuschätzen. Dies gilt insbesondere für die Länder der Dritten Welt.

Mit dem nachfolgend beschriebenen „Verhaltenskodex für die Ausfuhr von gefährlichen Chemikalien" wollen die chemische Industrie und der Chemiehandel der Bundesrepublik Deutschland zur Verbesserung des Umwelt- und Gesundheitsschutzes im Ausfuhr- und Einfuhrland beitragen.

Grundsatz

1. Hersteller und Handel werden im Sinne ihrer Verantwortung für den Schutz der menschlichen Gesundheit und der Umwelt alle erforderlichen Maßnahmen im Rahmen ihrer technischen Möglichkeiten ergreifen, um sicherzustellen, daß durch ihre Stoffe, Zubereitungen oder Erzeugnisse die menschliche Gesundheit und die Umwelt bei sachgemäßem Umgang nicht gefährdet werden.

Qualität und Standards

2. Stoffe, Zubereitungen oder Erzeugnisse, die zur Ausfuhr hergestellt werden, sollen den gleichen Qualitätsanforderungen und Standards genügen, wie sie der Hersteller für vergleichbare Inlandsprodukte anwendet, sofern nicht anderslautende strengere Regelungen bzw. spezielle lokale Gegebenheiten zu berücksichtigen sind.
3. Stoffe, Zubereitungen oder Erzeugnisse, die von Tochterfirmen im Ausland hergestellt werden, sollen den Qualitätsanforderungen und Standards des Mutterunternehmens genügen, sofern nicht anderslautende strengere gesetzliche Regelungen bzw. spezielle lokale Gegebenheiten zu berücksichtigen sind.

Informationen

4. Hersteller und Händler werden den Abnehmern geeignete allgemeinverständliche Informationen – soweit möglich in ihrer Landessprache – über die Gefährlichkeit der Stoffe, der Zubereitungen oder der Erzeugnisse bei bestimmungsgemäßer Verwendung, unter Einschluß des vorhersehbaren Mißbrauchs, möglichst in Form einer Gesamtbewertung des Gefährdungspotentials für Mensch und Umwelt, sowie Angaben zur sicheren Anwendung, Unschädlichmachung und Abfallbeseitigung geben. Dies kann z. B. in Form von Sicherheitsdatenblättern, Kennzeichnungen und Kundeninformationen erfolgen.
5. Hersteller und Händler werden in angemessener Weise zum Zwecke des Informationsaustausches über gefährliche Eigenschaften von Chemikalien mit Regierungen und internationalen Organisationen zusammenarbeiten, wobei diese die berechtigten Interessen an der Wahrung von Betriebs- und Geschäftsgeheimnissen berücksichtigen müssen.
6. Hersteller und Händler verpflichten sich, über ihre Verbände einmal pro Jahr den erstmaligen Export von Stoffen, deren Anwendung in der Bundesrepublik Deutschland verboten bzw. streng beschränkt worden ist, unter Angabe der Bezeichnung des Stoffes und der Empfängerländer, der zuständigen Bundesbehörde zu melden. Weitere Informationen bezüglich der Bewertung der Gefährlichkeit der Stoffe werden auf begründete Anfrage den zuständigen Behörden des Importlandes zur Verfügung gestellt.

Anwenderschulung

7. Hersteller und Händler verpflichten sich, im Rahmen ihrer Möglichkeiten bei Schulungen von Verbrauchern und Behörden für eine bestimmungsgemäße Verwendung der Produkte, insbesondere in den Entwicklungsländern, mitzuwirken. Diese Anwenderschulung sollte folgende Themen umfassen: bestimmungsgemäße Verwendung, Bewertung des Gefährdungspotentials für Mensch und Umwelt, Gefahrenabwehr, Soforthilfe bei Unfällen, Transport und Lagerung, Abfallbeseitigung sowie allgemeiner Gesundheits- und Umweltschutz.

Rückruf

8. Hersteller und Händler werden ihre Abnehmer sowie ihre zuständigen Behörden sofort informieren, wenn erkannt wird, daß bei einer bestimmungsgemäßen Verwendung der Produkte eine Gefahr für Mensch und Umwelt auftritt. Sie werden entsprechende Stoffe, Zubereitungen und Erzeugnisse im Rahmen ihrer Möglichkeiten zurücknehmen.

Werbung

9. Die Werbung soll den Zielen dieses Verhaltenskodex nicht entgegengerichtet sein.

Statistik

10. Hersteller und Händler werden Aufzeichnungen über Art, Menge und Bestimmungsland von Stoffen, Zubereitungen und Erzeugnissen, deren Anwendung im Inland verboten bzw. streng beschränkt worden ist, die jedoch von ihnen ausgeführt werden, in eigener Verantwortung führen und fortschreiben.
11. Der zuständigen Bundesbehörde wird auf begründete Anfrage Auskunft über Art, Menge und Bestimmungsländer dieser Stoffe, Zubereitungen oder Erzeugnisse erteilt.

Durchführung

12. Hersteller und Händler verpflichten sich, die Einhaltung eines solchen Verhaltenskodex selbst zu überwachen und den nationalen Behörden in bestimmten Zeitintervallen durch Verbände über die Befolgung des Kodex Bericht zu erstatten.
13. Der Verband der Chemischen Industrie und der Verband des Deutschen Chemikalien-Groß- und Außenhandels werden ihren Mitgliedsfirmen die Einhaltung dieses Verhaltenskodex und der niedergelegten Regelungen empfehlen.
14. Der Verhaltenskodex wird ab sofort angewandt.

Unternehmensbeispiele

1. Die *Bomin Solar GmbH & Co. KG* aus Lörrach (B: 25) hat ein neues Verfahren zur Speicherung von Sonnenenergie entwickelt. Das Verfahren ähnelt der Photosynthese bei Pflanzen. Am Tage

wird mit der Hilfe des Sonnenlichtes Magnesiumhydrit in Magnesium und Wasserstoff getrennt. In der Dunkelheit läßt man die beiden Stoffe wieder miteinander reagieren und gewinnt so Wärmeenergie. Das Verfahren eignet sich sehr gut zur dezentralen Energieversorgung von Dörfern in Entwicklungsländern. Als Interessenten werden Länder wie Indien, Sudan und Tunesien genannt. (informiert, September 1989, S. 15) (UM)

2. Die *Deutsche Lufthansa AG* (U 1990: 12,8 Mrd. DM; B: 48 711) veranlaßt ausländische Lieferanten, den Umweltschutz im Produktprogramm zu berücksichtigen. Zwei großen Triebwerkherstellern in den USA wurde durch den Umweltschutzbeauftragten der Lufthansa klar gemacht, daß die Verminderung der Stickoxidemission zukünftig im Mittelpunkt ihrer Forschungs- und Entwicklungsbemühungen stehen muß. (Süddeutsche Zeitung, 25.4. 1990) (BM)
3. Das Herstellungsverfahren zur Zellstoffproduktion wurde bei der *Feldmühle AG* (U: 3 Mrd. DM, B: 8 560) verändert. Größtes Projekt im Werk Baienfurt war der Bau einer Anlage zur Sauerstoffbleiche, die die bislang eingesetzte Chlorbleichstufe ablöste. Da das Werk Baiendorf nur 50 Prozent des Zellstoffbedarfs deckt, kauft die Feldmühle AG ihren Restbedarf in Nordamerika, den EG-Ländern und Skandinavien. Das Unternehmen konzentriert sich dabei auf Lieferanten, die ebenfalls ihr Produktionsverfahren umgestellt haben (FAZ, 6. 10. 1989) (UM)
4. Der Möbelhersteller *Flötotto Einrichtungssysteme* (U 1991: ca. 71 Mio. DM, B: ca. 300) wird in Kürze eine Marktuntersuchung starten, inwieweit Rubberwood als Alternativ-Holzart zum Ramin-Holz vom Markt angenommen wird. Bei einem positiven Echo wäre das Unternehmen in der Lage, innerhalb von 6–12 Monaten das „Profilsystem" (Hauptumsatzträger des Herstellers) in ökologisch unbedenklichem Rubberwood zu liefern. Für diesen Fall wurde bereits eine Kooperation zwischen dem WWF Deutschland und Flötotto-Einrichtungssysteme vereinbart, bei dem sich WWF Deutschland neben Flötotto-Einrichtungssysteme für die ökologische Unbedenklichkeit verbürgt. Somit hätte das Unternehmen nicht nur den ökologisch notwendigen Ausstieg aus Ramin realisiert, sondern auch 500 Arbeitsplätze in Indonesien sowie den erhöhten Deviseneintrag durch Rohstoffveredelung im Erzeugerland langfristig gesichert. (Der Spiegel, 17.04. 1989) (EM)
5. Die *Lurgi GmbH* aus Frankfurt (U: 1 400 Mio. DM, B: 3 800),

B.A.U.M.-Mitglied, beteiligte sich in Kalifornien an dem Bau des ersten mit Kuhmist betriebenen Kraftwerks. In der Anlage werden pro Tag 800 t Mist verfeuert. So können bei gleicher Leistung 50 000 Tonnen Rohöl eingespart werden. (informiert, September 1989, S. 15) (UM)

D. Fundstellenregister für kostensenkende Maßnahmen

Mit ein und derselben Maßnahme die Umwelt schützen und Geld verdienen, in einem Atemzuge Ökologe und Unternehmer sein – das erscheint vielen als unerfüllbarer Wunschtraum. Und dennoch gibt es – wie die Check-Listen zeigen – zahlreiche betriebliche Aktivitäten, die sowohl dem Umweltschutz als auch unmittelbar dem Unternehmen dienen (vgl. Abb. 24). Beispielsweise bedeuten alle Maßnahmen zur Einsparung von Energie, Wasser und knappen Rohstoffen eine Minderbeanspruchung sowohl der natürlichen Ressourcen der Umwelt als auch der finanziellen Ressourcen des Unternehmens.

Würden alle Unternehmen von den im vorliegenden Buch angeregten Umweltschutzmaßnahmen nur diejenigen verwirklichen, die problemlos und relativ kurzfristig zur Vermeidung oder Senkung von Kosten führen – und durch Sternchen gekennzeichnet sind –, so wären der Entlastungseffekt für die Umwelt und der Nutzen für das Unternehmen bereits außerordentlich groß.

Zu bedenken ist jedoch, daß einem Unternehmen, welches nur die mit Sternchen gekennzeichneten Umweltschutzmaßnahmen durchführt, u. U. erhebliche Einsparungsmöglichkeiten entgehen. Es hat sich in manchen Fällen gezeigt, daß das systematische Nachdenken über Materialflüsse im Betrieb und zwischen Betrieb und Umwelt Rationalisierungsreserven zu Tage fördert, die ohne die Bemühung um eine umweltorientierte Lösung verborgen geblieben wären.

Eine zielgerichtete Einführung des Integrierten Systems umweltorientierter Unternehmensführung fördert bei maßgeblichen Mitarbeitern des Unternehmens generell das „Querdenken“ bzw. „vernetzte Denken“. Dadurch ergeben sich Innovations- und Rationalisierungserfolge im Bereich auch der klassisch-fachlichen Aufgaben des Unternehmens. Dieser „Anstoßeffekt“ sollte nicht unterschätzt werden.

Auch ist zu berücksichtigen, daß zahlreiche Maßnahmen in ihrer Kostenauswirkung zwar nicht klar zu quantifizieren sind, aber indirekt ebenfalls zu einer Kostenvermeidung oder -senkung führen.

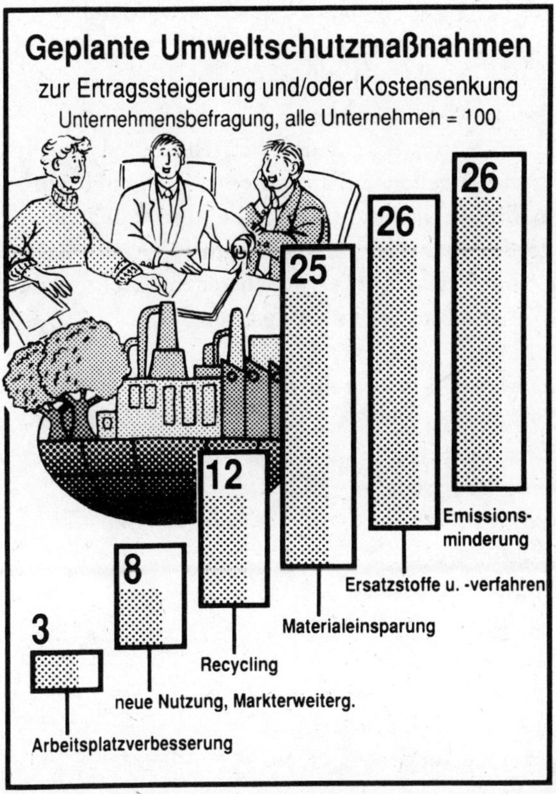

Abb. 24: Geplante Umweltschutzmaßnahmen (UBA 1990)

Umweltschutz zur Kostendämpfung

Kosten senken, den Ertrag steigern und gleichzeitig dem Umweltschutz dienen – ist das möglich? Ja, denn fast zwei Drittel der knapp 600 befragten westdeutschen Unternehmen haben solche Maßnahmen bereits durchgeführt und rund 60 Prozent aller Befragten planen sie für die nächste Zeit. Neben der Wahl neuer Stoffe und Verfahren, der Minderung von Abluft, Abwasser, Abfällen und Lärm werden von den Unternehmen auch Verbesserungen der Arbeitsbedingungen (z. B. Absauganlagen) zu diesen Maßnahmen gezählt.

Zum Beispiel kann das Angebot eines vollwertigen Kantinenmenüs einen wichtigen Beitrag zur Gesundheit der Mitarbeiter leisten und mittelbar die betrieblichen Fehlzeiten und die daraus resultierenden Lohnfortzahlungskosten senken.

Wer in einem ersten Schritt den betrieblichen Umweltschutz mit der Zielrichtung angehen will, problemlose, schnell wirksame Umweltschutzmaßnahmen zu ergreifen, die unmittelbar zur Kostenvermeidung oder -senkung führen, findet im folgenden Register sämtliche in den Check-Listen mit Sternchen gekennzeichneten Punkte.

Nr. 3	Willensbildung im Führungsteam (Punkt 22)
Nr. 11	Energie- und Wassereinsparung (Punkte 10, 11, 12, 13, 14, 15, 16, 17, 24, 25, 26, 27, 28, 29, 30, 31, 32, 33)
Nr. 13	Materialwirtschaft (Punkte 4, 27)
Nr. 14	Fertigungstechnik (Punkte 2, 3, 8, 9, 10, 13, 16)
Nr. 15	Entsorgung und Recycling (Punkt 10)
Nr. 17	Fuhrpark (Punkte 3, 4, 6, 8, 10, 11, 13, 14, 15, 16, 19, 20, 21, 22, 23, 24, 25, 26, 28, 30, 31, 32, 33, 34, 35)
Nr. 18	Bauwesen (Punkte 15, 17, 18, 20)

6. Kapitel
Umweltorientierte Unternehmensführung in den neuen Bundesländern und in Europa

Nach Beseitigung des „Eisernen Vorhanges" in Europa haben sich die Möglichkeiten stark verbessert, auch die in den ehemaligen Staatshandelsländern lokalisierten Unternehmen mit umweltorientierter Unternehmensführung vertraut zu machen. Am Beispiel der neuen Bundesländer des wiedervereinigten Deutschland wird erläutert, welche Voraussetzungen und Konsequenzen die Einführung umweltorientierten Managements bei Unternehmen eines ehemaligen Staatshandelslandes hat (A.). Daß umweltorientierte Unternehmensführung nicht nur im Interesse der sie ausübenden Unternehmen liegt, sondern der menschlichen Gemeinschaft in ökologischer, medizinischer, sozialer, kultureller und ökonomischer Hinsicht nützt, wird anhand des Wirtschaftsraumes des vereinten Europa verdeutlicht (B.).

A. Aspekte umweltorientierter Unternehmensführung in den neuen Bundesländern

Mit der Herstellung der deutschen Einheit ergeben sich für den Umweltschutz im allgemeinen und für die umweltbewußte Unternehmensführung im besonderen neue Möglichkeiten – aber auch Gefahren! Es bildeten und bilden sich in den neuen Bundesländern massenhaft private Unternehmen vorwiegend des klein- und mittelständischen Gewerbes heraus, die nahezu keine Erfahrung im Umgang mit der Sozialen Marktwirtschaft besitzen. Verständlicherweise dominieren in den aktuellen Entscheidungen der Unternehmensführungen Fragen der Finanzierung, der marktwirtschaftlichen Neuorientierung und der Personalentwicklung. Etwas in den Hintergrund gedrängt wurden hingegen Überlegungen zur rechtzeitigen Integration des Umweltschutzes in die Unternehmensstrategien.

Über Vor- oder Nachteile der unerwartet schnellen Vereinigung der beiden Teile Deutschlands werden Historiker und Politologen gewiß noch lange diskutieren – den umweltbewußten Unternehmer hingegen zwingen die ökologisch-ökonomischen Realitäten zu zwar wohlüberlegtem, aber dennoch schnellem Handeln. Die Einführung des in der alten Bundesrepublik entstandenen Umweltrechts in den neuen Bundesländern ist Veranlassung, dort auch die bisherigen Erfahrungen der umweltorientierten Unternehmensführung zu verbreiten. Die vielfältigen Kontakte, Kooperationen, Beteiligungen und auch Fusionen zwischen „östlichen und westlichen" Unternehmen dürfte in jedem Fall dem deutschen und europäischen Umweltschutz wichtige Impulse geben.

Die in den Check-Listen enthaltenen und durch die bisherige Praxis weitestgehend bestätigten Anregungen für eine umweltbewußte Unternehmensführung werden im wesentlichen auch für die Unternehmen in den neuen Bundesländern zutreffend sein. Mehr noch: Jene Unternehmen genießen den Vorzug, die Belange des Umweltschutzes nicht auf bestehende Produktions- und Distributionsstrukturen „aufpfropfen" zu müssen, sondern diese von vornherein in den Neuaufbau integrieren zu können. Vielleicht veranlaßt sogar die moralische Pflicht zur gesamtdeutschen Umweltverantwortung das eine oder andere „Westunternehmen" dazu, im Zuge seiner neuen Kooperationsschiene zu den östlichen Partnern bisherige Barrieren der Einführung einer umweltbewußten Unternehmensführung im eigenen Betrieb gleich mit abzubauen.

I. Erklärung ökologischen Denkens zur Chefsache

Die Anregungen zur Bildung von *Prioritäten* bei der Einführung der umweltbewußten Unternehmensführung entsprechen vor allem in zeitlicher Sicht inhaltlich vollständig dem derzeit überdurchschnittlichen Kostendruck der östlichen Unternehmen. Dies setzt natürlich noch mehr als im Westen die unbedingte Bereitschaft aller Mitglieder des *Führungsteams* zum ökonomisch-ökologischen Zukunftsdenken voraus. Während die von den früheren Leitungen übernommenen älteren Führungskräfte zwar in der Regel von hoher gesamtwirtschaftlicher Disziplin geprägt sind, jedoch das ihnen auch in Umweltfragen anerzogene „Warten auf Weisung von oben" zügig überwinden müssen, fehlen den jüngeren oftmals die kaufmännischen Erfahrungen und praktischen Führungseigenschaften. Das übereinstimmende Credo für den vorbehaltlosen Neubeginn könnte in der gemeinsamen Verantwortung beider Generationen für die Perspektive der natürlichen Umwelt einen soliden Nährboden finden. Nicht wenige jüngere

Geschäftsführer bzw. Trainer und Berater aus dem Westen siedelten und siedeln in die neuen Bundesländer um oder sind zeitweilig dort tätig. Sie sollten stets der Tatsache eingedenk sein, daß die Wiege der umweltbewußten Unternehmensführung im Westen auch und vor allem im Jungunternehmertum stand, und daß manche Implementierungsprobleme weniger eine Ost/West- als eine Generationenfrage sind.

Die Ergebnisse der „UBA-Befragung '90" unterstreichen erneut, wie vorteilhaft die Integration von Umweltzielen in die *Unternehmensziele* und *-strategien* besonders für eine gewinnorientierte Gestaltung der umweltbewußten Unternehmensführung ist. Die Erfahrungen lehren, daß der Versuch einiger Unternehmen, die Vorgaben der Umweltpolitik verzögert umzusetzen, letztlich nur in sehr wenigen Fällen und lediglich zeitweilig betriebliche Vorteile erbrachte. In der vorurteilsfreien *Situationsanalyse* der neuentstehenden bzw. umgestalteten Unternehmen in den neuen Bundesländern sollten deshalb ökologische Kriterien möglichst weit oben rangieren, um die Chancen der umweltbewußten Unternehmensführung im für sie noch ungewohnten *Wettbewerb* zu erkennen und nutzen zu lernen.

Gerade jetzt, wo die Suche nach einer Unternehmensphilosophie in den Chefetagen der neuen Bundesländer dominiert, ist die Zeit günstig, Unternehmensgrundsätze ökologiebezogen zu formulieren. Aber auch bei der Bestimmung des Produktionsprofils sollten künftige Umwelterfordernisse der Wirtschaftsentwicklung in den neuen Bundesländern Berücksichtigung finden. So wird beispielsweise der Bedarf an Umwelttechnik im Vorsorge- und Entsorgungsbereich sprunghaft ansteigen und einen gewinnträchtigen Markt eröffnen. Durch hohe Flexibilität in der Produkt- und Verfahrenspolitik sowie schnelle Erneuerung von Kapazitäten könnte die Existenz zahlreicher Unternehmen und damit von Arbeitsplätzen gerettet werden, bevor die unvermeidliche Importwelle solcher Güter den Markt sättigt. Westliches Know-how und einschlägige Erfahrungen in der Diversifikation gibt es in diesem Sektor reichlich; sie könnten segensreicher Kooperationsgegenstand werden.

II. Nutzung neuer Chancen in der ökosozialen Marktwirtschaft

Zu den herausragenden Forderungen der Demonstrationszüge des Jahres 1989 in Leipzig, Dresden, Schwerin und anderen Städten der damaligen DDR gehörte jene nach ökologischer Erneuerung des Landes. In den Programmen aller neuen Parteien und Gruppierungen sowie in den Reden der Politiker nahm der Umweltschutz einen erfreulich hohen Stellenwert ein.

Nachdem nun mit der Privatisierung der Betriebe und Bildung demokratisch legitimierter Landesregierungen alle politischen Voraussetzungen gegeben sind, um der berechtigten Kritik an bestimmten Seiten der Umweltpolitik der früheren DDR-Führung eine neue und bessere Umweltpolitik folgen zu lassen, knüpfen die Landsleute in den neuen Bundesländern verständlicherweise hohe Erwartungen an die nun auch bei ihnen mögliche umweltbewußte Unternehmensführung. Man sollte sich durch derzeit zuweilen noch vorherrschendes Konsumdenken nicht über den beachtlichen Grad der Sensibilisierung der östlichen MitbürgerInnen gegenüber Umweltgefahren täuschen lassen. Wenn in den Check-Listen wiederholt empfohlen wird, alle Maßnahmen des *Marketing* vor allem in ökologischer Hinsicht integriert zu planen, so trifft dies für die östlichen Unternehmen besonders zu. Marktzentriertes Denken ist für den Bürger des Ostens zwar noch ungewohnt und ungeübt, aber er ist wegen des Neuigkeitscharakters zugleich außerordentlich wach und sensibel. Im Verein mit dem insgesamt wachsenden Umweltbewußtsein kann dies in absehbarer Zeit zu einer extrem kritischen Bewertung der Umweltverträglichkeit von Produkten und Verfahren führen und ein entsprechendes Kaufverhalten bewirken. Der oft existenzbedrohenden Konkurrenz von Westwaren auf dem Markt der neuen Bundesländer könnte bereits jetzt mit ökologischen Argumenten für einheimische Produkte begegnet werden, soweit dies freilich durch entsprechende *Produktentwicklung* gerechtfertigt ist.

Der im Buch mehrfach als Schaltzentrale aller ökologischen Aktivitäten eines Unternehmens empfohlene *Umweltbeauftragte* auf Direktions- bzw. Geschäftsführerebene ist auch für den ökologisch-ökonomischen Erneuerungsprozeß der neuen Bundesländer bedeutsam. Die Überwindung der ökologischen Folgen der Vergangenheit und der Aufbau moderner betrieblicher Umweltinstitutionen bedürfen schon im Hinblick auf das Bündel an neuen Umweltgesetzen besonders sachkundiger und innovationsfördernder Koordinierung. Gemeinsam mit dem PR-Bereich und dem Betriebsbeauftragten für die einzelnen Medien (Boden, Wasser, Luft, Lärm) des betrieblichen Umweltschutzes trägt er durch rigorose Abschaffung der früheren Geheimniskrämerei in Umweltfragen zur ökologischen *Motivation* der Mitarbeiter bei.

III. Verbindung sozialer und ökologischer Interessen

Ein in seinen Ausmaßen völlig neuartiges Spannungsfeld zwischen ökologischen und sozialen Interessen brachten und bringen die unvermeidliche *Stillegung* umweltschädigender Produktionsstätten sowie die Ablösung des markt- und umweltfremden Systems „stabiler Preise“ durch kostendeckende und damit potentiell umweltschutzdienliche Preise mit sich. Die niedrigen Preise für Grundnahrungsmittel waren besonders für untere Einkommensschichten gewiß sehr angenehm. Aber sie führten beispielsweise auch dazu, daß wertvolles Brot tonnenweise an Schweine verfüttert wurde, weil das Brot billiger war als Futtermittel. Bei allem Verständnis für die Bedenken gegen dadurch zunächst ausgelöste soziale Belastungen wie Arbeitslosigkeit und Reallohneinbußen kann und darf keine der staatlichen und betrieblichen Gegenmaßnahmen zu Abstrichen am Umweltschutz führen. Weder die Erhaltung umweltschädigender Produktionsstätten durch Subventionen noch die Beibehaltung von „Sozialtarifen“ z. B. bei Energie- und Wasserpreisen sind dauerhafte Lösungen, da sie die eben erst wiedergewonnenen Triebkräfte des Marktes (auch für den Umweltschutz!) erneut lähmen würden. Hier sind die schrittweise Übernahme und sinnvolle Vervollkommnung des sozialen Netzes der alten Bundesrepublik für die neuen Bundesländer in besonderer Weise erforderlich.

Zu den uneingeschränkt übertragbaren ökosozialen Anregungen der Check-Listen für den Umgang mit den Mitarbeitern zählen auch jene zur *Mitarbeiterverpflegung*. Das Speisenangebot in den Kantinen und Gaststätten der ehemaligen VEB (volkseigenen Betriebe) war in der Regel zwar recht preiswert, aber meist wenig gesundheitsfördernd. Die neuen Möglichkeiten des Nahrungsgüterangebotes sollten vor allem hinsichtlich einer vitaminreichen und fettarmen Vollwertküche konsequent genutzt werden.

Die in den Check-Listen empfohlene Umweltberatung für *Mitarbeiterhaushalte* ist für die neuen Bundesländer besonders wichtig. Laut Statistik sind dort die Haushalte zwar ebenfalls in hohem Maße mit technischen Geräten ausgestattet, aber ihr technisches Niveau ist in vielen Fällen alles andere als umweltfreundlich. Aber Vorsicht vor leichtfertigen Ratschlägen! So wäre beispielsweise das sofortige Verbot des „Trabi“ eine zwar ökologisch wünschenswerte, aber sozial unvertretbare Forderung, weil der von vielen erstrebte Kauf eines umweltschonenden Personenwagens vielfach noch am dortigen Einkommensniveau scheitert. Auch sollte nach wie vor dringlichst vor dem oft unüberlegten Ersatzkauf gewisser Gebrauchtwagen gewarnt werden, die nicht nur zu der ohnehin hohen Luftbelastung, sondern sehr bald auch zu einem Müllinfarkt in den neuen Bundesländern beitragen dürften.

IV. Durchführung von Präventivmaßnahmen

Was 40 Jahre lang vernachlässigt wurde, läßt sich beim besten Willen nicht von heute auf morgen beheben. Auch ist die Übernahme westlicher Erfahrungen nicht immer das beste Rezept. So wurde beispielsweise die Müllawine in der alten Bundesrepublik bisher ebensowenig gemeistert wie ihr derzeit in den neuen Bundesländern wirksam vorgebeugt wird. Wegen seines hohen Subventionsgrades war das recht gut funktionierende staatliche Erfassungs- und Wiederverwendungssystem für alle erdenklichen Abfallarten (SERO) in der bisherigen Form gewiß nicht beizubehalten. Ob sein nunmehr nahezu völliger Zusammenbruch vermeidbar gewesen wäre oder nicht, ist schwer zu beurteilen.

Um so mehr ist aber mit Blick auf die möglicherweise drohende Müllkatastrophe neben den Landesregierungen jedes Unternehmen in punkto Verantwortung für *Entsorgung* und *Recycling* gefordert. Was in den Check-Listen zu diesem Bereich der umweltbewußten Unternehmensführung empfohlen wird, trifft für die neuen Bundesländer ebenfalls – und wegen der genannten Gründe noch weit dringlicher – zu. Auch dort gilt der Grundsatz, daß jeder im eigenen Betrieb vermiedene oder reduzierte Abfall Kosten senkt und das gesamtwirtschaftliche Infarktrisiko mindert.

Besonders die skizzierten und durch die „UBA-Befragung '90" voll bestätigten Kostensenkungseffekte der Integration des Recyclings in die Material- und Lagerwirtschaft sollte als vordringliche Aufgabe des Zusammenwirkens von technischem und kaufmännischem Management begriffen werden. Auch darf die unausbleibliche Verteuerung der Entsorgung in den neuen Bundesländern nicht zu einem Ansteigen des Mülltourismus oder gar der Umweltkriminalität führen.

Als ernsthaftes Hindernis der so dringend erforderlichen Investitionen westlicher Firmen in den neuen Bundesländern erweisen sich häufig die Altlasten verschiedenster Art. Insbesondere die oft stark kontaminierten Böden auf dem Produktionsgelände kapitalsuchender Unternehmen stellen erhebliche Risiken für potentielle Investoren dar. Oft bleibt da nur der ökologisch weniger erfreuliche Ausweg, neben dem alten Gelände ein neues Werk auf der „grünen Wiese“ zu errichten, wie dies z. B. Daimler-Benz in Ludwigsfelde getan hat. In vielen Fällen ist den kapitalsuchenden Unternehmen nicht einmal bekannt, daß nach deutschem Polizeirecht der Miteigentum erwerbende Kapitalgeber beim Nachweis von Bodenkontaminationen mit haftbar gemacht wird. Bei der Suche nach investitionswilligen Partnern sollte also vorbeugend eine Bodenanalyse erfolgen und ein Unbedenklichkeitsgutachten bereitliegen.

Das in den früheren VEB etablierte Sicherheitsmanagement diente oft mehr dazu, bestehende Umweltrisiken vor den Augen der Öffentlichkeit abzuschirmen als die Risiken selbst zu vermindern. Auch hier sollte man nicht auf zentrale Weisungen und Bestimmungen warten, sondern sofort auf der Grundlage des geltenden Umweltrechts an die Definition betrieblicher Umweltrisiken gehen und unverzüglich ökologische Schwachstellenanalysen erarbeiten. In vertrauensvoller Weise sollte hierbei das ökologische Wissen aller jeweils betroffenen Mitarbeiter einfließen, um sie für innovatives Mitwirken zu motivieren.

Nicht Abschirmung, sondern Information der Öffentlichkeit über alle umweltrelevanten Aktivitäten des Unternehmens muß Devise der neuen Unternehmensführungen sein. Dabei darf der Bereich der Öffentlichkeitsarbeit das Thema Umwelt nicht nur zur direkten Produkt- bzw. Unternehmenswerbung nutzen. Eine Besonderheit der Public-Relations in den neuen Bundesländern besteht darin, daß offene und ehrliche Information auch über Risikofaktoren eines Unternehmens eher positive als negative Imageeffekte bewirken dürfte. Nach 40 Jahren Schönfärberei honorieren die Bürger das freimütige Offenlegen von Realitäten mit Verständnis und Vertrauen. Deshalb sollte ungeschminkt auf alle Umwelteinflüsse des Unternehmens aufmerksam gemacht werden. Art und Umfang möglicher Störfälle sollte man in verständlicher Weise darlegen, und es muß bei Eintritt eines Störfalles unverzüglich und permanent über Ursachen, Hergang und eingeleitete Maßnahmen informiert werden. Wie die „UBA-Befragung '90“ zeigte, obliegt diese Aufgabe noch zu sehr allein der Unternehmensführung, die damit in einer Störfallsituation schon rein zeitlich überfordert wäre. Beim Aufbau der *Organisation* in den Unternehmen der neuen Bundesländer kann dies von vornherein berücksichtigt werden.

V. Beachtung der Spezifik trotz Einheit

In der gegenwärtigen Umbruchsituation in Deutschland ist bei Ratschlägen in beiden Richtungen äußerste Sorgfalt geboten (dies um so mehr, wenn es sich um Gedrucktes handelt). Was sich beispielsweise beim Umweltschutz im allgemeinen und bei der umweltbewußten Unternehmensführung im besonderen im Westteil bewährt hat, muß nicht in jedem Fall und schon gar nicht deckungsgleich übertragbar sein. Allzu leicht neigt man auch dazu, im Hinblick auf die mitunter geradezu umweltfeindliche Wirtschaftspolitik der ehemaligen DDR-Führung die ohne Zweifel auch vorhandenen positiven Umweltschutzinitiativen von Betrieben und Naturschützern zu übersehen. Viele umweltbewußte Landsleute haben seinerzeit riskantes Engagement und hochgradige Zivilcourage bewiesen.

Und trotzdem darf der Westen für sich in Anspruch nehmen, die nachweislich höheren Aufwendungen für den Umweltschutz getätigt und damit in vielen Bereichen auch die größeren Wirkungen erzielt zu haben. Vor allem wurde dieser Effekt in zunehmendem Maße mit den Mitteln der Marktwirtschaft sichergestellt. Es ist gewiß nicht leicht, ohne zentralistischen Dirigismus die in Umweltfragen oft untereinander divergierenden Interessen der wirtschaftlichen Unternehmen mit jenen der Gesamtheit der Bürger in Einklang zu bringen. Wenn dennoch der Bundesumweltminister für das Jahr 1991 eine insgesamt positive Bilanz ziehen konnte, so drückt sich darin auch ein Zuwachs an umweltorientierter Unternehmensführung in der alten Bundesrepublik aus. Das Engagement der im „Bundesdeutschen Arbeitskreis für umweltbewußtes Management" (B.A.U.M.) vereinten Unternehmen dürfte dafür ein nicht unwesentlicher Faktor sein. Dieser Arbeitskreis steht nunmehr auch den Unternehmen der neuen Bundesländer offen. Neben der kritischen Übernahme von Erfahrungen werden diese auch mit spezifischen Problemen an den Westen herantreten und damit eine willkommene Herausforderung für neue Ideen sein.

B. Der Nutzen umweltorientierter Unternehmensführung für Europa

Die Kommission der Europäischen Gemeinschaft will darauf hinwirken, daß der Umweltschutz in der Industriepolitik der Gemeinschaft und ihrer Mitgliedstaaten verstärkt berücksichtigt wird. Denn die Industrie gehört neben der Energieerzeugung, dem Verkehr, der Landwirtschaft und den Privathaushalten zu den Verursachern der gravierenden Umweltprobleme in Europa.

I. Pilotprojekte als pragmatischer Ansatz der EG

Verstärkte Berücksichtigung des Umweltschutzes in der Industriepolitik bedeutet nicht nur eine angemessene Verschärfung der Gesetze zur Verminderung industrieller Schadstoffemissionen. Vielmehr geht es auch darum, der Industrie praktikable Modelle für umweltorientierte Unternehmensführung an die Hand zu geben.

Wenn die EG-Kommission im Umweltjahr 1987/88 der Öffentlichkeit ein derartiges Modell vorstellte – nämlich das Integrierte System umweltorientierter Unternehmensführung –, so setzte sie ein deutlich sichtbares Signal, daß sie nicht nur auf gesetzgeberischer Ebene tätig werden will, sondern darüber hinaus auch bestrebt ist, den Führungskräften der einzelnen Industrieunternehmen auf dem Wege zu umweltorientierter Unternehmensführung unbürokratisch und pragmatisch behilflich zu sein. Durch ein solches Vorgehen beweist die Kommission Praxisorientiertheit und Bürgernähe.

II. Erwägungen zugunsten des Integrierten Modells

Die Kommission hält das Integrierte System umweltorientierter Unternehmensführung (Winter-Modell, im folgenden auch kurz „Modell“ genannt) für geeignet, zahlreichen Unternehmen der europäischen Wirtschaft als Richtschnur zu dienen. Die Entscheidung der Kommission, die Verbreitung des vorliegenden Buches mitzutragen, kann im Lichte folgender Erwägungen gesehen werden:

1. Das Ziel besteht darin, möglichst viele Unternehmen der Europäischen Gemeinschaft zu umweltorientierter Unternehmensführung anzuregen. Wenn sich zahlreiche Industriebetriebe über die gesetzlichen Anforderungen hinaus umweltbewußt verhal-

ten, so kann sich die Umweltsituation in der Europäischen Gemeinschaft entscheidend verbessern. Der Nutzen für Europa hat neben der ökologischen eine medizinische, soziale, kulturelle und ökonomische Dimension.

2. Große Teile der in der Industrie arbeitenden Bevölkerung können Nutznießer des Modells werden. Denn es proklamiert eine umweltorientierte Aus- und Fortbildung aller Mitarbeiter einschließlich der Lehrlinge sowie die Einrichtung eines umweltorientierten betrieblichen Verbesserungs-Vorschlagswesens auf Prämienbasis.
3. Von dem Modell geht eine „erzieherische Wirkung" auf breiteste Bevölkerungskreise aus. Durch seine Verwirklichung geben nämlich die Unternehmen ein Beispiel umweltbewußten Verhaltens, das von den Mitarbeitern im privaten Bereich nachvollzogen wird. Darüber hinaus sieht das Modell vor, daß die Mitarbeiter sich auf Wunsch in ihren privaten Haushalten zu umweltschonender Haushaltsführung anleiten lassen können, und zwar durch speziell ausgebildete Umweltberater, die – zumindest in der Einführungsphase – vor allem auch vom Unternehmen mitgetragen und finanziell unterstützt werden sollten.
4. Indem das Modell umweltfreundliche Arbeitsbedingungen fördert, hat es eine starke soziale Komponente. Außerdem dient es der sozialen Integration, weil es Arbeitgeber und Arbeitnehmer in der gemeinsamen Bemühung um bessere Umwelt- und Lebensbedingungen für alle Bürger zusammenführt.
5. Durch das Modell wird ein verschärftes Augenmerk der Unternehmensleitungen auf umwelttechnische Lösungen gelenkt. Die Folge einer wachsenden Verbreitung des Modells in der Praxis ist voraussichtlich eine Zunahme von Arbeitsplätzen in der umwelttechnischen Industrie der Gemeinschaft. Gleichzeitig wird die internationale Wettbewerbsfähigkeit dieses zukunftsträchtigen Industriesektors der Gemeinschaft gestärkt. Dagegen würde ein Zurückfallen der umwelttechnischen Industrie der Gemeinschaft hinter außereuropäische Umwelttechnik die Gefahr heraufbeschwören, daß die Gemeinschaft überdurchschnittlich wachsende Marktchancen und damit Beschäftigungschancen an außereuropäische Industriemächte verliert.
6. Durch Verbreitung des Modells können Arbeitsplätze gesichert werden. Denn das Modell sieht eine rechtzeitige Ausrichtung der Produktpalette des Unternehmens auf die stark wachsende

Nachfrage nach umweltschonenden Alternativprodukten vor. Ohne eine derartige Flexibilität der europäischen Unternehmen bestünde das Risiko, daß die Nachfrage nach umweltschonenden Alternativprodukten bei schneller reagierenden außereuropäischen Anbietern gedeckt wird, während bei den europäischen Herstellern der herkömmlichen umweltbelastenden Produkte zunehmend Arbeitsplätze verloren gehen.

7. Indem das Modell die Vergrößerung des Angebotes an umweltschonenden Produkten durch Erweckung einer entsprechenden Nachfrage erreicht und dadurch manchen dirigistischen staatlichen Eingriff entbehrlich macht, befindet es sich im Einklang mit der mehr oder weniger marktwirtschaftlichen Wirtschaftsverfassung aller Mitgliedsländer der Gemeinschaft.
8. Auch im übrigen sind keine Widersprüche des Modells zu den Rechtsordnungen einzelner Staaten der Gemeinschaft erkennbar.
9. Eine Verwirklichung des Integrierten Systems umweltorientierter Unternehmensführung bei einem Großteil der Unternehmen der Europäischen Gemeinschaft kann zu einer entscheidenden Verminderung der Belastung von Luft, Wasser und Boden mit Schadstoffen sowie zur Lösung gravierender Lärm- und Abwärmeprobleme führen.
10. Indem die Abgabe von Schadstoffen in die Umwelt erheblich zurückgeht, wenn zahlreiche europäische Unternehmen das Modell praktizieren und damit freiwillig die gesetzlichen Grenzwerte maßgeblich unterschreiten, wird der alarmierenden Zunahme von Umwelt- und Zivilisationskrankheiten in der Bevölkerung entgegengewirkt.
11. Durch die Verringerung der Luftbelastung kann gleichzeitig dazu beigetragen werden, daß sich das Waldsterben sowie die fortschreitende Zerstörung architektonisch wertvoller Bauwerke und antiker Skulpturen verlangsamen.
12. Aus dem Modell ergeben sich ferner positive Beiträge zur städtebaulichen Gestaltung. Beispiele hierfür sind baubiologisch orientierte Industriebauten, die sich gut in Stadtbild und Landschaft einfügen.
13. Auch Energieeinsparung und Ressourcenschonung sind typische Konsequenzen des Integrierten Systems umweltorientierter Unternehmensführung. Dieser Vorteil wiegt angesichts der relativ knappen Ausstattung Europas mit Energieträgern und sonstigen natürlichen Rohstoffressourcen ökonomisch besonders schwer.

14. Der Naturschutz kann durch das Modell gefördert werden. Denn das Verständnis der in die industrielle Welt eingebundenen Jugendlichen für Belange der Ökologie wird im Rahmen des Modells durch umweltbezogene Seminare und Bildungsausflüge für Lehrlinge geschult.
15. Da das Modell im mittelständischen Bereich entwickelt wurde, ist es besonders interessant für den großen Kreis mittelständischer Unternehmen. Für die Einführung bei Großunternehmen eignet es sich jedoch ebenfalls. Außerdem läßt sich das Modell unabhängig von der Branche des Unternehmens verwirklichen. Um so mehr hat es die Chance, breite Wirkung zu entfalten.

Indem die EG-Kommission es möglich macht, breiteste Wirtschaftskreise über das Integrierte System umweltorientierter Unternehmensführung zu informieren, leistet sie einen pragmatischen Beitrag zur Erhaltung der Umwelt und im Ergebnis auch der menschlichen Zivilisation in Europa. Das einzelne Unternehmen ist die Lebenszelle des Organismus Wirtschaft. Ohne Ausrichtung der vielen einzelnen Unternehmen am Gedanken des Umweltschutzes wird es keine umweltorientierte Wirtschaft, und ohne eine solche letztlich keinen langfristig gesicherten Fortbestand der notwendigen natürlichen Lebensgrundlagen in den Ländern der Europäischen Gemeinschaft geben.

7. Kapitel
Der Bundesdeutsche Arbeitskreis für umweltbewußtes Management (B.A.U.M.)

Der Bundesdeutsche Arbeitskreis für umweltbewußtes Management e. V. (B.A.U.M.) ist eine von Unternehmern gegründete Umweltschutzorganisation (B.), die den Unternehmen helfen will, umweltbewußte und erfolgreiche Unternehmensführung (A.) miteinander zu verbinden und hierbei nach einem praxisnahen Aktionsprogramm (C.) vorgeht.

A. Umweltbewußtes Management im Sinne von B.A.U.M.

Umweltbewußtes Management nach dem B.A.U.M.-Modell dient der Nutzung unternehmerischer Chancen (z. B. Energieeinsparung, Nutzung umweltorientierter Markttrends) sowie der Vermeidung unternehmerischer Risiken (z. B. zivilrechtliche und strafrechtliche Inanspruchnahme wegen Umweltverschmutzung). Auf überbetrieblicher Ebene fördert umweltbewußte Unternehmensführung die Sicherung unserer natürlichen Existenzgrundlagen Boden, Luft und Wasser sowie die nachhaltige Akzeptanz der sozialen Marktwirtschaft.

Zu den Kernelementen des Integrierten Systems umweltorientierter Unternehmensführung gehört die Umsetzung des Umweltschutzes in allen betrieblichen Funktionen (z. B. Produktentwicklung, Materialwirtschaft, Produktion, Ausbildung) und auf allen Ebenen (z. B. Vorstände, Abteilungsleiter, Meister) nach den Zielen eines Umweltaktionsplanes.

Durch ein freiwillig umweltbewußtes Verhalten der Unternehmen kann andererseits die Politik nicht von der Aufgabe entbunden werden, die Rahmenbedingungen unserer sozialen Marktwirtschaft so fortzuentwickeln, daß wirtschaftlicher Erfolg nur auf dem Wege der Umweltverträglichkeit von Produktionsverfahren, Produkten und Dienstleistungen erzielbar ist. Soweit sich die Politik dabei auch der

Steuergesetzgebung bedient – was unvermeidlich sein könnte – darf sich die steuerliche Gesamtbelastung der Unternehmen nicht erhöhen.

B. B.A.U.M. als Umweltinitiative der Wirtschaft

Auf Anregung eines mittelständischen Unternehmens schlossen sich 1985 mehrere Unternehmen und Unternehmer zu dem „Bundesdeutschen Arbeitskreis für umweltbewußte Materialwirtschaft" zusammen, der wenig später als „Bundesdeutscher Arbeitskreis für umweltbewußtes Management" seinen Aufgabenkreis stark erweiterte. 1987 wurde B.A.U.M. als Verein eingetragen und als gemeinnützige Organisation anerkannt.

Zu den Fördermitgliedern von B.A.U.M. gehören kleine, mittlere und große Unternehmen der Industrie, des Handels- und Dienstleistungsgewerbes sowie des Handwerks, daneben Verbände, Kammern, Institutionen, Behörden und Privatpersonen. Fast alle Branchen sind vertreten. Mitte 1992 zählte B.A.U.M rund 400 Fördermitglieder.

Neben den ehrenamtlichen Mitgliedern des Kuratoriums und des Vorstandes* gibt es einen hauptamtlichen Geschäftsführer. Das aktive B.A.U.M.-Team ist interdisziplinär zusammengesetzt. Zu den vertretenen Berufsgruppen gehören: Wirtschaftswissenschaften, Energieberatung, Ökotrophologie, Biologie, Chemie, Informatik und Jura. B.A.U.M. beschäftigt fest angestellte und freie Mitarbeiter. Der Sitz von B.A.U.M. ist Hamburg. Geschäftsstellen bestehen in Berlin, Bonn, Hannover und München.

Die Mitglieder des Förderkreises unterstützen B.A.U.M. mit einem regelmäßigen Förderbeitrag. Da B.A.U.M. gemeinnützig ist, sind Beiträge und Spenden steuerlich abzugsfähig. Der Kostendeckung dienen ferner Kongresse, Seminare und Forschungsprojekte.

Hauptziele von B.A.U.M. sind die Stärkung der Umweltverantwortung und die praktische Einführung von Methoden und Maßnahmen umweltbewußten Managements bei den Unternehmen, die Weiterentwicklung des Know-hows zur Minimierung der Umweltbelastung sowie die Förderung von wirtschaftlichen, ausbildungsrele-

* Im März 1992 gehörten dem Vorstand an: Dr. Georg Winter (Vorsitzender), Dr. Maximilian Gege (Stellvertretender Vorsitzender, geschäftsführend), Dr. Peter C. Mohr (Schatzmeister), Ingo Günther.

vanten und steuerlichen Rahmenbedingungen, die umweltorientierte Unternehmensführung begünstigen.

B.A.U.M. wahrt Gemeinnützigkeit und ist unabhängig von Branchen- oder Parteiinteressen. Mit Ausschließlichkeit widmet sich B.A.U.M. dem Thema „umweltbewußtes Management" und bleibt deshalb unbehelligt von zielfremden Verbandskompromissen. Im Rahmen seiner Zielsetzung kooperiert B.A.U.M. mit Industrieverbänden, Handelskammern, Gewerkschaften, Umweltverbänden, Behörden, Universitäten und Hochschulen.

C. Aktionsfelder von B.A.U.M.

B.A.U.M. handelt nach seinem „Aktionsprogramm umweltbewußte Unternehmensführung". Es umfaßt im wesentlichen sieben Aktionsbereiche.

I. Kongresse und Seminare

1. Ausbau von Arbeitskreisen und Seminaren

Mit seinem Seminarangebot dient B.A.U.M. dem zwischenbetrieblichen Erfahrungsaustausch in den Kernbereichen des umweltbewußten Managements. Neben den themenspezifischen Seminarreihen (z. B. „Umwelthaftungsrecht" sowie „Ökologie im Büro") gibt es Arbeitskreise für Umweltmanager unter Beteiligung hochrangiger Persönlichkeiten aus Politik, Wissenschaft und Wirtschaft.

2. Durchführung von In-house-Seminaren

Wirksame Praxishilfe leistet B.A.U.M. durch Management- und Mitarbeiterseminare für Unternehmen und Behörden (In-House-Schulungen). Die unternehmensinterne Schulung ist auf Sensibilisierung für Umweltbelange, Einführung umweltbewußten Managements generell und arbeitsplatzspezifische Wissensvermittlung gerichtet.

3. Veranstaltung von Kunden- und Lieferantenseminaren

Im Auftrage von Banken und Sparkassen werden Symposien für deren Kunden durchgeführt. Daneben bietet B.A.U.M. materialwirtschaftliche und sortimentspolitische Seminare für Lieferanten umweltbewußter Großabnehmer (z. B. Versandhäuser) an.

4. Organisation von Kongressen und Tagungen

Ein starkes Echo fanden die B.A.U.M.-Kongresse in Hamburg (B.A.U.M.-Umweltkongreß, Dezember 1987), Nürnberg (für das Bayerische Umweltministerium, Dezember 1989), Erfurt (mit der Dresdner Bank, Mai 1990), Schwerin (mit der Deutschen Bank, Juni 1990), Leipzig (Deutsch-Deutscher Umweltkongreß, für den Bundesumweltminister sowie BDI, DIHT und ZDH, September 1990) und Reinbek (mit dem Schleswig-Holsteinischen Wirtschaftsministerium, November 1991). Dem Thema „Umweltschutz im Krankenhaus" waren ein Kongreß in Berlin Ost (Mai 1991) sowie in Kiel (März 1992) gewidmet. Ein Spezialkongreß „Ökologie im Büro" sowie der 7. B.A.U.M. Umweltschutzkongreß sind 1992 in Vorbereitung.

5. Mitwirkung an Tagungen und Foren

B.A.U.M.-Repräsentanten bringen ihre Fachkunde in zahlreiche Tagungen und Seminare für unterschiedlichste Auftraggeber (Universitäten und Fachhochschulen, Handelskammern und Unternehmensverbände, Umweltverbände, nationale und internationale Tagungsveranstalter) und Zielgruppen in Form von Moderationen, Vorträgen und Workshops ein. Darüber hinaus hat B.A.U.M. einen Vermittlungsdienst für Vortragende.

II. Forschung und Ausbildung

1. Mitwirkung an Forschungs- und Pilotprojekten

In praxisnaher Forschung sieht B.A.U.M. eine Schwerpunktaufgabe. B.A.U.M. war an der Konzipierung des Forschungsprojektes „Umweltorientierte Unternehmensführung" des Bundesumweltministeriums beteiligt und führte bei dem Projekt 150 Unternehmensinterviews sowie zahlreiche Intensiv-Fallstudien durch.

2. Entwicklung von Führungsmitteln für die Wirtschaft

B.A.U.M. beteiligte sich an der Entwicklung eines Leitfadens für die Prüfung der Umweltverträglichkeit von Unternehmen. Ferner hat B.A.U.M. ca. 20 funktionsbezogene Check-Listen erarbeitet, die in Kooperation zu einem praktikablen Expertensystem weiterentwickelt werden. Für Zwecke der langfristigen strategischen Unternehmensplanung wurde für ein Unternehmen ein individuelles Umweltszenario erstellt.

3. Entwicklung von Führungsmitteln für Behörden und Krankenhäuser

Für ein Landesumweltministerium entwickelte B.A.U.M. einen ökologischen Behördenleitfaden. Darüber hinaus ist ein Spezialprogramm „Umweltschutz in Kliniken/Krankenhäusern" einschließlich entsprechender Check-Listen in Arbeit.

4. Entwicklung datentechnischer Praxishilfen

Dringender Bedarf besteht an einer Datenbank, die das Beschaffungswesen von Unternehmen und Behörden über umweltverträgliche Produkte informiert. Ein entsprechendes Projekt wurde von B.A.U.M. konzipiert. Ein weiteres Forschungsprojekt zielt auf die Erstellung eines computergestützten Systems für schnelle und kostengünstige ökologische Schwachstellenanalysen in kleinen und mittleren Betrieben.

5. Förderung von Ausbildungsmodellen und Berufsbildern

B.A.U.M. arbeitet mit Universitäten und Hochschulen zusammen. Seit langem befürwortet B.A.U.M. ein Berufsbild „Diplombetriebsökologe" bzw. „Diplomwirtschaftsökologe". Mehrere Diplomanden mit ökonomisch-ökologischer Themenstellung werden im Rahmen ihres traditionellen Studiums der Naturwissenschaften bzw. der Betriebs- oder Volkswirtschaft von B.A.U.M. betreut. Auch stellt B.A.U.M. Praktikantenplätze zur Verfügung.

III. Öffentlichkeits- und Ausschußarbeit

1. Zusammenarbeit mit den Medien

Bei seiner Medienarbeit setzt B.A.U.M. auf die ansteckende Wirkung von Positivbeispielen. Laufend vermittelt B.A.U.M. vorbildlichen Unternehmen die Gelegenheit, ihre umweltbezogenen Aktivitäten in Fernsehberichten, Rundfunksendungen, Tageszeitungen und Zeitschriften des In- und Auslandes zu präsentieren. Die Medien schätzen B.A.U.M. als Filter für die Zuverlässigkeit der Berichterstattung.

2. Mitwirkung in Fachausschüssen

B.A.U.M. fördert – z. T. durch gutachterliche Äußerungen – Entscheidungsprozesse im Verbandswesen und vorparlamentarischen Raum. Repräsentiert ist B.A.U.M. beispielsweise im Umweltausschuß des Verbandes Deutscher Maschinen- und Anlagenbau (VDMA) sowie im Umweltausschuß des Deutschen Industrie- und Handelstages (DIHT).

3. Mitwirkung in Juries

Das sachverständige Urteil von B.A.U.M. findet Eingang in preisrichterliche Entscheidungen. Z. B. sind B.A.U.M.-Repräsentanten in den Juries des Impulse-Commerzbank-Preises, des Capital-Deutsche Bank Preises und des Océ-van der Grinten Preises vertreten. Ein Vorstandsmitglied von B.A.U.M. wirkt in der Jury für die Verleihung der „European Better Environment Awards for Industry“ der EG-Kommission mit.

4. Publizierung von Büchern

Das Buch „Das umweltbewußte Unternehmen“ (herausgegeben von G. Winter) erschien in erster Fassung 1987 in deutscher Sprache und wurde zwischenzeitlich in zahlreiche Sprachen übersetzt. Die Übertragung kybernetischer Strategien der Natur auf das Management von Unternehmen ist Gegenstand des Buches „Was der Unternehmer von der Blattlaus lernen kann“ (von C. Apitz und M. Gege). Im Rahmen einer B.A.U.M.-Buchreihe sollen umweltorientierte Aktivitäten von B.A.U.M. Mitgliedsunternehmen publiziert und verbreitet werden.

5. Veröffentlichung sonstiger Schriften

Mitglieder des B.A.U.M.-Vorstandes und -Teams verfassen zahlreiche Veröffentlichungen, u. a. Buchbeiträge, Zeitungs- und Zeitschriftenartikel, Skripten zur umweltorientierten Unternehmensführung. Ein Literaturverzeichnis ist bei B.A.U.M. erhältlich. Die meisten thematischen Kongresse sind in umfassenden Tagungsbänden dokumentiert.

6. Verbreitung des B.A.U.M.-Kodex

Die Internationale Handelskammer (ICC) beauftragte B.A.U.M., einen weltweit verwendbaren Kodex für umweltbewußte Unternehmensführung zu entwerfen. Resultat war der paritätisch von Vertretern der Wirtschaft und Wissenschaft erarbeitete B.A.U.M.-Kodex. Bei der endgültigen Formulierung des ICC-Kodex („Industry Charter for Sustainable Development") berücksichtigte die ICC neben dem B.A.U.M.-Kodex auch Anregungen aus anderen Ländern. B.A.U.M. empfiehlt den Firmen die Einhaltung beider im Kern übereinstimmenden Kodizes.

7. Verleihung von B.A.U.M.-Urkunden

Durch Aushängung einer B.A.U.M.-Urkunde können die Firmen künftig ihre Fördermitgliedschaft dokumentieren. Weiter geht eine andere Urkunde, in der sich die unterzeichnende Firma zur Einhaltung des B.A.U.M.-Kodex verpflichtet. In Planung ist als dritte Stufe eine Urkunde, mit der bescheinigt wird, daß das benannte Unternehmen auf Basis einer Schwachstellenanalyse durch B.A.U.M. für einen bestimmten Zeitraum das Prädikat „Umweltbewußtes Unternehmen" beanspruchen kann.

8. Überlassung des B.A.U.M.-Logos

Das B.A.U.M.-Logo zeigt ein von einem Baum ausgefülltes Zahnrad. Das Logo symbolisiert, daß die Ökonomie von der Ökologie durchdrungen sein muß. Wie Zahnrad und Baum aus einem gemeinsamen Strich bestehen, so muß die Wirtschaft in den Naturkreislauf eingebunden sein. Firmen können das Logo mit dem Zusatz „Fördermitglied von B.A.U.M." im Rahmen ihrer Werbung verwenden.

Abb. 25: Das Logo von B.A.U.M.

IV. Laufende Unternehmensbetreuung

1. Erweiterung des Informationsdienstes

Mitglieder des B.A.U.M.-Förderkreises erhalten gegenwärtig den Informationsdienst des Instituts für gewerbliche Wasserwirtschaft und Luftreinhaltung. In Vorbereitung ist ein weiterer Informationsdienst.

2. Ausbau als Informations- und Kontaktbörse

B.A.U.M. ist ein Informations- und Kontaktmittler zwischen kleinen, mittleren und großen Unternehmen aller Branchen, Forschungsinstituten, spezialisierten Umweltberatern, Technologieanbietern, Umweltbehörden, Umweltverbänden und Bürgerinitiativen sowie den Medien – das Zentrum eines Netzwerks für umweltorientierte Unternehmensführung.

3. Erteilung von Auskünften

Die zahlreichen täglichen Anfragen – vermehrt auch aus dem Ausland – stellen B.A.U.M. zunehmend vor Kapazitätsprobleme. B.A.U.M. kann auf Datenbänke zur Umweltfachliteratur, zu Fallstudien umweltbewußter Unternehmensführung, zu kostenreduzierenden betrieblichen Umweltschutzprojekten sowie zu beratenden Experten und fachkundigen Vortragenden zurückgreifen.

V. Sonderaktivitäten in den neuen Bundesländern

Erhebliche Anstrengungen konzentriert B.A.U.M. auf die neuen Bundesländer. Folgende Erwägungen liegen zugrunde:

Ökologisch-ökonomische Ausgangslage
Große Teile der neuen Bundesländer sind ökologisch in einem desolaten Zustand. Die Zentralverwaltungswirtschaft erwies sich nicht nur ökonomisch, sondern auch ökologisch als ineffektiv. Andererseits finden sich in den neuen Bundesländern noch Gebiete (z. B. das Niemandsland entlang der ehemaligen Demarkationslinie und die mecklenburgischen Seengebiete), deren ökologische Vitalität in den alten Bundesländern vergeblich ihresgleichen sucht.

Industriepolitische Doppelaufgabe
Eine ökologische Industriepolitik für die neuen Bundesländer muß deshalb gleichgewichtig der ökologischen Sanierung der vorhandenen Industrie und der Bewahrung der wertvollen naturnahen Räume vor unökologischer Industrialisierung dienen. Im Ergebnis gilt es, zwar die positiven betriebsökologischen Lösungen, nicht jedoch die inzwischen erkannten industriellen und zivilisatorischen Fehlentwicklungen der alten Bundesländer auf die neuen zu übertragen.

Vermeidung zivilisatorischer Fehlentwicklungen
Im Hinblick auf die Erfahrungen in den alten Bundesländern sind u. a. folgende Fehlentwicklungen zu verhindern: Verschandelung von Küstenregionen durch Hotelgroßbauten, Trockenlegen von Feuchtgebieten, Zerstörung von Stadtkernen durch Verkehrsflächen und Parkhäuser, Abholzen von Alleen, landschaftswidrige Trassenführung von Autobahnen, weiträumige Zersiedlung wertvoller Erholungslandschaften, Kanalisierung natürlicher Flußläufe, Preisgabe empfindlicher Berg- und Seenlandschaften an Massensport und Massentourismus.

Ökologische Sanierung der Industrie
Durch umweltbewußte Unternehmensführung – einschließlich des Einsatzes integrierter Umweltschutztechnik und der Entwicklung und Vermarktung umweltverträglicher Erzeugnisprogramme – wird nicht nur zur ökologischen Sanierung der neuen Bundesländer beigetragen. Vielmehr wird auch die Wettbewerbsfähigkeit der Industrie in den neuen Bundesländern gefördert und nachhaltig abgesichert. Informationsdefizite sind vor allem auch bei den kleinen und mittleren Unternehmen zu beseitigen.

1. Start eines flächendeckenden Fortbildungsprogramms

Zielsetzung

Beginnend mit dem Jahre 1992 führt B.A.U.M. – unterstützt durch die Deutsche Bundesstiftung Umwelt – in zahlreichen Städten der neuen Bundesländer ein Fortbildungsprogramm zur umweltorientierten Unternehmensführung durch. Die Vorstände, Geschäftsführer, Abteilungsdirektoren und Umweltschutzbeauftragten der örtlichen Industrie erhalten konkrete Praxishilfen für die ökologische Sanierung der Industrie sowie für die Abwendung zivilisatorischer Fehlentwicklungen.

Inhalt

Das Fortbildungsprogramm umfaßt u. a. folgende Themen: Organisation des betrieblichen Umweltschutzes und Aufgaben des Umweltschutzbeauftragten im Betrieb, Optimierung des betrieblichen Entsorgungsmanagements, Sanierung von Betriebsgrundstücken, Kosteneinsparungen durch verbesserte Energienutzung, Auswirkungen der Abwasservorschriften auf die betriebliche Praxis, Umwelthaftungs- und Umweltstrafrecht, Chancen durch ökologisches Marketing, Finanzierungshilfen für Umweltschutzmaßnahmen in den neuen Bundesländern.

Zielbranchen

Vor allem folgende Branchen sollen erreicht werden: Metallverarbeitung im Zusammenhang mit Galvanik (Autoherstellung usw.), Chemie (Haushalts- und Pflegemittel, wie Waschmittel und Kosmetik), Nahrungsmittelindustrie (Lebensmittel, Getränke), Bau-, Heizungs-, Energie- und Umwelttechnik (ökologisches Bauen), Krankenhäuser (Entsorgungsmanagement), Altlastenbeseitigung, Entsorgungsbereich, Verpackungsindustrie und Verwaltungen, Kommunen und Dienstleister.

Dreistufiger Aufbau

Das Fortbildungsprogramm ist dreistufig aufgebaut:
- In einem eintägigen Seminar erhalten die Teilnehmer einen Überblick über die Problembereiche umweltorientierten Managements sowie über Problemlösungen und deren Umsetzung in die Praxis.
- Nachdem die Seminarteilnehmer mit der Anwendung des neu erworbenen Wissens auf die Praxis etwa 2 bis 3 Monate hindurch

Erfahrungen gesammelt haben, werden diese mit ihnen in einem zweitägigen Workshop aufgearbeitet. Gleichzeitig geben die den Workshop moderierenden Experten konkrete Empfehlungen für die weitere praktische Implementierung des Know-hows in den Betrieben der Teilnehmer.

– Die Ergebnisse der Seminare, der Workshops sowie der Implementierungsbemühungen in den Betrieben werden in zwei Kongressen zusammengefaßt. Mit Hilfe der Medien soll eine Multiplikatorwirkung erzielt werden.

2. Fortsetzung des Kongreßprogramms

Sehr frühzeitig nach Öffnung der Mauer engagierte sich B.A.U.M. in den neuen Bundesländern durch wesentliche Tagungsbeiträge (z.B. beim Erfurter Kongreß über Unternehmensführung in der Marktwirtschaft, Februar 1990, und beim Leipziger Kongreß „Ökologisches Wirtschaften" der Umweltverbände beider Teile Deutschlands, April 1990) sowie durch die Veranstaltung der Kongresse in Erfurt, Schwerin, Leipzig und Berlin (vgl. D.I.4.). Die beiden Kongresse des Fortbildungsprogramms sind eine konsequente Fortsetzung der B.A.U.M.-Kongreßaktivitäten in den neuen Bundesländern.

3. Ausbau der Geschäftsstelle in Berlin

Zur Beschleunigung des Informationsflusses und zur Intensivierung der Zusammenarbeit zwischen B.A.U.M. und seinen Mitgliedsfirmen einerseits und den Unternehmen und Bildungseinrichtungen in den neuen Bundesländern andererseits, wurde am 1. Oktober 1990 in Berlin eine B.A.U.M.-Geschäftsstelle eröffnet. Durch das flächendeckende Fortbildungsprogramm wachsen der Geschäftsstelle weitere Aufgaben zu.

VI. Beratung und Implementierung

Entwicklung bis Mitte 1991

Die Umweltaktivitäten von B.A.U.M. weckten zunehmenden Beratungsbedarf bei Unternehmen, Wirtschaftsverbänden und Behörden. Eine Reihe von Beratungsprojekten mit erstklassigen Adressen wurde

Ökologische Schwachstellenanalyse nach dem B.A.U.M.-Modell

Auftragserteilung nach Angebot mit Ziel-, Zeit- und Kostenplanung

Schriftliche Erfassung von Daten nach B.A.U.M.-Checkliste

Einführungsgespräch über Projektziel und Vorgehensweise

Betriebsbegehung durch Experten mit verantwortlichen Mitarbeitern des Betriebes

Ist-Aufnahme anhand bekannter Daten, ggf. zusätzliche Datenermittlung vor Ort

Ökologische und z. T. ökonomische Bewertung der Ist-Aufnahme durch Experten in Hamburg

Überprüfung ermittelter Schwachstellen auf ökologische Verbesserungsmöglichkeiten, weitere Recherchen und Erarbeitung von Lösungsvorschlägen

Abstimmung mit Auftraggeber und Berichterstattung

Präsentation der Ergebnisse bei der Geschäftsleitung

Erstellung eines prioritätenorientierten Umwelt-Aktionsplanes mit der Geschäftsleitung

Schulung der Mitarbeiter auf allen Ebenen

Durchführung der Lösungsvorschläge aus der Schwachstellenanalyse nach Maßgabe des Umwelt-Aktionsplans durch den Betrieb

– im Rahmen der durch die Gemeinnützigkeit gezogenen Grenzen – auf Basis von Kostendeckung durchgeführt (zur Schrittfolge vgl. die Übersicht S. 386).

Entwicklung ab Mitte 1991

Mitte 1991 wurde es erforderlich, den wachsenden Beratungsbereich auf eine selbständige GmbH (B.A.U.M.-Consult GmbH) zu übertragen. Der B.A.U.M. e. V. blieb gemeinnütziger Verein. Die B.A.U.M.-Consult GmbH ist gegenüber dem B.A.U.M. e. V. zur Verfolgung seiner satzungsgemäßen Ziele vertraglich verpflichtet. Das Beratungsteam der B.A.U.M.-Consult GmbH geht größtenteils auf den B.A.U.M. e. V. zurück und verfügt deshalb über ein umfangreiches Know-how. Die B.A.U.M.-Consult GmbH kooperiert u. a. mit der USP (Umwelt-Strategie-Partner), einem Netzwerk mehrerer Beratungsunternehmen.

VII. Grenzüberschreitende Kooperation

Entwicklung bis Ende 1990

Bis Ende 1990 gewannen die Auslandsaktivitäten von B.A.U.M. Jahr für Jahr an Gewicht.

1. Förderung des internationalen Erfahrungsaustausches

B.A.U.M. stellte das Integrierte System umweltorientierter Unternehmensführung auf zahlreichen internationalen Kongressen vor. Zu den Foren gehörten die ECIEM, Interlaken; die Ökologia, Wien; die Rhine Conference, Straßburg; der Workshop „Sustainable Industrial Development", Warschau sowie weitere Kongresse in St. Gallen, Brüssel, Bergen (Norwegen), Göteborg, Toblach, Montreal, London, Johannesburg und anderen Städten.

2. Beratung bei der Gründung von B.A.U.M.-Schwesterorganisationen

B.A.U.M. leistete Gründungsberatung für Schwesterorganisationen in Österreich, der Schweiz, Schweden, Großbritannien und Südafrika. Im März 1990 veranstaltete die TREE Students Initiative in London die Tagung „The Greening of Management", auf der

B.A.U.M. und verschiedene Schwesterorganisationen „National Reports" gaben.

3. Fortentwicklung der internationalen Managerausbildung

B.A.U.M. führte das Thema „Umweltbewußte Unternehmensführung" im Juli 1989 bei der Business School INSEAD, Fontainebleau, ein und gab Impulse für die Managementlehrgänge des United Nations Environment Programme (UNEP).

4. Zusammenarbeit mit internationalen Institutionen

Ein Vorstandsmitglied von B.A.U.M. wirkte wiederholt in der Jury für die Verleihung der „European Better Environment Awards for Industry" der EG-Kommission mit. Der österreichische Bundeskanzler, Vorsitzender des Beirates des österreichischen B.A.U.M., betonte in einem Vortrag anläßlich der B.A.U.M.-Jahrestagung die Wichtigkeit umweltorientierter Unternehmensführung für Europa. Der französische Umweltminister bezeichnete das Konzept umweltbewußter Unternehmensführung – wie es von B.A.U.M. verbreitet wird – als „le modèle de l'entreprise européenne de demain". (Das Modell für das europäische Unternehmen von morgen.)

Entwicklung ab Anfang 1991

1. Übergang von Auslandsaktivitäten auf INEM

Nach Entstehung von Schwesterorganisationen in verschiedenen Ländern schloß sich B.A.U.M. mit diesen im Februar 1991 zum International Network for Environmental Management (INEM) zusammen. Die Aufgabe der internationalen Verbreitung des Knowhows im Bereich umweltorientierter Unternehmensführung ist von B.A.U.M. weitgehend auf INEM übergegangen.

2. Nutzbarmachung von B.A.U.M.-Material für INEM

INEM kann nunmehr aus dem Know-how der verschiedenen nationalen Verbände für umweltbewußtes Management schöpfen. Da der deutsche B.A.U.M. langjährige Erfahrung hat, geht von ihm ein breiter Informationsstrom aus. Aufgabe von INEM wäre es, möglichst zügig die Tagungsbände der Fachkongresse von B.A.U.M. in das Englische, die offizielle Sprache von INEM, zu übersetzen.

3. Seminarkooperation zwischen B.A.U.M. und INEM

Auf der World Industry Conference on Environmental Management (WICEM II), die vom 10. bis 12. April 1991 in Rotterdam stattfand, wurde das Spezialseminar über umweltbewußtes Management bei kleinen und mittleren Unternehmen von B.A.U.M. und INEM gemeinsam durchgeführt.

4. Ehrung von B.A.U.M. durch die Vereinten Nationen

Am 5. Juni 1991 wurde der Bundesdeutsche Arbeitskreis für umweltbewußtes Management (B.A.U.M.) vom United Nations Environment Programme für „herausragende praktische Leistungen für den Schutz und die Entwicklung der Umwelt“ mit dem „Global 500 Roll of Honour“-Award ausgezeichnet. Der Preis wurde anläßlich des Weltumweltschutztages in Stockholm den Repräsentanten von B.A.U.M. durch den schwedischen König Carl XVI. Gustav und den Executive Director des United Nations Environment Programme, Dr. Mostafa Tolba, überreicht.

8. Kapitel
Das International Network for Environmental Management (INEM)

Beginnend mit dem Jahre 1985 haben sich in mehreren Ländern Pionierunternehmen zu Verbänden für umweltbewußte Unternehmensführung zusammengeschlossen (A.). Die Verbände ihrerseits haben sich am 19. Februar 1991 zum International Network for Environmental Management (INEM) vereinigt (B.). Die internationalen Aktivitäten von INEM zielen darauf ab, daß möglichst viele Unternehmen in kurzer Frist umweltverträglicher wirtschaften (C.). Mit diesem Ziel hat INEM auch Empfehlungen an die Unternehmen, Regierungen und Verwaltungsinstanzen der verschiedenen Länder erarbeitet (D.).

Im Rahmen der United Nations Conference on Environment and Development (UNCED) veranstaltete INEM vom 2. bis zum 5. Juni 1992 die International Industry Conference for Sustainable Development, an der sich nationale Mitgliedsverbände von INEM sowie zahlreiche ihrer Mitgliedsfirmen beteiligten. Die Mitgliedsverbände von INEM repräsentieren zusammen mehr als 600 Unternehmen, die angeschlossenen Verbände („affiliated associations“) mehr als 400 Unternehmen.

Mehrere INEM-Mitgliedsverbände bzw. INEM angeschlossene Verbände (B.A.U.M., IEF bzw. Ö.B.U.) haben Kodizes für umweltbewußte Unternehmensführung entwickelt. INEM unterstützt daneben die von der ICC – unter Beteiligung von B.A.U.M. – erarbeitete „Business Charter for Sustainable Development – Principles for Environmental Management“ sowie die „Global Environment Charter“ des japanischen Industrieverbandes Keidanren als wichtige Schritte auf einem noch langen Wege.

Es ist zu wünschen, daß die internationale Wirtschaft – unabhängig von Standort und Betriebsgröße – INEM und seine Mitgliedsverbände verstärkt als Multiplikatoren bei der Verbreitung umweltorientierter Unternehmensführung nutzt.

INEM begrüßt die Abschlußerklärung des 17. Weltwirtschaftsgipfels 1991 in London, in der die Minister (unter Ziffer 52 e) ihre

Bemühung um „die Stärkung internationaler Institutionen, die sich mit der Umwelt befassen," zugesagt haben.

A. Nationale Unternehmensverbände für umweltbewußtes Management

Nach der Gründung des Bundesdeutschen Arbeitskreises für umweltbewußtes Management (B.A.U.M.) im Jahre 1985 wurde das Integrierte System umweltorientierter Unternehmensführung in Deutschland zunehmend bekannt. Der Grund war vor allem, daß die Medien ausführlich über konkrete Pilotprojekte umweltorientierter Unternehmensführung in der Industrie berichteten. In anderen Ländern des deutschen Sprachraumes, nämlich in Österreich und der Schweiz, wuchs das Interesse rasch.

Im Umweltjahr 1987/88 nahm sich die Kommission der Europäischen Gemeinschaften der umweltorientierten Unternehmensführung u. a. durch die Stiftung der „European Better Environment Awards for Industry" und durch die Veröffentlichung des Buches „Das umweltbewußte Unternehmen" in mehreren Sprachen an.

Zunehmend wurde das Thema auf internationalen Konferenzen behandelt. Beginnend mit dem Jahre 1989 wurden jährlich mehrere nationale Organisationen für umweltbewußtes Management gegründet. Von diesem Jahre an läßt sich von einer internationalen Bewegung für umweltbewußtes Management sprechen.

Von großer Bedeutung für diese Bewegung war der „Report of the World Commission on Environment and Development" (der »Brundtland Report«), der 1987 erschien und der Weltöffentlichkeit das Konzept einer nachhaltig tragfähigen wirtschaftlichen Entwicklung (sustainable development) vorstellte. Nach diesem Konzept gilt es, den Bedürfnissen der Lebenden gerecht zu werden, ohne dadurch die Fähigkeit zukünftiger Generationen zu gefährden, ihren Bedürfnissen gerecht zu werden.

Während die nationalen Unternehmensverbände für umweltorientierte Unternehmensführung in Österreich, Schweiz, Südafrika, Schweden, United Kingdom, Dänemark, Brasilien und Israel in enger Zusammenarbeit mit B.A.U.M.-Deutschland bzw. INEM gegründet wurden, entstanden die vergleichbaren Organisationen in den USA, Japan und Hongkong weitgehend unabhängig. Die Kooperation zwischen den nationalen Unternehmensverbänden für umweltbewußtes Management wird von Jahr zu Jahr intensiver und umfassender.

Die nationalen Unternehmensverbände für umweltorientierte Unternehmensführung der Länder Brasilien, Dänemark, Deutschland, Österreich, Schweden, Südafrika und United Kingdom sind seit 1991 zum International Network for Environmental Management (INEM) zusammengeschlossen. Die übrigen nationalen Verbände denken gegenwärtig über eine weitere Intensivierung ihrer Zusammenarbeit mit INEM und seinen Mitgliedsverbänden nach.

Im folgenden werden wichtige nationale Unternehmensverbände für umweltbewußtes Management in europäischen Ländern (I.) und außereuropäischen Ländern (II.) jeweils in der Reihenfolge ihrer Gründung vorgestellt.

I. Unternehmensverbände in europäischen Ländern

1. Deutschland

Mit dem Gründungsjahr 1985 und rund 400 Mitgliedsfirmen im Jahre 1992, ist der Bundesdeutsche Arbeitskreis für umweltbewußtes Management e. V. (B.A.U.M.) der älteste und mitgliederstärkste Verband seiner Art. Näheres wurde an früherer Stelle (7. Kapitel) berichtet.
B.A.U.M. – Deutschland
Tinsdaler Kirchenweg 211,
D-2000 Hamburg 56
Telefon: + 49-40-810101, Fax: + 49-40-810126

2. Österreich

Im Frühjahr 1989 schloß sich eine Gruppe österreichischer Unternehmer unter dem Namen Bundesweiter Arbeitskreis für Umweltbewußtes Management (B.A.U.M.-Österreich) zusammen. Zu den Themen, die B.A.U.M.-Österreich in Form von Seminaren und Tagungsbeiträgen bisher behandelte, gehören u. a.: ökologische Bilanzierung, das umweltorientierte Büro, ganzheitliche, umweltorientierte Unternehmensführung und Umweltschutz im neuen Europa.

Eine Auswahl laufender Projekte:

- Entwicklung eines an österreichische Verhältnisse angepaßten Modells zur Identifikation und Durchführung betrieblicher Abfall- und Emissionsprojekte im Rahmen von EUREKA und unter Zusammenarbeit mit Ass. Prof. Dr. Hans Schnitzer vom Institut für Verfahrenstechnik an der Universität Graz.

- Eschenbach-Seminar: Studenten der Wirtschaftsuniversität am Institut von Univ. Prof. Dr. Dipl. Ing. Rolf Eschenbach dokumentierten im Rahmen eines Seminares im Wintersemester 1991/92 die Umweltmanagement-Leistungen der B.A.U.M.-Mitgliedsbetriebe. Die Ergebnisse werden in der Folge als Buch erscheinen.
- Arbeitskreis „Ökologie im Büro" mit diversen Seminaren und Studien
- Arbeitskreis und Branchenkonzept für österreichische Leiterplatten-Hersteller zur Identifikation von Emissions- und Abfallvermeidungspotentialen mit Alcatel-Österreich
- Seminarzyklus „Umweltmanagement" (in diesem Rahmen gab es unter anderem ein Seminar mit Prof. Ulrich Steger von der European Business School über „umweltorientierte Unternehmensstrategie" und ein Seminar zum Thema „Förderung von Umweltinvestitionen in Osteuropa")

Zusätzlich zum B.A.U.M. Verein wurde ein B.A.U.M. Institut gegründet, das der Gemeinde Wien und den Wiener Unternehmern neben Betriebsberatungen ein Forum für umweltorientierte Unternehmensführung bietet.

Zur Förderung des Umweltbewußtseins im Büro hat B.A.U.M.-Österreich zusammen mit der Firma „Repa-fill" den ARDEA-Preis für das umweltfreundlichste Büro verliehen. Für hervorragende Leistungen im Bereich umweltorientierter Unternehmensführung wird B.A.U.M.-Österreich in Zusammenarbeit mit dem Umweltmagazin „Umweltschutz" auf der UTEC (5. Kongreß-Messe für Umwelttechnik) in Linz symbolträchtig einen Baum als Umweltschutzpreis an die „Umweltmanager des Jahres" vergeben.

B.A.U.M.-Österreich lädt die Umweltbeauftragten der Mitgliedsfirmen jeden Monat zu einer Veranstaltung (Vortrag, Treffen mit Behördenvertretern oder Politikern, Autorenlesung, etc.) ein.

Auf dem ersten Umweltforum des B.A.U.M.-Österreich am 6.12.1989 hielt der österreichische Bundeskanzler, Dr. Franz Vranitzki, Ehrenvorsitzender des Kuratoriums von B.A.U.M.-Österreich, den Festvortrag. Im Frühjahr 1991 nutzte die österreichische Umweltministerin Dkfm. Ruth Feldgrill-Zankel die B.A.U.M.-Präsentation des Buches „Unternehmen Umwelt" von Joseph Huber für ihren ersten öffentlichen Auftritt, bei dem sie ihre Zielsetzungen erläuterte.

B.A.U.M.-Österreich hat über 80 Mitgliedsfirmen, darunter z. B. Alcatel, BP Austria, BULL Austria, Digital Equipment Corp., IBM, Schwarzkopf, Siemens sowie andere große österreichische Unternehmen in den Branchen Bauwesen, Kosmetik und Lebensmittel. Zu den Mitgliedern gehören auch zahlreiche kleine und mittelständische Unternehmen und der bedeutende Umweltschutzverband WWF.

B.A.U.M.-Österreich, Lohnsteinstraße 36, A-2380 Perchtoldsdorf, Telefon: + 43-222-860614, Fax: + 43-222-865-3893

3. Schweiz

Die schweizerische Vereinigung für Ökologisch Bewußte Unternehmensführung (Ö.B.U.)/Association Suisse pour l'Intégration de l'Ecologie dans la Gestion des Enterprises (ASIEGE) existiert seit dem 15. März 1989 und hat über 160 Mitglieder einschließlich Migros, Ciba-Geigy, Nestlé, Swiss Bank Corporation, Anova Holding, Lever und Holzstoff.

Die Studenteninitiative oikos von der Hochschule St. Gallen führte auf einer Tagung zum Thema „Chancen umweltbewußter Unternehmensführung" am 30. 6. 1988 etwa 60 Unternehmensleiter zusammen und ebnete hierdurch das Terrain für Ö.B.U.

Ö.B.U./ASIEGE zielt darauf ab, umweltbewußtes Management in der Schweiz zu verbreiten, besonders durch die Verankerung umweltbewußten Denkens in den Führungsetagen der Unternehmen. Diesem Zweck dienen die Vermittlung ökologischen Wissens, der Erfahrungsaustausch zwischen Mitgliedsunternehmen, die Förderung umweltorientierter Ausbildung und Forschung sowie insbesondere die Bildung themenspezifischer „Aktionsgruppen".

Zu den zahlreichen Aktivitäten von Ö.B.U. gehört die Organisation geschäftspolitischer Tagungen für die Führungskräfte der Mitgliedsunternehmen. Eine Tagung im Jahre 1991 war der klimatischen Entwicklung und der Steuerung von CO_2-Emissionen gewidmet. Ö.B.U. arbeitet mit Hochschulen und Universitäten (besonders mit der Universität St. Gallen) bei der Verbreitung betriebsökologischer Lehrinhalte zusammen.

1991/92 laufen folgende Aktionsgruppen: Ökobilanz für Unternehmen, Energiemanagement, Betriebliche Abfallkonzepte, Ökologische Produktentwicklung/Öko-Marketing.

Es steht den Mitgliedsunternehmen frei, an welchen Arbeitsgruppen sie teilnehmen wollen. Die Resultate der Arbeitsgruppen werden von deren Mitgliedern in der Praxis getestet. Die Endergebnisse der Arbeitsgruppen werden allen Ö.B.U.-Mitgliedsfirmen zugänglich gemacht. So sind die Ergebnisse der kürzlich abgeschlossenen Aktionsgruppe zur „ökologischen Mitarbeitermotivierung" an einer Tagung mit 65 Firmenvertretern und -vertreterinnen diskutiert worden und liegen als Schriftenreihe Nr. 6/91 vor.

Besonderheit der Ö.B.U. sind die „Kontaktpersonen" der Mitgliedsfirmen: Jede Firma benennt eine Kontaktperson aus der Unternehmensleitung. So wird mit der Mitgliedschaft bei Ö.B.U. gleichzeitig garantiert, daß Ökologie zur Chefsache wird.

ÖBU/ASIEGE, Postfach 9, CH-9001 St. Gallen
Telefon: + 47-71-28 63 02

4. Schweden

Der schwedische BAUM (Svenska BAUM), Näringslivets Miljöforum, wurde von schwedischen Unternehmen am 22. 10. 1990 gegründet. Ziel ist, die schwedische Wirtschaft vermehrt zu umweltorientierter Unternehmensführung zu animieren und ihr in diesem Bereich ein Forum für den Austausch von Meinungen, Erfahrungen und Know-how zur Verfügung zu stellen.

Der Svenska BAUM hat etwa 45 Mitgliedsunternehmen, unter ihnen ABB Fläkt, ASSI, Nobel Industrier, Electrolux, Ericsson, ICA Företagen, IKEA, KABI, Modo, Swedish National Railways, Stena Line, Svenska Mässan, Southern Power, Tetra Pak und Volvo. Alle Mitgliedsorganisationen praktizieren oder planen umweltorientierte Mitarbeiterschulung. Die meisten von ihnen nutzen Erkenntnisse der ökologischen Buchführung.

Starke Impulse für die Gründung des Schwedischen BAUM gingen von einer Vortragsveranstaltung auf der ECOLOGY 1989/International Congress and Exhibition in Göteborg aus.

Neben dem Großunternehmen ABB Fläkt (jetzt ABB Environmental Services) gehören drei mittelständische Unternehmen zu den Pionieren in Schweden: Perstorp, Antoni Publishing (der Verleger der schwedischen Fassung des vorliegenden Buches) sowie die Firma Iron Impex (E. Krzesinski).

Svenska BAUM will:

- das Umweltbewußtsein auf allen Ebenen des Unternehmens fördern, besonders mittels Information, Meinungsaustausch und Ausbildung;

- ein Forum für den Informationsaustausch über praktischen betrieblichen Umweltschutz und damit Anregung für andere sein;
- die Notwendigkeit zeigen, von einem strategisch fundierten ganzheitlichen Ansatz her die Umweltprobleme, aber auch die mit dem Umweltschutz verbundenen geschäftlichen Chancen anzugehen;
- ein Bindeglied zwischen Forschungsinstituten, der Geschäftswelt und dem gesellschaftlichen Umfeld sein;
- das Umweltbewußtsein der Unternehmen für den gesamten Lebenszyklus der Produkte schärfen (vom Rohmaterial über die Herstellung bis hin zur bestimmungsgemäßen Anwendung und zur späteren Abfallbeseitigung bzw. -verwertung).
- international mit den Mitgliedsorganisationen von INEM zusammenarbeiten.

Im Februar 1991 fand die erste jährliche Mitgliederversammlung statt. Svenska BAUM war bei der Umweltschutzausstellung in Göteborg im Oktober des Jahres 1991 vertreten und gestaltete im Rahmen des gleichzeitig stattfindenden Ökologie-Kongresses ein Seminar.

Pro Jahr sollen acht Betriebsbesuche für Mitgliedsfirmen bei anderen Mitgliedsfirmen organisiert werden. Auf diese Weise wollen sich die Unternehmen gegenseitig über ihre Umweltschutzkonzepte und deren Realisierungsstand informieren. Z. B. fand im April eine Betriebsbegehung bei Sydkraft (Southern Power) in Malmö statt. Im Mai wurden die Swedish National Railways in Stockholm besucht. Jedes dieser Treffen steht unter einem bestimmten Thema wie beispielsweise Wasser, Energie oder Abfall, was zur Bildung spezieller Arbeitsgruppen führen soll.

Im Mai organisierte Svenska BAUM eine Follow-up-Tagung zur World Industry Conference on Environmental Management. Im November fand in Göteborg eine Follow-up-Conference zu der Göteborger Umweltschutz-Ausstellung statt.

Svenska BAUM will der schwedischen Wirtschaft mit positiven Beispielen aus der Praxis, die der Umweltgesetzgebung weit vorausgreifen, den Weg in eine umweltbewußte Zukunft zeigen.

Svenska BAUM, Artillerigatan 38, S-114 45 Stockholm
Telefon: + 46-8-6-62 03 88, Fax: + 46-8-6 62 14 96

5. United Kingdom

Eine Anzahl von Unternehmen, die einen Querschnitt durch die britische Industrie bilden, vereinigte sich im November 1990 zum TREE

UK – Technology, Research and Enterprise for the Environment. Unter den Mitgliedern befinden sich bedeutende Firmen wie Dow Chemical, AEG-UK, Leyland DAF, Prospect Foods, Baxi Heating und namhafte Organisationen wie der Coventry Pollution Prevention Panel, die British Soft Drinks Association und die Southampton Industrial Environmental Association; neben Großunternehmen sind kleine und mittlere Firmen, neben produzierenden Unternehmen auch Dienstleistungsbetriebe, z. B. Beratungsunternehmen, vertreten.

TREE UK hat das British Standards Institute dabei unterstützt, die von diesem vorgeschlagene Erweiterung der Norm BS 5750 um Elemente des umweltbewußten Managements an die International Standards Organisation in Genf weiterzuleiten, als Beitrag zu deren Bemühungen, international einheitliche Umweltstandards zu definieren. Das British Standards Institute hat inzwischen einen neuen Standard für umweltorientierte Unternehmensführung unter der Bezeichnung BS 7750 veröffentlicht.

Ziel von TREE UK ist die Förderung umweltbewußter Unternehmensführung durch

- die Stärkung von Umweltbewußtsein und Umweltverantwortung bei Unternehmen und Institutionen,
- die Weiterentwicklung des integrierten Systems umweltorientierter Unternehmensführung durch den Austausch von Informationen, insbesondere von Erfahrungsberichten und Forschungsergebnissen,
- die Einführung praktischer Methoden und Verfahren umweltbewußten Managements bei Mitgliedsunternehmen zwecks Risikovermeidung und Chancenwahrnehmung,
- die umfassende Verbreitung des Erfahrungs- und Gedankenguts in der Wirtschaft und der breiteren Öffentlichkeit zwecks Sicherung der langfristigen Existenz der Mitgliedsunternehmen und einer stärkeren Identifikation des Unternehmers mit den Umweltaspekten seiner Arbeit.

TREE UK erwägt, in verschiedenen Wirtschaftssektoren Sonderprogramme zu entwickeln, z. B. in der Automobilindustrie gemeinsam mit Leyland DAF oder in der Getränkeindustrie gemeinsam mit der British Soft Drinks Association.

Ferner knüpft TREE UK ein Netz von Beziehungen zu Partnerorganisationen, deren Dienste die Aktivitäten von TREE UK ergänzen. Derartige Partnerorganisationen sind z. B. das Institute of Environmental Assessment und das Building Research Establishment.

TREE UK bemüht sich auch um Schaffung regionaler Untergliederungen. Im Mittelpunkt der Bemühungen stehen zur Zeit Southampton, Leyland und Harrogate.

Die Firma Leyland DAF ist gegenwärtig bestrebt, ihre Aktivitäten systematisch an den Erfordernissen umweltorientierter Unternehmensführung auszurichten. Der große Lastwagenhersteller beabsichtigt, seine Erfahrungen zunächst an das holländische Partnerunternehmen DAF und später auch an weitere Lastwagenhersteller, wie z. B. Volvo, weiterzugeben.

Es soll nicht unerwähnt bleiben, daß ab 6. Juni 1989 an der Leeds Polytechnic die TREE Students Initiative operierte, die am 27. März 1990 in London zahlreiche Unternehmen zu einer Tagung über „The Greening of Management: Challenge of the 90's" zusammenführte.

TREE UK
P.O.Box 199, GB-Coventry CV2 4SJ
Telefon: + 44-203-692946, Fax: + 44-203-690047

6. Dänemark

Am 2. Juli 1991 wurde ELM Danmark, Ehrvervslivets Ledelsesforum for Miljofremme, gegründet. Die Anfangsbuchstaben des dänischen Namens ergeben das Akronym ELM, was auf dänisch und englisch „Ulme" bedeutet.

Die Initiative geht zu einem erheblichen Teil auf die Firma Brodrene Hartmann A/S, einen bedeutenden Hersteller von Holzschliff-Verpackungen (100 % Altpapier), zurück. Gegenwärtig hat ELM, Danmark folgende Mitglieder: Brodrene Hartmann, Danapak, Danish National Railways, Invest Miljo, Jiffy, Ramboll & Hannemann, Renholdningsselskabet af 1898 und Rendan.

ELM Danmark will die Unternehmen ermutigen, die unternehmerische Verantwortung auf den Umweltschutz zu erstrecken. Handel, Industrie und Öffentlichkeit sollen mit den Ideen von ELM vertraut gemacht werden. Darüber hinaus will ELM die Entwicklung des Integrierten Systems umweltorientierter Unternehmensführung fortsetzen und für seine Mitgliedsfirmen Dienstleistungen erbringen: Informationsvermittlung, Mitgliedertreffen, Tagungen und Beratung.

Auch will sich ELM in nationalen und internationalen Verbänden für die Förderung umweltbewußten Managements engagieren. Forschung und Ausbildung im Bereich umweltorientierter Unternehmensführung sind weitere Anliegen von ELM. Der Verband versteht sich im weitesten Sinn als Katalysator für umweltbewußtes Management.

ELM plant den Aufbau eines Netzes von regionalen Geschäftsstellen in Dänemark. Gegenwärtig bereitet ELM eine Serie von Seminaren über umweltbewußtes Management vor.

ELM Danmark, c/o Brodrene Hartmann A/S,
303 Klampenborgvej, DK 2800 Lyngby
Telefon: + 44-45-875030, Fax: + 45-45-873321

II. Unternehmensverbände in außereuropäischen Ländern

1. Hong Kong

Im Dezember 1988 wurde in Hong Kong das Private Sector Committee on the Environment (PSCE) geschaffen. Führende Unternehmen von Hong Kong haben sich zu einem Pool vereinigt, um gemeinsam die drückendsten Umweltprobleme anzugehen.

Mitgliedsfirmen sind unter anderem China Power & Light, Du Pont, die Hong Kong Bank, die Hong Kong Tourist Association, Hutchison Whampoa, ICI China, Jardine Pacific, Modern Terminals, Reuters Hong Kong, Shell Hong Kong, die South China Morning Post, die Swire Group und Wharf Hildings.

Das Committee ergriff Maßnahmen zur Säuberung des Hafens von Hong Kong. Z. B. gab es eine Untersuchung über schwimmenden Abfall im Hafen in Auftrag, sponsorte einen Versuch, an drei Abwasserausflüssen Sielvorrichtungen zu installieren und finanzierte einen Treibgutsammeldienst per Schiff. Außerdem beschäftigt sich das Committee mit dem Problem der exzessiven Abfalldeponierung in Hong Kong. Einige Mitgliedsfirmen führen gegenwärtig eigene Papiersammlungs- und Recyclingprogramme durch.

Ferner hat das Committee verschiedene Untersuchungen in Auftrag gegeben: Eine widmet sich der Abfallminimierung bei den galvanischen Betrieben in Hong Kong, andere betreffen die Rückgewinnung von Metallen, Säuren und verschiedenen Materialien aus dem Abfall der örtlichen Industrie. In einer Veröffentlichung und in Vorträgen hat das Committee das Thema „Umweltbewußtes Marktverhalten – Konsequenzen für Hong Kong“ aufgegriffen.

Schließlich finanziert das Committee ein Umweltschutzzentrum, das sich hauptsächlich mit der Entwicklung, der ökonomischen Realisierung und der Implementierung solcher Umweltschutzprojekte befaßt, die direkten Einfluß auf die Umwelt Hong Kongs haben. Zu den

Aufgaben des Zentrums gehören auch die Entwicklung und Verbreitung von umwelttechnischen Anlagen; die Vorhaltung eines Beratungsdienstes zu Umweltschutzfragen für die Industrie; die Koordination und das Management von Beratungsleistungen; das Management einer Abfallbörse und eines Informationszentrums zum Abfallrecycling; die Bekanntmachung dieser Dienstleistungen durch Seminare, Veröffentlichungen und Werbung.

PSCE,
1 Queen's Road Central, Hong Kong
Telefon: + 852-8224993, Fax: + 852-8450113

2. Vereinigte Staaten von Amerika

Die Global Environmental Management Initiative (GEMI) wurde im März 1990 von Großunternehmen mit der Zielsetzung gegründet, die Wirtschaft weltweit zu besonders umweltorientiertem Verhalten (Environmental Excellence) zu bewegen. Durch die gemeinsamen Anstrengungen seiner Mitgliedsfirmen will GEMI weltweit eine Wirtschaftsethik fördern, die sich an umweltbewußter Unternehmensführung und an einer langfristig tragfähigen wirtschaftlichen Entwicklung orientiert. Ferner will GEMI die Leistungen der Geschäftswelt im Umweltschutz durch das Herausstellen mustergültiger Problemlösungen und Führungspersönlichkeiten fördern und den Dialog zwischen der Geschäftswelt und der interessierten Öffentlichkeit beleben.

GEMI definierte seine fünf Hauptziele wie folgt:
- Kritisches Denken im Bereich umweltorientierter Unternehmensführung anzuregen und Gedankenaustausch zu pflegen,
- das Leistungsniveau der Unternehmen im Umweltschutz weltweit durch praktische Beispiele und vorbildliches Führungsverhalten anzuheben,
- mit allen gesellschaftlichen Kräften Einigkeit über eine weltumspannende Wirtschaftsethik herbeizuführen, die sich an umweltbewußter Unternehmensführung und an langfristig tragfähiger wirtschaftlicher Entwicklung orientiert,
- den Dialog zwischen der Geschäftswelt und der interessierten Öffentlichkeit zu fördern,
- Partnerschaften in der ganzen Welt ins Leben zu rufen und vergleichbare Bemühungen in anderen Ländern zu fördern.

GEMI entfaltet internationale Wirkung – anders als INEM – nicht durch Unterstützung der Industrie in anderen Ländern bei der Gründung nationaler Organisationen für umweltbewußtes Management. Vielmehr erreicht GEMI das Ausland über die Tochtergesellschaften seiner multinationalen, fast ausschließlich US-amerikanischen, Mitgliedsunternehmen.

GEMI sponsorte eine Tagung zu dem Thema „Corporate Quality/Environmental Management", die im Januar 1991 in Washington, D.C., stattfand, sowie eine weitere Tagung im März 1992. Die Unternehmen sollten durch die Tagung angeregt werden, die Prinzipien des Total Quality Management (TQM) auf umweltorientierte Unternehmensführung zu übertragen. Das Total Quality Management-Projekt war auch Gegenstand eines von GEMI veranstalteten Seminars auf der World Industry Conference on Environmental Management in Rotterdam am 9. April 1991.

Zu den Mitgliedern von GEMI zählen Allied Signal, AT&T, Boeing, Digital Equipment Corporation, Dow Chemical, Eastman Kodak, Du Pont de Nemours, ICI America, Occidental Petroleum, Philip Morris, Procter & Gamble, Union Carbide und USX.
GEMI, 1828 L Street NW, Suite 711, Washington, D.C. 20036, USA
Telefon: + 1-202-296-7429, Fax: + 1-202-296-7442

3. Südafrika

Das Industrial Environmental Forum (IEF) of Southern Africa wurde im August 1990 auf Initiative einer Reihe großer südafrikanischer Unternehmen gegründet. Die zwischenzeitlich rund 50 Mitgliedsfirmen bilden einen Querschnitt durch die Schwerindustrie und das produzierende Gewerbe Südafrikas (Energieerzeugung, Eisen und Stahl, Kohle und Bergbau, Zementindustrie, chemische Industrie, Papierindustrie und Automobilindustrie).

Zu den Mitgliedern gehören ESKOM, Caltex Oil, BP Southern Africa, Mobil, Chamber of Mines, Nissan, Toyota, Highveld Steel, Rand Mines, AECI Explosives and Chemicals, TransNatal Coal, Sappi Paper & Pulp, Sentrachem, Shell und South African Airways sowie Pick'n Pay.

Am 21. und 22. März 1990 fand auf Einladung von ESKOM in Johannesburg der Kongreß „Environmental Responsibility – The Business Dimension" statt, auf dem sich rund 400 Führungskräfte der südafrikanischen Wirtschaft über das Integrierte System umweltorientierter Unternehmensführung und das B.A.U.M.-Konzept informierten. Hierdurch wurde ESKOM zum Pionier für die Verbreitung des Konzeptes umweltorientierter Unternehmensführung in Südafrika.

Am 21. März 1990 ließ sich der 60-köpfige President's Council von Südafrika in Kapstadt in einer Vortragsveranstaltung über das Integrierte System umweltorientierter Unternehmensführung und die praktischen Erfahrungen von B.A.U.M. Deutschland unterrichten.

IEF ist die einzige der Mitgliedsorganisationen von INEM, die ausdrücklich mit einer länderübergreifenden, großregionalen Zielsetzung auftritt. Diese Konzeption ist eher auf die Bedingungen des südlichen Afrika zugeschnitten und beweist die Flexibilität von INEM-Mitgliedsorganisationen. INEM hat die Absicht, gemeinsam mit IEF auch in anderen Ländern des südlichen Afrika den interessierten Unternehmen bei der Entwicklung eigener Organisationen für umweltbewußtes Management Hilfestellung zu geben, was bereits in Zimbabwe geschah.

Das Aktionsprogramm von IEF umfaßt die Entwicklung eines umweltorientierten Verhaltenskodex (Code of Conduct) für Unternehmen sowie die systematische Suche nach den Bereichen dringlichsten Handlungsbedarfes. Die Informationsbeschaffung für Mitgliedsunternehmen sowie die Organisation eines zwischenbetrieblichen Erfahrungsaustausches sind weitere Programmpunkte.

Es werden Arbeitsgruppen mit bestimmten Zielsetzungen (z. B. Erarbeitung von Richtlinien für das Öko-Controlling) oder informativen Charakters (z. B. über Luftreinhaltungsmanagement) gebildet. Das Sekretariat vermittelt qualifizierte Experten, die meist von Mitgliedsunternehmen zur Verfügung gestellt werden und in der Lage sind, in den Arbeitsgruppen zu referieren oder zu moderieren.

Am 28./29. Oktober 1991 veranstaltete IEF – unterstützt und mit Teilnahme von INEM – in Kapstadt unter dem Titel „SAICEM: Southern Africa International Conference on Environmental Management" eine regionale Folgekonferenz zur Second World Industry Conference on Environmental Management (10. – 12. April 1991 in Rotterdam).

IEF c/o
ESKOM Environmental Management Unit, P.O. Box 1091,
RSA-2000 Johannesburg
Telefon: + 27-11-8005401, Fax: + 27-11-8002879

4. Japan

In Japan wurde am 6. Juni 1991 das Eco-Life Center gegründet, das ursprünglich Eco-Business Center hieß. Dieser Verband zielt darauf ab, das Umweltbewußtsein in der Geschäftswelt, bei Regierung und Verwaltung sowie in der Wissenschaft und in der allgemeinen Öffentlichkeit zu fördern und in Japan die Entwicklung eines umweltschonenderen Lebensstiles zu unterstützen.

Das Eco-Life Center hat gegenwärtig 131 Mitglieder, darunter sind u. a. CGC Japan, Doei Paper Industry, Chioda Construction, Consumers Cooperative, Taiyo Kobe Mitsui Bank, Co-op Japan, Dynax Urban Environmental Research Institute, Toyo Glass Co., INAX.

Das Eco-Life Center veranstaltet periodische Mitgliedertreffen, schafft Informationsquellen zu Geschäftsmöglichkeiten im Umweltschutzbereich sowie zu umweltverträglichen Produkten und koordiniert Projekte, die mit Geschäften im Umweltsektor zusammenhängen. Forschung und Entwicklung im Bereich umweltverträglicher Produkte sowie deren Vermarktung und Distribution sind weitere Themen, denen sich das Eco-Life Center widmet.

Außerdem plant und koordiniert das Eco-Life Center Tagungen, Konferenzen und Besichtigungsreisen (Im Januar 1992 wurde z. B. unter Zusammenarbeit mit INEM eine Deutschlandreise veranstaltet) und führt gemeinsam mit den Medien, Verwaltungsinstanzen und Verbraucherverbänden Kampagnen zur Förderung umweltverträglicherer Lebensstile in Japan durch. Das Eco-Life Center veröffentlicht auch Leitfäden zu Öko-Produkten bzw. zu den Mitgliedsfirmen. Daneben koordiniert der Verband die Tagungen des „Eco-Life and Business Network".

Das Eco-Life Center arbeitete mit der Japan Environment Association bei der Entwicklung des japanischen Umweltzeichensystems (etwa dem „Blauen Umweltengel" in Deutschland vergleichbar) zusammen. Außerdem kooperierte das Eco-Life Center mit dem Verbraucherverband Japanese Consumers' Cooperative Union bei deren „Environment 21 Project". Ziel dieses Projektes ist es, die 14 Mio. Mitglieder des Verbraucherverbandes zu einer Neuorientierung ihrer Lebensstile zu veranlassen und dadurch die Umweltbelastung zu verringern.

Eco-Life Center, Attn.: Mr. Morishita
Mitani Building, 4th Floor, 2-13-6 Nishi-Shinbashi, Minato-ku,
Tokyo 114, Japan
Telefon: + 81-3-35808221, Fax: + 81-3-35808265

5. Brasilien

SIGA, die Sociedade para o Incentivo ao Gerenciamento Ambiental, d.h. die Gesellschaft für die Förderung umweltbewußten Managements, ist die erste Organisation ihrer Art in Lateinamerika. Gegründet wurde SIGA am 9. Oktober 1991 in Rio de Janeiro. Dabei wirkten drei Unternehmensverbände, nämlich GIE und Pro Rio '92 (Rio de Janeiro) und PNBE (Sao Paulo) sowie das Unternehmen Joao Fortes Engenharia (Rio de Janeiro) und die CETEST Gruppe (Sao Paulo) zusammen.

Andere Unternehmensverbände in verschiedenen brasilianischen Staaten sowie die Foundation for Sustainable Development, die zwanzig große brasilianische Gesellschaften umfaßt, sowie einige Verbände für kleine und mittlere Unternehmen wurden ebenfalls eingeladen, Mitglied von SIGA zu werden oder eng mit SIGA zusammenzuarbeiten. Sinnigerweise ist SIGA ein Akronym mit der Bedeutung: Folge!

Die Wichtigkeit der brasilianischen Mitgliedsorganisation von INEM wird dadurch unterstrichen, daß die United Nations Conference on Environment and Development, auch als Earth Summit (Erdgipfel) bezeichnet, vom 3. bis 14. Juni 1992 in Rio de Janeiro stattfand. Die Erfahrungen der brasilianischen Mitgliedsorganisation von INEM haben Piониercharakter und sollen den Unternehmen in anderen lateinamerikanischen Ländern sowie weiteren Entwicklungsländern zugute kommen.

Es besteht großes Interesse seitens argentinischer und chilenischer Unternehmen und Verbände, im jeweiligen Land einen Unternehmensverband für umweltbewußtes Management zu gründen.

SIGA,
Rua Domingos Ferreiras 188/202, BR-22050 Rio de Janeiro
Telefon: + 55-21-2373508, Fax: + 55-21-2524273

6. Israel

In Israel wurde im Januar 1992 die ALVA Industry Society for Ecology (Israel) gegründet. Im Anschluß an die internationalen Handelskammer in Bergen, Norwegen, veranstaltete Konferenz „Action for a Common Future", auf der auch das B.A.U.M.-Konzept vorgestellt wurde, ergriff der Turbinenhersteller Ormat die Initiative – unterstützt von Vertretern der Israeli Manufacturers Association, der Society for the Protection of Nature in Israel und dem Umweltministerium.

ALVA arbeitet mit dem Umweltministerium, dem Ministerium für Industrie und Handel und anderen zuständigen Ministerien und Behörden zusammen.

Zu den Zielen von ALVA gehören: Verbreitung von Informationen – durch Veröffentlichungen und Seminare – über die Anpassung der Wirtschaft an die Anforderungen des Umweltschutzes; Schaffung eines Informationszentrums zu umweltverträglichen Produkten und Umweltschutzstandards für verschiedene Produkte; Erarbeitung einer Liste von Alternativmaterialien zur Substitution umweltschädlicher Materialien; Schaffung von Umwelt-Qualitätszirkeln in der Industrie, um den Informationsaustausch zu unterstützen; Förderung der Ausbildung und Schaffung von Positionen im Bereich Umweltschutz/Industrie; Initiierung und Förderung von Forschungsvorhaben, Untersuchungen und Modell- und Pilotprojekte im Umweltbereich; Gewährung von Hilfestellung und Erzielung von Fortschritten bei der Einsparung von Ressourcen und Energie, der Verwendung umweltverträglicher Materialien, der vorbeugenden Emissionsverhinderung und der ökologischen Sanierung; Initiierung, Koordination und Bereitstellung technischer Dienstleistungen.

ALVA will ferner durch geeignete Maßnahmen verhindern, daß Produkte und Materialien nach Israel importiert und dort verkauft werden, die in Industrieländern nicht eingesetzt werden dürfen. Auch will ALVA sich dafür einsetzen, daß die Verantwortung der Lieferanten von Materialien sich zukünftig auch auf Materialentsorgung und Recycling erstreckt. Mit staatlichen, öffentlichen, privaten und Handelsorganisationen soll in Israel und international zusammengearbeitet und Informationsaustausch gepflegt werden. ALVA zielt darauf ab, in allen Branchen umweltorientiertes Denken zu verbreiten, indem die Unternehmensleitungen und Mitarbeiter ermutigt werden, ihre Unternehmensstrategie unter Berücksichtigung ökologischer Grundsätze festzulegen.

ALVA c/o ORMAT Turbines Ltd.
New Industrial Area, P.O. Box 68, Yavne 70650, Israel
Telefon: + 972-8-433777, Fax: + 972-8-439901

7. Zimbabwe

Das Environmental Forum of Zimbabwe (EFZ), das Anfang 1992 gegründet wurde, zielt darauf ab, bei der Nahrungsmittelerzeugung, im Bergbau, in Industrie und Handel umweltbewußte Unternehmensführung zu verbreiten, die auf Verantwortungsbewußtsein und Freiwilligkeit beruht. Von den Mitgliedsunternehmen wird erwartet, daß sie umweltorientierte Unternehmensführung verwirklichen, indem sie unter anderem die Umweltschutzgesetze einhalten und eine umweltorientierte Unternehmenspolitik praktizieren, die z. B. umweltbewußte Mitarbeitermotivation und -Fortbildung umfaßt. Zwischen den Mitgliedsfirmen besteht ein Informations- und Knowhow-Austausch.

Zu den Verbandszielen gehören folgende: Förderung und Entwicklung des Umweltbewußtseins, des Umweltschutzes sowie der öffentlichen Gesundheit; Unterstützung von Industrie, Handel und Dienstleistungsgewerbe bei der Einführung umweltorientierten Managements; Zusammenarbeit mit den zuständigen Behörden bei der wissenschaftlichen Absicherung und bei Überprüfung und Abfassung wirksamer Umweltschutzrichtlinien, -gesetze und -standards; Förderung umweltbewußten Managements als eines integralen Bestandteils des gesamten Geschäftsgebarens, d. h. unter anderem die Berücksichtigung alternativer, umweltverträglicher Herstellungstechnologien und die Anwendung wirksamer kostenreduzierender Umweltschutzmaßnahmen während der gesamten Lebenszeit von Produkten bzw. der gesamten Laufzeit von Projekten.

Weitere Ziele sind die Förderung der Ausbildung, der Bewußtseinsbildung und der Motivation im Bereich des Umweltschutzes; die Beratung von gewerblichen Kunden, Verbrauchern, Händlern und Lieferanten im Hinblick auf die Umweltschutzaspekte von Dienstleistungen und von Lagerung, Transport, Benutzung und Entsorgung von Produkten; die Entwicklung angemessener Störfallpläne – unter Beratung mit den zuständigen Behörden – zur Verhinderung bzw. Entschärfung von Not- und Unfällen, die mit Schadstoffemissionen verbunden sind; Förderung einer nachhaltig tragfähigen Entwicklung von erneuerbaren Ressourcen und verschwendungsfreie Nutzung endlicher Ressourcen.

B. Der Zusammenschluß nationaler Unternehmensverbände zu INEM [1]

I. Gründung von INEM

Am 19. Februar 1991 wurde das International Network for Environmental Management (INEM) unter Beteiligung von B.A.U.M. (Deutschland), B.A.U.M. (Österreich) und Svenska BAUM (Schweden) gegründet. Im März 1992 hatten neben den genannten nationalen Unternehmensverbänden auch TREE UK (United Kingdom), ELM Danmark (Dänemark), IEF (Südafrika) und SIGA (Brasilien) ihren Beitritt erklärt. Zu den angeschlossenen Verbänden (affiliated associations) gehörten zu diesem Zeitpunkt Ö.B.U. (Schweiz), Eco-Life Center (Japan), ALVA (Israel).

Bereits vor der offiziellen Gründung von INEM bestand eine enge Zusammenarbeit zwischen den späteren Mitgliedsverbänden. Mit den übrigen nationalen Verbänden für umweltbewußtes Management gibt es partnerschaftliche Beziehungen und Beitrittsgespräche.

II. Ziele von INEM

Ziel von INEM ist die laufende Verbesserung des Verhaltens der Unternehmen gegenüber der Umwelt. INEM tritt deshalb ein für umweltbewußte Unternehmensführung sowie für eine Gesetzgebung, die umweltbewußte Unternehmensführung begünstigt.

Als unverzichtbare Bestandteile umweltbewußten Managements betrachten INEM und seine nationalen Mitgliedsverbände die Einhaltung und, wo möglich, Übererfüllung der Umweltschutzgesetze, die Einbeziehung des Umweltschutzes in die Unternehmenszielsetzung, die Bestimmung eines Umweltschutzverantwortlichen auf Vorstandsebene, die Berücksichtigung des Umweltschutzes in allen Funktionsbereichen des Unternehmens, die besondere Akzentuierung des Umweltschutzes bei der Ausbildung und Motivation der Mitarbeiter und die Bereitschaft zum Erfahrungsaustausch im Bereich des Umweltschutzes unter Wahrung der legitimen Geheimhaltungsinteressen.

[1] International Network for Enviromental Management (INEM), Hellgrund 92, D-2000 Wedel/Schleswig-Holstein, Tel.: + 49-4103-84019, Fax: + 49-4103-13699

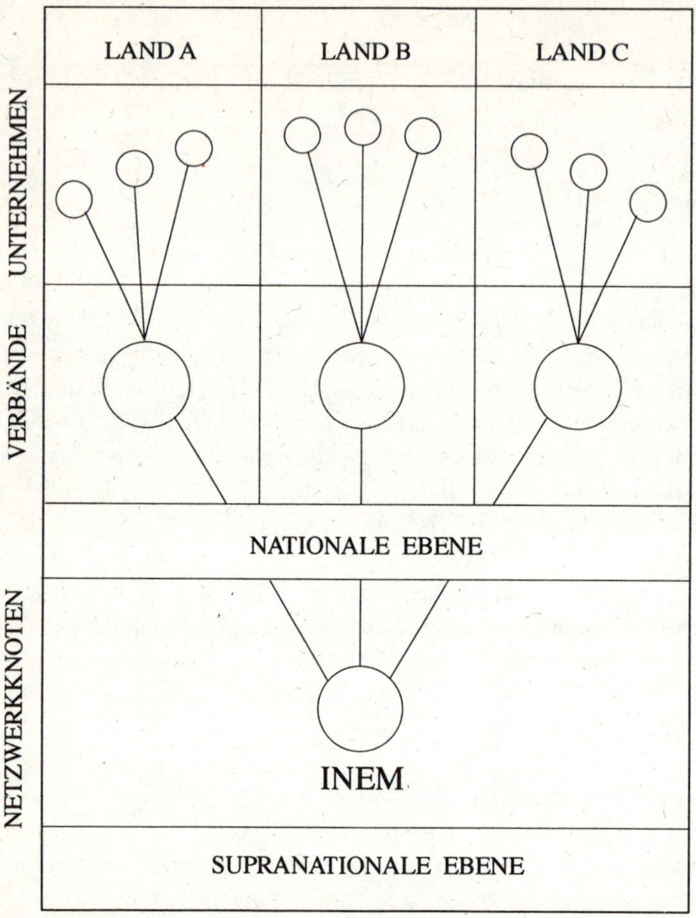

Abb. 26: Die Entstehung von INEM

Die umweltbewußten Unternehmen im Lande A bilden einen Unternehmensverband für umweltbewußtes Management. In den Ländern B und C bilden sich vergleichbare Unternehmensverbände.
Die nationalen Unternehmensverbände der Länder A, B und C schließen sich zum Netzwerkknoten, dem International Network for Environmental Management, zusammen.

III. Organisation von INEM

INEM ist eine Umweltschutzorganisation, zu der sich nationale Unternehmensverbände für umweltbewußtes Management zusammengeschlossen haben. Die Mitgliedsverbände von INEM sind nationale Umweltschutzorganisationen, die von den Unternehmen der betreffenden Länder gebildet werden (vgl. das Schaubild auf S. 408). Sowohl INEM als auch seine Mitgliedsverbände sind gemeinnützig, branchenübergreifend und überparteilich.

Zweck der Mitgliedsverbände ist die Förderung, Verbreitung, Fortentwicklung und Anwendung der Prinzipien und der Methoden umweltorientierter Unternehmensführung. Die Mitglieder fördern die Verbreitung umweltbewußten Managements u. a. durch Aufbau von zwischenbetrieblichen Arbeitskreisen, Veranstaltung von Vorträgen und Seminaren, Durchführung von Umweltforen, Koordination von Forschungsprojekten, Förderung von Ausbildungsmodellen, Unterstützung der Einrichtung von Lehrstühlen und Information der Mitgliederfirmen und Öffentlichkeit.

Die Mitgliedsverbände sind autonom, jedoch durch einheitliche Zielsetzung, gleichartige Satzungen und ein gemeinsames internationales Symbol miteinander verbunden. Das Symbol zeigt ein die Weltkugel als Strahlenkranz umgebendes Zahnrad, das seinerseits in ein Blatt eingebettet ist.

Abb. 27: Das Logo von INEM

Das Logo von INEM zeigt ein die Weltkugel als Halo umgebendes Zahnrad, das seinerseits in ein Blatt eingebettet ist.

Der Wirkungsbereich der Mitgliedsorganisationen unterliegt keiner nationalen Eingrenzung. Bei der Werbung von Mitgliedsunternehmen beschränkt sich jede Organisation auf ihren nationalen Einzugsbereich. Die Mitgliedschaft eines Unternehmens in einer der nationalen Mitgliedsorganisationen des Vereins führt nicht automatisch zur Mitgliedschaft bei anderen nationalen Mitgliedsorganisationen des Vereins. Gleichzeitige Mitgliedschaft in mehreren nationalen Mitgliedsorganisationen des Vereins ist zulässig und erwünscht.

In der Mitgliederversammlung haben alle nationalen Verbände (unabhängig von der Zahl ihrer Mitglieder) gleiches Stimmrecht. Der Board (Vorstand) von INEM besteht gegenwärtig (Ende 1991) aus Repräsentanten der Verbände von Dänemark (Vagn Genter), Deutschland (Georg Winter, Vors.), Österreich (Walter Seeböck), Schweden (Göran Lundgren, Stellv. Vors.) und United Kingdom (Mike Carver). Die laufende Geschäftsführung obliegt einem Franzosen (Troy Davis).

Als Standort wurde Wedel gewählt, eine reizvolle holsteinische Stadt an der Elbe, die direkt an Hamburg angrenzt und über Bahnhof und Flugplatz Hamburg gut erreichbar ist. Das Land Schleswig-Holstein gewährte eine Startförderung.

Es gibt eine „Sponsorgroup", im Rahmen derer Unternehmen die Möglichkeit haben, sich durch direkte Förderung von INEM für die Verbreitung umweltorientierter Unternehmensführung einzusetzen.

In diesem Zusammenhang sind die Aktivitäten des Wuppertal-Instituts für Klima, Umwelt, Energie GmbH hervorzuheben. Das Institut analysiert nicht nur die globalen ökologischen Probleme, sondern erforscht auch Wege zu jenem fundamentalen strukturellen Wandel, ohne den die Probleme nicht lösbar sind. Die Industrie sollte diesen Wandel aktiv mitgestalten. Das Wuppertal-Institut wird aus diesem Grunde eng mit INEM zusammenarbeiten. Der Präsident des Wuppertal-Instituts, Professor Dr. Ernst U. von Weizsäcker, ist gleichzeitig Mitglied des Club of Rome.

C. Die drei Hauptachsen der Aktivitäten von INEM

Die Aktivitäten von INEM entwickeln sich in 3 Hauptachsen: Gewährung von Beistand bei der Gründung weiterer nationaler Organisationen für umweltbewußtes Management (I), Förderung der Zusammenarbeit und Kommunikation zwischen den bestehenden Mitgliedsverbänden (II) und Verfolgung der gemeinsamen Zielsetzung durch internationale Öffentlichkeitsarbeit (III).

I. Hilfe bei der Gründung nationaler Unternehmensverbände

Beistand bei der Gründung nationaler Verbände für umweltbewußtes Management leistet INEM durch Hilfe zur Selbsthilfe. Die bewährten Erfahrungen der etablierten Mitgliedsverbände im Bereich umweltbewußter Unternehmensführung und unterstützender Verbandstätigkeit werden von INEM auf die neuen Verbände übertragen (vgl. Abb 28).

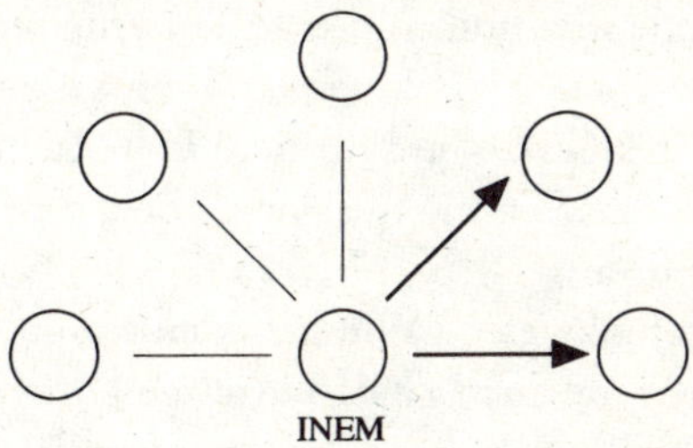

Abb. 28: Hilfe bei der Gründung neuer Verbände

INEM leistet Hilfe bei der Gründung von Unternehmensverbänden für umweltbewußtes Management in weiteren Ländern.

Nationale Unternehmensverbände für umweltbewußtes Management sind am ehesten in der Kultur und Wirtschaft des Landes verwurzelt und am Wohl der örtlich lebenden Menschen orientiert und haben den besten Zugang zu den Gesetzgebungsorganen des Landes.

Auch sind nationale Verbände am besten in der Lage – zum Beispiel durch die „Feineinstellung“ lokaler Untergliederungen und adressatengerechten Approaches – kleine und mittlere Unternehmen zu erreichen, die in der Summe den größten Teil der Weltwirtschaft ausmachen.

INEM widmet sich gleichgewichtig großen und kleinen Unternehmen. In mehreren nationalen Unternehmensverbänden für umweltbewußte Unternehmensführung haben sich Großunternehmen als treibende Kraft erwiesen. In der Tat sind Großunternehmen an umweltbewußtem Management auch deshalb besonders interessiert, weil sie von den Umweltschutzbehörden, den Umweltschutzinitiativen und der allgemeinen Öffentlichkeit kritischer beobachtet werden. Sie haben auch eine gesteigerte moralische Verpflichtung zur umweltbewußten Unternehmensführung, denn sie sind besser informiert als die meisten kleinen Unternehmen und können aufgrund ihrer Nachfragemacht das Angebot leichter in Richtung umweltverträglicherer Alternativprodukte steuern.

Andererseits wird die Bedeutung kleinerer und mittlerer Unternehmen häufig unterschätzt. In vielen Fällen sind es kleine und mittlere Unternehmen, die im Bereich der Umwelttechnik und des Umweltmanagements innovative Impulse gaben und Pilotprojekte mit Vorbildwirkung auch für Großunternehmen ins Werk gesetzt haben.

Wer eine umweltbewußte Wirtschaft will, der muß mit seinen Maßnahmen auch bei kleinen und mittleren Unternehmen ansetzen. Die kleinen und mittleren Unternehmen sind ein vergessener Gigant in der Weltwirtschaft. Kleinere und mittlere Unternehmen produzieren die meisten Güter, schaffen die meisten Arbeitsplätze und bilden die meisten jungen Leute aus.

Leider gehören diese vielen Millionen kleinen und mittleren Unternehmen in ihrer Summe auch zu den größten Umweltverschmutzern und bedürfen der größten Hilfe. Selbst in einem hoch industrialisierten Land wie Deutschland informieren sich zwei Drittel der kleinen und mittleren Unternehmen nicht regelmäßig über die jeweils geltenden Umweltgesetze. In anderen Ländern dürfte das Know-how-Defizit ebenso verbreitet und ebenso groß sein.

Die meisten kleinen und mittelständischen Unternehmen wissen nicht, daß sie mit geringfügigen Investitionen 30 % ihres Energiebedarfs einsparen könnten. Sie schädigen nicht nur die Umwelt, sondern verschenken obendrein einen erheblichen Teil ihres Gewinns. Auch ahnen die meisten mittelständischen Betriebe nicht, daß sie durch Bodenverunreinigungen ihre Grundstücke entwerten und deshalb später keine Bankkredite mehr erhalten. Ein Großteil der kleineren und mittleren Unternehmen versäumt es, sich auf umweltverträgliche Produkte und Dienstleistungen rechtzeitig umzustellen. Wenn die Nachfrage nach umweltverträglichen Gütern zunimmt oder die Gesetzgebung umweltschädliche Produkte verbietet, so sind diese Unternehmen häufig nicht mehr wettbewerbsfähig. Die Mehrzahl der kleinen und mittelständischen Unternehmen weiß nicht, wie sie Rohstoffe einsparen und dadurch die Umwelt entlasten und den Ertrag vergrößern kann.

Es gilt, diese mannigfaltige Unkenntnis bei kleinen und mittleren Betrieben zu beseitigen, die Umwelt zu entlasten und gleichzeitig den Ertrag dieser Unternehmen zu steigern.

Die Gründung nationaler Unternehmensverbände für umweltbewußtes Management ist eine besonders wirksame Methode, die kleinen und mittleren Unternehmen für umweltbewußtes Management zu interessieren und sie für die Übertragung des notwendigen Knowhows zu öffnen. Was kleine und mittelständische Unternehmer fasziniert und zur Nachahmung anregt, sind die Beispiele bestimmter Pionierunternehmer, die Umweltschutz verwirklichen und trotzdem oder gerade deshalb erfolgreich sind. Die Medien greifen diese Beispiele mit größtem Interesse auf und in Windeseile werden die Piониertaten einiger weniger zum Schrittmacher für Tausende von Unternehmen.

Diese spezifische Pilotaufgabe kann von traditionellen Industrieverbänden kaum übernommen werden. Für traditionelle Industrieverbände ist Umweltschutz nur einer von vielen Punkten auf der Tagesordnung und die Rücksichtnahme auf die Interessen aller Verbandsmitglieder gebietet einen behutsameren Kurs. Ein nationaler Verband für umweltbewußte Unternehmensführung, der die unternehmerischen Umweltpioniere eines Landes zusammenfaßt, gleicht einem Speedboot, das wendig die neue Richtung einschlagen kann, während ein großer Industrieverband gleich einem Riesentanker für den Kurswechsel längere Zeit benötigt, dann allerdings eine besonders große Breitenwirkung erzielen kann. So können nationale Verbände für umweltbewußtes Management und traditionelle Wirtschaftsverbände komplementär im Sinne des Umweltschutzes wirken.

Die Internationale Handelskammer unterstützt INEM bei der Verbreitung umweltorientierten Managements in weiteren Ländern und empfiehlt, bei Gründung nationaler Wirtschaftsverbände für umweltbewußtes Management die programmatischen Inhalte und organisatorischen Formen von B.A.U.M. als Modell zu übernehmen. Ein Repräsentant von B.A.U.M. erläuterte auf der Bergener Konferenz von ICC vom 6.-18.5.1990 das B.A.U.M.-Konzept als Modell für die Gründung nationaler Organisationen für umweltbewußtes Management.

Auf der Second World Industry Conference on Environmental Management (WICEM II) in Rotterdam, stellte INEM das Konzept der Gründung nationaler Organisationen für umweltbewußtes Management im Rahmen eines Spezialseminars vor.

Die UNIDO erteilte einem Team von INEM-Spezialisten den Auftrag für die Erstellung eines Gutachtens über „Industry Initiatives in Achieving Ecologically Sustainable Industrial Development“ für die Conference on Ecologically Sustainable Industrial Development in Kopenhagen vom 14.-18. Oktober 1991. Mit dieser Konferenz legte die UNIDO ihre Strategie für die UNCED-Konferenz in Rio (Juni 1992) und die nächsten 10 Jahre fest. INEM ist bereit, die UNIDO bei der Verbreitung umweltbewußten Managements weltweit zu unterstützen. Ein von dem Gutachten favorisierter Weg liegt in dem Zusammenschluß von Pionierunternehmen in den verschiedenen Ländern zu Verbänden für umweltbewußtes Management.

INEM strebt die Mithilfe bei der Gründung von nationalen Unternehmensverbänden für umweltbewußtes Management in weiteren Industrieländern sowie in Schwellenländern, den früheren Staatshandelsländern und in Entwicklungsländern an. Prioritär wird INEM dort tätig, wo der Einsatz personeller und finanzieller Ressourcen im günstigsten Verhältnis zur umweltentlastenden Wirkung steht.

INEM wird meist nur auf Anfrage seitens der örtlichen Industrie aktiv. Know-how wird kostenlos, jedoch gegen Aufwandserstattung übertragen. Wegen der prekären wirtschaftlichen Lage in den meisten Entwicklungsländern und früheren Staatshandelsländern kann INEM Einladungen aus diesen Ländern nur folgen, wenn Stiftungen, multinationale Unternehmen oder internationale Organisationen finanzielle Rückendeckung gewähren.

II. Förderung der Kommunikation zwischen den Mitgliedsverbänden

INEM fördert die gemeinsame Zielsetzung der nationalen Mitgliedsverbände durch die Organisation des Know-how-Transfers zwischen den Verbänden, die Koordinierung bestimmter Pilotaktivitäten (z. B. Vermeidung von Doppelforschung) und die Förderung einer einheitlichen Willensbildung (vgl. Abb. 29).

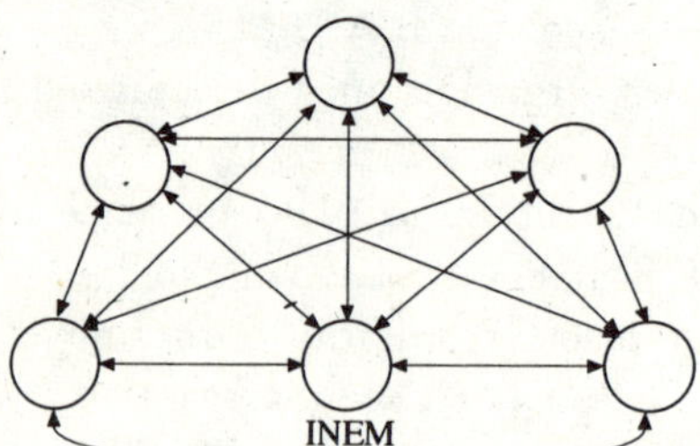

Abb. 29 Kommunikation mit und zwischen den Verbänden

INEM fördert die Kommunikation mit und zwischen den nationalen Unternehmensverbänden für umweltbewußtes Management.

Periodisch erscheint das INEM-Bulletin, mit dem sich die nationalen Mitgliedsverbände wechselseitig über ihre Aktivitäten informieren. Gleichzeitig stellt das INEM-Bulletin ein Kommunikationsmedium zwischen den nationalen Verbänden für umweltbewußtes Management einerseits und der interessierten wirtschaftlichen, akademischen und politischen Öffentlichkeit andererseits dar.

INEM organisiert einmal jährlich eine internationale Konferenz mit wechselndem Gastgeberland. Im Zusammenhang mit der United Nations Conference on Environment and Development („Earth Summit"), die vom 3. bis 14. Juni 1992 in Rio stattfand, richtete INEM die International Industry Conference for Sustainable Development aus.

III. Internationale Öffentlichkeitsarbeit

INEM sowie die Mitgliedsverbände des Netzwerkes arbeiten im Rahmen der konsequenten Verfolgung ihrer Zielsetzung mit Industrie und Handelskammern, Handwerkskammern, Wirtschafts- und Berufsverbänden, Gewerkschaften, Umweltorganisationen, Verbraucherorganisationen, sonstigen gemeinnützigen Organisationen sowie mit wissenschaftlichen und Schulungs-Einrichtungen, Regierungen und Verwaltungsbehörden auf kommunaler, nationaler und internationaler Ebene zusammen.

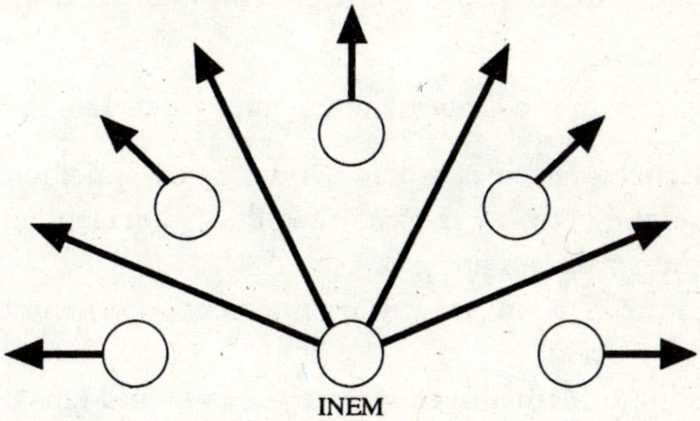

Abb. 30: Internationale Öffentlichkeitsarbeit

INEM unterstützt auf internationaler Ebene die Öffentlichkeitsarbeit der nationalen Mitgliedsverbände.

INEM-Repräsentanten sind Mitglieder von Umweltausschüssen verschiedener Industrieverbände, von nationalen und internationalen Expertenkommittes (z. B. der International Standard Organisation/ International Electrotechnical Commissions' Strategic Advisory Group on the Environment), in Preisrichterkommittes von Umweltpreisen (z. B. der Commission of the European Communities Better Environment Awards for Industry).

Ferner sprechen INEM-Repräsentanten auf zahlreichen nationalen und internationalen Kongressen, beraten UN-Organisationen (z. B. die UNIDO), veröffentlichen Artikel und Bücher über umweltbewußtes Management und unterhalten umfangreiche Medienverbindungen. Auf Wunsch der Medien stellt INEM die Kontakte zu den nationalen Mitgliedsorganisationen und zu deren Mitgliedsfirmen her. So finden die Medien über INEM Zugang zu zahlreichen praktischen Fällen umweltorientierter Unternehmensführung. Die Medien wählen häufig den Weg über INEM oder die nationalen Mitgliedsorganisationen, weil sie hier eine größere Objektivität unterstellen als bei Selbstberichterstattungen von Unternehmen. Umgekehrt ermöglicht INEM es den einzelnen Unternehmen, ihre Pionieraktionen im Umweltbereich international bekannt zu machen (vgl. Abb. 30).

D. Empfehlungen von INEM für die Verbreitung umweltorientierter Unternehmensführung

I. Empfehlungen an die Unternehmen eines jeden Landes

An die Unternehmen eines jeden Landes wird appelliert, in ihrem Land eine Vereinigung für umweltbewußtes Management zu bilden und mittels dieser Vereinigung

- das Integrierte System umweltorientierter Unternehmensführung weiterzuentwickeln,
- Methoden und Maßnahmen umweltbewußten Managements bei den Mitgliedern einzuführen,
- das gemeinsam erarbeitete Erfahrungs- und Gedankengut in der Wirtschaft zu verbreiten,
- die Öffentlichkeit über die Aktivitäten wahrheitsgemäß zu informieren,
- auf die Schaffung von wirtschaftlichen Rahmenbedingungen Einfluß zu nehmen, die das wirtschaftliche Eigeninteresse der Unter-

nehmen an umweltbewußter Unternehmensführung stärker mobilisieren,
und zu diesem Zwecke
- Arbeitskreise, Seminare, Vorträge und Umweltforen für die Mitglieder anzubieten,
- Forschungsprojekte und Pilotprojekte zu initiieren und zu koordinieren,
- Ausbildungsmodelle für umweltbewußte Unternehmensführung zu fördern,
- die regelmäßige Information der Mitglieder über einen Informationsdienst zu gewährleisten,
- den Mitgliedern eine erste Orientierungsberatung für umweltbewußte Unternehmensführung zu geben,
- auf Einhaltung der ICC Business Charter for Sustainable Development bzw. etwaiger strengerer nationaler oder Branchenkodizes hinzuwirken,
- mit Unternehmensverbänden, Kammern, Gewerkschaften, Behörden und Umweltschutzverbänden zielgerichtet zusammenzuarbeiten.

II. Empfehlungen an große und/oder multinationale Unternehmen

An große und/oder multinationale Unternehmen wird appelliert, die Vereinigung – unabhängig davon, ob sie ihr angehören – zu unterstützen, nämlich
- spezialisierte Vortragende für Arbeitskreise, Seminare und Foren freizustellen,
- Pilot- und Demonstrationsprojekte für umweltbewußtes Management zu sponsern oder selbst durchzuführen,
- der Vereinigung dokumentiertes Know-how zur umweltbewußten Unternehmensführung zur Verfügung zu stellen, soweit das Geheimhaltungsinteresse nicht entgegensteht,
- ihre Organisations- und Kommunikationsmittel und weltweiten Kontakte für internationale Recherchen in Bezug auf optimale Umweltschutztechniken usw. zur Verfügung zu stellen,
- durch die gezielte Nachfrage nach umweltschonenden Produkten und Dienstleistungen deren Anbieter zu stützen,
- Marktmacht und Kapitalkraft nur konform mit den Interessen der Vereinigung einzusetzen,
- die kleinen und mittleren Unternehmen in der Vereinigung für um-

weltbewußtes Management gezielt zu fördern (Initiative: Groß hilft Klein),
- etwaige Tochterfirmen im Ausland auf die strengen Umweltstandards und umweltorientierten Verhaltensregeln zu verpflichten, welche die Muttergesellschaft im Inland einhält,
- Tochterfirmen im Ausland zur Unterstützung der dort jeweils tätigen Vereinigung für umweltbewußtes Management zu veranlassen.

III. Empfehlungen an die Regierungs- und Verwaltungsinstanzen eines jeden Landes

An die zuständigen Regierungs- und Verwaltungsinstanzen wird appelliert, die Bildung und Tätigkeit der jeweiligen Vereinigung für umweltbewußtes Management zu unterstützen, nämlich z. B.
- etwaige administrative Hemmnisse bei der Gründung und den Aktivitäten der Vereinigung unbürokratisch zu beseitigen,
- die Gemeinnützigkeit anzuerkennen, wenn das jeweilige Steuerrecht hieran eine Privilegierung knüpft,
- der Vereinigung kostenlose Arbeitskräfte zu vermitteln, wenn in dem Lande ein Arbeitsbeschaffungsprogramm besteht, das diese Möglichkeit eröffnet,
- zur Finanzierung von Kongressen, Forschungsprojekten oder Pilotprojekten beizutragen bzw. solche in Auftrag zu geben,
- die Unabhängigkeit der Vereinigung bei der Verfolgung ihrer satzungsgemäßen Ziele zu respektieren,
- staatliche Unternehmen bzw. staatliche Einrichtungen (z. B. Post, Telekom, Eisenbahn, Wasserwerke, Elektrizitätsversorgungsunternehmen, Gaswerke) zur Mitgliedschaft in der Vereinigung anzuhalten,
- Regiebetriebe, bei denen die Mehrheit in öffentlicher Hand liegt, zur Mitgliedschaft in der Vereinigung anzuhalten,
- bei den genannten Unternehmen bzw. Einrichtungen sowie bei dem Träger des Militärs und den öffentlichen Behörden Sorge zu tragen, daß die Materialwirtschaft auch unter dem Gesichtspunkt des Einkaufs umweltschonender Produkte und der Minimierung der Abfallrisiken betrieben wird,
- auf die Fortentwicklung der wirtschaftlichen Rahmenbedingungen dahingehend hinzuwirken, daß umweltwidriges Verhalten der Unternehmen mit stärkeren ökonomischen Nachteilen verbunden ist, während umweltschonendes Verhalten stärker belohnt wird.

9. Kapitel
Internationale Organisationen und umweltorientierte Unternehmensführung

Mehrere internationale Organisationen sind für umweltbewußte Unternehmensführung von Bedeutung. Eine Übersicht vermittelt Abschnitt A.

Der Abschnitt B. bringt nähere Informationen zu den staatlichen Organisationen (I.) und nichtstaatlichen Organisationen auf dem Industriesektor (II.). Das Gründungsjahr, die Hauptziele und -aktivitäten und die wichtigsten Veröffentlichungen der einzelnen Organisationen werden ebenso angeführt, wie der Name ihres gegenwärtigen Leiters (zum 1. Oktober 1991) und ihre Anschrift. Die Liste der Organisationen ist – ausgehend von den englischen Bezeichnungen – alphabetisch geordnet und erhebt keinen Anspruch auf Vollständigkeit. Da sich für die nichtstaatlichen Organisationen in der Regel die englischen Bezeichnungen international eingebürgert haben, wurde insoweit von einer Übersetzung abgesehen.

A. Übersicht zu 24 internationalen Organisationen

I. Zwischenstaatliche Organisationen

1. European Community (EC) – Europäische Gemeinschaft
2. Food and Agriculture Organisation of the United Nations (FAO) –
   Ernährungs- und Landwirtschaftsorganisation der Vereinten Nationen
3. Organisation for Economic Cooperation and Developmenmt (OECD) – Organisation für wirtschaftliche Zusammenarbeit und Entwicklung
4. United Nations Economic Commission for Europe (ECE) – Wirtschaftsausschuß der Vereinten Nationen für Europa
5. United Nations Environment Program (UNEP) – Umweltprogramm der Vereinten Nationen

6. United Nations Industrial and Development Organization (UNIDO) – Organisation der Vereinten Nationen für Industrie und Entwicklung
7. Worldbank – Weltbank
8. World Health Organization (WHO) – Weltgesundheitsorganisation

II. Nichtstaatliche Industrieorganisationen

Branchenübergreifende Organisationen

1. Bureau International de la Récupération (BIR)
2. Business and Industry Advisory Committee to OECD (BIAC)
3. International Chamber of Commerce (ICC)
4. International Environmental Bureau (IEB)
5. International Network for Environmental Management (INEM)
6. Union of Industrial and Employers' Confederations of Europe (UNICE)

Organisationen für einzelne Branchen

7. European Confederation of Pulp, Paper and Board Industry (CEPAC)
8. European Council of Chemical Manufacturers' Federations (CEFIC)
9. International Group of National Associations of Manufacturers of Agrochemical Products (GIFAP)
10. International Iron and Steel Institute (IISI)
11. International Petroleum Industry Environmental Conservation Association (IPIECA)
12. International Primary Aluminum Institute (IPAI)
13. Lead Development Association (LDA)
14. The Oil Companies' European Organisation for Environmental and Health Protection (CONCAWE)

B. Umweltrelevante Aktivitäten der Organisationen

I. Zwischenstaatliche Organisationen

Die folgende Liste kann beim Auffinden des richtigen Ansprechpartners hilfreich sein.

1. European Community (EC) – Europäische Gemeinschaft

Die Europäische Wirtschaftsgemeinschaft wurde mit einem in Rom am 25. März 1957 abgeschlossenen Vertrag zur Einrichtung eines Gemeinsamen Marktes gegründet. Die EG-Kommission ist die Exekutive. Ihr gehören 22 Generaldirektoren an, die sich mit verschiedenen Aufgaben befassen. Wir erwähnen nur die im Zusammenhang mit der umweltbewußten Unternehmensführung relevanten Generaldirektionen. Informationen zu den zahlreichen Veröffentlichungen über Umweltfragen sind bei den entsprechenden Generaldirektionen erhältlich.

Anschrift: 34, Rue Belliard, B-1040 Brüssel, Belgien, Tel.: (322) 2 992 253, Fernschreiber COMEU B 21 877.

Generaldirektion XI

Generaldirektor: H. Laurens Jan Brinkhorst
Berater: Robert Hull
Assistent des Generaldirektors: Jaqueline Coeffar

Die Generaldirektion XI der EG ist zuständig für Umwelt, Verbraucherschutz und Atomsicherheit.
Dem Generaldirektor direkt unterstellt sind:
1. Rechtliche Aspekte und Anwendung des Gemeinschaftsrechts,
2. Internationale Angelegenheiten,
3. Beziehungen zu Einrichtungen und Schulung im Bereich Umwelt,
4. Finanzen und Verträge.

- Die Direktion A befaßt sich mit der Atomsicherheit, der Auswirkung der Industrie auf die Umwelt und der Müllverwertung.
  Die wichtigsten Aktivitätsbereiche sind:
  1. Atomsicherheit,
  2. Überwachung chemischer Substanzen, industrieller Zwischenfälle und der Biotechnologie,
  3. Müllverwertung, saubere Technologien, Schutz des Bodens vor Verschmutzung, Vermeidung von Lärm,
  4. Wirtschaftsaspekte, Beschäftigung und Statistik.

- Die Direktion B befaßt sich mit dem Gewässerschutz, der Luftreinhaltung und dem Natur- und Landschaftsschutz.
  Die wichtigsten Aktivitätsbereiche sind:
  1. Gewässerschutz und Wasserwirtschaft,

2. Luftreinhaltung,
3. Landwirtschaft und Natur- und Landschaftsschutz, Koordinierung mit anderen Politikbereichen.

– Die Direktion C befaßt sich mit dem Schutz und der Förderung von Verbraucherinteressen.
  1. Kommerzielle Transaktionen und Rechtsschutz,
  2. Schutz und Gesundheit der Bevölkerung,
  3. Verbraucherinformation, Verbrauchererziehung und statistische Aspekte des Bevölkerungsschutzes
  4. Förderung der Verbraucherinteressen, Koordinierung mit anderen Politikbereichen und Verbrauchervertretung.

Generaldirektion XII

Generaldirektor: Paolo Fasella

Die Generaldirektion XII der EG befaßt sich mit Wissenschaft, Forschung und Entwicklung. Im einzelnen gibt es Direktionen für Politik im Bereich der Wissenschaft und Technik (A), Aktionsmittel (B), technologische Forschung (C), Atomsicherheitsforschung (D), Biologie (F), Zusammenarbeit mit Nichtmitgliedsländern (G) und Förderung von wissenschaftlicher und technischer Entwicklung, Planung und Bewertung von Programmen (H).

– Die Direktion E befaßt sich mit der Umwelt und den nichtnuklearen Energiequellen.
  Die wichtigsten Aktivitätsbereiche sind:
  1. Umwelt, Müllaufbereitung,
  2. Klimaentwicklung und Naturkatastrophen,
  3. Erneuerungsfähige Energiequellen,
  4. Geothermische Energie,
  5. Rationelle Energieverwendung und Systemanalyse im Energiebereich,
  6. Fortschrittliche Kraftstofftechnologie.

Die Generaldirektion XVII

Generaldirektor: Constantinos S. Maniatopoulos

Die Generaldirektion XVII der EG ist für die Energiepolitik verantwortlich.
Im einzelnen gibt es Direktionen für Energie, Politik, Analysen und

Vorhersagen und Verträge (A), Kohletechnologie (B), Öl und Erdgas (C), Atomenergie (D), Energieeinsparung und alternative Energiequellen, Strom und Wärme (E), Euratom Sicherheit (F).

Network for Environmental Technology Transfer (NETT) – Netzwerk für Umwelttechnologietransfer

Generalsekretär: Michel Annez

Das Netzwerk für Umwelttechnologietransfer ist eine unabhängige, internationale, gemeinnützige Vereinigung, die von ihren Mitgliedern und für ihre Mitglieder betrieben wird. Das Ziel des NETT besteht darin, beim Know-how-Austausch zwischen Firmen und Organisationen auf dem sich rasch entwickelnden Feld der sauberen Technologien und der Müllverwertungstechnologien zu helfen, und Informationen über effizientere und kostengünstigere Technologien zur Umweltverschmutzungskontrolle zu liefern. NETT wurde 1988 mit Unterstützung der EG-Kommission im Rahmen des Europäischen Jahres der Umwelt eingerichtet.

Anschrift: 5, Rue de la Science,, B-1040 Brüssel, Belgien, Tel.: (322) 6450940, Fax: (322) 2310684.

2. Food and Agriculture Organisation of the United Nations (FAO) – Ernährungs- und Landwirtschaftsorganisation der Vereinten Nationen

Generaldirektor: Edouard Saouma

Die Ernährungs- und Landwirtschaftsorganisation der UNO wurde am 16. Oktober 1945 in Quebec gegründet, um das Ernährungsniveau und den Lebensstandard der Völker in den Mitgliedsländern zu heben, um Verbesserungen bei Erzeugung und Vertrieb aller Ernährungs- und Landwirtschaftsprodukte zu erzielen und zur Expansion der Weltwirtschaft beizutragen.

Bei der FAO-Konferenz im Jahre 1985 wurde der Beschluß 10/85 über einen internationalen Verhaltenskodex für den Vertrieb und Einsatz von Schädlingsbekämpfungsmitteln von den Mitgliedsländern der FAO einstimmig angenommen. Der Kodex identifiziert potentielle Gefahren bei Vertrieb und Einsatz von Schädlingsbekämpfungsmitteln einschließlich der Umweltgefahren. Er stellt Verhaltensnormen auf und definiert Verantwortlichkeiten für alle Personen, die sich mit der gesetzlichen Regelung, dem Vertrieb und dem Gebrauch von

Schädlingsbekämpfungsmitteln befassen. Der Kodex stützt sich auf international anerkannte Richtlinien, auf die seine verschiedenen Artikel Bezug nehmen.

Veröffentlichungen:
FAO Monthly Bulletin of Statistics; Ceres – FAO Review of Agriculture and Development (6mal jährlich); FAO Plant Protection Bulletin (vierteljährlich); Food and Agricultural Legislation (2mal jährlich); Unasylva (Vierteljahreszeitschrift für das Forstwesen); FAO Commodity Review (jährlich); Fertilizer Yearbook; Production Yearbook; The State of Food and Agriculture (annual); Yearbook of Fishery Statistics; Yearbook of Forestry Products, Food and Nutrition (2mal jährlich).

Anschrift: Via delle Terme di Caracalla, I-00100 Rom, Tel.: (396) 57971, Fernschreiber: 610181 FAO I, Fax: 610248/5146172.

3. Organisation for Economic Cooperation and Development (OECD) – Organisation für wirtschaftliche Zusammenarbeit und Entwicklung

Generalsekretär: Jean Claude Paye

Die Organisation für wirtschaftliche Zusammenarbeit und Entwicklung wurde am 30. September 1961 in Paris mit dem Ziel gegründet, den Mitgliedsländern bei der Förderung des Wirtschaftswachstums, der Beschäftigung und des Lebensstandards zu helfen, und um zur Förderung der gesunden und harmonischen Entwicklung der Weltwirtschaft beizutragen.

Ein Umweltausschuß und mehrere spezialisierte Gruppen sind für die wirtschaftlichen und politischen Aspekte umweltbezogener Aktivitäten der OECD verantwortlich. Diese Aktivitäten haben zu Abkommen geführt, in denen Leitprinzipien zu den umweltpolitischen Aspekten des internationalen Handels festgelegt sind. Ferner wurden Abkommen geschlossen über den Einsatz von umweltschädlichen Chemikalien sowie über Lärm, Abfälle, Schadstoffemissionen, Energieerzeugung, Küstenüberwachung, die grenzüberschreitende Verbringung von gefährlichen Abfällen, Störfälle unter Beteiligung von Gefahrstoffen, grenzüberschreitende Umweltverschmutzung und das Verursacherprinzip (polluter-pays principle).

Veröffentlichungen:
News from OECD (monatlich); OECD Financial Statistics (monatlich); OECD Observer (alle 2 Monate); Indicators of Industrial Activity (vierteljährlich); Pulp and Paper: Quarterly Statistics; OECD Economic Outlook (2mal jährlich).

Anschrift: 2, Rue André Pascal, F-75775 Paris CEDEX 16, Tel: (331) 45248200, Fernschreiber: 620160, Fax: 45248500.

4. United Nations Economic Commission for Europe (ECE) – Wirtschaftsausschuß der Vereinten Nationen für Europa

Geschäftsführender Sekretär: Gerald Hinteregger

Der Wirtschaftsausschuß der Vereinten Nationen für Europa wurde 1947 vom Wirtschafts- und Sozialrat der UNO zur Untersuchung der wirtschaftlichen und technologischen Probleme der Region eingerichtet. Weiterhin gibt er den Regierungen der Mitgliedsländer Empfehlungen zu möglichen Aktionsweisen.

Eines der wichtigsten Gremien besteht aus den für Umwelt- und Wasserprobleme zuständigen Leitenden Beratern (Senior Advisers) der ECE Regierungen. Das Gremium bildet Arbeitsgruppen, die sich mit folgenden Themen befassen: Probleme der Luftverschmutzung, wenig oder gar keine Abfälle erzeugende Technologien, Abfallrecycling und Abfallaufbereitung, Wasserprobleme sowie Umweltverträglichkeitsprüfungen. ECE stellt auch das Sekretariat für die Konvention über weitreichende grenzüberschreitende Luftverschmutzung und die zugehörigen Protokolle.

Veröffentlichungen:
Economic Bulletin for Europe (vierteljährlich); Economic Survey of Europe (jährlich); Air Pollution Studies; Environmental Series; ECE 1947-1987.

Anschrift: Palais des Nations, CH-1211 Genf 10, Tel.: (4122) 7346011, Fernschreiber: 289696, Fax: 339879.

5. United Nations Environment Program (UNEP) – Umweltprogramm der Vereinten Nationen

Geschäftsführender Direktor: Dr. Mostafa K. Tolba

UNEP wurde 1972 im Anschluß an die Stockholmer Konferenz

über die menschliche Umwelt eingerichtet, um die Aktivitäten der UNO im Umweltbereich zu koordinieren und zu steuern. UNEP arbeitet mit Regierungen, Einrichtungen auf Landes- und internationaler Ebene und anderen Organisationen, die sich mit Umweltfragen befassen, zusammen.

Zusätzlich zu einem weltweiten Netz regionaler Büros gibt es bestimmte Programme, wie das Internationale Register der potentiell giftigen Chemikalien (IRPTC) in Genf und das Industry and Environment Office (IEO) in Paris.

Veröffentlichungen:
UNEP Annual Review, UNEP Reports and Proceedings Series, UNEP Reference Serie, UNEP Executive Series, Uniterra Bulletin, IRPTC Bulletin.

Anschrift: Postfach 30552, K-Nairobi, Kenia, Tel.: (2542)333930, Fernschreiber:22068/22173, Fax:520711.
Industry and Environment Office
Direktor: Jacqueline Aloisi de Larderel

Die Ziele des von UNEP 1975 in Paris eingerichteten Industry and Environment Office, das die industrielle Welt und die Regierungen im Sinne einer umweltschonenden Industrieentwicklung zusammenbringen soll, bestehen darin, die Berücksichtigung von Umweltkriterien bei Plänen zur industriellen Entwicklung zu fördern, den Einsatz sauberer und sicherer Technologien zu unterstützen, die Einführung von Umweltschutzverfahren und -prinzipien in die Industrie zu erleichtern und den Austausch der umweltrelevanten Informationen und Erfahrungen auf der ganzen Welt anzukurbeln.

Veröffentlichungen:
Industry and Environment Review; Technical Guides, Reports and Proceedings.

Anschrift: Tour Mirabeau, Quai André Citroën, F-75739 Paris CEDEX 15, Tel.: (331)40588850, Fernschreiber: 204997F, Fax: 40588874 Coframines for UNEP.

6. United Nations Industrial and Development Organisation (UNIDO) – Organisation der Vereinten Nationen für Industrie und Entwicklung

Generaldirektor: Domingo L. Siazon, jr.

Die am 1. Januar 1967 gegründete Organisation für industrielle Entwicklung wurde im Jahr 1968 zu einer Sonderorganisation der UNO. UNIDO hat die Aufgabe, den Entwicklungsländern auf deren eigenen Wunsch im industriellen Bereich Hilfestellung zu gewähren.

Sie bereitet Studien zu Fragen der Industrialisierung vor und führt Forschungen zu bestimmten Industriesektoren sowie zu verschiedenen Ländern oder Landesteilen durch, fördert die Entwicklung und den Transfer von Technologie, unterhält eine industrielle und technische Datenbank und erstellt industrielle Statistiken. Ferner führt sie empirische Studien durch, die im Industrialisierungsprozeß eingesetzt werden. Auch obliegt es der UNIDO, den nichtstaatlichen Organisationen Hilfestellung zu leisten und mit ihnen sowie mit den öffentlichen und privaten Industriesektoren zusammenzuarbeiten.

Veröffentlichungen:
UNIDO Update (monatlich); Industry and Development, Global Report (jährlich); Industrial Development Abstracts; Industry and Development Series; Transfer of Technology Series; Guide to Information Sources; Guide to Training Opportunities for Industrial Development, Annual Reports.

Anschrift: Vienna International Center, Postfach 300, A-1400 Wien, Tel.: (431) 21131–0, Fernschreiber: 135617, Fax: (431) 2309327.

7. Worldbank – Weltbank

Präsident: Lewis Preston

Die Weltbank umfaßt u. a. die Internationale Bank für Wiederaufbau und Entwicklung (IBRD), die Internationale Entwicklungsorganisation (IDA) und die Internationale Finanzierungsgesellschaft (IFC). Ihre zentrale Aufgabe ist die Förderung der wirtschaftlichen und sozialen Entwicklung in den Entwicklungsländern. Die IBRD, 1945 gegründet, weist 156 Mitgliedsländer auf (Oktober 1991).

Die IDA wurde 1960 gegründet mit dem Ziel, den ärmsten Entwicklungsländern finanzielle Hilfe zu leisten und zwar zu Kosten, die unter denen für Kredite von der IBRD liegen würden. Die IFC, 1956 gegründet, fördert das Wachstum produktiver Privatunternehmen in Entwicklungsländern. Die meisten Kredite der Weltbank werden gewährt für Projekte wie z. B. den Bau von Staudämmen und Kraftwerken, landwirtschaftliche und Industrie-Initiativen. In jüngeren Jahren hat die Bank ein neues Schwergewicht auf die Unterstützung der Armen bei der Verbesserung ihres Zugangs zu den wirtschaftlichen Ressourcen sowie zu sauberem Wasser, Gesundheitsvorsorge, Familienplanung, Nahrung, Bildung und Wohnungsbau gelegt. Projekte können in Kooperation mit UNO-Sonderorganisationen wie z. B. der Organisation der Vereinten Nationen für Erziehung, Wissenschaft und Kultur (UNESCO), der Weltgesundheitsorganisation (WHO), der UNO-Organisation für Industrie und Entwicklung (UNIDO) und dem Entwicklungshilfeprogramm der Vereinten Nationen (UNDP) durchgeführt werden.

Zwar ist die Umweltabteilung der Weltbank verantwortlich für Entwicklung der Gesamtpolitik, Forschung, Richtlinien, Personalausbildung und einige Aspekte der Außenbeziehungen der Umweltarbeit der Bank, aber ein großer Teil dieser Arbeit ist unter einer Vielzahl von Hauptbereichen aufgeteilt. Während der letzten Jahre haben sich mehrere Ansätze für eine Systematisierung der Umweltarbeit der Bank ergeben. So wurde vor drei Jahren die Erarbeitung von Papieren über länderspezifische Umweltfragen initiiert. Diese Papiere sprechen die wesentlichen Umweltprobleme in den betroffenen Ländern sowie die zugrunde liegenden Ursachen, mögliche Investitionsstrategien, politische Reformen, Finanzierungsbedarf und Finanzierungsquellen an. Die Papiere helfen bei der Schaffung einer Strategie der Bank, die sich in nationalen Umweltaktionsplänen und in regionalen Analysen spezifischer Probleme niederschlägt. Die Umwelt wird in allen Stadien des „Projektzyklus“ angesprochen: bei der Ermittlung von Projekten, die zu finanzieren sind und bei der Beurteilung, Implementierung und Bewertung der Projekte der Bank.

Veröffentlichungen:
The World Bank and the Environment: Annual Report (seit 1986)

Anschrift: 1818 H Street, N.W., Washington D.C. 20433 USA, Tel.: (1202) 4734771234; Fax: (1202) 3340273

8. World Health Organisation (WHO) – Weltgesundheitsorganisation

Generaldirektor: Dr. Hiroshi Nakaiima
DieWeltgesundheitsorganisation wurde 1948 in New York als Sonderorganisation der Vereinten Nationen gegründet. Das Ziel der WHO besteht darin, daß alle Völker den bestmöglichen Gesundheitszustand erreichen. Wahrung der Gesundheit ist ein grundlegendes Recht jedes Menschen, unabhängig von seiner Rasse, Religion, politischen Einstellung und seinem wirtschaftlichen oder sozialen Rang. Alle Mitgliedsstaaten verfolgen ein gemeinsames soziales Ziel – Gesundheit für alle bis zum Jahre 2000.

Überall sollten Menschen Kontakt zu den Gesundheitsdiensten haben, damit sie ein gesellschaftlich und wirtschaftlich produktives Leben führen können. Der Nutzen der internationalen Gesundheitsarbeit kommt allen Ländern zugute, einschließlich der am stärksten entwickelten. Die WHO ist die leitende und koordinierende Einrichtung für die internationale Gesundheitsarbeit. Im Gesundheitssektor stellt sie wertvolle und produktive Zusammenarbeit sicher und fördert die Forschung. Die WHO ist die zentrale Koordinations- und Steuerungsstelle für Gesundheitsinformationen aller Art.

Veröffentlichungen:
Bulletin of the World Health Organisation (zweimonatlich); International Digest of the Health Legislation (vierteljährlich); Weekly Epidemiological Record; World Health Statistics Quarterly; World Health Forum (vierteljährlich); World Health (10 Ausgaben jährlich).

Anschrift: Ave Appia, CH-1211 Genf 27, Tel.: (41 22) 791 21 11, Fernschreiber: 27 821, Fax: 7 910 746.

II. Nichtstaatliche Industrieorganisationen

Bei den nichtstaatlichen Industrieorganisationen wird im folgenden unterschieden zwischen branchenübergreifenden Organisationen (1.–7.), wie der Internationalen Industrtie- und Handelskammer und den Organisationen für einzelne Branchen (8.–15.). Der Wert ihrer Dienste, auch für Einzelunternehmen, ist oft nicht bekannt genug.

Branchenübergreifende Organisationen

1. Bureau International de la Récupération (BIR)

Generalsekretär: Francis Veys

Das 1948 gegründete Bureau International de la Récupération ist eine gemeinnützige Einrichtung. Sie umfaßt die Landesverbände, die ihrerseits Firmen und Unternehmen repräsentieren, die sich weltweit mit der Aufbereitung und der Neugewinnung von Rohstoffen befassen.

BIR umfaßt zur Zeit vier Rohstoffbereiche: Alteisen und -stahl, NE-Metalle, Papier, Textilien. Zu den Sonderausschüssen gehören der Ausschuß für Edelstahl- und Speziallegierungen, desgleichen der Ausschuß für Stadtmüll und der Runde Tisch in Sachen Kunststoff (Plastics Round-Table).

Veröffentlichungen: (nur für Mitglieder)
Proceedings of semi-annual meetings; General Membership Directory; Annual Report.

Anschrift: 24, Rue du Lombarde, Bte. 14, B-1000 Brüssel, Tel.: (322) 5142180, Fernschreiber: 61695 BIR B, Fax: (322) 5141226.

2. Business and Industry Advisory Committee to OECD (BIAC)

Generalsekretärin: Yolande Michaud

Die Wirtschafts- und Industrieberatungskommission wurde am 9. März 1962 in Paris mit dem Ziel gegründet, die Wirtschaft und die Industrie gegenüber der OECD zu vertreten und bei der OECD Meinungen über alle Fragen gemeinsamen Interesses zu äußern.

Die Aktivitäten der BIAC im Umweltbereich werden von der BIAC Umweltkommission, der BIAC Chemikalienkommission und Arbeitsgruppen (task forces) zu Unfällen mit Gefahrstoffen und gefährlichem Abfall (Sondermüll) koordiniert.

BIAC führt häufig informelle Konsultationen mit dem OECD-Sekretariat zu OECD-Programmen durch und trifft sich zu formellen Konsultationen mit OECD-Kommissionen oder Arbeitsgruppen anläßlich der OECD-meetings. Einige der jüngeren Aktivitäten der OECD (1987–1988), zu denen die BIAC zu Rate gezogen wurde, umfassen: systematische Untersuchung existierender Chemikalien; Durchführung und Bewertung chemischer Tests; Chemikalienexportmeldung; Unfälle im Zusammenhang mit Gefahrstoffen; marktwirtschaftliche Instrumente in der Umweltpolitik.

Veröffentlichungen:
BIAC Guides for Manufacturers and Traders Exporting Chemicals (Oktober 1985); zahlreiche schriftliche Stellungnahmen zu speziellen Problemen.

Anschrift: 13/15, Chaussée de la Muette, F-75016 Paris, Tel.: (3 31) 45 24 48 38/42 88 78 38, Fernschreiber: BIAC 6 240 403, Fax: 42 887 838

3. International Chamber of Commerce (ICC)

Generaldirektor: Jean-Charles Rouher

Die Internationale Industrie- und Handelskammer wurde 1919 als ständige nichtstaatliche Organisation für die Weltwirtschaft gegründet. Die ICC repräsentiert die Gemeinschaft der Geschäftsleute auf internationaler Ebene, fördert den Welthandel und Investitionen auf Grundlage des freien und lauteren Wettbewerbs, harmonisiert die Handelspraktiken und die Handelsterminologie und liefert einen wachsenden Beitrag praxisnaher Dienstleistungen für die internationale Wirtschaft.

Anschrift: 38, Cours Albert 1er, F-75008 Paris, CEDEX, Tel.: (3 31) 49 53 28 28, Fernschreiber: 65077 ICC HQ, Fax: (331) 49 532 859, Telegrammadresse: Incomerc Paris.
In der Bundesrepublik Deutschland: Deutsche Gruppe der Internationalen Handelskammer, Postfach 100447, D-5000 Köln 1, Tel.: (02 21) 2 575 571, Fax: (02 21) 2 575 593.
ICC Commission on Environment
Vorsitzender: H. Torvild Aakvaag
Sekretär: H. Nigel Blackburn

Die ICC verfügt über eine Umweltkommission, die die Politik der ICC zu Umweltfragen hinsichtlich jener Initiativen und Projekte festlegt, die von zwischenstaatlichen Organisationen vorangetrieben werden.

Sie setzt auch selbst Initiativen in Gang, z. B. die Entwicklung und Veröffentlichung der Business Charter for Sustainable Development (Charter für eine nachhaltig tragfähige Entwicklung – Grundsätze umweltorientierter Unternehmensführung). Hier handelt es sich um eine gute Grundlage für Firmen- und Branchenkodizes.

In diesem Zusammenhang sind auch die Richtlinien der ICC für Environmental Auditing (Öko-Controlling) zu nennen. Die Kommission bietet auch ein Forum auf dem Führungskräfte von Mitgliedern regelmäßig Vertreter der UNEP und von in diesem Kapitel erwähnten Industrieorganisationen treffen.

Veröffentlichungen:
Environmental Guidelines for World Industry (englisch, französisch, deutsch); Environmental Auditing (englisch, französisch, deutsch); The Greening of Enterprise; EG-Umweltschutz zwischen Harmonisierung und Wettbewerbsverzerrung (1989); Firmenkooperationen im Umweltschutz zwischen Ost- und Westeuropa (1991); The Business Charter for Sustainable Development (Principles for Environmental Management) (1991) (in annähernd 20 Sprachen); Environmental Labelling Schemes; Conference Report and Background Papers for WICEM II, April 1991.

4. International Environmental Bureau (IEB)

Executive Director: Dr. Jan-Olaf Willums

Das International Environmental Bureau wurde im Jahre 1986 als eine Sonderabteilung der Internationalen Handelskammer (ICC) geschaffen und hatte hauptsächlich die Aufgabe, als ein internationales Clearinghouse für den Austausch von Informationen über umweltbewußtes Management zwischen Industrieunternehmen zu dienen. Inzwischen wurde die Aufgabe des International Environmental Bureau dahingehend erweitert, daß es der ICC helfen soll, die Business Charter for Sustainable Development weltweit bekannt zu machen und ihrer Anwendung Vorschub zu leisten.

Das IEB arbeitet eng mit der ICC und anderen internationalen Organisationen zusammen und konzentriert sich auf folgende Aufgaben: Erhöhung des Stellenwertes umweltorientierter Unternehmensführung in den Vorstandsetagen, Förderung des rationellen Einsatzes von Energie und Rohstoffressourcen, die standardmäßige Einführung eines Öko-Controlling durch die Industrie, die Vereinfachung des Zugriffs auf Umwelt-Technik und -Know-how vor allem in Entwicklungsländern. Der IEB verfolgt diese Ziele durch Zusammenarbeit mit Unternehmensvertretern auf örtlicher Ebene, durch Sponsoring gemeinsamer Bemühungen von Industrie und Umweltschutzorganisationen sowie durch Förderung umweltorientierter Ausbildung an Universitäten und Bildungseinrichtungen der Technik.

Veröffentlichungen:
Studien zum Umweltschutz; Berichte über seine Aktivitäten; Special Wastes-Prevention, reduction, disposal; State of the art in technology and management (1990); International Business and Sustainable Development Bulletin (vierteljährlich).

Anschrift: Elveveien 25 B, P.O. Box 301, N-1324 Lysaker, Tel.: (472) 58 18 00, Fax: (472) 58 1875

5. International Network for Environmental Management (INEM)

Executive Director: Troy Davis

Das International Network for Environmental Management (INEM) wurde im Februar 1991 gegründet. Seine Mitglieder sind nationale Unternehmensverbände für umweltbewußtes Management: In Deutschland B.A.U.M. (gegründet 1985), in Österreich B.A.U.M. (1988), in Schweden Svenska BAUM (1990), im United Kingdom TREE (1990), in Südafrika IEF (1991), in Dänemark ELM Danmark (1991), in Brasilien SIGA (1991) und in Israel ALVA (1991). Mit nationalen Verbänden in den Ländern Hong Kong, Japan, Schweiz, in den USA und in Zimbabwe besteht eine Partnerschaft, die laufend intensiviert wird.

Die internationale Umweltschutzorganisation INEM dient der Anwendung und Fortentwicklung der Methoden umweltbewußten Managements in der Praxis möglichst vieler Unternehmen. Zu diesem Zweck organisiert INEM den Informationsaustausch und die Meinungsbildung zwischen den nationalen Mitgliedsverbänden, leistet Öffentlichkeitsarbeit auf der internationalen Ebene und gibt Hilfe zur Selbsthilfe bei der Gründung neuer Mitgliedsverbände in den Industrieländern, Entwicklungsländern und ehemaligen Staatshandelsländern.

Die Mitgliedsverbände sind gemeinnützig, überparteilich, branchenunabhängig und autonom, konzentrieren sich auf die praktische Einführung umweltorientierter Unternehmensführung, arbeiten mit der Überzeugungskraft guter Unternehmensbeispiele und bringen große, kleine und mittlere Unternehmen an einen Tisch. Den INEM-Mitgliedsverbänden gehörten Ende Dezember 1991 über 500 Unternehmen an.

Mitglieder des Boards: Mike Carver für TREE UK; Vagn Genter für ELM Danmark; Göran Lundgren für Svenska B.A.U.M. (stellvertr. Vors.); Dr. Walter Seeböck für B.A.U.M. Österreich; Dr. Georg Winter für B.A.U.M. Deutschland (Vors.); Executive Direktor: Troy Davis

Veröffentlichungen:
INEM Bulletin (periodisch); Industry Initiatives In Achieving Ecologically Sustainable Industrial Development (ESID), Gutachten erstellt im Auftrage der UNIDO (1991); The Challenge of the Nineties: Integrated Environmental Management Applied to Business and Government, INEM Publication series (1991); Handlungsanleitungen für die Unternehmenspraxis enthält: „Das umweltbewußte Unternehmen" (München, 5. Auflage, 1992), erhältlich auch in Dänisch, Englisch, Französisch, Norwegisch, Portugiesisch, Russisch, Schwedisch, Spanisch; weitere Übersetzungen in Vorbereitung.

Anschrift: Hellgrund 92, W-2000 Wedel/Holstein, Bahnhof, Flughafen: Hamburg, Tel.: (041 03) 8 40 19, Fax: (04103) 13 699.

6. Union of Industrial and Employers' Confederations of Europe (UNICE)

Generaldirektor: Zygmunt Tyszkiewicz

Der Verband der Industrie- und Arbeitgeberverbände von Europa wurde 1985 gegründet und als offizielles Sprachrohr für die europäische Wirtschaft und Industrie gegenüber den europäischen Institutionen anerkannt. Er besteht aus 33 Mitgliedsverbänden aus 22 europäischen Ländern mit einem ständigen Sekretariat in Brüssel. UNICE hat die Aufgabe, die gemeinsamen wirtschaftlichen und berufsständischen Interessen der von seinen Mitgliedsverbänden vertretenen Firmen zu repräsentieren.

Ferner soll UNICE einen Rahmen bieten, in dem die Mitgliedsorganisationen ihre jeweilige Europapolitik koordinieren können und sicherstellen, daß die europäischen Entscheidungsgremien die politischen Ziele und Meinungen der UNICE in vollem Umfange berücksichtigen. Eine spezielle Expertenkommission beschäftigt sich mit Umweltfragen.

Anschrift: 40, Rue Joseph II., B-1040 Brüssel, Tel.: (322) 2376511, Fernschreiber: UNICE B 26013, Fax: 231 1445.

Organisationen für einzelne Branchen

7. European Confederation of Pulp, Paper and Board Industry (CEPAC)

Geschäftsführender Direktor: David Clark

CEPAC wurde am 23. April 1963 in Stresa gegründet, um die Interessen der Zellstoff-, Papier- und Pappeindustrie der Europäischen Wirtschaftsgemeinschaft innerhalb der EG und weltweit wahrzunehmen und als zentrale Quelle für Informationen und Industriestatistiken zu dienen. Ihre Aufgabe ist die Untersuchung aller wirtschaftlichen Probleme, die für die Branche von Interesse sind.

Veröffentlichungen:

Key Statistics; Annual Statistics of the EC Pulp, Paper and Board Industry; CEPAC Annual Report; CEPAC Guide to the Classification of Paper and Board in Chapter 48 of the CCC Harmonised System and the EC Combined Nomenclature of 1988.

Anschrift: 40, Rue Washington, Postfach 7, B-1050 Brüssel, Tel.: (322) 434 10 10, Fernschreiber: 65080 for CEPAC, Fax: 641 9275.

8. European Council of Chemical Manufacturers Federations (CEFIC)

Generaldirektor: Hugo H. Lever

Die European Chemical Manufacturers Federation ist das anerkannte Sprachrohr der europäischen chemischen Industrie – einer Industrie, die über 2 Millionen Personen beschäftigt und für ein Drittel der Weltproduktion steht.

Mit seiner zentralen Lage in Brüssel ist CEFIC das Forum, auf dem die europäische chemische Industrie ihre Positionen und Vorgehensweisen gegenüber jenen internationalen Organisationen und Institutionen koordiniert, die Einfluß auf das geschäftliche Umfeld der chemischen Industrie haben.

CEFIC wurde 1972 gegründet, hat jetzt die Landeschemieverbände von 15 europäischen Ländern als Mitglieder und vertritt die Interessen von 34 bedeutenden Unternehmen, die in verschiedenen Sektoren der chemischen Industrie arbeiten. Die Aufgaben, die CEFIC für seine Mitglieder wahrnimmt, umfassen den internationalen Handel, den Umweltschutz, die Gesundheit und Arbeitssicherheit, den Transport und den Vertrieb von Chemikalien, die Energie- und Rohstoffversorgung, den Informationsaustausch und die Erstellung statistischer Überblicke sowie viele andere Gebiete, die für die europäische chemische Industrie von Interesse sind.

Veröffentlichungen:
CEFIC Annual Reports; Positionspapiere; Newsletters; The Chemical Industry of Western Europe prepared for the 21st century; Veröffentlichungen zu Themen von besonderem Interesse für die chemische Industrie.

Anschrift: 250, Avenue Louise, Postfach 71, B-1050 Brüssel, Tel.: (322) 646 36 82, Fernschreiber: 62444, Fax: 640 1981,

9. International Group of National Associations of Manufacturers of Agrochemical products (GIFAP)

Generaldirektor: Hans G. von Loeper

GIFAP wurde am 29. September 1967 in Brüssel mit dem Ziel gegründet, die Position der Mitgliedsverbände auf allen industriebezogenen technischen und wissenschaftlichen Gebieten gegenüber den internationalen Organisationen (FAO, WHO, UNEP, UNIDO, DDO) zu vertreten.

Veröffentlichungen:
GIFAP Bulletin (6 Ausgaben jährlich); GIFAP Guidelines and Position Papers on key issues of concern to the Agrochemical Industry.

Anschrift: 79a, Avenue Albert Lancastre, B-1180 Brüssel, Tel.: (322) 375 68 60, Fernschreiber: 62120 GIFAP B, Fax: 375 2793

10. International Iron and Steel Institute (IISI)

Generalsekretär: Lenhard J. Holschuh

Das International Iron and Steel Institute wurde 1967 in New York mit Hauptsitz in Brüssel gegründet. Im Grunde genommen ist das IISI eine gemeinnützige Forschungsorganisation, die sich mit verschiedenen Aspekten der internationalen Stahlindustrie befaßt. Die Ziele von IISI bestehen darin, ein freies und offenes Diskussionsforum für die Probleme der Stahlindustrie zu bieten, auf Anweisung Forschung zu betreiben, Statistiken und Daten zu sammeln, zu bewerten und zu verbreiten.

IISI soll die Verbindung zu anderen auf dem Stahlsektor tätigen Organisationen herstellen und erhalten und den Einsatz von Stahl fördern. The Standing Committee on Environmental Affairs wurde 1973 gegründet.

Veröffentlichungen:
Environmental Control in the Iron and Steel Industry (1978); Current Status and Problems of Environmental Control in the Japanese Steel Industry (1980); Environmental Affairs: A European Presentation (1981); Utilisation of Blast Furnace and BOF Slag (1984); Environmental Control Technology in the Steel Industry (1986); The Management of Steel Industry By-products and Waste (1987); Recycling and Disposal of Spent Materials from Acid Picking and Coating Lines (1987).

Anschrift: 120, Rue Col. Bourg, B-1140 Brüssel, Tel.: (322) 735 9075, Fernschreiber: 22639, Fax: 7358012.

11. International Petroleum Industry Environmental Conservation Association (IPIECA)

Generalsekretär: John Lemlin

IPIECA ist ein Verband von Erdölgesellschaften und Erdölindustrieverbänden, der im März 1974 gegründet wurde. Sein Interessenbereich umfaßt Umweltangelegenheiten und umweltbezogene Gesundheits- und Entwicklungsprobleme von weltweiter Bedeutung, soweit sie sich auf die Erdölindustrie auswirken.

Der Hauptzweck von IPIECA liegt darin, als Forum der Petroleum-Industrie diese Fragen zu behandeln und im Mittelpunkt der Interaktion mit UNEP und anderen auf diesem Gebiet aktiven zwischenstaatlichen und internationalen Organisationen zu stehen.

Veröffentlichungen:
Technische Berichte.

Anschrift: 2nd Floor Monmouth House, 87–93 Westbourne Grove, London W2 4UL, Tel.: (44 71) 2 21 20 26.

12. International Primary Aluminium Institute (IPAI)

Generalsekretär: Alan Payne

Das International Primary Aluminium Institute wurde am

28. April 1972 in London zur Förderung des Wirtschaftszweiges Rohaluminium gegründet. Es soll ein Forum für Diskussionen und Informationsaustausch bieten. Es initiiert, finanziert oder unterstützt Untersuchungen und Forschungsprojekte.

Veröffentlichungen:
Fluoride Emissions Control – Costs of New Aluminium Reduction Plants (1975); IPAI Environmental Recommendations for Siting and Operation of New Primary Aluminium Industry Facilities (1979); The Monitoring of Emissions from Aluminium Reduction Plants (1987); Review of the Petroleum Coke Situation and its Potential Impact on Sulphur Dioxide Emissions from Primary Aluminium Plants (1987); Environmental Legislation Survey (1981); Methods of Disposal of Residue from the Production of Alumina from Bauxite Ores (1982).

Anschrift: Trafalgar Place, 2–4 Cockspur St., London SW 1 Y5BQ, Tel.: (4471) 9300528.

13. Lead Development Association (LDA)

Leiter: Dr. David Wilson

Die Lead Development Association wurde 1946 gegründet und wird hauptsächlich von Bleibergwerksgesellschaften und Bleimetallerzeugern getragen. Sie ist ein gemeinnütziger Verband, der den Einsatz von Blei in allen Formen fördern und die Bleiindustrie auf nationaler und internationaler Ebene vertreten soll. Der Verband führt eine aktuelle Bibliothek und bietet technische Beratung zu allen Aspekten des Bleis, einschließlich der Themenbereiche Gesundheit, Sicherheit am Arbeitsplatz und Umweltschutz.

Anschrift: 42–46 Weymouth St., London W 1 N3LQ, Tel.: (4471) 4998422, Fernschreiber: 261286, Fax: 4931555.

14. The Oil Companies' European Organisation for Environmental and Health Protection (CONCAWE)

Generaldirektor: Dr. J.-A. Terning

CONCAWE wurde 1963 in Den Haag gegründet, um Umwelt- und Gesundheitsaspekte bei Verarbeitung, Handhabung und Einsatz von Erdöl in Europa zu untersuchen. Die Kommissionen und Arbeitsgruppen von CONCAWE führen Studien zu technischen, wirtschaftlichen und legislativen Aspekten von Umwelt- und Gesundheitsthemen durch. Dies geschieht mit Hilfe einer Bibliothek, eines Dokumentationssystems und statistischer Aufzeichnungen.

Veröffentlichungen:
Technische Berichte; Informationsblätter.

Anschrift: Babylon-Kantoren A, Koningin Julianaplein 30-9, NL-2595 AA Den Haag, Tel.: (31 70) 42 45 00, Fernschreiber: CONCAWE via SIPM 26000, Fax: 42 45 13.

10. Kapitel
Kodizes für umweltorientierte Unternehmensführung

Die internationale Bewegung für umweltbewußtes Management spiegelt sich in entsprechenden Kodizes, die seit Mitte der 80er Jahre von verschiedensten Organisationen formuliert wurden. Auf internationaler Ebene sind die Kodizes des United Nations Centre on Transnational Corporations (A) und der International Chamber of Commerce (B) zu nennen, auf nationaler Ebene in der Reihenfolge ihrer Entstehung die Kodizes der Evangelischen Akademie Tutzing, Deutschland (C), der Coalition for Environmentally Responsible Economics, USA (D), des Bundesdeutschen Arbeitskreises für umweltbewußtes Management (E) und des Unternehmensverbandes Keidanren, Japan (F).

Unter den Brancheninitiativen, die mit der Schaffung branchenspezifischer Kodizes einhergehen, sei beispielhaft das Responsible Care Programm erwähnt, für dessen internationale Verbreitung sich der International Council of Chemical Associations einsetzt. Die Initiative begann 1985 in Kanada und wurde zwischenzeitlich auf die USA, UK, Australien, Frankreich, Japan, Niederlande, Neuseeland und Deutschland ausgedehnt. Zum Beispiel sind die Umweltleitlinien des Verbandes der Chemischen Industrie e.V. in Deutschland, die 1986 erstmals formuliert wurden, in ihrer heutigen Fassung als Guiding Principles im Rahmen des weltweiten Leitprogramms Responsible Care zu verstehen. Die Ausfuhr von gefährlichen Chemikalien wird in Deutschland in einem besonderen Verhaltenskodex aus dem Jahre 1986 geregelt (vgl. den Text im Rahmen der Check-Liste Internationale Wirtschaftsbeziehungen).

Branchenübergreifende internationale Bedeutung gewinnt immer mehr die von der International Chamber of Commerce im Rahmen der Second World Industry Conference on Environmental Management (WICEM II) im April 1991 verkündete Business Charter for Sustainable Development – Principles for Environmental Management (Charter für eine Langfristig Tragfähige Entwicklung – Grundsätze des umweltorientierten Managements). Zwischenzeitlich haben zahlreiche Internationale Organisationen sowie Unternehmensverbände und individuelle Unternehmen ihre Unterstützung für die Charter erklärt. Dem steht nicht entgegen – und das wird von der Internationalen Handelskammer ausdrücklich begrüßt –, daß verschiedene Unternehmensverbände und individuelle Unternehmen sich darüber hinaus an eigenen auf ihre speziellen Bedürfnisse zugeschnittenen Kodizes orientieren.

Verschiedene Kodizes erheben die Forderung, das Management müsse auf „Sustainable Development", d. h. auf eine „nachhaltig tragfähige Entwicklung"[1] Rücksicht nehmen. „Nachhaltig tragfähig" ist nach der Definition des Berichtes „Our Common Future" der „World Commission on Environment and Development" aus dem Jahre 1987 eine Entwicklung, die die Befriedigung der gegenwärtigen Bedürfnisse der Menschheit erlaubt, ohne die Befriedigung der Bedürfnisse zukünftiger Generationen zu gefährden. Die weite Akzeptanz des Begriffes „Sustainable Development" verdeckt leicht die Tatsache, daß sich die Geister durchaus an der Frage scheiden, welche wirtschaftlichen Aktivitäten die Bedürfnisse zukünftiger Generationen gefährden.

Gegenwärtig gibt es noch keinen Kodex, durch den, würde er von allen Unternehmen der Welt eingehalten, eine nachhaltig tragfähige Entwicklung gewährleistet wäre. Aber die bloße Chance, die weltweite laufende Verschlechterung der ökologischen Situtaion zu verlangsamen, ist bereits ein großer Wert. Vielleicht können wir so die kritischen weltgeschichtlichen Sekunden gewinnen, um wahrhaft tragfähige Lösungen für die Erhaltung unserer Spezies und eines „eisernen Bestandes" an Arten der Pflanzen- und Tierwelt zu verwirklichen.

Kodizes für umweltbewußte Unternehmensführung sind geeignet, das tatsächliche Verhalten der Unternehmen positiv zu beeinflussen. Kaum ein Unternehmen kann es sich leisten, einen von einer breiten öffentlichen Zustimmung getragenen Kodex zu negieren, wenn Wettbewerbsunternehmen ihn unterzeichnen. Und kaum ein Unternehmen kann es heute noch wagen, einen von intensivster Medienkontrolle begleiteten Kodex zu unterzeichnen, wenn es ihm in seinen tatsächlichen Maßnahmen zuwider handelt.

[1] Vielfach wird „sustainable" stattdessen mit „langfristig tragfähig" übersetzt. Das Wort „langfristig" ist jedoch weniger treffend als „nachhaltig", weil es das Mißverständnis erlaubt, die Entwicklung brauche in kurzfristiger Sicht noch nicht tragfähig zu sein.

Alle Kodizes gewinnen an Glaubwürdigkeit und Wirksamkeit, wenn die erlassene Instanz öffentliches Ansehen genießt und die Verletzung des Kodex mit Sanktionen ahndet. Auch bedürfen alle Kodizes einer periodischen Aktualisierung und Verschärfung, wenn sie das Werkzeug einer dynamischen Veränderung zum Besseren hin bleiben sollen.

A. UN-Center on Transnational Corporations:[1] Criteria for Sustainable Development Management

Am 1. März 1992 wurde das UN-Center on Transnational Corporations in die Transnational Corporations and Management Division der UN integriert. Diese Division gehört zum Department of Economic and Social Development. Grund für die Maßnahme sollen Verwaltungsvereinfachung und Vermeidung von Doppelarbeit gewesen sein.

Das Zentrum der Vereinten Nationen für transnationale Gesellschaften wurde 1975 durch den Wirtschafts- und Sozialrat (WSR) der Vereinten Nationen (Economic and Social Council (ECOSOC)) gegründet. Seine wichtigsten Zielsetzungen lauteten: Förderung des Umweltverständnisses multinationaler Gesellschaften; Sicherung rechtswirksamer internationaler Vereinbarungen hinsichtlich der Aktivitäten multinationaler Gesellschaften; Stärkung der Verhandlungsposition der Länder, in denen multinationale Gesellschaften tätig sind, insbesondere der Entwicklungsländer. An diesen Zielsetzungen hält die Transnational Corporations and Management Division fest.

Im Juli 1989 beauftragte der Wirtschafts- und Sozialrat das UNO-Zentrum für transnationale Gesellschaften mit der Entwicklung von

[1] Das UN-Center wurde am 1. März 1992 in die Transnational Corporations and Management Division integriert. Gleichzeitig erlosch die ursprüngliche Bezeichnung.
Direktor der Division: H. Hamdan Benaissa
Veröffentlichungen: Environmental Aspects of the Activities of Transnational Corporations (1985); Criteria for Sustainable Development Management (1990); Climate Change and Transnational Corporations; Analysis and Trends (1991); Transnational Corporations and Industrial Hazards Disclosure (1991); eine Sammelliste von Produkten, deren Verbrauch und/oder Verkauf durch Regierungen verboten, zurückgenommen, streng eingeschränkt oder nicht genehmigt worden ist (wird regelmäßig aktualisiert).
Anschrift: United Nations, New York 10017, USA, Tel.: (Environment Unit) (1212) 963 31 60, Fax: (1212) 963 2146.

Methoden zur Stärkung der Beteiligung großer Industrieunternehmen einschließlich transnationaler Gesellschaften an den Bemühungen um Umweltschutz. Der Rat erbat die Ausarbeitung von Kriterien und betrieblichen Grundsätzen. Die Ergebnisse werden im Folgenden vorgelegt. Die Kriterien wurden vom UN-Generalsekretär dem Ausschuß für Transnationale Gesellschaften auf dessen 16. Sitzung im April 1990 zur Begutachtung übergeben (E-C.10-1990-10). Die heutige UN-Division identifiziert sich mit diesen Kriterien.

Die Wirksamkeit dieser Kriterien hängt nach Aussagen ihrer Verfasser zu einem großen Teil von einer sachdienlichen Wirtschaftspolitik und einem finanziellen Engagement sowohl in den entwickelten wie auch in den Entwicklungsländern ab. Wenn Industrie, Regierungen, internationale staatliche Organisationen und nichtstaatliche Organisationen zusammenarbeiten, so besteht in Industrieländern und Entwicklungsländern die Chance für erhebliche Neuinvestitionen, die sowohl produktiv als auch einer nachhaltig tragfähigen Entwicklung dienlich sind.

Kriterien für ein an nachhaltig tragfähiger Entwicklung orientiertes Management

ZEIT UND RAUM

Zeithorizonte

Ein an nachhaltig tragfähiger Entwicklung orientiertes Management setzt voraus, daß die leitenden Mitarbeiter der Unternehmen zu einer langfristigen Perspektive für Umwelt und Entwicklung gelangen und diese Perspektive bei ihren kurzfristigen Entscheidungen berücksichtigen. Nachhaltigkeit erfordert den sparsamen Umgang mit nicht erneuerbaren Ressourcen (z. B. fossile Brennstoffe und Mineralstoffe), Wahrung der Produktivität erneuerbarer Ressourcen (z. B. Fischereiwirtschaft, Böden und Wälder) und die Vermeidung zerstörerischer und unumkehrbarer Auswirkungen (z. B. Verlust von Arten und genetischen Ressourcen). Im Idealfall bedeutet Nachhaltigkeit, daß der Mensch vom „Einkommen" der Natur lebt und nicht ihr „Kapital" verschwendet. Wirtschaftlich und ökologisch nachhaltiges Wachstum verlangt längerfristige Zeithorizonte als jene, die gegenwärtig beachtet werden. Anderenfalls werden die Interessen künftiger Generationen durch die Entscheidungen von heute gefährdet. Gegenwärtige Formen der Entscheidungsfindung lassen systematisch die Zukunft unberücksichtigt und unterbewerten dabei die Kosten aus der Erschöpfung der Ressourcen und den Nutzen aus deren Schonung.

Räumliche Grenzen

Ein an nachhaltig tragfähiger Entwicklung orientiertes Management verlangt, daß die Vision, die die leitenden Mitarbeiter von ihrem Unternehmen haben, über die Fabriktore hinausreicht. Die gegenwärtigen Erwägungen, in welche Produktionsanlage investiert werden soll, sind häufig auf traditionelle Aspekte wie z. B. Verfügbarkeit von Arbeitskräften und Zugang zu Märkten und Verkehrssystemen beschränkt und können zu unbeabsichtigten Umweltgefährdungen führen. Entscheidungen über Werkstandorte und Pläne zur Vorsorge für Katastrophen gewinnen an Qualität, wenn sie sich auf vorausgehende Beratungen mit örtlichen Gebietskörperschaften, Katastrophendiensten und Bürgerinitiativen gründen. Entscheidungen darüber, wo gefährliche Industrieaktivitäten anzusiedeln sind, sollten auf die schwächsten und empfindlichsten Personen und biologischen Arten sowie auf die schutzwürdigsten Orte Rücksicht nehmen und das Potential für schwere Störungen benachbarter Gemeinwesen und Ökosysteme vorausschauend einbeziehen. Die Umweltauswirkungen von CO_2-Emissionen, Chlorfluorkohlenwasserstoffen, saurem Regen und Abfallversenkung im Meer können weit über nationale Grenzen hinausreichen und wie im Ursprungs- so auch im Empfängerland wirtschaftliche und politische Kosten verursachen.

LEBEN MIT DER NATUR

Verwaltung gemeinsamer Ressourcen

Ein an nachhaltig tragfähiger Entwicklung orientiertes Management ist nur möglich, wenn die leitenden Mitarbeiter der Unternehmen die gemeinsamen öffentlichen Ressourcen achten und bewahren. Die gemeinsamen öffentlichen Ressourcen spielen bei vielen ernsthaften Umweltproblemen der Erde eine Rolle. Ressourcen wie die Luft, die wir atmen, und die offenen Meere lassen sich nicht oder nur unvollkommen auf Privateigentum reduzieren und können nicht wirksam in Märkten ausgetauscht werden. Offener und kostenloser Zugang zu den globalen gemeinsamen Ressourcen seitens transnationaler Unternehmen und anderer Teilnehmer am Wirtschaftsleben hat zu übermäßiger Nutzung, Mißbrauch und Qualitätsverminderung der Umwelt geführt. Dabei werden die Verluste von der menschlichen Gesellschaft als ganzer, besonders aber von den anfälligeren Gruppen innerhalb des Gemeinwesens getragen. Ein Unternehmen, das eine nachhaltig tragfähige Entwicklung anstrebt, sollte sich keine „Subvention" aus solch einer Ressourcennutzung gestatten. Die menschliche Gesundheit und die biologische Gesundheit der Erde insgesamt sind abhängig von der Stärkung des unternehmerischen Engagements für die Bewahrung, den Schutz und die Wiederherstellung der gemeinsamen öffentlichen Ressourcen.

Umgang mit Unsicherheiten

Ein an nachhaltig tragfähiger Entwicklung orientiertes Management erfordert, daß die leitenden Mitarbeiter die Rücksichtnahme auf potentielle Auswirkungen von Industrieaktivitäten und -produkten fördern und diese Auswirkungen ständig im Auge behalten. Wenn laut einschlägiger wissenschaftlicher Forschung ausreichende Anhaltspunkte für eine Umweltgefährdung bestehen, sollte eine umsichtig handelnde Unternehmensführung ihre Ressourcen in der Weise einsetzen, daß alle unternehmensbezogenen Aspekte der Umweltgefährdung erkannt und alternativ technologische oder Produktionsoptionen untersucht werden. Entscheidungen über solche Fragen sind in Abhängigkeit von der Qualität der Daten vorzunehmen, die der Vermutung der Umweltgefährdung zugrunde liegen und von der Bedeutung des Risikos für den betreffenden Umweltbereich. In dem Maße, wie Daten über Auswirkungen auf die Umwelt erarbeitet werden oder zur Kenntnis der leitenden Mitarbeiter gelangen, sind sie im Wege des feed-back in den Prozeß der Produktion und der Entwicklung der Erzeugnisse einzugeben. Das Management kann nicht auf wissenschaftliche Sicherheit warten, bevor es auf die Vermutung der Schädlichkeit für Umwelt und Gesundheit reagiert. Die Herausforderung für das Management liegt darin, in entschlossener Weise zu handeln, wenn die Auswirkungen bekannt sind, und Unsicherheit als eine Chance für kreatives Nachdenken zu begreifen.

EFFIZIENTE TECHNOLOGIE

Effizienz der Produktion

Ein an nachhaltig tragfähiger Entwicklung orientiertes Management setzt voraus, daß die leitenden Mitarbeiter des Unternehmens die natürlichen Ressourcen in einer ökologisch effizienten und sparsamen Weise verwenden und dabei Abfall auf ein Minimum reduzieren. Der Preis für Produkte muß nicht nur die Produktionskosten beinhalten, die von Privatunternehmen kalkuliert werden, sondern auch die Kosten für die Gesellschaft, die gegenwärtig nach außen verlagert werden, wie z. B. die Kosten für damit verbundene Gesundheitsvorsorge bei Mitgliedern des Gemeinwesens, die toxischen Substanzen ausgesetzt sind. Der Preis für nicht erneuerbare Ressourcen, wozu nicht nur Mineralstoffe und fossile Brennstoffe sondern auch genetische Ressourcen und Wildnisgebiete gehören, sollte ihre mit der Zeit zunehmende Knappheit widerspiegeln. Und der Preis für erneuerbare Ressourcen, wie z. B. landwirtschaftliche und Waldwirtschaftsressourcen, sollte die vollständigen sozialen Kosten der Produktion und die Zeit für ihre Erneuerung berücksichtigen. Die auf diese Weise den tatsächlichen Kosten angepaßten Preise würden die Unternehmen dazu anhalten, abfallfreie Technologien zu nutzen, die Wiedergewinnung und Wiederverwendung von Ressourcen zu steigern, den effizienten Einsatz von Energie, Materialien und Wasser zu fördern und die Produkthaltbarkeit und -lebensdauer zu erhöhen.

Nachhaltig tragfähige Technologie

Ein an nachhaltig tragfähiger Entwicklung orientiertes Management erfordert, daß die leitenden Mitarbeiter der Unternehmen anstreben, Technologien zu entwickeln, einzusetzen und zu transferieren, die vereinbar sind mit den Bedürfnissen, den Fähigkeiten, der Ausbildung, den Finanzen und der natürlichen Umwelt der Menschen jener Region, in der sie eingesetzt werden. Nachhaltige Tragfähigkeit wird eine breite Vielfalt von „naturschonenden" technologischen Veränderungen (Energiewirkungsgrad, Abfallrecycling) sowie von „natursteigernden" Veränderungen (alternative Energiequellen, nachhaltige Waldwirtschaft) erfordern. Technologische Forschungs- und Entwicklungsanstrengungen müssen auf den drängenden Bedarf für neue Energiequellen, Nahrungsmittelproduktion, Recycling, Verschmutzungsbekämpfung und die Sicherheit von Mitarbeitern und umliegender Gemeinwesen ausgerichtet werden. Diese verschiedenen Forschungs- und Entwicklungserfordernisse machen viele kleine technologische Fortschritte, Anpassungen bestehender Technologien und technologische Durchbrüche notwendig.

MANNIGFALTIGKEIT

Vielfalt von Produktion und Produkten

Ein an nachhaltig tragfähiger Entwicklung orientiertes Management erfordert, daß die leitenden Mitarbeiter der Unternehmen für die Vielfalt und Angemessenheit von Produktionsaktivitäten auf dem gesamten Planeten eintreten. Eine ökologisch und wirtschaftlich gesunde Vielfalt von Produktionsaktivitäten kann Ländern behilflich sein bei der Überwindung übermäßigen Vertrauens auf Exporte nicht erneuerbarer Ressourcen und auf Monokulturen oder Aktivitäten, die extreme Anforderungen an die ökologische Widerstandskraft der Region stellen. Eine solche Vielfalt kann konzentrierte Umweltbelastungen reduzieren und gleichzeitig die wirtschaftliche Basis verbreitern. Mannigfaltigkeit der Produktionsaktivitäten bedeutet auch verstärkte Verknüpfung mit dem Rest der Wirtschaft und Entwicklung und Vertrieb neuer Produkte in Übereinstimmung mit spezifischen geographischen Regionen, lokalen Marktbedürfnissen und speziellen Kulturen.

Artenvielfalt und gesellschaftliche Vielfalt

Die leitenden Mitarbeiter von transnationalen Gesellschaften sollten zu einer nachhaltig tragfähigen Entwicklung beitragen durch Förderung von Aufgeschlossenheit für mannigfaltige Formen von Leben und Kultur. Die Aktivitäten der Unternehmen dürfen nicht die biologische Vielfalt, die unterschiedlichen Kulturen und Religionen oder die ökologisch empfindlichen Ökosysteme, von denen das Überleben der Unternehmen abhängig ist, bedrohen. Bei der Einführung neuer Produkte oder Prozesse, die sich unter Umständen auf die Natur oder empfindliche soziale Systeme auswirken, sollten die leitenden Mitarbeiter Vorschläge zur Erhaltung der betroffenen Tier- und Pflanzenweltressourcen machen, den relativen Nutzen der neuen Produkte und Prozesse im Vergleich zu denen einschätzen, die ersetzt werden könnten, und Wege empfehlen zur Milderung jeglicher negativer kultureller Auswirkungen, die in den verschiedenen internationalen Marktregionen eintreten könnten. Vielfalt ist wesentlich für die Wahrung des ökologischen Gleichgewichts des Planeten und für die Erhaltung mannigfaltiger kultureller Identitäten.

GLOBALE FOLGEN

Neuverteilung von Aktivitäten

Ein an nachhaltig tragfähiger Entwicklung orientiertes Management macht es erforderlich, daß unterschiedliche Aktivitätsebenen und Funktionstypen neu über den Globus verteilt werden. Die wirtschaftlichen Aktivitäten transnationaler Gesellschaften in ärmeren Ländern können einen echten Beitrag zur nachhaltig tragfähigen Entwicklung leisten durch Schaffung von Arbeitsplätzen und Ausbildungsmöglichkeiten auf unterschiedlichen Ebenen, durch angemessenen Technologietransfer und durch Verschaffung von Zugang zu erschwinglichen Produkten guter Qualität. Nachhaltige Tragfähigkeit ist nicht vereinbar mit einer Welt der Extreme von einerseits Wohlstand und andererseits Armut, in der menschliche Grundbedürfnisse nicht erfüllt werden. Eine gerechtere Verteilung von Einkommen, Eigentum und Chancen kann nur entstehen, wenn die Entwicklung der Welt ausgeglichener ist und die Unternehmen mehr in ärmeren Ländern investieren. In Länder, in denen die staatliche Aufsicht schwach ist, gesunde Traditionen der Instandhaltung fehlen oder Einrichtungen zur Reaktion auf Notfälle oder Katastrophen unzureichend sind, sollten transnationale Gesellschaften jedoch nicht in Form gefährlicher Industrien investieren oder Giftmüll exportieren, da ein solcher Schritt ein unzumutbares Gesundheitsrisiko für die einheimische Bevölkerung darstellen würde.

Veränderungen der Atmosphäre

Ein an nachhaltig tragfähiger Entwicklung orientiertes Management sollte die leitenden Mitarbeiter transnationaler Gesellschaften veranlassen, umgehend Maßnahmen zu ergreifen zur Milderung jener Folgen, die sich für die globale Atmosphäre aus den Aktivitäten ihrer Unternehmen ergeben. Die Belastung der Atmosphäre trägt zu Wald- und Ernteschäden und zu Landverlust von Inseln und flachen Küstenregionen bei und bedroht die Gesundheit der Menschen. Industrieunternehmen sind Mitverursacher des Ozonschichtabbaus, des sauren Regens und der globalen Erwärmung. Sie sind in der Lage, die Erhaltung der Biosphäre und der bio-geochemischen Prozesse des Lebens wesentlich zu beeinträchtigen. Die leitenden Mitarbeiter können global wirksame Vorbilder sein durch Initiierung firmeneigener Umweltschutzprojekte, Verabschiedung von Energiesparzielen,

Übergang von nicht erneuerbaren zu erneuerbaren Ressourcen, Unterstützung großflächiger Wiederaufforstung und Förderung eines umweltbewußten Verhaltens innerhalb der Belegschaft und der benachbarten Gemeinwesen. Die Reduzierung der anthropogen erzeugten Treibhausgase, der die Ozonschicht abbauenden Chemikalien und des sauren Regens ist kurzfristig abhängig von signifikant höheren Niveaus des Energiewirkungsgrades und der Entwicklung verschiedener Ersatztechnologien und längerfristig von einer Änderung der Methoden der Produktion, des Transportes und des Einsatzes fossiler Brennstoffe.

AUDITING UND BERICHTSWESEN

Auditing und Erfolgskontrolle

Ein an nachhaltig tragfähiger Entwicklung orientiertes Management erfordert, daß die leitenden Mitarbeiter ständig und umfassend über das umweltrelevante Verhalten des Unternehmens unterrichtet sind. Zu den verfügbaren Methoden gehören firmeninterne Umweltverträglichkeitsprüfungen, externe Umweltaudits und ein internes Berichtswesen für ungewöhnliche umweltrelevante Vorfälle und Beinahe-Störfälle. Ein wirkungsvolles Berichtswesen umfaßt objektive standardisierte Meßverfahren und subjektive Bewertungen und stellt sicher, daß Umwelt- und Sicherheitsnormen von allen transnationalen Tochterunternehmen und Betriebsstätten verstanden und regelmäßig angewendet werden. Die leitenden Mitarbeiter der Zentrale sollten Verfahren einführen zur Überwachung des Umfangs, in dem Joint Venture Partner, Subkontraktoren und Lieferanten die Sicherheits- und Gesundheitsrichtlinien des Unternehmens bei der Behandlung von Gefahrstoffen und Abfällen einhalten. Die Bereichsleiter sollten alle Vollzeit- und Teilzeitbeschäftigten in den Sicherheitsverfahren des Unternehmens ausbilden und über Handlungsanleitungen, ausdrückliche Zielvorgaben für Verbesserungen, Prüfungszeitpläne und Nachfaßmechanismen zur Kontrolle ihrer Einhaltung verfügen. Das obere Management sollte über besonders sensible lokale Umweltfragen unterrichtet sein.

Erfolgs- und Mißerfolgsmeldungen

Ein an nachhaltig tragfähiger Entwicklung orientiertes Management erfordert, daß leitende Mitarbeiter des jeweiligen Unternehmens, die

Investoren, Gläubiger, Mitarbeiter, Regierungen und die allgemeine Öffentlichkeit zeitnah über umweltrelevante Fehlschläge oder günstige Auswirkungen der Aktivitäten des Unternehmens unterrichten. Die Unternehmen benötigen ein reguläres Sprachrohr, durch das sie darüber berichten können, wie der Verantwortung für Umweltschutz und nachhaltig tragfähige Entwicklung entsprochen wird. Ein verbesserter öffentlicher Zugang zu Umweltinformationen auf der örtlichen Unternehmensebene ist entscheidend für eine einwandfreie, unabhängige Bewertung der Auswirkungen des Unternehmens auf die Umwelt. Indem ein transnationales Unternehmen den Verbrauchern umfassende Informationen über die Auswirkung seiner Produkte und Leistungen auf die Umwelt und die Ressourcen gewährt, liefert es gleichzeitig einen guten Gradmesser seines Engagements für die Umwelt und das Gemeinwohl.

FORTBILDUNG

Vorausschauendes Denken

Ein an nachhaltig tragfähiger Entwicklung orientiertes Management setzt voraus, daß die leitenden Mitarbeiter der transnationalen Unternehmen die Umweltfolgen und sozialen Auswirkungen ihrer Aktivitäten vorausschauend bedenken. Dazu gehört das Nachdenken nicht nur über die gegenwärtige Auswirkung von Aktivitäten sondern auch über die potentiellen künftigen Hindernisse oder Veränderungen, die durch solche Aktivitäten beeinflußt werden oder ihrerseits solche Aktivitäten beeinflussen mögen (z. B. geologisch/seismische Aktivität, Bevölkerungswachstum). Vorausschauendes Denken bedeutet die Erkennung der möglichen schädlichen Nebeneffekte gegenwärtiger Entscheidungen, die Wahrnehmung der globalen Implikationen spezifischer lokaler und nationaler Maßnahmen, die Erwägung des Potentials für Katastrophen und die Entwicklung neuer Produkte, die die Bedürfnisse künftiger Generationen berücksichtigen. Werkzeuge für antizipatives Lernen sind unter anderem Umweltverträglichkeitsprüfung, Risikoanalyse, öffentliche Beratungen, gemeinsame Task-Forces aus Universität und Unternehmen sowie die Umwelt-Planungsteams aus Arbeitnehmern/Management und Gemeinwesen/Management. Die gedankliche Vorwegnahme der Zukunft vermindert das Risiko schwerer Umweltschäden und erhöht die Wahrscheinlichkeit tragfähigen langfristigen Wachstums.

Partizipatives Lernen

Ein an nachhaltig tragfähiger Entwicklung orientiertes Management erfordert, daß die leitenden Mitarbeiter der transnationalen Gesellschaften aus den Besorgnissen von Kunden, Arbeitnehmern, Vertretern öffentlicher Gebietskörperschaften, führenden Vertretern des Gemeinwesens, Umweltschützern und Akademikern lernen und für diese Besorgnisse empfänglich sind. Eindeutige und gut etablierte Kommunikationswege fördern Kooperation, Dialog und gegenseitiges Verständnis. Durch reguläre und informelle Ausbildung firmenfremder Gruppen in solchen Bereichen wie sichere Produktbenutzung und Verhalten bei Störfällen können leitende Angestellte und ihre Mitarbeiter die Gesamtsicherheit der Betriebe und Anlagen des Unternehmens verbessern. Partizipatives Lernen basiert auf der Verantwortung des Unternehmens gegenüber seinen Kunden für sichere Produkte und Leistungen, gegenüber seinen Mitarbeitern für Sicherheit am Arbeitsplatz und gegenüber der menschlichen Gesellschaft insgesamt für Schutz der Umwelt und Nichterschöpfung nicht erneuerbarer Ressourcen. Bei der Fortbildung im Bereich der nachhaltig tragfähigen Entwicklung müssen die transnationalen Unternehmen Gebende und Nehmende sein.

Für eine ökologisch nachhaltig tragfähige Entwicklung

Erste Maßnahmen des Unternehmens

1. Erstelle und veröffentliche als transnationale Gesellschaft eine geschäftspolitische Aussage zur nachhaltig tragfähigen Entwicklung und akzentuiere dabei nachhaltig tragfähiges Wachstum, Umweltschutz, verantwortungsbewußtere Ressourcennutzung, Sicherheit für Mitarbeiter und Unfallverhütung. Übersetze diese geschäftspolitische Aussage in alle Arbeitssprachen der Tochterunternehmungen.
2. Überprüfe die strategische Planung, Ressourcenbeschaffungspläne und betrieblichen Verfahren zwecks Anpassung an die auf nachhaltig tragfähige Entwicklung abzielende Geschäftspolitik. Kündige erhebliche Anstrengungen an zur Verminderung des Einsatzes natürlicher Ressourcen und zur Reduzierung der Abfallverursachung auf ein Minimum.
3. Überprüfe und modifiziere Unternehmensstruktur, Verantwortlichkeiten und internes Berichtswesen, so daß sie die an nachhal-

tig tragfähiger Entwicklung orientierte Geschäftspolitik widerspiegeln. Ermuntere die ausländischen Tochterunternehmen zur Modifizierung ihrer Vorgehensweisen, damit letztere den örtlichen ökologischen und sozialen Realitäten Rechnung tragen.

4. Unterrichte die Mitarbeiter darüber, in welcher Art und Weise nachhaltig tragfähige Entwicklung ihr Unternehmen beeinflußt und wie sie diese Kriterien bei ihren spezifischen Aufgaben anwenden können. Belohne Mitarbeiter, die Umweltprobleme aufdecken und melden oder neue umweltverträgliche Erzeugnisse oder Fertigungsverfahren empfehlen.
5. Bewerte sämtliche größeren bevorstehenden Investitionen und betrieblichen Entscheidungen unter den Gesichtspunkten nachhaltig tragfähiger Entwicklung. Übermittle diese Umweltverträglichkeitsprüfungen jeder Tochtergesellschaft als Modelle für ihre eigenen.
6. Nimm ein Umwelt-Audit laufender Aktivitäten vor, insbesondere solcher in Entwicklungsländern, um sicherzustellen, daß die Kritierien hinreichend beachtet worden sind. Erstelle eine Rangskala zur Kenntlichmachung von Tochtergesellschaften mit guten und schwachen Noten im Umweltschutz.
7. Berichte öffentlich über die gefährlichsten Erzeugnisse, Herstellungsverfahren und toxischen Emissionen des Unternehmens. Verteile breitgestreut Informationen über die vorhandenen Methoden zur Reduzierung dieser Gefährdungen und zur Bewältigung unerwarteter Störfälle.
8. Initiiere Forschungs- und Entwicklungsarbeit für die Reduzierung und/oder Eliminierung von Industrieprodukten und -prozessen, die Treibhausgase erzeugen. Sorge dafür, daß Technologien mit höherer Umweltsicherheit den Tochtergesellschaften in Entwicklungsländern ohne gesonderte interne Belastung verfügbar sind.
9. Unterrichte Joint Venture Partner und Subkontraktoren über die an nachhaltig tragfähiger Entwicklung orientierte Geschäftspolitik des Unternehmens. Erlasse Richtlinien zur Beendigung von Geschäftsbeziehungen mit Unternehmen, die unter Mißachtung der Grundsätze des Gesundheitswesens und des Umweltschutzes arbeiten.
10. Verbreite diese Kriterien bei verbundenen Unternehmen sowie bei anderen Unternehmen in einschlägigen Unternehmensverbänden oder in der Region. Lasse örtliche Gebietskörperschaf-

ten, nationale Behörden und die Vereinten Nationen an den Erfahrungen mit diesen Kriterien teilhaben.

B. International Chamber of Commerce: The Business Charter for Sustainable Development

Um die Wirtschaft in ihrem Bemühen um umweltgerechtes Verhalten weltweit zu unterstützen, berief die Internationale Handelskammer eine Arbeitsgruppe ein mit dem Auftrag, eine Charter der Wirtschaft für eine langfristig tragfähige Entwicklung (Sustainable Development) zu erarbeiten.

Die Charter enthält 16 Grundsätze für umweltbewußtes Management. Sie wurde im April 1991 auf der Second World Industry Conference on Environmental Management verkündet.

An den vorbereitenden Arbeiten für die Charter wirkte auch der Bundesdeutsche Arbeitskreis für umweltbewußtes Management (B.A.U.M.) mit.

Die ICC führt eine weltweite Kampagne durch, um Unternehmen und internationale Organisationen zu ermutigen, die Charter zu unterstützen.

Die Charter findet auch Rückhalt bei dem Business Council for Sustainable Development[1], einer gemeinnützigen weltweiten Arbeitsgruppe von mehr als 45 Unternehmensführern, die sich mit Fragen des Umweltschutzes und der wirtschaftlichen Entwicklung beschäftigen. Der BCSD will sicherstellen, daß die Weltwirtschaft an der Formulierung der Ideen und Lösungen, die Gegenstand von UNCED '92 (United Nations Conference on Environment and Development 1992) sind, bzw. waren, mitwirkt. Der Chairman des Business Council, der Schweizer Industrielle Stephan Schmidheiny, wurde zum Principal Advisor for Business and Industry bei dem Secretary-General von UNCED, Maurice Strong, ernannt.

Chairman der Arbeitsgruppe für die Erstellung der Charter war Peter Bright. Die Verbreitung der Charter ist eine der wesentlichen

[1] Executive Director: J. Hugh Faulkner
Anschrift: 24, Rue du Lombarde, Bte. 14, B-1000 Brüssel, Tel.: (322) 514 21 80, Fernschreiber: 6 16 95 BIR B, Fax: (32.2) 514 12 26,
(Über den Fortbestand des BCDS nach UNCED '92 war im März 1992 noch nicht entschieden)

Aufgaben der ICC Commission on Environment mit dem Vorsitzenden Torvild Aakvaag und dem Sekretär Nigel Blackburn.

Charter für eine Langfristig[1] Tragfähige Entwicklung[2] – Grundsätze des Umweltmanagements

Einführung

Langfristig tragfähige Entwicklung bedeutet, den Bedürfnissen der Gegenwart zu entsprechen, ohne künftige Generationen in ihrer Fähigkeit zu beeinträchtigen, ihre eigenen Bedürfnisse zu befriedigen. Wirtschaftliches Wachstum schafft die Voraussetzungen für die bestmögliche Verwirklichung von Umweltschutz, und dieser wiederum ist in ausgewogener Verbindung mit anderen menschlichen Zielen notwendig, um umweltverträgliches Wachstum zu erreichen.

Dabei bedarf es flexibler, dynamischer, anpassungsfähiger und rentabler Unternehmen, um die umweltverträgliche wirtschaftliche Entwicklung voranzutreiben und durch Bereitstellung von unternehmerischen, technischen und finanziellen Ressourcen zur Bewältigung der ökologischen Herausforderungen beizutragen. Durch unternehmerische Initiative gekennzeichnete marktwirtschaftliche Systeme sind in diesem Zusammenhang von entscheidender Bedeutung.

Die Wirtschaft teilt deshalb die Auffassung, daß wirtschaftliche Entwicklung und Umweltschutz heute und für künftige Generationen nicht ein Zielkonflikt, sondern eine gemeinsame Aufgabe sein sollten. Die Marktkräfte mit Hilfe von erfolgsorientierten Standards und der vernünftigen Anwendung wirtschaftlicher Instrumente im Rahmen von ausgewogenen Regelungen für den Schutz und die Verbesserung der Umwelt zu nutzen – dies ist eine der größten Herausforderungen, denen die Welt sich im kommenden Jahrzehnt zu stellen hat.

[1] Im Rahmen des Kapitels über the Business Charter for Sustainable Management der ICC wird – in Übereinstimmung mit der offiziellen deutschen Übersetzung der Charter durch die ICC – „sustainable" mit „langfristig tragfähig" übersetzt, obwohl die Formulierung „nachhaltig tragfähig" vorzuziehen wäre (vgl. die Fußnote im einleitenden Abschnitt zu diesem Kapitel des Buches).

[2] Die Übersetzung von „environmental Management" im Originaltext mit „Umweltmanagement" im offiziellen deutschen Text der ICC könnte zum Mißverständnis verleiten, die Umwelt werde gemanaged, gemanaged wird jedoch das Unternehmen, wenn auch unter Berücksichtigung von Umweltbelangen. Treffender wäre „environmental management" mit „umweltorientiertes Management" übersetzt.

In ihrem Bericht „Our Common Future" von 1987 behandelte die World Commission on Environment and Development eben diese Herausforderung und fordert die Wirtschaft zur Mitarbeit auf. Zu diesem Zweck haben Wirtschaftsführer in ihren Unternehmen und durch sektorale sowie sektorübergreifende Verbände entsprechende Aktionen eingeleitet.

Um noch mehr Unternehmen für diese Bemühungen und eine weitere Verbesserung ihres Umweltverhaltens zu gewinnen, appelliert die Internationale Handelskammer hiermit an die Unternehmen und ihre Verbände, zur Verwirklichung einer solchen Verbesserung die nachstehenden Grundsätze zu befolgen und ihre Unterstützung für diese Grundsätze öffentlich zum Ausdruck zu bringen.

Einzelprogramme zur Anwendung dieser Grundsätze werden dem breiten Spektrum von Unternehmen nach Größe und Funktion Rechnung tragen. Damit soll erreicht werden, daß Unternehmen aus den verschiedensten Bereichen sich verpflichten, ihre Umweltschutzmaßnahmen in Einklang mit diesen Grundsätzen zu verbessern, die entsprechenden Managementpraktiken anzuwenden und den Erfolg ihrer Maßnahmen zu messen und unternehmensintern sowie nach außen in geeigneter Form darüber zu berichten.

1. Vorrangiges Unternehmensziel
Umweltorientiertes Management als eines der vorrangigen Ziele der Unternehmenspolitik und als Schlüsselfaktor für eine umweltverträgliche Entwicklung anzuerkennen; Politiken, Programme und Praktiken für die umweltverträgliche Durchführung der Tätigkeit des Unternehmens zu entwickeln.

2. Integriertes Management
Derartige Politiken, Programme und Praktiken in jedem Betrieb als wesentliches Element in alle Bereiche der Unternehmensführung aufzunehmen.

3. Prozeß der Weiterentwicklung
Ausgehend von den gesetzlichen Regelungen die Unternehmenspolitiken, Programme und Umweltschutzmaßnahmen entsprechend dem jeweils neuesten Stand von Wissenschaft und Technik sowie unter

* Anmerkung: Bei Verwendung des Begriffs Umwelt in diesem Dokument sind auch umweltrelevante Aspekte von Gesundheit, Sicherheit und Produktmanagement einbezogen.

Berücksichtigung der Verbraucherbedürfnisse und der Erwartungen der Öffentlichkeit weiterzuentwickeln und international die gleichen Umweltkriterien anzuwenden.

4. Schulung der Beschäftigten
Die Beschäftigten so zu schulen und zu motivieren, daß sie ihre Tätigkeit im Bewußtsein ihrer Verantwortung für die Umwelt ausüben.

5. Vorherige Folgenabschätzung
Die Umweltfolgen vor dem Beginn einer neuen Tätigkeit oder eines neuen Projekts und vor der Stillegung einer Anlage oder der Aufgabe eines Standortes zu prüfen.

6. Produkte und Dienstleistungen
Produkte oder Dienstleistungen zu entwickeln und bereitzustellen, von denen keine unangemessenen Auswirkungen auf die Umwelt ausgehen und deren beabsichtigte Verwendung sicher ist, die sparsam im Verbrauch von Energie und natürlichen Ressourcen sind und sich für Wiederverwendung, Recycling oder gefahrlose Entsorgung eignen.

7. Kundeninformation
Kunden, Händler und die Öffentlichkeit über die gefahrlose Verwendung, Beförderung, Lagerung und Entsorgung der gelieferten Produkte zu informieren und gegebenenfalls ausführlich zu beraten; das gilt auch für die zu erbringenden Dienstleistungen.

8. Anlagen und Tätigkeiten
Bei Entwicklung, Konstruktion, Betrieb von Anlagen und bei anderen Tätigkeiten den sparsamen Einsatz von Energie und Rohstoffen, die nachhaltige Nutzung von erneuerbaren Ressourcen, die Minimierung von umweltschädlichen Auswirkungen, die Vermeidung von Abfällen sowie die gefahrlose umweltfreundliche Entsorgung des Restabfalls zu berücksichtigen.

9. Forschung
Forschungsarbeiten über die Auswirkungen der unternehmensspezifischen Rohstoffe, Produkte, Verfahren, Emissionen und Abfälle auf die Umwelt und über die Möglichkeiten zur Minimierung dieser Auswirkungen durchzuführen oder zu unterstützen.

10. Vorsorge
Die Herstellung, Vermarktung oder Verwendung von Produkten oder Dienstleistungen oder die Durchführung von Tätigkeiten im Einklang mit wissenschaftlichen und technischen Erkenntnissen anzupassen, um schwerwiegende oder irreversible Umweltschäden zu vermeiden.

11. Subunternehmer und Zulieferer
Für die Einhaltung dieser Grundsätze durch im Auftrag des Unternehmens tätig werdende Subunternehmer Sorge zu tragen, sie zur Änderung ihrer Praktiken zu ermutigen oder gegebenenfalls aufzufordern, diese Praktiken mit denen des Unternehmens in Einklang zu bringen, sowie die umfassende Einhaltung dieser Grundsätze durch die Zulieferer zu fördern.

12. Notfallvorsorge
Im Falle bedeutender Risiken in Zusammenarbeit mit Rettungsdiensten, zuständigen Behörden und Kommunen Notstandspläne unter Berücksichtigung potentieller grenzüberschreitender Auswirkungen zu entwickeln und in Bereitschaft zu halten.

13. Technologietransfer
Zum Transfer von umweltfreundlichen Technologien und Managementmethoden in der Industrie und im öffentlichen Sektor beizutragen.

14. Beteiligung an gemeinsamen Anstrengungen
Zur Entwicklung der staatlichen Politik und zu wirtschaftlichen, staatlichen und zwischenstaatlichen Programmen sowie zu erzieherischen Initiativen zur Förderung des Umweltbewußtseins und des Umweltschutzes beizutragen.

15. Aufgeschlossenheit für Besorgnisse
Aufgeschlossenheit und Dialog im Umgang mit den Arbeitnehmern und der Öffentlichkeit zu fördern und auf deren Besorgnisse hinsichtlich der mit Tätigkeiten, Produkten, Abfällen oder Dienstleistungen verbundenen potentiellen Risiken – unter Einschluß der grenzüberschreitenden oder globalen – einzugehen.

16. Einhaltung und Berichterstattung:
Den Erfolg der Umweltmaßnahmen zu überprüfen, Umweltschutz-Audits durchzuführen, die Einhaltung der Anordnungen des Unternehmens, der rechtlichen Auflagen und dieser Grundsätze zu überprüfen und Vorstand, Aktionäre, Beschäftigte, Behörden und Öffentlichkeit regelmäßig in geeigneter Form zu informieren.

C. Evangelische Akademie Tutzing: Tutzinger Erklärung zur umweltorientierten Unternehmenspolitik

Die Evangelische Akademie Tutzing veranstaltete vom 26. bis 28. April 1988 eine Tagung zum Thema „Umweltschutz als Teil der Unternehmenskultur – Umweltorientierte Unternehmenspolitik". Im Rahmen dieser Tagung wurde eine „Tutzinger Erklärung zur umweltorientierten Unternehmenspolitik" mit 10 Leitsätzen vorgelegt.

Beteiligt an der Vorbereitung der Erklärung waren Vertreter(innen) von Kammern, des Bundesverbands der Deutschen Industrie, aus Unternehmungen unterschiedlicher Branchen und Größenklassen, von future, aus dem Bereich der Wissenschaft und der Medien sowie vom Bundesdeutschen Arbeitskreis für umweltbewußtes Management (B.A.U.M.).

Tutzinger Erklärung zur umweltorientierten Unternehmenspolitik

1. Eine umweltorientierte Unternehmenspolitik ist ein Beitrag zur Sicherung der Zukunft von Umwelt und Unternehmen.
2. Umweltschutz ist Teil der Unternehmenspolitik.
3. Umweltschutz ist eine Aufgabe der Unternehmensführung.
4. Umweltorientierte Unternehmenspolitik betrifft alle Unternehmensbereiche.
5. Umweltorientierung im Unternehmen hat zum Ziel, durch intelligente Lösungen Umweltbelastungen möglichst niedrig zu halten oder ganz zu vermeiden.
6. Umweltorientierte Unternehmenspolitik bezieht die Mitarbeiter(innen) ein.
7. Umweltorientierte Unternehmenspolitik verlangt nach innen und außen Glaubwürdigkeit.
8. Umweltorientierte Unternehmenspolitik nutzt die Marktchancen eines wachsenden Umweltbewußtseins.

9. Umweltorientierte Unternehmenspolitik ist Teil der unternehmerischen Eigenverantwortlichkeit in der sozialen Marktwirtschaft.
10. Umweltorientierte Unternehmenspolitik wird unterstützt durch das Vorantreiben einer internationalen Harmonisierung von Umweltanforderungen und durch eine nationale Politik, die den Spielraum für umweltinnovative Lösungen der Unternehmen erweitert.

D. Coalition for Environmentally Responsible Economics: Valdez Principles

Nachdem der Tanker Exxon Valdez eine weltweit beachtete Ölkatastrophe verursacht hatte, die wertvolle Küstenbiotope in Alaska verseuchte, bildete sich in den USA eine Initiative umweltorientierter Aktieninhaber. Um die Industrie in Zugzwang zu versetzen, verkündete sie am 7. September 1989 die „Valdez Principles".

Die Valdez-Leitsätze

Einführung

Mit Verabschiedung dieser Leitsätze bekräftigen wir öffentlich unsere Überzeugung, daß Kapitalgesellschaften und ihre Aktionäre eine unmittelbare Verantwortung für die Umwelt haben. Nach unserer Auffassung müssen Kapitalgesellschaften ihr Geschäft als verantwortungsvolle Verwalter der Umwelt betreiben und Gewinne nur in einer Weise anstreben, die diese Erde gesund und sicher bleiben läßt. Nach unserer Auffassung dürfen Kapitalgesellschaften nicht die Fähigkeit künftiger Generationen zur Befriedigung ihrer Bedürfnisse gefährden.

Wir erkennen dies als eine langfristige Verpflichtung zur kontinuierlichen Anpassung unserer Betriebspraktiken an die Fortschritte in der Technologie und neuen Einsichten in der Gesundheits- und Umweltwissenschaft. Es ist unser Vorhaben, konsequente meßbare Fortschritte bei der Umsetzung dieser Leitsätze zu erzielen und sie überall dort anzuwenden, wo wir in der Welt Unternehmungen betreiben.

1. Schutz der Biosphäre
Wir werden die Freisetzung jeglichen Schadstoffes, der zu Umweltschäden in der Luft, im Wasser oder auf der Erde oder bei ihren Bewohnern führen kann, auf ein Minimum reduzieren und bestrebt sein, sie gänzlich zu beseitigen. Wir werden Lebensräume in Flüssen, Seen, Feuchtgebieten, Küstenzonen und Ozeanen bewahren und unseren Beitrag zum Treibhauseffekt, zur Reduzierung der Ozonschicht, zum sauren Regen oder Smog minimieren.

2. Nachhaltig tragfähige Nutzung natürlicher Ressourcen
Wir werden erneuerbare natürliche Ressourcen wie Wasser, Böden und Wälder auf nachhaltig tragfähige Weise nutzen. Wir werden nichterneuerbare natürliche Ressourcen durch effiziente Nutzung und sorgfältige Planung erhalten. Wir werden den Lebensraum von Pflanzen- und Tierwelt, freie Flächen und Wildnis schützen und dabei die Mannigfaltigkeit des Lebens bewahren.

3. Abfallreduzierung und -entsorgung
Wir werden die Verursachung von Abfall, insbesondere von Sondermüll, auf ein Minimum reduzieren und wo immer möglich Materialien dem Recycling zuführen. Wir werden sämtlichen Abfall mit sicheren und verantwortungsvollen Methoden entsorgen.

4. Kluge Nutzung von Energie
Wir werden jede Anstrengung zur Nutzung von für die Umwelt sicheren und nachhaltigen Energiequellen zur Deckung unseres Bedarfes unternehmen. Wir werden Investitionen in verbesserten Energiewirkungsgrad und verbesserte Einergieeinsparung in unseren Unternehmungen vornehmen. Wir werden den Energiewirkungsgrad der Produkte, die wir herstellen oder vertreiben, maximieren.

5. Risikominderung
Wir werden die Umwelt-, Gesundheits- und Sicherheitsrisiken für unsere Mitarbeiter und die Gemeinwesen, in denen wir unsere Unternehmungen betreiben, auf ein Minimum reduzieren, indem wir sichere Technologien und Betriebsverfahren einsetzen und ständig für Notfälle und Katastrophen Vorsorge treffen.

6. Vertrieb sicherer Produkte und Leistungen
Wir werden Produkte oder Leistungen anbieten, die nachteilige Auswirkungen auf die Umwelt minimieren und in der Weise, wie sie gemeinhin von den Verbrauchern genutzt werden, sicher sind. Wir werden die Verbraucher über die Auswirkungen unserer Produkte oder Leistungen auf die Umwelt aufklären.

7. Schadenersatz
Wir werden für jeglichen Schaden, den wir in der Umwelt verursachen, die Verantwortung übernehmen, indem wir alle Anstrengungen zur vollständigen Wiederherstellung der Umwelt und Entschädigung der Menschen vornehmen, die beeinträchtigt wurden.

8. Offenlegung
Wir werden unseren Mitarbeitern und der Öffentlichkeit Unfälle und Vorfälle offenlegen, die in Zusammenhang mit unseren Produktionsgesellschaften Schäden in der Umwelt verursachen oder Gesundheits- oder Sicherheitsrisiken darstellen. Wir werden potentielle Umwelt-, Gesundheits- oder Sicherheitsrisiken offenlegen, die von unseren Produktionsgesellschaften ausgehen, und wir werden keinerlei gerichtliche Schritte gegen Mitarbeiter ergreifen, die über einen Umstand berichten, der eine Gefahr für die Umwelt verursacht oder Gesundheits- und Sicherheitsrisiken beinhaltet.

9. Vorstandsmitglieder und leitende Angestellte für Umweltfragen
Mindestens ein Mitglied im Vorstand wird eine Person sein, die für die Vertretung von Umweltinteressen qualifiziert ist. Wir werden leitende Angestellte mit der Umsetzung dieser Leitsätze betrauen unter Bereitstellung von Mitteln für das Amt eines Vize-Präsidenten Umweltschutz oder für eine äquivalente leitende Angestelltenposition, die direkt dem Vorstandsvorsitzenden unterstellt ist, seiner Kontrolle untersteht und mit Berichtspflicht ihm gegenüber verbunden ist.

10. Bewertung und jährliche Revision
Wir werden eine jährliche Eigenbewertung unseres Fortschritts bei der Umsetzung dieser Leitsätze und bei der Einhaltung einschlägiger Gesetze und Vorschriften in unseren weltweiten Produktionsgesellschaften vornehmen und veröffentlichen. Wir wer-

den auf eine zeitnahe Durchführung unabhängiger Umwelt-Revisionsverfahren hinarbeiten, die wir jährlich vornehmen und der Öffentlichkeit zur Verfügung stellen werden.

E. Bundesdeutscher Arbeitskreis für umweltbewußtes Management (B.A.U.M.): Kodex für umweltbewußte Unternehmensführung

Die Internationale Handelskammer beauftragte B.A.U.M., einen weltweit verwendbaren ICC-Kodex für umweltbewußte Unternehmensführung zu entwerfen. Er wurde am 29. Januar 1990 fertiggestellt. Bei der endgültigen Formulierung des Kodex („Industry Charter for Sustainable Development") hat die ICC neben dem B.A.U.M.-Vorschlag noch eine Reihe von Empfehlungen aus anderen Ländern berücksichtigt.

B.A.U.M. berief eine Kommission, die paritätisch aus fachkundigen Wirtschaftswissenschaftlern und Vertretern der Wirtschaft zusammengesetzt war. Ihr gehörten an:

Von seiten der Wissenschaft:

Prof. Dr. H.-J. Ewers, Westfälische Wilhelms-Universität Münster; Prof. Dr. J. Hensmann, Westfälische Wilhelms-Universität Münster (koordinierend); Prof. Dr. W. Hopfenbeck, Fachhochschule München; Prof. Dr. H. Kreikebaum, Johann Wolfgang Goethe-Universität Frankfurt; Prof. Dr. H. Meffert und Dr. M. Kirchgeorg, Westfälische Wilhelms-Universität Münster; Prof. Dr. M. Schreiner, Fachhochschule Fulda; Prof. Dr. E. Seidel, Universität Gesamthochschule Siegen; Prof. Dr. V. Stahlmann, Fachhochschule Nürnberg; Prof. Dr. U. Steger, European Business School; Prof. Dr. L. Wicke, TU Berlin;

Von seiten der Wirtschaft:

Dr. H. Fischer, Auro GmbH; Dr. M. Gege, B.A.U.M. e. V.; M. Gotthardt, Elida Gibbs GmbH; Dr. H.-H. Hatlapa, Uetersener Maschinenfabrik; G. Jakubowski, Unternehmer; V. Kleinn, Autodesk; H. Rhotert, IBM Deutschland GmbH; W. Schott, Philips GmbH; Dr. G. Winter, B.A.U.M. e. V., Unternehmer.

Im Kreise der Fördermitglieder von B.A.U.M. sowie der Mitglieder des Kuratoriums und des Vorstandes wird gegenwärtig beraten, mit welcher Bindungswirkung der Kodex zum Leitbild der B.A.U.M.-Mitgliedsfirmen erhoben werden kann. Geplant ist, auf Wunsch des Unternehmens eine Urkunde auszustellen, in der durch

B.A.U.M. dokumentiert wird, daß das Unternehmen sich zur Einhaltung des Kodex verpflichtet hat. Eine darüber hinausgehende Urkunde will B.A.U.M. für solche Unternehmen ausstellen, die sich erfolgreich einem externen Audit auf Basis des B.A.U.M.-Kodex unterzogen haben.

B.A.U.M. empfiehlt seinen Fördermitgliedern, daß sie ihre Unternehmensaktivitäten sowohl am B.A.U.M.-Kodex als auch an der „Business Charter for Sustainable Development" der International Chamber of Commerce ausrichten.

Kodex für umweltbewußte Unternehmensführung

Wir verstehen die Natur, die Gesellschaft, die Wirtschaft und jedes einzelne Unternehmen als Teile eines globalen ökologischen Systems, dessen Gleichgewicht und Artenvielfalt entscheidend für den Fortbestand allen Lebens sind, und wir bekennen uns als Wirtschaftsunternehmen zu unserer besonderen Mitverantwortung für die Bewahrung der natürlichen Lebensgrundlagen.

Wir sind überzeugt, daß der schonende Umgang mit den öffentlichen Gütern Wasser, Luft und Boden sowie Flora und Fauna mit marktwirtschaftlichen Instrumenten gesichert werden muß, daß dafür eine enge Zusammenarbeit zwischen Wirtschaft und Politik erforderlich ist und daß in gemeinsamer Anstrengung das allgemeine Bewußtsein für den Umweltschutz durch Information und Ausbildung zu verstärken ist.

Wir sehen große unternehmerische Chancen in einer umweltorientierten, frei verfaßten und vom Markt gesteuerten Wirtschaftsordnung, die nachhaltigen Wohlstand auch für künftige Generationen sichert. Eine solche Ordnung bietet die Möglichkeit, die Konflikte zwischen Ökonomie und Ökologie zu lösen.

Aus dieser Erkenntnis verpflichten wir uns auf den folgenden Kodex unternehmerischen Verhaltens.

1. Wir ordnen den Umweltschutz den vorrangigen Unternehmenszielen zu und nehmen ihn in die Grundsätze zur Führung des Unternehmens auf. Ihn zu verwirklichen ist ein kontinuierlicher Prozeß.
2. Wir sehen den Umweltschutz als wichtige Führungsaufgabe und stellen sicher, daß er in allen betrieblichen Funktionen und auf allen Ebenen in konkrete Ziele und Verhaltensregeln umgesetzt wird.

3. Wir betrachten den Umweltschutz als Teil der Linienverantwortung. Die Fachkompetenz wird durch Einsetzung von Umweltschutzbeauftragten oder Umweltausschüssen so organisiert, daß eine umfassende Information und Einbeziehung in alle Entscheidungen sichergestellt ist.
4. Wir integrieren den Umweltschutz als eigenständiges Kriterium in das Planungs-, Steuerungs- und Kontrollsystem, nach Möglichkeit in quantifizierter Form.
5. Wir geben uns periodisch detaillierte Rechenschaft über den Stand des Umweltschutzes im Unternehmen, um Schwachstellen zu erkennen, die notwendigen Maßnahmen zu veranlassen und erreichte Fortschritte zu dokumentieren.
6. Wir informieren unsere Mitarbeiter ausführlich über Umweltaspekte, motivieren sie zu umweltbewußtem Verhalten, auch im privaten Bereich, und legen in unseren Bildungsmaßnahmen einen besonderen Schwerpunkt auf den Umweltschutz.
7. Wir nutzen die Forschung und Entwicklung verstärkt zur ständigen Verbesserung der Umweltverträglichkeit unserer Produkte und Verfahren. Wir setzen dabei Rohstoffe, Energie, Wasser und sonstige Güter so sparsam wie möglich ein und berücksichtigen die gesamte Lebenszeit der Produkte einschließlich ihrer Entsorgung.
8. Wir beziehen alle Marktpartner in unsere Bemühungen um verbesserten Umweltschutz ein. Wir erarbeiten mit unseren Lieferanten spezielle Umweltstandards, informieren und beraten den Handel und klären unsere Verbraucher über den umweltschonenden Umgang mit unseren Produkten und deren Entsorgung auf.
9. Wir sind zum offenen Dialog mit allen gesellschaftlichen Gruppen bereit, stellen den Medien umweltrelevante Informationen zur Verfügung und arbeiten mit Behörden, Verbänden und anderen Institutionen im Umweltschutz zusammen.
10. Wir verstehen die gesetzlichen Bestimmungen als Mindestanforderungen und streben im gesamten Unternehmen ein höheres Maß an Umweltschutz an.

F. Keidanren (japanischer Unternehmensverband): Global Environment Charter

Japan hat erhebliche Bemühungen um den Umweltschutz, die Förderung von Gesundheit und Sicherheit und den effizienteren Einsatz von Energie und Ressourcen unternommen, seitdem in den sechziger Jahren mit starkem Wirtschaftswachstum die Verschmutzung ein Problem wurde und in den siebziger Jahren zwei Ölkrisen die Wirtschaft heimsuchten. Inzwischen verfügt Japan über sehr fortschrittliche Technologien und Systeme zur Reduzierung industrieller Verschmutzung, zur Verbesserung von Sicherheit und Gesundheitspflege und zur Einsparung von Energie und sonstigen Ressourcen.

Dennoch, so betont Keidanren, sind die Umweltprobleme von heute zu kritisch, als daß man ihrer ausschließlich durch Maßnahmen zur Vermeidung industrieller Verschmutzung Herr würde. Man müsse – so Keidanren – radikal verschiedene soziale und wirtschaftliche Systeme revidieren – wie zum Beispiel die Stadtplanung – und die Verkehrsnetze und die soziale Infrastruktur ausbauen sowie das Umweltbewußtsein der Bürger wecken.

Auf diesem Hintergrund übergibt Keidanren die im folgenden aufgeführten Richtlinien seinen Mitgliedern und drückt die Hoffnung aus, daß jedes Mitglied unter laufender Kooperation mit Verbrauchern, Regierungsvertretern und anderen Bürgern seine Geschäfte im Einklang mit diesen Richtlinien führt. Sie entstanden unter Mitwirkung des Keidanren Environmental Safety Council und wurden am 23. April 1991 veröffentlicht.

Charter für die globale Umwelt

Die grundlegende Philosophie

Die Existenz eines Unternehmens ist eng verknüpft mit der Umwelt insgesamt wie auch mit dem Gemeinwesen, in dem es seinen Standort hat. Bei seinen Aktivitäten muß jedes Unternehmen Respekt vor der Menschenwürde wahren und nach einer künftigen Gemeinschaft streben, in der die gesamte Umwelt geschützt ist.

Unser Ziel muß die Schaffung einer menschlichen Gemeinschaft sein, deren Mitglieder bei der Lösung von Umweltproblemen zusammenarbeiten, in der eine nachhaltig tragfähige Entwicklung in globalem Maßstab möglich ist, in der Unternehmen sich eines Vertrauensverhältnisses mit den örtlichen Bürgern und Verbrauchern erfreuen, und in der die Unternehmen tatkräftig und frei ihre Aktivitäten entfalten und dabei die Umwelt schützen. Jedes Unternehmen muß danach streben, ein guter Weltbürger zu sein, nämlich in der Einsicht, daß die Lösung der Umweltprobleme für seine eigene Existenz und seine Tätigkeit von entscheidender Bedeutung ist.

Richtlinien für Unternehmensmaßnahmen

Die Unternehmen müssen ihre Geschäftstätigkeit so ausüben, daß sie zur Schaffung eines neuen wirtschaftlichen und sozialen Systems beitragen und damit zur Verwirklichung einer die Umwelt schützenden menschlichen Gesellschaft, die zu einer nachhaltig tragfähigen Entwicklung führt.

1. Allgemeine Unternehmenspolitik

Die Unternehmen sollen bei ihren Aktivitäten immer die folgenden Richtlinien berücksichtigen. Sie müssen 1. darauf hinarbeiten, daß die gesamte Umwelt geschützt und das örtliche Lebensumfeld verbessert wird, 2. dafür Sorge tragen, daß die Ökosysteme geschützt und die Ressourcen sparsam genutzt werden, 3. die Umweltverträglichkeit von Produkten gewährleisten und 4. Gesundheit und Sicherheit von Mitarbeitern und Mitbürgern schützen.

2. Unternehmensorganisation

(1) Die Unternehmen implementieren ein internes System für die Bearbeitung von Umweltfragen durch Einsetzung eines leitenden Mitarbeiters und Schaffung einer Organisation mit Zuständigkeit für Umweltprobleme.

(2) Für die Unternehmensaktivitäten werden Umweltvorschriften erlassen, die einzuhalten sind. Zu solchen internen Vorschriften gehören Ziele zur Reduzierung der Umweltbelastung. Mindestens einmal im Jahr ist mittels einer internen Revision zu prüfen, wie gut die Umweltvorschriften eingehalten werden.

3. Rücksicht auf die Umwelt

(1) Sämtliche Aktivitäten des Unternehmens, beginnend mit der Standortwahl für die Produktionsanlagen, sind in ihrer Auswirkung auf die Umwelt wissenschaftlich auszuwerten, und alle erforderlichen Schutzmaßnahmen sind zu ergreifen.

(2) In den Forschungs-, Konstruktions- und Entwicklungsstadien für ein Produkt ist darauf zu achten, daß die Umweltbelastung auf jeder Ebene der Herstellung, Verteilung, bestimmungsgemäßen Verwendung und Entsorgung des Produktes verringert wird.
(3) Die Unternehmen haben sämtliche nationalen und örtlichen Gesetze und Vorschriften für den Umweltschutz streng einzuhalten und wo erforderlich zusätzliche eigene Normen zu setzen.
(4) Bei der Beschaffung von Materialien – besonders auch für den Produktionsbereich – sind die Unternehmen bemüht, solche einzukaufen, die eine schonendere Behandlung der Ressourcen, eine Erhöhung der Recyclingquote und einen besseren Schutz der Umwelt vor Schäden erlauben.
(5) Die Unternehmen verwenden Technologien, die eine effiziente Nutzung von Energie sowie die Schonung der Umwelt bei ihrer Produktion und ihren sonstigen Aktivitäten gestatten. Die Unternehmen sind bemüht, die Ressourcen effizient zu nutzen und Abfallprodukte mittels Recyclings zu reduzieren. Mit Schadstoffen und Abfallprodukten gehen die Unternehmen sachgerecht um.

4. Technologische Entwicklung
Zur Unterstützung der Lösung globaler Umweltprobleme sind die Unternehmen bemüht, innovative Technologien, Produkte und Leistungen zu entwickeln und anzubieten, die die Einsparung von Energie und anderen Ressourcen und die Schonung der Umwelt ermöglichen.

5. Technologietransfers
(1) Die Unternehmen suchen angemessene Mittel und Wege für den einheimischen und Überseetransfer ihrer Technologien, ihres Knowhows und ihrer Sachkenntnis für den Umgang mit Umweltproblemen und für die Einsparung von Energie und sonstigen Ressourcen.
(2) Bei der Beteiligung an offiziellen Entwicklungshilfeprojekten ergreifen die Unternehmen sorgfältig Maßnahmen für die Umwelt und gegen Umweltverschmutzung.

6. Notfall- und Katastrophenmaßnahmen
(1) Sofern es jemals zu Umweltproblemen als Folge eines Unfalls im Ablauf von Unternehmensaktivitäten oder als Folge eines Fehlers in einem Produkt kommt, erläutern die Unternehmen sämtlichen betroffenen Parteien hinreichend die Situation und ergreifen unter Ein-

satz ihrer Technologien und personellen und sonstigen Ressourcen zweckdienliche Maßnahmen zur Minimierung der Auswirkungen auf die Umwelt.
(2) Selbst bei Eintreten einer Katastrophe oder eines Umweltunfalls außerhalb der Verantwortung eines Unternehmens leistet dieses aktiv technische und sonstige geeignete Hilfe.

7. Öffentlichkeitsarbeit und Bildung
(1) Die Unternehmen veröffentlichen aus ihrem eigenen Antrieb Informationen und führen Bildungsveranstaltungen über ihre Maßnahmen zum Schutz der Umwelt, zur Wahrung von Ökosystemen und zur Gewährleistung von Gesundheit und Sicherheit bei ihren Aktivitäten durch.
(2) Die Mitarbeiter werden dahingehend unterwiesen, daß sie die Bedeutung des täglichen „hautnahen" Managements zur Verhütung von Umweltverschmutzung und Einsparung von Energie und anderen Ressourcen verstehen.
(3) Die Unternehmen versorgen die Benutzer ihrer Produkte mit Angaben über deren bestimmungsgemäße Verwendung und deren Entsorgung einschließlich des Recyclings.

8. Beziehungen zum Gemeinwesen
(1) Als Mitglieder des Gemeinwesens beteiligen sich die Unternehmen an Aktivitäten zum Schutz der Umwelt des Gemeinwesens und unterstützen Mitarbeiter, die sich aus Eigeninitiative für solche Aktivitäten engagieren.
(2) Die Unternehmen fördern den Dialog mit Personen aus allen Bereichen der Gesellschaft zu betrieblichen Fragen und Problemen und streben dabei die Schaffung gegenseitigen Verständnisses und die Stärkung kooperativer Beziehungen an.

9. Unternehmen in Übersee
Gesellschaften, die Unternehmen in Übersee aufbauen, befolgen die Zehn-Punkte-Umweltrichtlinie für japanische Unternehmen in Übersee (Ten Points Environmental Guidelines for the Japanese Enterprises Operating Abroad) in Keidanrens „Basic Views of the Global Environmental Problems" (April 1990) (vgl. nachstehenden Text).

10. Beiträge zum Gemeinwohl
(1) Die Unternehmen bemühen sich um Bereitstellung von Informa-

tionen aus ihrem eigenen Erfahrungsschatz für Verwaltungsbehörden, internationale Organisationen und andere Gremien, die Umweltpolitik gestalten, und beteiligen sich am Dialog mit solchen Gremien, damit praktischere und effektivere politische Leitlinien formuliert werden können.
(2) Die Unternehmen nutzen ihre Erfahrung, um Verwaltungsbehörden und internationalen Organisationen rationelle Methoden für die Formulierung umweltpolitischer Leitlinien vorzuschlagen und Verbrauchern einfühlsame Beratung über Lebensstilfragen anzubieten.

11. Reaktion auf globale Probleme
(1) Die Unternehmen kooperieren bei der wissenschaftlichen Erforschung der Ursachen und Auswirkungen von Umweltproblemen wie z. B. der globalen Erwärmung und sind auch zur Zusammenarbeit bei der wirtschaftlichen Analyse möglicher Gegenmaßnahmen bereit.
(2) Die Unternehmen arbeiten aktiv auf die Umsetzung effektiver und rationeller Maßnahmen zur Einsparung von Energie und anderen Ressourcen hin, auch wenn solche Umweltprobleme von der Wissenschaft nicht vollständig erhellt worden sind.
(3) Die Unternehmen spielen eine aktive Rolle, wenn zur Realisierung internationaler Umweltprogramme die Hilfe der Privatwirtschaft gesucht wird. Das gilt auch für die Mitarbeit bei der Lösung der Probleme von Armut und Überbevölkerung in Entwicklungsländern.

Zehn-Punkte-Umweltrichtlinien für die japanischen Unternehmen in Übersee

1. Schaffe eine konstruktive Einstellung zum Umweltschutz und versuche, unter den Betroffenen ein umfassendes Problembewußtsein zu wecken.
2. Gib Umweltschutz in den überseeischen Standorten Priorität und halte als Mindesterfordernis die Umweltnormen des Gastgeberlandes ein. Wende bei der Beseitigung von Schadstoffen japanische Normen an.
3. Nimm vor dem Beginn der Geschäftstätigkeit in Übersee eine vollständige Bewertung ihrer Auswirkungen auf die Umwelt vor. Erfasse nach dem Beginn der Aktivitäten Daten und führe, falls erforderlich, eine Bewertung durch.
4. Nimm umfassende Rücksprache mit den betroffenen Personen bzw. Instanzen am Betriebsstandort und kooperiere mit ihnen

beim Transfer und örtlichen Einsatz von Umwelt-Technologie und -Know-how aus Japan.

5. Schaffe ein Umweltschutz-Management-System einschließlich des Einsatzes von Personal mit Verantwortung für Umweltschutz. Versuche auch die Qualifikation des erforderlichen Personals zu verbessern.
6. Versorge das örtliche Gemeinwesen regelmäßig mit Informationen über Umweltmaßnahmen.
7. Wenn umweltbezogene Fragen auftreten, so trage gründlich Sorge, daß sie nicht zu sozialen und kulturellen Friktionen führen. Setze dich mit den Fragen in wissenschaftlicher und vernünftiger Diskussion auseinander.
8. Trage zur Förderung der wissenschaftlichen und rationalen Umweltmaßnahmen des Gastlandes kooperativ bei.
9. Informiere aus eigenem Antrieb sowohl im Inland wie auch im Ausland die Öffentlichkeit über jene Aktivitäten der Unternehmen in Übersee, in denen sich unser aktives Umweltengagement widerspiegelt.
10. Stelle sicher, daß die Heimatzentralen der Unternehmen, die im Ausland Tochtergesellschaften haben, die Wichtigkeit der Umweltschutzmaßnahmen für Tochtergesellschaften begreifen. Die Heimatzentrale muß versuchen, ein back-up-System zu schaffen, das zum Beispiel die Entsendung von Experten nach Übersee gewährleistet, wann immer Bedarf dafür besteht.

11. Kapitel
Von der umweltorientierten Unternehmensführung zur umweltorientierten Staatsführung

Als eine zentrale Aufgabe der Unternehmensführung muß der Umweltschutz in die Unternehmenszielsetzung Eingang finden und in allen Unternehmensbereichen (z. B. Technik, Forschung und Entwicklung, Materialwirtschaft, Personal) und auf allen Ebenen (z. B. Geschäftsleitung, Direktoren, Abteilungsleiter, Meister, Auszubildende) verwirklicht werden.

Durch ein derartiges „Integriertes System umweltorientierter Unternehmensführung" kann das Unternehmen seiner ökologischen Verantwortung besser gerecht werden und gleichzeitig seinen wirtschaftlichen Erfolg absichern. Hierzu liegen zahlreiche Erfahrungsberichte umweltorientierter und gleichzeitig erfolgreicher Unternehmen vor.

Für jeden einzelnen Unternehmensbereich sind Konzepte entwikkelt worden, auf welche Weise – zusätzlich zu den traditionellen Aufgaben – Umweltschutzanforderungen erfüllt werden können. Einen Einblick in diese Konzepte gibt Abschnitt A.

Während noch vor wenigen Jahren nur einzelne Pionierunternehmen begannen, das „Integrierte System umweltorientierter Unternehmensführung" in die Praxis umzusetzen, trifft es heute in der Wirtschaftswelt auf rasch wachsende Zustimmung. Jüngster Beweis ist „The Business Charter for Sustainable Development", die anläßlich der World Industry Conference on Environmental Management (WICEM II) im April 1991 von der Internationalen Handelskammer veröffentlicht und von zahlreichen bedeutenden Unternehmen als verbindlich akzeptiert wurde.

Je mehr die Menschheit durch Überbevölkerung, Umweltzerstörung und Ressourcenerschöpfung existentiell bedroht wird, desto zwingender stellt sich die Forderung, den Staat – ebenso wie das einzelne Unternehmen – ganzheitlich umweltorientiert zu führen. Notwendig ist ein „Integriertes System umweltorientierter Staatsführung". Das ist die zentrale Aussage des Abschnittes B.

Die Staatsregierungen sollten deshalb – nicht anders als die Unternehmensleitungen – alles daran setzen, in allen Ressorts und auf allen Ebenen neben den traditionellen Zielen die Ziele des Umweltschutzes und der Ressourcenschonung anzustreben.

Ähnlich wie sich auf betrieblicher Ebene zeigte, daß mehr Umweltschutz dem betrieblichen Erfolg nicht im Wege steht, sondern letzteren sogar maßgeblich fördern kann, so wird eine umweltorientierte Staatsführung die kulturelle und wirtschaftliche Entwicklung des Staates nicht behindern, sondern sie qualitativ fördern und nachhaltig absichern (Sustainable Development).

Gewiß gibt es grundlegende Funktions- und Wesensunterschiede zwischen Staat und Unternehmung. Die Chancen einer erfolgreichen Implementierung ganzheitlich umweltorientierter Führung sind jedoch im Staat vergleichbar groß. Eine zunehmende Zahl von Ländern wird für diesen Schritt politisch reif. Darauf lassen Befragungsergebnisse schließen.

Bei einer 1989 im Auftrage des deutschen Innenministeriums durchgeführten Befragung zum Beispiel, stuften über 70 % der in Deutschland Befragten einen wirksamen Umweltschutz als oberstes Politikziel ein. Nach einer Umfrage des EMNID-Instituts in der EG würde jeder zweite EG-Bürger einen Konflikt zwischen Umweltschutz und Industrie zugunsten des Umweltschutzes lösen wollen, während sich nur jeder zehnte zugunsten der Industrie aussprach.

Der Bürger will umweltorientierte Unternehmen in einem umweltorientierten Staat.

Eine Zusammenfassung des vorliegenden Kapitels bringt Abschnitt C.

A. Für eine umweltorientierte Unternehmensführung

I. Motive für die Implementierung

Umweltschutz ist eine so zentrale Aufgabe, daß sie in die Unternehmenszielsetzung Eingang finden und in allen Unternehmensbereichen und -ebenen verwirklicht werden muß. Das aus dieser Erkenntnis heraus entwickelte „Integrierte System umweltorientierter Unternehmensführung“ ist mittlerweile in zahlreichen Ländern bekannt geworden.

1. Wahrnehmung von Verantwortung

Ob der Unternehmer sich als Altruist empfindet oder sein Eigeninteresse im Vordergrund sieht: die Bewahrung der natürlichen Lebensgrundlagen muß für ihn oberstes Gebot bei allen unternehmerischen Aktivitäten sein. Anderenfalls nimmt er es in Kauf,
- daß die Lebensgrundlagen auch für den Unternehmer selbst und seine Verwandten und die Nachfahren zerstört werden
- daß das häufig beschworene Bild der Unvereinbarkeit von Marktwirtschaft und Naturerhaltung sich in Fachdiskussionen, Öffentlichkeit und Politik durchsetzt
- daß die Ressourcen an Material und Energie, die der Unternehmer für sein eigenes Unternehmen benötigt, frühzeitig versiegen.

2. Realisierung von Chancen

Es gibt ein gewaltiges ungenutztes Potential von Umweltschutzmaßnahmen, die kostensenkend und damit ertragserhöhend wirken. Gerade die große Zahl kleiner und mittelständischer Betriebe ist hierüber unzureichend informiert.

Im Produktionsbereich sind es Maßnahmen der Energie-, Wasser- und Rohstoffeinsparung, die gleichzeitig dem Umweltschutz und der Ertragserzielung dienen.

Chancen können auch auf dem Absatzmarkt realisiert werden, indem der Unternehmer sich auf eine absehbare stärkere Umweltorientierung der Nachfrager einstellt und entsprechende Produktentwicklungen frühzeitig in Angriff nimmt.

Im Personalbereich sind mit einer stärkeren unternehmerischen Umweltorientierung Vorteile bei der Mitarbeitermotivation und Personalbeschaffung verbunden.

3. Vermeidung von Risiken

Umweltschonende Maßnahmen tragen auch zur Risikovermeidung bei:

Das Risiko, daß umweltbelastende Produkte durch Medien oder ökologisch orientierte Institute etc. plötzlich ins Kreuzfeuer der Kritik geraten oder gar verboten werden, ist heute groß. Wer nicht frühzeitig mit der Entwicklung neuer Produkte beginnt, bringt zumindest einen Teil seines Geschäftes in Gefahr. Größere Unternehmen gehen schon dazu über, Mitarbeiter als „Early Warning System" zu beschäftigen, um solche Entwicklungen möglichst frühzeitig aufzuspüren und rechtzeitig Produktalternativen zu entwickeln.

Die Gefahr, wegen umweltschädigenden Verhaltens als Inhaber, Vorstand oder sonstiger verantwortlicher Mitarbeiter eine zivilrechtliche Haftung des Unternehmens auszulösen oder persönlich strafrechtlich belangt zu werden, steigt rapide, kann jedoch ebenfalls durch aktive unternehmerische Umweltvorsorge vermieden werden.

II. Prinzipien der Organisation

1. Verankerung in der Führungsspitze

Umweltschutz ist Chefsache. Innerhalb eines mehrköpfigen Führungsteams ist entweder ein Umweltdirektor vorzusehen oder der Umweltschutz einem der Direktoren als zusätzliche Hauptaufgabe zu übertragen. Die Unternehmensleitung sollte den Umweltschutz den vorrangigen Unternehmenszielen zuordnen, ihn in die Grundsätze zur Führung des Unternehmens aufnehmen und für seine Verwirklichung in einem kontinuierlichen Prozeß sorgen.

2. Institutionalisierung von Querschnittsfunktionen

Es kann ein „Interdisziplinärer Umweltausschuß" gebildet werden, der sich aus Vertretern verschiedener Unternehmensbereiche zusammensetzt, revolvierend einen Umweltaktionsplan festlegt, in die Unternehmensbereiche hineinwirkt und auf periodischen Sitzungen Rechenschaft über erreichte und noch nicht erreichte Umweltziele abgibt.

3. Gewährleistung unabhängiger Kontrolle

In manchen Ländern bestehen gesetzliche Regelungen für den betrieblichen Umweltschutz. Nach deutschem Recht z. B. ist für bestimmte Unternehmen ein Betriebsbeauftragter für Umweltschutz als Gewässerbeauftragter, Immissionsschutzbeauftragter oder Betriebsbeauftragter für den Abfall vorgeschrieben. Seine Unabhängigkeit von Weisungserteilung und Zwangsausübung durch Vorgesetzte in der Linie wird durch ein Vortragsrecht gegenüber der Unternehmensleitung sowie durch einen verstärkten Kündigungsschutz gesichert.

Der freiwillig bestellte Umweltbeauftragte, der im Rahmen des „Integrierten Systems umweltorientierter Unternehmensführung“ als bereichsübergreifender Koordinator und Innovationsförderer eingesetzt wird (insofern also eine viel umfassendere Aufgabe als der vor allem technisch ausgerichtete Betriebsbeauftragte für Umweltschutz wahrnimmt) sollte nach Möglichkeit auf Direktionsebene angesiedelt und dadurch von den übrigen Ressorts disziplinarisch unabhängig sein.

Ähnlich wie der Personaldirektor das Recht und die Pflicht hat, für die Berücksichtigung der sozialen Angelegenheiten in allen betrieblichen Ressorts Sorge zu tragen – ohne deshalb schon direkt in die anderen Ressorts „hineinregieren“ zu können – muß der Umweltdirektor die Möglichkeit und die Aufgabe besitzen, unabhängig von Ressortgrenzen die Durchsetzung des Umweltschutzes im gesamten Unternehmen zu fördern und zu überwachen.

III. Durchsetzung in allen Funktionsbereichen

1. Unternehmensleitung

Es ist Aufgabe der Unternehmensleitung, auch den Umweltbelangen nach einer integrierten Strategie Rechnung zu tragen. Dabei gilt es zunächst, die ökologischen Schlüsselprobleme in den verschiedenen Geschäftsfeldern zu identifizieren (sogenannte Key Issue Analyse), d. h. die Chancen und Risiken im gesellschaftlichen Umfeld und auf den Märkten (Gesetzgebung, Umweltbewußtsein der Öffentlichkeit und der Kunden, umweltrelevante Aktivitäten der Konkurrenz, wissenschaftlich-technische Entwicklungen).

In einem zweiten Schritt sind die Unternehmensziele ökologieorientiert festzulegen und ökologieorientierte Strategien zu formulieren, d. h. Basisstrategien (z. B. defensives oder offensives Vorgehen) und Geschäftsfeldstrategien (z. B. Produktinnovation, -variation oder -eliminierung).

2. Marketing

Veränderte rechtliche Rahmenbedingungen in Form verschärfter Umweltgesetze oder das erhöhte ökologische Bewußtsein der Käufer beinhalten für das Unternehmen weitreichende Risiken und eröffnen zugleich neue Chancen bei der Vermarktung von Gütern und Dienstleistungen. Die Sicherung der Wettbewerbsfähigkeit erfordert daher ebenso wie die soziale Verantwortung die Entwicklung ökologiegerechter Marketingkonzeptionen.

Die Maßnahmenplanung kann u. a. folgende Aktivitäten vorsehen:

- in der Produktpolitik recyclingfähige Produkte anbieten, umweltschonende Merkmale hervorheben, die Verpackung aus umweltschonendem Material gestalten und umweltschonende Produktnutzung durch Kundenberatung sicherstellen;
- in der Kommunikationspolitik das wachsende Umweltbewußtsein der Kunden durch Werbemaßnahmen offensiv aufnehmen und verstärken und die Argumente für die eigenen Produkte wahr und nachprüfbar darstellen;
- in der Distributionspolitik umweltschonende Absatzkanäle und Rückführungssysteme vereinbaren und Recycling-Centren einrichten;
- in der Preis- und Rabattpolitik ökologisch orientierte Preisdifferenzierung vornehmen und überprüfen, ob umweltschonende Produkte durch Mischkalkulation entlastet werden können.

3. Personal

In den Mitarbeitern liegt die entscheidende Kraft des Unternehmens. Umweltorientierte Unternehmensführung wird begünstigt durch einen kooperativen Führungsstil.

Das Konzept für die Ausbildung muß innerbetriebliche Zielgruppen definieren (z. B. Führungsteam, Abteilungsleiter, Angestellte, Gewerbliche, Auszubildende), Lerninhalte festlegen (unter anderem umweltökonomisches, betriebsökologisches, betriebs- und aufgabenspezifisches Wissen) und Lernmethoden bestimmen (u. a. Exkursionen, Gruppenarbeit, Learning by Doing).

Für die Motivation ist es wichtig, jedem Mitarbeiter Mitwirkungsbefugnisse, z. B. über ein Verbesserungsvorschlagswesen oder umweltbezogene Qualitätszirkel, einzuräumen und Anreizsysteme für besondere umweltbezogene Aktivitäten zu schaffen.

Daneben gilt es, Arbeitsmittel (einschließlich EDV-Peripherie) ergonomisch zu gestalten, einen hohen Grad an Arbeitssicherheit anzustreben, gesunde Verpflegung anzubieten, bei Industriebauten die Erkenntnisse der Baubiologie zu berücksichtigen und nach Möglichkeit die Mitarbeiterhaushalte in Umweltfragen zu beraten (z. B. über Einsparung von Energie, Wasser, Reinigungsmitteln, Vermeidung von Wohngiften).

4. Forschung und Entwicklung

In diesem Unternehmensbereich werden langfristige Entscheidungen über Materialien und Produktionsprozesse getroffen. Entwicklungsentscheidungen, die auf ökologische Markt- und Gesetzgebungstrends keine Rücksicht nehmen, können die Wettbewerbs- bzw. Überlebensfähigkeit des Unternehmens gefährden.

Zu den Hilfsmitteln bei Entscheidungsfindung und Entwicklungsarbeit gehören Wertanalyse und Produktlinienanalyse.

Die traditionelle „Wertanalyse" wird als Methodik zur Kostenvermeidung oder -senkung und/oder Erlössteigerung bzw. Ergebnisverbesserung verstanden. Sie läßt sich auf ökologische Belange ausdehnen.

Dic neuere „Produktlinienanalyse" erfaßt die wichtigsten ökonomischen, ökologischen und sozialen Auswirkungen eines Produkts von der Rohstoffbeschaffung bis zur Müllverarbeitung. Die Auswirkungen werden in Form einer Produktlinienmatrix dargestellt, die u. a. dem Vergleich verschiedener Produktvarianten dient.

5. Materialwirtschaft

Neben der klassischen Aufgabe der Materialwirtschaft, die Produktion mit den notwendigen Ausgangsmaterialien zu versorgen, gewinnt die „Entsorgung" bestimmter produktionsbedingter Rest-, Umwandlungs- und Schadstoffe mehr und mehr an Gewicht. Die „Entsorgung" wird laufend kostspieliger, schwieriger, wenn nicht gar teilweise unmöglich. Das ökologisch gebotene Recycling wird auch wirtschaftlich zunehmend interessant.

Durch rechtzeitige Umstellung auf umweltschonendere Ausgangsmaterialien kann die Materialwirtschaft dazu beitragen, die „Entsorgungs"- bzw. Neutralisierungskosten und die Gefahr der polizeirechtlichen, zivilrechtlichen und strafrechtlichen Inanspruchnahme des Unternehmens bzw. seiner Mitarbeiter einschließlich des Vorstandes entscheidend zu vermindern.

Darüber hinaus obliegt es der Materialwirtschaft, Materialien in Abhängigkeit von der Umweltgefährdung zu lagern und den Materialfluß zur Vermeidung von Ressourcenverschwendung zu optimieren.

Die Materialwirtschaft sollte eine Ist-Analyse über die vom eigenen Unternehmen ausgehenden Umweltbelastungen erstellen und eine Sollgrößen-Konzeption für die innerbetrieblichen Stoff- und Energiekreisläufe entwickeln.

Der Qualitätsbegriff ist um Umweltschutzanforderungen zu erweitern. Die Materialwirtschaft sollte ökologisch orientierte Einkaufsverhandlungen führen, d.h., neben Funktionalität, Preis, Lieferzeit usw. die Umweltauswirkungen der Ware gleichgewichtig berücksichtigen und mit den Lieferanten bei der Entwicklung umweltorientierter Produkte zusammenarbeiten.

6. Fertigungstechnik

Für die Fertigungstechnik bieten sich in der Regel die umfassendsten Möglichkeiten, Umweltbelastungen zu vermindern. Erhebliche Investitionen sind entweder in nachgeschaltete umwelttechnische Anlagen („end-of-the-pipe-Lösung") oder in eine umweltorientierte Neukonzeption des gesamten Fertigungsverfahrens („integrierte Lösung") erforderlich. Steigende Deponie- und Entsorungskosten verkürzen jedoch den Amortisationszeitraum; verschärfte Grenzwerte können die Investition mit Rücksicht auf andernfalls drohende Betriebsstillegung gebieten.

In vielen Fällen können Energie-, Wasser- und Materialeinsatz erheblich reduziert werden, was ebenso wie die Verminderung von Abfall- und Abwassermengen zur Kostenentlastung des Unternehmens führt. Beispielsfälle sind der Einsatz von Thermostaten, verbrennungsfördernden Additiven, Wasserdurchlaufbegrenzern, Rechnern zur Verschnittoptimierung.

„Saubere Techniken" bewähren sich u.a. durch höhere Ausnutzungsgrade der Inputstoffe (z.B. aufgrund von optimierten Verbrennungsanlagen, Lackiersystemen, Naßprozessen), durch moderne Meß- und Regeltechniken (z.B. automatische Kontrolle und Dosierung der Konzentration von Prozeßchemikalien) sowie durch Rückgewinnung von Wertstoffen und Wärme (Recycling).

7. Finanzen und Controlling

Neben der Finanzkontrolle und -versorgung obliegt diesem Bereich des Unternehmens eine Mitsprache bei strategisch wichtigen Investitionen. Vor jeder großen Beschaffung oder Investition und bei der Entwicklung von Marketingkonzeptionen sollte dieser Bereich daher stets auf die Berücksichtigung der wichtigsten Umweltschutzaspekte achten.

Da Umweltschäden, insbesondere Bodenverunreinigungen, die Betriebsgrundstücke entwerten und den Beleihungsspielraum minimieren und da Schadensersatzpflichten u. U. das Eigenkapital oder die Liquidität des Unternehmens bedrohen, liegt in der ökologischen Risikovorsorge eine Hauptaufgabe des Finanzbereiches. Der Finanzbereich sollte auch bestrebt sein, die Umweltschutzförderungsprogramme (z. B. Sonderabschreibungen) auszuschöpfen.

Das betriebliche Rechnungswesen ist heute meist noch an rein ökonomischen Größen ausgerichtet. Mittelfristig müssen sich die Unternehmen auf die – noch in Entwicklung befindliche – „ökologische Buchhaltung“ als Kernstück eines betrieblichen Umwelt-Informationssystems einstellen.

8. Recht

In einer zunehmenden Zahl von Staaten geht die Rechtsentwicklung dahin, daß für eine Verletzung der dem Schutz der Umwelt dienenden Gesetze nicht nur der unmittelbar zuständige Mitarbeiter des Unternehmens (z. B. der Abteilungsleiter Umweltschutz oder der mit der Überwachung von Anlagen beauftragte Techniker) verantwortlich ist, sondern unter dem Gesichtspunkt des Organisationsverschuldens auch der Vorstand des Unternehmens.

Der Vorstand hat daher zunehmend auch ein persönliches Interesse daran, Sorge zu tragen, daß die umweltbezogenen Gesetze, Verordnungen und behördlichen Anordnungen eingehalten werden und daß die ökologischen Zielsetzungen auch in Verträge mit Lieferanten und Kunden Eingang finden, indem z. B. eine Rücknahmepflicht des Lieferanten für kontaminiertes oder schwer zu entsorgendes Verpackungsmaterial vereinbart wird.

9. Öffentlichkeitsarbeit

In Sachen Umweltschutz sollte das Unternehmen ein fairer und offener Gesprächspartner sein, der seine Interessen in einen konstruktiven Dialog einbringt. Vor allem sind die Maximen der Wahrheit, Klarheit und Einheit von Wort und Tat einzuhalten. Das Unternehmen sollte eher Geld in gute Maßnahmen als in gute Berichte über mittelmäßige Maßnahmen stecken.

IV. Zwischenbetriebliche Zusammenarbeit

Unternehmensverbände aller Art und auf allen Ebenen müssen das Know-How zur umweltorientierten Unternehmensführung unter ihren Mitgliedsfirmen verbreiten.

1. Unternehmensverbände auf nationaler Ebene

Auf nationaler Ebene können u. a. folgende Arten von Unternehmensverbänden durch ihre Informationsarbeit zu einer nachhaltig tragfähigen Entwicklung (Sustainable Development) beitragen: Industrie- und Handelskammern, Handwerkskammern, Berufsverbände, regionale und branchenbezogene Industrieverbände sowie freiwillige Unternehmenszusammenschlüsse mit der speziellen Zielsetzung der Förderung umweltorientierter Unternehmensführung.

Der letztgenannte Verbandstyp spiegelt eine noch junge Entwicklung. Es ist ein hoffnungsvolles Zeichen, daß – beginnend mit der zweiten Hälfte der 80er Jahre – unabhängige Unternehmensverbände mit dem spezifischen Ziel gegründet worden sind, umweltorientierte Unternehmensführung zu verwirklichen. Die erste Organisation dieser Art wurde in Deutschland im Jahre 1985 gegründet (Bundesdeutscher Arbeitskreis für umweltbewußtes Management, B.A.U.M.). In mehreren anderen Ländern sind zwischenzeitlich vergleichbare Verbände entstanden (u. a. in Brasilien, Dänemark, Großbritannien, Israel, Japan, Österreich, Südafrika, Schweden, Schweiz, USA).

2. Unternehmensverbände auf internationaler Ebene

Auf internationaler Ebene wurden im letzten Jahrzehnt von der Geschäftswelt verschiedene Initiativen mit dem Ziel in Gang gesetzt, die Wirtschaft zu verstärkter Wahrnehmung sozialer und ökologischer

Verantwortung zu bewegen. Hervorhebung verdient die Internationale Handelskammer, die unter Zusammenarbeit mit B.A.U.M. und der entsprechenden US-Organisation GEMI im Jahre 1990 „The Business Charter for Sustainable Development“ entwickelte, einen internationalen Kodex für umweltbewußte Unternehmensführung.

Einige internationale Branchenorganisationen, von denen die meisten bereits ihre Unterstützung für den Kodex erklärt haben, entwikkeln gegenwärtig branchenbezogene Richtlinien auf Basis des Kodex, um ihren Mitgliedern Hilfestellung bei der Implementierung der auf ESID („Ecologically Sustainable Industrial Development“) hinzielenden Grundsätze zu geben.

Die speziell auf umweltbewußtes Management ausgerichteten nationalen Unternehmensverbände (d. h. B.A.U.M. und Schwesterorganisationen) haben sich mehrheitlich auf überstaatlicher Ebene zu einem „International Network for Environmental Management“ (INEM) zusammengeschlossen, das auf die weltweite Förderung umweltorientierter Unternehmensführung abzielt und die Zusammenarbeit der nationalen Verbände koordiniert. Die Stärken des Netzwerkes liegen in seiner regionalen Verankerung, in seiner Offenheit auch für den unternehmerischen Mittelstand und in der Konzentration seiner gesamten Aktivitäten auf das Thema umweltbewußter Unternehmensführung.

3. Andere Organisationen auf nationaler oder internationaler Ebene

Bildungseinrichtungen, die sich der Ausbildung von Managern und Unternehmenspersonal widmen (Ingenieurschulen, Fachhochschulen, Universitäten, Business Schools) müssen ebenso wie internationale Verbände von Studenten der Wirtschaftswissenschaften (z. B. AIESEC) ihren Beitrag dazu leisten, daß die traditionellen Ausbildungsgänge und Praktika um die Komponenten umweltbewußter Entwicklung ergänzt werden. Unter den gegenwärtigen Initiativen sind beispielsweise COPERNICUS von der Konferenz der Europäischen Rektoren (CER), die einzige gesamteuropäische Initiative ihrer Art im Hochschulbereich, und die Aktivitäten von MEB, The Management Institute for Environment and Business (Washington, D. C.) zu erwähnen.

B. Für eine umweltorientierte Staatsführung

Im folgenden wird der Versuch unternommen, die Grundsätze umweltbewußten Managements von der Unternehmensführung auf die Staatsführung zu übertragen. Die Ausgestaltung des Staatswesens einschließlich der Regierungsorgane differiert stark von Land zu Land. Die folgenden Ausführungen entwickeln den Grundgedanken am Beispiel der Bundesrepublik Deutschland. Für andere Staaten müßten, abhängig von der Ausgestaltung des jeweiligen Staatswesens entsprechende Überlegungen angestellt werden.

I. Motive für die Implementierung

Die regionale und globale Bedrohung unserer Umwelt verlangt von den Staatsführungen einen ähnlich umfassenden Ansatz, wie er auf der Ebene der Unternehmensführung in einer zunehmenden Zahl von Fällen praktiziert wird.

1. Wahrnehmung von Verantwortung

Wie der Umweltschutz im Unternehmen zu den grundlegenden Unternehmenszielen gehört, so muß er auf Staatsebene mit Verfassungsrang ausgestattet werden. Die Verfassung kann den Umweltschutz zu einem der Staatsziele (etwa neben Rechtsstaatlichkeit und Sozialstaatlichkeit) erheben oder ihn als Grundrecht ausgestalten. In jedem Falle trägt der Staat Verantwortung für die langfristige Fortexistenz und Gesunderhaltung des Staatsvolkes.

Im Hinblick auf die Freiheitlichkeit der Verfassung hat der Staat andererseits die Verantwortung, Unternehmen und Bürger zu einem weitgehend freiwilligen verantwortlichen Umgang mit der Natur zu veranlassen. Erst wo dies nicht ausreicht, muß Umweltschutz von der gesetzgebenden, der rechtsprechenden und der vollziehenden Gewalt durchgesetzt werden.

2. Realisierung von Chancen

In einem ganzheitlich umweltorientierten Staat werden die natürlichen Lebensgrundlagen (zumindest national) wieder hergestellt bzw. geschont. Damit verbessern sich das physische und psychische Wohlbefinden aller Bewohner sowie die ökologische, soziale und ökonomische Gesamtsituation und Attraktivität des Staates.

Die Loyalität der Bevölkerung gegenüber einem ökologisch verantwortungsbewußten Staat ist besonders ausgeprägt.

In einem gesamtheitlich umweltorientierten Staat wird ein verschärftes Augenmerk der Unternehmensleitungen auf umwelttechnische Lösungen gelenkt. Eine Zunahme von Arbeitsplätzen in der umwelttechnischen Industrie ist die Folge. Gleichzeitig wird die internationale Wettbewerbsfähigkeit dieses zukunftsträchtigen Industriesektors gestärkt.

Wirtschaft und Landwirtschaft entwickeln sich stärker in Richtung umweltorientierter Produkte. Dadurch läßt sich der Absatz auf den internationalen Märkten, die zunehmend von einer umweltorientierten Nachfrage bestimmt sein werden, langfristig absichern.

Die Wirtschaftskraft nimmt zu, da weniger Energie und Ressourcen vergeudet werden und der Geist rationellen und effektiven Ressourceneinsatzes in sämtliche Wirtschaftsbereiche ausstrahlt.

3. Vermeidung von Risiken

Durch einen ganzheitlich umweltorientierten Staat wird die alarmierende Zunahme von Umwelt- und Zivilisationskrankheiten in der Bevölkerung in gewissem Umfang abgebremst.

Mittels Verringerung der Luftbelastung kann gleichzeitig dazu beigetragen werden, daß sich das Waldsterben sowie die fortschreitende Zerstörung architektonisch wertvoller Bauwerke und sonstiger Kulturdenkmäler verlangsamen.

Der Gefahr, daß die von Industrie, Energiewirtschaft, Verkehr, Landwirtschaft und Privathaushalten hervorgerufenen Umweltschäden weiter zunehmen, wird entgegengewirkt.

Durch rechtzeitige Anpassung der sozialen Marktwirtschaft an die Anforderungen des Umweltschutzes beugt der Staat radikalen politischen Veränderungen vor, die die Abschaffung der freiheitlichen Wirtschaftsverfassung zur Folge haben könnten mit allen nachteiligen Konsequenzen für die Versorgungslage und Freiheitsrechte der Bevölkerung.

Indem der Staat langfristig, planvoll und organisch die Anpassung des Gemeinwesens an umweltseitige Anforderungen betreibt, beugt er der Gefahr von ökologisch bedingten Krisen, Revolutionen, Kriegen und Umstürzen vor und dient dadurch dem Frieden.

II. Prinzipien der Organisation

1. Verankerung in der Führungsspitze

Aus den vom Bundeskanzler vorgegebenen Richtlinien der Umweltschutzpolitik müssen die Ressorts handlungsorientierte Strategien ableiten. Sie müssen den umweltpolitischen Status quo jeweils für den eigenen Bereich feststellen, Schwachpunkte im Hinblick auf Soll-/Ist-Differenzen untersuchen, Prioritätenlisten nach der umweltpolitischen Dringlichkeit erstellen und die daraus resultierenden Aktivitäten bestimmten Abteilungen, Unterabteilungen und Referaten zuweisen.

2. Institutionalisierung von Querschnittsfunktionen

Die Wahrnehmung von Querschnittsfunktionen muß institutionalisiert werden. In Deutschland z. B. wird die umweltpolitische Koordination derzeit durch den Kabinettsausschuß für Umweltfragen und den „ständigen Abteilungsleiterausschuß für Umweltfragen" geleistet, in denen jeweils der Bundesminister für Umwelt, Naturschutz und Reaktorsicherheit den Vorsitz hat, und in denen alle Ministerien vertreten sind. Derartige Ausschüsse werden im Rahmen eines „Integrierten Systems umweltorientierter Staatsführung" eine Schlüsselstellung erlangen.

3. Gewährleistung unabhängiger Kontrolle

Es empfiehlt sich die Schaffung einer dem „Öko-Controlling" im betrieblichen Bereich ähnlichen Funktion. Der staatliche „Öko-Controller" sollte dem Umweltschutzminister und dem Bundeskanzler gegenüber direkt verantwortlich sein und zumindest die Kompetenz haben, Beurteilungen über die ökologische Zielerreichung einzelner Fachressorts vorzunehmen. Er sollte ähnlich unabhängig agieren können wie der Rechnungshof.

III. Durchsetzung bei allen Organen und Ressorts

1. Bundespräsident

Der Bundespräsident als Staatsoberhaupt ist bereits aufgrund seines Diensteides zur Bewahrung der natürlichen Lebensgrundlagen des Staatsvolkes und damit zur Abwendung ökologischer Schäden verpflichtet. Das ergibt sich zum Beispiel in Deutschland aus einer verständigen Auslegung der Eidesformel, nach der der Bundespräsident u. a. schwört, er werde Schaden von dem Volke wenden.

Der Bundespräsident übt überdies die kulturbezogene ethisch-moralische Führerschaft bei der Berücksichtigung ökologischer Belange in Wirtschaft und Gesellschaft aus. In dieser Funktion arbeitet er besonders eng mit dem Bildungsminister zusammen. Umweltschutz ist eine Aufgabe der individuellen Erziehung und Bildung und wird maßgeblich durch die gesellschaftlichen Werthaltungen und Normen bestimmt.

Als Vorbild kommt dem Staatspräsidenten besondere Bedeutung zu. Er soll dem Staatsvolk das Bild eines ökologisch verantwortungsvoll handelnden Staatsbürgers gleichsam sichtbar vorleben.

2. Bundeskanzler

Dem Bundeskanzler als zweitem Element im Führungsdual der Staatsspitze obliegt die Integration der Ökologie in die Staatspolitik. Es ist von zentraler Bedeutung, ökologiegerechte Staatsziele zu formulieren und dem Bruttosozialprodukt einen qualitativen Fortschrittsindikator zur Seite zu stellen.

Nur bei Mitwirkung eines jeden Ministeriums kann eine integrierte staatliche Umweltschutzpolitik gewährleistet werden. Ökologisierungsprojekte müssen als Querschnittsaufgabe mehrere oder sogar alle Ministerien passieren. Im Rahmen seiner Richtlinienkompetenz hat der Bundeskanzler hierbei wesentliche Initiativ- und Koordinationsfunktionen. Die Koordinationsfunktion erfüllt der Bundeskanzler dabei vornehmlich in Zusammenarbeit mit dem Bundesfinanzminister, der eine Schlüsselstellung innehat.

Wie die Unternehmensleitung dafür haftet, daß Aufbau- und Ablauforganisation einen integrierten betrieblichen Umweltschutz sicherstellen, so trägt der Kanzler letztlich die entsprechende Verantwortung im Staate.

Dazu tritt die brisante Funktion der Personalauswahl für die Ministerien (Minister, politische Spitzenbeamte, auch Spitzen der Laufbahnbeamten). Eine ökologische Mindestkompetenz muß als unverzichtbares Kriterium der Ministrabilität gelten.

3. Minister für Umwelt, Naturschutz und Reaktorsicherheit

Einfluß und Kompetenz des Ministers für Umwelt, Naturschutz und Reaktorsicherheit sind im Rahmen einer integrierten ökologisch orientierten Staatsführung besonders ausgeprägt. Wie der Umweltschutzbeauftragte im Rahmen der Unternehmensführung ist der Umweltminister im Rahmen der Staatsführung die zuständige Fachinstanz im engeren Sinne. Soweit in einem Lande Kernenergie erzeugt wird, sollte – wie z. B. in Deutschland – mit der Kontrolle der Reaktorsicherheit nicht der für die Energieerzeugung primär zuständige Minister, sondern der Umweltminister betraut werden.

Die sachlich gebotenen Aufgabenschwerpunkte wechseln von Land zu Land und auf der Zeitachse. Z. B. gehören zu den Arbeitsschwerpunkten des deutschen Umweltministeriums gegenwärtig eine verstärkte Förderung der Umweltberatung und der Verbraucherinformation (z. B. durch Forcierung von Produktlinienanalysen für Gebrauchsgüter), die Implementierung eines integrierten Entsorgungskonzepts mit Bevorzugung der Abfallvermeidung, die Einführung breiter, kontinuierlicher Schadstoffmessungen, die ökologische Sanierung der neuen Bundesländer sowie die Erreichung des Zieles der Bundesregierung, die Kohlendioxidemissionen bis zum Jahre 2005 um 25 % zu reduzieren.

Die erweiterten Aufgaben des Umweltministeriums machen seine personelle und budgetäre Stärkung notwendig. Wegen des rasch wachsenden öffentlichen Interesses am Thema Umweltschutz hat die Qualität der Arbeit des Umweltministers wachsenden Einfluß auf den Ausgang von Parlamentswahlen. Ein guter Umweltminister gehört vor allem in Zukunft zu den wichtigsten Mehrheitsbeschaffern für seine Partei.

Im Unternehmen wie im Staat hat Umweltschutz freilich grundsätzlich eine Sache aller Beteiligten zu sein. Damit sind auch alle anderen Ministerien gefordert.

4. Minister für Bildung und Wissenschaft

Geht man das Gesamtproblem grundsätzlich an, so gebührt dem Minister für Bildung und Wissenschaft die erste Nennung. Umweltschutz ist in seiner tiefsten Schicht eine Sache der Kulturnormen, der Bewußtseinsbildung und damit eine Aufgabe des Bildungswesens – von der Stufe des Kindergartens an bis hin zu allgemein- und berufsbildenden Schulen, Fach- und Hochschulen sowie Sondereinrichtungen.

Umweltschutz ist eine allgemeine Bildungsaufgabe. Mit der Anpassung bestehender Ausbildungsordnungen (z. B. für Juristen, Betriebswirte, Volkswirtschaftler, Ingenieure, Pädagogen), der Schaffung und Fortentwicklung neuer Berufsbilder (z. B. Betriebsökologe, Wirtschaftsökologe, Ver- und Entsorger) und der Entwicklung einer systematischen ökologischen Fortbildung für Erwachsene, insbesondere für Multiplikatoren (z. B. Hochschullehrer, Lehrer, Meister) wäre ein wesentlicher Schritt getan.

Der Minister für Bildung und Wissenschaft hat auf staatlicher Ebene gleichsam die Bildungs- und Bewußtseinsbildungsaufgabe, die auf betrieblicher Ebene der Personaldirektor durch seine Maßnahmen der Personalentwicklung wahrnimmt.

5. Minister für Jugend, Familie und Gesundheit/Minister für Arbeit und Sozialordnung

Flankieren müssen den Bildungsminister bei dieser Arbeit die Minister für Jugend, Familie und Gesundheit sowie für Arbeit und Sozialordnung. Diese Ministerien können und müssen die Bildungsarbeit durch ihre Aktivitäten im Gesundheitsschutz bzw. Arbeitsschutz unterstützen und fortsetzen.

Der Arbeitsminister ist verantwortlich dafür, daß etwaige staatliche Arbeitsbeschaffungsprogramme die staatlichen Umweltschutzziele fördern (z. B. Ausbau der Infrastruktur für den Eisenbahngüterverkehr zur Reduzierung des Schwerlastverkehrs auf Fernstraßen), anstatt ihnen entgegenzuwirken.

Der Gesundheitsminister muß bei seiner fachlichen und Öffentlichkeitsarbeit den Umweltschutz (z. B. durch staatliche Programme zur Reduzierung von Wohngiften) als präventiven Gesundheitsschutz fördern.

6. Minister für Forschung und Technologie

Die nächste Nennung gebührt dem für Forschung und Technologie zuständigen Minister. Umweltschutz ist vor allem eine Forschungs- und Entwicklungsaufgabe. Hier liegt der nächste Schritt von der Motivation und Kulturation zur Tat.

Der mit Abstand wichtigste Innovationsbedarf einer hoch entwikkelten Industriegesellschaft liegt im ökologischen Bereich. Dahin muß bezüglich Kreation, Innovation, Forschung und Entwicklung die strategische Stoßrichtung jeder Politik gehen. Hier ist der Minister für Forschung und Technologie – insbesondere im Rahmen seiner Initiativfunktion – genuin gefordert.

7. Minister für Raumordnung, Bauwesen und Städtebau

Im engen Zusammenhang zum vorgenannten Ministerialbereich steht die Arbeit des Ministers für Raumordnung, Bauwesen und Städtebau.

Im Planungsbereich ist der vermehrte Einsatz von Umweltverträglichkeitsprüfungen notwendig. Bei der Landesentwicklung ist in ökologisch bedeutsamen Raumordnungsfragen bereits zu einem frühen Planungszeitpunkt dem Umweltminister Mitwirkung zu ermöglichen.

Es sollte ein Informations- und Förderprogramm für den Einsatz biologischer Baustoffe aufgelegt werden.

8. Minister für Justiz

Die bislang genannten Komplexe können bei der starken Verrechtlichung des Staates ohne maßgebliche Mitwirkung des Justizministers nicht geregelt werden. Der Justizminister muß Initiative dahingehend ergreifen, daß sich die gesamte Rechtspflege (Gesetzgebung, Rechtsprechung) in einer Weise entwickelt, die den ökologischen Belangen bestmöglich dient.

So sollte der Justizminister unter anderem auf folgende Ziele hinwirken: Die Zusammenfassung verstreuter Umweltschutzvorschriften zu einem überschaubaren Umweltgesetzbuch, die konsequente Durchsetzung des Verursacherprinzips durch Haftungsvorschriften und Beweislastregeln, die Verstärkung des Umweltschutzes durch Zulassung der Verbandsklage für Umweltschutzverbände.

9. Minister für Wirtschaft/Minister für Ernährung, Landwirtschaft und Forsten/Minister für Verkehr

Die Umweltbelastung ist in den modernen Industrieländern grundsätzlich eine Frage der Wirtschaft (einschließlich der Landwirtschaft und des Verkehrswesens). Niemand bestreitet mehr, daß die Umweltbelastungen die Folge von Produktion und Konsum, also von wirtschaftlichen Aktivitäten sind. Damit ist die Bedeutung dieser drei Ministerien unterstrichen.

Der Wirtschaftsminister muß seine Klientel, die Unternehmensleitungen, bei dem schwierigen Prozeß einer Ökologisierung des Wirtschaftens tatkräftig begleiten. Insbesondere gilt es, die wirtschaftlichen Rahmenbedingungen dahingehend fortzuentwickeln, daß ökologisch bewußte Unternehmensführung sich auch in kurzfristiger Sicht ökonomisch rentiert.

Eine Schlüsselfunktion hat die Frage der Energiepolitik, die zumeist in die Zuständigkeit des Wirtschaftsministers fällt. Auf dem Wege zur Energieeinsparung darf die künstliche Energieverteuerung mit Mitteln der Steuerpolitik kein Tabu mehr sein. Energieeinsparungsprogramme stellen den kleinsten gemeinsamen energiepolitischen Nenner dar und beinhalten ein gigantisches Potential an Nutzen für die Umwelt und Profilierungsmöglichkeit für den Wirtschaftsminister.

Energiequellen, die im Störfall zu großflächiger radioaktiver Verseuchung von Ballungsräumen führen können, sind (zumindest mittelfristig) zu substituieren, falls ein entsprechender Störfall nicht technisch, innenpolitisch und außenpolitisch auf Dauer mit absoluter Sicherheit ausgeschlossen werden kann.

Die Landwirtschaft trägt durch intensive Wirtschaftsformen mit hohem Dünger- und Pestizideinsatz in starkem Maße zur Verringerung der Artenvielfalt bei und belastet Böden sowie Gewässer. Das Verkehrswesen ist wegen des hohen Landschafts- und Energieverbrauchs sowie seines Schadstoffausstoßes in seiner gegenwärtigen Ausprägung ökologisch unverträglich. Landwirtschafts- und Verkehrsminister sind zur Minimierung der Schadenswirkungen auf enge Zusammenarbeit mit dem Minister für Forschung und Technologie angewiesen.

10. Minister für Äußeres/Minister für wirtschaftliche Zusammenarbeit

Der Außenminister hat sich dafür einzusetzen, daß grenzüberschreitende Schadstoff-Frachten in das eigene Land und aus dem eigenen Land minimiert werden. Auch muß er verhindern, daß Großprojekte diesseits oder jenseits der Grenze (z. B. Eingriff in den Wasserhaushalt der Flüsse) nicht zu grenzüberschreitenden ökologischen Schäden führen.

Da aufgrund von Überbevölkerung und ökologisch bedingter Boden- und Ressourcenverknappung in Zukunft Völkerwanderungen bisher nicht gekannten Ausmaßes einsetzen werden, kommt auf die Außenminister vieler Länder eine zunehmend schwierige Aufgabe der Sicherung guter Nachbarschaft und des Friedens zu. Eine langfristig angelegte, ökologisch verantwortliche Außenpolitik (die z. B. die Ursachen des Treibhauseffektes und damit späterer Überschwemmungskatastrophen etwa in Bangladesh oder Holland bekämpft) ist notwendiger Bestandteil einer wirksamen Friedenspolitik.

Dort, wo Einzelstaaten zu übergeordneten Gemeinschaften zusammenwachsen – wie z. B. in der EG – werden die korrespondierenden Fachressorts (z. B. Wirtschaftsminister) vermehrt direkt miteinander kooperieren – Aspekte einer unter Umweltschutzgesichtspunkten nötigen „Welt-Innenpolitik".

Es ist die hervorragende Aufgabe des Außenministers, in alle staatlichen Außenbezüge die ökologischen Belange seines Landes und der Menschheit insgesamt mit einzubringen.

Das gleiche gilt für den Minister für wirtschaftliche Zusammenarbeit. Ökologische Belange sollten ein feststehendes und immer beachtetes Kriterium bei allen staatlichen Entwicklungsprojekten sein (Entschärfung des Nord-Süd-Konflikts).

11. Minister für Inneres

Die Bedeutung des Innenministers, um von der Außenpolitik zum anderen klassischen Ressort zu kommen, zeigt sich unter zwei Aspekten:

Der Innenminister hat die umfassendste innere Zuständigkeit; er ist insbesondere auch Polizeiminister. Seine wichtigste Zukunftsaufgabe unter ökologischen Bezügen ist die Entwicklung einer Umweltschutzpolizei, um Umweltdelikten wirksamer Einhalt zu gebieten.

Im übrigen hat das Innenministerium wegen seiner Funktion eines „Superministeriums" eine starke Rolle in der notwendigen Vorbildsfunktion der Staatsführung für die Unternehmensführung und das Verhalten sämtlicher Gesellschaftskreise im Staate. Der Staat muß zeigen, daß es ihm selbst mit entsprechenden Verhaltensänderungen (z. B. Energieeinsparung, umweltorientierte Beschaffung) ernst ist. Hierbei hat das Innenministerium wegen seiner Größe die meisten Möglichkeiten.

12. Minister für Finanzen

Alle Umweltpolitik berührt die Budgetpolitik, für die der Finanzminister Sachzuständigkeit hat. Von daher ist dieses dritte klassische Ressort das wichtigste.

Dies gilt um so mehr, als hier auch die Kompetenz für das staatliche Besteuerungswesen liegt. Damit fällt ein besonders wirksames Element der gesamten Ökologisierungspolitik, nämlich die Ökologisierung bestimmter Bereiche des Steuerwesens in sein Ressort.

Soweit ökologisch begründete Steuertatbestände geschaffen werden – was in Zukunft verstärkt der Fall sein dürfte – ist durch Wegfall anderer Steuertatbestände für die Wirtschaft ein Ausgleich zu schaffen, so daß sich die steuerliche Gesamtbelastung der Unternehmen nicht erhöht.

13. Minister für Verteidigung

Auch das vierte klassische Ministerium trägt eine sehr starke Verantwortung bei der Ökologisierung von Staat und Gesellschaft. Das läßt sich unter mehreren Gesichtspunkten verdeutlichen:

Die Zuständigkeit des Militärs in Krisen- und Katastrophenfällen ist seit langem unbestritten und in den meisten Staaten Allgemeingut. Die jetzt herrschende Umweltkrise ist gleichsam ein schleichender Katastrophenfall, der als solcher nur noch nicht in das Bewußtsein breiter Schichten getreten ist. In vielen Staaten stellt das Militär die einzige wohlorganisierte Einsatz- und Eingriffsmacht dar.

Kriege werden immer weniger führbar, weil auch konventionelle Kriegshandlungen schon ökologische Katastrophen bedeuten. Diese Erfahrung hat der jüngste Nahost-Krieg erneut bestätigt. Aus Sicherheitserwägungen werden gleichwohl die großen stehenden Militärapparate in den nächsten Jahren noch nicht abgebaut werden. Ein gewisser Aufgabenwandel („Funktionsverschiebung") des Militärs erscheint sinnvoll und geboten.

Das wichtigste Feld ist die sich breit eröffnende „grüne Front". Hier entstehen für die Militärapparate je nach örtlichen Besonderheiten in vielfältiger Form wichtige Zusatzaufgaben, in die sie langsam hineinwachsen müssen. Das Militär – man denke an die Pioniere – hat zum Beispiel große Handlungsmöglichkeiten bei der Altlastensanierung. Die zunächst auf eigenen militärischen Standorten gemachten Erfahrungen und Kenntnisse lassen sich dann bald auch allgemein einsetzen.

Die ökologisch orientierte Aufgabenerweiterung des Militärs liegt in seinem ureigenen Interesse, zumal es damit seine gesellschaftliche Legitimation zu stärken vermag. In der Bundesrepublik Deutschland wird die Ökologisierung der Gesellschaft mittlerweise als eine Aufgabe der „Inneren Führung" begriffen.

IV. Internationale Zusammenarbeit

Ebenso wie Unternehmen und Unternehmensverbände unter dem gemeinsamen Ziel der Verwirklichung einer umweltverträglichen Wirtschaft zusammenarbeiten sollten, so gilt für Staaten und zwischenstaatliche Organisationen die Empfehlung, bei der Ökologisierung der internationalen Rahmenbedingungen der Wirtschaft zu kooperieren.

Die Schaffung einheitlicher Standards ist zu begrüßen, wenn diese lediglich dem ökologischen Dumping durch einzelne Staaten einen Riegel vorschieben sollen, ohne gleichzeitig als Bremsblock gegen solche Staaten zu dienen, die durch strengere Standards eine Pionierrolle einnehmen wollen.

Die wirtschaftlichen Rahmenbedingungen unter Einschluß weiter Bereiche des Steuersystems sollten dahingehend weiterentwickelt werden, daß umweltbewußteres Verhalten der Industrie sich ökonomisch lohnt, während umweltbelastendes Verhalten sich in höheren Kosten niederschlägt. Dadurch wird es für die Industrie leichter, den in der „The Business Charter for Sustainable Development" statuierten Verhaltensregeln zu entsprechen.

United Nations Industrial Development Organisation (UNIDO) hat gemeinsam mit anderen Unterorganisationen der Vereinten Nationen wie United Nations Environment Programme (UNEP), Industry and Environment Office (IEO), United Nations Development

Programme (UNDP), International Labour Organisation (ILO), Food and Agriculture Organisation (FAO), mit den verschiedenen regionalen Wirtschaftskommissionen der United Nations (UN), mit regionalen zwischenstaatlichen Einrichtungen wie Europäische Gemeinschaft (EG), European Free Trade Association (EFTA), Organisation for Economic Cooperation and Development (OECD), Council of Europe (CE), Organisation of African Unity (OAU) und Association of South-East Asian Nations (ASEAN), mit multilateralen Finanzierungs- und Entwicklungsorganisationen wie Weltbank, International Monetary Fund (IMF), Inter-American Development Bank (IADB) und seit neuem European Reconstruction and Development Bank (ERDB) und mit anderen zwischenstaatlichen Organisationen wie International Standardisation Organisation (ISO) und International Energy Agency in ihren jeweiligen Aufgabenbereichen einen Beitrag dazu zu leisten, daß eine umweltorientierte nachhaltig tragfähige industrielle Entwicklung (Sustainable Development) zur wirtschaftlichen und ökologischen Realität wird.

C. Konsequenzen für die Unternehmens- und Staatsführungen (Zusammenfassung)

In einer laufend zunehmenden Zahl von Ländern sollten sich die Unternehmens- und Staatsführungen folgendes vergegenwärtigen:

Durch eine ganzheitlich umweltorientierte Unternehmensführung kann das Unternehmen seiner ökologischen Verantwortung besser gerecht werden und gleichzeitig seine Unternehmenskultur und seinen wirtschaftlichen Erfolg absichern.

Analog kann durch eine ganzheitlich umweltorientierte Staatsführung der Staat seine Verantwortung für die Erhaltung der natürlichen Lebensgrundlagen besser wahrnehmen und seine kulturelle und wirtschaftliche Entwicklung nachhaltig qualitativ fördern.

Wie auf Unternehmensebene das „Integrierte System umweltorientierter Unternehmensführung“ rasch an Boden gewinnt, so ist auf Staatsebene vielerorts die Zeit politisch reif für ein „Integriertes System umweltorientierter Staatsführung“.

Umweltorientierte Unternehmensführung nach Integriertem System – das ist heute das Leitbild einer wachsenden Zahl von Unternehmen. Die Verwirklichung dieses Leitbildes in der Praxis macht Fortschritte, stößt sich jedoch häufig an gesamtwirtschaftlichen

Rahmenbedingungen, die nicht ausreichend an ökologischem Denken orientiert sind. Das Unternehmen braucht den umweltorientierten Staat ebenso wie der Staat das umweltorientierte Unternehmen.

Umweltorientierte Staatsführung nach Integriertem System ist deshalb das Gebot der Stunde. Nur wenn eine energische Neuorientierung am Umweltschutz die wichtigsten Entscheidungsträger sowohl in den Unternehmen als auch in den Staatswesen leitet, hat die menschliche Gesellschaft langfristig Zukunft.

Epilog
Umweltorientierte Unternehmensführung und zukünftige Denk- und Handlungspfade

Der umweltorientierte Unternehmer muß mutig und einfallsreich sein. Je dramatischer sich die Umweltsituation unserer Erde verschlechtert, desto kühnere und ungewöhnlichere Entscheidungen wird er treffen müssen (A).

Auch braucht der Unternehmer Mut, um die gewohnten Schemata seines geschäftlichen Handelns selbstkritisch zu durchdenken, sich der Frage nach dem Sinn und der ökologischen Legitimität seiner Berufsausübung zu stellen und notfalls in einen umweltverträglicheren Geschäftszweig überzuwechseln (B).

A. Umweltorientierte Unternehmensführung aus Mut zum Handeln

Die Umweltbewegung ist aus vielen Quellen und Teilströmen hervorgegangen. Die Bewegung für umweltbewußtes Management reicht in ihren Anfängen in die siebziger Jahre zurück, trat aber erst Mitte der achtziger Jahre in ihre heiße Phase.

I. Vom sektoralen zum integralen Ansatz

Einige Unternehmer gaben sich nicht mehr mit dem bloßen Reagieren auf Anforderungen des Gesetzgebers und der Öffentlichkeit zufrieden. Eine passive, abwartende Grundhaltung gegenüber dem Umweltschutz wurde von kreativer Aufgeschlossenheit und später offensivem Umweltschutzmanagement abgelöst.

Vom technischen Bereich drang der Umweltschutz in weitere Unternehmenssektoren vor. Neben die additive Emmissionsminderungstechnik (end of pipe) trat immer häufiger die umweltorientierte Materialwirtschaft (begin of pipe). Die umweltbezogene Mitarbeiterausbildung wurde verstärkt.

Einzelne Pionierunternehmer erprobten die systematische Ausrichtung aller Unternehmensbereiche und Unternehmensebenen an den Erfordernissen umweltorientierter Unternehmensführung (integriertes System).

II. Von der regionalen zur supranationalen Bewegung

Ab 1985 vereinigten sich umweltorientierte Unternehmer zunächst regional, dann bundesweit zum Bundesdeutschen Arbeitskreis für umweltbewußtes Management (B.A.U.M.), der heute über 400 Unternehmen umfaßt.

Zunehmend gingen die betriebswirtschaftliche Forschung und Lehre daran, das Thema der Betriebsökologie aufzuarbeiten und auch für die Management-Ausbildung nutzbar zu machen.

Nach dem Modell von B.A.U.M. entstanden in verschiedenen Ländern nationale Unternehmensverbände für umweltbewußtes Management, u. a. in Argentinien, Brasilien, Dänemark, Deutschland, England, Israel, Österreich, Philippinen, Schweden, Schweiz, Simbabwe und Südafrika.

Die meisten dieser nationalen Unternehmensverbände für umweltbewußtes Management schlossen sich 1991 und 1992 zum International Network for Environmental Management (INEM) zusammen, das nunmehr für etwa 1000 Unternehmen aus aller Welt steht.

INEM will die internationale Bewegung für umweltbewußtes Management weiter fördern und konsolidieren, indem INEM dabei hilft, in allen Industrieländern, Entwicklungsländern und ehemaligen Staatshandelsländern praxisnahe und innovative Unternehmensverbände für umweltbewußtes Management zu schaffen.

Bei der United Nations Conference on Environment and Development (UNCED), die 1992 in Rio de Janeiro stattfand, vertrat INEM die Industrie auf dem Global Forum, das die organisierten gesellschaftlichen Gruppen der Welt (u. a. ethnische Initiativen, Frauenverbände, Gewerkschaften, Jugendverbände, Religionsgemeinschaften, Umweltschutzverbände, Wissenschaftsvereinigungen) zusammenführte. INEM öffnete sich dem Intersektoralen Dialog und brachte seine Erfahrungen mit umweltorientiertem Management ein.

Als höchst wirksames Mittel für die Verbreitung umweltorientierter Unternehmensführung haben sich Beispiele von Unternehmen erwiesen, die ihren wirtschaftlichen Erfolg durch umweltbewußtes Verhalten steigern konnten.

Durch Veröffentlichung solcher Fallstudien haben die Medien maßgeblichen Anteil an der Verbreitung der Bewegung für umweltbewußtes Management.

III. Vom mikroökonomischen zum makroökonomischen Engagement

Neben diesen mikroökonomischen Ansatz (betriebswirtschaftliche Ebene) muß nach meiner persönlichen Überzeugung ein makroökonomischer (volkswirtschaftliche Ebene) treten. Die wirtschaftlichen Rahmenbedingungen müssen dahingehend fortentwickelt werden, daß nur umweltorientierte Unternehmensführung sich noch lohnt.

Dabei sollte in den verschiedenen Ländern auf eine Trendumkehr der Volkswirtschaften dahingehend abgezielt werden, daß Umweltbelastungen und Ressourcenverbräuche absolut gesehen jährlich deutlich zurückgehen. Die Endziele sollten – obgleich nie vollständig erreichbar – lauten: Exklusivnutzung regenerativer Energieformen, Totalrecycling (physikalisch oder biologisch) aller Güter, Nullemission bei Güter- und Energieerzeugung und Begrenzung des Bevölkerungswachstums.

Der einzelne Unternehmer hat nur beschränkte Möglichkeiten, auf den erforderlichen makroökonomischen Kurswechsel hinzuwirken. Die gesamtwirtschaftlichen Rahmenbedingungen nötigen seinem Unternehmen in vielen Fällen einen Wachstumskurs auf, den er in seinem Herzen und ökologischen Denken mißbilligt. Der Unternehmer kann jedoch durch die Entwicklung zukunftsorientierter Ausbildungswege, Fertigungsverfahren, Produkte und Dienstleistungen einen Beitrag dazu leisten, das mikroökonomische Terrain für einen makroökonomischen Kurswechsel zu ebnen.

B. Umweltorientierte Unternehmensführung aus Mut zur Selbstbesinnung

Die meisten Unternehmer vermissen Zeit zur gründlichen Selbstbesinnung. Besonders schwer haben es mittelständische Unternehmer. Viele von ihnen müssen in einer „one-man-show" alle Unternehmensbereiche im Griff behalten und leisten in dieser Richtung Bewundernswertes.

An dem Gewissen mancher Unternehmer nagt die Befürchtung,

daß sie durch die Unternehmensführung im Rahmen des gegenwärtigen Wirtschaftssystems doch nur die Kurbelwelle der Titanic auf ihrer letzten Fahrt ölen.

Jeder Unternehmer sollte versuchen, seine individuelle Antwort auf die Frage nach dem Sinn, der ökologischen Legitimität und der zukünftigen Richtung seines unternehmerischen Tuns zu finden. Hierzu folgen einige ganz persönliche Gedanken:

I. Die drei Botschaften des Kreises

Wie läßt sich die Weltsicht der meisten Menschen der Industrieländer ins Grafische übersetzen? Durch eine gerade, aufsteigende Linie.

Der absolute Energieverbrauch nimmt weltweit zu. Der Mensch setzt privat und beruflich mehr Maschinen ein. Energie erlebt er deshalb als etwas beliebig Vermehrbares.

Weltweit steigt absolut gesehen der Rohstoffverbrauch. Der Mensch erstrebt und erhält in zunehmendem Maße materielle Güter. Er glaubt, daß die Umsätze der Unternehmen und sein Realeinkommen sowie sein Güterkonsum kontinuierlich steigen.

Der Mensch sieht es auch als selbstverständlich an, daß seine Möglichkeiten der Selbstverwirklichung in Beruf und Freizeit sich laufend erweitern. Er vertraut auf ständig steigende Verfügbarkeit von Sport-, Reise- und Freizeitmöglichkeiten, von Kameras, Video-Filmgeräten und Computern sowie von leiblichen Genüssen einschließlich des Sex.

Ein Denken, das derart auf die aufsteigende Linie fixiert ist, führt die Zivilisation der Industrieländer unweigerlich in den Ruin.

Nicht zufällig war das Wahrzeichen der Dokumenta 1992, Ausstellung der Gegenwartskunst in Kassel, ein riesiger in die Luft gerichteter Stab, auf dem ein Mensch in den Himmel schreitet. Der Betrachter des Kunstwerks von Jonathan Borovsky ahnt beklommen, daß jener Mensch, sobald er an das Ende des Stabes gelangt, in die Tiefe stürzen wird.

Heute ist ein anderes Denken notwendig. Dieses Denken findet seinen besten grafischen Ausdruck im Kreis.

1. Der Kreis als Sinnbild der Sonne

Der Kreis ist einmal Sinnbild für die Sonne, die unerschöpfliche Kraftquelle. Die erste große Erfindung des Menschen war das Feuer.

Sie gelang dem homo sapiens im mittleren Paläolithikum. Indem der Mensch Holz verbrannte, das durch Fotosynthese des Sonnenlichts erzeugt war, nutzte er eine Energie, die die Pflanze von der Sonne auf die Erde heruntergeholt hatte.

In einer welthistorischen Sekunde werden die fossilen Energieträger – die allesamt Spielarten gespeicherter Sonnenenergie sind – sowie das Uran erschöpft sein. Danach stehen – abgesehen von Erdwärme – nur noch bestimmte Formen der Sonnenenergie zur Verfügung. Zu diesen Energieträgern gehören Licht, Wärme, Biomasse, Regen (Wasserkraft), Wind, Wellen und Gezeiten.

Die Sonne ist ein planetarisches Kernfusionskraftwerk, das im Universum hängt, fern genug, um uns nicht zu verbrennen, aber nahe genug, um uns die notwendige Energie zu schenken. Die Erfinderkraft des Menschen muß sich darauf konzentrieren, für den zukünftigen Energiebedarf die Energie der Sonne ein zweites Mal auf die Erde zu holen.

Ist es gerechtfertigt, zur Ernährung der rasch wachsenden Weltbevölkerung und zur Befriedigung der hochgeschraubten Bedürfnisse der Industrieländer alle jeweils zu erreichenden, nicht regenerierbaren Energieressourcen aufzubrauchen? Geht das Leben der jeweiligen Zeitgenossen dem Leben zukünftiger Generationen vor?

Wir sollten ein „Faustrecht“ der gegenwärtig Lebenden gegenüber den zukünftig Lebenden (bzw. am Leben Gehinderten) nicht zulassen. Wer von der Gleichrangigkeit späterer Generationen überzeugt ist, muß fordern, daß der Verbrauch nicht regenerierbarer Energieformen auf das absolut notwendige Maß beschränkt und nur als energiegeschichtliche Übergangslösung gestattet wird.

2. Der Kreis als Sinnbild des Rades

Sodann symbolisiert der Kreis das Rad, das Prinzip der Wiederkehr, der Wiederverwendung, des Recycling. Die Erfindung des Rades durch die Sumerer um 4000 vor Christus war ein weiterer Durchbruch in der Geschichte der menschlichen Zivilisation. Bewegungsenergie konnte durch Kreisführung effektiver eingesetzt werden.

Heute ist die Menschheit auf Erfindungen vergleichbaren Ranges angewiesen. Es muß gelingen, begrenzt vorhandene Rohstoffe durch Kreisführung Tausende von Jahren zu strecken und Produkte zunehmend aus solchen Rohstoffen herzustellen, die sich natürlichen Kreisläufen einfügen lassen. Wie die Sumerer ihre Zivilisation auf Rädern in Schwung hielten, so müssen wir in einem totalen Recycling das Rad der Materie kreisen lassen – soweit der jeweilige Rohstoff nicht ohnehin eingespart werden kann.

Während das Bewegungs-Rad der Sumerer wirtschaftliche und militärische Vorteile brachte, ist das Rohstoff-Recycling-Rad heute eine Existenzfrage der menschlichen Zivilisation. Der Kreislauf der Materie erhält unsere Zivilisation wie der Kreislauf unseres Blutes unser Leben. Wir sind dazu verurteilt, das Rad ein zweites Mal zu erfinden.

Wie Feuer und Rad sich im jüngsten Jahrhundert zur Dampfmaschine vereinigten und eine fossile Durchlaufwirtschaft mit Ressourcenverschwendung und Umweltvergiftung heraufbeschworen, so müssen umgekehrt das neue (solare) Feuer und das neue (Recycling-) Rad zu einer solaren Kreislaufwirtschaft mit Ressourcenschonung und Emissionsminimierung verschmelzen.

3. Der Kreis als Sinnbild des Gürtels

Der Kreis symbolisiert ein drittes, für die Rettung der menschlichen Zivilisation ebenso wichtiges Element, nämlich die Begrenztheit, die Angemessenheit. Ein Gegenstand des täglichen Gebrauches, der das Bewußtsein von der Begrenztheit hautnah vermittelt, ist der Gürtel. Die Redewendung vom Gürtel, der enger geschnallt werden müsse, ist weit verbreitet.

Besondere Symbolkraft hatte der Gurt der mittelalterlichen Mönchskutte. In ihn waren drei Knoten geschlagen, die Armut, Gehorsam und Enthaltsamkeit bedeuteten. Die Knoten sollten den Mönch tagaus, tagein an seine drei Gelübde erinnern. Die hinter den drei Gelübden stehenden Grundhaltungen – die von manchen Zeitgenossen als überholt belächelt werden – haben paradoxerweise in der heutigen Menschheitssituation eine faszinierende Aktualität:

Notwendig ist die Begrenzung des Materieverbrauchs („Armut"); notwendig ist die Unterordnung des Rechtes auf freie Entfaltung der Persönlichkeit unter den Zwang, die ökologischen Lebensgrundlagen zu erhalten („Gehorsam"); notwendig ist die Begrenzung der Zahl der Zeugungen („Enthaltsamkeit"), wobei heute neben der Enthaltsamkeit andere Methoden der Empfängnisvermeidung zur Verfügung stehen.

Der Gürtel, mit dem wir unsere Bedürfnisse einzwängen, befreit uns gleichzeitig aus der Herrschaft der Bedürfnisse. So war der Gürtel seit Urzeiten auch ein Symbol der Kraft und der Freiheit des Menschen.

Für Entwicklungsländer ist das Gürtelleitbild nur bedingt geeignet. Der Gürtel als Appell zur Konsumeinschränkung und zur Begrenzung der Möglichkeiten der Selbstverwirklichung hat in Entwicklungsländern nur für eine kleine gesellschaftliche Oberschicht Berechtigung. Sehr viele Menschen in Entwicklungsländern leiden an Hunger und Arbeitslosigkeit. Sie sind ohnchin in einen grausamen Gürtel der Beschränkung eingezwängt.

Als Leitbild zur Beschränkung einer unbegrenzten Vermehrung hat der Gürtel für die Bevölkerung von Entwicklungsländern jedoch besondere Aktualität. Durch Förderung der Erziehung und Ausbildung Jugendlicher, der Erwachsenenbildung, des Verantwortungsbewußtseins von Frauen und Männern und der Stellung der Frau in der Familie sowie durch Aufklärung über Methoden der Empfängnisvermeidung und durch Verbesserung der sozialen Bedingungen sollte entschlossen auf die Verringerung des Bevölkerungswachstums hingewirkt werden. Denn eine Fortsetzung der Bevölkerungsexplosion würde alle anderen ökologischen Anstrengungen zunichte machen.

II. Die drei Stufen des Befreiungsstrebens

Müssen wir den Gürtel als Einschränkung unserer Freiheit empfinden? Stellen Verzicht auf luxuriösen Lebensstil („Armut“), und Beendigung der ungebremsten Naturausbeutung („Gehorsam“) eine Knebelung unserer persönlichen Freiheit dar? Oder verwechseln wir die freie Entfaltung unserer Persönlichkeit mit dem Freilauf für unseren „inneren Schweinehund“?

Die Weltgeschichte wurde durch den Freiheitsdrang des Menschen entscheidend geprägt. Das Befreiungsstreben richtete sich gegen die in der jeweiligen Epoche dominierenden Mächte. Vereinfacht dargestellt vollzog sich das Befreiungsstreben in drei Stufen, die sich im Laufe der Weltgeschichte nacheinander herausbildeten und die allesamt bis zum heutigen Tage fortwirken, wenn auch mit unterschiedlicher Intensität in den verschiedenen Regionen der Erde.

1. Befreiung aus der Herrschaft der Naturgewalten

In seiner Frühzeit kämpfte der Mensch Jahrtausende hindurch um seine Befreiung aus der Herrschaft der Naturgewalten. Das Feuer bewahrte vor Kälte, das Dach schützte vor Regen, der Brunnen rettete vor dem Verdursten, der Pflug verdrängte den Hunger.

Zunehmend befreit von den unmittelbar lebensbedrohenden Zwängen der Natur konnte der Mensch stufenweise verfeinerte Formen der Zivilisation entwickeln. Laufend entstanden neue Bedürfnisse (nach abwechslungsreicherem Essen, raffinierterer Kleidung, vielfältigeren Zerstreuungen usw.), und jedesmal empfand der Mensch ihre Befriedigung als Befreiung von einem eingeschränkten Zustande.

So lockerte der Mensch sein Unterworfensein unter die Naturgewalten, mag er auch häufig – z. B. bei Erdbeben und Überschwemmungen – in diese Abhängigkeit zurückfallen. Die Zunahme von Krebs und Aids sowie das Wiedererstarken von bereits totgesagten, aber zwischenzeitlich resistent gewordenen Krankheitserregern nähren Zweifel, ob die Befreiung aus der Herrschaft der Naturgewalten Bestand hat. Für Hunderte von Millionen Menschen in Entwicklungsländern ist die Befreiung aus der bedrohlichen Herrschaft der Naturgewalten nach wie vor eine Frage von Sein oder Nichtsein.

Bei der Befreiung des Menschen aus der Herrschaft der Naturgewalten hat die Menschheit große Fortschritte erzielt. Soweit diese Fortschritte auf dem Verbrauch begrenzter Ressourcen beruhen (wie z. B. die Ölheizung), ist der Menschheit nur eine Gnadenfrist gegeben, bis sie – nach Erschöpfung der Ressourcen – in die ursprüngliche Abhängigkeit zurückfällt. Es muß deshalb versucht werden, den Einsatz regenerativer Ressourcen so weiterzuentwickeln, daß diese den Freiheitsraum, der den Naturgewalten abgerungen wurde, dauerhaft absichern.

2. Befreiung aus der Herrschaft des Menschen

Während des größten Teils der Menschheitsgeschichte lag ein starkes Handlungsmotiv in der Befreiung des Menschen aus der Beherrschung durch den Menschen.

Unterdrückte gesellschaftliche Gruppen, soziale Klassen, Volksstämme oder Nationen kämpften um ihre Befreiung. Unter dem Banner der Freiheit wurde geputscht, bekriegt, gestreikt, agitiert, Revolution gemacht. Diese Art von Befreiungskampf hat nie aufgehört und wird fortexistieren, solange es Menschen gibt.

Auf dem Wege zur Befreiung des Menschen aus der Herrschaft des Menschen ist viel Bewahrenswertes geschaffen worden. Noch nie waren so viele Menschen gegen private oder hoheitliche Willkürakte anderer Menschen so sehr geschützt wie in demokratischen und sozialen Rechtsstaaten mit verfassungsmäßig garantierten Menschenrechten. Deshalb gilt es, die ökologische Umgestaltung der technischen Zivilisation frühzeitig zu beginnen und organisch zu vollziehen, bevor eine ökologische Torschlußpanik diktatorische Staats- und Gesellschaftsstrukturen erzwingt.

3. Befreiung aus der Herrschaft der technischen Zivilisation

In den entwickelten Ländern erstarkt eine Bewegung zur Befreiung des Menschen aus der Versklavung durch die technische Zivilisation. Letztere hat eine vom Menschen scheinbar nicht mehr beherrschbare Eigendynamik entwickelt. Der Mensch gleicht dem „Zauberlehrling" von Goethe, der dem Besen das Wasserschöpfen befahl, ihm jedoch nicht mehr Einhalt gebieten kann und zu ertrinken droht.

Ironie der Geschichte: Der heutige Mensch mit seinen konstitutionell garantierten Freiheitsrechten ist der technischen Zivilisation in einer umfassenderen Weise unterworfen, als es sein Vorfahr im 17. Jahrhundert dem absolutistischen Landesfürsten war. Vor allem als Stadtbewohner ist der heutige Mensch gezwungen, vergiftete Luft zu atmen, schadstoffbefrachtetes Wasser zu trinken, chemikalienbelastete Nahrung zu essen, Wohngifte zu inhalieren, Verkehrs- und Fabriklärm zu ertragen, einen Großteil seines Lebens eingepfercht in Verkehrsmittel zu verbringen, im Schatten von Hochhausmauern zu vegetieren und das Trommelfeuer der Werbung und des penetranten Zerstreuungsangebotes zu erdulden. Er ist an eine unnatürliche Umwelt gefesselt, die sein körperliches und seeliches Gleichgewicht angreift oder zerstört.

Die Verfassung erkennt dem Menschen das Recht auf freie Entfaltung der Persönlichkeit zu, aber die Lebenswirklichkeit entzieht seiner Persönlichkeit zunehmend die körperliche und seelische Kraft, dieses Recht kreativ wahrzunehmen.

Das trommelfeuerartige Zerstreuungsangebot wirkt so persönlichkeitsverändernd, daß viele Menschen das Fehlen von Stille und reiner Luft schon nicht mehr als Mangel empfinden. Soweit aber Menschen diesen Mangel bewußt leidvoll erfahren, ist häufig ihre physische und psychische Kraft bereits so zerrüttet, daß sie sich der Versklavung durch die technische Zivilisation auch willentlich nicht mehr entziehen können.

Die Befreiung des Menschen aus der Umklammerung durch die technische Zivilisation ist erst in Ansätzen erkennbar. Diese Befreiung wird nicht gelingen, wenn wir sie ausschließlich als Problem des äußeren Managements von Staaten und Unternehmen begreifen. Gibt es überhaupt einen Weg zu unserem Ziel, so führt er durch die menschliche Seele.

Wir müssen die seelischen und geistigen Voraussetzungen für ein umweltschonendes Produktions- und Konsum- bzw. Arbeits- und Freizeitverhalten schaffen. Der Mensch soll nicht bevormundet werden, sondern bereichert um tragfähige Werte, die ihn von umweltgefährdenden Handlungsmotiven und Konsumzwängen befreien.

Die Familien, Kindergärten, Schulen, Berufsschulen, Universitäten, Unternehmen, Gewerkschaften, Religionsgemeinschaften, politischen Parteien, Umweltverbände und Medien haben die Aufgabe, Wertmaßstäbe zu vermitteln und Orientierungshilfen für die praktische Lebensführung zu geben.

III. Die Bejahung allen Lebens

Welche ethische Grundüberzeugung ist geeignet, den Menschen aus der Umklammerung durch die technische Zivilisation geistig zu befreien und gleichzeitig die ökologische Verantwortung des Menschen zu begründen?

Welches gedankliche Fundament hat Aussicht auf Akzeptanz bei der Mehrzahl der Menschen – unabhängig von ihrem ethnischen, kulturellen, weltanschaulichen oder sozialen Hintergrund?

Es dürfte die Lehre der Ehrfurcht vor dem Leben sein, wie sie in den Schriften Albert Schweitzers – und vor allem in seiner tatsächlichen Lebensführung – Ausprägung fand. Dabei mag es vielen Menschen gemäßer sein – unter inhaltlicher Verkürzung des Ehrfurchtsbegriffes – von der Bejahung allen Lebens oder von der Fairneß gegenüber allem Leben zu sprechen.

1. Die Ehrfurcht vor dem Leben

In seinem Aufsatz über „Die Enstehung der Lehre der Ehrfurcht vor dem Leben und ihre Bedeutung für unsere Kultur" führt Albert Schweitzer aus:

„Die fundamentale Tatsache des Bewußtseins des Menschen lautet: Ich bin Leben, das leben will, inmitten von Leben, das leben will.

Der denkend gewordene Mensch erlebt die Nötigung, allem Willen zum Leben die gleiche Ehrfurcht vor dem Leben entgegenzubringen, wie dem seinen. Er erlebt das andere Leben in dem seinen. Als gut gilt ihm, Leben erhalten, Leben fördern, entwickelbares Leben auf seinen höchsten Wert bringen. Als böse: Leben vernichten, Leben schädigen, entwickelbares Leben niederhalten. Dies ist das denknotwendige, universelle, absolute Grundprinzip des Ethischen."

Schweitzer geht von der Beobachtung aus, daß in der Natur Leben gezwungen sei, von der Vernichtung anderen Lebens zu leben. Der Mensch könne jedoch in gewissem Umfang diesem Widerspruch entkommen:

„Nun aber sind wir alle dem rätselhaften und grausigen Schicksal unterworfen, in die Lage zu kommen, unser Leben nur auf Kosten anderen Lebens erhalten zu können und durch Schädigen, ja auch durch Vernichtung von Leben, fort und fort schuldig zu werden.

Als ethische Wesen versuchen wir fort und fort, dieser Notwendigkeit, soweit es uns möglich ist, zu entrinnen. Wir dürsten danach, Humanität bewahren zu dürfen und Erlösung von Leiden bringen zu können."

2. Die Gleichrangigkeit allen Lebens

Albert Schweitzer steht in der Tradition von Franz von Assisi, der die Liebe zu allen Formen des Lebens, d.h. zu Menschen, Tieren und Pflanzen vorgelebt hat. Der Urwaldarzt betont, daß die Ethik der Ehrfurcht vor dem Leben nicht zwischen höherem und niederem Leben unterscheide. Alle Formen des Lebens seien zu schützen.

Mit dieser Aussage folgte Albert Schweitzer seiner ethischen Intuition. Außerdem war er sich bewußt, daß bei Anerkennung einer Rangordnung und Schutzwürdigkeitsabstufung der verschiedenen Formen von Leben es dem Menschen zu leicht gemacht würde, sogenanntes „minderwertiges Leben" zu mißachten.

Bereits 1931, also zwei Jahre vor Machtergreifung der Nationalsozialisten in Deutschland, führte er in seinem Buch „Aus meinem Leben und Denken" aus:

„Besonders befremdlich findet man an der Ethik der Ehrfurcht vor dem Leben, daß sie den Unterschied zwischen höherem und niederem, wertvollerem und weniger wertvollerem Leben nicht geltend macht. Sie hat ihre Gründe, dies zu unterlassen.

Das Unternehmen, allgemeingültige Wertunterschiede zwischen

den Lebewesen zu statuieren, läuft darauf hinaus, sie danach zu beurteilen, ob sie uns Menschen nach unserem Empfinden näher oder ferner zu stehen scheinen, was ein ganz subjektiver Maßstab ist. Wer von uns weiß, was das andere Lebewesen an sich und in dem Weltganzen für eine Bedeutung hat?

Im Gefolge dieser Unterscheidung kommt dann die Ansicht auf, daß es wertloses Leben gäbe, dessen Schädigung und Vernichtung nichts auf sich habe. Unter wertlosem Leben werden dann, je nach den Umständen, Arten von Insekten oder primitive Völker verstanden."

Der Holocaust des Dritten Reiches war nur möglich, weil nach der nationalsozialistischen Ideologie bestimmte Menschenrassen als minderwertig und deshalb weniger schutzwürdig galten. Die Massentötung Geisteskranker wurde von der Nazi-Ideologie unter dem Titel „Beseitigung lebensunwerten Lebens" für rechtens erklärt.

In manchen Ländern wird heute die Massentötung ungeborener Menschen durch Schwangerschaftsabbrüche von einer Gesetzgebung erleichtert, die implizit zwischen Stadien höherer und geringerer Schutzwürdigkeit menschlichen Lebens unterscheidet.

Die Gleichrangigkeit menschlichen und sonstigen organischen Lebens ist ein ethischer Grundsatz, der nie so aktuell war wie heute. Gewiß läßt er sich im praktischen Einzelfall oft nicht befolgen. Auch Albert Schweitzer bekämpfte einen Heereszug von Wanderameisen, der sich auf das Spital von Lambarene zubewegte, mit einer chemischen Lösung. Der Mensch ist darauf angewiesen, sich von Pflanzen und in gewissem Umfange auch von Tieren zu ernähren. Jedoch zwingt der Gleichrangigkeitsgrundsatz den Menschen zu einer ständigen Abwägung, ob im Einzelfall das Opfern von Tieren bzw. von Pflanzen für Zwecke des Menschen in Kauf genommen werden darf. Das muß z. B. bei Tierversuchen zur Entwicklung von Kosmetikartikeln verneint werden.

Auch auf der Ebene der Ökologie besteht grundsätzliche Gleichrangigkeit zwischen den verschiedenen Formen des Lebens. Alle Arten erfüllen in der Natur eine vergleichbar wichtige Funktion als Produzent (Pflanzen), Konsument (pflanzenfressende und fleischfressende Tiere) oder Destruent (Aas zersetzende und wieder in Humus umwandelnde Mikroorganismen). Auch der Mensch hat im ökologischen Ganzen eine Aufgabe, die mit seinen biologischen Funktionen gewiß nicht erschöpfend beschrieben ist. Für die Erhaltung und damit gleichzeitig auch für die Evolution der Schöpfung leistet seine

Art jedoch grundsätzlich keinen wichtigeren Beitrag als manche Arten der Insekten.

Das ptolemäische Weltbild, nach dem die Welt als Lebensort der Menschheit Mittelpunkt des Weltalls war, wurde nach langen schweren Kämpfen überwunden. Die Lehre des Kopernikus, daß die Erde als ein Planet unter mehreren sich um die Sonne dreht, setzte sich durch. In einem Umbruch von vergleichbarer geschichtlicher Bedeutung befindet sich heute die Ethik. Die anthropozentrische Ethik, nach der dem Wohle des Menschen die anderen Formen des Lebens unterzuordnen sind, muß einer Ethik der grundsätzlichen Gleichordnung aller Formen des Lebens weichen.

3. Das Handeln aus Bejahung allen Lebens

Wir müssen in doppelter Richtung voranschreiten. Einmal müssen wir in uns selbst und in anderen die Überzeugung stärken, daß alles Leben Ehrfurcht verdient. Zum zweiten müssen wir uns selbst und anderen vor Augen führen, daß in der heutigen Situation nur beherztes Handeln die belebte Welt einschließlich des Menschen noch retten kann.

Jeder Mensch muß sich in seiner konkreten beruflichen und privaten Situation fragen, wo und wie er Leben erhalten, Leben fördern und entwickelbares Leben – etwa durch verbesserte Ausbildung – auf seinen höchsten Wert bringen kann.

„Allen aber, in welcher Lebenslage sie sich auch befinden mögen“ – schreibt Schweitzer in seinem 1923 erschienenen Werk ‚Kultur und Ethik‘ – „tut die Ethik der Ehrfurcht vor dem Leben dies an, daß sie sie zwingt, fort und fort mit allen Menschenschicksalen und Lebensschicksalen, die sich um sie herum abspielen, innerlich beschäftigt zu sein und dem Menschen, der einen Menschen braucht, sich als Mensch zu geben. Dem Gelehrten erlaubt sie nicht, nur seiner Wissenschaft zu leben, auch wenn er darin sehr nützlich ist. Dem Künstler erlaubt sie nicht, nur seiner Kunst zu leben, auch wenn er damit vielen etwas gibt. Dem Vielbeschäftigten erlaubt sie nicht, zu meinen, daß er mit seiner beruflichen Tätigkeit alle Leistung erfüllt habe.“

„Nie dürfen wir abgestumpft werden. In der Wahrheit sind wir, wenn wir die Konflikte immer tiefer erleben. Das gute Gewissen ist eine Erfindung des Teufels.“

Wer als Unternehmer mit seinen Mitarbeitern hochwertige Produkte oder Dienstleistungen anbieten und sich im Wettbewerbskampf behaupten will, hat bereits eine schwere Aufgabe übernommen. Der Einsatz für umweltbewußte Unternehmensführung verlangt zusätzliche – in manchen Branchen oder Wirtschaftssituationen – kaum zu bewältigende Anstrengungen.

Als Unternehmer haben wir alle noch einen weiten Weg zu gehen. Letztlich wird uns umweltorientierte Unternehmensführung erst dann recht gelingen, wenn sie einer innenweltorientierten Lebensführung entspringt.

In- und ausländische Quellen zur umweltorientierten Unternehmensführung

Die Lektüre der Check-Listen zur umweltbewußten Unternehmensführung sollte gleichzeitig der Einstieg zur Nutzung der einschlägigen Informationsquellen sein.

Die Einführung in die Quellensammlung (A.) ist ein unentbehrlicher Wegweiser für die Nutzung der in- und ausländischen Quellen (B.).

A. Einführung in die Quellensammlung

Die Quellensammlung (B.) umfaßt die Abschnitte Deutschsprachige Quellen (I.), Englischsprachige Quellen (ohne USA) (II.), Englischsprachige Quellen (USA) (III.), Französischsprachige Quellen (IV.), Spanischsprachige Quellen (V.) und Internationale Quellen (VI.). Die Angaben zur Herkunft der Quellen sind in erster Linie phonetisch, nicht nationalstaatlich zu verstehen.

Innerhalb jedes der genannten Sprachbereiche und der Internationalen Quellen folgt die Gliederung den Themenbereichen der 28 Check-Listen.

Zu jedem Themenbereich (z. B. Marketing bzw. Fertigungstechnik) sind die für den Leser nutzbaren „Quellen“, nämlich Datenbanken, Bibliographien, Organisationen angegeben.

Anspruch auf Vollständigkeit kann die Quellensammlung zur umweltbewußten Unternehmensführung nicht erheben. Gleichwohl dürfte – zumindest in Buchform – gegenwärtig keine umfassendere sprachraumübergreifende Quellensammlung erhältlich sein.

Wichtige fehlende Quellen sollen bei einer Neuauflage nach Möglichkeit nachgetragen werden. Der Leser ist eingeladen, dem Herausgeber solche Quellen mitzuteilen.

Einige der Check-Listen zur umweltbewußten Unternehmensführung betreten zum Teil Neuland. Insoweit sind nur wenige oder keine über die Check-Listen selbst hinausführenden Quellen vorhanden. Überall dort, wo zu einer Rubrik (Datenbanken, Bibliographien, Organisationen) keine Quellen vorhanden sind, wird auf die Nennung der Rubrik verzichtet.

Die Angaben zu den Quellen wurden sorgfältig ermittelt. Für die Richtigkeit in allen Einzelfällen kann keine Gewähr übernommen werden. Der Leser nutzt die angegebenen Quellen auf eigene Verantwortung. Autor, Herausgeber und Verleger haften nicht für die den Quellen entnommenen Informationen.

Für die unternehmerische Praxis reicht die Nutzung von Datenbanken und Veröffentlichungen meist nicht aus. Gezielte Förderung der innerbetrieblichen Kreativität, zwischenbetrieblicher Erfahrungsaustausch oder die Inanspruchnahme fachkundiger Beratung sind zur praktischen Realisierung umweltorientierter Unternehmensführung meist unverzichtbar.

Externe Hilfe gewähren oder vermitteln die in der Rubrik „Organisationen" genannten Einrichtungen. Besonders nützlich dürfte in vielen Fällen auch der Kontakt zu dem Autor der jeweiligen Check-Liste sein (vgl. hierzu das Autorenverzeichnis).

In der Rubrik „Organisationen" finden sich in erster Linie öffentliche oder gemeinnützige Einrichtungen. Gewerbliche Organisationen wurden ausnahmsweise in die Rubrik mit aufgenommen, wenn sie Autor der zugehörigen Check-Liste sind oder einen Autoren gestellt haben, oder wenn entsprechende gemein nützige Organisationen nicht bekannt waren. Die Unterscheidung zwischen gemeinnützigen und gewerblichen Organisationen ist bei Mischformen und Grenzfällen (vor allem in den USA) oft schwierig.

Die Umweltprobleme sind grenzüberschreitend und können nur durch internationale Zusammenarbeit gelöst werden. Das darf andererseits kein Vorwand sein, Maßnahmen, die im nationalen Rahmen für die Umwelt notwendig oder nützlich sind, in Erwartung besserer internationaler Zusammenarbeit zu unterlassen oder aufzuschieben.

Unternehmen, die international tätig sind und umweltorientierte Unternehmensführung grenzüberschreitend verwirklichen wollen, sollten die für die betreffenden Länder angegebenen Quellen systematisch nutzen.

Auch Unternehmen, die keine grenzüberschreitenden Aktivitäten entfalten, können aus der Verwertung ausländischer Quellen Nutzen ziehen. Wenn bestimmte Probleme im Ausland bereits gelöst wurden, wäre es unrationell, im Inlande das Rad noch einmal erfinden zu wollen.

Unter den germanophonen Quellen nehmen in dieser Quellensammlung diejenigen der Bundesrepublik Deutschland einen breiten Raum ein. Der Anteil wichtiger österreichischer und schweizerischer Quellen dürfte im Vergleich zur vorigen Auflage dieses Buches zugenommen haben.

Bei den anglophonen Quellen stehen in dieser Quellensammlung britische und US-amerikanische im Vordergrund. Quellen weiterer anglophoner Länder können in einer Neuauflage vermehrt Aufnahme finden. Vorsorglich wird um Entschuldigung für solche Fälle gebeten, in denen eine Quelle aus nationalstaatlicher Sicht versehentlich falsch eingeordnet wurde.

Im Rahmen der francophonen Quellen wurden in erster Linie solche aus der französischen Republik ermittelt. Für eine Neuauflage wird angestrebt, daß unter den francophonen Quellen verstärkt solche aus Belgien, Kanada, der Schweiz und weiteren (ganz oder zum Teil) französischsprachigen Ländern berücksichtigt werden.

Die hispanophonen Quellen beschränken sich weitgehend auf Spanien. Erst in allerjüngster Zeit wird die umweltbewußte Unternehmensführung in südamerikanischen Ländern thematisiert.

Die Rubrik der „internationalen" Quellen umfaßt solche, deren Herausgeber eine internationale Organisation ist und/oder die das betreffende Thema von einem supranationalen Standpunkt aus behandeln.

Zahlreiche Quellen, vor allem Periodika, finden sich bei den einzelnen Organisationen in dem Kapitel „Internationale Organisationen und umweltorientierte Unternehmensführung".

Die unterschiedliche Zahl der in diesem Buch enthaltenen germanophonen, anglophonen, francophonen und hispanophonen Quellen erlaubt keinen Schluß darauf, daß es in dem einen Sprachraum mehr oder weniger Quellen gibt als in den anderen Sprachräumen.

Die Zitierweise differiert ein wenig von Sprachraum zu Sprachraum bzw. von Land zu Land. Eine hundertprozentige Uniformität wurde nicht angestrebt.

Die Quellensammlung nimmt davon Abstand, auf Übersetzungen des vorliegenden Buches in andere Sprachen Bezug zu nehmen. Ende 1991 lag das Buch auch auf Dänisch, Englisch, Französisch, Norwegisch und Schwedisch vor. Ausgaben auf Chinesisch, Israelisch, Polnisch, Portugiesisch, Russisch und Spanisch sind in Vorbereitung.

Es ist wünschenswert, daß die wichtigsten Veröffentlichungen zur umweltbewußten Unternehmensführung, unabhängig davon, aus welchem Lande sie stammen, zumindest ins Englische übersetzt werden. Das International Network for Environmental Management (INEM) ist bestrebt, in diese Richtung zu wirken.

Erfreulicherweise ist die Charter for Sustainable Development, der von der Internationalen Handelskammer verkündete Kodex für umweltbewußte Unternehmensführung, in zahlreichen Sprachen erschienen.

B. In- und ausländische Quellen

I. Deutschsprachige Quellen

1. Gesamtüberblick

Die Quellenangaben zu dieser Check-Liste sind mit denjenigen zur Check-Liste 4 „Unternehmensziele und -strategien" identisch.

2. Prioritätenbildung

Die Quellenangaben zu dieser Check-Liste sind mit denjenigen zur Check-Liste 4 „Unternehmensziele und -strategien" identisch.

3. Willensbildung im Führungsteam

Literatur

Apitz, K./Gege, M., Was Manager von der Blattlaus lernen können, Wiesbaden 1990.

Hopfenbeck, W., Die ökologische Herausforderung an die Unternehmensführung, in: Allgemeine Betriebswirtschaftslehre und Managementlehre, Landsberg 1989.

Kuhlmann, A., Was der Unternehmer vom Umweltschutz wissen sollte, Köln 1989.

Lay, R., Führen durch das Wort, 2. Aufl., München 1978.

Meffert, H./Wagner, H. (Hrsg.), Ökologie und Unternehmensführung – Doku-

mentation des 9. Münsteraner Führungsgesprächs, Arbeitspapier Nr. 26, Münster 1985.
Senn, J. F., Ökologie-orientierte Unternehmensführung, Frankfurt/M. u. a. 1986.
Stoll, E., Betriebliche Umweltpolitik – Der ökonomische Zwang zur Naturvergessenheit, in: Staehle, W. H./Stoll, E. (Hrsg.), Betriebswirtschaftslehre und ökonomische Krise. Kontroverse Beiträge zur betriebswirtschaftlichen Krisenbewältigung, Wiesbaden 1984.
Strebel, H., Gründe und Möglichkeiten betriebswirtschaftlicher Umweltpolitik, in: Staehle, W. H. /Stoll, E. (Hrsg.), Betriebswirtschaftslehre und ökonomische Krise. Kontroverse Beiträge zur betriebswirtschaftlichen Krisenbewältigung, Wiesbaden 1984.

Organisationen

Bundesdeutscher Arbeitskreis für umweltbewußtes Management e. V. (B.A.U.M.)
Tinsdaler Kirchenweg 211, W-2000 Hamburg 56, Tel. (040) 810101; Fax (040) 810126.

Bundesweiter Arbeitskreis für umweltbewußtes Management Österreich (B.A.U.M. Österreich).
Lohnsteinstraße 36, A-2380 Perchtoldsdorf, Tel. 43222-860614.

Schweizerische Vereinigung für ökologisch bewußte Unternehmensführung (ÖBU).
Postfach 9, CH-9001 St. Gallen, Tel. (071) 286302.

4. Unternehmensziele und -strategien

Literatur

Apitz, K./Gege, M., Was Manager von der Blattlaus lernen können, Wiesbaden 1990.
Arbeitsgemeinschaft für Umweltfragen e. V. (AGU), Umweltschutz und Technologie. Stenographisches Protokoll der Sitzung des 13. Umweltforums am 21. November 1985 (= Veröffentlichungen der AGU Nr. 28), Bonn 1986.
Binswanger, H. C., Arbeit und Umweltzerstörung, Frankfurt/M. 1983.
Brenken, D., Strategische Unternehmensführung und Ökologie, Bergisch Gladbach 1988.
Brunowsky, R.-D./Wicke, L., Der Ökoplan. Durch Umweltschutz zum neuen Wirtschaftswunder, München u. a. 1984.
Der Bundesminister des Innern, Abschlußbericht der Projektgruppe „Aktionsprogramm Ökologie". Argumente und Forderungen für eine ökologisch ausgerichtete Umweltvorsorgepolitik. Umweltbrief, Bonn 1983.
Bundesverband der Deutschen Industrie e. V., Antworten auf eine Herausforderung. Berichte über praktizierten Umweltschutz in den Unternehmen, Köln 1978.
Bundesverband der Deutschen Industrie e. V., Industrie und Ökologie. Die Industrie nimmt zum Umweltschutz in der modernen Industriegesellschaft Stellung (= BDI-Drucksache Nr. 172), Köln 1984.
Bundesverband Junger Unternehmer der ASU e. V. (BJU), Umweltschutz als Teil

der Unternehmensstrategie. Eine Check-Liste des BJU für mehr Umweltschutz im Unternehmen, Mainz 1985.
Deutsche Bank AG, Umweltschutz. Fakten, Prognosen, Strategien (= Mittelstandsbroschüre 11), Frankfurt/M. 1988.
Dyllick, T., Ökologisch bewußtes Management, in: Schweizerische Volksbank (Hrsg.), Die Orientierung Bd. 96, Bern 1990.
Dyllick, T., Management der Umweltbeziehungen, in: Die Unternehmung Nr. 3, 1988.
Dyllick, T., Beziehungen zwischen Unternehmung und Umwelt, in: Die Betriebswirtschaft Nr. 3, 1986.
Elkington, J. u. a., Umweltkrise als Chance, Wiesbaden 1989.
Elkington, J./Burke, T., Umweltkrise als Chance. Ökologische Herausforderung für die Industrie, Zürich u. a. 1989.
Frank, H./Plaschka, G./Rößl, D. (Hrsg.), Umweltdynamik, Wien u. a. 1988.
de Haas, J.-P., Management-Philosophie im Spannungsfeld zwischen Ökonomie und Ökologie, Bergisch Gladbach 1989.
Hopfenbeck, W. (Hrsg.), Allgemeine Betriebswirtschafts- und Managementlehre, Landsberg a. L. 1989.
Hopfenbeck, W., Allgemeine Betriebswirtschafts- und Managementlehre – Das Unternehmen im Spannungsfeld zwischen ökonomischen, sozialen und ökologischen Interessen, Landsberg 1989.
Hübler, K./Otto-Zimmermann, K., UVP – Umweltverträglichkeitsprüfung. Gesetzgebung, Sachstand, Positionen, Lösungsansätze, Taunusstein 1989.
IG Metall, Mit uns für sinnvolle Arbeit und bessere Umwelt. Positionspapier der IG Metall „Umweltschutz im Betrieb“, Frankfurt/M. 1988.
Kessel, H. u. a., Umweltbewußtsein, Berlin 1984.
Kieffer, K. W., Öko-Tagebuch eines Managers, Frankfurt/M. 1982.
Kirchgeorg, M., Ökologieorientiertes Unternehmensverhalten, Wiesbaden 1990.
Kirchenamt der Evangelischen Kirche in Deutschland und Sekretariat der Deutschen Bischofskonferenz, Gemeinsame Erklärung der Evangelischen Kirche in Deutschland und der Deutschen Bischofskonferenz: Verantwortung wahrnehmen für die Schöpfung, Gütersloh ^{2}1985.
Knodgen, G., Umweltschutz und industrielle Standortentscheidung, Frankfurt/M. 1982.
Kreikebaum, H. (Hrsg.), Integrierter Umweltschutz, Wiesbaden 1991.
Kreikebaum, H., Strategische Unternehmensplanung, Stuttgart 1981.
Lange, L., Umweltschutz und Unternehmensplanung, Wiesbaden 1978.
Lengwiler, C. (Hrsg.), Ökologie und Umweltschutz. Unternehmen vor neuen Marktchancen, Grüsch 1989.
Liberales Institut (Hrsg.), Ökologische Marktwirtschaft als Lernprozeß, Zürich 1987 (Bezugsquelle: Liberales Institut, Hottingerstr. 4, CH-8032 Zürich).
Mann, R., Das ganzheitliche Unternehmen, Bern u. a. 1988.
Meffert, H./Benkenstein, M./Schubert, F. Umweltschutz und Unternehmensverhalten, in: Harvard Manager, Heft 2, 1987.
Möller, E., Unternehmen pro Umwelt, München 1988.
Müller, W., Ökologische Industriegesellschaft, Heidelberg 1990.
Müller-Witt, H., Produktfolgeabschätzung als kollektiver Lernprozeß, in: Öko-Institut (Hrsg.), Arbeiten im Einklang mit der Natur, Freiburg i. B. 1985.

Nüßgens, K. H., Umweltschutz als eine Führungsaufgabe in Unternehmen, in: Fortschrittliche Betriebsführung, Heft 2, 1974.

Oikos, Arbeitsunterlagen zur oikos-Konferenz Umweltorientierte Unternehmensführung, St. Gallen 1988 (Bezugsquellen: oikos – Umweltökonomische Studenteninitiative an der Hochschule St. Gallen, Dufourstr. 50, CH-9000 St. Gallen).

Öko-Institut, Projektgruppe ökologische Wirtschaft. Arbeiten im Einklang mit der Natur, Freiburg i. B. 1985.

Pfriem, R. (Hrsg.), Ökologische Unternehmenspolitik, Frankfurt/M. u. a. 1986.

Pfriem, R./Seyfferth, A., Ansätze ökologischen Wirtschaftens, in: Öko-Institut (Hrsg.), Arbeiten im Einklang mit der Natur, Freiburg i. B. 1985.

Pieroth, E./Wicke, L., Chancen der Betriebe durch Umweltschutz. Plädoyer für ein offensives, gewinnorientiertes Umweltmanagement, Freiburg i. B. 1988.

Rosenberger, C., Maßkonzept zur Bestimmung der Umwelt- und Sozialverträglichkeit des Wirtschaftens, in: Öko-Institut (Hrsg.), Arbeiten im Einklang mit der Natur, Freiburg i. B. 1985.

Schmid, U., Umweltschutz, in: Schriften zur Unternehmensplanung Bd. 18, Frankfurt/M. 1989.

Schreiner, M., Umweltmanagement in 22 Lektionen. Ein ökonomischer Weg in die ökologische Wirtschaft, Wiesbaden 1989.

Schultz, S., Umweltschutz – als Unternehmensziel denkbar? Analyse von Instrumenten zur ökologischen Planung von Wirtschaftsunternehmen, Berlin 1984.

Schweizerische Vereinigung für ökologisch bewußte Unternehmensführung (Hrsg.), Ökologisch bewußte Unternehmensführung, St. Gallen 1989.

Schweizerische Vereinigung für ökologisch bewußte Unternehmensführung (Hrsg.), Ökologisch bewußte Unternehmensführung, St. Gallen 1990.

Senn, J. F., Ökologie-orientierte Unternehmensführung, in: Europäische Hochschulschriften Bd. 750, 1986.

Senn, J. F., Ökologie-orientierte Unternehmensführung, Frankfurt/M. u. a. 1986.

Sietz, M./Michahelles, R., Umwelt-Checklisten für Manager, Taunusstein 1989.

Simonis, U. E. (Hrsg.), Basiswissen Umweltpolitik, Berlin 1990.

Sprenger, R.-U., Umweltschutz und unternehmerisches Wettbewerbsverhalten, in: Umwelt und Energie, Nr. 1, Gruppe 12, 1986.

Stahlmann, V., Umweltorientierte Materialwirtschaft, Wiesbaden 1988.

Steger, U., Umweltmanagement. Erfahrungen und Instrumente einer umweltorientierten Unternehmensstrategie Frankfurt/M. u. a. 1988.

Steger, U., Umweltmanagement zwischen Ökologie und Ökonomie, Wiesbaden 1988.

Stitzel, M., Ökologisch orientierte Unternehmensführung – Hemmungen oder Förderung der Wettbewerbsfähigkeit der Unternehmung, in: Dichtl, E./Gerke, N./Kieser, A. (Hrsg.): Innovation und Wettbewerbsfähigkeit, Wiesbaden 1987.

Teichert, V., Das Modell der dualen Ökonomie. Möglichkeiten und Grenzen für ökologisch orientiertes Wirtschaften, in: Öko-Institut (Hrsg.), Arbeiten im Einklang mit der Natur, Freiburg i. B. 1985.

Wagner, G. R. (Hrsg.), Unternehmung und ökologische Umwelt, München 1990.

Wicke, L., Die Ökologischen Milliarden. Das kostet die zerstörte Umwelt – so können wir sie retten, München 1986.

Wicke, L., Umweltökonomie, München 1982.

Wicke, L., Offensiver betrieblicher Umweltschutz, in: Harvard Manager, Heft 3, 1987.
Ernst Winter & Sohn (GmbH & Co) (Hrsg.), Umweltschutz als unternehmerische Aufgabe, in: Der Winterschneemann Nr. 10, 1979 (Bezugsquelle: Ernst Winter & Sohn (GmbH & Co), Osterstr. 58, W-2000 Hamburg 20).
Winter, G., Ein nationales Umwelt-Wiederaufbauwerk fände in Deutschland eine breite Unterstützung. Umweltbewußte Unternehmensführung – Die Wirtschaft steht vor einer neuen historischen Herausforderung, in: Handelsblatt Nr. 13 vom 18./19. 1. 1985.
Zentrum für Energie-, Wasser- und Umwelttechnik (ZEWU) der Handwerkskammer Hamburg, Umweltschutz im Unternehmen, Stuttgart 1991.

Organisationen

Bundesdeutscher Arbeitskreis für umweltbewußtes Management e. V. (B.A.U.M.)
Tinsdaler Kirchenweg 211, W-2000 Hamburg 56, Tel. (040) 810101; Fax (040) 810126.

Bundesverband Junger Unternehmer der ASU e. V. (BJU), Geschäftsstelle
Mainzer Straße 238, W-5300 Bonn 2, Tel. (0228) 343044.

Bundesweiter Arbeitskreis für umweltbewußtes Management Österreich (B.A.U.M. Österreich)
Lohnsteinstr. 36, A-2380 Perchtoldsdorf, Tel. 43-222-860614; Fax 43-222-865-3893.

Institut für ökologische Wirtschaftsforschung (IÖW)
Giesebrechtstr. 13, W-1000 Berlin 12, Tel. (030) 7882 5281.

Schweizerische Vereinigung für ökologisch bewußte Unternehmensführung (ÖBU)
Postfach 9, CH-9001 St. Gallen, Tel. (071) 286302.

5. Marketing

Literatur

Belz, C., Stillstand des Öko-Marketing, in: Thexis Nr. 3, 1988.
Brandt, A./Hansen, U./Schoenheit, I., Ökologisches Marketing, Frankfurt/M. 1988.
Burghold, J., Implikationen eines ökologisch orientierten Marketing. Dargestellt am Beispiel der Absatz-Marketingprogrammerstellung in der Konsumgüterindustrie, Augsburg 1988.
Deutsche Bank AG, Umweltschutz. Fakten, Prognosen, Strategien (= Mittelstandsbroschüre Nr. 11), Frankfurt/M. 1988.
Hasitschka, W., Ökologisches Marketing, in: Marketing ZFP, 6. Jg., Heft 4, 1984.
Hillmann, K.-H., Umweltkrise und Umweltwandel, Würzburg [8]1986.
Hopfenbeck, W., Umweltorientiertes Management und Marketing, Landsberg a. L. 1990.
Liese, H.-J., Markt und Umwelt, München 1986.
Meffert, H., Gestaltung und Durchsetzung ökologiegerechter Marketingkonzeptionen, in: Meffert, H. (Hrsg.), Strategische Unternehmensführung und Marketing. Beiträge zur marktorientierten Unternehmenspolitik, Wiesbaden 1988.

Meffert, H./Bruhn, M./Schubert, F./Walther, Th., Marketing und Ökologie – Chancen und Risiken umweltorientierter Absatzstrategien der Unternehmungen, in: Die Betriebswirtschaft, Heft 2, 1986.

Meffert, H./Kirchgeorg, M./Ostmeier, H., Analysekonzepte und strategische Optionen des ökologieorientierten Marketing, in: Thexis, Heft 3, 1988.

Meffert, H./Wagner, H. (Hrsg.), Marketing und Ökologie – eine Bestandsaufnahme (= Arbeitspapiere der Wissenschaftlichen Gesellschaft für Marketing und Unternehmensführung e. V. Nr. 25), Münster 1985.

Meyer, W. u. a. (Hrsg.), Ökologie und Marketing. Ökologische Herausforderung und wirtschaftliche Problemlösungen (=Arbeitspapiere zur Schriftenreihe Schwerpunkt Marketing Bd. 9) Augsburg 1985.

Raffée, H./Wiedmann, K. P., Die künftige Bedeutung der Produktqualität unter Einschluß ökologischer Gesichtspunkte, in: Lisson, A. (Hrsg.), Qualität – Die Herausforderung, Berlin u. a. 1987.

Ruppen, L., Marketing und Umweltschutz, Diss., Freiburg 1978.

Schreiber, R. L., Marketing und Werbung im Dienst der Ökologie, ZV + ZV 18, 1985.

Senn, J. F., Ökologie-orientierte Unternehmensführung, Frankfurt/M. u. a. 1986.

Stahlmann, V., Umweltorientierte Materialwirtschaft, Wiesbaden 1988.

Thome, G., Produktpolitik und Ökologie, München 1981.

Umweltbundesamt (Hrsg.), Umweltfreundliche Beschaffung. Handbuch zur Berücksichtigung des Umweltschutzes in der öffentlichen Verwaltung und im Einkauf, Wiesbaden u. a. 1987.

Wiedmann, K. P., Ökologisches Bewußtsein und unternehmerisches Marketing (= Arbeitspapiere des Instituts für Marketing der Universität Mannheim, Nr. 28), Mannheim 1984.

Organisationen

Bundesdeutscher Arbeitskreis für umweltbewußtes Management e. V.
Tinsdaler Kirchenweg 211, D-2000 Hamburg 56, Tel. (040) 810101; Fax (040) 810126.

Bundesweiter Arbeitskreis für umweltbewußtes Management Österreich (B.A.U.M. Österreich)
Lohnsteinstr. 36, A-2380 Perchtoldsdorf, Tel. 43-222-861614; Fax 43-222-865-3893.

Schweizerische Vereinigung für ökologisch bewußte Unternehmensführung (ÖBU)
Postfach 9, CH-9001 St. Gallen, Tel. (071) 286302.

6. Betriebliche Umweltschutzinstitutionen

Datenbanken

Informations- und Dokumentationssystem Umwelt beim Umweltbundesamt Berlin (UMPLIS)
Bismarckplatz 1, 1000 Berlin 33, Tel. (030) 8903555.

Literatur

Deutsche BP Aktiengesellschaft (Hrsg.), BP Umweltschutz-Enquète 1986, Hamburg 1986.

Gorges, G. H., Organisation im Umweltschutz, in: Vogl, J./Heigl, A./Schäfer, K., Handbuch des Umweltschutzes, Bd. 5, München 1977.

Hunscheid, J., Informationstechnik im Umweltschutz. PSI Gesellschaft für Prozeßsteuerungs- und Informationssysteme mbH, Velbert 1988.

Institut für ökologische Wirtschaftsforschung (IÖW), Zur Reform des betrieblichen Umweltbeauftragten, 1988.

Schneider, G., Die Notwendigkeit einer vorausschauenden Umweltplanung unter besonderer Berücksichtigung der europäischen Umweltpolitik, in: Umweltschutz der Universität Dortmund, Berlin 1981.

Senn, J. F., Ökologie-orientierte Unternehmensführung, Frankfurt/M. u. a. 1986.

Stahlmann, V., Umweltorientierte Materialwirtschaft, Wiesbaden 1988.

Stahlmann, V., Das Institut des Umweltbeauftragten und seine Reformierbarkeit (= IÖW-Schriftenreihe), 1988.

Ernst Winter & Sohn (GmbH & Co) (Hrsg.), Winter-Modell. Pionierleistungen im Umweltschutz, in: Der Winterschneemann Nr. 20, 1985 (Bezugsquelle: Ernst Winter & Sohn (GmbH & Co), Osterstr. 58, 2000 Hamburg 20).

Zimmermann, M. (Hrsg.), Umweltberatung in Theorie und Praxis, in: Stadtforschung aktuell, Bd. 18, Basel u. a. 1988.

Organisationen

Bundesdeutscher Arbeitskreis für Umweltbewußtes Management e. V. (B.A.U.M.)
Tinsdaler Kirchenweg 211, W-2000 Hamburg 56, Tel. (040) 810101; Fax (040) 810126.

Bundesweiter Arbeitskreis für umweltbewußtes Management Österreich (B.A.U.M. Österreich)
Lohnsteinstr. 36, A-2380 Perchtoldsdorf, Tel. 43-222-860614; Fax 43-222-865-3893.

Schweizerische Vereinigung für ökologisch bewußte Unternehmensführung (ÖBU)
Postfach 9, CH-9001 St. Gallen, Tel. (071) 286302.

Verband der Betriebsbeauftragten für Umweltschutz e. V.
Alfredstr. 77–79, W-4300 Essen. Tel. (0201) 772011.

7. Mitarbeitermotivation und -ausbildung

Datenbanken

Dokumentation Maschinenbau (DOMA)
Ostbahnhofstr. 3, W-6000 Frankfurt/M., Tel. (069) 4308232.

Literatur

Diedrich, H., Umweltschutz, in: Lernfeld Betrieb, Heft 11, 1988.

Kayser, B., Bericht über Aktivitäten der Umwelterziehung in Bund, Ländern und überregionalen Institutionen, Berlin 1984.

Knittel, B./Gege, M., Konzept für die Ausbildung zum Umweltberater für Haushalt, Familie und Kommunen, Hamburg 1986 (Bezugsquelle: Aktionsgemeinschaft Umwelt, Gesundheit, Ernährung u. a. (A.U.G.E.), Christian-Förster-Str. 19, W-2000 Hamburg 20, Tel. (040) 402697).

Ökomedia Institut (Hrsg.), Medienkursbuch Ökologie, Freiburg 1985.

Opaschowski, H. W., Freizeit und Umwelt (= Schriftenreihe zur Freizeitforschung, hrsg. v. B.A.T. Freizeitforschungsinstitut, Bd. 6), Hamburg 1985.

Schmidt, H., Umweltbildung in der Praxis, in: Lernfeld Betrieb, Heft 11, 1988.

Schwab, K./Kroos, H., Moderne Unternehmensführung im Maschinenbau, Frankfurt/M. 1971.

Senn, J. F., Ökologie-orientierte Unternehmensführung, Frankfurt/M. u. a. 1986.

Ernst Winter & Sohn (GmbH & Co) (Hrsg.), Pionierleistungen im Umweltschutz, in: Der Winterschneemann Nr. 20, 1985 (Bezugsquelle: Ernst Winter & Sohn (GmbH & Co), Osterstr. 58, 2000 Hamburg 20).

Organisationen

Aktionsgemeinschaft Umwelt, Gesundheit, Ernährung e. V. (A.U.G.E.)
Christian-Förster-Str. 19, 2000 Hamburg 20, Tel. (040) 402697.

Bundesdeutscher Arbeitskreis für Umweltbewußtes Management e. V. (B.A.U.M.)
Tinsdaler Kirchenweg 211, W-2000 Hamburg 56, Tel. (040) 810101; Fax (040) 810126.

Bundesweiter Arbeitskreis für umweltbewußtes Management Österreich (B.A.U.M. Österreich)
Lohnsteinstr. 36, A-2380 Perchtoldsdorf, Tel. 43-222-860614.

Schweizerische Vereinigung für ökologisch bewußte Unternehmensführung (ÖBU)
Postfach 9, CH-9001 St. Gallen, Tel. (071) 286302.

8. Arbeitsbedingungen

Datenbanken

Dokumentation über Arbeitsmarkt- und Berufsforschung. Institut für Arbeitsmarkt- und Berufsforschung der Bundesanstalt für Arbeit, Regensburger Str. 104, 8500 Nürnberg 1.

Dokumentation für Arbeitsschutz, Bundesanstalt für Arbeitsschutz, Postfach 170202, 4600 Dortmund 1.

Dokumentation über Humanisierung des Arbeitslebens, Institut der Deutschen Wirtschaft, Gustav-Heinemann-Ufer 84–88, 5000 Köln 51.

Literatur

Below, F. v./Borges, A./Hildebrandt, F., Moderne Fabrikorganisation – Stand und Entwicklungstendenzen, Berlin u. a. 1985.

Fischer, C./Fischer, R., Chemie im Büro, Hamburg 1986.

Hackstein, R./Heeg, F. J./Below, F. v., Arbeitsorganisation und neue Technologien, Berlin u. a. 1986.

Heeg, F. J., Qualitätszirkel und andere Gruppenaktivitäten – Einsatz in der betrieblichen Praxis und Anwendung (= fir-Reihe Forschung für die Praxis Bd. 1), Berlin u. a. 1985.

IG Metall, Entwicklungen und Erprobung eines Konzeptes gewerkschaftlicher Technologieberatung zur Förderung sozialer Innovationen bei rechnerintegrierten Fabrikstrukturen (CIM), Frankfurt/M. 1991.

IG Metall, Arbeitsschutz ist Umweltschutz, zusammengestellt von Hoffmann, W., Frankfurt/M. 1987.

Institut für Angewandte Arbeitswissenschaft e. V. (Hrsg.), Klima und Luft am Arbeitsplatz. Meßtechnisches Taschenbuch für den Betriebspraktiker, Köln 1986.

Katalyse, BUND, Öko-Institut, ULF, Chemie am Arbeitsplatz, Hamburg 1987.

Öko-Institut, Arbeiten im Einklang mit der Natur, Freiburg i. B. 1985.

Riedesser, K. u. a., Ökologie im Büro, Hamburg 1990.

Spindler, E. A., Die Umweltverträglichkeitsprüfung in der Raumplanung. Ansätze und Perspektiven für eine umfassende Umweltgüteplanung, Dortmund 1983.

Umweltbundesamt (Hrsg.), Umweltfreundliche Beschaffung. Handbuch zur Berücksichtigung des Umweltschutzes in der öffentlichen Verwaltung und im Einkauf, Wiesbaden u. a. 1987.

Organisationen

Berufsgenossenschaftliches Institut für Arbeitssicherheit (BIA)
Lindenstr. 80, 5208 St. Augustin 2.

Deutsche Forschungs- und Versuchsanstalt für Luft- und Raumfahrt e. V. (DFVLR), Projektträger „Humanisierung des Arbeitslebens" (HdA)
Südstr. 125, 5300 Bonn 2.

Gesellschaft für Arbeitswissenschaft (GfA) – Geschäftsstelle
Ardeystr. 67, 4600 Dortmund 1.

Institut für Arbeitswissenschaft der RWTH Aachen
Wüllnerstr. 5, Pontdriesch 14–16, Kreuzherrnstr. 4, 5100 Aachen.

Kommission zur Reinerhaltung der Luft des Vereins Deutscher Ingenieure (VDI)
Graf-Recke-Str. 84, 4000 Düsseldorf 1.

Deutsche Forschungsgemeinschaft (DFG), Kommission zur Prüfung gesundheitschädlicher Arbeitsstoffe (MAK-Werte)
Kennedyallee 40, 5300 Bonn 2.

Bundesanstalt für Arbeitsschutz und Unfallforschung, Ausschuß für gefährliche Arbeitsstoffe (AgA)
Postfach 170202, 4600 Dortmund 17.

Verband beratender Ingenieure, Fachgruppe Akustik
Kalkumer Str. 173, 4000 Düsseldorf, Tel. (0211) 422218.

Verein Deutscher Sicherheitsingenieure e. V. (VSDI)
Postfach 120764, 6200 Wiesbaden, Tel. (06121) 600400.

Verein für Umwelt- und Arbeitsschutz e. V. (VUA)
Fehrfeld 60, 2800 Bremen 1, Tel. (0421) 702203.

9. Mitarbeiterverpflegung

Literatur

Gasper, H./Kämper, U. u. a., Chemie in Lebensmitteln, Frankfurt/M. 1982.

Gege, M./Jung, H./Pick, H.J./Winter, G., Das Öko-Sparbuch für Haushalt und Familie, München 1986.

Haas, R., Die Dr. Haas-Leistungsdiät – für Sport, Beruf und Fitness, München 1985.

Heinze, U./Linden, W. u. a., Was wir alles schlucken. Zusatzstoffe in Lebensmitteln, Reinbek b. Hamburg 1985.

Kapfelsberger, E./Pollmer, U., Iß und stirb, Köln 1983.

Koch, E. R., Krebswelt, Köln 1981.

Mackarness, R., Allergie gegen Nahrungsmittel und Chemikalien, Stuttgart 1982.

Umweltbundesamt (Hrsg.), Umweltfreundliche Beschaffung. Handbuch zur Berücksichtigung des Umweltschutzes in der öffentlichen Verwaltung und im Einkauf, Wiesbaden u. a. 1987.

Organisationen

Aktionsgemeinschaft Umwelt, Gesundheit, Ernährung e. V. (A.U.G.E.) Christian-Förster-Str. 19, 2000 Hamburg 20, Tel. (040) 402697.

10. Umweltberatung für Mitarbeiterhaushalte

Literatur

Aktionsgemeinschaft Umwelt, Gesundheit, Ernährung e. V. (A.U.G.E.) (Hrsg.), Aktuelles Aktionsprogramm zum Modellprojekt Umweltberatung für Haushalt, Familie und Kommunen (Bezugsquelle: Aktionsgemeinschaft Umwelt, Gesundheit, Ernährung e. V., Christian-Förster-Str. 20, 2000 Hamburg 20, Tel. (040) 402697).

Bundesminister für Jugend, Familie und Gesundheit, Chemie im Haushalt und Innenraumbelastung. Antwort der Bundesregierung auf eine große Anfrage, Bundestags-Drucksache 10/4285 vom 19. 11. 1985.

Gege, M./Jung, H./Pieck, H.J./Winter, G., Das Öko-Sparbuch für Haushalt und Familie, München 1986.

Grießhammer, R., Der Öko-Knigge, Reinbek bei Hamburg 1984.

Koch, E. R., Umweltschutz zu Hause, München 1984.

Mihailescu, A., Umwelt-Sünden-Katalog, München 1983.

Mohr, P. C., Vier Faustregeln für den Umweltberater, Hamburg 1985 (Bezugsquelle: Aktionsgemeinschaft, Umwelt, Gesundheit und Ernährung e. V., Christian-Förster-Str. 19, 2000 Hamburg 20, Tel. (040) 402697).

Mohr, P. C., Umweltberatung durch Privatpersonen und Behörden. Ein Beitrag zu den Rechtsgrundlagen der Umweltberatung für die privaten Haushalte, Natur und Recht, 1988.

Öko-Institut u. a. (Hrsg.), Chemie im Haushalt, Reinbek bei Hamburg 1984.

Umweltbundesamt (Hrsg.), Umweltfreundliche Beschaffung. Handbuch zur Berücksichtigung des Umweltschutzes in der öffentlichen Verwaltung und im Einkauf, Wiesbaden u. a. 1987.

Ernst Winter & Sohn (GmbH & Co) (Hrsg.), Pionierleistungen im Umweltschutz, in: Der Winterschneemann Nr. 20, 1985 (Bezugsquelle: Ernst Winter & Sohn (GmbH & Co), Osterstr. 58, 2000 Hamburg 20).

Organisationen

Aktionsgemeinschaft Umwelt und Ernährung e. V. (A.U.G.E.)
Christian-Förster-Str. 19, 2000 Hamburg 20, Tel. (040) 402697).

11. Energie- und Wassereinsparung

Datenbanken

Dokumentation Maschinenbau (DOMA)
Ostbahnhofstr. 13, 6000 Frankfurt/M., Tel. (069) 4308215/227.

Literatur

Bonnet, D., Nutzung regenerativer Energien, 1988.
Borch, G./Fürbock, M./Manfeld, L./Winje, D., Energiemanagement, Bd. I–IV, Berlin u. a. 1986.
Bundesverband Junger Unternehmer der ASU e. V. (BJU), Umweltschutz als Teil der Unternehmensstrategie. Eine Check-Liste des BJU für mehr Umweltschutz im Unternehmen, Mainz 1985.
Deutsche Forschungsanstalt für Luft- und Raumfahrt e. V., Umweltschutztechnik, Bonn 1989.
Goy, G. C., Erneuerbare Energiequellen, 1987.
Heinrich, H.-J., Energieeinsparung mit technischen Informationssystemen, Köln 1982.
Kleemann, M./Meliß, M., Regenerative Energiequellen, 1988.
Leibundgut, H., Verbesserte Energienutzung, 1988.
Müllendorff, R., Umweltbezogene Unternehmensentscheidung unter besonderer Berücksichtigung der Energiewirtschaft, Frankfurt/M. 1981.
Schaefer, H., Nutzung regenerativer Energiequellen, 1987.
Technologie-NACHRICHTEN Nr. 381 vom 1. 8. 1986 (Bezugsquelle: Technologie-NACHRICHTEN, An den Eichen, 5202 Hennef-Lichtenberg).
Umweltbundesamt (Hrsg.), Umweltfreundliche Beschaffung. Handbuch zur Berücksichtigung des Umweltschutzes in der öffentlichen Verwaltung und im Einkauf, Wiesbaden u. a. 1987.
VDMA-Referat Energie. Maßnahmen zur Energieeinsparung im Betrieb, Frankfurt/M. 1982.
Winje, D./Lorenz, D., Energieverbrauchsreduzierung und Verringerung der Umweltbelastungen durch verbesserte Meß-, Steuer- und Regeltechnik, in: Pieroth, E./Wicke, L. (Hrsg.), Chancen der Betriebe durch Umweltschutz, Freiburg i. Br. 1988.

Organisationen

Arenha-Ingenieurgesellschaft für Energie- und Entsorgungstechnik
Striehlstr. 11, 3000 Hannover 1, Tel. (0511) 13017.
Büro für Energieberatung und ökologische Konzepte (ebök)
Dorfackerstr. 12, 7400 Tübingen 1, Tel. (07071) 82529.

Bundesdeutscher Arbeitskreis für umweltbewußtes Management e. V. (B.A.U.M.)
Tinsdaler Kirchenweg 211, W-2000 Hamburg 56, Tel. (040) 810101; Fax (040) 810126.

Bundesverband Junger Unternehmer der ASU e. V. (BJU), Geschäftsstelle
Mainzer Str. 238, 5300 Bonn 2, Tel. (0228) 343044.

Bundesweiter Arbeitskreis für umweltbewußtes Management Österreich (B.A.U.M. Österreich)
Lohnsteinstr. 36, A-2380 Pechtoldsdorf, Tel. 43-222-860614; Fax 43-222-865-3893.

Bundschuh-Biogas-Gruppe
Endersbacher Str. 56, 7000 Stuttgart 50.

Schweizerische Vereinigung für ökologisch bewußte Unternehmensführung (ÖBU)
Postfach 9, CH-9001 St. Gallen, Tel. (071) 286302.

Verband Deutscher Maschinen- und Anlagenbau e. V. (VDMA), Technische Abteilung, Bereich Umweltpolitik
Lyoner Str. 18, 6000 Frankfurt/M., Tel. (069) 6603325.

12. Produktentwicklung

Literatur

Blom, F., Beschaffungsmarktforschung: Warum? Wo? Wie?, Nürnberg 1982.

Börlin, M., in Zusammenarbeit mit Stahel, W. R., Wirtschaftliche Strategie der Dauerhaftigkeit. Betrachtungen über die Verlängerung der Lebensdauer von Produkten als Beitrag zur Vermeidung von Abfällen, Schweiz 1987.

Deutsche Forschungsanstalt für Luft- und Raumfahrt e. V., Umweltschutztechnik, Bonn 1989.

van Donkelaar, P. u. a., Naturverträgliche Technologien, Ehningen/Böblingen 1991.

Möller, E., Unternehmen pro Umwelt, München 1988.

Raffée, H./Wiedmann, K.-P., Künftige Bedeutung der Produktqualität unter Einschluß ökologischer Gesichtspunkte, in: Lisson, A. (Hrsg.), Qualität. Die Herausforderung, Berlin u. a. 1987.

Senn, J. F., Ökologie-orientierte Unternehmensführung, Frankfurt/M. u. a. 1986.

Strebel, H., Umwelt und Betriebswirtschaft, Berlin 1980.

Studien- und Förderungsgesellschaft der Schleswig-Holsteinischen Wirtschaft e. V., Wirtschaft und Umweltschutz in Schleswig-Holstein, Rendsburg 1984.

Thome, G., Produktgestaltung und Ökologie, München 1981.

Thome, G., Produktpolitik und Ökologie, München 1981.

Thome-Kozmiensky, K. J./Franke, M., Verpackung und Umwelt, Berlin 1987.

Umweltbundesamt (Hrsg.), Umweltfreundliche Beschaffung. Handbuch zur Berücksichtigung des Umweltschutzes in der öffentlichen Verwaltung und im Einkauf, Wiesbaden u. a. 1987.

Ernst Winter & Sohn (GmbH & Co) (Hrsg.), Pionierleistungen im Umweltschutz, in: Der Winterschneemann Nr. 20, 1985 (Bezugsquelle: Ernst Winter & Sohn (GmbH & Co), Osterstr. 58, 2000 Hamburg 20).

Weege, R.-D., Recyclinggerechtes Konstruieren, Düsseldorf 1981.

Organisationen

Bundesdeutscher Arbeitskreis für umweltbewußtes Management e. V. (B.A.U.M.)
Tinsdaler Kirchenweg 211, W-2000 Hamburg 56, Tel. (040) 810101; Fax (040) 810126.

Bundesweiter Arbeitskreis für umweltbewußtes Management Österreich (B.A.U.M. Österreich)
Lohnsteinstr. 36, A-2380 Perchtoldsdorf, Tel. 43-222-860614.

Schweizerische Vereinigung für ökologisch bewußte Unternehmensführung (ÖBU)
Postfach 9, CH-9001 St. Gallen, Tel. (071) 286302.

13. Materialwirtschaft

Datenbanken

Informations- und Dokumentationssystem Umwelt beim Umweltbundesamt Berlin (UMPLIS)
Bismarckplatz 1, 1000 Berlin 33, Tel. (030) 8903555.

Literatur

Blom, F. Ökologische Materialwirtschaft, in: Umweltschutz, Gewinn für die Zukunft, Lengerich 1988.

Blom, F., Beschaffungsmarktforschung: Warum? Wo? Wie?, Nürnberg 1982.

Gronchla, E., Grundlagen der Materialwirtschaft, Wiesbaden ³1978.

Gunther, K., Möglichkeiten des umweltbewußten kostengünstigen Einkaufs aus Sicht der Betriebe, in: Pieroth, E./Wicke, L., Chancen der Betriebe durch Umweltschutz, Freiburg i. B. 1988.

Riedesser, K. u. a., Ökologie im Büro, Hamburg 1990.

Stahlmann, V., Umweltorientierte Materialwirtschaft, Wiesbaden 1988.

Strebel, H., Umwelt und Betriebswirtschaft, Berlin 1980.

Umweltbundesamt (Hrsg.), Umweltfreundliche Beschaffung. Handbuch zur Berücksichtigung des Umweltschutzes in der öffentlichen Verwaltung und im Einkauf, Wiesbaden u. a. 1987.

Wegschneider, H., Ökologisch Wirtschaften, Frankfurt/M. 1984.

Winter, G., Das umweltbewußte Unternehmen, in: Bundesverband für Materialwirtschaft e. V. (Hrsg.), Zukunftsorientiertes Materialmanagement, Hamburg 1988.

Organisationen

Aktionsgemeinschaft Umwelt, Gesundheit, Ernährung e. V. (A.U.G.E.)
Christian-Förster-Str. 19, 2000 Hamburg 20, Tel. (040) 402697.

Bundesdeutscher Arbeitskreis für umweltbewußtes Management e. V. (B.A.U.M.)
Tinsdaler Kirchenweg 211, W-2000 Hamburg 56, Tel. (040) 810101; Fax (040) 810126.

Bundesverband Materialwirtschaft und Einkauf e. V. (BME)
Waidmanstr. 25, 6000 Frankfurt/M. 70.

Bundesweiter Arbeitskreis für umweltbewußtes Management Österreich (B.A.U.M. Österreich)

Lohnsteinstr. 36, A-2380 Perchtoldsdorf, Tel. 43-222-860614.
Schweizerische Vereinigung für ökologisch bewußte Unternehmensführung (ÖBU)
Postfach 9, CH-9001 St. Gallen, Tel. (071) 286302.

14. Fertigungstechnik

Datenbanken

Dokumentation Maschinenbau (DOMA)
Ostbahnhofstr. 13, 6000 Frankfurt/M. 1, Tel. (069) 4308215/227.
Informations- und Dokumentationssystem Umwelt beim Umweltbundesamt Berlin (UMPLIS)
Bismarckplatz 1, 1000 Berlin 33, Tel. (030) 8903555.

Literatur

Arbeitsgemeinschaft für Umweltfragen (AGU), Umweltschutz und Technologie, Stenographisches Protokoll der Sitzung des 13. Umweltforums am 21. November 1985 (= Veröffentlichung der AGU Nr. 28), Bonn 1986.

Bundesverband der Deutschen Industrie e. V., Antworten auf eine Herausforderung. Berichte über praktizierten Umweltschutz in den Unternehmen, Köln 1978.

Deutsche Forschungsanstalt für Luft- und Raumfahrt e. V., Umweltschutztechnik, Bonn 1989.

van Donkelaar, P. u. a., Naturverträgliche Technologien, Ehningen/Böblingen 1991.

Hartinger, L. (Hrsg.), Taschenbuch der Abwasserbehandlung, Bd. 2, Technik, München u. a. 1980.

Maas, C., Determinanten von Umweltschutzinnovationen. Theoretische Überlegungen und erste empirische Evidenz. Diskussionspapier 108 der Wirtschaftswissenschaftlichen Dokumentation, Technische Universität Berlin, Berlin 1986.

Maas, C./Ewers, H.-J., Wirkungen umweltpolitischer Maßnahmen auf das Innovationsverhalten von Galvanik-Betrieben. Ergebnisse explorativer Fallstudien, IIUG/dp 83-12, Wissenschaftszentrum Berlin 1983.

Umweltbundesamt (Hrsg.), Luftreinhaltung '81. Entwicklung – Stand – Tendenzen. Materialien zum Zweiten Immissionsschutzbericht der Bundesregierung an den Deutschen Bundestag nach dem § 61 Bundes-Immissionsgesetz, Berlin 1981.

Vogl, J./Heigl, A./Schäfer, K. (Hrsg.), Handbuch des Umweltschutzes, München.

Organisationen

Bundesdeutscher Arbeitskreis für umweltbewußtes Management e. V. (B.A.U.M.)
Tinsdaler Kirchenweg 211, W-2000 Hamburg 56, Tel. (040) 810101; Fax (040) 810126.
Bundesweiter Arbeitskreis für umweltbewußtes Management Österreich (B.A.U.M. Österreich)
Lohnsteinstr. 36, A-2380 Perchtoldsdorf, Tel. 43-222-860614.

GEOTEAM-Büro für Umweltschutz- und Technologieberatung
Nordring 82B, 6050 Offenbach, Tel. (069) 8004617.
GTU-Gesellschaft für Technologie- und Umweltschutzberatung mbH
Frankfurter Str. 121, 6050 Offenbach, Tel. (069) 8002744.
Ingenieur Sozietät-Gesellschaft für Umwelttechnik und Bauwesen mbH
Pfingstweidstr. 11, 6000 Frankfurt/M. 1, Tel. (069) 446080/88.
Schweizerische Vereinigung für ökologisch bewußte Unternehmensführung (ÖBU)
Postfach 9, 9001 St. Gallen, Tel. (071) 286302.
TÜV Rheinland e. V., Institut für Umweltschutz und Energietechnik
Konstantin-Wille-Str. 1, 5000 Köln 91, Tel. (0221) 8062492/3.
TÜV Rheinland e. V., Institut für Materialprüfung und Chemie
Konstantin-Wilhelm-Str. 1, 5000 Köln 91, Tel. (0221) 806 2339/2341.
Verband Deutscher Maschinen- und Anlagenbau e. V. (VDMA), Technische Abteilung, Bereich Umweltpolitik
Lyoner Str. 18, 6000 Frankfurt/M., Tel. (069) 6603325.

15. Entsorgung und Recycling

Datenbanken

Abfallwirtschaftsdatenbank beim Bundesumweltamt (WIDAT)
Bismarckplatz 1, 1000 Berlin 33, Tel. (030) 89031.

Literatur

Blohm, F., Recycling und Umweltschutz, in: Beschaffung aktuell 1/86, Stuttgart 1987 (Bezugsquelle: Landesanstalt für Umweltschutz Baden-Württemberg, Griesbachstr. 3, 7500 Karlsruhe 21).
Brahms, E./Brahms, M., Papier – Kunststoff – Verpackungen (= Umweltbundesamt-Berichte 1/89), Berlin 1989.
Georg, M., Recycling als umweltpolitisches Instrument der Unternehmung, Berlin 1981.
Haenert, F., Die Abfallbörse der Industrie- und Handelskammern, in: Dahlhoff, T., Mensch und Umwelt, Bd. 2, Frankfurt/M. 1983.
Institut für ökologisches Recycling, Müllmagazin. Fachzeitschrift für ökologische Abfallvermeidung und Umweltvorsorge, 1988.
Koch, T., Ökologische Müllverwertung, 1986.
Kuhlmann, A., Was der Unternehmer vom Umweltschutz wissen sollte, Köln 1989.
Meller, E., Möglichkeiten des inner- und überbetrieblichen Recyclings, in: Pieroth, E./Wicke, L. (Hrsg.), Chancen der Betriebe durch Umweltschutz, Freiburg i. B. 1988.
Mening, H., Emmissionsminderung und Recycling, Landsberg/München 1988.
Meyer, H., Recyclingorientierte Produktgestaltung, Düsseldorf 1983.
Müller, R./Schmitt-Glese, R. G., Handbuch der Abfallentsorgung, Landsberg 1989.
Panz, R. G., Recycling, Wiesbaden 1980.
Reimann, D. O., Stoffliche Verwertung von Abfall und Reststoffen, Berlin 1989.

Sattler, K., Umweltschutz, Entsorgungstechnik, 1982.
Stahlmann, V., Umweltorientierte Materialwirtschaft, Wiesbaden 1988.
Strebel, H., Umwelt und Betriebswirtschaft, Berlin 1980.
Sutter, H., Vermeidung und Verwertung von Sonderabfällen. Grundlagen, Verfahren, Entwicklungstendenzen, Berlin 1987.
Thome-Kozmiensky, K. J., Behandlung von Sonderabfällen, Bd. 1 u. 2, Berlin 1987/88.
Umweltbundesamt, Recycling-Handbuch über Verfahren, Hersteller, Anwender Recycling-Handbuch, Berlin 1992
Umweltbundesamt (Hrsg.), Umweltfreundliche Beschaffung. Handbuch zur Berücksichtigung des Umweltschutzes in der öffentlichen Verwaltung und im Einkauf, Berlin 1987.

Organisationen

Arbeitsgemeinschaft für Abfallwirtschaft (AFA)
Lindenallee 13–17, 5000 Köln 51, Tel. (0221) 3771274/4.
Bundesabfallbörse des Deutschen Industrie- und Handelstages
Adenauerallee 48, 5300 Bonn 1, Tel. (0228) 1040.
Bundesdeutscher Arbeitskreis für umweltbewußtes Management e. V. (B.A.U.M.)
Tinsdaler Kirchenweg 211, W-2000 Hamburg 56, Tel. (040) 810101; Fax (040) 810126.
Bundesverband privater Sonderabfallbeseitiger und Rückstandsverwerter e. V. (BPS), Am Weiler 11, 5300 Bonn 3, Tel. (0228) 480025.
Bundesweiter Arbeitskreis für umweltbewußtes Management Österreich (B.A.U.M. Österreich)
Lohnsteinstr. 36, A-2380 Perchtoldsdorf, Tel. 43-222-860614.
Institut für ökologisches Recycling e. V. (IFÖR)
Kurfürstenstr. 14, 1000 Berlin 30, Tel. (030) 2616854.
Gesellschaft für Recycling von Energie und Abfall mbH (REA)
Holzstr. 2, 8000 München 5, Tel. (089) 2607333.
Schweizerische Vereinigung für ökologisch bewußte Unternehmensführung (ÖBU).
Postfach 9, CH-9001 St. Gallen, Tel. (071) 286302.
Vermittlungsstelle der Wirtschaft für Altlastensanierungs-Beratung e. V.
Kirchstr. 2, 5000 Köln 50, Tel. (0221) 392046/7.

16. Altlasten

Datenbanken

Informations- und Dokumentationssystem Umwelt beim Umweltbundesamt Berlin (UMPLIS)
Bismarckplatz 1, 1000 Berlin 33, Tel. (030) 89035 55.

Literatur

Franzius, V./Stegmann, R./Wolf, K., Handbuch der Altlastensanierung, Heidelberg 1988.

Hecht, R., Baubehörde Hamburg. Bewertung des Gefahrenpotentials von Altstandorten, Hamburg 1985.
Hessisches Landesamt für Umweltschutz, Handbuch Altablagerungen, Teil 1, 2, 3, Wiesbaden 1987.
Kerndorff, H./Brill, V./Schleyer, R./Friesel, P./Milde, G., Erfassung grundwassergefährdender Altablagerungen (= WaBoLu-Hefte Nr. 5), Berlin 1985.
Kinner, U. H., Wegweiser für Altlasten und Bodensanierung, Berlin 1988.
Minister für Ernährung, Landwirtschaft, Umwelt und Forsten des Landes Baden-Württemberg, Altlasten-Handbuch, Teil 1 u. 2, Karlsruhe 1987.
Minister für Ernährung, Landwirtschaft, Umwelt und Forsten des Landes Baden Württemberg, Leitfaden für die Beurteilung und Behandlung von Grundwasserverunreinigungen durch leichtflüchtige Chlorkohlenwasserstoffe, Stuttgart 1983.
Minister für Ernährung, Landwirtschaft und Forsten des Landes Nordrhein-Westfalen, Hinweise zur Ermittlung von Altlasten, Düsseldorf 1985.
Sander, H. P./Troge, A., IWL Praxishandbuch Abfall/Altlasten, Köln 1987.

Organisationen

Institut für gewerbliche Wasserwirtschaft und Luftreinhaltung e. V.
Unter Buschweg 160, 5000 Köln 50, Tel. (02236) 390930.

Vermittlungsstelle der Wirtschaft für Altlastensanierungs-Beratung e. V.
Kirchstr. 2, 5000 Köln 50, Tel. (0221) 392046.

17. Fuhrpark

Datenbanken

Informations- und Dokumentationssystem Umwelt beim Umweltbundesamt Berlin (UMPLIS)
Bismarckplatz 1, 1000 Berlin 33, Tel. (030) 8903555.

Literatur

Bundesministerium für Umwelt, Naturschutz und Reaktorsicherheit (Hrsg.), Was Sie schon immer über Auto und Umwelt wissen wollten, Stuttgart u. a. 1987 (Bezugsquelle: Umweltbundesamt, Bismarckplatz 1, 1000 Berlin 33).
Faber, G., Energie-Sparbuch für Autofahrer, 6128 Höchs 3.
Höpfner, U. u. a., Pkw, Bus oder Bahn?, München 1988.
Schneider, H.-J., Autofahren umweltfreundlich, 1985.
Umweltbundesamt (Hrsg.), Umweltfreundliche Beschaffung. Handbuch zur Berücksichtigung des Umweltschutzes in der öffentlichen Verwaltung und im Einkauf, Wiesbaden u. a. 1987.
Vester, F., Ausfahrt Zukunft, München 1990.

Organisationen

Bundesdeutscher Arbeitskreis für umweltbewußtes Management e. V. (B.A.U.M.)
Tinsdaler Kirchenweg 211, W-2000 Hamburg 56, Tel. (040) 810101; Fax (040) 810126.

Bundesweiter Arbeitskreis für umweltbewußtes Management Österreich (B.A.U.M. Österreich)
Lohnsteinstr. 36, A-2380 Perchtoldsdorf, Tel. 43-222-860614.

Schweizerische Vereinigung für ökologisch bewußte Unternehmensführung (ÖBU).
Postfach 9, CH-9001 St. Gallen, Tel. (071) 286302.

Verkehrsclub der Bundesrepublik Deutschland (VCD)
Kalkuhlstr. 24, 5300 Bonn, Tel. (0228) 444144.

18. Bauwesen

Literatur

Albrecht, R./ Parker, L./Rehberg, S./Reiner, Y., Umweltentlastung durch ökologische Bau- und Siedlungsweisen, Bd. 1: Planungsvorschläge und bauliche Maßnahmen, Bd. 2: Auswirkungen auf Baustoffverwendung, Energiebedarf, Luft und Klima, Abfallbeseitigung und Wasserhaushalt, Lärm, Flächenbedarf, Kosten und Arbeitsmarkt, Wiesbaden u. a. 1984.

BUND-Umweltzentrum, Umweltfreundliches Bauen, Stuttgart 1985 (Bezugsquelle: BUND, Rotebühlstr. 84/I, 7000 Stuttgart 1).

Der Bundesminister für Jugend, Familie und Gesundheit, Chemie im Haushalt und Innenraumbelastung. Antwort der Bundesregierung auf eine große Anfrage, Bundestags-Drucksache 10/4285 vom 19. 11. 1985.

Grote, H., Bauen im Kopf, Berlin 1988.

Katalyse Umweltgruppe/Gruppe für ökologische Bau- und Umweltplanung (Hrsg.), Das ökologische Heimwerkerbuch, Reinbek b. Hamburg 1985.

Krüger, K.-H., Babylonische Signale der Unvernunft. Artikel über den Umschwung in der Bürohaus-Architektur, in: Der Spiegel, Nr. 4, 1985.

Krusche, P./Altzhaus, D./Gabriel, I./Weig-Krusche, M., Ökologisches Bauen, Wiesbaden u. a. 1982.

Möller, E., Unternehmen pro Umwelt, München 1988.

Schneider, A., Gesünder Wohnen durch biologisches Bauen III, Neubeuern 1984.

Umweltbundesamt (Hrsg.), Umweltfreundliche Beschaffung. Handbuch zur Berücksichtigung des Umweltschutzes in der öffentlichen Verwaltung und im Einkauf, Wiesbaden u. a. 1987.

Ernst Winter & Sohn (GmbH & Co) (Hrsg.), Pionierleistungen im Umweltschutz, in: Der Winterschneemann Nr. 20, 1985 (Bezugsquelle: Ernst Winter & Sohn (GmbH & Co), Osterstr. 58, 2000 Hamburg 20).

Organisationen

Bund Architektur und Baubiologie e. V. (BAB)
Kreuzbergweg 22, 5300 Bonn 1.

Bundesdeutscher Arbeitskreis für umweltbewußtes Management e. V. (B.A.U.M.)
Tinsdaler Kirchenweg 211, W-2000 Hamburg 56, Tel. (040) 810101; Fax (040) 810126.

Bundesverband Gesundes Bauen und Wohnen e. V.
Postfach 1820, 3300 Braunschweig, Tel. (0531) 82840.

Bundesweiter Arbeitskreis für umweltbewußtes Management Österreich (B.A.U.M. Österreich)
Lohnsteinstr. 36, A-2380 Perchtoldsdorf, Tel. 43-222-860614.
gesundes stadthaus ökologische Planungsgesellschaft mbH, Kurt-Schumacher-Platz 3–7, 4630 Bochum 1, Tel. (0234) 91190.
Institut für Baubiologie und Ökologie
Holzham 25, 8201 Neubeuern, Tel. (08085) 2039.
Schweizerische Vereinigung für ökologisch bewußte Unternehmensführung (ÖBU).
Postfach 9, CH-9001 St. Gallen, Tel. (071) 286302.

19. Außenanlagen

Literatur

Auswertungs- und Informationsdienst für Ernährung, Landwirtschaft und Forsten e. V. (AID), Landbau alternativ und konventionell, Heft 1070, 1987, Münster-Hilltrup 1987.
Arbeitsgemeinschaft Ökologischer Forschungsinstitute e. V. (AGÖF), Radioaktivitätswerte vom Februar 1988, hrsg. v. Bätjer, K., Bremen 1988.
Bayerisches Staatsministerium für Landesentwicklung und Umweltfragen, Rote Liste bedrohter Farn- und Blütenpflanzen, München 1988.
BUND-Bundesverband, Naturschutz in der Gemeinde (Protection de l'environnement de la commune), Informationsbroschüre, Bonn 1986.
BUND-Bundesverband, Umweltschutz beginnt im Garten (Protection de l'environnement commence au jardin), Informationsbroschüre, Bonn 1987.
Chineri, M., Naturschutz beginnt im Garten. Das Buch zum BUND Gartenjahr, Ravensburg 1986.
Ganssen, R., Grundsätze der Bodenbildung, Mannheim 1965.
Heimann, M., Naturgemäßer Pflanzenschutz im Nutzgarten. Schädlinge – Krankheiten – Bekämpfung, Stuttgart 1982.
Hermann, H. u. a., unter Mitarbeit von Dehler, E. u. a., Agrarwirtschaft. Lehr- und Arbeitsbuch für berufsbildende Schulen, 2. überarb. Aufl., München 1984.
Hutter, C.-P. u. a., Naturschutz in der Gemeinde. Praktischer Ratgeber für Jedermann, Stuttgart 1985.
IFEU, Die Folgen von Tschernobyl. Eine allgemeine Einführung in die Problematik der Radioaktivität (=IFEU-Bericht Nr. 43), 3. erw. Aufl., Heidelberg 1986.
Jorek, N., Das Bio-Gartenjahr. Arbeitsplan für naturgemäßes Gärtnern, Niederhausen/Ts. 1984.
Kreuter, M.-L., Der Bio-Garten. Gemüse, Obst und Blumen naturgemäß angebaut, 7. durchges. Aufl., München u. a. 1985.
Möller, E., Unternehmen pro Umwelt, München 1988.
Nultsch, W., Allgemeine Botanik. Kurzes Lehrbuch für Mediziner und Naturwissenschaftler, 2. überarb. Aufl., Stuttgart 1964.
Rosenkranz, D. / Einsele, G. / Haress, H.-M., Bodenschutz, 3. erg. Aufl., Berlin.
Schwarz, U., Der Naturgarten, Frankfurt/M. 1980.
Vester, F., Unsere Welt ein vernetztes System, Stuttgart 1978.

Organisationen

Bund für Umwelt und Naturschutz Deutschland e. V. (BUND)
Im Rheingarten 7, D-5300 Bonn 3, Tel. (0228) 400970.

Bundesinnung der Gärtner, Berufsgruppe Gartengestalter
Wiedner Hauptstr. 63, A-1010 Wien, Tel. (222) 725611/357.

Bundesverband Garten-, Landschafts- und Sportplatzbau e. V. (BGL), Haus der Landschaft
Pittsdorfer Str. 93, D-5300 Bonn, Tel. (0228) 354036-38.

Deutscher Bund für Vogelschutz e. V. (DBV)
Am Michaelshof 8, 5300 Bonn 1, Tel. (0228) 358031.

SUISSE Verband Schweizerischer Gärtnermeister (VSG)
Forchstr. 287, CH-8029 Zürich, Tel. (1) 533700.

20. Finanzen und öffentliche Förderprogramme

Literatur

Der Bundesminister für Forschung und Technologie, Förderfibel (Bezugsquelle: Postfach 200706, D-5300 Bonn 1).

Der Bundesminister für Umwelt, Naturschutz und Reaktorsicherheit (Hrsg.), Investitionshilfen im Umweltschutz, 2. überarb. Aufl., Bonn 1992 (Bezugsquelle: Kennedyallee 5, D-5300 Bonn 1).

Deutsche Bank AG, Umweltschutz. Fakten, Prognosen, Strategien (= Mittelstandsbroschüre 11), Frankfurt/M. 1988.

Deutscher Wirtschaftsdienst (Hrsg.), Förderfibel Energie, Köln 1990.

Hoffmann, V., Die Programme zur Förderung von Umweltschutzinvestitionen und Umweltschutzförderung durch Sonderabschreibungen, in: Umwelt und Energie, Freiburg i. Br.

Jürgensmann, H.-H. / Naujoks, W., Der neue Ratgeber zur EG-Förderung, Köln 1989.

Limbach, D., Die steuerliche Förderung des Umweltschutzes, Heidelberg 1991.

Weitere Informationen über die Finanzierungshilfen des Bundes und der Länder an die gewerbliche Wirtschaft finden sich in der jährlichen Sonderausgabe der Zeitschrift für das gesamte Kreditwesen (ZfGK) (Bezugsquelle: Verlag Fritz Knapp, Neue Mainzer Str. 60, 6000 Frankfurt/M.).

Organisationen

Die Anschriften der für Förderungsmaßnahmen zuständigen Umweltschutzstellen.

1. International

Europäische Investitionsbank
100, Boulevard Konrad Adenauer, L-2550 Luxemburg, Tel. 4379-1.

Kommission der Europäischen Gemeinschaft, Generaldirektion Energie, THERMIE
200, Rue de la Loi, B-1049 Brüssel.

Kommission der Europäischen Gemeinschaft, Generaldirektion Umwelt
200, Rue de la Loi, B-1049 Brüssel, Tel. (00322) 2351111.

2. Die obersten und oberen Naturschutzbehörden von Bund und Ländern

Bundesministerium für Umwelt, Naturschutz und Reaktorsicherheit
Postfach 120629, 5300 Bonn 1, Tel. (0228) 305-1.

Bundesministerium für Forschung und Technik
Heinemannstr. 2, 5300 Bonn 2.

Bundesministerium für Wirtschaft
Momblerstr. 76, 5300 Bonn-Duisdorf, Tel. (0228) 615-1.

Bundesamt für Wirtschaft
Postfach 5171, 6236 Eschborn, Tel. (06196) 404-1.

Umweltbundesamt (UBA)
Bismarckplatz 1, 1000 Berlin 33, Tel. (030) 8903-0.

Ministerium für ländlichen Raum, Ernährung, Landwirtschaft und Forsten Baden Württemberg
Postfach 103444, 7000 Stuttgart 10, Tel. (0711) 126-2294.

Ministerium für Wirtschaft, Mittelstand und Technologie Baden-Württemberg
Theodor-Heuss-Str. 4, Postfach 103451, 7000 Stuttgart 10.

Bayerisches Staatsministerium des Innern
Postfach 220036, 8000 München 22, Tel. (089) 3890-1.

Bayerisches Staatsministerium für Ernährung, Landwirtschaft und Forsten
Postfach, 8000 München 22, Tel. (089) 2182-0.

Bayerisches Staatsministerium für Landesentwicklung und Umweltfragen
Rosenkavalierplatz 2, Postfach 810140, 8000 München 81, Tel. (089) 2141-0.

Bayerisches Staatsministerium für Wirtschaft und Verkehr
Prinzregentenstr. 28, 8000 München 22, Tel. (089) 216201.

Senatsverwaltung für Stadtentwicklung und Umweltschutz Berlin Referat IV B
Lindenstr. 20–25, 1000 Berlin 61, Tel. (030) 25862135.

Senatsverwaltung für Stadtentwicklung und Umweltschutz Berlin Referat V, Abt. I
Lentzallee 12–14, 1000 Berlin 33, Tel. (030) 8298-272.

Senatsverwaltung für Wirtschaft
Martin-Luther-Str. 105, 1000 Berlin 62.

Ministerium für Umwelt, Naturschutz und Raumordnung Brandenburg
Albert-Einstein-Str. 42–46, O-1561 Potsdam, Tel. (03733) 316-0.

Senat für Umweltschutz und Stadtentwicklung
Am Wall 177, 2800 Bremen 1, Tel. (0421) 361-6628.

Senat für Wirtschaft, Technologie und Außenhandel Bremen
Zweite Schlachtpforte 3, 2800 Bremen 1, Tel. (0421) 361-2450.

Freie Hansestadt Hamburg, Umweltbehörde, Sanierungsförderung
Alter Steinweg 4, 2000 Hamburg 1, Tel. (040) 3413-1.

Hessisches Ministerium für Umwelt und Reaktorsicherheit
Postfach 3109, 6200 Wiesbaden, Tel. (06121) 8172676.

Hessisches Ministerium für Wirtschaft und Technik, Herr Dr. Cuny/Herr Dr. Möller
Postfach 3129, 6200 Wiesbaden, Tel. (0611) 8152295 bzw. -0.

Ministerium für Umwelt des Landes Mecklenburg-Vorpommern, Frau Dr. Petra Uhlmann
Schloßstr. 6–8, O-2750 Schwerin.

Niedersächsisches Ministerium für Wirtschaft, Technologie und Verkehr
Friedrichswall 1, Postfach 101, 3000 Hannover 1, Tel. (0511) 120-1.
Ministerium für Umwelt, Raumordnung und Landwirtschaft Nordrhein-Westfalen
Schwannstr. 3, Postfach 300652, 4000 Düsseldorf 30, Tel. (0211) 45660.
Ministerium Für Wirtschaft, Mittelstand und Technologie Nordrhein-Westfalen
Haroldstr. 4, 4000 Düsseldorf 30, Tel. (0211) 83702.
Ministerium für Umwelt und Gesundheit Rheinland-Pfalz
Kaiser-Friedrich-Str. 7, 6500 Mainz, Tel. (06131) 160.
Ministerium für Wirtschaft und Verkehr Rheinland-Pfalz
Bauhofstr. 4, 6500 Mainz, Tel. (06131) 160.
Ministerium für Umwelt Saarland
Hardenbergstr. 8, Postfach 1010, 6600 Saarbrücken, Tel. (0681) 501-1.
Ministerium für Umwelt und Landesentwicklung des Landes Sachsen
Julian-Grimau-Allee 33, O-8010 Dresden, Tel. (03751) 470716.
Ministerium für Umwelt und Naturschutz Sachsen-Anhalt
Pfälzer Str., O-3024 Magdeburg, Tel. (03791) 58401.
Ministerium für Ernährung, Landwirtschaft und Forsten Schleswig-Holstein, Abt. Umweltschutz und Landespflege
Dürstenbrooker Weg 104, 2300 Kiel 1, Tel. (0431) 296-1.
Ministerium für Natur, Umwelt und Landesentwicklung Schleswig-Holstein
Grenzstr. 1–5, Postfach 6209, 2300 Kiel 14, Tel. (0431) 219-370.
Ministerium für Soziales, Gesundheit und Energie Schleswig-Holstein, Abt. Energiewirtschaft
Kronshagener Weg 130a, 2300 Kiel, Tel. (0431) 16950.
Ministerium für Wirtschaft, Technik und Verkehr Schleswig-Holstein
Postfach 1132, 2300 Kiel 1, Tel. (0431) 596-3922.
Thüringer Umweltministerium
Richard-Brestan-Str. 11a, Postfach 722, O-5082 Erfurt, Tel. (03761) 24766.

3. Sonstiges

Deutsche Ausgleichsbank
Wielandstr. 4, 5300 Bonn 2, Tel. (0228) 8311-549.
Deutsche Forschungsanstalt für Luft- und Raumfahrt e. V. (DLR)
Südstr. 125, 5300 Bonn, Tel. (0228) 38210.
Deutscher Industrie- und Handelstag
Adenauerallee 145, 5300 Bonn 1.
Gesellschaft für Strahlen- und Umweltforschung (GSF)
Kühlbachstr. 11, 8000 München 90, Tel. (089) 65108851.
Hessische Landesentwicklungs- und Treuhandgesellschaft mbH (HLT)
Abraham-Lincoln-Str. 38–42, 6200 Wiesbaden, Tel. (0611) 774-1.
Industrie- und Handelskammer zu Berlin
Hardenbergstr. 16–18, 1000 Berlin 12, Tel. (030) 1510-0.
Kernforschungsanlage Jülich GmbH (KfA)
Postfach 1913, 5170 Jülich 1, Tel. (02461) 61-0.
Kernforschungszentrum Karlsruhe (KfK)
Postfach 3640, 7500 Karlsruhe 1, Tel. (04242) 821.

Kreditanstalt für Wiederaufbau
Palmengartenstr. 5–9, Postfach 11 11 41, 6000 Frankfurt/M. 11, Tel. (069) 7341-0.
Landesanstalt für Aufbaufinanzierung
Königinstr. 15, 8000 München 22, Tel. (089) 2124-0.
Landesgewerbeamt Baden-Württemberg
Willi-Bleicher-Str. 19, 7000 Stuttgart 1.
Landesgewerbeamt Bayern
Gewerbemuseumsplatz 2, 8300 Nürnberg 1, Tel. (0911) 20170.
Landeskreditanstalt Baden-Württemberg, Niederlassung Stuttgart
Schellingstr. 15, 7000 Stuttgart 1.
Landeskreditanstalt Baden-Württemberg
Schloßplatz 10–12, 7500 Karlsruhe 1.
Landesoberbergamt Nordrhein-Westfalen
Goebenstr. 25–27, 4600 Dortmund 1, Tel. (0231) 54101.
Projektträger Biologie, Energie, Ökologie
Alt-Moabit 105, 1000 Berlin 21, Tel. (030) 39254144.
Rationalisierungskuratorium der Deutschen Wirtschaft, RKW Bremen
Balgebrückstr. 3–5, 2800 Bremen 1, Tel. (0421) 323316.
Rationalisierungskuratorium der Deutschen Wirtschaft, RKW Hessen
Düsseldorfer Str. 40, 6223 Eschborn.
Wirtschaftsförderungsgesellschaft in Bremen
Hanseatenhof 8, 2800 Bremen 1, Tel. (0421) 308850.
Wirtschaftsförderungsgesellschaft, Außenstelle Bremerhaven
Bürgermeister-Smidt-Str. 31, 2850 Bremerhaven, Tel. (0471) 47031.

21. Öko-Controlling

Literatur

Beschorner, D., Erfassung von Umweltkosten in Betriebsabrechnungsbogen, in: Evangelische Akademie Tutzing (Hrsg.), Tutzinger Materialien. Ökologisches Rechnen im Betrieb. Tutzing 1986.
Beschorner, D., Öko-Bilanz. Eine Entscheidungshilfe für eine umweltfreundlichere Wirtschaftsweise? in: Freimann, J. (Hrsg.), Ökologische Herausforderung der Betriebswirtschaftslehre, Wiesbaden 1990.
Buchwald, K./Engelhardt, W. (Hrsg.), Erweiterte Wirtschaftlichkeitsrechnungen, in: Handbuch für Planung, Gestaltung und Schutz der Umwelt, München 1980, Bd. 4.
Bundesamt für Umwelt, Wald und Landschaft (BUWAL), Methodik für Ökobilanzen auf der Basis ökologischer Optimierung, Bern 1990.
Braunschweig, A., Die ökologische Buchhaltung als Instrument der städtischen Umweltpolitik, Grüsch 1988.
Hallay, H. (Hrsg.), Die Öko-Bilanz. Ein betriebliches Informationssystem (= Schriftenreihe des Instituts für ökologische Wirtschaftsforschung 27/89).
Hunscheld, J., Informationstechnik im Umweltschutz, PSI Gesellschaft für Prozeßsteuerungs- und Informationssysteme mbH, Velbert 1988.
Internationale Handelskammer (ICC), Umweltschutz-Audits, Paris 1989.

Kunert, Ökobericht 1991, Immenstadt.
Müller-Wenk, R., Die ökologische Buchhaltung, Frankfurt/M. 1978.
Pfriem, R., Ansatzpunkte für ein ökologisches Rechnungswesen, in: future-forum 1987. Umweltschutz, Gewinn für die Zukunft, hrsg. v. Förderkreis Umwelt future e. V., Lengerich 1987.
Pfriem, R., Ökobilanzen für Unternehmen, in: Pfriem, R. (Hrsg.), Ökologische Unternehmenspolitik, Frankfurt/M. u. a. 1986.
Rosenberger, C., Umweltindikatoren, in: Öko-Institut. Arbeiten im Einklang mit der Natur. Bausteine für ein ökologisches Wirtschaften, Freiburg i. Br. 1985.
Seidel, E./Menn, H., Ökologisch orientierte Betriebswirtschaft, Stuttgart 1988.
Sietz, M. u. a., Umweltchecklisten für Manager, Taunusstein 1989.
Sietz, M. u. a., Umwelt-Audit und Umwelthaftung, Taunusstein 1990.
Swissair, Ökobilanz 1991, Zürich.
Stahlmann, V., Umweltorientierte Materialwirtschaft, Wiesbaden 1988.
Stahlmann, V., Ökologisierung der Unternehmenspolitik durch eine umweltorientierte Materialwirtschaft, in: HdU, hrsg. v. Heigl/Vogl/Schäfer, 46. erg. Aufl., 12/89.
Stahlmann, V., Öko-Controlling in einer Integrierten Materialwirtschaft, in: future-forum 1988, Von der Ökobilanz zum Öko-Controlling, Lengerich 1989.
Steger, U., Umweltmanagement, Frankfurt/M. 1988.
Strebel, H., Umwelt und Betriebswirtschaft, Berlin 1980.
Tutzinger Materialien, Ökologisches Rechnen im Betrieb, hrsg. v. Held, M., Tutzingen 1986.

22. Recht

Datenbanken

Juristisches Informationssystem für die Bundesrepublik Deutschland (Juris), Bundesministerium für Justiz
5300 Bonn 2.

Umweltdokumentation und -information (UMPLIS), Umweltbundesamt
Bismarckplatz 1, 1000 Berlin 33.

Literatur

Beck-Gesetzestexte (Hrsg.), Umweltrecht, 6. Aufl., München 1990.
Bender, B./Sparwasser, R., Umweltrecht, Heidelberg 1988.
Birn, H., Abfallbeseitigungsrecht für die betriebliche Praxis, erg. Aufl., Kissing 1989.
Hoppe, W., Umweltschutzrecht. Kurzlehrbuch für Studium und Praxis, München 1987.
Hoppe, W./Beckmann, M., Umweltrecht, München 1989.
Jarass, H. D., Die Anwendung neuen Umweltrechts auf bestehende Anlagen. Umweltverträglichkeitsprüfung bei Industrievorhaben, Köln 1989.
Kloepfer, M., Umweltschutz Gesetzessammlung, 10. erg. Aufl., München 1988.
Kloepfer, M., Umweltrecht, München 1989.
Kuhlmann, A., Was der Unternehmer vom Umweltschutz wissen sollte, Köln 1989.

Liniger, H.-U./Porchet, J.-P., Ökologische Gefahren beim Unternehmenskauf, in: Neue Züricher Zeitung, Fernausgabe 182, Zürich 1991.
Moench, C./Schlarmann, H., Umweltrecht in der betrieblichen Praxis (= Reihe „Aktueller Betrieb"), München 1987.
Mohr, P. C., Umweltberatung durch Privatpersonen und Behörden. Ein Beitrag zu den Rechtsgrundlagen der Umweltberatung für die privaten Haushalte, in: Natur und Recht 1989.
Raeschke-Kessler, H. u. a., Aktuelle Rechtsfragen und Rechtsprechung zum Umwelthaftungsrecht der Unternehmen, Köln [2]1990.
Schlemminger, H., Die Gestaltung von Grundstückskaufverträgen bei festgestellten Altlasten oder Altlastenverdacht, in: Betriebs-Berater 1991.
Schmitt-Gieser, G., Abfallentsorgung. Gesetze, Verordnungen, Abfallrechtliche Informationen, Landsberg 1989.
Schwager, S./Knöpfel, P./Weidner, H., Umweltrecht Schweiz – EG. Das schweizerische Umweltrecht im Lichte der Umweltschutzbestimmungen der Europäischen Gemeinschaften. Ein Rechtsvergleich, Basel u. a. 1988.
Sietz, M. u. a., Umwelt-Audit und Umwelthaftung, Taunusstein 1990.
Stober, R., Handbuch des Wirtschaftsverwaltungs- und Umweltrechts, Stuttgart 1989.
Storm, P. Umweltrecht. Einführung in ein neues Rechtsgebiet, Berlin 1980.
Vogl, J./Heigl, A./Schäfer, K., Handbuch des Umweltschutzes, München (div. Jahrgänge).

Organisationen

Bundesdeutscher Arbeitskreis für umweltbewußtes Management e. V.
Tinsdaler Kirchenweg 211, W-2000 Hamburg 56, Tel. (040) 810101; Fax (040) 810126.

Bundesweiter Arbeitskreis für umweltbewußtes Management Österreich (B.A.U.M. Österreich)
Lohnsteinstr. 36, A-2380 Perchtoldsdorf, Tel. 43-222-860614; Fax (43222) 8653893.

Institut für Umweltpolitik und -recht e. V. (IVR)
Wunderburgstr. 17, 2900 Oldenburg/Ol., Tel. (0441) 15538.

Schweizerische Vereinigung für ökologisch bewußte Unternehmensführung (ÖBU).
Postfach 9, CH-9001 St. Gallen, Tel. (071) 286302.

Verein für Umweltrecht e. V.
Walsroder Str. 12–14, 2800 Bremen 1, Tel. (0421) 373320.

23. Haftungsrechtliche Verantwortung

Datenbanken

Juristisches Informationssystem für die Bundesrepublik Deutschland (Juris)
Bundesminister für Justiz, 5300 Bonn 2.

Literatur

Gückelhorn, H./Steger, U. (Hrsg.), Umwelt-Unternehmen-Haftung. Strategien zur Bewältigung eines Schlüsselthemas, Sonderdruck aus: Vogl, J./Heigl, A./ Schäfer, K., Handbuch des Umwelt-Schutzes, Landsberg u. a. 1988 (Bezugsquelle: ecomed Verlagsgesellschaft mbH).
Hagele, J. Produkthaftung – eine Gefahr für jeden Betrieb, Bad Wörishofen 1990.
Kuhlmann, A., Was der Unternehmer vom Umweltschutz wissen sollte, Köln 1989.
Schmidt, R./Müller, H., Einführung in das Umweltrecht (= Schriftenreihe der Juristischen Schulung, Heft 98), München 1987.
Sieder, F./Zeitler, H./Dahme, H., Wasserrecht. Wasserhaushaltsgesetz, München 1988.

Organisationen

Gerling Welt Institut Für Risiko-Beratung Plus Sicherheits-Management GmbH Hohenzollernring 90, D-5000 Köln 1, Tel. (0221) 1445967; Fax (0221) 1445324.

24. Strafrechtliche Verantwortung

Datenbanken

Juristisches Informationszentrum für die Bundesrepublik Deutschland (Juris) Bundesministerium für Justiz, 5300 Bonn 2.

Literatur

Heine, G./Meinberg, V., Empfehlen sich Änderungen im strafrechtlichen Umweltschutz, insbesondere in Verbindung mit dem Verwaltungsrecht? Gutachten D zum 57. Juristentag, München 1988.
Leitfaden zur Gerling-Straf-Rechtsschutz-Versicherung. Rechte und Pflichten im strafrechtlichen Ermittlungsverfahren (Bezugsquelle: Gerling-Konzern Rechtsschutz-Versicherungs-AG, Postfach 100808, 5000 Köln 1).
Meinberg, V., Empirische Erkenntnisse zum Vollzug des Umweltstrafrechts, in: Zeitschrift für die gesamte Strafrechtswissenschaft, Bd. 100, Heft 1, 1988.
Rüther, W., Ursachen für den Anstieg polizeilich festgestellter Umweltschutzdelikte, Bericht 2/86 des Bundesumweltamtes, Berlin 1986.
Sack, H.-J., Umweltschutz-Strafrecht, Stuttgart 1986.

Organisationen

Gerling-Konzern Rechtsschutz-Versicherungs-AG
Postfach 100808, 5000 Köln 1.

Gerling Welt Institut Für Risiko-Beratung Plus Sicherheits-Management GmbH Hohenzollernring 90, 5000 Köln 1, Tel. (0221) 1445967; Fax (0221) 1445324.

25. Sicherheitsmanagement

Literatur

Aptiz, K., Konflikte, Krisen, Katastrophen, Frankfurt/M. 1987.

Dahnz, W. u. a., Handbuch zur Anwendungsprüfung Störfall-Verordnung, Köln 1989.

Geppert, P. P., Führungskräfte müssen haften, in: Gablers Magazin 8, 1987.

Gerling & Co Organisationsgesellschaft, Umweltrisiken aus der Sicht der Unternehmen (Bezugsquelle: Prinzregentenstr. 11, 8000 München 22).

Gückelhorn, H./Steger, U. (Hrsg.), Umwelt-Unternehmen-Haftung. Strategien zur Bewältigung eines Schlüsselthemas, Sonderdruck aus: Vogl, J./Heigl, A./Schäfer, K., Handbuch des Umwelt-Schutzes, Landsberg u. a. 1988 (Bezugsquelle: ecomed Verlagsgesellschaft mbH).

Hauser, R., Tauchstation. Öffentlichkeitsarbeit im Krisenfall, in: Capital 5, 1987.

Schilling, H., Risikobewältigung bei Eintritt eines großen Haftpflichtschadens, in: Die Versicherungspraxis 4, 1988.

Thomé-Kozmiensky, K. J., Altlasten, Berlin 1987.

Sietz, M. u. a., Umweltchecklisten für Manager, Taunusstein 1989.

Sietz, M. u. a., Umwelt-Audit und Umwelthaftung, Taunusstein 1990.

Organisationen

Bundesdeutscher Arbeitskreis für umweltbewußtes Management e. V.
Tinsdaler Kirchenweg 211, W-2000 Hamburg 56, Tel. (040) 810101; Fax (040) 810126.

Bundesweiter Arbeitskreis für umweltbewußtes Management Österreich (B.A.U.M. Österreich)
Lohnsteinstr. 36, A-2380 Perchtoldsdorf, Tel. 43-222-860614; Fax (43222) 8653893.

Gerling Welt Institut Für Risiko-Beratung Plus Sicherheits-Management GmbH
Hohenzollernring 90, 5000 Köln 1, Tel. (0221) 1445967; Fax (0221) 1445324.

Schweizerische Vereinigung für ökologisch bewußte Unternehmensführung (ÖBU)
Postfach 9, CH-9001 St. Gallen, Tel. (071) 286302.

26. Versicherungen

Literatur

Das neue Umwelt HG. Sonderinformation März 91 (Bezugsquelle: Jauch & Hübener, Rödingsmarkt 14, 2000 Hamburg 11).

Dokumentation zur Informationsveranstaltung Umwelthaftung und Versicherung (Bezugsquelle: Jauch & Hübener, PR-Abteilung, Postfach 100955, 4330 Mühlheim a. d. Ruhr).

Johannsen, R., Haftpflichtversicherungsschutz gegen Umweltschäden durch Verunreinigung, Hamburg 1987.

Kuhlmann, A., Was der Unternehmer über Umweltschutz wissen sollte, Köln 1989.

Ministerium für Ernährung, Landwirtschaft, Umwelt und Forsten Baden-Württemberg, Umgang mit leicht flüchtigen chlorierten und aromatisierten Kohlenwasserstoffen (= Leitfaden Nr. 15), Stuttgart 1984 (Bezugsquelle: Landesanstalt für Umweltschutz Baden-Württemberg, Griesbachstr. 3, 7500 Karlsruhe 21).

Münchener Rückversicherungsgesellschaft, Umweltschäden und Haftpflichtversicherung, München 1984.

Schmidt-Leithoff, Auswirkungen des neuen Umwelt-Haftungsrechts auf die Industrie, in: VP 7/91.

Teichler, M., Neue Umweltpolice, in: Handelsblatt vom 5.11.1987 (Bezugsquelle: Joost & Preuss, Rödingsmarkt 14, 2000 Hamburg 11).

Verband der Chemischen Industrie, Innerbetrieblicher Umgang mit leicht flüchtigen chlorierten Kohlenwasserstoffen. Ein Informationsblatt mit konkreten Handlungsanweisungen, Stand: Dez. 1985 (Bezugsquelle: Verband der Chemischen Industrie (VDI), Postfach 11 19 42, 6000 Frankfurt 11).

Wagner, Umwelthaftung und Versicherung, in: Versicherungsrecht 1991.

Wicke, L., Die Ökologischen Milliarden, München 1986.

Organisationen

Bundesdeutscher Arbeitskreis für umweltbewußtes Management e. V. (B.A.U.M.)
Tinsdaler Kirchenweg 211, W-2000 Hamburg 56, Tel. (040) 81 01 01; Fax (040) 81 01 26.

Bundesweiter Arbeitskreis für umweltbewußtes Management Österreich (B.A.U.M. Österreich)
Lohnsteinstr. 36, A-2380 Perchtoldsdorf, Tel. 43-222-86 06 14; Fax (43222) 865 38 93.

Schweizerische Vereinigung für ökologisch bewußte Unternehmensführung (ÖBU).
Postfach 9, CH-9001 St. Gallen, Tel. (071) 28 63 02.

Verband der Haftpflichtversicherer, Unfallversicherer, Autoversicherer und Rechtsschutzversicherer, (HUK-Verband)
Glockengießerwall 1, 2000 Hamburg 1, Tel. (040) 32 10 70.

Verband der Lebensversicherungsunternehmen e. V.
Eduard-Pflüger-Str. 55, 5300 Bonn 1, Tel. (0228) 23 90 51.

Verband der Sachversicherer e. V.
Riehlerstr. 36, 5000 Köln 1, Tel. (0221) 776 60.

27. Öffentlichkeitsarbeit

Literatur

Apitz, K., Konflikte, Krisen, Katastrophen. Präventivmaßnahmen gegen Imageverlust, Frankfurt/M. 1987.

Dyllick, T., Ökologisch bewußtes Management, in: Schweizerische Volksbank (Hrsg.), Die Orientierung, Bd. 96, Bern 1990.

Liese, H.J., Markt und Umwelt. Ökologie und Ökonomie im Kompromiß aus Kommerz und Vernunft, München 1986.

Meffert, H./Bruhn, M./Schubert, F./Walter, T., Marketing und Ökologie, in: Der Betriebswirt 46, 1986.

Schreiber, R. L., Ökologie und Marketing. Ökologische Herausforderungen und wirtschaftliche Problemlösungen (= Arbeitspapiere zur Schriftenreihe Schwerpunkt Marketing, Bd. 9), Augsburg 1985 (Bezugsquelle: Fördergesellschaft Marketing an der Universität Augsburg, Memminger Str. 14, 8900 Augsburg, Tel. (0821) 598270).

Schultheis, H., Der Umweltschutz in der Öffentlichkeitsarbeit der Unternehmen, in: Vogl, J./Heigl, A./Schäfer, K. (Hrsg.), Handbuch des Umweltschutzes, Bd. 5, München 1977.

Organisation

Bundesdeutscher Arbeitskreis für umweltbewußtes Management e. V. (B.A.U.M.)
Tinsdaler Kirchenweg 211, W-2000 Hamburg 56, Tel. (040) 810101; Fax (040) 810126.

Bundesweiter Arbeitskreis für umweltbewußtes Management Österreich (B.A.U.M. Österreich)
Lohnsteinstr. 36, A-2380 Perchtoldsdorf, Tel. 43-222-860614; Fax (43222) 8653893.

Ökomedia-Institut für ökologische Medienarbeit e. V.
Münchhofstr. 12a, 7800 Freiburg, Tel. (0761) 30939.

Schweizerische Vereinigung für ökologisch bewußte Unternehmensführung (ÖBU).
Postfach 9, CH-9001 St. Gallen, Tel. (071) 286302.

28. Internationale Wirtschaftsbeziehungen

Organisationen

Europäisches Umweltschutzbüro
29 Rue Vautier, B-1040 Brussel, Tel.: (00322) 6470199.

Europarat, Ausschuß für Naturschutz und natürliche Hilfsquellen
Place Lenotre 67, F-67001 Strasbourg.

Institut für Europäische Umweltpolitik
Aloys-Schulte-Str. 6, D-5300 Bonn 1, Tel. (0228) 213810.

International Network for Environmental Management e. V. (INEM)
Hellgrund 92, 2000 Wedel/Holst., Tel. (04103) 84019; Fax (04103) 13699.

Vereinte Nationen, UN-Verwaltungsrat für Umweltprogramme, UN-Headquarters
New York, 10016 USA, 600 Third Av., 41st floor.

Vergleiche hierzu im übrigen das Kapitel über „Internationale Organisationen von Bedeutung für umweltorientierte Unternehmensführung" sowie über das „International Network for Environmental Management (INEM)".

II. Englischsprachige Quellen (ohne USA)

1. Overview checklist

The sources for this checklist are identical with those for checklist 4 „Corporate aims and strategies".

2. Priority rating checklist

The sources for this checklist are identical with those for checklist 4 „Corporate aims and strategies".

3. Management motivation

Publications

Confederation of British Industry, Clean-up: it's good business, London 1986.

Organisations

Institut of Environmental Sciences Ltd
14 Princes Gate, Hyde Park, London SW7 1PU.

Royal Society of Arts (Environmental Secretary)
9 John Adam Street, London WC 2, tel. (01) 9305115.

Technology, Research and Enterprise for the Environment in the United Kingdom (TREE UK)
c/o Cartex Consultants, 180 Shakespeare Street, Coventry, CU2 4NF, tel. (44) 203692946; Fax (44) 203690047.

4. Corporate aims and strategies

Publications

Ashby, E., Reconciling Man with the environment, Oxford 1977.

Confederation of British Industry, Clean-up: it's good business, London 1986.

Elkington, J., with Burke, T., The Green Capitalists. Industry's Search of Environmental Excellence, London 1987.

Elkington, J./Burke, T./Hailes, J., Green Pages. The business of Saving the World, London 1988.

5. Marketing

Publications

Charter, M., Greener Market, Hants 1990.

Elkington, J., with Burke, T., The Green Capitalists. Industry's Search for Environmental Excellence, London 1987.

Elkington, J./Burke, T./Hailes, J., Green Pages. The business of Saving the World, London 1988.
Elkington, J., with Hailes, J. of Sustain Ability, The Green Consumer Guide, London 1988.

Organisations

Technology, Research and Enterprise for the Environment in the United Kingdom (TREE UK)
c/o Cartex Consultants, 180 Shakespeare Street, Coventry, CU2 4NF, tel. (44) 203 69 29 46; Fax (44) 203 69 00 47.

6. In-house environmental protection arrangements

Publications

Confederation of British Industry, Clean-up: it's good business, London 1986.
Elkins, P. (Hrsg.), The living economy. A new economics in the making, Henley-on-Thames 1986.
Elkington, J., with Burke, T., The Green Capitalists. Industry's Search for Environmental Excellence, London 1987.

7. Staff motivation and training

Publications

Bingham, G., Resolving environmental disputes. A decade of experience, London 1986.
Elkington, J., with Burke, T., The Green Capitalists. Industry's Search for Environmental Excellence, London 1987.
The environmentalist (Environmental Education), Science and Technology Letters, Surrey.

Organisations

National Association for Environmental Education
West Midlands College of Higher Education, Gorway, Walsall WAI 3BD.
Technology, Research and Enterprise for the Environment in the United Kingdom (TREE UK)
c/o Cartex Consultants, 180 Shakespeare Street, Coventry, CU2 4NF, tel. (44) 203 69 29 46; Fax (44) 203 69 00 47.

8. Working conditions

Databases

HSE Line, Library and Information Services, Research and Laboratory Service
Broad Lane, Sheffield, S 3 7HQ, tel. (0742) 768141.

Publications

Croner' Health and Safety at Work (published yearly), Bezugsquelle: Croner Publications Ltd., Croner House, 173 Kingston Road, New Malden, Surrey KT3 3SS, tel. (01) 9428966.

Environmental Health. Journal of the Institute of Environmental Health Officers, (Bezugsquelle: Chadwick House, Rishworth Street, London, Se10QT, tel. (01) 9288006).

Health and Safety Executive, Baynard's House, London.

PM International Newsletter, (Bezugsquelle: Walden Press Ltd., South Park Lodge, Mayfield Lane, Wadhurst, East Sussex, TN5 6JE, tel. (089) 2882366).

Organisations

The Department of Social Insurance and Industrial Welfare, The Trades Union Congress, Congress House

Great Russel Street, London WCI, tel. (01) 6364030.

The Health and Safety Executive, Baynard's House

1–13 Chepstow Place, Westbourne Grove, London WS 4TF, tel. (01) 2293456, government agency.

9. Canteen food

Publications

Elkington, J./Burke, T./Hailes, J., Green Pages. The business of Saving the World, London 1988.

Elkington, J., with Hailes, J. of Sustain Ability, The Green Consumer Guide, London 1988.

Guide to Healthy Eating (Bezugsquelle: Health Education Authority, 78 New Oxford Street, London WC1 A 1AH).

Hanssen, M., with Marsden, T., The New E for Additives, Wellingborough Northants.

Organisations

Health Education Authority, 788 New Oxford Street, London WC1, tel. (01) 6310930.

10. Environmental counselling for employees' household

Publications

Elkington, J., with Hailes, J. of Sustain Ability, The Green Consumer Guide, London 1988.

Nature Conservancy Council, Northminster House, Peterborough PE1 1UA, tel. (0733) 40345.

11. Economising on energy and water

Publications

Burberry, P., Building for Energy Conservation, London 1978.
Department of energy, Energy Efficiency in Building, London 1985.
Department of Trade and Industry, A Brief Guide to Support and Advice for Recycling. Business Advice for Smaller Firms, Technical Advice, Help With energy costs, Research and Development Support for new Technology in the collection and disposal of waste, Research and Development Support for new Technology using waste as a fuel, Support for Innovation, (Bezugsquelle: Department of Trade and Industry, Minerals and Metals Division 3, Room 1014, Ashdown House, 123 Victoria Street, London SW1 E 6RB).
Department of Trade and Industry, The Government Focus on Reclamation containing, A Brief Guide to Support and Advice for Recycling. Watch your Waste – an organisation to contact. Watch your Waste – a new video about reclamation, (Bezugsquelle: Department of Trade and Industry of Confederation of British Industry, Centre Point, 103 New Oxford Street, London WC1 A 1DU, tel. (01) 3797400).
Elkington, J./Burke, T./Hailes, J., Green Pages. The business of Saving the World, London 1988.
Elkington, J., with Hailes, J., of Sustain Ability, The Green Consumer Guide, London 1988.
Langley, K. F., Industrial Energy Efficiency in the UK up to the Year 2000, Oxon 1985.
Parker, C./Roberts, T., Energy from Waste, London 1985.

Organisations

The Association for the Conservating of Energy
9 Sherlock Mews, London WIM 3 RH, tel. (01) 935 1495.

Department of Environment, Energy Efficiency Office, Distribution Unit, Room 1312
Thames House, South Millbank, London SW1P4QJ, tel. (01) 2115779.

Technology, Research and Enterprise for the Environment in the United Kingdom (TREE UK)
c/o Cartex Consultants, 180 Shakespeare Street, Coventry, CU2 4NF, tel. (44) 203 692946; Fax (44) 203 690047.

12. Product development

Publications

Department of Trade and Industry, A Brief Guide to Support and Advice for Recycling. Business Advice for Smaller Firms, Technical Advice, Help with Energy Costs, Research and Development Support for new Technology in the Collection and Disposal of Waste, Research and Development Support for New Technology Using Waste as a Fuel, Support for Innovation, (Bezugsquelle: Department of Trade and Industry, Minerals and Metals Division 3, Room 1014, Ashdown House, 123 Victoria Street, London SW1 E 6RB).

Elkington, J., with Burke, T., The Green Capitalists. Industry's Search for Environmental Excellence, London 1987.

Elkington, J./Burke, T./Hailes, J., Green Pages. The Business of Saving the World, London 1988.

Elkington, J., with Hailes, J. of Sustain Ability, The Green Consumer Guide, London 1988.

Organisations

The Design Council
28 Haymarket, London SW1Y 4SU, tel. (01) 839 8000.

The Ecological Materials Research Institute, Brunel University, Shoreditch Campus, Egham, Surrey TW2 0JZ, tel. (0787) 21697.

Technology, Research and Enterprise for the Environment in the United Kingdom (TREE UK)
c/o Cartex Consultants, 180 Shakespeare Street, Conventry, CU2 4NF, tel. (44) 203 69 29 46; Fax (44) 203 69 00 47.

13. Materials management

Publications

Department of Trade and Industry, A Brief Guide to Support and Advice for Recycling. Business Advice for Smaller Firms, Technical Advice, Help with Energy Costs, Research and Development Support for New Technology Using Waste as a Fuel, Support for Innovation, (Bezugsquelle: Department of Trade and Industry, Minerals and Metals Devision 3, Room 1014, Ashdown House, 123 Victoria Street, London SW1 E 6RB).

Department of Trade and Industry, The Government Focus on Reclamation containing A Brief Guide to Support and Advice for Recycling. Watch your Waste – an organisation to contact. Watch your Waste – a new video about reclamation, (Bezugsquelle: Department of Trade and Industry of Confederation of British Industry, Centre Point, 103 New Oxford Street, London WC1 A 1DU, tel. (01) 379 7400.

Elkington, J./Burke, T./Hailes, J., Green Pages. The Business of Saving the World, London 1988.

Matus, Materials Selector, London.

Vogler, J., Work from Waste, London 1981.

Organisations

Chemical Industries Association
93 Albert Embankment, London SE1 7TU, tel. (01) 753 3001.

The Ecological Materials Research Institut, Brunel University, Shoreditch Campus
Egham, Surrey TW2 0JZ, tel. (0787) 21697.

The Materials Information Centre, The Design Council
28 Haymarket, London SW1Y 4SU, tel. (01) 839 8000.

The Reclamation Association
16 High Street, Brampton, Huntingdon, Cambridgeshire PE18 8TU, tel. (0480) 55249.

Technology, Research and Enterprise for the Environment in the United Kingdom (TREE UK)
c/o Cartex Consultants, 180 Shakespeare Street, Coventry, CU2 4NF, tel. (44) 203 69 29 46; Fax (44) 203 69 00 47.

14. Production technology

Publications

Department of the Environment, Environmental Protection Technology. A new scheme to encourage innovation in the field of environmental protection technology, 1987.

Department of Trade and Industry, A Brief Guide to Support and Advice for Recycling. Business Advice for Smaller Firms, Technical Advice, Help with Energy Costs, Research and Development Support for New Technology Using Waste as a Fuel, Support for Innovation, (Bezugsquelle: Department of Trade and Industry, Minerals and Metals Division 3, Room 1014, Ashdown House, 123 Victoria Street, London SW1 E 6RB).

Department of Trade and Industry, The Government Focus on Reclamation containing A Brief Guide to Support and Advice for Recycling. Watch your Waste – an organisation to contact. Watch your Waste – a new video about reclamation, (Bezugsquelle: Department of Trade and Industry of Confederation of British Industry. Centre Point, 103 New Oxford Street, London WC1 A 1DU, tel. (01) 379 7400.

Organisations

Chemical Industries Association
93 Albert Embankment, London SE1 7TU, tel. (01) 753 3001.

Technology, Research and Enterprise for the Environment in the United Kingdom (TREE UK)
c/o Cartex Consultants, 180 Shakespeare Street, Coventry, CU2 4NF, tel. (44) 203 69 29 46; Fax (44) 203 69 00 47.

The Institut of Waste Management
3 Albion Place, Derngate, Huntingdon, Northampton NN1 AUD, tel. (0604) 20426/8.

The Reclamation Association
16 High Street, Brampton, Huntingdon, Cambridgeshire PE18 8TU, tel. (0480) 55249.

15. Disposal and recycling

Publications

Department of Trade and Industry, A Brief Guide to Support and Advice for Recycling. Business Advice for Smaller Firms, Technical Advice, Help with

Energy Costs, Research and Development Support for New Technology Using Waste as a Fuel, Support for Innovation, (Bezugsquelle: Department of Trade and Industry, Minerals and Metals Division 3, Room 1014,. Ashdown House, 123 Victoria Street, London SW1 E 6RB).

Department of Trade and Industry, The Government Focus on Reclamation containing A Brief Guide to Support and Advice for Recycling. Watch your Waste – an organisation to contact. Watch your Waste – a new video about reclamation, (Bezugsquelle: Department of Trade and Industry of Confederation of British Industry, Centre Point, 103 New Oxford Street, London WC1 A 1DU, tel. (01) 3797400).

Elkington, J./Burke, T./Hailes, J., Green Pages. The business of Saving the World, London 1988.

Materials Reclamation Weekly (Bezugsquelle: Maclaren Publishers Ltd., P.O. Box 109, Maclaren House, Scarbrook Road, Croydon, CR9 1QH, tel. (01) 6887788).

Parker, C./Roberts, T., Energy from Waste, London.

Porteous, A., Recycling Resources, Refuse, London.

Royston, M., Pollution Prevention Pays, Holborn 1979.

Vogler, J., Work from Waste, 1981.

Wastes Management. Journal of Institute of Wastes Management, (Bezugsquelle: Institute of Wastes Management, 3 Albion Place, Northampton NN1 1UD, tel. (0604) 20426).

Organisations

Chemical Industries Association
93 Albert Embankment, London SE1 7TU, tel. (01) 7533001.

Technology, Research and Enterprise for the Environment in the United Kingdom (TREE UK)
c/o Cartex Consultants, 180 Shakespeare Street, Coventry, CU2 4NF, tel. (44) 203692946; Fax (44) 203690047.

The Institute of Waste Management
3 Albion Place, Derngate, Northampton NN1 AUD, tel. (0604) 20426/8.

The Reclamation Association
16 High Street, Brampton Huntingdon, Cambridgeshire PE18 8TU, tel. (0480) 55249.

16. Pollution cleanup

Publications

Carney, T. (Hrsg.), Reclaiming Contamined Land, Glasgow 1986.

Department of the Environment, Problems arising from the Redevelopment of Gasworks and Similar Sites, Kingston-upon-Thames 1986.

Smith, M., Contaminated Land, London 1985.

Organisations

Environmental Resources Limited (ERL)
106 Gloucester Place, London, W1H 3DB, tel. (01) 4861211.

Other organisations listed in: Directory of Environmental Consultants, London 1988.

17. Company vehicles

Publications

The National Advisory Unit for Community Transport (Bezugsquelle: Keymer Street, Breswick Manchester, M11 3FY, tel. (061) 2736038).

Organisations

Campaign for Lead Free Air (CLEAR)
2 Northdown Street, London, N1 9BG, tel. (01) 2789686.
National Society for Clean Air
136 North Street, Brighton BN1 1RG, tel. (0273) 26313.

18. Building

Databases

ACOMPLINE (urban policy and development), Research Library of the London Residuary Body, County Hall, London, SE1 7PB.

Publications

Burberry, P., Building for Energy Conservation, London 1978.
The Department of Energy, Energy Efficiency in Buildings, London 1985.
Elkington, J./Burke, T./Hailes, J., Green Pages. The Business of Saving the World, London 1988.
Project Appraisal, Beech Tree Publishing, 10 Watford Close, Guildford, Surrey, GUI 2EP, tel. (0483) 67497.
Sharland, I., Woods Practical Guide to Noise Control, London 1972.

Organisations

Technology, Research and Enterprise for the Environment in the United Kingdom (TREE UK)
c/o Cartex Consultants, 180 Shakespeare Street, Coventry, CU2 4NF, tel. (44) 203692946; Fax (44) 203690047.

19. Landscaping

Databases

European Local Environment Information Clearing House (ELEICH), Town and Country Planning Association, 11 Bloom Street, Manchester, M1 3HS, tel. (061) 2365195.

Publications

Bradshaw, A.D. (Hrsg.), Ecology and Design in Landscape. Symposium Proceedings, Oxford.

Wates, N./Knevitt, C., Community Architecture, London 1987.

Organisations

Association of Community Technical Aid Centres (ACTAC), Royal Institute Colquitt Street, Liverpool, L1 4DE, tel. (051) 7087607.

20. Finance and Subsidies

Publications

Department of the Environment, Environmental Protection Technology. A new scheme to encourage innovation in the field of environmental protection technology, 1987.

Department of Trade and Industry, A Brief Guide to Support and Advice for Recycling. Business Advice for Smaller Firms, Technical Advice, Help with Energy Costs, Research and Development Support for New Technology in the Collection and Disposal of Waste, Research and Development Support for New Technology Using Waste as a Fuel, Support for Innovation, (Bezugsquelle: Department of Trade and Industry, Minerals and Metals Division 3, Room 1014,. Ashdown House, 123 Victoria Street, London SW1 E 6RB).

Department of Trade an Industry, The Government Focus on Reclamation containing A Brief Guide to Support and Advice for Recycling. Watch your Waste – an organisation to contact. Watch your Waste – a new video about reclamation, (Bezugsquelle: Department of Trade and Industry of Confederation of British Industry, Centre Point, 103 New Oxford Street, London WC1 A 1DU, tel. (01) 3797400).

Organisations

Department of the Environment
Romnay House, 43 Marsham Street, London SW1 3PY.

Department of the Environment
Enquiries Unit, 2 Marsham Street, London, SW1, tel. (01) 2124693.

21. Environmental controlling

Databases

Databases on Environmental Auditing can be found in: Directory of Online Databases, Cuadra/Elsevier, 52 Vanderbilt Avenue, New York, NY 10017. tel. (212) 3705520. (Quarterly).

Publications

Greeno, J.L. u.a., Environmental Auditing – Fundamentals and Techniques, Chichester 1985.

Harrison, L.L., Environmental Auditing Handbook, Maidenhead 1984.

Organisations

Environmental Resources Limited (ERL)
106 Gloucester Place, London WI11 3DB, tel. (01) 4861211.
Other organisations listed in: Directory of Environmental Consultants, London 1988.

22. Law

Publications

Haigh, N., EEC Environmental Policy and Britain, London.
Journal of Energy and Natural Resources Law, (Bezugsquelle: Sweet and Maxwell Ltd., 11 New Fetter Lane, London, WC1, tel. (01) 5839855).
The Law and Practice Relating to Pollution Control in the United Kingdom, Environmental Resources Ltd., 106 Gloucester Place, London WI11 3DB, tel. (01) 4861211.

23. Civil liability

Databases

LEXIS, Butterworths Ltd.
6 Bell Yard, London, WC2A2JR, tel. (01) 4044097.

Publications

Burke, T./Dupny, P./Hill, J./Ashley, M. (Hrsg.), Green Alliance Parliamentary Newsletter, London.
Environmental Data Services Ltd. (ENDS) (= monthly publications, unit 24), Finsbury Business Centre, 40, Bowling Green Lane, London, EC1, tel. (01) 2787624.
Macrory, R. (Hrsg.), Journal of Environmental Law, Oxford 1989.

Organisations

Gerling Consulting Group, Gerling Insurance Service Company Ltd.
52 Cornhill, London EC3V 3PH, tel. (00441) 6232020; Fax (00441) 2831784.
Green Alliance
60 Chandos Place, London, WC2, tel. (01) 8360341.
Mr A Waite, The United Kingdom Environmental Law Association, Centre for Energy and Natural Resources Law
Faculty of Law, Southampton University, Southampton, Hampshire, SO9 5NII, tel. (0703) 595000.

24. Criminal liability

Databases

LEXIS, Butterworths Ltd.
6 Bell Yard, London, WC2A2JR, tel. (01) 4044097.

Publications

Burke, T./Dupny, P./Hill, J./Ashley, M. (Hrsg.), Green Alliance Parliamentary Newsletter, London.

Environmental Data Services Ltd. (ENDS) (= monthly publications, unit 24), Finsbury Business Centre, 40 Bowling Green Lane, London, EC1R ONE, tel. (01) 2787624.

Macrory, R. (Hrsg.), Journal of Environmental Law, Oxford 1989.

United Kingdom Environmental Law Association, Environmental Law, Centre for Energy and Natural Resources Law, Faculty of Law, Southampton University, Southampton, Hampshire, SO9 5NH, tel. (0703) 595000.

Organisations

Gerling Consulting Group, Gerling Insurance Service Company Ltd.
52 Cornhill, London, EC3V 3PH, tel. (00441) 6232020; Fax (00441) 2831784.

Green Alliance
60 Chandos Place, London, WC2, tel. (01) 8360341.

The United Kingdom Environmental Law Association, Centre for Energy and Natural Resources Law.

Mr. A. Waite, Faculty of Law, Southampton University, Southamton, Hampshire, SO9 5NII, tel. (0703) 595000.

25. Risk management

Databases

HESSELINE (Bibliographic references published in: Documents on Health and Safety), Department of Trade and Industry/IRS/Dialtech, Room 392, Ashdown House, 123 Victoria Street, London, SW1E 6RB, tel. (01) 2125638.

Major Hazardous Incident Data Services (MHIDAS), United Kingdom Atomic Energy Authority, Safety and Reliability Directorate, Wigshaw Lane, Culcheth, Warrington WA3 4NE, tel. (0925) 31244.

National Centre for Systems Reliability (NCSR), United Kingdom Atomic Energy Authority, Safety and Reliability Directorate, Wigshaw Lane, Culcheth, Warrington WA3 4NE, tel. (0925) 31244.

Publications

Jouhar, J. (Hrsg.), Risk in Society, London 1984.

Lees, F. P., Loss Prevention in the Process Industries, Volume I und II, London.

Otaway, H./Peltu, M., Regulating Industrial Risks, London 1985.

Organisations

Environmental Resources Limited (ERL)
106 Gloucester Place, London WI11 3DB, tel. (01) 4861211.

Gerling Consulting Group, Gerling Insurance Service Company Ltd.
52 Cornhill, London EC3V 3PH, tel. (00441) 6232020; Fax (00441) 2831784.

Other organisations listed in: Directory of Environmental Consultants, London 1988.

26. Insurance

Publications

A short guide to the Employer's Liability (Compulsory Insurance) Act, 1969. The Health and Safety Executive, Baynard's House, 1–13 Chepstow Place, London, W2 4TF, tel. (01) 2293456.

Organisations

Association of British Insurers
Aldermary House, Queen Street, London, EC4N ITT, tel. (01) 2484477.

27. Public relations work

Publications

Elkington, J./Burke, T./Hailes, J., Green Pages. The Business of Saving the World, London 1988.
Haywood, R., All about PR, Maidenhead 1984.

Organisations

Technology, Research and Enterprise for the Environment in the United Kingdom (TREE UK)
c/o Cartex Consultants, 180 Shakespeare Street, Coventry, CU2 4NF, tel. (44) 203692946; Fax (44) 203690047.

28. International business relations

III. Englischsprachige Quellen (USA)

1. Overview checklist

The sources for this checklist are identical with those for checklist 4 „Corporate aims and strategies".

2. Priority rating checklist

The sources for this checklist are identical with those for checklist 4 „Corporate aims and strategies".

3. Management motivation

Publications

The Journal of environmental Economics and Management, New York.
Perlson, M. R., How to Understand and Influence People and Organisations. Practical Psychology for Goal Achievement, New York 1982.
Ziglar, Z., See You at the Top, Louisina 1981.

Organisations

The Center for Environmental Management, Tufts University Medford MA 02155 tel. (617) 628 5000.
Thorne Ecological Institute
5370 Manhatten Circle, Boulder, CO 80303, tel. (030) 499 2647.

4. Corporate aims and strategies

Publications

Beer, S., Platform for Change, Chichester u. a. 1978.
Brunner, D. L. u. a. (Hrsg.), Corporations and the Environment. How should Decisions be Made? Paper from Symposium on Corporate Environmental Decision Making, Stanford 1980.
Global Environment Management Initiative (Hrsg.), Corporate Quality/Environmental Management, Washington D. C. 1991.
Lund, L. Corporate Organizsation for Environmental Policymaking, New York, 1974.
Mayer, F. W./Lee, H. (Hrsg.), Environmental Risk Management. Research Needs and Opportunities, 1986 (#E-86-10; Energy and Environmental Policy Center, J. F. K. School of Government, Harvard University, Cambridge, MA).
McKinsey & Company (Hrsg.), The Corporate Response to the Environmental Challenge, Amsterdam 1991.
Rowe, A. J./Mason, R. O./Dickel, K. E., Strategic Management & Business Policy. A Methodological Approach.

Organisations

Rocky Mountain Institute
1739 Snowmass Creek Road, Old Snowmass, CO 81654 9199, (tel. (303) 744 8665, (303) 927 3851.
Thorne Ecological Institute
5370 Manhattan Circle, Boulder, CO 80303, tel. (303) 499 3647.

5. Marketing

Publications

Environmental concerns Force Global Change in the Market, in: Chemical Week, vol. 42, New York 1988.
Fisk, G., Marketing and the Ecological Crisis, New York 1974.

Henion, K. E./Kinnear, T. C. (Hrsg.), Ecological Marketing, American Marketing Association, National Workshop on Ecological Marketing, Austin, Texas 1976 (university microfilm).

Michman, R. D., Linking Ecology and Public Policy with Marketing Planning, Fall 1985.

Murphy, P. E./Laczniak, E., Marketing & Ecology. Retrospect and Prospect, Business & Society, Chicago 1977.

Perry, D. L., Social Marketing Strategies. Conservation Issues & Analysis, Pacific Palisades 1976.

Pollution Engineering Magazine, (Bezugsquelle: Pudvan Publishing Company, Northbrook, IL 60062, tel. (312) 4989898 40).

Zeithaml, C. P./Zeithaml, V. A., Environmental Management. Revising the Marketing Perspective, in: Journal of Marketing, Vol. 48, 1984.

Organisations

The Center for Environmental Management
Tufts University, Medford MA 02155, tel. (617) 628 5000.

Nutra Clean
149 Franklin St., Suite B, Oakland, CA 94607, tel. (415) 832 1415.

6. In-house environmental protection arrangements

Publications

Hazardous Waste Reduction. A Critical Ounce of Prevention. Presentation at European Conference on Industry and Environmental Management, Oct. 12, 1987, Interlaken, Switzerland, presented by J. Underwood, New York.

7. Staff motivation and training

Databases

Occupational Safety & Health Administration, Training & Education System, Office of Management Data Systems, U.S. Dept. of Labor, OHSA, 200 Constitution Ave., NW, Washington D. C. 20210, tel. (202) 523 7008.

Publications

Applied Industrial Hygiene (monthly), (Bezugsquelle: Applied Industrial Hygiene Inc., American Conference of Governmental Hygienists, 6500 Glenway Ave., Cincinnati, OH 45211, tel. (513) 661 7881).

Organisations

Midwest Center for Occupational Health & Safety, St. Paul Ramsey Medical Center
640 Jackson Street, St. Paul, MN 55101, tel. (612) 221 3993.

The Minerva Education Institute, Xavier University
Cincinnati, OH 45207, tel. (513) 745 3057.

8. Working conditions

Databases

Environmental Health News. Occupational Savety and Health reports from OSHA, NIOSH, TSCA, EPA, tel. OSH (212) 7524530.

Occupational Safety & Health Administration Training & Education System, Office of Management Data Systems, Occupational Safety & Health Administration, U.S. Department of Labor, 200 Constitution Avenue, NW, Washington D. C. 20210, tel. (202) 5237008.

Publications

Applied Industrial Hygiene (monthly), (Bezugsquelle: Applied Industrial Hygiene Inc., American Conference of Governmental Hygienists, 6500 Glenway Ave., Cincinnati, OH 45211, tel. (513) 6617881).

Hudgings, R./Ruttenberg, R., Occupational Safety and Health in the Chemical Industry, 1981.

Indoor Air Facts, No. 3: Ventilation and Air Quality in Offices, Washington 1988.

Indoor Pollutants, Committee on Indoor Pollutants, Washington D. C. 1981.

Indoor Pollution News, Burall Publications Inc., A Subsidiary of The Bureau of National Affairs Inc., 2445 M Street, NW, Washington D. C. 20037, tel. (202) 4527889.

Levy, B./Wegman, D. H. (Hrsg.), Occupational Health, Recognizing and Preventing Work-Related Desease, Boston 1983.

Polakoff, P. L., Work & Health, It's Your Life. An Action Guide to Job Hazards, Washington D. C. 1984.

Organisations

American Society of Heating, Refrigerating & Air-Conditioning Engineers (ASHRAE)
1791 Tullie Circle, N. E., Atlanta, GA 30329, tel. (404) 6368400.

Midwest Center for Occupational Health & Safety, St. Paul-Ramsey Medical Center
640 Jackson Street, St. Paul, MN 55101, tel. (612) 2213992.

The Minerva Education Institute, Xavier University
Cincinnati, OH 45207, tel. (513) 453057.

National Institute of Occupational Safety and Health (NIOSH)
200 Independence Avenue, SW, Room 714B, Washington D. C. 20201, tel. (202) 4727134.

Occupational Safety & Health Administration (OSHA), U.S. Department of Labor
200 Constitution Avenue, NW, Washington D. C. 20210, tel. (202) 5237008.

Office of Air and Radiation, U.S. Environmental Protection Agency Washington D. C. 20460.

William Mc Donough Architects
116 E. 27th Street, New York, NY 10016, tel. (212) 4811111.

9. Canteen food

Publications

Carper, J., Total Nutrition Guide, New York 1987.
Goldbeck, N./Goldbeck, D., The Goldbecks' Guide to Good Food.
Your Complete Shopping Guide to the Best, Most Healthful Foods Available in Supermarkets, Natural Food Stores and by Mail, New York 1988.
Vander, A. J., Nutrition, Stress and Toxic Chemicals, Ann Arbor 1981.
Wurtman, J. J., Managing Your Mind & Mood Through Food, New York 1988.

Organisations

Nutra Clean
149 Franklin St., Suite B, Oakland, CA 94607, tel. (415) 8321415.

10. Environmental counselling for employees' households

Publications

Bierman-Lytle, P., Building a Healthy House. Everything Natural Sept./Oct. 1986 (Bezugsquelle: The Masters Corporation, P.O. Box 514, New Canaan, CT 06840, tel. (203) 9663541.
Collins, C. C. (Hrsg.), Our Food, Air and Water. How Save are They? Facts on File Publications, New York 1984.
ENVIRON. A Magazin for Ecologic Living, Wary Canary Press, Box 8820, FL Collins, CO 80525, tel. (303) 2238816.
Goldbeck, N./Goldbeck, D., The Goldbecks' Guide to Good Food.
Your Complete Shopping Guide to the Best, Most Healthful Foods Available in Supermarkets, Natural Food Stores and by Mail, New York 1988.
Healthy Home Section in Practical Homeowner (monthly), Rodale Press Inc., Emmaus PA.
Hershkowitz, A./Underwood, J./Kadt, M. de, Garbage. Practices, Problems & Remedies, New York 1988.
The Natural Choice. Non Toxic Home Products, LIVOS Plant Chemistry, 614 Agua Fria Street, Santa Fe, NM 87501, tel. (505) 9889111.
Water Wheel. Your Guide to Home Water Conservation, ECOS Inc., Damonmill Square, Concord, MA 01742, tel. (617) 3693951.

Organisations

Master's Corporation
P.O. Box 514, 12 Curtis Avenue, New Canaan, CT 06840, tel. (203) 9663541.

11. Economising on energy and water

Databases

DOE Energy File 103, 104, U.S. Department of Energy, Washington D. C., vendor: DIALOG.

Energy & Environmental Databases, Center for Energy & Environmental Information, Oak Ridge National Lab, vendors: DIALOG, SDC, BRS.

Publications

Energy Conservation Indicators, Washington D. C. 1986.

Gilette Water Conservation Program. Water Conservation & Audit Tips, The Gilette Company, Prudential Tower Building, Boston, MA 02199, tel. (617) 4217000.

Water Use Management for Dollars and Sense. Guidelines for Establishing Water Management Programs for Industry, Business, and Hotels & Motels, West Barnstable 1982.

Organisations

Air Pollution Control Association
P.O. Box 2861, Pittsburgh, PA 15230, tel. (412) 2323444.

Council on Economic Priorities
30 Irving Place, New York, NY 10003, tel. (212) 4201133.

Current Awareness Publications from Office of Scientific and Technical Information, National Technical Information Service, U.S. Department of Commerce
5285 Port Royal Rd., Springfield, VA 22161, tel. (703) 4874650.

Government Institutes Inc.
966 Hungerford Drive 24, Rockville, MD 20850, tel. (301) 2519250.

INFORM
381 Park Ave. South, New York, NY 10016, tel. (212) 6894040.

National Energy Information Center, U.S. Development of Energy
1 F 048 Forrestal Bldg., 1000 Independence Ave. NW, Washington D.C. 20585.

NYSERDA
Rockefeller, Plaza, Albany, NY 12223, tel. (518) 4656251.

Office of Deputy Assistant Secretary for Renewable Energy Technology, U.S. Department of Energy
1000 Independece Ave., SW, Washington D. C. 20585, tel. (202) 5869275.

Rocky Mountain Institute
1739 Snowmass Creek Road, Old Snowmass, CO 81654 9199, tel. (303) 7448665, (303) 9273851.

12. Product development

Publications

Stahel, W. R., Hidden Resources. Product life as a variable: the notion of utilization. Science and policy, 1986.

13. Materials Management

Publications

Regulations, Recommendations & Assessments Extracted from RTECS (Registry of Toxic Effects of Chemical Substances), 1986.

Organisations

Advanced Technology Center, New Jersey Institute of Technology Martin Luther Boulevard, Newark, NJ 07102, tel. (201) 5963434.
Center for Hazardous Materials Research, University of Pittsburg 320 William Pitt Way, Pittsburg, PA 15238, tel. (412) 8265320.

14. Production technology

Publications

Approaches to Source Reduction of Hazardous Wastes. Practical Guidance from Existing Policies & Programs, New York 1986.
Pollution Prevention Pays Program. Environmental Engineering & Pollution Control (Bezugsquelle: 3M Corporation, Box 33331 Building 21-2W-07, St. Paul, MN 55133).
Sarokin, D. J. u. a., Cutting Chemical Wastes, New York 1985.
Serious Reduction of Hazardous Waste. Summary, hrsg. vom Office of Technology Assessment, Washington 1986.
Waste Reduction Always Pays Info Kit (WRAP), (Bezugsquelle: Environmental Quality Department, Dow Chemicals, U.S.A., Willard H. Dow Center, Midland, MI 48674, tel. (517) 6362953).

Organisations

Center for Hazardous Materials Research, University of Pittsburg 320 William Pitt Way, Pittsburg, PA 15238, tel. (412) 8265320.
Chem Cycle Corporation 129 South St., Boston, MA 02111, tel. (617) 4510922.
National Roundtable for State Waste Reduction Programs P.O. Box 27687, Ralleigh, NC 27611, tel. (919) 7337015.

15. Disposal and recycling

Publications

Coming Full Circle. Successful Recycling Today, New York 1988.
Recycling. The Answer to Our Garbage Problem, Citizens Clearinghouse for Hazardous Wastes, Inc. Arlington, V. A. (See bibliography).
Sarokin, D. J. a. o., Cutting Chemical Wastes, New York 1985.
Waste Minimization. Environmental Quality With Economic Benefits, 1987.
Wilczynski, E. J./Watson, D. M. (Hrsg.), Marketing & Financing Aspects of Resource Recovery, 1980.

Organisations

Government Institutes Inc. 966 Hungerford Drive, # 24, Rockville, MD 20850, tel. (301) 2519250.
Hazardous Waste Treatment Council 1440 New York Ave., NW, Suite 310, Washington D. C., tel. (200) 7830870, (202) 9666020.

INFORM
381 Park Avenue South, New York, NY 10016, tel. (212) 6894040.
North East Industrial Waste Exchange (plus monthly magazine), an Information Clearinghouse for Waste w/Reuse Value
90 Presidential Plaza, Suite 122, Syracuse, NY 13202, tel. (315) 4226573, tel. (800) 2372481.
Office of solid waste & Emergency Response, Office of Solid Waste; Waste Minimization Staff, U.S. EPA WH 565
401 M Street, SW, Washington D.C. 20460, tel. (202) 3824610.
U.S. EPA Center for Environmental Research Information
26 Martin Luther King, Cincinnati , OH 45268, tel. (513) 5697391.

16. Pollution cleanup

Databases

Soil Transport and Fate Database, Robert S. Kerr Environmental Research Laboratory
Ada, Oklahoma, tel. (405) 3328800.

Publications

Trace Substances in Environmental Health (Bezugsquelle: Dr. Hemphill, 1–40 Agriculture Building, University of Missouri, Columbia, Missouri 62511).

Organisations

Environmental Resources Management Inc.
855 Springdale Drive, Exton, Pennsylvania 19341, tel. (215) 5243500.
Other organisations are listed in: Who's who in environmental Engineering, American Academy of Environmental Engineers, P.O. Box 26993 Main Street, Annapolis, Maryland 21404, tel. (301) 2679377 (annually).

17. Company vehicles

Publications

Current Awareness Publications from Office of Scientific and Technical Information, National Technical Information Service, U.S. Department of Commerce, 5285 Royala Rd., Springfield, VA 22161, tel. (703) 4874650.
INFORM Study on Natural Gas & Methanol as Alternative Transportation Fuels, 1989.

Organisations

American Gas Association, Marketing Services
1515 Wilson Blvd. Arlington, VA 22209, tel. (703) 8318400.
Brooklyn Union Gas Company
195 Montague Street, Brooklyn, NY 11201, tel. (718) 4032525.
Office of Mobile Sources, Motor Vehicle Emissions Laboratory, U.S. Environmental Protection Agency
2565 Plymouth Road, Ann Arbor, MI 48105, tel. (313) 6684200.

18. Building

Publications

Alvarez, M., Healthy Building, Practical Homeowner, 1987.
Crowther, R. L., Indoor Air. Risks and Remedies, 1986.
Indoor Pollution News, Burall Publications Inc., A Subsidiary of the Bureau of National Affairs inc., 2445 M Street, NW, Washington D. C. 20037, tel. (202) 4527889.
The Natural Choice. Non-Toxic Home Products, LIVOS Plant Chemistry, 614 Agua Fria St., Santa Fe, NM 87501.
Perlman, E., Researches. Designers Take Steps to Heal Sick Buildings, Atlanta 1987.

Organisations

The College of Environmental Design, University of Colorado Boulder, CO 80309, tel. (303) 4927711.
Master's Corporation
P.O. Box 514, 12 Curtis Ave., New Canaan, Ct. 06840, tel. (205) 9663541.
William Mc Donough Architects
116 E. 27th Street, New York, NY 10016, tel. (212) 4811111.

19. Landscaping

Publications

Watson, D./Labs, K., Climatic Design. Energy Efficient Buildings. Principles and Practices, New York 1983.

Organisations

Center for Maximum Potential Building Systems
8604 FM 969, Austin, Texas 78724, tel. (512) 9284786.
Rocky Mountain Institute
1739 Snowmass Creek Road, P.O. Box 248, Snowmass, Colorado 81654, tel. (303) 9273851/3128.

20. Finance and subsides

Publications

The Journal of Environmental Economics Management, Academic Press Inc., 111 Fifth Ave., New York, NY 10003.

Organisations

California Department of Commerce, Office of Business Development 1121 L Street, Suite 600, Sacramento, CA 95814, tel. (916) 3225665 (State).
California Pollution Control Financing Authority
915 Capitol Mall Rm. 280, Sacramento, CA 95814, tel. (916) 4459597 (State).

Environmental Protection Agency
Waterside Mall, Washington D. C. 20230 (Federal).

21. Environmental controlling

Publications

Cahill, L. u. a. (Hrsg.), Environmental Audits, 5. Aufl., Government Institutes Inc., 966 Hungerford Drive, Suite 24, Rockville, MD 20850, tel. (301) 2519250.

Golden, J. u. a. (Hrsg.), Environmental Impact Data Books, Technomics, 851 New Holland Ave., Block 3535, Lancaster, Pennsylvania 17604, tel. (717) 2915609.

Organisations

Environmental Resources Management Inc.
855 Springdale Drive, Exton, Pennsylvania 19314, tel. (215) 5245300.

Other organisations listed, in: Who's who in Environmental Engineering, American Academy of Environmental Engineers, P.O. Box 269, 93 Main Street, Annapolis, Maryland 21404, tel. (301) 2679377.

22. Law

Publications

Dimento, J. F., Environmental Law and American Business. Dilemmas of Compliance, New York 1986.

Novick, S. u. a. (Hrsg.), Law of Environmental Protection, New York 1987.

Organisations

Government Institutes Inc.
966 Hungerford Drive 24, Rockville MD 20850, tel. (301) 2519250.

Natural Resources Defense Council
122 E. 42nd Street, New York, NY 10168, tel. (212) 9490049.

Public Citizen Litigation Group
2000 P. Street, NW Washington D. C. 20036, tel. (202) 2939142.

Sierra Club Legal Defense Fund Inc.
2044 Fillmore Street, San Francisco, CA 94115, tel. (415) 5676100.

23. Civil liability

Databases

LEXIS, Mead Data Central
P.O. Box 933, Dayton, Ohio 45401, tel. (513) 8656800.

Publications

Arbuckle, J. G. u. a., Environmental Law Handbook, [10] 1989.
Novick, S. (Hrsg.), Law of Environmental Protection, Vols. I and II, New York 1987.

Organisations

Environmental Law Institute
16 16th Street, NW, Suite 200, Washington D. C. 20036, tel. (202) 3 28 51 50.
Gerling Consulting Corporation
18th Floor, 717 Fifth Ave., New York, NY 10022, tel. (00 12 12) 7 52 89 00; Fax (00 12 12) 7 59 49 10.

24. Criminal liability

Databases

LEXIS, Mead Data Central
P.O. Box 933, Dayton, Ohio 45401, tel. (5 13) 8 65 68 00.

Publications

Arbuckle, J. G. u. a., Environmental Law Handbook, [10] 1989.
Novick, S. (Hrsg.), Law of Environmental Protection, Vols. I and II, New York 1987.

Organisations

Environmental Law Institute
16 16th Street, NW, Suite 200, Washington D. C. 20036, tel. (202) 3 28 51 50.
Gerling Consulting Corporation
18th Floor, 717 Fifth Ave., New York, NY 10022, tel. (00 12 12) 7 52 89 00; Fax (00 12 12) 7 59 49 10.

25. Risk management

Databases

Databases on Environmental Risk Management can be found in: Directory of Online Databases, Cuadra / Elsevier
52 Vanderbilt Ave., New York, NY 10017, tel (2 21) 3 70 55 20 (Quarterly).

Publications

Conservation Foundation, Risk Assessment and Risk control, Washington 1987.
Golden J. u. a. (Hrsg.), Environmental Impact Data Book, Technomics, 851 New Holland Ave., Block 3535, Lancaster, Pennsylvania 17604, tel. (717) 291 5609.
Livingstone, N. C., American Bophals, Lincolnshire 1991.

Organisations

Environmental Law Institute
16 16th Street, NW, Suite 200, Washington D. C. 20036, tel. (202) 3285150.

Gerling Consulting Corporation
18th Floor, 717 Fifth Ave., New York, NY 10022, tel. (001212) 7528900; Fax (001212) 7594910.

Other organisations listed in: Who's who in Environmental Engineering, American Academy of Environmental Engineers, P.O. Box 269, 93 Main Street, Annapolis, Maryland 21404, tel. (301) 2679377.

26. Insurance

Organisations

Public Citizen
2000 P Street, NW Washington D. C. 20036, tel. (202) 2939142.

Putnam, Hayes and Bartlett Inc.
124 Mt. Auburn, St., Cambridge, MA 02138, tel. (617) 4926900.

27. Public relations work

Publications

Environmental Concerns Force Global Change in the Market, in: Chemical Week, Vol. 42 18, New York 1988.

Industry and the Environment, in: Public Relations Review, 1983.

Organisations

Envirnmental Communication Research Program, State University of New Jersey, Rutgers, Cook College
122 Ryders Lane, New Brunswick, NJ 08903, tel. (201) 9328795.

Franklin Research & Development Corporation, The Franklin Companie
711 Atlantic Ave., Boston MA 02111, tel. (617) 4236655.

Media Syndicate / Newsmaker
15 W 44 Street, Suite 303, New York, NY 10036, tel. (1800) 5332324.

28. International business relations

Organisations

The Center for Environmental Management, Tufts University
Medford, MA 02155, tel. (617) 6285000.

Rocky Mountain Institute
1739 Snowmass Creek Road, Old Snowmass, CO 81654 9199, tel. (303) 7448665, (303) 9273851.

IV. Französischsprachige Quellen

Abréviations employées

Agence française pour la Maîtrise de l'energie (AFME)
27, rue Louis-Vicat, 75015 Paris, tél. (1) 47652000.

Agence française de Normalisation (AFNOR)
Tour Europe, Paris La défense 92080 cedex 7.

Agence nationale pour la Récupération et l'Elimination des Déchets (ANRED)
2, square Lafayette, BP 406, 49002 Angers cedex.

Agence nationale pour la Valorisation de la Recherche (ANVAR)
43, rue Caumartin, 75436 Paris cedex 09, tél. (1) 40178300.

Agence pour la Qualité de l'Air (AQA)
Tour GAN cedex 13, 26e étage, 92082 Paris la Défense 2, tél. (1) 47764421.

Assemblée permanente des Chambres de Commerce et d'Industrie (APCCI)
45, avenue d'Iéna, 75116 Paris, tél. (1) 47230111.

Association de Chambres de Commerce et d'Industrie européennes (EUROCHAMBRES)
5, rue Archimède, 1040 Bruxelles.

Association française pour l'étude de l'eau (AFEE)
21, rue de Madrid, 75008 Paris, tél. (1) 45221467.

Association française des Ingénieurs et Techniciens de l'Environnement (AFITE)
47bis, rue du Rocher, 75008 Paris, tél. (1) 42934439.

Association pour la Prévention de la Pollution atmosphérique (APPA)
62, rue de Courcelles, 75008 Paris, tél. (1) 49246651.

Association technique pour les Economies d'Energie (ATTE)
47, avenue de la Place, 94110 Arcueil.

Centrale Conseil Rhône-Alpes – Ecole Centrale de Lyon (CCRA-ECL)
BP 163 Ecully cedex 69131, tél. 78332525.

Centre d'etude sur l'évaluation de la Protection dans le domaine du Nucléaire (CEPIN).
INSERM unité 240, BP 48, Fontenay-aux-Roses 92263.

Centre d'Information et de Documentation sur le Bruit (CIDB)
4, rue Beffroy, 92200 Neuilly-sur-Seine.

Centre International de Recherche sur l'Environnement et le Développement (CIRED)
54, boulevard Raspail, 75270 Paris cedex 06, tél. (1) 42220218.

Centre national du Patronat français (CNPF)
31, avenue Pierre 1er de Serbie, 75116 Paris, tél. (1) 47236161.

Comité français pour l'Environnement (CFE)
14, boulevard du Général Leclerc, 92204 Neuilly-sur-Seine cedex, tél. (1) 47581212.

Comité d'Hygiène Sécurité et Conditions de Travail (CHSCT).

Comité législatif d'information écologique (COLINE)
18, rue de Varennes, 75007 Paris, tél. (1) 42229262.

Conseil auprès des comités d'entreprise et des CHSCT (CELIC)
35, rue Compas, 715019 Paris, tél. (1) 42018809.

Conseil des Communautés européennes (CCE), Office de Publications L 2985 Luxembourg.

Direction de l'Eau de la Prévention des Pollutions es des Risques (DEPPR), documentations du service déchets, Secrétariat auprès du Premier Ministre, chargé de l'Environnement
14, boulevard de Général Leclerc, 92200 Neuilly-sur-Seine, tél. (1) 47 58 12 12.

Direction générale de l'Energie et des Matières premières (DGEMP), Ministère de l'Industrie
99, rue de Grenelle, 75007 Paris, tél. (1) 45 56 36 36.

Fédération unifiée de l'Industrie Chimique-CFDT (FUIC CFST)
26, rue de Montholon, 75009 Paris, tél. (1) 42 47 73 30.

Groupe d'exploration et de Recherches multidisciplinaires sur L'Environnement et la Société (GERMES)
23, rue Froidevaux, 75014 Paris.

Groupement des Ingénieurs des Travaux publics de l'Etat (GIPTE)
Maison de l'UNESCO, 127, avenue de Suffren, 75015 Paris.

Institut national de la Consommation (INC)
80, rue Lecourbe, 75015 Paris, tél. (1) 45 66 20 20.

Institut national de Recherche sur les Transports et leur Sécurité (INRETS)
BP 34 Arcueil cedex 94114, tél. (1) 49 86 12 12.

Institut pour l'Amélioration des Conditions de Travail (INPACT)
35, rue Compas, 75019 Paris, tél. (1) 42 06 40 50.

Organisation de Coopération pour le Développement économique (OCDE), bureau des ventes
2, rue André Pascal, 75775 Paris cedex 16.

Programme des Nations Unies pour l'Environnement (PNUE), bureau de l'industrie
Tour Mirabeau, 39–43, quai André Citroën, 75739 Paris cedex 15, tél. (1) 45 78 33 33.

Service de la Recherche, des Etudes et de Traitement de l'Information pour l'Environnement (SRETIE), documentation, Secrétariat d'Etat auprès du Premier Ministre chargé de l'Environnement
14, boulevard du Général Leclerc, 92200 Neuilly-sur-Seine, tél. (1) 45 58 12 12 poste 2312 ou 2469.

Société française pour le Droit de l'Environnement (SFDE), Université de Strasbourg
18, place Athènes, 67000 Strasbourg, tél. 67 62 18 18.

Union fédérale de la Consommation (UFC)
7, rue Léone Raynaud, 75016 Paris, tél. (1) 47 20 30 35.

1. Sommaire

Les références concernants ce point figurent sous „4. Objectifs et stratégies".

2. Définition de priorités

Les références concernants ce point figurent sous „4. Objectifs et stratégies".

3. Motivation de l'encadrement

Bibliographie

L'entreprise et l'environnement, Pangloss no. 16, Fondation nationale des Entreprises publiques (tour Elf 2 cedex 45, Paris la Défense 92078), 1986.
Leygonie, R. (Hrsg.), L'entreprise et l'environnement. Guide pratique sous l'égide du CNPF, Paris 1987.
Industrie et environnement. Revue trimestrielle du PNUE.

Organisations

Association française des Ingénieurs et Techniciens de l'Environnement (AFITE) 47bis, rue du Rocher, 75008 Paris, tél. (1) 42934439.
Association professionnelle des Chambres de Commerce internationales (APCCI)
45, avenue d'Iéna, 75116 Paris, tél. (1) 47230111.
Centre national du Patronat français (CNPF)
31, avenue Pierre 1er de Serbie, 75116 Paris, tél. (1) 47236161.

4. Objectifs et stratégies

Banques de données

FRANCIS, producteur: CNRS-CDHS, Centre de Documentations en Sciences humaines, 54, boulevard Raspail, BP 140, 75270 Paris cedex 06, tél. (1) 45443849, serveur: TELESYSTEM-QUESTEL.

Bibliographie

Données économiques de l'Environnement – édition 1988, Secrétariat d'Etat auprès du Premier Ministre chargé de l'Environnement, Documentation Francaise, 1988.
L'entreprise et l'environnement, actes du colloque organisé par l'AFITE, l'APCCI et le CNPF, AFITE 1987.
Les risques industriels – Perception et prévention. Colloque organisé par le GITPE 1987.
Les petites et moyennes entreprises face aux exigence de la protection de l'environnement. Colloque organisé par Eurochambres, 1987.
Etude sur la faisabilité d'un bilan de l'activité écologique de l'entreprise, RPA, 1979.
Fagnani , F./Fagnani, J./Lochard, J./Oudiz, A., Gestion des risques, milieu de travail et environnement: éléments de convergence, 1985.
Industrie et environnement. Revue trimestrielle du PNUE.
SRETIE Info. Bulletin bimestriel du Ministère de l'Environnement, Secrétariat d'Etat auprès du Premier Ministre chargé de l'Environnement-documentation du SRETIE.
Szybowicz, A./Magistrale, S., Sponsoring et mécéant – l'exemple de l'environnement, Paris 1988.

Organisations

Association française des Ingénieurs et Techniciens de l'Environnement (AFITE)
47bis, rue du Rocher, 75008 Paris, tél. (1) 42934439.
Centre de Protection et d'Evaluation (CEP)
1, rue Descartes, 75231 Paris cedex 05, tél. (1) 46343410.
Centre national du Patronat français (CNPF)
31, avenue Pierre 1er de Serbie, 75116 Paris, tél. (1) 47236161.
Programme des Nations Unies pour l'Environnement (PNUE), Bureau de l'Industrie
Tour Mirabeau, 39–43, quai André-Citroën, 75739 Paris cedex 15, u.a. (1) 45783333.
Service de l'Environnement industriel (SEI), Direction de l'Eau de la Prévention des Pollutions et des Risques, Secrétariat auprès de Premier Ministre, chargé de l'Environnement
14, boulevard du Général Leclerc, 92200 Neuilly-sur-Seine, tél. (1) 47581212.

5. Marketing

Banques de données

INPI, producteur: Institut national pour la Protection industrielle (INPI), 26bis, rue de Leningrad, 75008 Paris, tél. (1) 42669313, serveur: QUESTEL-TELESYSTEMS.

Bibliographie

Danton, H./Duivon, J. M./Pelletier, M. H./Salaun, M., Le concept de produits écologique, 1987.
Données économiques de l'Environnement, édition 1988.
Qualité acoustique des produits: vers une stratégie des industriels français GEGOS IDET 1988.
Un marché produits propres à l'horizon 1992, Bruxelles 1988.

Organisations

Association Environnement Industrie (AEI)
Palais de la Bourse BP 1856 Marseille cedex 13222, tél. 91919151.
Association française des Ingénieurs et Techniciens de l'Environnement (AFITE)
47bis, rue du Rocher, 75008 Paris, tél. (1) 42934439.
APORA
20, boulevard Deruelle, 69432 Lyon cedex 03, tél. 78627531.
Centre de Formation et de Documentation sur l'Environnement industriel (CFDE)
99, boulevard Malesherbes, 75008 Paris, tél. 45622151.
Centre interprofessionnel technique d'Etudes de la Pollution atmosphérique (CITEPA)
3, rue Henri-Heine, 75016 Paris, tél. (1) 45271288.
Centre national du Patronat français (CNPF), Commission Environnement
31, avenue Pierre 1er de Serbie, 75116 Paris, tél. (1) 40694444.

Chambre de Commerce et d'Industrie (CCI de Limoges), Service Sécurité Environnement
16, place Jourdan, BP 403, Limoges cedex 87011, tél. 66676531.
Institut international de Gestion et de Génie de l'Environnement (IIGGE)
2, boulevard de la Roche du Roi, BP 128, Aix-les Bains, cedex 73101, tél. 79882022.
Institut de Promotion industrielle (IPI)
4, rue du Rhin, 68001 Colmar cedex, tél. 89237923.

6. Organes internes

Banques de données

FRANCIS, producteur: CNRS-CDHS, Centre de Documentations en Sciences humaines, 54, boulevard Raspail, BP 140, 75270 Paris cedex 06, tél. (1) 45443849, serveur: TELESYSTEMS-QUESTEL.
(Communication, geston des enterprises, économie de l'énergie, formation).

Bibliographie

Acteurs sociaux et environnement, dans „les politiques de l'environnement face à la crise" cahier du GERMES no. 9, GERMES, 26 pages, 1984.
(Monde du travail, syndicat, hygiène, sécurité, conditions de travail, démocratisation des décisions).

Industrie et environnement, Revue trimestrielle du PNUE, PNUE section des ventes, palais des nations, CH-1211, Genève 120.
(Gestion de l'environnement, environnement du travail, audit interne, technologies de pointes, dèveloppement durable).

La fonction de responsable environnement dans l'entreprise, actes du colloque par l'AFITE; le 17 novembre 1981, AFITE (47bis, rue du Rocher, 75008 Paris), 1981.

L'entreprise et l'environnement, actes du colloque organisé par l'AFITE, l'APCCI et le CNPF, édité par l'AFITE (47bis, rue du Rocher 75008 Paris), 149 pages, 1987.

L'entreprise et l'environnement, guide pratique sous l'égide du CNPF, R. Leygonie, Editions techniques professionnelles (31, avenue Pierre 1er de Serbie, 75116 Paris), 88 pages, 1987.
(Entreprise, législation, droit, communication, motivation).

Syndicat et écologisme: pratiques et attitudes face aux pollutions industrielles études de cas, D. Allan Michaud/D. Duclos, Secrétariat d'Etat chargé de l'Environnement, Documentation du SRETIE, 548 pages, 1985.
(Ecologie, syndicat, risque industriel, entreprise participation).

7. Motivation et formation du personnel

Bibliographie

Environnement pédagogie évaluation, colloque organisé par la Direction régionale de l'Architecture et de l'Environnement CENTRE, Secrétariat d'Etat auprés du

Premier Ministre chargé de l'Environnement, Documentation du SRETIE, non paginé, 1987.

Etudes exploratoires des actions menées par les responsables culturels en vue de sensibiliser la population à son environnement, étude de la FDC (Fondation pour le Développement culturel), Secrétariat d'Etat auprès du Premier Ministre chargé de l'Environnement, Documentation du SRETIE, 158 pages, 1981. (Cadre de vie, habitat, animation, participation information).

Guide du citoyen et de l'élu: l'environnement l'écologie, M. Barriere/F. Lapoix/Y. Merillon/J.-P. Muret, Sygros (6, rue Montmartre, 75001 Paris, tél. (1) 42974321), 204 pages, 1984.

Psychologie et environnement, C. Levy-Leboyer, Presses Universitaires de France, 1980.

Réduire le bruit dans l'entreprise: un enjeu économique et social, 3e forum des Comités d'Entreprise et des CHSCT (conférence du 28 septembre 1988), Secrétariat général du Conseil national du Bruit, Secrétariat d'Etat auprés du Premier Ministre chargé de l'Environnement, Documentation du SRETIE, á paraître 1er semestre 1989.
(Démarche participative, bruit, entreprise).

Organisations

Centre de Formation et de Documentation sur l'Environnement industriel (CFDE)
99, boulevard, Malesherbes, 75008 Paris, tél. (1) 45 62 21 51.

Comité français pour l'Environnement (CFE)
14, boulevard du Général Leclerc, 92204 Neuilly-sur-Seine, cedex, tél. (1) 47 58 12 12.

Conseil auprès des comités d'entreprise et des CHSCT (CELIC)
35, rue Compas, 75019 Paris, tél. (1) 42 01 88 09.

Fondation de l'Eau
Rue Chamberland, 87100 Limoges, tél. 55 33 33 22.

8. Conditions de travail

Banques dé données

FRANCIS, producteur: CNRS-CDHS, Centre de Documentations en Sciences humaines, 54, boulevard Raspail, BP 140, 75270 Paris cedex 06, tél. (1) 45443849, serveur: TELESYSTEMS-QUESTEL.
(sciences humaines de la santé).

INFOBRUIT, producteur: CIDB, serveur: SPIDEL.
(acoustique, bruit, conditions de travail).

Bibliographie

Face à un produit dangereux ... que faire? Guide pratique réédité par R. Villate, INPACT et Fédération unifiée de l'Industrie chimique, CFDT, 253 pages, 1986.

Gestion des risques, milieu de travail et environnement: éléments de convergence, F. Fagnani/J. Fagnani/J. Lochard/A. Oudiz (études du CEPN), Secrétariat

d'Etat auprés du Premier Ministre chargé de l'Environnement, Documentation du SRETIE, 142 pages, 1985.
(Méthodologie, évalutation, décisionnel, prévention).

Les risques du travail, Cassou/Huez/Moussel/Spitzer/Tourancher, Editions la découverte (Paris), 640 pages, 1985.

Préventique, revue de la sécurité et de la performance dans l'entreprise, Association des Industriels de France SA, CFDE.
(Sécurité, risque, technologie, prévention, entreprise, conditions de travail, formation, communication, maîtrise de l'énergie, nuisances, assurances, recherche).

Réduire le bruit dans l'entreprise: un enjeu économique et social, 3e forum des Comités d'Entreprise et des CHSCT (conférence du 28 septembre 1988), Secrétariat général du conseil national du Bruit, Secrétariat d'Etat chargé de l'Environnement, Documentation du SRETIE, à paraître 1er semestre 1989.
(Démarche participative, bruit, entreprise).

Sécurité et conditions de travail, dictionnaire permanents. Editions législatives et administratives, 19, rue Péclet, 75739 Paris cedex 15, tél. (1) 48 28 40 15.

Organisations

Agence nationale pour l'Amélioration des Conditions de Travail (ANACT)
Montrouge 92400, tél. (1) 46 57 13 30.

Centre d'Information et de Documentation sur le Bruit (CIBB)
4, rue Beffroy, 92200 Neuilly-sur-Seine.

Conservatoire national des Arts et Métiers (CNAM), Laboratoire de physique du travail – ergonomie
41, rue Gay Lussac, 75005 Paris, tél. (1) 40 33 18 27.
(formation continue, ergonomie, physiologie du travail, bruit).

Ministère de la Santé
1, place Fontenoy, 75007 Paris, tél. (1) 40 56 60 00.

9. Restauration collective

Bibliographie

Coignerai-Devillers, L., Microbes en poche: Guide pratique d'hygiéne bactériologique en collectivité, Paris 1987.

Contrat d'amélioration de la qualité de la restauration collective. Charte commune à 16 associations de consommateurs, dossier disponible auprès commune SECO-AFDT, 1986.

Gauthier, R., Mémento d'hygiène alimentaire en restauration, Paris 1987.

Textes généraux, in: Hygiène alimentaire no. 1488 1985.

Toxi-infections alimentaires collectives, in: Hygiène alimentaire no. 1487, 1988.

Organisations

Association d'Etudes et Consommation (ASSECO-CFDT)
4, boulevard de la Villette, 75955 cedex 19, tél. (1) 42 03 83 50.

Associations FO Consommateurs (AFOC)
198, avenue du Maine, 75014 Paris, tél. (1) 45 39 22 03.

Comité français d'Education pour la Santé (CFES)
22, rue Lecourbe, 75015 Paris, tél. (1) 45679916.
Conseil auprès des Comités d'Entreprise (CELIC)
35, rue Compas, 75019 Paris, tél. 42018809.
Information et Défense des Consommateurs (INDENCOSA-CGT)
Montreuil-sur-Seine 93400, tél. (1) 45518000.
Institut national de la Santé et de la Recherche médicale (INSERM), Unité de recherches sur la nutrition et l'alimentation
170, boulevard Ney, 75018 Paris, tél. (1) 46276254.
Syndicat national de la Restauration collective (SNRC)
22, avenue de la Grande Armée, 75017 Paris.

10. Eco-conseil dans les foyers du personnel

Bibliographie

AFME, Comment maîtriser l'énergie dans sa maison, 1987.
ANRED, Les transformeurs: déchets à suivre, 1987.
Baczkom, M./Sachs, I./Vinaver, K./Zakrzenski, P. (Hrsg.), Techniques douces, habitat et société, Paris 1977.
FDC, Etudes des actions menées par les responsable culturels en vue de sensibiliser la population à son environnement, documentation du SRETIE, 1981.
IRI, Le catalogue des ressources, volume, 4, éditions alternatives, Paris 1983.

Organisations

Agence nationale pour la Récupération et l'Elimination des Déchets (ANRED)
2, square Lafayette, BP 406, Angers cedex 49002, tél. 41872924.
association française de Maîtrise de l'Energie (AFME)
27, rue Louis-Vicat, 75737 Paris cedex 15, tél. (1) 47652000.
Association pour la Promotion de Papier recyclé (APPR)
121, avenue du Maine, 75014 Paris.
Centre scientifique et technique du Bâtiment (CSTB)
4, avenue du recteur Poincaré, 75016 Paris.
Conservatoire national des Arts et Métiers (CNAM), Laboratoire de Physique du travail – ergonomie
41, rue Gay Lussac, 75005 Paris, tél. (1) 40331827.
Institut national de la Consommation (INC)
80, rue Lecourbe, 75015 Paris, tél. (1) 45662020.
Institut pour le conseil en environnement (ECO-CONSEIL)
7, rue Goethe, BP 35R1, Strasbourg cedex 67001, tél. 88601619.
Union fédérale de la Consommation (UFC)
7, rue Léonce-Reynaud, 75016 Paris, tél. (1) 47202035.

11. Economie d'eau et d'énergie

Banques de données

AFEE, producteur: AFEE, serveur: Agence spatiale européenne (ASE), 8, rue Mario-Nikis, 75738 Paris cedex 15, tél. (1) 42 73 76 54.

DOC-IFE, producteur: IFE, serveur: Institut français de l'Energie (IFE), 3, rue Henri-Heine, 75016 Paris, tél. (1) 45 24 46 14, serveur: non en ligne.

PASCAL-ENERGIE, producteur: CNRS-CDST, Centre de Documentation scientifique et technique, 26, rue Boyer, 75791 Paris cedex 20, tél. (1) 43 58 35 59, serveur: TELESYSTEMS-ASE.

Bibliographie

AFME, Rapport d'activité, 1987.

ATEE, Le guide pratique de l'énergie dans l'entreprise, 2 classeurs à reliure mobile avec mise à jour, 1985.

Danton, H./Duivon, J.-M./Pelletier, M. H./Salaun, M., Le concept de produit écologique, étude de CCRA, 1987.

Guide de l'eau, édition 1988/1989, Paris 1988.

Legoff, P., Energétiques industrielle. Analyse économique et optimisation des procédés, Bayeux 1980.

Organisations

Association française de Maîtrise de l'Energie (AFME)
27, rue Louis-Vicat, 75737 Paris cedex 15, tél. (1) 4765 2000.

Association française pour l'Etude de l'Eau (AFEE)
21, rue de Madrid, 75008 Paris, tél. (1) 45 22 14 67.

Association technique pour les Economies d'Energie (ATEE)
47, avenue de la Place, 94110 Arcueil.

Direction de l'Eau, de la Prévention des Pollution et des Risques (DEPPR), secrétariat auprès du Premier Ministre, chargé de l'Environnement, documentation sur l'eau
14, boulevard du Général Leclerc, 92200 Neuilly-sur-Seine, tél. (1) 47 58 12 12.

Direction général de l'Energie et des Matières premières (DGEMP)
99, rue de Grenelle, 75007 Paris, tél. (1) 45 56 36 36.

FONDATION DE L'EAU
Rue Chamberland, 87100 Limoges, tél. 55 33 33 22.

OBSERVATOIRE DE L'ENERGIE
99, rue de Grenelle, 75007 Paris, tél. (1) 45 56 46 81.

Agences financières de bassin

ADOUR GARONNE
90, rue du Férétra, 31078 Toulouse cedex, tél. 61 36 37 38.

ARTOIS PICARDIE
764, boulevard Lahure, 59508 Douai cedex, tél. 27 87 01 94.

LOIRE BRETAGNE
Avenue Buffon, BP 6339, 45018 Orléans cedex, tél. 38 63 08 16.

RHIN MEUSE
Le Longeau BP 36m 57610 Moulins-les-Metz cedex, tél. 87 60 48 88.

RHONE MEDITERRANEE CORSE
31, rue Jules-Guesde, 69130 Pierre-Bénite, tél. 78501640.
SEINE NORMANDIE
51, avenue S. Allende, 92027 Nanterre cedex, tél. (1) 47764424.

12. Développement de produit

Banques de données

PASCAL, M., producteur: CNRS-CDST, Centre de Documentation Scientifique et Technique, 26, rue Boyer, 75971 Paris cedex 20, tél. (1) 43583559, serveur: TELESYSTEMES-ASE.

Bibliographie

Danton, H./Duivon, J.-M./Pelletier, M.H./Salaun, M., Le concept de produit écologique, étude de CCRA, 1987.
OCDE, La durée de vie des produits et son allongement. Contribution à la gestion des déchets solides, 1982.
Secrétariat d'Etat auprès du Premier Ministre chargé de l'Environnement, Données économiques de l'Environnement, édition 1988, 1988.
Secrétariat d'Etat chargé de l'Environnement, Qualité acoustique de produits. Vers une stratégie des industriels français, Documentation du SRETIE, 1988.
Un Marché produits propres à l'horozon 1992. Actes du colloque organisé par l'Entente européenne pour l'Environnement 1992, 1988.

Organisations

Direction de l'Eau, de la Prévention des Pollution et des Risques (DEPPR), Service des déchets, des technologies et des écoproduits, Secrétariat auprès du Premier Ministre, chargé de l'Environnement
14, boulevard du Général Leclerc, 92200 Neuilly-sur-Seine, tél. (1) 47581212.

13. Gestion des matériels et stocks

Banques de données

PASCAL, M., producteur: CNRS-CDST, Centre de Documentation Scientifique et Technique, 25, rue Boyer, 75971 Paris cedex 20, tél. (1) 43583559, serveur: TELESYSTEMES-ASE.
ECOMINE, producteur: BRGM et Observatoire des matières premières, serveur: TELESYSTEM-QUESTEL.

Bibliographie

Collections „Données pour une politique", 17 monographies du BRGM en collaboration avec l'Observatoire des Matières premières, Documentation du SRETIE, 1976, à 1980.
PNUE, Liste des substandes et procédés chimiques présentant un danger pour l'environnement à l'échelle mondiale, Genève 1984. Les substitutions des matières premières, Annales de Mines (= revue mensuelle no. 7), 1984.

Agence nationale pour la Récupération et l'Elimination des Déchets (ANRED)
2, square Lafayette, BP 406, Angers cedex 49002, tél.41 87 29 24.
Bureau de Recherches géologiques et miniére (BRGM)
BP 6009, Orléans cedex 45018, tél. 38 63 80 01.
Direction générale de l'Energie et des Matières premires (DGEMP)
99, rue de Grenelle, 75007 Paris, tél. (1) 45 56 36 36.
Direction de la Protection de la Nature (DPN), Convention de Washington, Secrétariat d'etat auprès du premier Ministre chargé de l'Environnement
14, boulevard du Général Leclerc, 92200 Neuilly-sur-Seine, tél. (1) 47 58 12 12.
OBSERVATOIRE DES MATIERES PREMIERES, Ministre de l'Industrie
120, rue du Cherche-Midi, 75006 Paris, tél. (1) 45 56 46 81.

14. Technologie de fabrication

Banques de données

PASCAL, M., producteur: CNRS-CDST, Centre de Documentation Scientifique et Technique, 26, rue Boyer, 75971 Paris cédex 20, tél. (1) 43 58 35 59, serveur: TELESYSTEMES-ASE.

Bibliographie

Bara, J. C., Traitement de surface. Environnement et compétitive, Paris 1988.
Barre, R., Les technologies. Innovations et risques, dans les „politiques de l'environnement face la crise, tome 2, 1985.
Drouet, D., L'innovation dans les industries de l'environnement. Comparaison internationale, Documentation du SRETIE, 1987.
ESSO, Baril-spécial environnement. Bulletin du groupe ESSO no 14, 1987.
Secrétariat d'Etat auprés du Premier Ministre, chargé de l'Environnement, Les techniques propres dans l'industrie française (Documentation du SRETIE), 1985.
Secrétariat d'Etat chargé de l'Environnement, Mission technologies propres. Rapport 1987, 1988.

Organisations

Agence national pour la Récupération et l'Elimination de Déchets (ANRED)
2, square Lafayette, BP 406, Angers cedex 49002, tél.41 87 29 24.
Agence national pour la Valorisation de la Recherche (ANVAR)
43, rue Caumartin, 75436 Paris cedex 09, tél.(1) 40 17 83 00.
Agence pour la Qualité de l'Air (AQA)
Tour GAN cedex 13, 26e étage, 92082 Paris-la-Défense 2, tél. (1) 47 76 44 21.
Association française de Maîtrise de l'Energie (AFME)
2, square Louis Vicat, 75737 Paris cedex 15, tél. (1) 47 65 20 00.
Direction de l'Eau, de la Prévention des Pollutions et des Risques (DEPPR), Service des déchets, des technologies propres et des écoproduits, Secrétariat du Premier Ministre, chargé de l'Environnement
14, boulevard du Général Leclerc, 92200 Neuilly-sur-Seine, tél. (1) 47 58 12 12.

Agences financières de Bassin

ADOUR GARONNE
90, rue du Férétra, 31078 Toulouse cedex, tél.61363738.
ARTOIS PICARDIE
764, boulevard Lahure, 59508 Douai cedex, tél. 27870194.
LOIRE BRETAGNE
Avenue Buffon, BP 6339, 45018 Orléans cedex, tél. 38630816.
RHIN MEUSE
Le Longeau BP 36m 57610 Moulins-les-Metz cedex, tél. 87604888.
RHONE MEDITERRANEE CORSE
31, rue Jules-Guesde, 69130 Pierre-Bénite, tél. 78501640.
SEINE NORMANDIE
51, avenue S. Allence, 92027 Nanterre cedex, tél. (1) 47764424.

15. Elimination et recyclage

Banques de données

SCARABEE, producteur: ANRED, serveur: ANRED-ANGERS, tél. 41872924.

Bibliographie

ANRED, Guide pour l'élimination et la valorisation des déchets industriels (= cahier technique de la DEPPR no 8), 1982.
BIPE, Les flux financiers induits par la politique de l'élimination de la récupération des déchets en France (Documentation du SRETIE), 1983.
Centre de Création Industrielle, Déchets. L'art d'accommoder les restes, Paris 1984.
Hannequart, J. P., La politique de gestion de déchets, 1983.
Maes, M., Déchets industriels-mode d'emploi, Paris 1986.
Servant, J., Elimination des déchets industriels, 1984.

Organisations

Agence national pour la Récupération et l'Elimination des Déchets (ANRED)
2, square Lafayette, BP 406, Angers cedex 49002, tél. 41872924.
Agence national pour la Valorisation de la Recherche (ANVAR)
43, rue Caumartin, 75436 Paris cedex 09, tél. (1) 40178300.
Association française de Maîtrise de l'Energie (AFME)
27, rue Louis-Vicat, 75737 Paris cedex 15, tél. (1) 47652000.
Bureau de Recherches géologiques et minières (BRGM)
BP 6009 Orléans cedex 45018, tél. 38638001.
Direction de l'Eau de la Prévention des Pollutions et des Risques (DEPPR), Service des déchets, des technologies propres et des écoproduits, Secrétariat auprès du Premier Ministre, chargé de l'Environnement
14, boulevard du Général Leclerc, 92200 Neuilly-sur-Seine, tél. (1) 47581212.
Direction générale de l'Energie et des Matières premières
(DGEMP)99, rue de Grenelle, 75007 Paris, tél. (1) 45563636.

FEDERATION NATIONALE DES SYNDICATS DES INDUSTRIES ET COMMERCES DE RECUPERATION
14, rue de Courcelles, 75008 Paris, tél. (1) 43 59 64 03.
OBSERVATOIRE DES MATIERES PREMIERES, Ministère de l'Industrie
120, rue du Cherche-Midi, 75006 Paris, tél. (1) 45 56 46 81.

16. Pollution anciennes

Banques de données

SCARABEE, producteur: ANRED, serveur: ANRED-Angers, tél. 41 87 29 24.

Bibliographie

ANRED, Traitement et réutilisation des sites contaminés. Symposium „Fondements scientifiques pour la protection des sols dans la communauté européenne" (1986), 1986.
ECOTEC, Réhabilitation des sols. Analyse prospective de la pollution des terrains industriels et de leur décontamination, Birmingham 1985.
Lacaze, J.-P., Le réemploi des grandes friches industrielles, 1986.

Organisations

Agence national pour la Récupération et l'Elimination des Déchets (ANRED)
2, square Lafayette, BP 406, Angers cedex 49002, tél. 41 87 29 24.
Bureau de Recherches géologiques et minières (BRGM)
BP 6009 Orléans cedex 45018, tél. 38 63 80 01.
Direction de l'Eau, de la Prévention des Pollutions et des Risques (DEPPR), Service des déchets, des technologies propres et des écoproduits, Secrétariat auprès du Premier Ministre, chargé de l'Environnement
14, boulevard du Général Leclerc, 92200 Neuilly-sur-Seine, tél. (1) 47 58 12 12.

17. Matériels roulants

Bibliographie

Merlin, P., Comment économiser l'énergie dans les transports?, 1976.
Nicolon, A., Le véhicle électrique. Mythe ou réalité?, Paris 1984.
Le plomb dans l'essence, le plomb dans l'histoire, plomb et santé, pluies acides aspects économiques. Etudes de la société COM. MEDIA, 1983.
Pollution de l'air par les transports, pollution atmosphérique. Collogue organisé par l'AQA (1987), 1987.
Prévisions globales des émissions de pollutants automobiles en France à l'horizon 2000. Rapport INRETS no. 2, 1985.

Organisations

Agence pour la Qualité de l'Air (AQA)
Tour GAN cedex 13, 26e étage, 92082 Paris La Défense 2. tél. (1) 47 76 44 21.
Association française de Maîtrise de l'Energie (AFME)
27, rue Louis-Vicat, 75737 Paris cedex 15, tél. (1) 47 65 20 00.

Association pour la Prévention de la Pollution atmosphérique (APPA)
62, rue de Courcelles, 75008 Paris, tél. (1) 49246651.
Direction générale de l'Energie et des Matières premières (DGEMP)
99, rue de Grenelle, 75007 Paris, tél. (1) 45563636.
Institut national de recherche sur les Transports et leur sécurité (INRETS)
2, avenue du Général-Malleret-Joinville, BP 34, Arcueil cedex 94114, tél. (1) 49861212.
Union technique de l'Automobile, du Motocacle et du Cycle (UTAC), Service de documentation
157, rue Lecourbe, 75015 Paris, tél. (1) 48425390.

18. Bâtiments et entretien

Banques de données

URBAMET, producteur: réseau Urbamet, serveur: TELESYSTEMES-QUESTEL.

Bibliographie

Bailon/Cernon/Godard/Cired, Habitat et Environnement, 2 vol., 1983.
Merlet, J., Utilisation des déchets industriels et urbains dans la construction, 1984.
PNUE, Principes directeurs pour l'évaluation de l'impact sur l'environnement des industries et les critères environnementaux de leur implantation, Genève 1980.
Quarante, N., Eléments de design industriel, Paris 1986.

Organisations

Institut français d'Esthétique industrielle (IFEI)
14, rue de la Cure, 75016 Paris.
Union française des Designers industriels (UFCI)
101, avenue Raymond-Poincaré, 75016 Paris, tél. (1) 45017227.

19. Terrains d'entreprise

Bibliographie

BARIL, Magazine d'Information des Sociétés du Groupe EXXON no 14, 1987.
Boulogne, D., Les Raisons de la couleur dans les espaces de vie et de travail, Paris 1986.
CREE, L'invasion des palettes chromatiques. Architecture intérieure, 1979.
Friches? ou Jachères Metropolis, Urbanisme, Planification régionale, Environnement, 1986.
Friches industrielles. Stratégies pour une reconquête, Techniques et Politiques d'Equipement (= Revue des Ingénieurs des Travaux Publics de l'Etat no 77), 1986.
Malfois, S., L'environnement dans les zones de conversion industrielle. Exemples et propositions, Paris 1988.
Michaelides, C./Lacarriere, J., FOS, sans date.

Secrétariat d'Etat à l'Environnement, Délégation à la Qualité de la Vie, Atelier de l'Environnement (14, boulevard du Général Leclerc, 92524 Neuilly-sur-Seine Cedex, tél. 47 58 12 12), Améliorations le Cadre de Vie. „Aménagement paysager des zones industrielles". „Centre de Vie en zones industrielles", deux plaquettes.
Des Usines pour des Hommes (= Techniques et Architecture no 342), 1982.

Organisations

Atelier de Recherche d'Ambiance Chromo-paysagère
49, rue de la Galcière, 75013 Paris, tél. 43 36 68 47.
Centre de Création industrielle – Centre Georges Pompidou (CCI) Beaubourg–Paris, tél. 42 77 12 33.
Centre de Recherche d'Ambiance, B. Lassus
4, rue Bénard, 75014 Paris, tél. 45 43 47 82.
Comité national interprofessionnel de l'Horticulture florale et ornementale et des Pépinières
10–12, rue du Séminaire, 94152 Rungis Cedex, tél. 46 87 26 29.
Ecole nationale supérieure du Paysage (ENSP)
4, rue Hardy, 78000 Versailles, tél. 39 53 98 89.
Institut d'Aménagement et d'Urbanisme de la Région d'Ile-de-France (I.A.U.R.I.F.)
rue Miollis, 75015 Paris.
Union nationale des Syndicats d'Entrepreneurs Paysagistes et Reboiseurs de France
10, rue Saint-Marc, 75002 Paris, tél. 42 33 18 82.

20. Finances et aides financières

Bibliographie

Bied-Charreton, F./Raffegeau, J., Guide pratique du financement des entreprises, 1988.
Secrétariat d'Etat auprès du Premier Ministre chargé de l'Environnement, Données économique de l'Environnement, 1988.
Secrétariat d'Etat chargé de l'Environnement, l'action incitative des agences financières de bassin dans la lutte contre la pollution industrielle des eaux (Documentation du SRETIE), 1984. Secrétariat d'Etat chargé de l'Environnement, Les aides à la prévention des pollutions en France. Guide de la DEPR, 1988.

Organisations

Agence national pour la Récupération et l'Elimination des Déchets (ANRED)
2, square Lafayette, BP 406, Angers cedex 49002, tél. (1) 41 87 29 24.
Agence national pour la Valorisation de la Recherche (ANVAR)
43, rue Caumartin, 75436 Paris cedex 09, tél. (1) 40 17 83 00.
Agence pour la Qualité de l'Air (AQA)
Tour GAN cedex 13, 26e étage, 92082 Paris La Défense 2. tél. (1) 47 76 44 21.
Association française de Maîtrise de l'Energie (AFME)
27, rue Louis-Vicat, 75737 Paris cedex 15, tél. (1) 47 65 20 00.

Centre de Formation et de Documentation sur l'Environnement industriel (CFDE)
99, boulevard Malesherbes, 75008 Paris, tél. (1) 45 62 21 51.

Agences financières de Bassin

ADOUR GARONNE
90, rue du Férétra, 31078 Toulouse cedex, tél. 61 36 37 38.
ARTOIS PICARDIE
764, boulevard Lahure, 59508 Douai cedex, tél. 27 87 01 94.
LOIRE BRETAGNE
Avenue Buffon, BP 6339, 45018 Orléans cedex, tél. 38 63 08 16.
RHIN MEUSE
Le Longeau BP 36m 57610 Moulins-les-Metz cedex, tél. 87 60 48 88.
RHONE MEDITERRANEE CORSE
31, rue Jules-Guesde, 69130 Pierre-Bénite, tél. 78 50 16 40.
SEINE NORMANDIE
51, avenue S. Allende, 92027 Nanterre cedex, tél. (1) 47 76 44 24.

21. Compatibilité écologique

Banques de données

FRANCIS, producteur: CNRS-CDHS, Centre de Documentations en Sciences humaines, 54, boulevard Raspail, BP 140, 75270 Paris cedex 06, tél. (1) 45 44 38 49, serveur: TELESYSTEMES-QUESTEL.

Bibliographie

INSEE, Comptes du patrimoine naturel. Un essai d'approche par les activités économiques – le cas des houillères du bassin de Lorraine, 1981.
Secrétariat d'Etat auprès du Premier Ministre chargé de l'Environnement, Etude sur la faisabilité d'un bilan de l'activité écologique de l'entreprise (documentation du SRETIE), 1979.
Secrétariat d'Etat auprès du Premier Ministre chargé de l'Environnement, Projet de directives concernant les statistiques des balances metières-énergie. Rapport du Secrétaire générale des Nations Unies (documentation du SRETIE), 1976.

22. Droit

Banques de données

JURIDIAL, producteur: JURIDIAL (1, rue du Boccador, 75008 Paris, tél. (1) 47 20 88 34), serveur: G. CAM, TELESYSTEMES.

Bibliographie

AFNOR catalogue 1988, 1988.
Code de l'environnement, éditions Dalloz, 1986.
COLINE, Loi installations classées. Mode d'emploi – guide pratique, 1987.
Despax, M., Droit de l'environnement, Paris 1980.

Environnement et nuisance. Droit des pollutions et de la protection de la nature. Dictionnaires permanents en 2 vol.
Prieur, M., Les déchets industriels et l'environnement, 1985.
Secrétariat d'Etat auprès du Premier Ministre chargé de l'Environnement, Liste des principales directives européennes en matière d'environnement, (documentation du SRETIE), in: Bulletin de documentation no 77, 1988.

Organisations

Centre de Formation et de Documentation sur l'Environnement industriel (CFDE)
99, boulevard Malesherbes, 75008 Paris, tél. (1) 45 62 21 51.
Comité législatif d'Information écologique (COLINE)
18, rue de Varennes, 75007 Paris, tél. (1) 42 22 92 62.
Institut pour une Politique européenne de l'Environnement (IPEE)
55, rue de Varennes, 75341 Paris cedex 07, tél. (1) 42 22 12 34.
Société française pour le Droit de l'Environnement, Université de Strasbourg
18, place d'Athènes, 67000 Strasbourg, tél. 67 62 18 18.
Service de la Recherche, des Etudes et de Traitement de l'Information pour l'Environnement (SRETIE), Groupe des Recherches jurisdiques et administratives, Secrétariat d'Etat du Premier Ministre chargé de l'Environnement
14, boulevard du Général Leclerc, 92200 Neuilly-sur-Seine, tél. (1) 47 58 12 12.

23. Responsabilité civile

Bibliographie

CITEPA, Autosurveillance. Journée d'Etudes (1988) du CITEPA, 1988.
Lagadec, P., L'exploitant. Premier responsable de la maîtrise du risque majeur, in: „Politique, risque et processus de développement: le risque technologique majeur", 2e vol., 1986.
Lascoumes, P., La place de la négociation dans l'application et la production du droit de l'environnement dans le domaine industriel, Paris 1988.
Secrétariat d'Etat chargé de l'Environnement, Le Fonctionnement de l'Assurance Pollution en France. Etude de la SFDE (Documentation du SRETIE) 1983.

Organisations

Centre de Documentation et d'Information de l'Assurance (GARPOL)
2, rue de la Chaussée-d'Antin, 75009 Paris.

24. Responsabilité pénale

Bibliographie

Caballero, F., Essai sur la Notion Jurisdique de Nuisance, 1981.
Despax, M., Droit de l'Environnement, 1980.
Gabolde, C., Jurisclasseur administratif, Paris.
Girod, P., La Réparation du Dommage écologique, 1974.

Littman-Martin, M. J., Le nouveau régime répressif des Installations classées, in: Revue Jurisdique de l'Environnement, 1987.
Prieur, M., Droit de l'Environnement, 1984.
Secrétariat d'Etat à l'Environnement, Mission de l'Inspection spécialisée pour l'Environnement, Rapport sur le sinistre „PROTEX" (1988), 1988.
SEI, Extraits de la jurisprudence récente des tribunaux administratifs en matière de plein contentieux. Installations classées pour la protection de l'environnement, 1984.

Organisations

Société française pour le Droit de l'Environnement (SFDE)
18, Place d'Athènes, 67000 Strasbourg.

25. Gestion du risque

Bibliographie

COLINE, Loi installations classées: mode d'emploi. Guide pratique, 1987.
Fagnani, F./Fagnani, J./Lochard, J./Oudiz, A., Gestion des risques, milieu de travail et environnement. Eléments de convergence, 1985.
Gitard, A., Le transport des matières dangereuses, 1986.
GITPE, Les risques industriels. Perception et prévention. Colloque organisé par le GITPE (1987), 1987.
Lagadec, P., De Séveso à Mexico et Bhopal. Quelques reseignements pour la gestion de crise, 1985.
LONDEZ CONSEIL, La maîtrise des risques technologiques. Colloque international organisé par l'UAP et l'ACADI, 1987.
Préventique. Revue de la sécurité et de la performance dans l'entreprise.
Secrétariat d'Etat auprès du premier Ministre, chargé de l'Environnement, Les risques industriels. Répertoire des acteurs français 1987, 1987.
Sécurité et conditions de travail. Dictionnaires permanents, éditions législatives et administratives.

Organisations

Institut national de Recherche et de Sécurité (INRS)
30, rue Olivier-Noyer, 75680 Paris cedex 14, tél. (1) 45 45 67 67.

Service de l'Environnement industriel (SEI), Direction de l'Eau, de la Prevention des Pollutions et des Risques, Secrétariat auprès du premier Ministre, chargé de l'Environnement
14, boulevard du Général Leclerc, 92200 Neuilly-sur-Seine, tél. (1) 47 58 12 12.

26. Assurances

Banques de données

JURIDIAL, producteur: JURIDIAL (1, rue Boccador, 75008 Paris, tél. (1) 47 20 88 34), serveur: G. CAM, TELESYSTEMES.

Organisations

Despax, M., Droit de l'environnement, 1980.
Hugloss, C./Lepage, C., Perspectives et réformes du régime de l'assurance pollution (documentation du SRETIE), 1980.
OCDE, Indemnisations des dommages dus à la pollution. Rapport de l'OCDE, 1981.
Prieur, M., Droit de l'Environnement, 1984.
SFDE, Le fonctionnement de l'assurance pollution en France, 1983.

Organisations

Centre de Formation et de Documentation sur l'Environnement industriel (CFDE)
99, boulevard Malesherbes, 75008 Paris, tél. (1) 45 62 21 51.
Société française pour le Droit de l'Environnement (SFDE), Université de Strasbourg
18, place d'Athènes, 67000 Strasbourg, tél. 67 62 18 18.
Service de la Recherche, des Etudes et de Traitement de l'Information pour l'Environnement (SRETIE), Groupe des Recherches jurisdisques et administratives, Secrétariat d'Etat du Premier Ministre chargé de l'Environnement
14, boulevard du Général Leclerc, 92200 Neuilly-sur-Seine, tél. (1) 47 58 12 12.

27. Relations publiques

Bibliographie

CFE, Année européenne de l'Environnement. Rapport final, 1988.
Szybowicz, A., MECENATUREL, Neuilly-sur-Seine 1986.
Szybowicz, A./Magistrale, S., Sponsoring et mécénat. L'example de l'environnement, Paris 1988.

Organisations

Comité français pour l'Environnement (CFE)
14, boulevard du Général Leclerc, 92204 Neuilly-sur-Seine cedex, tél. (1) 47 58 12 12.

28. Relations économiques internationales

Banques de données

JURIDIAL, producteur: JURIDIAL (1, rue Boccador, 75008 Paris, tél. (1) 47 20 88 34), serveur: G. CAM, TELESYSTEMES.

Bibliographie

Barre, R./Godet, M., Les nouvelles frontières de l'environnement, 1982.
CCE, Acte unique européen, 1986.
Nicolas, F., Des normes communes pour les entreprises, 1988.
OCDE, L'OCDE et l'environnement, 1986.

PNUE, Registre des traités internationaux et autre accords dans le domaine de l'environnement, 1984.
Secrétariat d'Etat auprès du Premier Ministre chargé de l'Environnement, Liste des principales directives européennes en matière d'environnement, in: Bulletin de documentation no 77 (documentation du SRETIE), 1988.

Organisations

Bureau européen de l'Environnement (BEE)
20, rue du Luxembourg, 1090 Bruxelles, tél. 3225 1432.

Centre de Formation et de Documentation sur l'Environnement industriel (CFDE)
99, boulevard Malesherbes, 75008 Paris, tél. (1) 45 62 21 51.

Commission des Communautés européennes (CCE), Direction Générale 11
200, rue de la Loi, 1049 Bruxelles, tél. 32 22 35 11 11.

Institut international de Gestion et de Génie de l'Environnement (IIGGE)
2, boulevard de la Roche-du-Roi, BP 128, 73101 Aix-les-Bains cedex, tél. 79 88 20 22.

Organisation de Coopération pour le Développement économique (OCDE)
2, rue André-Pascal, 75775 Paris cedex 16.

Programme des Nations Unies pour l'Environnement (PNUE), Bureau de l'Industrie
Tour Mirabeau, 39–43, quai André-Citroën, 75739 Paris cedex 15, tél. (1) 45 78 33 33.

Société française pour le Droit de l'Environnement (SFDE), Université de Strasbourg
18, place d'Athènes, 67000 Strasbourg, tél. 67 62 18 18.

V. Spanischsprachige Quellen

Abreviaturas empleadas

Asociación de Cámaras de Comercio e Industria Europeas (EUROCHAMBRES)
5, rue d'Archimède, 1040 Bruxelles.

Asociación Española de Homologación y Normalización (AENOR)
Fernández de la Hoz, 52, 28010 Madrid.

Asociación Profesional de Cámaras de Comercio Internacionales (APCCI)
45, Avenida de Iéna, 75116 Paris.

Centro para el Desarrollo Tecnológico Industrial (CDTI)
Pº de la Castellana, 141, 28046 Madrid.

Centro de Estudios y Experimentación de Obras Públicas (CEDEX)
Alfonso XII, 3–5, 28071 Madrid.

Centro de Investigaciones Energéticas, Medioambientales y Tecnológicas (CIEMAT)
Avda. Complutense, 22, 28071 Madrid.

Confederación Española de Organizaciones Empresariales (CEOE)
Diego de León, 50, 28006 Madrid.

Confederación Española de la Pequeña y Mediana Empresa (CEPYME)
Diego de León, 50, 28006 Madrid.
Consejo Superior de Cámaras de Comercio e Industria (CSCCI)
Claudio Coello, 19, 28001 Madrid.
Consejo de las Comunidades Europeas (CEE), Oficina de Publicaciones
L 2985 Luxemburgo.
Consejo de Seguridad Nuclear (CSN)
Sor Angela de la Cruz, 2, 28071 Madrid.
Consejo Superior de Investigaciones Científicas (CSIC)
Serrano, 117, 28071 Madrid.
Dirección General de la Marina Mercante (DGMM), Ministerio de Transportes, Turismo y Comunicaciones
Ruiz de Alarcón, 1, 28071 Madrid.
Dirección General de Obras Hidráulicas (DGOH), Ministerio de Obras Públicas y Urbanismo
P° Castellana 67, 28071 Madrid.
Dirección General de Ordenación y Coordinación Ambiental (DGOCA), Secretaría General de Medio Ambiente, Ministerio de Obras Públicas y Urbanismo
P° Castellana, 67, 28071 Madrid.
Dirección General de Política Ambiental (DGPA), Secretaría General de Medio Ambiente, Ministerio de Obras Públicas y Urbanismo
P° Castellana, 67, 28071 Madrid.
Embresa Nacional de Gestión de Residuos Industriales, S.A. (EMGRISA)
Príncipe de Vergara, 120, 28002 Madrid.
Empresa Nacional de Residuos Radioactivos, A.A. (ENRESA)
P° Castellana, 135, 28046 Madrid.
Escuela de organización Industrial (EOI)
Gregorio del Amo, 6, 28071 Madrid.
Escuela Técnica Superior de Ingenieros Industriales de Madrid (ETSIIM)
Gutierrez Abascal, 20, 28071 Madrid.
Instituto Geográfico Nacional (IGN)
General Ibañez Ibero, 3, 28071 Madrid.
Instituto de la Mediana y Pegueña Empresa Industrial (IMPI)
P° Castellana, 141, 28046 Madrid.
Instituto Nacional para la Conservación de la Naturaleza (ICONA)
Gran Vía de S. Francisco, 35, 28071 Madrid.
Instituto National del Consumo (INC)
P° del Prado, 18–20, 28071 Madrid.
Instituto Nacional para la Diversificación y Ahorro de la Energía (IDAE)
P° Castellana, 95, 28071 Madrid.
Instituto Nacional de Hidrocarburos (INH)
P° Castellana, 89, 28071 Madrid.
Instituto Nacional de Industria (INI)
Pza. del Marqués de Salamanca, 8, 28071 Madrid.
Intituto Nacional de Meteorología (INM), Ciudad Universitaria 28071 Madrid.
Instituto Nacional para la Reforma y Desarrollo Agrario (IRYDA)
P° Castellana, 112, 28071 Madrid.

Instituto Tecnológico Geominero de España (ITGE)
Ríos Rosas, 23, 28071 Madrid.
Instituto del Territorio y Urbanismo (ITUR)
P° Castellana, 67, 28071 Madrid.
Ministerio de Agricultura, Pesca y Alimentación (MAPA)
P° Infanta Isabel, 1, 18071 Madrid.
Ministerio de Industria y Energía (MINER)
P° Castellana, 160, 28071 Madrid.
Ministerio de Obras Públicas y Urbanismo (MOPU)
P° Castellana, 67, 28071 Madrid.
Ministerio de Sanidad y Consumo (MISACO)
P° del Prado, 18–20, 28071 Madrid.
Ministerio de Transportes, Turismo y Comunicaciones (MTRANS)
Ruiz de Alarcón, 1, 28071 Madrid.
Organización de Cooperación para el Desarrollo Económico (OCDE), Servicio de Publicaciones
2, Rue André Pascal, 75775 Paris.
Programa de las Naciones Unidas para el Medio Ambiente (PNUMA)
Tour Mirabeau, 39–43, quai André Citroën, 75739 Paris.
Registro de la Propiedad Industrial (RPI), Ministerio de Industria y Energía
P° Castellana, 160, 28071 Madrid.
Secretaría General de Medio Ambiente (SGMA), Ministerio de Obras Publicas y Urbanismo
P° Castellana, 67, 28071 Madrid.

1. Sumario

Las referencias relativas a este punto figuran en el apartado 4 „Objetivos y Estrategias".

2. Definición de prioridades

Las referencias relativas a este punto figuran en el apartado 4 „Objetivos y Estrategias".

3. Motivación de cuadros

Bibliografia

Evan, H. Z., Los empleadores y el retro del medio ambiente, Madrid 1989.
Eversley, D., El Planificador en la sociedad: rol sambiante de una profesión, Madrid 1976.
Industria y medio ambiente. Revista trimestral del PNUMA.
Mishan, E. J., Los costes del desarrollo económico, Barcelona 1971.

Organismos

Asociación Profesisonal de Cámaras de Comercio Internacionales (APCCI)
45, Avenida de Iéna, 75116 Paris.

Confederación Española de Organizaciones Empresariales (CEOE)
Diego de León, 50, 28006 Madrid.

Confederación Española de Pequeñas y Medianas Empresas Industriales (CEPYME)
Diego de León, 50, 28006 Madrid.

Instituto de la Mediana y Pequeña Empresa Industrial (IMPI)
P° Castellana, 141, 28046 Madrid.

4. Objectivos y Estrategias

Bancos de datos

Instituto de la Mediana y Pequeña Empresa Industrial (IMPI)
P° Castellana, 141, 28046 Madrid.

Bibliografia

Barcelo, A./Sanchez, J., Theoría económica de los bienes autorreproducibles, Barcelona 1988.

Baumol, W.J./Oates, W.E., La teoría de la política económica del medioambiente, Barcelona 1982.

Blas, L., Hacia una política proteccionista, Madrid 1975.

Caldwell, M., Socialismo y medio ambiente, Barcelona 1976.

Carrizosa, J., Planificación del medio ambiente, Madrid 1982.

Castilla, A./Sebastian, J./Rodilla, F.J., Comunicación, recursos naturales e industrias estratégicas: aportaciones españolas al programa FAST, Madrid 1988.

Chanlett, E., La protección del medio ambiente, Madrid 1976.

Costa, P./Cuerdo, M., Coste socioeconómico de la contaminación industrial, Madrid 1985.

Fabra, P., Nuevo orden económico internacional, Madrid 1978.

Industria y medio ambiente. Revista trimestral del PNUMA.

Organismos

Confederación Española de Organizaciones Empresariales (CEOE)
Diego de León, 50, 28006 Madrid.

Confederación Española de Pequeñas y Medianas Empresas Industriales (CEPYME)
Diego de León, 50, 28006 Madrid.

Instituto de la Mediana y Pequeña Empresa Industrial (IMPI)
P° Castellana, 141, 28046 Madrid.

Programa de las Naciones Unidas para el Medio Ambiente (PNUMA)
Tour Mirabeau 39–43, quai André Citroën, 75739 Paris.

Secretaría General del Medio Ambiente (SGMA), Ministerio de Obras Públicas y Urbanismo
P°Castellana, 67, 28071 Madrid.

5. Marketing

Bancos de datos

Instituto de la Mediana y Pequeña Empresa Industrial (IMPI)
P° Castellana, 141, 28046 Madrid.
Registro de la Propiedad Industrial (RPI), Ministerio de Industria y Energía
P° Castellana, 160, 28071 Madrid.

Bibliografia

Barcelo, A./Sanchez, J., Teoría económica de los bienes autorreproducibles, Barcelona 1988.
Danton, H./Duivon, J. M./Pelletier, M. H./Salaun, M., El concepto de producto ecológico, Bruselas 1987.
Fabra, P., Nuevo orden económico internacional, Madrid 1978.
Victor, P. A., Economía de la polución, Barcelona 1974.

Organismos

Asociación de Cámaras de Comercio de Industria Europeas (EUROCHAMBRES)
5, rue d'Archimède, 1040 Bruxelles.
Asociación Española de Homologación y Normalización (AENOR)
Fernández de la Hoz, 52, 28010 Madrid.
Centro para el Desarrollo Tecnológico Industrial (CDTI)
P° de la , 141, 28046 Madrid.
Consejo Superior de Cámaras de Comercio e Industria (CSCCI)
Claudio Coello, 19, 28001 Madrid.
Instituto de la Mediana y Pequeña Empresa Industrial (IMPI)
P° Castellana, 141, 28046 Madrid.
Instituto Nacional del Consumo (INC)
P° del Prado, 18–20, 28071 Madrid.
Instituto Nacional de Industria (INI)
Pza. del Marqués de Salamanca, 8, 28071 Madrid.
Registro de la Propiedad Industrial (RPI), Ministerio de Industria y Energía
P° de la Castellana, 160, 28071 Madrid.
Secretaría General del Medio Ambiente (SGMA), Ministerio de Obras Públicas y Urbanismo
P° Castellana, 67, 28071 Madrid.

6. Organos internos

Bancos de datos

Escuela de Organización Industrial (EOI)
Gregorio del Amo, 6, 28071 Madrid.
Instituto para la Diversificación y Ahorro de la Energía
P° de la Castellana, 95, 28071 Madrid.

Secretaría General del Medio Ambiente (SGMA), Ministerio de Obras Públicas y Urbanismo
P° Castellana, 67, 28071 Madrid.

Bibliografia

Bifani, P., Desarrollo y medio ambiente, Madrid 1980.
Caldwell, M. u. a., Socialismo y medio ambiente, Barcelona 1976.
Centro de Estudios de Ordenación del Territorio y Medio Ambiente, Sociología y medio ambiente, Madrid 1982.
Confédération Française Démocratique du Travail, Los costes del progreso: los trabajadores ante el cambio técnico, Madrid 1987.
Fundación de Estudios Sociológicos, Nuevas metas para la humanidad: la calidad de la vida humana en el horizonte de año 2000, Madrid 1982.
Instituto para la Diversificación y Ahorro de la Energía, Técnicas de conservación energética en la industria, Madrid 1982.
Jimenez, L., Medio ambiente y desarrollo alternativo: gestión racional de los recursos para una sociedad perdurable, Madrid 1989.

7. Motivación y formación del personal

Bibliografia

Casal, C., Formación ambiental, Madrid 1981.
CIFCA, EL CIFCA y la formación ambiental, Madrid 1980.
CIFCA, La formación ambiental en América Latina, Madrid 1987.
Echechuri, H., Diez años después de Estocolmo: desarrollo, medio ambiente y supervivencia, Madrid 1983.
Educación ambiental: situción española y estrategia internacional, Madrid 1989.
Medio Ambiente: formación, investigación y experiencias, 7° seminario Universidad-Empresa, Madrid 1981.
Montes, J. M., La formación ambiental universitaria, Madrid 1980.
Pol. E./Urrutia, I., Psicología del Medio Ambiente, Vilassar de Mar 1981.

Organismos

Consejo Superior de Cámaras de Comercio e Industria (CSCCI)
Claudio Coello, 19, 28001 Madrid.
Escuela de Organización Industrial (EOI), Ministerio de Industria y Energía
Gregorio del Amo, 6, 28071 Madrid.
Instituto de la Mediana y Pequeña Empresa Industrial (IMPI)
P° Castellana, 141, 28046 Madrid.
Secretaría General del Medio Ambiente (SGMA), Ministerio de Obras Públicas y Urbanismo
P° Castellana, 67, 28071 Madrid.

8. Condiciones de trabajo

Bancos de datos

Secretaría General del Medio Ambiente (SGMA), Ministerio de Obras Públicas y Urbanismo
P° Castellana, 67, 28071 Madrid.

Bibliografia

Centro de Higiene Ambiental, Seminario de Higiene Ambiental (1983), Madrid 1984.

Fernandez, J. G., El control de partículas en ambientes laborales, Madrid 1980.

Instituto Nacional de Seguridad e Higiene en e Trabajo, 1ª Conferencia Nacional de Higiene Industrial (1985), Madrid 1987.

Llamas, J. M., Equipos de protección personal de las vías respiratorias dependiendo del medio ambiente, madrid 1981.

MAPFRE, Temas de higiene industrial: asbestos, soldadura y tratamientos superficiales, plásticos, control del ruido, vibraciones, Madrid 1978.

Organización Internacional del Trabajo, Enciclopedia de salud y seguridad en el trabajo (3ª edición revisada), Madrid 1989.

Organismos

Consejo Superior de Investigaciones Científicas (CSIC), Laboratorio de Ensayos Acústicos
Serrano, 117, 29071 Madrid.

Escuela, Técnica Superior de Ingenieros Industriales de Madrid (ETSIIM), Laboratorio de Electrotecnia (Ensayos Acústicos y de Vibraciones)
José Gutiérrez Abascal, 2, 28071 Madrid.

Ministerio de Sanidad y Consumo (MISACO)
P° del Prado, 18–20, 28071 Madrid.

Secretaría General del Medio Ambiente (SGMA), Ministerio de Obras Públicas y Urbanismo
P° Castellana, 67, 28071 Madrid.

9. Restauración Colectiva

Bibliografia

Bidegan, E. / Martinez, A., Intoxicaciones por plaguicidas, Sevilla 1988.

Consejo General de Colegios Oficiales de Farmacéuticos, Guía práctica de toxicología, Madrid 1977.

Dirección General de Política Alimentaria, Consumo alimentario en España, Madrid 1988.

Nickerson, J. T. / Sinskey, A. J., Microbiología de los alimentos y sus procesos de elaboración, Zaragoza 1978.

Pascual, M. R., Técnicas para el análisis microbiológico de los alimentos y bebidas, Madrid 1982.

Scientific American, Los alimentos: cuestiones de bromatología, aspectos químicos, biológicos, agropecuarios y sociales, Madrid 1975.

Organismos

Instituto Nacional del Consumo (INC)
P° del Prado, 18–20, 28071 Madrid.
Instituto Nacional para la Reforma y Desarrollo Agrario (IRYDA)
P° Castellana, 112, 28071 Madrid.
Ministerio de Agricultura, Pesca y Alimentación (MAPA)
P° Infanta Isabel, 1, 28071 Madrid.
Ministerio de Sanidad y Consumo (MISACO)
P° del Prado, 18–20, 28071 Madrid.

10. Eco-consejo en los hogares del personal

Bibliografia

Alba, A. F., La Ciudad filoenergética, Madrid 1981.
Association Générale des Hygiénistes et Techniciens Municipaux, Técnicas de higiene urbana: recogida y tratamiento de basuras, limpieza de las vías públicas, Madrid 1977.
Cooperativa de Consumo Eroski, La educación del consumidor en la escuela, Madrid 1984.
Daniels, F., Uso directo de la energía solar, Madrid 1980.
Dryden, I. G. C., El uso de la energía, Madrid 1979.
Garrido, J. L./Pereira, J./Acosta, R. M., Eliminación de los residuos sólidos urbanos, Barcelona 1980.
Llabres, M. A., Juega limpio con tu ciudad, Barcelona 1986.

Organismos

Empresa Nacional de Gestión de Residuos Industriales S.A. (EMGRISA)
Príncipe de Vergara, 120, 28002 Madrid.
Instituto Nacional para la Diversificación y Ahorro de la Energía (IDAE)
P° Castellana, 95, 28071 Madrid.
Instituto Nacional del Consumo (INC)
P° del Prado, 18–20, 28071 Madrid.
Secretaría General del Medio Ambiente (SGMA), Ministerio de Obras Públicas y Urbanismo
P° Castellana, 67, 28071 Madrid.

11. Economía de agua y de energía

Bancos de datos

Centro de Investigaciones Energéticas, Medioambientales y Tecnológicas (CIEMAT)
Avda. Complutense, 22, 28071 Madrid.
Instituto Nacional para la Diversificación y Ahorro de la Energía (IDAE)
P° Castellana, 95, 28071 Madrid.
Secretaría General del Medio Ambiente (SGMA), Ministerio de Obras Públicas y Urbanismo
P° Castellana, 67, 28071 Madrid.

Bibliografia

AMBIO, El agua, Barcelona 1988.
Antiñolo, J. S. / Peñalver, L., La reutilización de las aguas residuales, Madrid 1989.
Armengol, V. F., Despilfarro y control de la energía, Barcelona 1981.
Azpurua, P. P. / Gabaldon, A. J., Recursos hidráulicos y desarrollo, Madrid 1976.
Centro de Estudios de la Energía, Catálogo de entidades equipos para la conservación de la energía, Madrid 1979.
Dryden, I. G. C., El uso de la energía, Madrid 1979.
IDAE, Técnicas de conservación energética en la industria, Madrid 1982.
Martinez, J. E., La política de conservación energética, Madrid 1981.
MOPU/MINER, Jornadas sobre Coordinación de la Política Energética e Hidráulica (1986), Madrid 1987.
Secretaría General de la Energía y Recursos Minerales, Plan de Energías Renovables, Madrid 1989.

Organismos

Centro de Estudios y Experimentación de Obras Públicas (CEDEX)
Alsonso XII, 3–5, 28071 Madrid.
Centro de Investigaciones Energéticas, Medioambientales y Tecnológicas (CIEMAT)
Avda. Complutense, 22, 28071 Madrid.
Dirección General de Obras Hidráulicas (DGOH), Ministerio de Obras Públicas y Urbanismo
P° de la Castillana, 67, 28071 Madrid.
Instituto Nacional para la Diversificación y Ahorro de la Energía (IDAE)
P° Castellana, 95, 28071 Madrid.
Instituto Nacional de Industria (INI)
Pza. del Marqués de Salamanca, 8, 28071 Madrid.
Instituto Nacional de Hidrocarburos (INH), Ministerio de Industria a Energía
P° Castellana, 89, 28071 Madrid.
Instituto Tecnológico Geominero de España (ITGE), Ministerio de Industria y Energía
Ríos Rosas, 23, 28071 Madrid.
Ministerio de Industria y Energía (MINER), Secretaría General de la Energía y Recursos Minerales
P° Castellana, 160, 28071 Madrid.
Secretaría General del Medio Ambiente (SGMA), Ministerio de Obras Públicas y Urbanismo
P° Castellana, 67, 28071 Madrid.

12. Desarrollo de producto

Bancos de datos

Instituto Nacional de Industria (INI)
Pza. del Marqués de Salamanca, 8, 28071 Madrid.

Bibliografia

Danton, H./Pelletier, J. M./Salaun, M., El concepto de producto ecológico, Bruselas 1987.
Dirección General de Medio Ambiente, Medio Ambiente en España, Madrid 1989.
OCDE, La duración de la vida de los productos y su alargamiento: contribución a la gestión de residuos sólidos, 1982.

Organismos

Centro para el Desarrollo Tecnológico Industrial (CDTI), Ministerio de Industria y Energía
P° Castellana, 141, 28046 Madrid.
Instituto Nacional de Industria (INI)
Pza. del Marquése de Salamanca, 8, 28071 Madrid.
Ministerio de Industria y Energía (MINER), Secretaría General de la Energía y Recursos Minerales
P° Castellana, 160, 28071 Madrid.
Secretaría General del Medio Ambiente (SGMA), Ministerio de Obras Públicas y Urbanismo
P° Castellana, 67, 28071 Madrid.

13. Gestión de materiales y stocks

Bancos de datos

Consejo Superior de Cámaras de Comercio e Industria (CSCCI)
Claudio Coello, 19, 28001 Madrid.
Instituto Tecnológico Geominero de España (ITGE)
Ríos Rosas, 23, 28071 Madrid.

Bibliografia

Bermejo, A., El plomo: presencia y efectos, Santiago de Compostela 1982.
Instituto Tecnológico Geominero de España, Inventario Nacional de balsas y escombreras, Madrid 1989.
Manrique, A. u. a., Niveles de metales pesados en los sedimentos actuales del parque nacional de Doñana, Madrid 1985.
PNUMA, Lista de substancias y procesos químicos que representan un peligro para el medio ambiente a escala mundial, Ginebra 1984.

Organismos

Asociación de Cámaras de Comercio e Industria Europeas, (EUROCHAMBRES)
5, rue d'Archimède, 1040 Bruselas.
Consejo Superior de Cámaras de Comercio e Industria (CSCCI)
Claudio Coello, 19, 28001 Madrid.
Empresa Nacional de Gestión de Residuos Industriales S.A (EMGRISA)
Príncipe de Vergara, 120, 28002 Madrid.

Instituto Geográfico Nacional (IGN)
General Ibañez Ibero, 3, 28071 Madrid.
Instituto Nacional de Industria (INI)
Pza. del Marqués de Salamanca, 8, 28071 Madrid.
Instituto Tecnológico Geominero de España (ITGE)
Ríos Rosas, 23, 28071 Madrid.
Ministerio de Industria y Energía (MINER), Secretaría General de la Energía y Recursos Minerales
P° Castellana, 160, 28071 Madrid.
Programa de las Naciones Unidas para el Medio Ambiente (PNUMA), Ministerio de Obras y Urbanismo
P° Castellana, 67, 28071 Madrid.
Secretaría General del Medio Ambiente (SGMA), Ministerio de Obras Públicas y Urbanismo
P° Castellana, 67, 28071 Madrid.

14. Tecnologías de fabricación

Bancos de datos

Instituto Nacional de Industria (INI)
Pza. del Marqués de Salamanca, 8, 28071 Madrid.
Secretaría General del Medio Ambiente (SGMA)
P° Castellana, 67, 28071 Madrid.

Bibliografia

Bult, A. T./Holt, G./Lilly, M. D., Biotecnología: perspectivas y tendencias, León 1984.
Castro, E./Beltran, D. J. u. a., Manual de Ingeniería Ambiental, 5 vol., Madrid 1980.
Instituto de la Ingeniería de España, Ingeniería y ambiente, Madrid 1981.
Lora, F., de/Miro, J. u. a., Técnicas de defensa del medio ambiente, 2 vol., Barcelona 1978.
Molini, F., Tecnología, medio ambiente y desarrollo, Madrid 1989.
Unión de Emresas y Entidades Siderúgicas, La siderugia española: el proceso siderúgico, Madrid 1987.

Organismos

Centro para el Desarrollo Tecnológico Industrial (CDTI), Ministerio de Industria y Energía
P° de la Castellana, 141, 28046 Madrid.
Consejo Superior de Cámaras de Comercio e Industria (CSCCI)
Claudio Coello, 19, 28001 Madrid.
Empresa Nacional de Gestión de Residuos Industriales S.A (EMGRISA)
Príncipe de Vergara, 120, 28002 Madrid.
Instituto Nacional de Industria (INI)
Pza. del Marqués de Salamanca, 8, 28071 Madrid.

Ministerio de Industria y Energía (MINER), Dirección General de Política Tecnológica
P° de la Castellana, 160, 28071 Madrid.
Secretaría General del Medio Ambiente (SGMA), Ministerio de Obras Públicas y Urbanismo
P° de la Castellana, 67, 28071 Madrid.

15. Eliminación y reciclado

Bancos de datos

Consejo Superior de Cámaras de Comercio e Industria (CSCCI)
Claudio Coello, 19, 28001 Madrid.
Secretaría General del Medio Ambiente (SGMA), Ministerio de Obras Públicas y Urbanismo
P° de la Castellana, 67, 28071 Madrid.

Bibliografia

Empresa Nacional de Residuos radioactivos, Residuos radioactivos: un reto para el año 2000, Madrid 1987.
Garrido, J. L. / Pereira, J. / Acosta, R. M., Eliminación de los residuos sólidos urbanos, Barcelona 1980.
MOPU, Los residuos tóxicos y peligrosos, Madrid 1988.
Seminario sobre tratamiento y eliminación de residuos tóxicos y peligrosos (1987), Residuos tóxicos y peligrosos: tratamiento y eliminación, Madrid 1989.

Organismos

Consejo de Seguridad Nuclear (CSN)
Sor Angela de la Cruz, 3, 28071 Madrid.
Consejo Superior de Cámaras de Comercio e Industria (CSCCI)
Claudio Coello, 19, 28001 Madrid.
Empresa Nacional de Gestión de Residuos Industriales S.A (EMGRISA)
Príncipe de Vergara, 120, 28002 Madrid.
Empresa Nacional de Residuos Radioactivos S.A (ENRESA)
P° Castellana, 135, 28046 Madrid.
Instituto Tecnológico Geominero de España (ITGE)
Ríos Rosas, 23, 28071 Madrid.
Secretaría General del Medio Ambiente (SGMA), Ministerio de Obras Públicas y Urbanismo
P° Castellana, 67, 28071 Madrid.

16. Contaminaciones antiguas

Bancos de datos

Instituto Tecnológico Geominero de España (ITGE)
Ríos Rosas, 23, 28071 Madrid.

Bibliografia

ITGE, Inventario nacional de balsas y escombreras, Madrid 1989.
ITGE, Manual de restauración de terrenos y evaluación de impactos ambientales en minería, Madrid 1989.
ITGE, Criterios geoambientales para la restauración de canteras, graveras y explotaciones a cielo abierto en la Comunidad de Madrid, Madrid 19897.

Organismos

Instituto Tecnológico Geominero de España (ITGE)
Ríos Rosas, 23, 28071 Madrid.
Ministerio de Industria y Energía (MINER), Dirección General de Minas y de la Construcción
P° Castellana, 160, 28071 Madrid.

17. Contaminación por focos móviles

Bibliografia

Centro de Estudios de Ordenación del Territorio y Medio Ambiente, Ruido de tráfico urbano e interurbano: manual para la planificación urbana y la arquitectura, Madrid 1983.
Instituto de Estudios de Transportes y Comunicaciones, Reglamento nacional de transporte de mercancías peligrosas por carretera: TPC – 4ª Edición, Madrid 1984.

Organismos

Consejo Superior de Investigaciones Científicas (CSIC), Laboratorio de Acústica
Serrano, 117, 28071 Madrid.
Escuela Técnica Superior de Ingenieros Industriales de Madrid (ETSIIM), Laboratorio de Electrotecnia y Acústica
José Gutierrez Abascal, 2, 28071 Madrid.
Instituto Nacional de Hidrocarburos (INH)
P° de la Castellana, 160, 28071 Madrid.
Ministerio de Industria y Energía (MINER)
P° de la Castellana, 160, 28071 Madrid.
Ministerio de Transportes, Turismo y Communicaciones (MTRANS)
Ruiz de Alarcón, 1, 28071 Madrid.
Secretaría General del Medio Ambiente (SGMA), Ministerio de Obras Públicas y Urbanismo
P° Castellana, 67, 28071 Madrid.

18. Edificios y mantenimiento

Bancos de datos

Instituto de Territorio y Urbanismo (ITUR), Ministerio de Obras Públicas y Urbanismo
P° de la Castellana, 67, 28071 Madrid.

Bibliografia

Deilmann, H., El Hábitat: tipos de utilización, tipos de planta, tipos de edificio, tipos de vivienda, Barcelona 1980.
Serra, R., Clima, lugar y arquitectura: manual de diseño bioclimático, Madrid 1989.
Wilson, A. G., Geografia y planeamiento urbano y regional, Barcelona 1980.

Organismos

Dirección General de Ordenación y Coordinación Ambiental (DGOCA), Secretaría General del Medio Ambiente, Ministerio de Obras Públicas y Urbanismo P° de la Castellana, 67, 28071 Madrid.
Instituto Geográfico Nacional (IGN) General Ibañez Ibero, 3, 28071 Madrid.
Instituto Nacional de Meteorología (INM), Ciudad Universitaria 28071 Madrid.
Instituto de Territorio y Urbanismo (ITUR), Ministerio de Obras Públicas y Urbanismo P° de la Castellana, 67, 28071 Madrid.

19. Terrenos de empresa

Bibliografia

Espacios rurales y urbanos en áreas industrializadas, 2° Congresó Mundial Vasco (1987), Vilassar de Mar 1988.
ITUR, Areas rurales con capacidad de desarrollo endógeno, Madrid 1987.
ITUR, Industrialización en áreas rurales, Madrid 1987.
Junta de Andalucía, Evolución de los paisajes y ordenación del territorio en Andalucia Occidental: estudio meteorólogico, Madrid 1985.

Organismos

Dirección General de Ordenación y Coordinación Ambiental (DGOCA), Secretaría General del Medio Ambiente, Ministerio de Obras Públicas y Urbanismo P° de la Castellana, 67, 28071 Madrid.
Instituto de Territorio y Urbanismo (ITUR), Ministerio de Obras Públicas y Urbanismo P° de la Castellana, 67, 28071 Madrid.

20. Finanzas y ayudas financieras

Bibliografia

Baumol, W. J./Oates, W. E., La teoría de la política económica del medio ambiente. Barcelona 1982.
Consulting Comunitario, Ayudas financieras de la CEE en materia de medio ambiente, Madrid 1988.
Ministerio de Industria y Energía, Programa de creación de una base industrial, energética y tecnológica medioambiental, Madrid 1989.

MOPU, Plan Nacional de Residuos Industriales, Madrid 1989.
Secretaría General de la Energía y Recursos Minerales, Plan de Investigación Energética, Madrid 1989.
Secretaría General de la Energía y Recursos Minerales, Plan de Energías Renovables (PER-89), Madrid 1989.
Secretaría General del Medio Ambiente, Medio Ambiente en España (1988), Madrid 1989.

Organismos

Ministerio de Industria y Energía (MINER), Gabinete Técnico del Subsecretario, Secretaría General de la Energía y Recursos Minerales
P° de la Castellana, 160, 28071 Madrid.
Secretaría General del Medio Ambiente (SGMA)
P° Castellana, 67, 28071 Madrid.

21. Contabilidad ecológica

Bibliografia

Costa, R./Cuerdo, M., Coste socioeconómico de la contaminación industrial, Madrid 1985.

Organismos

Consejo Superior de Cámaras de Comercio e Industria (CSCCI)
Claudio Coello, 19, 28001 Madrid.
Secretaría General del Medio Ambiente (SGMA), Ministerio de Obras Públicas y Urbanismo
P° Castellana, 67, 28071 Madrid.

22. Derecho

Bancos de datos

Consejo Superior de Cámaras de Comercio e Industria (CSCCI)
Claudio Coello, 19, 28001 Madrid.
Secretaría General del Medio Ambiente (SGMA), Ministerio de Obras Públicas y Urbanismo
P° de la Castellana, 67, 28071 Madrid.

Bibliografia

Bolea, M. T. E., Evaluación del impacto ambiental, Madrid 1984.
Dirección General de Costas, Ley de costas y reglamento, Madrid 1989.
Dirección General de Industria, Reglamento sobre almacenamiento de productos químicos e instrucciones técnicas complementarias, Madrid 1988.
Dirección General de la Marina Mercante, Código de legislación marítima, Barcelona 1989.
Dirección General de Obras Hidráulicas, Ley de aguas, Madrid 1986.
Salvador Grau Fernández (1ª Edición), Legislación ambiental, Madrid 1989.

Secretaría General Técnica del Ministerio de Obras Públicas y Urbanismo, Derecho Comunitario de Medio Ambiente, Madrid 1988.
Secretaría General Técnica del Ministerio de Industria y Energía, Ley de Protección del Ambiente Atmosférico, Madrid 1989.
Secretaría General de la Energía y Recursos Minerales, Ley y reglamento de minas, Madrid 1980.

Organismos

Consejo Superior de Cámaras dc Comercio e Industria (CSCCJ)
Claudio Coello, 19, 28001 Madrid.
Dirección General de la Marina Mercante (DGMM), Ministerio de Transportes, Turismo y Comunicaciones
Ruiz de Alarcón, 1, 28071 Madrid.
Ministerio de Industria y Energía (MINER)
P° Castellana, 67, 28071 Madrid.

23. Responsabilidad civil

Bibliografia

Baquerizo, C. A., Los derechos de la naturaleza, Madrid 1986.
Guaita, A., Derecho administrativo: aguas, montes, minas, Madrid 1986.
MOPU, Responsabilidad patrimonial del Estado en materia de obras públicas y urbanismo: reclamaciones de los particulares y dictámenes del Consejo de Estado, Madrid 1989.

Organismos

Consejo Superior de Cámaras de Comercio e Industria (CSCCJ)
Claudio Coello, 19, 28001 Madrid.

24. Responsabilidad penal

Bibliografia

Cardelius, B./Ramos, L. R./Vizcaino, M., Manual para la protección jurídica del medio ambiente, Madrid 1985.
MOPU, Responsabilidad patrimonial del Estado en materia de obras públicas y urbanismo: reclamaciones de los particulares y dictamenes del Consejo de Estado, Madrid 1989.
Tribunal Constitucional, Jurisprudencia del Tribunal Constitucional en materia agraria, pesquera y alimentaria, Madrid 1987.
Trujillo, J., Régimen jurídico en las actividades molestas, insalubres, nocivas y peligrosas, Madrid 1987.

Organismos

Consejo Superior de Cámaras de Comercio e Industria (CSCCJ)
Claudio Coello, 19, 28001 Madrid.

Secretaría General del Medio Ambiente (SGMA), Ministerio de Obras Públicas y Urbanismo
P° Castellana, 67, 28071 Madrid.

25. Gestión del riesgo

Bibliografia

Instituto de Estudios de Transportes y Comunicaciones, Reglamento nacional de transporte de mercancías peligrosas por carretera: TPC – 4ª edición, Madrid 1984.
MINER, Reglamento sobre almacenamiento de productos químicos e instrucciones técnicas complementarias, Madrid 1988.
Organización Internacional del Trabajo, Enciclopedia de salud y seguridad en el trabajo, Madrid 1989.
Sección Española de la American Industrial Hygiene Association (A.I.H.A.), 1ª Conferencia Nacional de Higiene Industrial (1985), Madrid 1987.
Trujillo, J. Régimen jurídico en las actividades molestas, insalubres, nocivas y peligrosas, Madrid 1987.

Organismos

Consejo Superior de Cámaras de Comercio e Industria (CSCCJ)
Claudio Coello, 19, 28001 Madrid.
Organización de Cooperación para el Desarrollo Económico (OCDE), Servicio de Publicaciones
2, rue André Pascal, 75775 Paris.

27. Relaciones públicas

Bibliografia

CIFCA, EL CIFCA y la formación ambiental, Madrid 1980.
CIFCA, Planificación del medio ambiente, 1982.
Watt, K., La Ciencia del medio ambiente, Barcelona 1973.

Organismos

Secretaría General del Medio Ambiente (SGMA), Ministerio de Obras Públicas y Urbanismo
P° Castellana, 67, 28071 Madrid.

28. Relaciones económicas internacionales

Bancos de datos

Secretaría General del Medio Ambiente (SGMA), Ministerio de Obras Públicas y Urbanismo
P° Castellana, 67, 28071 Madrid.

Bibliografia

Barahona, E. u. a., El Medio Ambiente en las organizaciones internacionales, Madrid 1987.

CCE, Acta Unica Europea, Bruselas 1986.

Nicolas, F., Normas comunes para las empresas, Bruselas 1988.

OCDE, La OCDE y el medio ambiente, Paris 1986.

PNUMA, Tratados internacionales y otros acuerdos en el campo del medio ambiente, Ginebra 1984.

Secretaría General Técnica del MOPU, Derecho Comunitario de Medio Ambiente, Madrid 1988.

Organismos

Consejo de las Comunidades Europeas (CCE), Oficina de Publicaciones
L 2985 Luxemburgo.

Dirección General de Política Ambiental (DGPA), Secretaría General del Medio Ambiente, Ministerio de Obras Públicas y Urbanismo
P° Castellana, 67, 28071 Madrid.

Ministerio de Obras Públicas y Urbanismo (MOPU), Secretaría General Técnica, Centro de Publicaciones
P° Castellana, 67, 28071 Madrid.

Organización de Cooperación para el Desarrollo Económico (OCDE), Servicio de Publicaciones
2, rue André Pascal, 75775 Paris.

Programa de las Naciones Unidas para el Medio Ambiente (PNUMA)
Tour Mirabeau, 39–43, quai André Citroën, 75739 Paris.

Secretaría General del Medio Ambiente (SGMA), Ministerio de Obras Públicas y Urbanismo
P° Castellana, 67, 28071 Madrid.

VI. Internationale Quellen

Vgl. im übrigen die Quellenangaben bei den einzelnen Organisationen in dem Kapitel „Internationale Organisationen und umweltorientierte Unternehmensführung".

1. Overview checklist

The sources for this checklist are identical with those for checklist 4 („Corporate aims and strategies").

2. Priority rating checklist

The sources for this checklist are identical with those for checklist 4 („Corporate aims and strategies").

3. Management motivation

Organisations

International Network for Environmental Management e. V. (INEM)
Hellgrund 92, 2000 Wedel/Holst., tel. (49 41 03) 8 40 19; Fax (49 41 03) 1 36 99.

4. Corporate aims and strategies

Databases

Enviroline File 40, EIC/Intelligence Inc., New York, vendor: DIALOG.
Environmental Bibliography File 68, Environmental Studies Institute, Santa Barbara, CA, vendor: DIALOG.

Publications

Business International Ltd. (Hrsg.), Managing the Environment, London 1990.
The Centre for Our Common Future (Hrsg.), Sustainable Development, Geneva 1987.
Commission of the European Communities, European Better Environment Awards for Industry 1987, Brussels 1988.
European Environment Review, The Journal of European Community and International Environmental Policy and Law, London.
Hauf, V. (Hrsg.), Unsere gemeinsame Zukunft, Greven 1987.
International Chamber of Commerce (Hrsg.), The Greening of Enterprise, Paris 1990.
International Chamber of Commerce (Hrsg.), Industry Forum on Environment, Paris 1990.
Joyce, F. E./Schneider, G. (Hrsg.), Environment and Economic Development in the Regions of the European Community, Aldershot 1988.
KPMG Environment Unit London (Hrsg.), Environment in the Market, in: The European Focus 3/1991, Brussels.
Ministry of Environment (Hrsg.), Action for a Common Future, Oslo 1990.
Task Force Environment and the Internal Market (Hrsg.), 1992 – the environmental dimension, Bonn 1990.

5. Marketing

Publications

European Environment Review, The Journal of European Community and International Environmental Policy and Law, London.
KPMG Environment Unit London (Hrsg.), Environment in the Market, in: The European Focus 3/1991, Brussels.

Organisations

International Network for Environmental Management e. V. (INEM)
Hellgrund 92, 2000 Wedel/Holst., tel. (49 41 03) 8 40 19; Fax (49 41 03) 1 36 99.

6. In-house environmental protection arrangements

7. Staff motivation and training

Organisations

International Network for Environmental Management e. V. (INEM) Hellgrund 92, 2000 Wedel/Holst., tel. (494103) 84019; Fax (494103) 13699.

8. Working conditions

9. Canteen food

10. Environmental counselling for employees' households

Publications

AUGE, Feasibility Demonstration Project for Household and Community Environmental Advisors, Project Report and Summary, Commission of European Community Contract No. 6613(86)01, (Bezugsquelle: Aktionsgemeinschaft Umwelt, Gesundheit, Ernährung e. V., D-2000 Hamburg 20, Sillemstr. 36).

ECO-Conseil, Institut pour le conseil en environnement, Le temps des éco-emplois, Project-pilote européen de création de postes de conseillers en environnement auprès des Communes et de ménages (Label de l'Année Européenne de l'Environnement 3176), Rapport intérmaire sur la réalisation du projet-pilote en Alsace et sur ses perspectives de développement (Bezugsquelle: ECO-CONSEIL, Institut pour le conseil en environnement, Siège: 7, rue Goethe, 6700 Strasbourg, tél. 88 60 16 19 (Eco-Conseil).

Organisations

International Network for Environmental Management e. V. (INEM) Hellgrund 92, 2000 Wedel/Holst., tel. (494103) 84019; Fax (494103) 13699.

11. Economising on energy and water

Databases

Energyline. (Energy policy US and international, EIC Intelligence Inc., 48 West 38th Street, New York, NY 10018, tel. + 010–1212–9448500.

Organisations

International Network for Environmental Management e. V. (INEM) Hellgrund 92, 2000 Wedel/Holst., tel. (494103) 84019; Fax (494103) 13699.

12. Product development

Publications

Commission of the European Communities, European Better Environment Awards for Industry 1987, Brussels 1988.

Organisations

International Network for Environmental Management e. V. (INEM) Hellgrund 92, 2000 Wedel/Holst., tel. (494103) 84019; Fax (494103) 13699.

13. Materials management

Organisations

International Network for Environmental Management e. V. (INEM) Hellgrund 92, 2000 Wedel/Holst., tel. (494103) 84019; Fax (494103) 13699.

14. Production technology

Publications

Commission of the European Communities, European Better Environment Awards for Industry 1987, Brussels 1988.

United Nations Economic Commission for Europe, Compendium on Low-and-Non-Waste Technology, Geneva 1981.

Organisations

International Network for Environmental Management e. V. (INEM) Hellgrund 92, 2000 Wedel/Holst., tel. (494103) 84019; Fax (494103) 13699.

15. Disposal and recycling

Organisations

International Network for Environmental Management e. V. (INEM) Hellgrund 92, 2000 Wedel/Holst., tel. (494103) 84019; Fax (494103) 13699.

16. Pollution cleanup

Organisations

International Network for Environmental Management e. V. (INEM) Hellgrund 92, 2000 Wedel/Holst., tel. (494103) 84019; Fax (494103) 13699.

17. Company vehicles

Organisations

International Network for Environmental Management e. V. (INEM)
Hellgrund 92, 2000 Wedel/Holst., tel. (49 41 03) 8 40 19; Fax (49 41 03) 1 3699.

18. Building

Organisations

International Network for Environmental Management e. V. (INEM)
Hellgrund 92, 2000 Wedel/Holst., tel. (49 41 03) 8 40 19; Fax (49 41 03) 1 3699.
Internationales Institut für Baubiologie
Heilig-Geist-Str. 51, 8200 Rosenheim, Tel. (0 80 31) 1 7091.

19. Landscaping

Databases

European Local Environment Information Clearing House (ELEICH), Town and Country Planning Association
11 Bloom Street, Manchester, M1 3HS, tel. (061) 2 36 51 95.

Publications

CIB Publications, CIB Bulletin, Journal of Building Research and Practice (Bezugsquelle: International Council for Building Research, Studies and Documentation (CIB), PO Box 20704, NL-3000 JA Rotterdam, tel. (31 10) 4 11 02 40).

Organisations

European Landscape Contractors Association (ELCA), Haus der Landschaft
Pittersdorfer Str. 93, D-5300 Bonn, Tel. (02 28) 35 40 36.
International Council for Building Research, Studies and Documentation (CIB)
PO Box 20704, NL-3000 JA Rotterdam, tel. (31 10) 4 11 02 40.

20. Finance and subsidies

Organisations

Banque d'investissements Européenne
100 Boulevard Konrad Adenauer, L-12950 Luxembourg.
Comité de l'Environnement de l'OCDE, Groupe des Experts économiques
2, rue André Pascal, 75775 Paris Cedex 16.
Communauté européenne, Direction générale Environnement et Protection des consommateurs
rue de la Loi 208, B-1049 Bruxelles.

21. Environmental controlling

Publications

International Chamber of Commerce, Policy and Programme Department, Commission on Environment, ICC Position Paper on Environmental Auditing, 1988.

Organisations

International Network for Environmental Management e. V. (INEM)
Hellgrund 92, 2000 Wedel/Holst., tel. (4941 03) 840 19; Fax (4941 03) 13699.

22. Law

Databases

Enlex (at development stage) (Environmental issues in EC Member States), Italian Supreme Court, Computer Documentation Centre, Rome, tel. (396) 6568597.

Publications

European Environment Review, The Journal of European Community and International Environmental Policy and Law, London.

The Law and Practice Concerning Occupational Health in the Member States of the European Community, London.

23. Civil liability

Databases

ENLEX, IUCN, International Council for Environmental Law, Adenauerallee 214, D-5300 Bonn 1, Tel. (49228) 2692231.

LEXIS, Mead Data Central, PO Box 933, USA – Daytona, Ohio 45401, tel. (513) 8656800.

Publications

IUCN Publications (Bezugsquelle: IUCN Bulletin, International Union for the Conservation of Nature and Natural Resources (IUCN), International Council for Environmental Law)
Adenauerallee 214, D-5300 Bonn 1, Tel. (49228) 2692231.

Organisations

International Union for the Conservation of Nature and Natural Resources (IUCN), International Council for Environmental Law
Adenauerallee 214, D-5300 Bonn 1, Tel. (49228) 2692231.

24. Criminal liability

Databases

ENLEX, IUCN, International Council for Environmental Law
Adenauerallee 214, D-5300 Bonn 1, Tel. (49228) 2692231.

LEXIS, Mead Data Central, PO Box 933, USA – Daytona, Ohio 45401, tel. (513) 8656800.

Publications

IUCN Publications (Bezugsquelle: IUCN Bulletin, International Union for the Conservation of Nature and Natural Resources (IUCN), International Council for Environmental Law)
Adenauerallee 214, D-5300 Bonn 1, Tel. (49228) 2692231.

Organisations

International Union for the Conservation of Nature and Natural Resources (IUCN), International Council for Environmental Law
Adenauerallee 214, D-5300 Bonn 1, Tel. (49228) 2692231.

25. Risk management

Organisations

International Institute of Risk and Safety Management, National Safety Centre
62/44 Chancellors Road, GB-London, W6 9RS, tel. (01) 7411231.

International Network for Environmental Management e. V. (INEM)
Hellgrund 92, 2000 Wedel/Holst., tel. (494103) 84019; Fax (494103) 13699.

26. Insurance

Publications

Association International du Droit des Assurances, AIDA Working Group on Pollution and Insurance, AIDA World Congress, 1986.

Insuring Environmental Risks, presented to A. Kelly in the 7th AIDA World Congress, 1986.

27. Public relations work

Organisations

International Association For Insurance Law (AIDA). A secretariat general is constitued only in preparation of each general assembly. Study group on pollution and insurance, Faculty of Law, University of Stockholm
S-10691 Stockholm, tel. (08) 162000.

International Network for Environmental Management e. V. (INEM)
Hellgrund 92, 2000 Wede/Holst., tel. (494103) 84019; Fax (494103) 13699.

28. International business relations

Databases

Enviroline. UNEP, DOE Library
2 Marsham Street, London, SW1P 3EB, EIC/Intelligence Inc. Enviroline File 40, EIC/Intelligence Inc., New York.

Infoterra, UNEP, UK National Focal Point, Department of the Environment and Transport Library, Room P3/1008C
2 Marsham Street, London SW1P 3EB, tel. (01212) 5270.

Publications

Commission of European Communities, The State of the Environment in the European Community 1986, Luxembourg 1987 (Bezugsquelle: HM Stationery Office, HMSO Publications Centre, 51 Nine Elms Lane, London SW8 5DR, tel. (01211) 5656).

European Environment Review, The Journal of European Community and International Environmental Policy and Law, London.

The European Environmental Yearbook, London.

Government Institute Inc., International Environmental Business Requirements (Bezugsquelle: Government, Institutes Inc., 966 Hungerford Drive, #24, Rockville MD 20850, tel. (301) 2519250).

International Chamber of Commerce (ICC), Environmental Guidelines for World Industry 1986 (= ICC Publication No. 435), (Bezugsquelle: ICC United Kingdom, Centre Point, 103 New Oxford Street, London WC1A 1QB, tel. 2405558).

International Chamber of Commerce (ICC), The Spirit of Versailles. The business of Environmental Management. Report on the Worlds Industry Conference on Environmental Management (WICEM) 1984, Paris 1986.

International Federation of Pharmaceutical Manufacturers' Associations (IFPMA), Marketing Code of 1981 with supplement, 1982 (Bezugsquelle: Association of the British Pharmaceutical Industry, 12, Whitehal, London, SW1A 2DY, tel. (01) 8393961).

Joyce, F. E./Schneider, G. (Hrsg.), Environment and Economic Development in the Regions of the European Community, Aldershot 1988.

Leonhard, R., After Bophal. Multinationals and the Management of Hazardous Products and Processes, in: Multinational Business No. 2.

Speth, J. G., An Environmental Agenda for World Business. Across the Board, in: The Conference Board Magazine Vol. XXIV no. 3, 1987.

United Nations, Center on Transnational Corporations, Environmental Aspects of the Activities of Transnational Corporations: A Survey, 1985.

World Resource Institute, Publications, PO Box 620, Holmes, PA 19043, tel. (202) 3934055.

Organisations

This book contains an overview of international governmental organisations and international industry-based non-governmental organisations dealing with environmentalist business management.

Institut für Europäische Umweltpolitik
Aloys-Schulte-Str. 6, D-5300 Bonn 1, Tel. (0228) 213810.
International Institute for Environmental & Development – North America, A Center of World Resources Institute
17, Massachusetts Avenue, NW, Washington D.C. 20036, tel. (202) 4620900.
International Network for Environmental Management e. V. (INEM)
Hellgrund 92, 2000 Wedel/Holst., tel. (494103) 84019; Fax (494103) 13699.
United Nations Environment Programme (UNEP), Industry and Environment Office
Tour Mirabeau, 39–43, quai André Citroën, F-5739 Paris, cedex 15

Anhang

I. Systematisches Autorenverzeichnis

Gesamtkonzept und -verantwortung	G. Winter
Koordinierende Endredaktion der Check-Listen	H.-J. Ewers G. Winter
Beratende Mitwirkung	M. Gege
Einführung	G. Winter
1. Kapitel Umweltorientierte Unternehmensführung als gesellschaftliche und betriebliche Notwendigkeit	
A. Europas Milliardenverluste durch Umweltzerstörung	L. Wicke
B. Eine Herausforderung für Europas Wirtschaft	G. Winter
C. Bekenntnis zur umweltorientierten Unternehmensführung	G. Winter
2. Kapitel Umweltorientierte Unternehmensführung als Antwort auf ein gewandeltes Umfeld	P. M. Horst
3. Kapitel Umweltorientierte Unternehmensführung nach Integriertem System (Fallstudie)	G. Winter
4. Kapitel Argumentationsliste für umweltorientierte Unternehmensführung	G. Winter
5. Kapitel Check-Listen und Faktensammlungen zur umweltorientierten Unternehmensführung	
A. Effizienz der Check-Listen-Methode	G. Winter
B. Einführung zu der Faktensammlung	
I. UBA-Unternehmensbefragung 1990	A. Leonhardt
II. Schaubilder	imu-bildinfo
III. Unternehmensbeispiele	T. Ewoldt K. Frey P. S. Rosenberg
C. 28 Check-Listen mit Faktensammlungen	
1. Gesamtüberblick	G. Winter
2. Prioritätenbildung	G. Winter
3. Willensbildung im Führungsteam	G. Winter
4. Unternehmensziele und -strategien	J. Hensmann H. Meffert G. Winter
5. Marketing	J. Hensmann H. Meffert

9. Kapitel Internationale Organisationen und umweltorientierte Unternehmensführung	N. Blackburn C. Gelderloos
10. Kapitel Kodizes für umweltorientierte Unternehmensführung	G. Winter
11. Kapitel Von der umweltorientierten Unternehmensführung zur umweltorientierten Staatsführung	T. Davis E. Seidel G. Winter S. Zensus
Epilog Umweltorientierte Unternehmensführung und zukünftige Denk- und Handlungspfade	G. Winter
In- und ausländische Quellen zur umweltorientierten Unternehmensführung	
A. Einführung in die Quellensammlung	G. Winter
B. In- und ausländische Quellen	
I. Deutschsprachige Quellen	Autoren der jeweiligen Checklisten
Ergänzungen	J. Mack
Recherchen zu „Organisationen“	E. Mackenroth
II. Englischsprachige Quellen (ohne USA)	ERL
III. Englischsprachige Quellen (USA)	INFORM
IV. Französischsprachige Quellen	A. M. Aviam
V. Spanischsprachige Quellen	L. C. Mas García
VI. Internationale Quellen	Autoren zu I., II., III., IV., V.

II. Alphabetisches Autorenverzeichnis

Leser mit Verbesserungsvorschlägen oder zusätzlichen Informationen für die nächste Auflage sind eingeladen, sich an die einschlägigen Autoren zu wenden.

Soweit die Angaben zu den Autoren für eine Kontaktaufnahme nicht ausreichen, ist der Leser eingeladen, sich zwecks Auskunft an den Bundesdeutschen Arbeitskreis für umweltbewußtes Management (B.A.U.M.), Tinsdaler Kirchenweg 211, 2000 Hamburg 56, Tel. + 49 – 40 810101; Fax + 49 – 40 810126, zu wenden.

Soweit als Autoren Organisationen benannt wurden, finden sich deren Adressen unter 2.

1. Personen

Andreas, C. M., Dipl.-Kfm.
Leiter Öffentlichkeitsarbeit der Rethmann Entsorgungswirtschaft GmbH &Co.
Aviam, A. M.
Ministère de l'Environnement, Service de la Recherche, des Etudes et du Traitement de l'Information sur l'Environnement.
Economiste, Adjoint au chef du Service.
Blackburn, N.
Directeur, Chambre de Commerce Internationale.
Blom, F., Dipl.-Kfm.
Ehem. Lehrbeauftragter für ökologisch orientierte Material- und Fertigungswirtschaft, Fachhochschule für Betriebswirtschaft der Universität Nürnberg; Geschäftsführer Diakonisches Werk, Kirchenkreis Kleve.
Dahnz, W.
Abteilungsdirektor Kundendienst Gerling-Konzern.
Davis, T.
Executive Director International Network for Environmental Management (INEM).
Duivon, J.-M.
Ingénieur, Ecole Centrale de Lyon.
Ewers, H.-J., Prof. Dr.
Direktor des Instituts für Verkehrswissenschaft der Westfälischen Wilhelms-Universität Münster.
Ewoldt, T., Dipl.-Ing., Dipl.-Wirtschafts-Ing.
Mitarbeiter TBU Unternehmensberatung GmbH.
Frey, K., Dipl.-Vw.
Referent Bundesamt für Wirtschaft, Referat IV.6.
Gelderloos, C.
Ehemalige Mitarbeiterin Chambre de Commerce Internationale.
Gege, M., Dr.
Geschäftsführendes Mitglied und stellvertretender Vorsitzender des Vorstandes des Bundesdeutschen Arbeitskreises für umweltbewußtes Management e. V. (B.A.U.M.).
Hackstein, R., Prof. Dr.-Ing.
Ehemaliger Direktor Institut für Arbeitswissenschaft der RWTH Aachen und ehemaliger Direktor Forschungsinstitut für Rationalisierung an der RWTH Aachen.
Heeg, F. J., Dr.-Ing.
Privatdozent TH Aachen, Executive Director EC Consulting Group AG.
Hensmann, J., Prof. Dr.
Professor für Marketing Westfälische Wilhelms-Universität Münster.
Hoffmann, V., Dipl.-Kfm.
Leiter Zentralbereich Unternehmensentwicklung, Volkswirtschaft der RWE Energie AG.
Horst, P. M., Dr.
Partner der Sozietät Pechtl & Partner.

Jocher, W. G., Dr.
Partner Time Marketing Management Consultants.
Jöckel, R.
Geologin RWE Gesellschaft für Forschung und Entwicklung mbH.
Jung, H., Dipl.-Ing.
Freischaffende Architektin, Baubiologin und Umweltberaterin.
Klemp, H.
Agentur Herwig Klemp, Natur- und Umweltschutz.
Leonhardt, A., Prof. Dr.
TÜV Akademie Westfalen GmbH, Leiter des Bereiches Mecklenburg/Vorpommern.
Maas, C., Dr.
Mitarbeiter Pharma-Produktionslogistik, Schering AG.
Mack, J.
Student der Informatik an der Universität Hamburg.
Mackenroth, D., Dipl.-Kfm.
Mas García, L. C.
Subdirector General de Protección del Medio Ambiente Atmosférico, Dirección General de Política Ambiental, Secretaría de Estado para las Políticas del Agua y el Medio Ambiente, Ministerio de Obras Públicas y Transportes.
Meffert, H., Prof. Dr.
Direktor Institut für Marketing und Unternehmensführung an der Westfälischen Wilhelms-Universität Münster.
Mohr, P. C., Dr.
Rechtsanwalt, Hamburg, Partner der Rechtsanwalts- und Steuerberatungssozietät v. Döhren, Dr. Mohr u. Partner, Hamburg.
Rosenberg, P. S.
Student der Betriebswirtschaftslehre an der FH Fulda.
Schilling, H.
Mitglied des Vorstandes Gerling-Konzern.
Seidel, E., Prof. Dr.
Lehrstuhl für Betriebswirtschaftslehre Universität Siegen.
Stahlmann, V., Prof. Dr.
Professor für allgemeine Betriebswirtschaftslehre, Material- und Fertigungswirtschaft und Umweltökonomie, Fachhochschule Nürnberg.
Stiefel, R., Dr.
Technischer Leiter Institut für gewerbliche Wasserwirtschaft und Luftreinhaltung e. V.
Thevessen, K. P.
Mitglied des Vorstandes Gerling-Konzern.
Weskamp, A., Dr.
Regierungsrätin z. A. im Bundesministerium für Umwelt, Naturschutz und Reaktorsicherheit.
Wicke, L., Prof. Dr.
Staatssekretär, Senatsverwaltung für Stadtentwicklung und Umweltschutz,
apl. Professor für Wirtschaftspolitik an der TU Berlin.
Winter, G., Dr.
Mitgesellschafter der Firma Ernst Winter & Sohn (GmbH & Co), Vorstands-

vorsitzender des Bundesdeutschen Arbeitskreises für umweltbewußtes Management (B.A.U.M.) und des International Network for Environmental Management (INEM).

Zensus, S., Dr.
Geschäftsführer Forum für Meta-Kommunikation.

2. Organisationen

Bundesdeutscher Arbeitskreis für umweltbewußtes Management e. V. (B.A.U.M.)
Tinsdaler Kirchenweg 211, 2000 Hamburg 56, Tel. + 49 – 40–810101; Fax + 49 – 40–810126.

ERL Environmental Resources Limited
106 Gloucester Place, London W1H 3DB, Tel. + 44 – 71 – 4657200.

GRIPS Gerling Welt Institut für Risiko-Consulting Plus Sicherheits-Management GmbH
Hohenzollernring 90, 5000 Köln 1, Tel. + 49 – 221 – 1441.

imu-bildinfo Institut für Wirtschaftsgrafik
Michaelstr. 24, 4300 Essen 1, Tel. + 49 – 201 – 282025.

International Network for Environmental Management – INEM
Hellgrund 92, 2000 Wedel/Holst., Tel. + 49 – 4103 – 84019; Fax + 49 – 4103 – 13699.

INFORM
381 Park Avenue South, New York, N.Y. 10016, Tel. +1212 6894040.

Jauch & Hübener
Dr. J. Blankenburg, persönl. haftender Gesellschafter, Hamburg, Dr. M. Teichler, Syndikus, Jauch & Hübener KGaA, Hamburg
Rödingsmarkt 14, 2000 Hamburg 11, Tel. + 49 – 40 – 36 15 60.

III. Verzeichnis der Abkürzungen von Organisationen

ANPED: Alliance of Northern People for Environement and Development
ARA: Arbeitsgemeinschaft Regenwald und Umweltschutz
ASEAN: Association of South-East Asian Nations
A.U.G.E.: Aktionsgemeinschaft Umwelt, Gesundheit und Ernährung
B.A.U.M.: Bundesdeutscher Arbeitskreis für umweltbewußtes Management
BCSD: Business Council for Sustainable Development
BDI: Bundesverband der Deutschen Industrie
BEAFI: Better Environment Awards for Industry
BEE: Bureau Européen de l'Environnement (EEB)
BERD: European Bank for Reconstruction and Development
BIAC: Business and Industry Advisory Committee to the OECD.
BIR: Bureau International de la Récupération
BRE: Building Research Establishment
CBI: Confederation of British Industry
CE: Council of Europe
CFI: Confederation of Finish Industries
CEFIC: European Council of Chemical Manufacturer's Federations

CEPAC: European Confederation of Pulp, Paper and Board Industry
CONCAWE: The Oil Companies European Organisation for Environmental and Health Protection
EEB: European Environmental Bureau (BEE)
EEC: European Economic Community
EFTA: European Free Trade Association
EG: Europäische Gemeinschaft
ERDB: European Reconstruction and Development Bank
FAO: Food and Agriculture Organisation
GATT: General Agreement on Tariffs and Trade
GEMI: Global Environmental Management Initiative
GIFAP: International Group of National Associations of Manufacturers of Agrochemical Products
IADB: Inter-American Development Bank
ICC: International Chamber of Commerce
ICPIC: International Cleaner Production Information Clearinghouse
IEA: International Energy Agency
IEB: International Environmental Bureau
IEF: Industrial Environmental Forum of South Africa
IENN: International Environmental Negotiating Network
IEO: Industry and Environment Office
IIED: International Institute for Environment and Development
IISI: International Iron and Steel Institute
ILO: International Labour Organization
IMF: International Monetary Fund
IMO: International Maritime Organization
IMP: International Institute for Management Development
INEM: International Network for Environmental Management
IOCU: International Organisation of Consumers Unions
IPAI: International Primary Aluminium Institute
IPIECA: International Petroleum Industry Environmental Conservation Association
ISO: International Standardisation Organisation
LDA: Lead Development Association
NRTEE: National Round Table on the Environment and the Economy
OAU: Organisation of African Unity
ÖBU: Ökologisch bewußte Unternehmensführung
OECD: Organisation for Economic Cooperation and Development
PREPCOM: Preparatory Committee of UNCED
TREE: Technology, Research and Enterprise for the Environment
UNCED: United Nations Conference on Environment and Development
UNCTAD: UN Conference on Trade and Development
UNCTC: UN Centre on Transnational Corporations
UNDP: United Nations Development Programme
UNECE: United Nations Economic Commission for Europe
UNEP: United Nations Environment Programme (IEO)
UNESCO: United Nations Educational, Scientific and Cultural Organisation
UNICE: Union of Industrial Employers' Confederations of Europe

UNIDO: United Nations Industrial Development Organisation
WCI: World Coal Institute
WEF: World Economic Forum
WHO: World Health Organization
WICEM: World Industry Conference on Environmental Management
WORLD BANK
WRI: World Resources Institute
WWF: World Wide Fund for Nature